2023年同济大学研究生教材建设项目资助
同济大学"十四五"规划教材

李树平　编著

城市水系统
Urban Water System

（第二版）

同济大学 出版社
TONGJI UNIVERSITY PRESS
·上海·

内容提要

城市水系统是在一定地域空间内，以城市水资源为主题，以水资源的开发利用和保护为过程，并与自然和社会环境密切相关，且随时空变化的动态系统。它是城市化建设的重要基础，是城市社会经济发展和安全运行的重要保障，在工业和农业生产中占据着十分重要的地位。从管理角度看，城市水系统涉及水资源和水环境的保护管理，水源、供水、用水、排水、水处理及回用工程的建设和运营管理，国家资源和产业开发利用管理政策、相关法律、管理体制和制度等。本书第1章简要介绍了城市水系统特性、历史发展和可持续发展理念；第2~8章按照城市水系统中供水、污水和雨水等构成进行了讨论；第9~14章从总体上讨论了水信息学应用、数学模型、优化技术与方法、风险分析与可靠性、相关法规与标准，以及运营管理。

本书可作为给排水科学与工程、市政工程、城市水务规划与管理、环境科学与工程专业的高年级本科和研究生的教学参考书，也可作为城市水系统规划、设计、运行与管理的参考用书。

图书在版编目(CIP)数据

城市水系统/李树平编著. —2版. —上海：同济大学出版社，2024.2
 ISBN 978-7-5765-1053-9

Ⅰ.①城… Ⅱ.①李… Ⅲ.①城市给水—给水工程②城市排水—排水工程 Ⅳ.①TU99

中国国家版本馆CIP数据核字(2023)第254884号

城市水系统(第二版)

李树平 编著

| 责任编辑 | 朱 勇 | 助理编辑 | 王映晓 | 责任校对 | 徐春莲 | 封面设计 | 陈益平 |

出版发行　同济大学出版社　　www.tongjipress.com.cn
　　　　　(地址：上海市四平路1239号　邮编：200092　电话：021-65985622)
经　　销　全国各地新华书店
印　　刷　启东市人民印刷有限公司
开　　本　787mm×1092mm　1/16
印　　张　29
字　　数　706 000
版　　次　2024年2月第2版
印　　次　2024年2月第1次印刷
书　　号　ISBN 978-7-5765-1053-9

定　　价　118.00元

本书若有印装质量问题，请向本社发行部调换　　版权所有　侵权必究

第二版前言

本书在修订过程中,深感城市水系统包含内容丰富,难以穷尽,只能结合近几年的技术发展、规范标准更新和课堂使用情况,对本书作部分修订。

在精练原有内容的基础上,主要修订包括:

(1) 第 9 章内容增加了数据监测与分析、污水泵站进水管涵流量系数估算、城市年用水量聚类分析的叙述;

(2) 增加了第 10 章数学模型,包括建模步骤、建模分类、水文模型、水力模型和水质模型;

(3) 将第一版第 11 章中城市水工程不确定性内容并入第 9.2 节数据监测与分析;

(4) 第 13 章增加了地下水质量标准相关内容;

(5) 第 14 章增加了职业技能和公共关系相关内容。

本书可作为给排水科学与工程、市政工程、城市水务规划与管理、环境科学与工程专业的高年级本科生和研究生的教学参考书,也可作为城市水系统规划、设计、运行与管理的参考用书。

本书在修订过程中,得到上海三高计算机中心股份有限公司侯金霞主任的支持;研究生刘子叶和吴烨璇参与了资料整理和案例编写;同时,得到同济大学环境科学与工程学院师生的帮助及家人的支持,在此一并表示感谢。

本书内容涉及面广,由于水平和经验有限,书中难免存在疏漏和错误之处,恳请同行专家、学者和广大读者提出宝贵意见。

李树平
2023 年 6 月

第一版前言

城市水系统是在一定地域空间内,以城市水资源为主体,以水资源的开发利用和保护为过程,并与自然和社会环境密切相关,且随时空变化的动态系统。该系统不仅包含了相关的自然因素,也融入了社会、经济甚至政治等因素。从管理角度看,城市水系统涉及水资源和水环境的保护管理,水源、供水、用水、排水、水处理及回用工程的建设和运营管理,国家资源和产业开发利用管理政策、相关法律、管理体制和制度,以及各级各类用水经济社会组织等。城市水系统是城市化建设的重要基础,是城市社会经济发展和安全运行的重要保障,在工业和农业生产中占据着十分重要的地位。

自1998年起,同济大学率先在国内开设了"城市水系统理论"研究生课程。该课程以水源取水、供水到使用后排放至受纳水体的城市水循环过程为内容,将总体工程问题分解,利用数学、模拟和计算机工具,上升到系统分析高度,试图全面引入新的理论成果和技术,以加强城市水系统的整体性和科学性。希望学生通过该课程的学习,建立城市水文循环和污染物在水中迁移转化的总体概念,注重过程的动态特征和不同组成部分之间的相互作用,在解决实际问题时具有应用城市水系统的科学原理、工程知识和管理技术能力,能够按照系统分析原理将城市水工程作为整体进行系统性研究,从而解决给排水工程中规划、设计、运行的经济合理性问题。

针对城市水务一体化和城市水环境可持续发展的时代要求,结合当前城市水工程建设与管理需求,笔者在多年从事城市水系统教学、科研和工程实践的基础上,参考国内外学术成果,完成了这部有关城市水系统构成、信息化管理、优化设计运行、风险分析等方面的理论著作。

本书第1章简要介绍了城市水系统特性、历史发展、各个环节及其相互作用和可持续管理要求。

第2章至第8章按照城市水系统中供水、污水和雨水三部分构成进行了讨论。其中,第 2 章阐述了给水水源、水质指标和城市水处理工艺的组成。第 3 章介绍了城市用水量及其变化、蓄水设施和供水管网水力分析与水质模拟。第 4 章从城市用水量预测、漏损控制技术和城市供水价格三方面介绍了城市需水量管理。第 5 章叙述了污水管道系统设计中的流量计算、水力与高程计算及其优化设计方法。第 6 章按照预处理、一级处理、二级处理和深度处理的顺序讨论了城市污水处理工艺。第 7 章介绍了雨水径流分析中的降雨损失、高峰径流量估计和单位流量过程线的应用。第 8 章分地面集水、边沟流动、雨水口和雨水管渠等部分,讨论了雨水的收集和输送系统。

第 9 章至第 13 章从总体上讨论了水信息学应用、优化技术与方法、风险分析与可靠性、相关法规与标准以及城市水系统的运营与管理。其中,第 9 章介绍了水信息学特点、数据管理和城市水量平衡。第 10 章阐述了线性规划、非线性规划、动态规划、遗传算法和层次分析法在城市水系统优化计算中的应用。第 11 章叙述了风险评价与分析方法和可靠性计算理论。第 12 章介绍了地表水环境质量标准、生活饮用水卫生标准、污水综合排放标准和城镇污水厂污染物排放标准等。第 13 章阐述了城市水系统运营与管理中的运行模式、资产管理、操作人员需求与技能、项目管理等内容。

本书可作为给排水工程、市政工程、城市水务规划与管理、环境科学与工程等专业的高年级本科生和研究生的教学参考书,也可作为城市水系统规划、设计、运行与管理人员的参考用书。

本书撰写过程中,得到邓慧萍老师的热情关心和大力支持;同济大学刘遂庆老师从内容选题与布局、如何适应读者需求等方面提出许多宝贵意见;唐玉霖老师针对专门章节,参与了多次交流与讨论;研究生文碧岚、周艳春、沈继龙参与了资料整理和案例编写;同时得到同济大学市政工程系师生的帮助、家人的支持,在此一并表示感谢。

本书内容涉及面广,由于水平和经验有限,书中疏漏和错误之处,恳请同行专家、学者和广大读者提出宝贵意见。

编著者

2015 年 6 月

目　录

第二版前言
第一版前言

第1章　绪论 ··· 001
　1.1　城市水系统特性 ·· 001
　1.2　水的理化特性 ··· 002
　1.3　城市水系统管理挑战 ·· 003
　1.4　城市水系统发展 ·· 005
　　　1.4.1　供水技术发展 ·· 005
　　　1.4.2　城市排水发展 ·· 012
　1.5　城市水系统可持续理念 ·· 014

第2章　给水水源与处理 ·· 016
　2.1　给水水源 ··· 016
　　　2.1.1　水源种类和特征 ··· 016
　　　2.1.2　水源选择 ··· 017
　　　2.1.3　给水水源保护 ·· 018
　2.2　水源水质 ··· 023
　2.3　给水处理工艺系统 ··· 023
　2.4　沉淀 ··· 024
　　　2.4.1　分散颗粒自由沉淀 ·· 025
　　　2.4.2　拥挤沉淀和污泥浓缩 ··· 027
　　　2.4.3　沉淀去除效率 ·· 027
　　　2.4.4　普通沉淀池 ··· 029
　　　2.4.5　化学混凝沉淀 ·· 029
　2.5　过滤 ··· 034
　　　2.5.1　慢速过滤 ··· 034
　　　2.5.2　快速过滤 ··· 035
　2.6　膜分离法 ··· 038
　　　2.6.1　净化机理 ··· 038
　　　2.6.2　膜结构和清洗 ·· 039

- 2.7 消毒 ··· 040
  - 2.7.1 氯消毒 ·· 040
  - 2.7.2 其他氯化物消毒方法 ·· 042
- 2.8 微污染原水的预处理和深度处理 ··· 043
  - 2.8.1 生物处理 ·· 043
  - 2.8.2 化学氧化 ·· 043
  - 2.8.3 活性炭吸附 ·· 043
- 2.9 地下水除铁除锰 ··· 044
- 2.10 排泥水处理 ··· 045

第3章 城市供水 ·· 048

- 3.1 用水量 ··· 048
  - 3.1.1 用水定义 ·· 048
  - 3.1.2 用水计量 ·· 048
  - 3.1.3 生活用水影响因素 ·· 048
- 3.2 设计用水量 ··· 049
  - 3.2.1 用水量定额 ·· 050
  - 3.2.2 用水量变化 ·· 052
- 3.3 服务水压和水质要求 ··· 052
- 3.4 蓄水设施 ··· 053
  - 3.4.1 蓄水设施的作用 ·· 053
  - 3.4.2 蓄水设施位置和水压线 ·· 054
  - 3.4.3 水池容积 ·· 057
- 3.5 配水系统水力分析 ··· 062
  - 3.5.1 水力学基础 ·· 064
  - 3.5.2 管线水力分析 ·· 071
- 3.6 配水管网水质模拟 ··· 089
  - 3.6.1 质量守恒 ·· 090
  - 3.6.2 氯衰减 ·· 091
  - 3.6.3 物质质量浓度的稳态模型 ·· 094
  - 3.6.4 动态水质模型 ·· 095

第4章 需水量管理 ·· 097

- 4.1 城市用水量预测 ··· 097
  - 4.1.1 用水定额预测法 ·· 098
  - 4.1.2 数学模型法 ·· 099
  - 4.1.3 预测中的不确定性 ·· 103
- 4.2 漏损控制技术 ··· 103
  - 4.2.1 引言 ·· 103

    4.2.2 漏水事故原因分析 ·· 104
    4.2.3 供水管网数据收集和检漏技术 ··· 107
    4.2.4 给水管网漏损评定标准 ·· 110
    4.2.5 系统改善策略 ··· 118
  4.3 城镇供水价格 ··· 124
    4.3.1 水价制定的基本原则 ··· 124
    4.3.2 水价制定 ··· 125
    4.3.3 水价分类及计价方式 ··· 125
    4.3.4 价格弹性 ··· 127

第5章 污水管道系统设计 ·· 129
  5.1 设计资料的调查 ·· 130
  5.2 污水设计总流量的确定 ··· 131
    5.2.1 设计年限的选择 ··· 131
    5.2.2 生活污水设计流量 ·· 131
    5.2.3 工业废水设计流量 ·· 134
    5.2.4 地下水渗入量 ··· 134
    5.2.5 城市污水设计总流量计算 ·· 134
    5.2.6 英国旱流流量（DWF）和高峰流量的计算方法 ································· 135
  5.3 污水管道设计计算 ··· 136
    5.3.1 水力计算基本公式 ·· 136
    5.3.2 污水管道水力计算的设计数据 ··· 137
    5.3.3 最小管径和最小设计坡度 ·· 138
    5.3.4 排水管渠 ··· 139
    5.3.5 污水管道水力计算方法 ·· 143
  5.4 污水管道系统优化设计 ··· 148
    5.4.1 污水管道系统优化设计数学模型 ··· 149
    5.4.2 污水管网系统优化设计计算方法 ··· 150
    5.4.3 遗传算法应用 ··· 151
    5.4.4 进化算法在排水管渠系统平面布置优化中的应用 ···························· 157

第6章 污水处理 ·· 168
  6.1 污水处理基本方法与系统 ·· 168
  6.2 预处理和一级处理 ·· 168
  6.3 二级处理 ·· 170
    6.3.1 生物分解作用与处理原理 ·· 170
    6.3.2 与污水处理相关的微生物 ·· 173
    6.3.3 活性污泥法 ··· 173
    6.3.4 活性污泥法运行方式 ··· 179

		6.3.5 二次沉淀池	181
		6.3.6 生物膜法	181
6.4	深度处理		185
		6.4.1 深度处理目的	185
		6.4.2 脱氮除磷技术	185
6.5	污水消毒		187

第7章 雨水径流分析 … 188

7.1	汇水面积		188
7.2	雨量分析		189
		7.2.1 雨量分析要素	189
		7.2.2 取样方法	191
		7.2.3 暴雨强度、降雨历时和重现期之间的关系表和关系图	192
7.3	降雨损失		194
		7.3.1 植物截留	195
		7.3.2 坑洼存水	195
		7.3.3 下渗	197
		7.3.4 SCS 模型	205
7.4	城市高峰径流量估计		210
		7.4.1 推理公式法	210
		7.4.2 参数估计	211
		7.4.3 洪峰流量计算步骤	213
7.5	单位流量过程线		214
		7.5.1 Espey 10 min 单位流量过程线	215
		7.5.2 SCS UH 方法	220
		7.5.3 单位流量过程线方法的应用	224

第8章 雨水排水系统 … 226

8.1	暴雨强度公式		226
8.2	集水时间		227
		8.2.1 地面集水时间	228
		8.2.2 边沟内雨水流行时间	228
		8.2.3 管渠内雨水流行时间	230
8.3	边沟流		231
		8.3.1 设计重现期和允许漫水幅度	231
		8.3.2 边沟水力特性	231
8.4	雨水口		238
		8.4.1 雨水口的类型和构造	238
		8.4.2 泄水能力和效率	240

8.4.3　平算雨水口 240
　　　8.4.4　立式雨水口 243
　　　8.4.5　联合式雨水口 244
　　　8.4.6　槽式雨水口 244
　　　8.4.7　低洼处雨水口 245
　　　8.4.8　雨水口堵塞 248
　8.5　雨水口位置设计 249
　　　8.5.1　雨水口设置位置 250
　　　8.5.2　连续坡面上雨水口的距离 250
　8.6　雨水管渠 252
　　　8.6.1　雨水管渠设计重现期 252
　　　8.6.2　雨水管渠水力计算设计数据 253
　　　8.6.3　设计计算步骤 254
　8.7　雨水管理 257

第9章　水信息学基础 259
　9.1　水信息学应用 259
　　　9.1.1　数学模型 260
　　　9.1.2　决策支持系统 260
　　　9.1.3　人工智能 261
　　　9.1.4　地理信息系统 262
　　　9.1.5　实时控制 263
　　　9.1.6　软件工程 263
　　　9.1.7　大数据分析 264
　9.2　数据监测与分析 265
　　　9.2.1　定义监测目标 266
　　　9.2.2　确定监测变量 268
　　　9.2.3　考虑时空尺度 269
　　　9.2.4　理解和管理不确定性 270
　　　9.2.5　选择监测仪器 273
　　　9.2.6　数据检验 275
　　　9.2.7　数据处理和存储 277
　　　9.2.8　提取信息 277
　9.3　城市水量平衡 279
　　　9.3.1　城市水量平衡模型 281
　　　9.3.2　基于城市水量的评价指标 282
　　　9.3.3　算例分析 284
　9.4　污水泵站进水管涵流量系数估算 286
　　　9.4.1　基本原理 286

    9.4.2 案例研究 ··· 288
    9.4.3 本节小结 ··· 292
  9.5 城市年用水量聚类分析 ·· 292
    9.5.1 引言 ··· 292
    9.5.2 K均值聚类算法 ··· 293
    9.5.3 算例分析 ··· 295
    9.5.4 本节小结 ··· 299

第10章 数学模型 ·· 300
  10.1 建模一般步骤 ··· 300
  10.2 建模分类 ·· 300
  10.3 水文模型 ·· 301
    10.3.1 水池模型 ··· 301
    10.3.2 时间面积法 ·· 304
  10.4 水力模型 ·· 307
    10.4.1 三维水动力学基本方程 ·· 307
    10.4.2 二维水动力学基本方程 ·· 308
    10.4.3 一维圣维南方程组 ·· 309
    10.4.4 一维圣维南方程组求解（SWMM算法）··· 311
  10.5 水质模型 ·· 314
    10.5.1 基本水质模型 ··· 314
    10.5.2 零维水质模型解析解 ··· 315
    10.5.3 一维水质模型基本方程解析解 ··· 316

第11章 优化技术 ·· 321
  11.1 引言 ·· 321
    11.1.1 系统特性 ··· 321
    11.1.2 城市水系统优化特点 ··· 322
    11.1.3 城市水系统优化的基本内容 ·· 322
  11.2 线性规划 ·· 324
    11.2.1 线性规划问题 ··· 324
    11.2.2 两个变量线性规划的图解法 ·· 325
    11.2.3 线性规划的标准形式 ··· 326
    11.2.4 单纯形方法 ·· 329
  11.3 非线性规划 ··· 333
    11.3.1 非线性规划问题的标准形式 ·· 333
    11.3.2 多元函数极值的有关概念与性质 ·· 333
    11.3.3 非线性最小二乘法 ·· 336
  11.4 动态规划 ·· 339

    11.4.1 动态规划的一些基本概念·································339
    11.4.2 最优化原理与动态规划方程·······························343
    11.4.3 水库供水优化问题···345
  11.5 遗传算法··347
  11.6 层次分析法··351
    11.6.1 AHP法原理··351
    11.6.2 计算方法与步骤···353

第12章 风险分析与可靠性理论···357

  12.1 城市水系统的风险···357
    12.1.1 干旱··357
    12.1.2 洪水··358
    12.1.3 扩大污染··359
    12.1.4 与水相关的疾病···360
  12.2 风险评价··361
    12.2.1 风险定义··361
    12.2.2 风险评价的作用及意义······································361
    12.2.3 风险评价程序···362
  12.3 风险分析方法··362
    12.3.1 安全检查表法···363
    12.3.2 预先危险性分析···364
    12.3.3 失效模式和后果分析···364
    12.3.4 故障树分析··365
    12.3.5 事件树分析··367
  12.4 暴雨强度重现期风险计算··368
  12.5 可靠性···371
    12.5.1 可靠性指标··371
    12.5.2 组件维修性特征量···373
    12.5.3 可用性和不可用性··375
  12.6 常用概率分布··376
    12.6.1 二项分布··376
    12.6.2 泊松分布··377
    12.6.3 指数分布··379
    12.6.4 正态分布··381
    12.6.5 韦布尔分布··382
    12.6.6 平均故障出现时间··385
  12.7 简单系统··387
    12.7.1 串联系统··387
    12.7.2 并联系统··392

12.7.3 表决系统 ... 397
12.7.4 旁联系统 ... 398
12.8 给水管网系统结构可靠性分析 ... 400
12.8.1 状态枚举方法 ... 400
12.8.2 路径枚举方法 ... 401

第13章 法规与标准 ... 405
13.1 法律法规 ... 405
13.2 城市水环境标准 ... 406
13.2.1 标准 ... 406
13.2.2 水环境标准体系 ... 406
13.2.3 地表水环境质量标准 ... 408
13.2.4 地下水质量标准 ... 411
13.2.5 生活饮用水卫生标准 ... 415
13.2.6 污水综合排放标准 ... 420
13.2.7 城镇污水厂污染物排放标准 ... 422
13.3 技术规程与规范 ... 425

第14章 运营管理 ... 427
14.1 运营 ... 427
14.1.1 产业特征 ... 427
14.1.2 水务行业的企业化运营 ... 427
14.1.3 市场化运作模式 ... 428
14.2 资产管理 ... 429
14.2.1 资产管理体系和组织 ... 430
14.2.2 资产登记 ... 433
14.3 项目管理 ... 435
14.3.1 工程项目建设程序 ... 435
14.3.2 招投标、合同和文档 ... 436
14.3.3 工程项目沟通 ... 437
14.3.4 质量控制 ... 437
14.4 职业技能 ... 439
14.4.1 供水行业工种 ... 439
14.4.2 排水行业工种 ... 440
14.4.3 职业道德规范 ... 440
14.5 公共关系 ... 441
14.5.1 员工行为准则 ... 441
14.5.2 正式公关活动 ... 443

参考文献 ... 444

第 1 章 绪 论

城市水系统是在一定地域空间内,以城市水资源为主体,以水资源的开发利用和保护为过程,与自然和社会环境密切相关,且随时空变化的动态系统。该系统不仅包含了相关的自然因素,也融入了社会、经济甚至政治等因素。从管理角度看,城市水系统涉及水资源和水环境的保护管理,水源、供水、用水、排水及水处理与回用工程的建设与运营管理,国家资源与产业开发利用管理政策、相关法律、管理体制和制度以及各级各类用水经济社会组织等。

城市水系统是重要的基础设施系统。以城市水系统为运营、管理对象的城市水行业,是对国民经济发展具有全局性和先导性影响的基础产业。按产品水的生产、销售和废水收集与处理流程,城市水系统可分为取水、制水、用水(分销)、废水收集和处理等几个环节,即把地表水或地下水及其他可利用水资源作为原水,通过输水管送至自来水厂,经过加工处理为产品水,然后通过供水管网分销给消费者;经消费者使用,废弃污水由排水管网收集输送至污水处理厂;处理达标后或排放水体,或经过深度处理后再生回用(图1-1)。

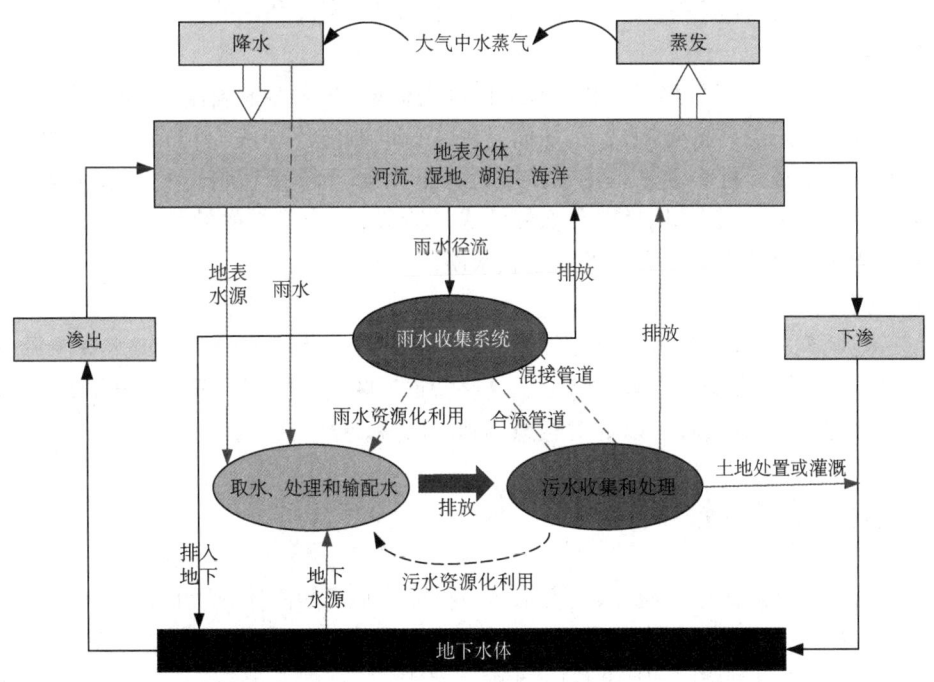

图 1-1 城市水系统的主要环节

1.1 城市水系统特性

系统是由相互作用、相互依赖的若干组成部分结合而成,具有特定功能的有机整体。城市水系统与其他系统一样,具有目的性、集合性、关联性、阶层性、整体性、环境适应性等系统的一般特性。同时,城市水系统属于城市公用事业范畴,是受政府监管的非完全竞争的产业,因此具有以下特性。

1. 资产具有很强的沉淀性

水行业资产是经过了数十年甚至数百年积累的资产,使得当前运行成本与总成本相比,所占比例较小。

2. 产品具有不可替代性

和其他资源(如石油、矿产等)不同,水资源没有可供选择的替代性产品。水是人类生存和发展不可或缺的物质,它是所有生命的基本需求,是工业生产的重要原材料,同时也是污染物传输和转化的基本载体。水是维持城市区域生态平衡的物质基础,可以维护河流的"健康",提供动植物的栖息环境,是城市景观和文化的组成部分。

3. 生产具有连续性

城市水资源的系统性决定了城市水企业生产的连续性。不同类型的水之间可以相互转化,海水、大气降水、地表水、地下水、废(污)水之间构成非常复杂的水循环系统,彼此间存在质与量的交换。城市区域以内和以外的水资源通常处于同一水文系统,相互间有密切的联系,不可人为分割。再者,城市水资源开发利用过程中各个环节(如取水、供水、用水等)是一个有机的整体,其中任何一个环节中断都必然影响到水资源利用的整体效益。

4. 社会服务性

为保护社会公众利益和提高整个社会的经济效率,在大多数国家,城市水企业的服务价格一般都处于政府的严格管制之下,从而导致水价的制定不能完全以市场为杠杆。城市水务企业必须以保证全社会的基本用水需求为首要目标,而不是利润最大化,即目标具有强烈的公益性。所有人,不管他们处在什么样的成长阶段,不管他们的社会经济状况如何,都有权利获得能够满足他们基本需求的水量和水质。

5. 适度的超前性

城市地域范围小、人口密度高、经济规模大,形成了城市水系统的自产水资源量小、用水保证率高、缺水社会影响大等鲜明特点。这些特点反映到日常运行管理之中,就要求城市水系统必须具有适度的超前性,以针对意想不到的风险。

1.2 水的理化特性

一般认为水是最典型的液体,其实水是一种极不平常的液体,这可以从水的许多特性反映出来,其中水的物理性质和化学性质是最基本的自然特性。1665年,荷兰物理学家 C. 惠更斯得出水在常压下的沸点为 100℃。水是天然状态下唯一的液体,而且数量大,分布广。其他液体,不是人或动植物生命活动的产物,就是人工合成的制品。水还是地球上唯一可以在天然状态下三态共存的物质。

水是无色透明的,因此,其可以透过太阳光中的可见光和波长较长的紫外线,使光合作用所需的光到达水面下一定深度,而将对生物体有害的短波紫外线阻挡在外。这不仅对地球上生命的产生和进化起到关键作用,而且对今天水中的各种生物具有重要意义。

据测定,水的密度在0℃时为0.999 87 g/cm³;在3.98 ℃时最大,为1.000 00 g/cm³。水的这一密度,成了制定质量的计量单位"g"的物质依据。冰寒于水而轻于水。水结冰时体积要增大9%左右,所以水的固体比液体密度小,正因结冰始于水的表面,冰浮在水面才保证了水中生物有必要的生活空间。由于结冰而增加的压力可达253 MPa,足以胀裂巍峨的山石,造成岩石风化、土崩瓦解,也造成管道的破裂。因此,管道工程技术人员要么将管线埋入地下,要么需为暴露在冰冻气候中的管道设置保温系统。

水的表面张力系数在常温下为0.073 N/m,比其他液体大得多(例如,酒精为0.022 N/m,丙酮为0.024 N/m,汽油为0.029 N/m)。由于氢键作用,水与大气之间存在明确的接触面,保证了浮游生物得以在水面自由自在地滑行。巨大的表面张力也使水较易在岩石裂缝和土壤的细小缝隙间渗透,使植物的根系获得水的滋养。

水的比热容和汽化热在液体中是最高的。水的比热容为4.186 8 J/(g·℃),是铁的10倍、砂的5倍、空气的4倍。在常温下,水的汽化热为2 445 J/g。冰在0℃时溶解热为333.7 J/g。因此,水蒸气是能量的良好载体。空气中水蒸气的差异极大地影响着地球各地的气候,使近海地区气候温和。同时水的气化也会形成水泵、阀门和管道中的气蚀现象。

水在一般压力下可以认为是不可压缩的,但是据测定,大洋表面水的密度为1.028 13 g/cm³,而在10 000 m深处水的密度为1.071 04 g/cm³,即增大了约4%。也就是说,如果水是不可压缩的,洋面要比现在位置高30 m。

大多数水分子是三三两两结合在一起的"缔合分子"。因此,水具有许多与众不同的性质。在完全静止、没有结晶核心的状态下,水冷却到-70℃也可以不结冰;但是这种过冷水一经震动,或有尘埃、冰晶等进入,便会立即结冰并升温至0℃;水也可能达到150℃而不沸腾,但是如果有气泡进入,这种过热水便会很快降温至100℃。

水的化学性质是不寻常的。水分子是弱电离的,其介电常数是所有液体中最高的,这使得水成为电解质和非电解质的良好溶剂。元素周期表上的各种化学物质都能不同程度地溶解于水。大部分盐类的溶解度随水温和压力的升高而加大,例如,在10℃、100 kPa压力情况下,NaCl的极限溶解度为257 g/kg,而在温度为500℃、压力为100 MPa情况下,NaCl的极限溶解度可以达到561 g/kg。天然水中含有许多微量成分,它们以离子状态或以与其他元素化合物结合的状态存在。水作为一种广泛的溶剂,可以输送溶解物、引发水土流失、支持生命的生物化学过程等。这些带来许多益处的特性同时也会带来诸多问题,例如,有毒化合物、消毒副产物、腐蚀性化合物以及一些其他可以由水输送的物质,可能会引起管道损坏,也可能使用户承受健康风险。

气体在水中的溶解度大小取决于温度、压力、矿化度等因素。20℃时,1 L水可溶解655 mL CO_2;而0℃时,1 L水可溶解1 713 mL。压力升高,则溶解度加大。

此外,水的黏性是产生大量摩擦损失和能量消耗的直接原因;水的高密度和较小压缩性的结合也会造成水力急剧瞬变现象(如水击)。

1.3　城市水系统管理挑战

随着材料技术、生物技术、检测技术和模拟控制技术在水系统中的应用,随着城市生活对自然(包括对水环境)贴近的要求以及人类对自然生态和水文过程认识的逐步深入,城市水系统在安全性、综合性及与自然的协调性和运行的灵活性方面面临着许多挑战。

1. 城市化与人口变化

城市规模扩大、人口变化和产业变迁,对水资源的供给、排水处置和雨水管理构成了巨大压力。2022年中国城镇常住人口9.2071亿,占总人口的65.22%。

2. 水价持续上升

由于城市水系统的社会服务特性,水价并未真正体现整个水系统的运营成本。根据我国有关水务部门的估算,在1949—1983年长达30多年的时间里,水费标准只占供水成本的10%左右。1985年后我国开始调整水价,此后水价逐年增高。

3. 规则增强

随着生活质量提高、各级政府环境保护意识的增强和对用立法手段解决水问题的重视,部门规章和规范性文件以及地方性法规的制定数量大大增加,导致更高的水技术标准要求。例如,自《城镇污水处理厂污染物排放标准》(GB 18918—2002)发布以来,我国的城镇污水处理厂先后进行了3次提标改造:第一次为GB 18918—2002标准发布实施后的提标改造;第二次为2006年发布标准修改单,要求城镇污水处理厂出水排入国家和省确定的重点流域及湖泊、水库等封闭、半封闭水域时,执行一级标准的A标准;第三次是《重点流域水污染防治规划(2011—2015年)》,其要求到2015年,重点流域内城镇污水处理厂确保达到一级B排放标准。

4. 城市水企业的产业化和市场化

产业化又称工业化,是指形成一个产业的过程,其核心内容是生产的连续化、产品的标准化、生产过程的集中化。对城市水业而言,其产业化改革就是要建立清晰的资产权属结构、需要建立相对健全的产业链、需要有高层次的产业主体和产业结构,各产业链环节间需要合理的投资收益保障,并以明确的价值核算来串联。目前为止,全国绝大多数城市的给水和部分城市的排水初步实现了企业化经营,这些企业主要以国有独资企业形式存在,少数地区有股份制、中外合资等形式。特大城市的供水企业围绕供排水核心业务,拓展经营领域,形成水务集团或给排水集团。给排水企业的生产经营、人才聘用、收益分配甚至对外投资,都有了很大的自主权。

5. 安全预警

城市水安全问题包括城市水资源短缺、水环境污染、洪涝灾害、系统故障和突发危机事件等。为了应对水安全问题,需建立健全城市水安全应急处置机制,保证在发生各种水安全事故时能够采取及时有效的措施,有效地调度人力资源,科学地配置物质资源,化解各种危机。

6. 新的水技术

新的水技术将在改善水资源管理上起到重要作用。例如,反渗透膜系统的利用,海水脱盐,趋向于更换氯和其他水处理药剂,采用高级氧化以及其他新出现的机械技术等。但是新的技术不一定是好的技术,新的技术只有在实践中经过检验,才能成为可有效使用的好的技术。

7. 气候变化

越来越多的证据表明,气候一直处于变化过程中。家庭用水量在炎热干旱的夏季上升;洪水风险也可能在雨季增加;气候变化同时影响了地下水和河流的流态。极端性冰冻引起供水管爆管、排水设施破裂。

8. 设施老化

在长期服务过程中,许多水务设施已接近它们的设计年限,需要替换更新。为了在经济资产管理下安全可持续地、卫生地给水,一些地方当前更新和修复的速率可能是不充分的。

9. 更加丰富的水信息

以往关于城市水系统可用信息通常是残缺的或片段性的,难以适应现代化管理的需要。随着人们对城市水系统科技认识的不断增强,积累的水信息也越来越丰富。水知识库的建立已成为城市水系统有效管理的基础条件,这不仅包括信息的可获得性、有效性、可靠性或者兼容性,还包括数据的收集和判断、模拟以及建立有效的决策支持系统。

1.4 城市水系统发展

在人类历史长河中,水始终扮演着极其重要的角色。世界上人类定居的历史遗迹无不是在河岸周边所发现,人类的进化和社会安康都与水资源供给的质量和充足与否息息相关。直到今天,世界上几乎所有的著名城市也都依河而建,傍水而生。从这个意义上说,水就是人类文明的血脉。

1.4.1 供水技术发展

1. 早期供水技术

在人类历史的大部分时间里,人们用水只能依靠居住地附近的泉水和溪流。公元前7000年以后,随着城镇的发展,水管和管道设施开始出现。

在史前的游牧时期,人类可能不需要过分担心水质的恶化,如果由于某种原因水质变差,则整个部落可以从一个聚居地迁移到另一处更适合生存的地方。当时不存在现代物理、化学或生物分析方法,只能依靠肉眼和舌头等感官判别水源水质的清洁程度。

从较好的水源直接取水,对于原始狩猎族和游牧的牧民来说是可能的,但对早期城市里定居的商人和工匠而言就很难了。于是随着文明的发展,古代埃及、巴比伦、美索不达米亚、波斯及腓尼基人都建造过公共供水工程。中国也在很早就有有关掘井和凿井技术的记载。《吕氏春秋·勿躬篇》记有"伯益作井"(公元前约2200年),为世界上最早较可靠的掘井记载。考古人员在上海市青浦区崧泽文化遗址清理出距今7 000年左右的水井,水井呈圆形和椭圆形,井壁光滑,水井残深1~2 m。

公元前2700年,位于印度河流域的城市开始使用陶制管道,这种管子一头带宽凸缘,易于连接,抹上沥青后可防止漏水。此后的几百年内,近东和欧洲也出现了管道设施。世界上最早的金属水管来自埃及法老萨胡雷第五王朝的丧葬神庙(公元前2450年前后)。从该遗址出土了长约1 300英尺(约合400 m)、用折叠铜片做成的水管。

公元前2000年前后,克里特岛上的克诺索斯宫殿建造了早期供水系统。水从7英里(约合11 km)之外的山中泉眼经渡槽输送,然后通过2~3英尺(约0.6~0.9 m)长的陶管送进宫中。水管经巧妙设计而逐渐变细,加大了水的压力,避免沉积物形成堵塞;管子外侧有把手,用绳子拴在一起可使水管不致分开;水管之间的接口封死,避免漏水。

据史料记载,4 000年前古印度人就利用木炭对水进行过滤,并将滤后水贮存于铜制容器中以保持其新鲜。3 500年前埃及也出现了饮用水过滤装置。约公元前400年,古希腊著名医学家希波克拉底(Hippocrates)提出饮用水水质对人体健康具有重要影响,但他注重对良好水源的选择,而不是对不良水源的净化处理。

春秋战国时期,在楚国郢城,有水井四百口以上。考古人员在苏州北郊平门外,发现了汉代水井群,在 50 m^2 的范围内,共有11口水井呈人字形分布。在河南遂平小寨汉代遗址,发现28口水井,其中有陶井16口,砖井5口,分布集中,有规律地排列为六行,与街道呈平行分布,呈现出汉代市井分布形状。

公元前2世纪,希腊的帕加马城建造的供水系统引人注目:水从海拔1 200英尺(约370 m)的源头输送,跨越两条山谷后进入城堡,而城堡的制高点只比泉眼低130英尺(约40 m)。输水管被安装在石槽之中,考古学家们循着这些石槽找到了2英里(约3 km)长的管线。制造这些水管的材料很可能是铅,方法是将长方形铅片卷成圆柱形,然后焊合。帕加马系统肯定得到过极好的养护,使它能够维持将水输至城堡的正常水压。

水的提升对于人类生活和生产都十分重要。古代已有各种提水器具,如埃及的链水泵(公元前17世纪),中国的桔槔(公元前17世纪)、辘轳(公元前11世纪)、水车(公元1世纪),以及公元前3世纪古希腊阿基米德(Archimedes)发明的螺旋杆等。公元前200年前后,古希腊工匠克特西比乌斯(Ctesibius)发明了最原始的活塞水泵——灭火水泵。

公元前1世纪,古罗马作家、建筑师和工程师维特鲁威(Marcus Vitruvius Pollio)在《建筑十书》中提出了如下的水质检验方法。

(1) 泉水的实验和检验预先应当按照下述方法进行。当它们成为水流而露出时,在开始输水之前要观察和注意居住在泉水附近的人们的肢体动作。如果他们的身体健康、面色光润、眼睛不烂,那么这股泉水就应当被认作是最好的。在新挖泉水时,把它的水注入科林新式壶里或其他种类的壶里,即优质的青铜制的壶里,要是不着痕迹,它就是最上等的。在青铜容器中把这种水很好地煮沸以后,静静地放置,然后倒出。如果在该青铜容器底部没有发现泥沙,这种水也是优质的。

(2) 如果把蔬菜和这种水一起装入壶里,放在火上很快地煮熟,就会指示出这种水是优质且有益于身体的。此外,如果水本身在壶里是清澈透明的,而且在其漫流的地方不生长苔类和水草,或这个地方不被任何不清洁物所污染,看起来是清净的,那么就可以认为这种水是软质的而且最卫生的。

罗马帝国时期(公元前27年—公元476年),罗马城和帝国所属的省建造了约200条用于公共供水的重力输水管渠,规模之大居当时世界首位。古罗马人建造了壮观的渡槽,将净水输往城市,供给皇宫、官方建筑、喷泉和私人住宅使用。政府对私人住户征收水税,将打着官方烙印的铜制喷嘴安到主管上,再用陶管或木管把水从喷嘴引到住户家中,然后按管子粗细程度收税。公元382年,君士坦丁堡制定条例规定,私人使用供水,可用3种口径各异的水管同公共系统相连接,允许最大的建筑物用直径2英寸(约50 mm)的水管为大浴池注水;如果家有浴池,中型住户可以安装直径1.5英寸(约38 mm)的水管;小住户只准用直径0.5英寸(约12 mm)的水管。

东晋张湛在《养生要集》中记载:"凡煮水饮之,众病无缘生也。"

公元8世纪,阿拉伯学者和化学家格伯(Geber)利用蒸馏方法对水净化。11世纪,波斯医生和哲学家阿维森纳(Avicenna)建议外出旅行者利用织物携带饮用水,或在旅途中将当地取到的水烧开后饮用。

在欧洲,中世纪是公共给水工程的衰落时期。中国唐朝的城市供水工程却得到发展。坊州(今陕西黄陵县)、陕州(今陕西陕县)、虢州(今河南卢氏县)、太原府,特别是京城长安,由于城市规模大,人口众多,在城市供水方面,下了极大功夫。唐朝初期,在隋朝的基础上,整修了龙首渠、永安渠、清明渠等,把水从长安城外引入城内。这几条渠道穿过长安城,形成了一个完整的供水网,解决了长安城百万人口的供水问题。

明代学者方以智(1611—1671年)在《物理小识》中记载:"寻常定水,矾、赤豆、杏仁、雄黄、石膏皆可。"

17世纪的英国哲学家和科学家弗朗西斯·培根(Francis Bacon)被马克思称为"英国唯物主义和整个现代实验科学的真正始祖"。他开创了以经验为手段,研究感性自然的经验哲学新时代,在他的《十个世纪的自然史》(*A natural history of ten centuries*,1672年出版)中介绍了十多个水处理实验,所用处理方法包括过滤、煮沸、蒸馏和混凝等。1684年,荷兰博物学家安东·范·列文虎克(Antony Van Leeuwenhoek)利用自制的显微镜对微生物进行了观察,并把绘制的微生物略图公布于世。限于当时的科技水平,这些微生物略图被科学界人士认为是列文虎克对一些不重要事物的好奇而已,并未受到重视(直到200年后,19世纪的科学家才把这些"微生物"与水、健康联系到一起)。1685年,意大利物理学家路西·安东尼奥·保罗(Lucas Antonio Porzio)设计出多层滤池。该滤池使水流连续通过具有下向流和上向流的两个部分。

18世纪,自然科学在欧洲崛起,滤池的设计和应用得到发展。1703年,科学家菲利普·拉·海尔(Philippe La Hire)曾向法国科学院提出一项计划,希望在巴黎的每个家庭都设置砂滤器和雨水蓄水池:雨水通过砂滤后进入密闭的雨水蓄水池(为防止冰冻和光线而密闭)。菲利普·拉·海尔认为经这种方式处理后的雨水是最好的饮用水,因为它不包含泉水所携带的土壤盐分。1746年,法国人琼斯弗·艾米(Joseph Amy)获得滤池设计的第一项专利,滤料包括各种配置方式的海绵、砂子和木炭。最小的滤池是在穿孔的盘子上放上海绵,通过海绵过滤水。1750年,他设计的家庭用滤池开始作为商品售出。18世纪后期,经过滤处理的水在小范围内出售,还未形成大规模的商业水厂。1791年,英国建筑师詹姆斯·皮考克(James Peacock)申请获得人工多孔底部和逆流净水滤池的专利。

我国清代医学家王学权(1728—1810年)在《重庆堂随笔》中描述了以下五种水质检测方法。

"试水美恶,辨水高下,其法有五。凡江河、井泉、雨雪之水,试法相同。

第一,煮试。取清水置净器煮熟,倾入白瓷器中,候澄清,下有沙土者,此水质浊也。水之良者无滓。又水之良者,以煮物则易熟。

第二,日试。清水置白瓷器中,向日下,令日光正射水,视日光中,若有尘埃氤氲如游气者,此水质不净也。水之良者,其澄澈底。

第三,味试。水,元行也,元行无味,无味者真水。凡味皆从外合之,故试水以淡为主,味佳者次之,味恶为下。

第四,称试。有各种水,欲辨优劣,以一器更酌而衡之,轻者为上。

第五,纸帛试。用纸或绢帛之类,色莹白者,以水蘸而干之,无痕迹者为上。"

2. 19世纪的供水技术

1) 慢滤池技术得到发展,形成大规模城市供水

1804年,用于整个城市供水的第一个水处理设施建在苏格兰2万人口的佩斯利(Paisley)城,它利用沉淀池和横向流的卵石滤池及砂滤池处理饮用水,然后用马车运送给用户。

1806年,法国巴黎出现大型水处理厂。处理工艺中利用塞纳河水作为水源,首先经过12 h的沉淀,然后是海绵预滤器,海绵每小时更换一次。滤池滤料包括粗砂、细砂和木炭,每6 h更换一次。简单的气浮也作为处理工艺的一部分。水泵以三班制方式的马力驱动(当时蒸汽动力还十分昂贵)。该水厂持续运行了50年。1807年,苏格兰的格拉斯哥(Glasgow)由一家供水公司负责建成过滤水厂和供水管道系统,将过滤水用管道送至用户。1827年,罗伯特·汤姆(Robert Thom)设计的慢滤池在苏格兰格林奥克(Greenock)投入使用。

1829年,詹姆斯·辛普森(James Simpson)设计的类似过滤系统在伦敦完成,后来被称作标准慢滤池。与Thom滤池以回流水清洁滤料(回流水清洗滤料技术在快滤池出现后被广泛应用)不同,Simpson滤池清洗滤床常常需要铁铲和旺盛的体力劳动。慢滤池的砂滤床,一般厚度在2~3英尺(约0.6~0.9 m),占地数英亩。1832年,美国的第一个慢滤池水厂建在弗吉尼亚州的首府里士满(Richmond)。1833年,该水厂共有295家用户。1855年,美国出现的第二家水厂建在新泽西州的伊丽莎白(Elizabeth)。

1838年,法国化学家J.达尔塞发表了用明矾进行混凝处理浑水的方法,并提出了在水中投加明矾不影响卫生的见解。

1879年,中国用铸铁管从旅顺市的龙引泉引水供水师营驻军用水,这标志着引进西方供水技术的开始。1883年,英商在上海建的杨树浦水厂开始供水,净水设备为沉淀池、慢滤池。建成时仅供水2 270 m^3/d,不久达到设计能力9 090 m^3/d,供应人口为16万。

2) 对介水传染病防治的认识取得重大进展

19世纪中叶,伦敦市政人员注意到在水厂设置慢滤池能够显著降低霍乱的死亡率,从而意识到受污染的水就是这些疾病暴发的源头。因此在1952年通过了《都市水法案》(*The Metropolitan Water Act*),它要求伦敦所有的供水都需要进行过滤处理。该项立法被认为是政府针对饮用水的最早立法之一。

英国医学家约翰·斯龙(John Snow)博士把1854—1855年伦敦的霍乱病传播归结于宽街的公共饮水井(Broad Street Well),他认为该饮水井受到了污水的污染。同时经调查,使用该井水的用户都来自附近区域。由于他们喜欢该井水的味道,此后该事件成为"感官上令人愉悦并不是安全供水的可靠判断依据"的典型案例之一。但是斯龙当时只能把霍乱病的暴发与污染的饮用水相联系,并没有确定出是什么物质导致了井水污染。

19世纪70年代,随着细菌学的发展,研究人员发现供水中存在着能使人和动物染上疾病的微生物(即致病微生物),于是加深了对水处理可以防治疾病的认识。德国医学家和微生物学家罗伯特·科赫(Robert Koch)博士提出了疾病的病菌理论;英国外科医生约瑟夫·里斯特(Joseph Lister)博士证实了供水中存在的微生物能够导致疾病的问题。1884年,科赫从污染的易北河(Elbe)水中分离出霍乱病的病原菌——霍乱弧菌(Vibrio Cholerae)。

19世纪90年代,过滤不仅去除水中的颗粒物质,而且也能够去除致命的微生物,该理

论得到普遍认可。1892年,科赫对德国的两座城市——奥托那和汉堡进行霍乱病的对比调研,确定出过滤对霍乱病的暴发有明显的控制作用。这两个城市都取用易北河的水作为饮用水源,其中奥托那取水水源地在汉堡市的下游,受污染更加严重。奥托那在取水之后进行过滤处理,而汉堡无过滤处理。霍乱流行病调查证明,奥托那市的霍乱发病率明显低于汉堡市,这说明了过滤能有效去除引起霍乱病的病原菌。同一时期,美国马萨诸塞州劳伦斯市进行了过滤实验,由当时麻省理工学院(MIT)的塞奇威克(W. T. Sedgwick)教授主持。实验阶段,伤寒横扫整个劳伦斯市,最严重的伤寒暴发地是使用梅瑞马克(Merrimack)河的河水作为水源的地区。为了控制伤寒病流行,该市建造了砂滤池,过滤前后5年期间的调查结果表明,该市伤寒死亡率下降了79%。

3) 美国供水事业开始崛起

1865年,美国南北战争结束以后,美国供水事业快速发展,使美国在饮用水处理领域逐渐走到世界前列。

最早提到用氯净化水是1835年由美国费城罗伯利·邓格利森(Robley Dunglinson)博士在其发表的《人类健康》一文中提出的。他提到使用少量的氯或氯化物可使沼泽水变成可饮用水。1888年,第一个氯化饮用水的美国专利被承认。

1881年3月29日,美国艾奥瓦州基奥卡克(Keokuk)水厂的管理者威廉姆·斯特莱普(William Stripe)组织了一次会议,倡议所有人都要关心水厂的设计、施工、运行、维护和管理,这次会议在密苏里州圣路易斯的华盛顿大学举行。参与该倡议的22位专家在会议上对水厂的管理、运行以及用户与水厂的关系等进行了充分交流,并成立了美国水工业协会(American Water Works Association)。

19世纪80年代,快滤池得到发展。应用快滤池后,处理能力大大增强,并且不再需要占据大的面积。这时Thom滤池的两个主要设计单元——滤床底部的排管空间和回流冲洗水方式——变成了快滤池的标准特性。

1885年,具有现代观点的、与混凝沉淀相结合的快滤池首次在美国新泽西州萨默维尔市(Somerville)用于城市供水。有些学者将萨默维尔首次使用快滤池作为现代化水厂的标志。1896年,美国肯塔基州路易维尔水公司通过研究,证实了快滤与混凝相结合,大大降低了出水的浊度和细菌数,这一成果极大地充实了水处理工艺知识。

1894年,在美国公共卫生协会(American Public Health Association)会议上,水处理工程师乔治·沃伦·富勒(George Warren Fuller)建议应为细菌学测试的标准化而努力,这样取自不同实验室的实验结果可以相互比较。该建议在1897年成为正式报告,后来发展为水质指标测试的标准方法教材(Standard Methods Text)。

3. 20世纪前期的供水技术

1) 消毒技术的发展

1857年,德国电气工程师维尔纳·冯·西门子(Werner Von Siemens)采用放电法发明了臭氧发生器。1893年荷兰最早用臭氧作为净水剂。1897年,西姆斯·伍德海德(Sims Woodhead)在英格兰肯特郡梅德斯通(Maidstone)使用漂白粉对饮用水消毒,它仅在伤寒病流行时作为临时消毒措施。

20世纪最初的十年,臭氧消毒技术已在欧洲普及。欧洲人不愿使用氯消毒的一个原因是,第一次世界大战期间氯气曾作为化学武器应用。由于臭氧消毒系统设备复杂、投资大,且耗电量较高,所以美国更侧重于使用氯消毒方式。

1902年,在比利时米德尔科克(Middlekerke)出现了连续加氯消毒的水厂。该水厂将石灰的氯化物和过氯化铁通过点滴投加机,向滤前水中投加。同年,德国帕德博恩建立了用臭氧处理水质的大规模水厂。

1908年,美国新泽西州的泽西城水厂在约翰·L.李尔(John L. Leal)博士的建议下率先采用了次氯酸钠消毒技术。泽西水厂的饮用水水源取自Booton水库并且未进行过滤处理。该市居民认为该水库受到了上游城市排放污水的污染,担心从该水库取用水的质量。为此泽西水厂选用消毒技术取代建造滤池,结果出水的细菌总数显著减少,而其费用远低于其他处理方法。同年芝加哥的巴布利·克里克(Bubbly Creek)水厂开始使用常规加氯消毒方式(通过电解技术生成氯气和次氯酸盐);细菌灭活率(bacterial kill rate)的信息也开始出现,由此带来微生物化学惰性的琪克-沃森(Chick-Watson)模型。

1912年,全规模应用液氯消毒技术在美国西部纽约水公司的尼亚加拉弗尔斯净化工厂投入使用,消毒采用乔治·奥恩斯坦(George Ornstein)博士开发的液氯投加设备。1917年,氯胺消毒开始在加拿大的渥太华和美国科罗拉多州的丹佛应用。1919年,美国人沃曼(Abel Wolman)和恩斯洛(L. H. Enslow)提出了需氯量概念,并证明了处理水的需氯量与水的特性具有很大关系。1930年美国马西森(Matheson)化学公司实现工业化生产二氧化氯。

1935年,英国克罗伊登(Croydon)暴发了伤寒疫情,该地在给水处理过程中未采用氯消毒。此次疫情后,英国立法要求饮用水通过公共供水管网输送时必须含有剩余消毒剂。此后英国基本消除了水传播霍乱或伤寒疫情病例。

1955年,印度新德里暴发了一次大规模的流行性肝炎,大约100万人受到感染。经调查,认为是由于新德里的两个水处理厂在处理过程中没有充分加氯消毒。

20世纪二三十年代,溶气气浮(1924年获得专利)、早期的膜过滤(主要用于分析)、絮体沉淀和固体接触澄清等技术也取得了进展。

2) 早期饮用水水质标准的出现

1912年,美国国会通过《公共卫生服务法案》(The Public Health Service Act),批准对水污染尤其是影响人类健康的污染项目的调查研究。1914年,美国财政部公布了第一个真正意义上的饮用水标准。该水质标准仅对细菌学指标(细菌总数和大肠埃希氏菌)作了规定。该标准仅用于州与州之间,防止疾病从一个州向另一个州蔓延。1925年,美国对饮用水处理设定了新的标准,规定限制100 mL水含不超过1个大肠埃希氏菌。1942年,美国饮用水标准再次提高,制定了样品细菌测验标准及铅、氟化物、砷和硒的最大允许浓度。

1937年,苏联制定了欧洲第一个饮用水水质标准。

4. 20世纪后期的供水技术

从20世纪60年代开始,随着工业和城市的迅速发展,饮用水水源受到日趋广泛和严重的污染,包括城市污水及工业废水等点源污染和更难控制的非点源污染,诸如城市街道及地面径流水、农田径流、空气中颗粒杂质沉降、垃圾厂渗滤液等污染。英国、美国及荷兰的流行病学家的调查研究皆证明长期饮用含多种微量污染物(尤其是致癌、致畸、致突变、致内分泌紊乱污染物)水的居民群,其消化道的癌症死亡率明显高于饮用洁净水对照组的居民群。为此,各国学者广泛开展了饮用水除污染新技术的实验研究,包括活性炭吸附和臭氧、二氧化氯、高锰酸钾、过氧化氢等氧化剂氧化除污染方法及由其组成的净化系统,并形成了以臭氧氧化和生物活性炭为代表的深度净化工艺。

1) 常规工艺的发展和完善

絮凝工艺方面,欧美和日本等各国在20世纪50年代前多使用往复式隔板絮凝池,到六七十年代逐渐较多地采用机械搅拌絮凝。近年来美国和日本多数水厂采用卧式机械絮凝装置,有些水厂还采用透平式与轴流推进式装置,日本有些水厂采用可调节的阻流板以改善水力絮凝池的反应条件。西欧和北欧的水厂也较多采用机械絮凝装置。

沉淀工艺方面,从四五十年代开始,多国出现了以提高沉速为主的澄清池。如美国发展了加速澄清池,英国和苏联发展了悬浮澄清池,法国发展了脉冲澄清池、斜板式脉冲澄清池和超脉冲澄清池。到60年代以后,日本和法国进一步掌握了平流式沉淀池的规律,出现了既能增进沉淀效率又能保留平流沉淀池优点的多层沉淀池与斜底分段取水式沉淀池。随着浅层沉淀理论和多层多格理论的发展,日本出现了侧向流斜板沉淀池,欧洲出现了"Lamella"池,美国出现了斜管沉淀池,而荷兰、瑞典和澳大利亚出现了同向流板组分离装置。

过滤机理与结构方面,从慢滤到快滤,从单层到双层、三层、反粒度混合滤料过滤;从等效过滤到降速过滤;从黄沙、白煤滤料等到陶粒滤料研制与应用;从下向流到KO型上向流和AKX双向流滤池;从虹吸滤池、移动罩滤池、四阀滤池、无阀滤池到V形滤池;从大阻力配水系统到小阻力配水系统等,都取得丰硕的实践成果。

2) 饮用水水质标准得到各国重视

1958年世界卫生组织公布了《饮用水国际标准》。1961年世界卫生组织又公布了《饮用水的欧洲标准》,其目的是推动改善饮用水水质,鼓励经济及技术发达的欧洲国家要达到比国际标准更高的标准。因为有些欧洲国家,工业发展密度高,农业耕种集中,对给水的危害机会也是世界其他地方不常碰到的,所以采用这种比较严格的标准是公正的。此后这两个标准和美国的《国家饮用水水质标准》成为具有国际权威性、代表性的饮用水水质标准,其他国家或地区的饮用水标准大都以这三种标准为基础或作为重要参考。

1954年,我国原卫生部拟定了《自来水水质暂行标准草案》,共16项指标,于1955年5月在北京、天津、上海等12个大城市试行。1959年经国家建设部和原卫生部批准,定名为《生活饮用水卫生规程》。

3) 慢滤池的应用重新引起关注

1980年前后,美国环境保护局对慢滤池的研究认为,在推荐滤速、合适介质及原水水质条件下,慢滤池能生产出低浊的出水并有效去除微生物。1989年美国环境保护局通过《地表水处理法规》,慢滤池作为4个基本处理工艺流程之一被列入。由于慢滤池出水水质优良、运行管理简易,更适于小城镇应用。日本《水道设施设计指针》规定,原水水质较好,大肠菌群在1 000(100 mL,MPN)以下,BOD在2 mg/L以下,最高浊度在10度以下时采用慢滤方式净水。1997年日本全国净水厂总过滤能力5 658万 m^3/d 中,应用慢滤池处理的为325万 m^3/d,占总过滤能力的5.74%。

4) 供水处理技术与污水处理技术的区分变得模糊

20世纪90年代后,饮用水中发现新的病原微生物,如贾第虫(Giardia)和隐孢子虫,水中化学合成物质的数量急剧增加和原水富营养化而产生的藻类生长,使城市供水水质净化处理和水质安全遭遇新的挑战。1993年4月,在美国威斯康辛州密尔沃基市(Milwaukee, Wisconsin)爆发了由隐孢子虫引起的水传播疾病,共40.3万人感染疾病,4 000余人住院,112人死亡。这使传统净水处理工艺甚至深度处理工艺都不能适应新的水质净化要求,因此需要采用新的水处理技术,诸如膜过滤技术等。

1999年在中国香港召开的"21世纪革新的水与废水处理技术的进展"国际会议中,丹麦的哈尔莫斯教授提出了"水的处理可以解释为从任何污染程度净化到满足需求的任何净化程度的净化方法","用于供水的处理工艺与用于废水的处理工艺的差别将消失"。这预示着水与废水处理技术已经发展的程度,尤其是深度氧化技术和膜技术的引入,提供满足需求的任何净化程度的水,在技术上已经具有可实施性,关键是需要多少资金和运行费用,即经济承受能力成为制约技术应用的关键。

5. 21世纪的发展趋势

水资源保护得到高度重视。随着社会的发展、人口的增长,人们对水的需求越来越高。而地球上可供使用的水资源却日趋贫乏,工业化进程造成的水污染日益严重,更加剧了水资源的供需矛盾。因此对水资源的保护和再利用提出了更高的要求。

水质标准将更加完善。人们理性认识的提高,对饮用水水质标准将有一个审慎的态度,对水质的安全度将会给出符合人体健康要求的评价。一些过去不被人们所认识或检测手段暂时不完善的监测项目会得到重新认识。在检测技术水平提高后,过去无法检测的微量有害物质(有机的和无机的),将不断补充进新的水质标准,列入被检测项目,使饮用水水质标准更加符合人们身体健康的需要。

给水处理技术回归自然。给水技术将对自然水体净化过程采取适当的加速和浓缩措施,以提高净化效率,尽可能避免利用现代工业技术(如超净化处理等)在水处理过程中带来破坏"天然水"的"生态平衡"问题。新的处理技术在不断出现,它们将与已有的技术紧密结合,为明天提供更加安全的饮用水。

1.4.2 城市排水发展

1. 早期历史

城市排水的历史可以追溯到公元前几千年。可以想象,在当时世界的一些地区,人们群居在一起,他们对周围环境带来的影响很小,雨水依据自然水文过程生成地表径流、蒸发或下渗。只有在极端情况下才会出现洪水,但洪水的流量和洪峰的高度并不比现在城市内出现的洪水量大、洪峰高。人类产生的生活废水在自然过程中被处理。

当人类开始试图控制所生存的环境时,人工排水系统发展起来了。史书记载和考古证据表明,在许多古代文明城市中已经出现了排水系统。例如,公元前3000年欧洲克里特文明时期的排水遗址,至今仍然能在希腊的克里特岛上找得到,其中的排水设施输送了降雨径流和沐浴用水,也可能输送了宫殿中的其他废物。公元前2500年埃及也建设了排水沟渠,当时古希腊的城市出现了石砌或砖砌形式的管渠系统。在伊拉克巴格达郊区的考古发掘中,发现了约在公元前2500年建的砖砌排水管,并有支管和住房水冲厕所连接,这是极少在古代排水管中流入生活污水的例子。公元前6世纪为罗马广场排水建造的称为"大沟渠"(Cloaca Maxima)的拱形渠道,高4.2 m,宽3.6 m,至今仍在使用(图1-2)。

排水工程的建设在我国同样有着悠久的历史。新石器时代后期至夏商时期，是城市产生并开始发展的初级阶段，城邑规模由小逐渐变大，城市排水管道业已具备。河南省淮阳挖掘出了在龙山文化时期（公元前 2800—前 2300 年）的平粮台古城下所埋的陶质排水管。这条管道由三条陶管组成，其断面呈倒"品"字形，每条管道又由许多个陶管扣合而成。陶管一头略粗，另一头细，细头有榫口，可以衔接。陶水管为轮制，装入直筒，小口直径为 0.23～0.26 m，大口直径为 0.27～0.33 m，每节长 0.35～0.45 m 不等，其上外表印篮纹、方格纹、绳纹、弦纹，个别的为素面。每节小口朝南，套入另一节的大口内，如此节节套扣。管道周围以礓石和土填实。

图 1-2　罗马台伯河中 Cloaca Maxima 的出水口

西周至春秋战国，是古城的大发展时期，齐临淄、吴阖闾大城、赵邯郸、楚郢、燕下都等，规模都相当宏大，人口达数十万。这一时期古城的排水系统已逐渐完善。城市排水系统由下水管道、城内沟渠和城壕组成，把城内的积水排到城外的河、湖中。河北易县燕下都遗址的发掘表明，战国时期（公元前 475—前 221 年）已有建筑在夯土高台上的台榭建筑，夯土台上设置有陶制的排水管道，还使用了铺地的平砖和非承重的空心砖等。

秦汉至五代，城市排水系统进一步发展。据记载，汉朝长安的安门内大街长达 5.5 km，街宽 50 m，中央是皇帝专用的驰道，宽 20 m，两侧有排水沟。唐朝长安城的规模尤为宏大，有南北并列的 14 条大街（最宽的街道达 150 m）和东西平行的 11 条小街，将全城分成 103 个矩形的里坊，每个里坊面积 25～40 hm^2。大街的两侧有宽、深各 2 m 多的排水沟。其中朱雀街两侧水沟，上口宽 3.3 m，底宽 2.34 m，深 1.7～2.11 m。

宋元明清期间为城市排水系统基本定型时期。江西赣州在北宋（公元 960—1297 年）期间，由著名的水利专家刘彝主持修筑了罕见的城内排水系统——福寿沟。虽然经历了千年风雨，福寿沟至今仍完好畅通，并继续作为赣州居民日常排放污水的主要通道。

苏州古城内的明清旧宅，大多为多进建筑，房屋地面高于天井二三个台阶，贴地多用方砖或地板。陪弄地砖下有阴（暗）沟。天井有钱眼，用暗沟（穿过厢房）接通弄沟。弄沟直通河浜或街沟。下雨时钱眼进水缓慢，天井常积水，有时通行不便（可走陪弄），但积水不会入室。天井有延滞和下渗雨水径流的作用。平时盥漱洗涤废水都倾倒地面。粪便用桶收集。街道一般为石板路，石板为条石，既作路面又作街沟的盖板。宅内暗沟，除厨房院子一段有时需淘淤疏通外，无淤塞情况。街道暗沟则需维护。

元明清的都城北京，内城基本上每街有沟，沟道用城砖石灰砌筑，断面为 400 mm（宽）×400 mm（深）至 2.5 m（宽）×3.5 m（深），另有两条纵向明渠（东边为御河，西边为南北沟沿），自北向南注入前三门护城河。内城沟道尾闾除护城河外，尚有中南海、北海、什刹海等湖塘，排水效果良好。清光绪年间（1875—1908 年）北京的皇城雨水道系统曾进行疏浚，共耗时3年，耗银20多万两，可见其规模之大。光绪十三年(1887年)，上海首次从英国引进了水泥排水管；1889年，唐山建成启新洋灰公司，随后中国开始生产制造水泥排水管道。

我国古代由于长期自给自足、以农业生产为主，粪便作为农作物的良好肥料，受到欢迎。粪便通常排入厕所坑内，周期性清空；粪便的收集和清运采用或背或挑，或车运或船运送至粪场，经简易处理后多用作农肥。而淘米洗菜、盥漱洗濯等日常生活污水，水量一般很小，可以直接倾倒地面，或排入雨水沟渠。因此，我国古代极少在家庭或建筑内设置污水管道系统。一般只有明渠与暗渠相结合的雨水管渠系统，其材料包括砖石砌块和陶土管道，沟渠主要作用是防洪排涝。大多城镇水量充沛，城内有天然河道和池塘，城外有护城河，雨水就近排放，管道长度较短。

2. 现代城市排水工程

19世纪中期，随着产业革命后工业的发展和人口的集中，一些国家的城市开始建造现代排水系统(表1-1)。现代排水系统是大量的生活污水和工业废水泄入排水管道后开始的。这些污废水如果不去除，将会污染环境和引发各种疾病。排水系统最初是合流制排水系统，即将生活污水、工业废水和雨水混合在同一个管渠内排除的系统(例如英国早期的排水工艺只建造管渠工程而无处理设施，将污废水及雨水直排水体)。这种排水系统一直持续到20世纪。在这个阶段，排水管道系统在逐步扩大，出水口的污染物浓度大量增加，固体沉积，臭气熏天，于是出现了分流制排水系统，即将生活污水、工业废水和雨水分别在两个以上各自独立的管渠内排除。其中生活污水和工业废水为了达标排放，必须经过污水处理厂(站)处理，然后排除。

表1-1 一些国家现代城市排水工程开始建造的年代

国家	英国	法国	德国	美国	日本
开始建造年代	1732	1833	1842	1857	1872

基本污水处理从1900年进展到1970年。处理系统注重去除悬浮和漂浮物质，处理生物可降解有机物，以及消除致病生物。1970年之后，为了保护湖泊和内陆河流等，标准得以提升，引入氮和磷的处理。1980年之后，更多关注公共健康，以及有毒药剂和可能具有长期健康后果的痕量物质去除。

1.5 城市水系统可持续理念

过去数十年中，城市水系统的管理大体上是大规模、集中式管理，在提高生活质量，尤其是通过提供可靠安全供水减少疾病风险上取得很大成功。面对城市水系统的挑战，必须转变观念(表1-2)，将可持续发展的观念融入城市水系统，提高城市水系统的管理水平。为了能够从整体上探讨城市供水、排水、雨(污)水回用、地表水体和地下水体之间关联的紧密性，城市水系统的可持续管理需要新的研究和行动方法来实现，即采用系统论方法分析水循环、理解隐藏在城市水系统背后的科学知识、确保关注所有组成要素，以及总体考虑社会、经济和健康因素。

表 1-2　　　　　　　　　　　　　城市水系统认识观念的转变

原有观念	新的观念
生活污水和工业废水是人们在生活、生产过程中产生的废弃物。 应当有组织、及时地排放和处理,否则可能污染和破坏环境,甚至形成公害	污水和污泥是可以综合利用的资源。 污废水经妥善处理后可作为低质用水,如用作工业冷却用水和杂用水(厕所冲洗水、洗车水、洒水、消防用水、空调用水等)。污泥的综合利用可以回收营养成分和工业废料,返还用于作物生长和工业生产
雨洪水是社会公害。 设计原则为应尽量利用自然地形坡度,以最短的距离靠重力流排入附近的池塘、河流、湖泊等水体	雨水是一种资源。 如果在雨水管道系统设计、用地规划和地面覆盖上考虑雨水渗透回收和处理,可以利用雨水涵养地下水源、增加土壤中的含水量、调节气候,甚至可作为饮用水源
扩大规模作为主题。 为了满足城市化的扩展、经济的发展和人口的增加,以寻找优质水资源,建设给水和排水处理设施、输送和收集管道为主要内容	有效管理作为主题。 随着城市的规模定型、设施的老化、水质的变化,以充分利用现有设施、优化处理工艺、更新改造老化设施为主要内容
目标单一,水量是确定城市水系统基础设施规模和造价的决定性因素。 无论是生产用水还是生活用水,市政供水管网为其提供了满足饮用水标准的水量	多目标决策,基础设施根据用户的需求和生产的特性来选择。 除水量以外,水质(生物、化学、物理特性)、可靠性水平均作为重要决策因素
串联方式。 整个系统从水源到受纳水体可看作是一个串联系统,在城市水循环中很少出现回路(如循环用水、雨污水回用等)	回用和回收。 通过雨水、污水的适当处理,使其作为部分供水,缓解城市水资源短缺的问题
灰色基础设施。 管道、水处理厂、泵站等的建筑材料主要以混凝土、金属和塑料为主	绿色基础设施。 注重土壤和植被进行水处理、污染成分吸收的自然能力
大型/集中式系统。 通常根据城市、人口、工业规模,采用大型/集中式给水排水系统	多样化的城市水系统。 随着膜材料技术、自动控制技术和传感技术的发展,给水和污水处理设施的经济规模效应呈显著下降趋势;减少对管网的依赖,将再生水作为替代水源,改变城市水设施的空间;在常规大型/集中式系统不经济的场合,小型/分散式系统得到发展、布局和规模
机构分散。 水资源、供水、排水、节水由各自独立的机构管理	综合性集成管理。 注重供水、排水在城市水循环中的相互作用、相互影响,成立统一的机构进行管理

第 2 章 给水水源与处理

2.1 给水水源

任何供水系统的最上游都是原水水源。水从这里抽取后处理,或在适宜条件下直接输送至用户。由于水源产水量有限,水量受到工农业污染、不合理开采和水量浪费等影响,许多城市出现取水难的问题。因此,保护水源、治理污染,合理开发利用水资源,节约用水是水资源利用可持续发展的重要条件。

2.1.1 水源种类和特征

给水水源通常分为两大类:地下水源和地表水源。随着水资源越来越紧张,为了满足特定的要求,在特定条件下也应用雨水、处理污水和海水。例如 2021 年,我国总供水量为 5 920.2 亿 m^3。其中,地表水、地下水分别占 83.2% 和 14.5%。其他水源供水量为 138.3 亿 m^3,占 2.3%,其中再生水、积蓄雨水利用量分别占 84.6%、5.0%。

1. 地表水源

地表水源包括江河水、湖泊水、水库水和海水。地表水源较地下水源水量更充沛、分布更广泛且取用更方便,因此许多城市及工业企业常常利用地表水作为给水水源。

1) 江河水

江河水流程长、汇水面积大,受降雨和地下水的补给,水量大。水中杂质含量高,浊度常高于地下水,但水中含盐量和硬度低。水量、水位、水质受季节和降雨影响大,易对取水及水处理产生不利影响,特别是我国华北和西北地区,地面植被差、坡降大,降雨后河水含沙量高,水位涨落明显;西北和东北地区冬季低水温持续时间长,水质难处理。

2) 湖泊和水库水

湖泊和水库水体大,水量充足,流动性小,停留时间长,水中营养成分高,浮游生物和藻类多,不利于水质处理;蒸发量大,使水体浓缩,因而含盐量高于江河水;沉淀作用明显,浊度较江河水低,水质、水量稳定,但在冬季易发生低温低浊水现象。

2. 地下水源

地下水源包括潜水、承压水和泉水。大部分地区的地下水由于受形成、埋藏和补给等条件影响,具有水质澄清、水温稳定、分布面广等特点;但地下水径流量较小,补给慢,不适宜作为大规模供水水源。

1) 潜水

潜水位于地面以下第一个连续分布的隔水层之上,水体表面通过土层孔隙与大气相通。潜水分布范围广,埋藏浅,易开采,浊度低,硬度较高。潜水受其上地表降雨的直接补给,水位受降雨和季节的影响较大,还易受到地表入渗的污染。

2) 承压水

承压水存在于两个隔水层之间,并有一定的压力,其存水区域和补给区域不一致,补给区的地下水位决定了承压水头的大小。承压水不易受到污染,水质好,水量稳定,一般硬度较高。

3) 泉水

地下水涌出地表就形成了泉水。源于承压水的泉为上升泉,它具有承压水的性质。其他地下水形成的泉为下降泉,根据其来源而具有不同的性质。

3. 非常规水源

1) 再生水

再生水是指城市污水经过净化处理,达到水质标准和水量要求,并用于景观环境、城市杂用、工业和农业的用水。再生水具有量大、就近可取、水量受季节性影响小、投资和处理成本低等优点。再生水可利用量也应纳入城市水资源平衡分析的范围。

2) 雨水利用

雨水利用是一种立足本地水资源、解决水资源短缺的有效措施,从形式上可分为适当处理后的直接利用和强化雨水下渗的间接利用。在缺水地区修建一定的水利工程,形成雨水贮留系统,既可作为城市水源,也可减少水淹之害。雨水可利用量受年际和季节性的影响较大,水量不稳定。

3) 海水综合利用

海水综合利用包括海水的直接利用和海水淡化。沿海淡水资源匮乏地区新建、改建和扩建高耗水工业项目,应优先考虑海水直接利用。缺乏淡水资源的沿海或海岛城市宜将海水直接或经处理后作为城市给水水源。

2.1.2 水源选择

选择水源时需要考虑下列因素。

1. 良好的水质

水质是水源选择时需要考虑的重要因素之一,城市供水系统应按生活饮用水的要求选择水源。水源选择前需要收集或实测各待定水源一定时段的水质资料,会同当地卫生防疫部门共同对水质作出评价,并选择最终合格的水源。采用地表水源时,水源水质应符合《地表水环境质量标准》(GB 3838—2002)Ⅰ、Ⅱ、Ⅲ三类水质标准,以及《生活饮用水水源水质标准》(CJ 3020—93)的要求。采用地下水源时,水源水质应符合《地下水质量标准》(GB/T 14848—2017)中Ⅰ~Ⅳ类水质的要求。采用海水时,水源水质应符合《海水水质标准》(GB 3097—1997)中第一类海水水质的要求。若条件所限,需要利用超标准的水源时,应采用相应的净化工艺处理,处理后的水质应符合现行《生活饮用水卫生标准》(GB 5749)的要求,并取得当地卫生部门及主管部门的批准。

2. 充足的水量

水源水量关系到供水系统的运行可靠性,是水源选择的另一个重要因素。对于江河水源,为保证供水系统在最不利的枯水季节能取得足够水量,需要对一定保证率的枯水流量进行评价。方法是根据城市规模及取水的重要性,确定取水的枯水流量保证率,一般为90%~97%;收集水源10~15年连续的水文资料,计算相应保证率下的枯水流量。取水流量和枯水流量应满足

$$Q_\mathrm{d} \leqslant mQ_\mathrm{k} \tag{2-1}$$

式中 Q_d——供水系统设计取水量(m^3/h);

Q_k——保证率为90%～97%的水源枯水流量(m^3/h);

m——系数,无坝取水时为0.15,有坝取水时为0.3。

对于地下水,应评价当地地下水的可开采量,并对地下水开采实行总量控制,保证每年的开采总量不超过可开采量,否则会造成地下水枯竭、水位下降、地面下沉等后果。

供水系统设计取水量以规划最高日用水量为基准,考虑水处理厂自用水量确定。水处理厂自用水量如沉淀池排泥、滤池冲洗等用水,其值取决于水处理工艺、构筑物类型及原水水质等因素,一般按规划最高日取水量的5%～10%计。取用地下水若仅需在进入管网前消毒且无需其他处理时,可不考虑水处理厂自用水量。

3. 卫生保护条件好

应充分考虑环境因素对水源可能的污染、防护条件及水质的发展趋势,尽可能选择受人类活动影响小、易保护的水源。取水点应尽量放在城市的上游。

4. 考虑国民经济其他部门的用水

首先要了解当地各水域功能的划分,不同的水域担负着不同的功能,如航运、灌溉、水产养殖、排污等。对不同功能的水域,有关部门的整治目标不同。应选择具有供水功能的水体作为供水水源。对具有多种功能的水体,要充分考虑到各部门间争水、水质污染等因素的影响。

5. 整体布局合理,多点供水

为了保证整个供水系统供水均衡,要密切结合城市远近期规划和工业总体布局,分析用户的分布、地形地貌等因素,尽可能采用多水源多点供水。采用多水源供水可保证整个系统的运行可靠性;均匀分布的多点供水可使管网压力分布均匀,泵站扬程及管网水压降低,从而降低能耗,减少爆管和管网漏水,使管网稳定运行。

6. 技术可行,经济合理

选择水源时,要全面考虑取水、输水、净水构筑物的建设、运行管理,一般应对多个水源方案进行技术经济分析,选择可行、合理、运行管理方便、供水安全可靠的水源。

一般地,对于用水量小、供水安全要求低的乡镇供水系统,应优先采用水质较好的地下水、水库水作为水源。对用水量大、供水安全要求高的城市供水系统,应优先采用河流、湖泊等地表水源,有利于地下水资源的保护和合理开发,提高供水安全可靠性。

2.1.3 给水水源保护

选择城镇或工业企业给水水源时,通常都经过详细勘察和技术经济论证,保证水源在水量和水质方面都能满足用户的要求。然而,由于水源污染、水土流失、对水的长期超量开采等,水源常出现水量降低和水质恶化的现象。一旦出现此类现象,水源在短期内很难恢复。因此,需要采取保护水源、防止水源枯竭和污染的措施。

1. 保护给水水源的一般措施

保护给水水源有以下几方面的措施。

1)制定水资源开发利用规划

配合经济计划部门制定水资源开发利用规划是保护给水水源的重要措施。

2)加强水源管理

对于地表水源要进行水文观测和预报。对于地下水源要进行区域地下水动态观测,尤应注意开采漏斗区的观测,以便对超量开采及时采取有效的措施,如开展人工补给地下水、限制开采量等。

3) 流域面积内的水土保持

水土流失不仅使农业遭受直接损失,而且还加速河流淤积,减少地下径流,导致洪水流量增加或常水流量降低,不利于水量的常年利用。为此,要加强流域面积上的造林和林业管理,防止在河流上游和河源区滥伐森林。

4) 防止水源水质污染

防止水源水质污染有以下几方面措施。

(1) 合理规划城市居住区和工业区,减轻对水源的污染。容易造成污染的工厂,如化工厂、石油加工厂、电镀厂、冶炼厂、造纸厂等应尽量布设在城市及水源地的下游。

(2) 加强水源水质监督管理,制定污水排放标准并切实贯彻实施。

(3) 勘察新水源时,应从防止污染角度,提出水源合理规划布局的意见,提出卫生防护条件与防护措施。

(4) 对于滨海及其他水质较差的地区,要注意开采地下水引起的水质恶化问题,如咸水入侵,与水质不良含水层发生水力联系等问题。

(5) 进行水体污染调查研究,建立水体污染检测网。水体污染调查要查明污染来源、污染途径、有害物质成分、污染范围、污染程度、危害情况与发展趋势。地下水源要结合地下水动态观测网点观测水质变化。地表水源要在影响其水质范围内建立一定数量的监测网点。建立水体监测网点的目的是及时掌握水体污染状况和各种有害物质的分布动态,便于及时采取措施,防止污染水源。

2. 饮用水水源保护区

为防止饮用水水源地污染,应保证水源水质划定,并要求加以特殊保护的一定范围的水域或陆域作为饮用水水源保护区。饮用水水源保护区一般划分为一级保护区和二级保护区,必要时在保护区外划分准保护区。各级保护区应有明显的地理界线,水源保护区应按国家规定设置保护标志(图 2-1)。

(a) 正面

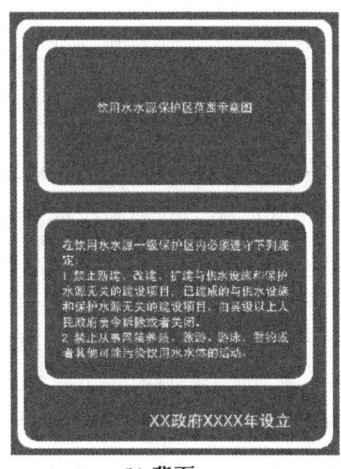

(b) 背面

图 2-1 饮用水水源保护区界标示意

1) 地表水源保护区

生活饮用水地表水源保护区可以分为一级保护区、二级保护区和准保护区(图2-2)。

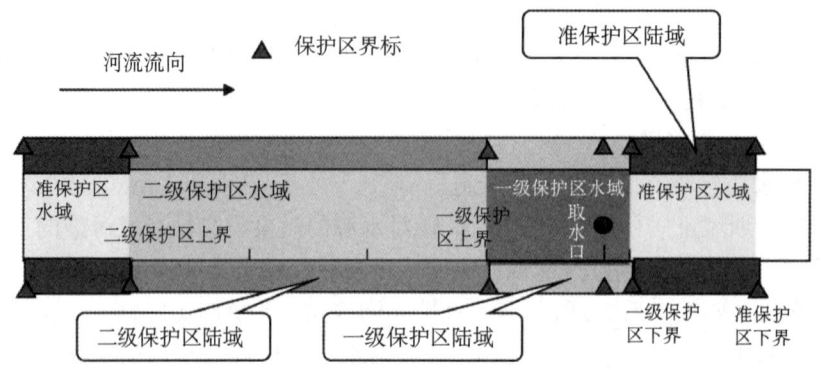

(a) 整条河流水面划定为保护区的水源界标设置示意

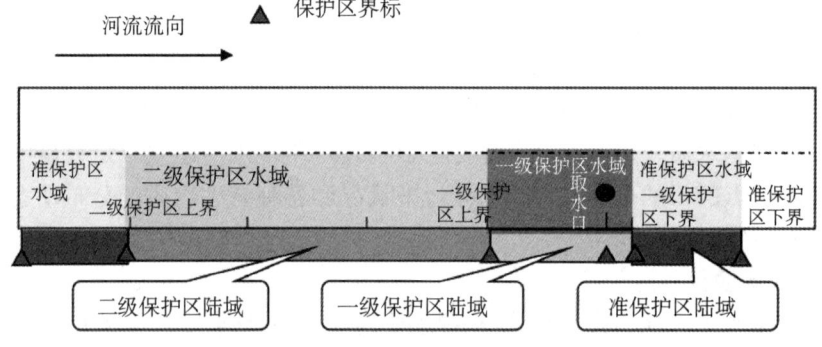

(b) 部分河道水面划定为保护区的水源界标设置示意

图2-2 地表水源保护

(1) 一级保护区。饮用水地表水源一级保护区是在饮用地表水源取水口附近划定一定的水域和陆域。保护区的水质标准不得低于国家《地表水环境质量标准》(GB 3838—2002)基本项目标准限值Ⅱ类标准、集中式生活饮用水地表水源地补充项目标准限值,以及由县级以上环境保护部门选择确定的特定项目标准限值。

对于一般河流水源地,一级保护区水域长度为取水口上游不小于1 000 m、下游不小于100 m范围内的河道水域。对于潮汐河段水源地,一级保护区上、下游两侧范围相当,其单侧范围不得小于1 000 m。陆域沿岸长度不小于相应的一级保护区水域长度。陆域沿岸纵深与一级保护区水域边界的距离不小于50 m。

依据规模大小,湖泊、水库型饮用水源地分类见表2-1。小型水库和单一供水功能的湖泊、水库应将多年平均水位对应的高程线以下的全部水域面积划为一级保护区。小型湖泊、中型水库保护范围为取水口半径300 m范围内的区域。大中型湖泊、大型水库保护范围为取水口半径500 m范围内的区域。小型湖泊、中型水库保护区为取水口侧正常水位线以上300 m范围内的陆域。大中型湖泊、大型水库保护区为一级保护区水域外不小于200 m范围内的陆域,但不超过流域分水岭范围。

表 2-1　　　　　　　　　　　湖库型饮用水水源地分类表

水源地类型		水源地类型	
水库	小型，$V<0.1$ 亿 m^3 中型，0.1 亿 $m^3 \leqslant V \leqslant 1$ 亿 m^3 大型，$V>1$ 亿 m^3	湖泊	小型，$S<100\ km^2$ 大中型，$S \geqslant 100\ km^2$

注：V 为水库总库容；S 为湖泊水面面积。

一级保护区内禁止新建或扩建与供水设施和保护水源无关的建设项目；禁止向水域排放污水，已设置的排污口必须拆除；不得设置与供水需要无关的码头，禁止停靠船舶；禁止堆置和存放工业废渣、城市垃圾、粪便和其他废弃物；禁止设置油库；禁止从事种植、放养禽畜和网箱养殖活动；禁止可能污染水源的旅游活动和其他活动。

（2）二级保护区。饮用水地表水源二级保护区是在饮用水地表水源一级保护区外划定一定的水域和陆域。二级保护区的水质标准不得超过《地表水环境质量标准》（GB 3838—2002）基本项目标准限值Ⅲ类标准、集中式生活饮用水地表水源地补充项目标准限制，以及由县级以上环境保护部门选择确定的特定项目标准限值。应保证一级保护区的水质能满足规定的标准。

对于一般河流水源地，二级保护区长度从一级保护区的上游边界向上游（包括汇入的上游支流）延伸不得小于 2 000 m，下游侧边界距一级保护区边界不得小于 200 m。沿岸纵深范围不小于 1 000 m，对于流域面积小于 100 km^2 的小型流域，二级保护区可以是整个集水范围。

小型湖泊、中小型水库一级保护区边界外的水域面积设定为二级保护区。大中型湖泊、大型水库一级保护区外径向距离不小于 2 000 m 的区域为二级保护区水域面积，但不超过水面范围。小型水库可将上游整个流域（一级保护区陆域外区域）设定为二级保护区。小型湖泊和平原型中型水库的二级保护区范围是正常水位线以上（一级保护区以外）、水平距离 2 000 m 的区域，山区型中型水库二级保护区的范围为水库周边山脊线以内（一级保护区以外）及入库河流上溯 3 000 m 的汇水区域。大中型湖泊、大型水库可以划定一级保护区外径向距离不小于 3 000 m 的区域为二级保护区范围。

二级保护区内禁止新建、改建或扩建向水体排放污染物的建设项目；原有排污口依法拆除或者关闭；禁止设立装卸垃圾、粪便、油类和有毒物品的码头。

（3）准保护区。饮用水地表水源准保护区是根据需要可在饮用水地表水源二级保护区外划定一定的水域及陆域。准保护区的水质标准应保证流入二级保护区的水质能满足规定的标准。

准保护区内禁止新建、扩建对水体污染严重的建设项目，禁止改建建设项目，不得增加排污量等。

2）地下水源保护区

与地表水源类似，生活饮用水地下水源保护区也分为一级保护区、二级保护区和准保护区（图 2-3）。饮用水地下水源保护区的水质均应达到《地下水质量标准》（GB/T 14848—2017）Ⅱ类标准以及《生活饮用水卫生标准》（GB 5749—2022）的要求。

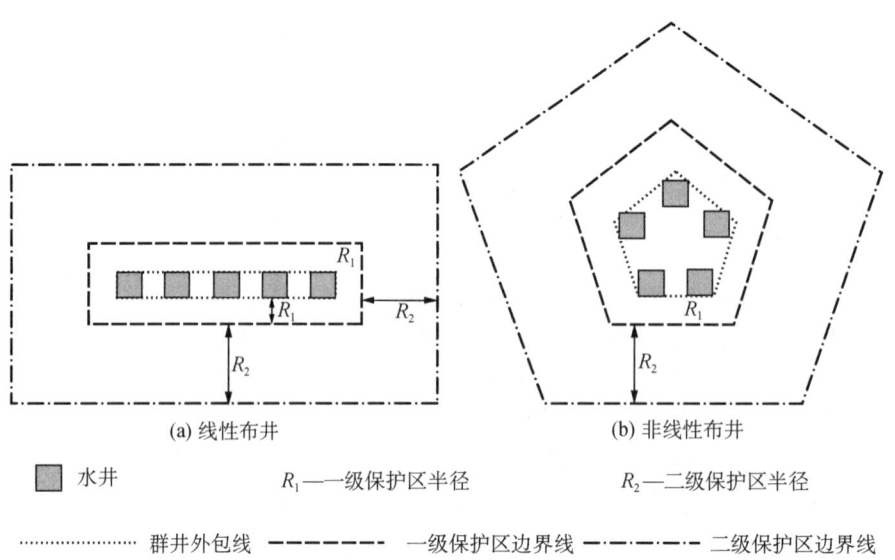

图 2-3　群井水源保护区范围概念模型图

当补给水源为地表水体时,要求地表水体水质不应低于《地表水环境质量标准》(GB 3838—2002)Ⅲ类标准;不得使用水质低于《农田灌溉水质标准》(GB 5084—2021)的污水进行灌溉;注意保护水源林,禁止毁林开荒,禁止非更新砍伐水源林;人工回灌补给地下水,不得恶化地下水质。

(1) 一级保护区。饮用水地下水源一级保护区位于开采井的周围,其作用是保证集水有一定的滞后时间,以防止一般病原菌的污染。直接影响开采井水质的补给区地段,必要时也可划分为一级保护区。具体划分以汲水井为中心、半径 300 m 范围为一级保护区。

一级保护区内禁止建设与取水设施无关的建筑物;禁止从事农牧业活动;禁止倾倒、堆放工业废渣及城市垃圾、粪便和其他有害废弃物;禁止输送污水的渠道、管道以及输油管道通过本区;禁止建设油库;禁止建造墓地。

(2) 二级保护区。饮用水地下水源二级保护区位于饮用水地下水源一级保护区外,其作用是保证集水有足够的滞后时间,以防止病原菌以外的其他污染。具体划分以汲水井为中心、半径 300~600 m 范围为二级保护区。

二级保护区内,对于潜水含水层地下水水源地,禁止建设化工、电镀、皮革、造纸、制浆、冶炼、放射性、印染、染料、炼焦、炼油及其他有严重污染的企业,已建成的要限制治理,转产或搬迁;禁止设置城市垃圾、粪便和易溶、有毒有害废弃物堆放场和转运站,已有的上述场站要限期搬迁;禁止利用未净化的污水灌溉农田,已有的污灌农田要限期改用清水灌溉;化工原料、矿物油类及有毒有害矿产品的堆放场所必须有防雨、防渗措施。对承压含水层地下水水源地,则禁止承压水和潜水的混合开采,做好潜水的止水措施。

(3) 准保护区。饮用水地下水源准保护区位于饮用水地下水源二级保护区外的主要补给区,其作用是保护水源地的补给水源水量和水质。以取水井群或单井为中心,沿其地下水的流向,上游 3 000 m 至下游 1 000 m 为界,两侧各 2 000 m 的范围中除去一级、二级保护区的范围为准保护区。

准保护区内,禁止建设城市垃圾、粪便和易溶、有毒有害废弃物的堆放场站,因特殊需要设立转运站的,必须经有关部门批准,并采取防渗漏措施;当补给源为地表水体时,该地表水体水质不应低于《地表水环境质量标准》(GB 3838—2002)Ⅲ类标准;不得使用不符合《农田灌溉水质标准》(GB 5084—2021)的污水进行灌溉,合理使用化肥,保护水源林,禁止毁林开荒,禁止非更新砍伐水源林。

2.2 水源水质

给水处理的任务是通过必要的处理方法去除水中杂质,使之符合生活饮用和工业使用所要求的水质。给水处理对于用户用水的健康具有直接影响。

水源水含有各种各样的杂质。水中杂质可分为无机物质和有机物质。无机物质通常占原水杂质的大部分,多数来自土壤中的泥沙。对健康具有危害的无机物主要为重金属,如汞、镉、铬、铅、砷等。原水中有机物质含量一般较低,主要是来自生活污水的流入、蓄水设施中生长的藻类,以及土壤中的腐殖质。最近研究表明,微量有机物中的致癌性和致突变性得到确认;消毒剂与有机物反应,会生成致癌物质,因此给水处理工艺选择一定要慎重。

原水中杂质也可按照尺寸大小分类为悬浮物、胶体和溶解物,见表 2-2。

表 2-2 水中杂质

杂质	颗粒尺寸	分辨工具	水的外观
溶解物(低分子、离子)	0.1~1 nm	电子显微镜可见	透明
胶体	10~100 nm	超显微镜可见	浑浊
悬浮物	1~10 μm	显微镜可见	浑浊
	100 μm~1 mm	肉眼可见	

(1) 悬浮物。悬浮物尺寸较大,静置后易在水中下沉或上浮。易于下沉的一般是大颗粒泥沙及矿物质废渣等;上浮的一般是体积较大、密度较小的某些有机物。悬浮物容易从水中分离。

(2) 胶体。胶体颗粒尺寸较小,以布朗运动为主,在水中长期静置也难以沉淀和上浮。水中存在的胶体通常有黏土、某些细菌及病毒、腐殖质及蛋白质等。处理中须投加混凝剂。

(3) 溶解物。需要吸附、氧化、生物降解、膜滤等特殊处理。

2.3 给水处理工艺系统

水处理的目的是去除水中悬浮固体(浊度)和非期望性溶解物质,使水质稳定并进行消毒。目前给水处理采用的四种基本系统见图 2-4。图 2-4(a)所示为消毒工艺,适用于深井水作为水源,原水水质充分满足水质标准的情况。该工艺仅采用加氯消毒即可。

地表水作为水源时,一般原水水质难以满足水质标准要求,需要进行除消毒外的其他处理。利用的基本处理系统见图 2-4(b)和(c)。它们是沉淀与过滤工艺的组合,随采用的处理构筑物形式而异。图 2-4(b)所示流程为普通沉淀与慢速过滤的组合。前段普通沉淀池用于去除大颗粒悬浮物,后段慢速过滤用于去除小颗粒悬浮物。图 2-4(c)所示为化学混凝和快速过滤的组合。对于难以沉降的胶体物质,通过投加混凝剂,使胶体脱稳,以形成大的絮体,然后通过沉淀分离。快速过滤用于过滤水中剩余的微小絮体。

图 2-4(d)所示为最近出现的膜过滤工艺。该工艺最初用于小规模工业给水处理,现在在市政给水中的处理水量已超过 10 万 m^3/d。膜过滤根据膜的孔径大小,可分为微滤、超滤、纳滤和反渗透四种形式。

处理工艺的选择需根据水源水质、用水水质、需水量、运行维护等,通过技术经济比较后确定。

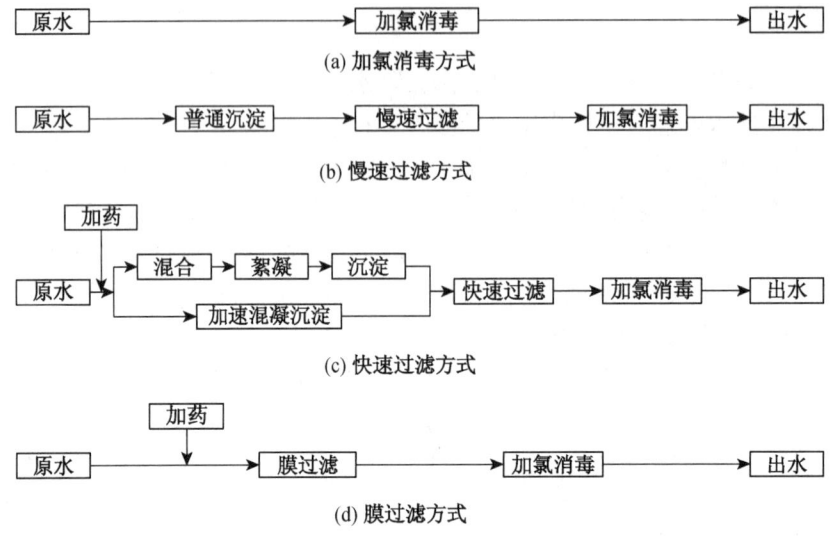

图 2-4 给水处理工艺系统示意

【例 2-1】 设某自来水厂设计规模为 10 万 m^3/d。絮凝池的停留时间为 20 min,平均水深 2.50 m。沉淀池的停留时间为 1.5 h,有效水深为 3.50 m。滤池的过滤水量为 8 $m^3/(m^2 \cdot h)$。分两组并联运行,每组含四座滤池。假设所有处理单元的宽度均为 20 m。分别求絮凝池、沉淀池和滤池的尺寸。

解 因分两组并联运行,每一组的流量为 5 万 m^3/d,即 2 083.3 m^3/h。

絮凝池的处理能力为

$$0.333 \text{ h} \times 2\,083.3 \text{ m}^3/\text{h} = 693.74 (\text{m}^3)$$

因此絮凝池的长度为 693.74÷(20×2.50)=13.9(m)。

沉淀池的处理能力为

$$1.5 \text{ h} \times 2\,083.3 \text{ m}^3/\text{h} = 3\,124.95 (\text{m}^3)$$

因此沉淀池的长度为 3 124.95÷(20×3.50)=44.64(m)。

每一滤池可以处理的流量为 2 083.3 m^3/h÷4=520.83(m^3/h)。于是每一滤池需要的面积为 520.83÷8=65.10(m^2)。每一滤池的长度为 65.10÷5=16.28(m)。

2.4 沉淀

沉淀是广泛使用的简单水处理工艺之一。水中悬浮颗粒在重力作用下,从水中分离出来的过程称为沉淀。当颗粒的密度大于水的密度时,颗粒下沉;当颗粒密度小于水的密度时,颗粒上浮。尽管沉淀现象很简单,但实际上沉淀具有复杂的理论,多数目前还没有明确(图 2-5)。

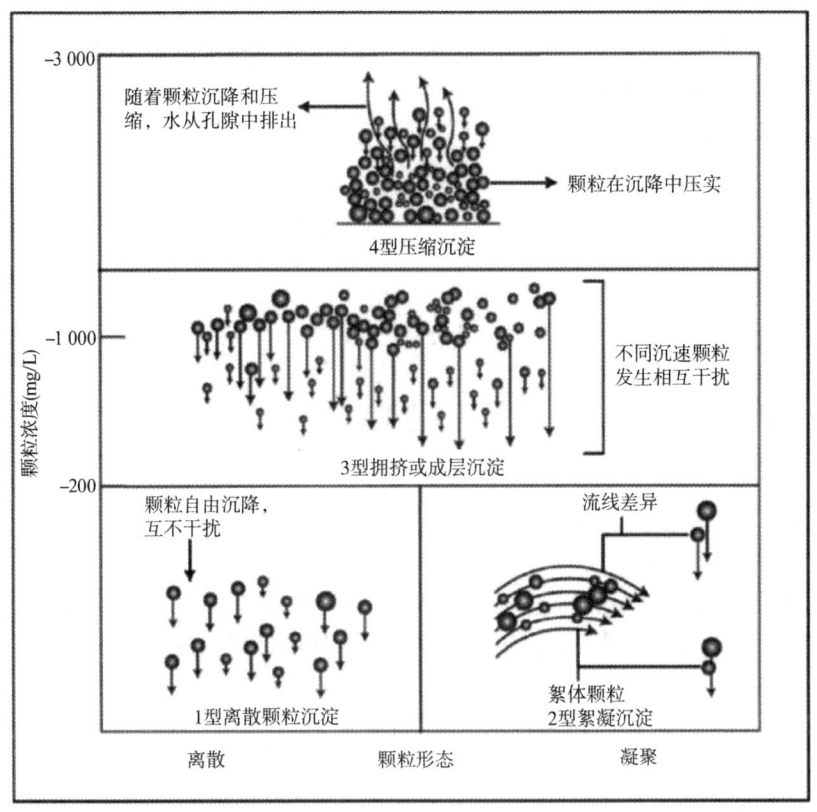

图 2-5 沉淀类型、颗粒浓度与絮凝特性

2.4.1 分散颗粒自由沉淀

悬浮颗粒浓度不高,下沉时彼此没有干扰,颗粒相互碰撞后不产生聚结,只受到颗粒本身在水中的重力和水流阻力作用的沉淀,为自由沉淀。含泥沙量小于 5 000 mg/L 的天然河流中泥沙颗粒具有自由沉淀的性质。

颗粒在静水中受到重力、浮力和水流阻力的作用。重力大于浮力时,粒子向下运动。而水流阻力与颗粒运动方向相反。通常水流阻力很大,在很短时间内就可以达到力的平衡,此时颗粒将以匀速下沉。该沉降速度称为极限沉降速度或者等速沉降速度。

直径为 d 的球形颗粒,在静水中受到的浮力与重力的合力 F_1 为

$$F_1 = \frac{1}{6}\pi d^3(\rho_s - \rho)g \tag{2-2}$$

式中 d——球形颗粒直径(m);
ρ_s——悬浮颗粒密度(kg/m³);
ρ——水的密度(kg/m³);
g——重力加速度(m/s²)。

水流阻力 F_2 为

$$F_2 = \frac{1}{2} C_D \rho \left(\frac{\pi}{4} d^2\right) u^2 \tag{2-3}$$

式中　C_D——水流阻力系数，与颗粒形状、大小、表面粗糙度、水流雷诺数等有关；
　　　u——颗粒极限沉降速度(m/s)。

极限沉降或等速沉降状态下，F_1 与 F_2 相等。

$$\frac{1}{6}\pi d^3(\rho_s - \rho)g = \frac{1}{2} C_D \rho \left(\frac{\pi}{4} d^2\right) u^2 \tag{2-4}$$

于是得

$$u = \sqrt{\frac{4}{3} \cdot \frac{gd}{C_D} \cdot \frac{\rho_s - \rho}{\rho}} \tag{2-5}$$

该式中阻力系数 C_D 与雷诺数(Re)有关。雷诺数公式为

$$Re = \frac{ud}{\nu} \tag{2-6}$$

式中　ν——水的运动黏度。

通过实验，可以把观测到的 u 值分别代入式(2-5)和式(2-6)，求得 C_D 值和 Re 数，点绘成曲线，如图 2-6 所示。由图可以看出，当 $Re<0.5$ 时，球形颗粒的 C_D 与 Re 成反比关系。

$$C_D = \frac{24}{Re} \tag{2-7}$$

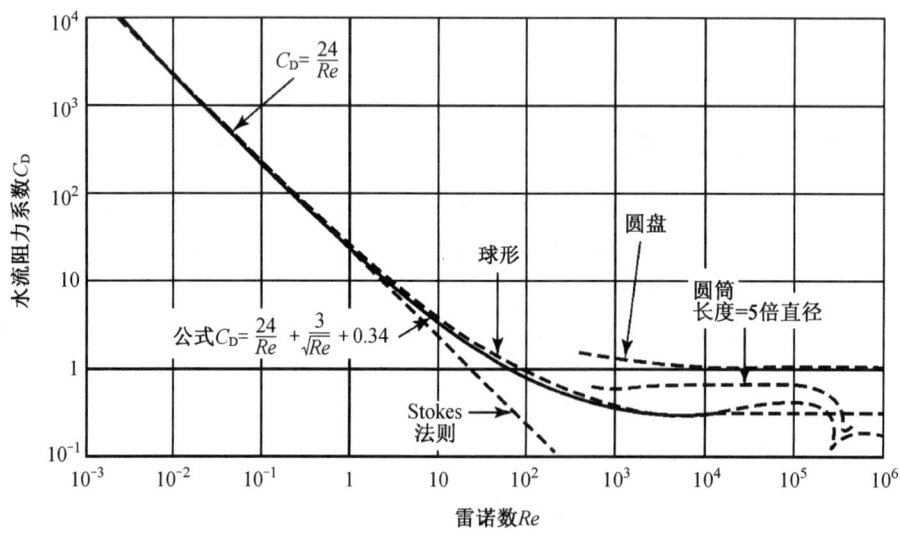

图 2-6　球形颗粒 C_D 与 Re 的关系

代入式(2-5)得到斯托克斯(Stokes)公式

$$u = \frac{1}{18} \cdot \frac{\rho_s - \rho}{\mu} g d^2 \tag{2-8}$$

对于高雷诺数($Re>10^4$),球形颗粒的水流阻力系数C_D数值约为0.4。代入式(2-5)得到牛顿公式

$$u=1.83\sqrt{\frac{\rho_s-\rho}{\rho}gd} \tag{2-9}$$

当Re为$0.5\sim10^4$时,球形颗粒的水流阻力系数可近似为

$$C_D=\frac{24}{Re}+\frac{3}{\sqrt{Re}}+0.34 \tag{2-10}$$

2.4.2 拥挤沉淀和污泥浓缩

沉淀池内的颗粒沉降,颗粒质量浓度低时,采用分散颗粒的极限沉降速度计算沉速。但当颗粒质量浓度较高时,实际沉降速度比式(2-8)和式(2-9)的计算值小得多。这是因为当沉速大的颗粒沉到下层时,排挤出的水体向上涌出,直接影响上部颗粒的沉淀速度,颗粒间的沉降处于相互干扰状态,这一沉淀过程称为拥挤沉淀。通常当颗粒质量浓度达到2 000~3 000 mg/L时,沉淀池内的颗粒沉淀将由自由沉淀变为拥挤沉淀。水中凝聚性颗粒的质量浓度达到一定数值(例如1 000 mg/L)亦产生拥挤沉淀。由于凝聚性颗粒的比重远小于砂粒的比重,所以凝聚性颗粒从自由沉淀过渡到拥挤沉淀的临界质量浓度远小于非凝聚性颗粒的临界质量浓度。水处理沉淀池中,由于颗粒质量浓度通常很低,可按自由沉淀处理。以江河水为水源时,由于洪水期间,原水具有高的浊度,这时应考虑沉淀池中的拥挤沉淀。

沉淀到池底部的絮体颗粒,受到上部不断沉淀下来的颗粒的重力作用,挤出孔隙水,出现压实区,这时形成的沉淀又称污泥浓缩。

2.4.3 沉淀去除效率

沉淀池通常以连续流运行。池内水流速度较慢,在0.5 cm/s左右。水流弗劳德数Fr较小,水流不稳定,沉淀池内常发生断流或偏流。特别因进水中悬浮物浓度或含盐量不同而产生具有密度差异的异重流,密度大的水流向下运动,以较高的流速沿池底绕道前进。当一部分水流通过沉淀池的时间较短时,会发生断流。因此在沉淀池的设计和运行中,要充分考虑沉淀去除效率。

沉淀去除效率的计算需要从讨论理想沉淀池开始。理想沉淀池是指池中水流流速变化、沉淀颗粒分布状态符合以下三个基本假定条件的沉淀池。

(1) 颗粒处于自由沉淀状态,即沉淀过程中,颗粒之间互不干扰,颗粒大小、形状、密度不发生变化,颗粒的质量浓度及分布在池深方向均匀一致,因此沉速始终不变。

(2) 水流沿水平方向等速流动。在任何过水断面上,各点的流速相同。

(3) 颗粒下沉到池底即认为被去除,不再返回水中。出水区尚未沉到池底的颗粒全部由出水带出池外。

图2-7所示为平流理想沉淀池,可分为进水区、出水区、沉淀区和污泥区。水中颗粒以水平流速v向右水平运动,同时以沉速u向下运动,运动轨迹是水平流速v、沉速u的合成速度方向直线。具有相同流速的颗粒无论从哪一点进入沉淀区,沉降轨迹均互相平行。从沉淀池最不利点(即进水区液面A点)进入沉淀池的沉速为u_0的颗粒,在理论沉淀时间内,恰好沉到沉淀池终端池底,u_0称为"临界沉速"或"截留速度",沉降轨迹为直线Ⅲ。沉速大于u_0的颗粒全部去除,沉降轨迹为直线Ⅰ。沉速小于u_0的某一颗粒沉速为u_i,在进水区

液面以下某一高度 i 点进入沉淀池，可被去除，沉降轨迹为Ⅱ′。而在 i 点以上进入沉淀池的沉速为 u_i 的颗粒未被去除，如虚线Ⅱ。实线Ⅱ′与虚线Ⅱ平行。

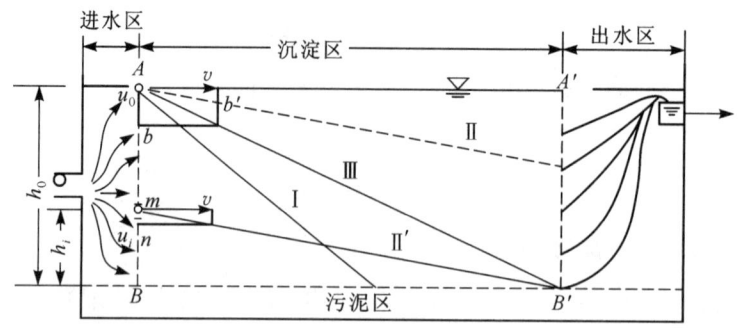

图2-7 理想沉淀池

截留速度 u_0 与水平流速 v 都与沉淀时间 t 有关。

$$t = \frac{L}{v} \tag{2-11}$$

$$t = \frac{H}{u_0} \tag{2-12}$$

式中 L——沉淀区长度(m)；

v——水平流速(m/s)；

H——沉淀区水深(m)；

t——水流在沉淀区的理论停留时间(s)；

u_0——颗粒截留速度(m/s)。

若沉淀区的宽度为 B，沉淀区的表面积为 A，沉淀池的进水量为 Q，令式(2-11)等于式(2-12)，得

$$u_0 = \frac{HvB}{LB} = \frac{Q}{A} \tag{2-13}$$

式中，Q/A 通常称为"表面负荷率"或"溢流率"，代表沉淀池的沉淀能力，或者单位面积的产水量，在数值上等于从最不利点进入沉淀池全部去除的颗粒中最小的颗粒沉速。表面负荷率是沉淀池设计的重要参数。

如果原水中沉速等于 u_i 的颗粒质量浓度为 c_i，进入整个沉淀池中沉速等于 u_i 颗粒的总量为 $Q_{ci} = HBvc_i$。由 h_i 高度内进入沉淀池中沉速等于 u_i 颗粒的总量是 $h_i Bvc_i$，则沉淀去除的数量占颗粒总量之比(即为沉速等于 u_i 颗粒的去除率)表示为

$$E_i = \frac{h_i Bvc_i}{HBvc_i} = \frac{h_i}{H} \tag{2-14}$$

由于沉速等于 u_0 的颗粒沉淀高度 H 和沉速等于 u_i 的颗粒沉淀高度 h_i 所用的时间均为 t，则

$$E = \frac{h_i/t}{H/t} = \frac{u_i}{u_0} \tag{2-15}$$

把式(2-13)代入式(2-15),得

$$E_i = \frac{u_i}{Q/A} \tag{2-16}$$

由此可知,悬浮颗粒在理想沉淀池中的去除率与本身的沉速有关外,与进水量与池面积之比(表面负荷率)成反比关系。

2.4.4 普通沉淀池

普通沉淀池与慢滤池组合,用于沉淀分离悬浮物。当多数悬浮物质在沉淀池中去除后,将会降低后续的滤池负荷。普通沉淀池希望能去除 10 μm 以上的悬浮颗粒。根据斯托克斯公式,水温20℃时,颗粒比重为2.6,粒径 10 μm 的界限沉降速度为 8.7×10^{-3} m/s。于是如果颗粒沉降 1 m,则需要 3 h。当沉淀池水深为 3~4 m 时,则颗粒沉降需要 9~12 h。普通沉淀池的停留时间标准为 8 h,进入慢滤池的水,浊度允许在 10 NTU 以下。

通常沉淀池的有效水深为 3~4 m,沉泥堆积深度为 30 cm。池内水流平均速度在 30 cm/min 以下。沉淀池形状一般为长方形或圆形。长方形池中水流为水平方向,长宽比为 3∶1~8∶1,称作平流沉淀池。圆形池中水流方向为向上流动,直径与水深比为 6∶1~12∶1,称作竖流式沉淀池。考虑清扫和维修等日常管理,池子应在 2 座以上。当原水浊度在 10 NTU 以下,且原水水质稳定时,可直接采用慢滤池处理,这时可采用 1 座池子。

2.4.5 化学混凝沉淀

化学混凝沉淀是通过投加电解质(混凝剂),使水中胶体颗粒及细小的悬浮颗粒相互聚结,形成大的絮体,然后通过沉淀去除的方法。它通常与快速过滤结合,形成组合工艺。

1. 混凝

天然水体中的胶体颗粒粒径一般为 0.01~10 μm,例如代表性物质黏土粒径在 5 μm 以下,天然有机染色成分粒径在 10 μm 左右,细菌粒径在 1 μm 左右。它们在水中的重力不足以抵抗布朗运动的影响;同时大部分表面带有负电荷,具有一定的静电斥力作用,故而能长期悬浮在水中。颗粒之间存在静电斥力的同时,还存在粒子间的范德华力,在化学混凝剂的协助下,有助于颗粒的凝聚。

水处理中的混凝现象比较复杂,对于不同种类混凝剂以及不同的水质条件,混凝剂作用机理也不同。通常采用双电层理论予以说明。图 2-8 说明在负电粒子表面,附着了反向正电荷离子。正电荷离子与负电荷粒子混合层,形成了双电层结构。双电层包括吸附层和扩散层。吸附层紧靠胶核表面,随胶核一起运动,称为胶粒。胶粒表面(或胶体滑动面)上的电位称作 ζ 电位。当胶粒运动到任何一处时,总有一些与 ζ 电位电荷符号相反的离子被吸附过来,形成了扩散层。

天然水体中的胶体杂质通常带有负电荷。例如黏土胶体的 ζ 电位一般在 −15~−30 mV,

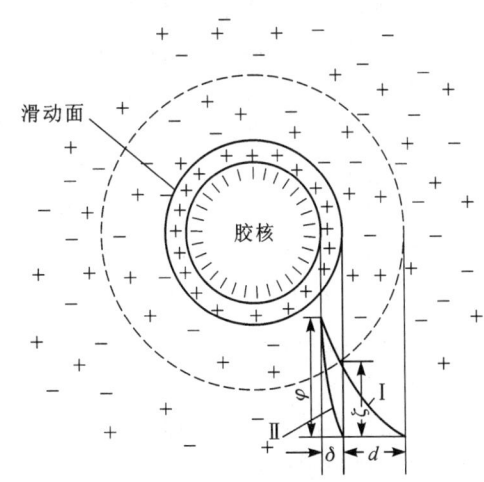

图 2-8 胶体双电层结构示意

细菌的ζ电位在-30~-70 mV,藻类的ζ电位在-10~-15 mV。为降低或消除胶粒的ζ电位,须在水中投加混凝剂(电解质)。

目前主要使用的混凝剂是铝盐和铁盐及其聚合物,有机高分子混凝剂在水处理中应用较少。

对铝盐混凝剂(铁盐类似)而言,当pH值小于3时,简单水合铝离子$[Al(H_2O)_6]^{3+}$可起压缩胶体双电层作用;当pH值为4.5~6.0时(视混凝剂投加量不同而异),主要是多核羟基配合物对带有负电荷的胶体起电性中和作用,凝聚体较密实;当pH值为7~7.5时,电中性氢氧化铝聚合物$[Al(OH)_3]_n$可起吸附架桥作用,同时也存在某些羟基聚合物的电性中和作用。天然水的pH值一般为6.5~7.8,铝盐的混凝作用主要是吸附架桥和电性中和。

铝盐(铁盐类似)水解反应中不断产生H^+,从而导致水的pH值不断下降,将直接影响铝(铁)离子水解后生成物结构和继续聚合的反应。因此应使水中有足够的碱性物质中和H^+,才能有利于混凝。

由于影响混凝效果的因素比较复杂,包括水温、水化学特性、水中杂质性质和浓度以及水力条件等,混凝剂最佳投加剂量通常根据烧杯实验确定(图2-9)。

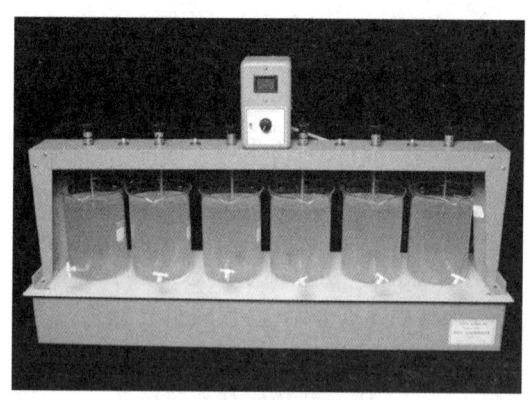

图2-9 烧杯实验装置

当单独使用混凝剂不能取得较好的混凝效果时,常常需要投加一些辅助药剂以提高混凝效果,这种药剂称为助凝剂。常用的助凝剂多是高分子物质。其作用往往是改善絮体结构,促使细小而松散的颗粒聚结成粗大密实的絮体。例如,低温低浊水处理时,采用铝盐或铁盐混凝剂形成的絮粒往往细小松散,不易沉淀。而投加少量活化硅助凝剂后,絮体尺寸和密度明显增大,沉速加快。

混凝剂投加分固体投加和液体投加两种方式。固体投加在我国应用较少,通常将固体溶解后配成一定浓度的溶液投入水中。液体投加设备的缺点是装置大、易腐蚀。

2. 絮体形成

混凝剂投加到水中后,与胶体粒子相互作用,使胶体粒子的ζ电位处于等电点附近,为布朗运动粒子碰撞提供了机会,在电性中和、吸附架桥、网捕或卷扫作用下产生凝聚。胶体颗粒随着粒径的增大,运动速度降低,于是更加速了粒子碰撞凝聚的机会。

迅速分散混凝剂,使其在水中的浓度保持均匀,有利于混凝剂水解时生成较为均匀的聚合物,更好地发挥絮凝作用。

混合设备种类较多,应用于水厂混合的方式可分为水泵混合、管式混合、机械混合和水力混合。从混合时间上考虑,一般取10~30 s,最多不超过2 min。在此阶段,水中杂质颗粒较小,粒径在1~10 μm范围,还处于难以在沉淀池中沉淀的状态。

促进混凝剂和胶体颗粒碰撞以及絮体间相互碰撞聚结的过程,将在絮凝池中完成。絮凝时间一般为15~30 min。絮凝过程中,絮体尺寸逐渐增大,粒径变化可从微米级增到毫米级。由于大的絮体容易破碎,自絮凝开始至絮凝结束,水体搅拌强度应减弱。

水中颗粒脱稳后,一经碰撞就会发生絮凝,从而使小颗粒聚集成大颗粒。通常认为颗粒的絮凝速率取决于碰撞速率。碰撞速率公式为

$$N = \frac{1}{6} n_1 n_2 (d_1 + d_2)^3 G \tag{2-17}$$

式中 N——单位时间单位体积中絮体颗粒的碰撞次数；
n_1，n_2——单位体积内直径为 d_1 和 d_2 的絮体颗粒数；
G——速度梯度，反映了能量消耗情况。

$$G = \sqrt{\frac{P}{\mu}} \tag{2-18}$$

式中 P——单位体积水体所耗功率；
μ——水的动力黏度。

絮凝阶段，搅拌水体的强度以梯度 G 值表示，同时考虑絮凝时间 T，因此 G 值和 GT 值成为絮凝池设计和运行的控制指标。有的学者也将颗粒浓度及脱稳程度等因素考虑进去，提出以 $C_V GT$ 或 $\alpha C_V GT$ 值作为控制指标。其中 C_V 表示水中颗粒体积浓度；α 表示有效碰撞次数，$\alpha < 1$。

根据能量来源不同，絮凝池分为水力絮凝池和机械絮凝池。从絮凝成长规律分析，无论何种形式的絮凝池，对水体的扰动程度都是由大到小。搅拌强度也随水温和水质变化而变化。

水力絮凝池中，水流在隔板间流动时，水流和壁面产生近壁紊流，向整个断面传播，促使颗粒相互碰撞聚结。根据水流方向，水力絮凝池可分为往复式、回转式、竖流式几种形式(图 2-10)。

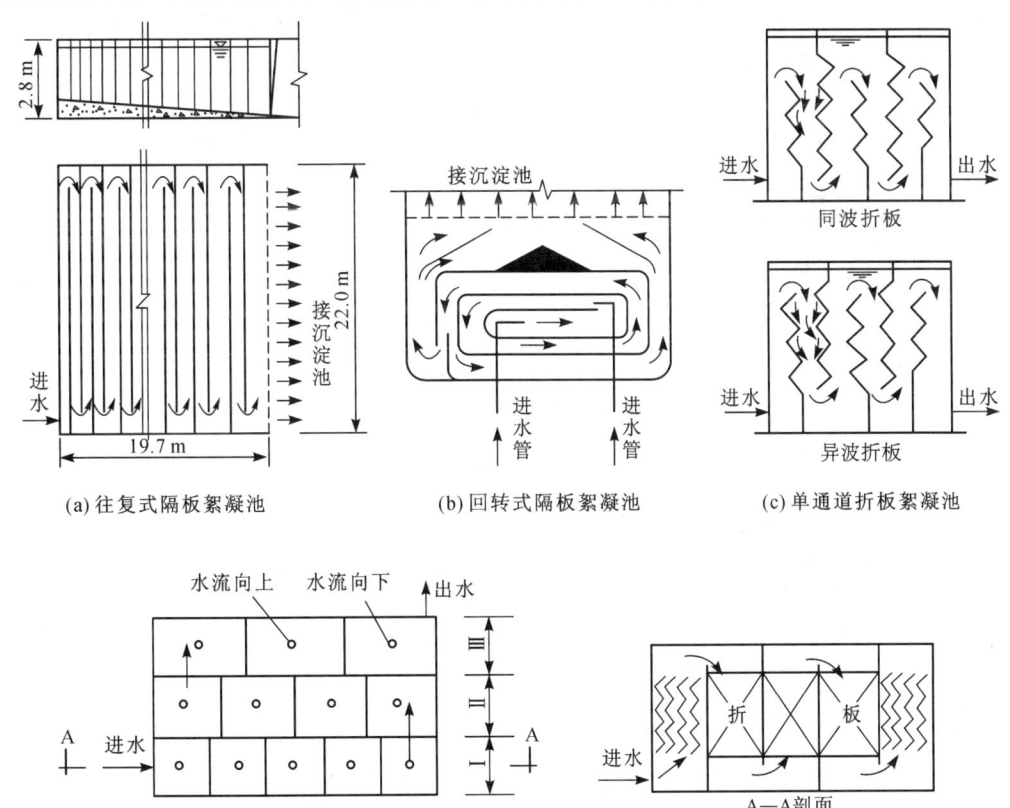

图 2-10 水力絮凝池

机械搅拌絮凝池是通过电机变速驱动搅拌器对水体搅拌,桨板前后压力差促使水流运动,产生漩涡,导致水中胶体颗粒和混凝剂相互碰撞聚结的絮凝池。根据搅拌轴安装位置,机械絮凝池又分为水平轴和垂直轴两种形式(图 2-11)。

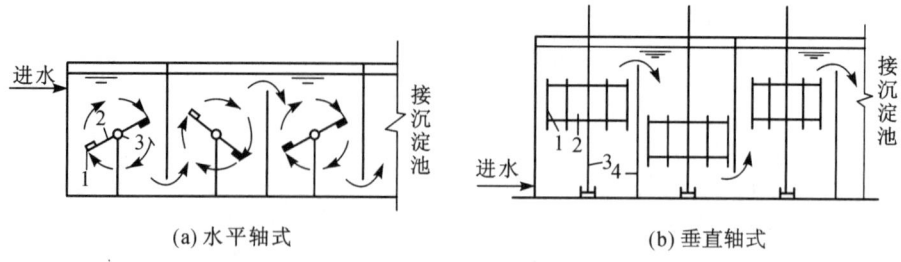

图 2-11 机械絮凝池剖面示意

1—桨板;2—叶轮;3—旋转轴;4—隔墙

3. 沉淀池

经混合絮凝后,水中悬浮颗粒形成了粒径较大的絮体,需在沉淀(或澄清)构筑物中分离出来。为了保证整个系统的最优性能,去除率通常结合后续过滤工艺确定。正常情况下,沉淀池可去除 90% 以上的悬浮固体。

目前使用最多的是平流式沉淀池,设计表面负荷率 $Q/A = (1 \sim 2.3)$ m³/(m²·h),停留时间 $T = 1.5 \sim 3.0$ h,水平流速 $v = 10 \sim 25$ mm/s。图 2-12 说明了平流式沉淀池的例子。沉淀池内的沉泥连续排放,普遍采用机械排泥装置,可分为泵吸式和虹吸式两种。

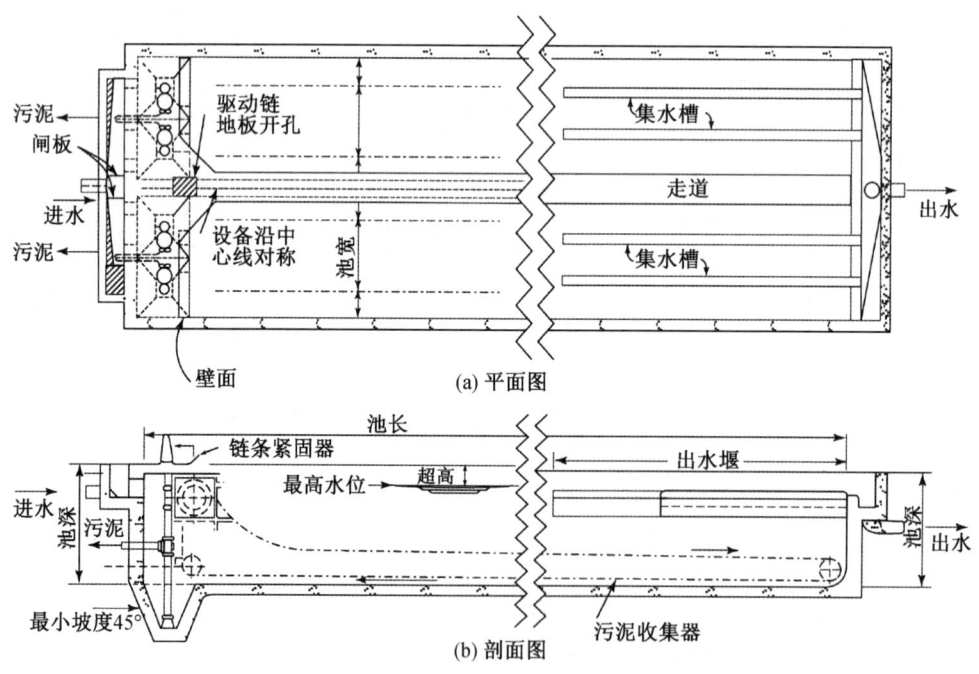

图 2-12 平流式沉淀池

从平流式沉淀池内颗粒沉降过程分析和理想沉淀池原理可知,悬浮颗粒的沉淀去除率仅与沉淀池面积 A 有关,而与池深无关。在沉淀池容积一定的条件下,池深越浅,沉淀面积越大,悬浮颗粒去除率越高,这就是"浅池沉淀理论"。根据该原理,设计出了斜板、斜管沉淀池。

斜板沉淀池中,斜板间距为50～100 mm,与水平面呈60°倾斜,按水流与沉泥相对运动方向,分上向流、同向流和侧向流三种形式。颗粒沉于斜板底部。当颗粒累积到一定程度时,便自动滑下。

斜管沉淀池中,斜管内切圆直径取30～40 mm以上,水平倾角通常采用60°,分上向流、同向流两种形式。颗粒沉于斜管底部,而后自动滑下(图2-13)。

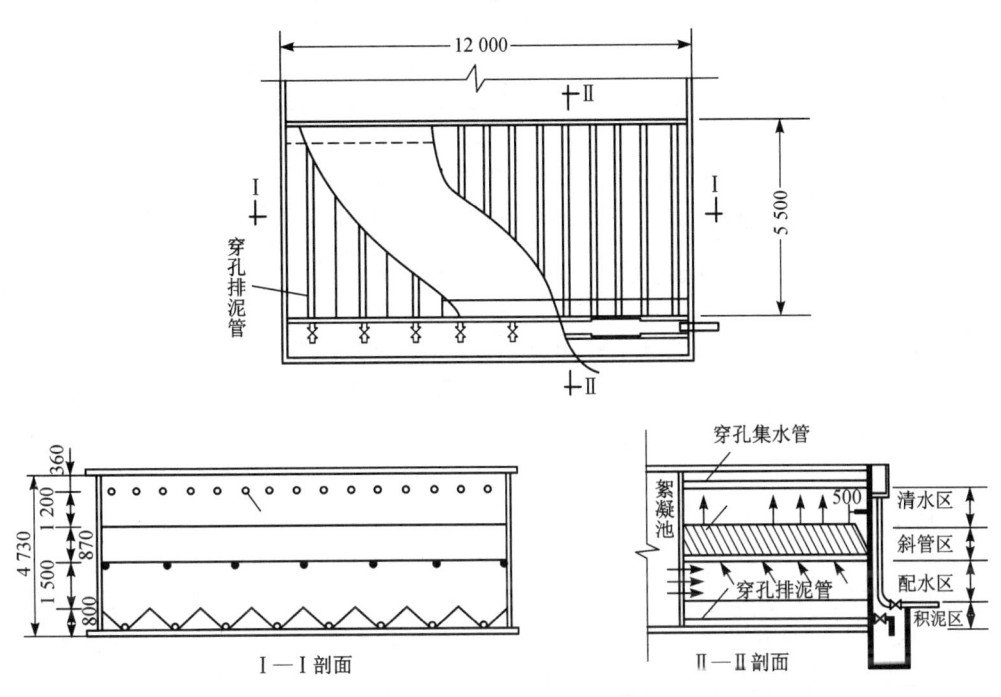

图 2-13 上向流斜管沉淀池平、剖面图(mm)

沉淀后的清水流出,大多采用增加集水堰长或指形出水槽集水。加长堰长或指形槽集水,相当于增加了沉淀池的中途积水作用,既降低了堰口负荷,又因集水槽起端集水后,减小集水槽后段沉淀池的水平流速,从而提高沉淀去除率或减少沉淀池长度或提高沉淀池处理水量。

4. 澄清池

澄清池是集絮凝和沉淀功能于一体的水处理单元,类型分为泥渣悬浮型和泥渣循环型。

泥渣悬浮型澄清池又称泥渣过滤型澄清池。它的工作原理是加药后的原水由下而上通过悬浮状态的泥渣层时,水中脱稳杂质与高浓度的泥渣颗粒碰撞凝聚并被泥渣层拦下来,浑水通过悬浮层即获得澄清(图2-14)。

为了充分发挥泥渣接触絮凝作用,可使泥渣在池内循环流动,这种设

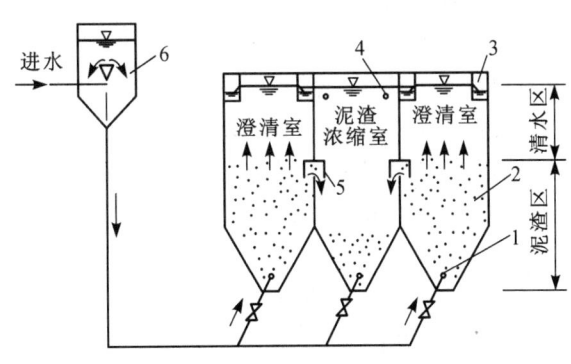

图 2-14 悬浮澄清池流程

1—穿孔配水管;2—泥渣悬浮层;3—穿孔集水槽;
4—强制出水槽;5—排泥窗口;6—气水分离器

计称作泥渣循环型澄清池。回流量为设计流量的3~5倍。泥渣循环可借助机械抽升或水力抽升。前者称机械搅拌澄清池(图2-15);后者称水力循环澄清池。

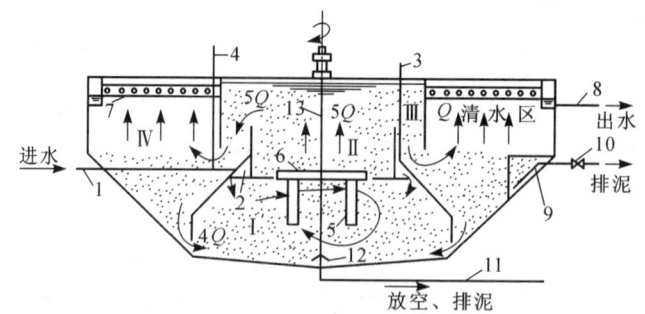

图2-15 机械搅拌澄清池剖面示意

1—进水管;2—三角配水槽;3—透气管;4—投药管;5—搅拌桨;6—提升叶轮;7—集水槽;
8—出水管;9—泥渣浓缩室;10—排泥阀;11—放空管;12—排泥罩;13—搅拌轴;
Ⅰ—第一絮凝室;Ⅱ—第二絮凝室;Ⅲ—导流室;Ⅳ—分离室

澄清池使絮体形成和沉淀效率提高,缩短了处理时间,水力停留时间通常为1.5~2.0 h,适用于原水浊度高于10 NTU的情况。为保证良好的运转,维护管理难度较大。澄清池适用于中、小型水厂。

2.5 过滤

水中悬浮颗粒经过孔隙介质被截留分离的过程称为过滤。水处理中,一般采用石英砂、无烟煤、陶粒等粒状滤料截留水中悬浮颗粒,从而使浑水澄清。同时水中部分有机物、细菌、病毒等也会被去除。过滤可分为慢速过滤和快速过滤,慢速过滤常与普通沉淀法组合,快速过滤与混凝沉淀工艺组合。

2.5.1 慢速过滤

最早使用的滤池为慢滤池,铺设1 m左右厚度细砂作为滤层,下部铺垫卵石,底部埋入集水管道(图2-16),滤速一般为4~5 m/d,它与普通沉淀法组合使用。滤层表面有藻类、细菌及原生动物繁殖生成的一层滤膜。其主要原理是水中悬浮物被致密的滤膜截留,水中一些有机物被滤膜中的微生物氧化分解。经数月后,滤层阻力增加到最大允许值,停止过滤,放空滤池,人工或机械地将表层10~20 mm滤料移出池外清洗,然后再放入池中使用。慢滤池具有处理水质稳定、构造简单、维护管理方便等优点;但滤速较慢,占地面积大,不能满足大规模水厂生产需要。

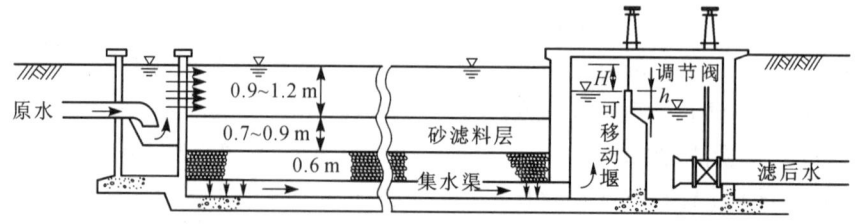

图2-16 慢滤池的构造

慢速过滤一直是一些欧洲大型城市(如伦敦、巴黎、阿姆斯特丹、斯德哥尔摩、苏黎世)水处理流程的基础,并且保留至今,这主要归功于该方法对颗粒物质和微生物较高的处理能力。

2.5.2 快速过滤

1. 过滤机理

快速过滤滤速为120~150 m/d,与化学混凝沉淀工艺组合使用。它的净化原理不同于慢速过滤的生物处理方式,而是采用物理化学方法去除微小絮体。水流中的悬浮颗粒能够黏附在滤料表面,一般认为涉及两个过程:首先,悬浮于水中的微粒输送到贴近滤料表面,即水中微小颗粒脱离水流流线,向滤料颗粒表面靠近的输送过程,称为迁移;其次,接近或到达滤料颗粒表面的微小颗粒截留在滤料表面的附着过程,称为黏附。

表层滤料大多为粒径等于0.5 mm的球体颗粒,则滤料颗粒间的缝隙尺寸为80~200 μm。研究表明,经混凝沉淀后的水中悬浮物粒径小于30 μm,能被滤料层截留下来,不是由于简单的机械筛滤作用,而主要是由于悬浮颗粒与滤料颗粒之间的黏附作用。

撇开颗粒迁移和黏附机理,根据质量守恒公式和经验速率公式,可以将滤层内的水质变化表示为

$$\frac{\partial C}{\partial z} = -\lambda C \tag{2-19}$$

式中 C——悬浮颗粒浓度;
　　z——滤层深度;
　　λ——过滤系数,认为与过滤速率、颗粒尺寸和水的黏性有关。

根据质量守恒方程,有

$$U \frac{\partial C}{\partial z} = -\frac{\partial \sigma}{\partial t} \tag{2-20}$$

式中 U——过滤速率;
　　σ——单位滤床容积捕获的颗粒质量。

2. 过滤水力学

清洁滤层水头损失变化涉及滤料粒径、空隙度大小、过滤滤速、滤层厚度诸多因素,许多学者提出了不同的表达式,所包含的因素基本一致,计算结果相差很小。这里仅介绍卡曼-康采尼(Carman-Kozeny)公式。该公式适用于清洁砂层中的水流呈层流状态的情况,水头损失变化与滤速成正比,如式(2-21)所示。

$$h_0 = 180 \frac{\nu}{g} \cdot \frac{(1-m_0)^2}{m_0^3} \left(\frac{1}{\varphi d_0}\right)^2 L_0 v \tag{2-21}$$

式中 h_0——水流通过清洁砂层的水头损失(cm);
　　ν——水的运动黏度(cm^2/s);
　　g——重力加速度(981 cm/s^2);
　　m_0——滤料孔隙率;

φ——滤料颗粒球形度系数;

d_0——与滤料体积相同的球体直径(cm);

L_0——滤层厚度(cm);

v——过滤滤速(cm/s)。

清洁滤层水头损失即为过滤开始时的水头损失,随着过滤时间延长,滤层中截留悬浮物的量逐渐增多,滤层空隙率 m_0 减小,过滤水头损失必然增加。为了获得终端水头损失的时间估计,需要利用实验分析,并形成相应的计算公式。终端水头损失的选择需要根据经验或整个水处理厂的高程布局。

3. 滤料

滤料选用是影响过滤效果的重要因素。滤料选用的基本要求有:

(1) 具有足够的机械强度,防止冲洗时产生磨损和破碎。

(2) 化学稳定,与水不产生化学反应,不恶化水质,尤其不能析出对人体健康、工业生产有害的物质,不增加水中杂质含量。

(3) 具有一定颗粒级配和适当的空隙率。

(4) 应尽量就地取材,资源充沛,价格便宜。

天然石英砂是使用广泛的滤料。在双层和多层滤料中,选用无烟煤、石榴石、钛铁矿石、磁铁矿石、金刚砂,以及聚苯乙烯和陶粒滤料等。

单层、双层及均匀级配粗砂滤料滤速和滤料组成见表 2-3。双层或多层滤料滤池的优点是可更高效利用整个滤床深度截留颗粒。

表 2-3　　　　　　　　　　　　滤料滤速和滤料组成

类别	滤料组成				正常滤速 (m/h)	强制滤速 (m/h)
	粒径 (mm)	密度 (g/cm³)	不均匀系数 K_{80}	滤层厚度 (mm)		
单层细砂滤料	石英砂 $d_{10}=0.55$	2.50~2.70	<2.0	700~800	6~9	9~12
双层滤料	无烟煤 $d_{10}=0.85$	1.4~1.6	<2.0	300~400	8~12	12~16
	石英砂 $d_{10}=0.55$	2.50~2.70	<2.0	400		
均匀级配粗砂滤料	石英砂 $d_{10}=0.9~1.2$	2.50~2.70	<1.4	1 200~1 500	6~10	10~13

4. 滤池构造

必要滤池面积按设计流量(包括水厂自用水量)除以设计滤速确定。从冲洗布水均匀性考虑,单池面积过大,冲洗效果欠佳。因此单池面积应在 150 m² 范围内,为敞开式矩形水池。滤池的分格数,应根据滤池形式、生产规模、操作运行和维护检修等条件,通过技术经济比较确定,除无阀滤池和虹吸滤池外,不得少于 4 格。

在滤层下面,配水管(板)上部放置一层卵石,即为滤池承托层。正常过滤时,承托层支撑滤料并防止滤料从配水系统流失。滤池冲洗时,承托层把配水系统各孔口射出水流的动能转化为势能,平衡各点压力,起到均匀布水作用。普通快滤池见图 2-17。

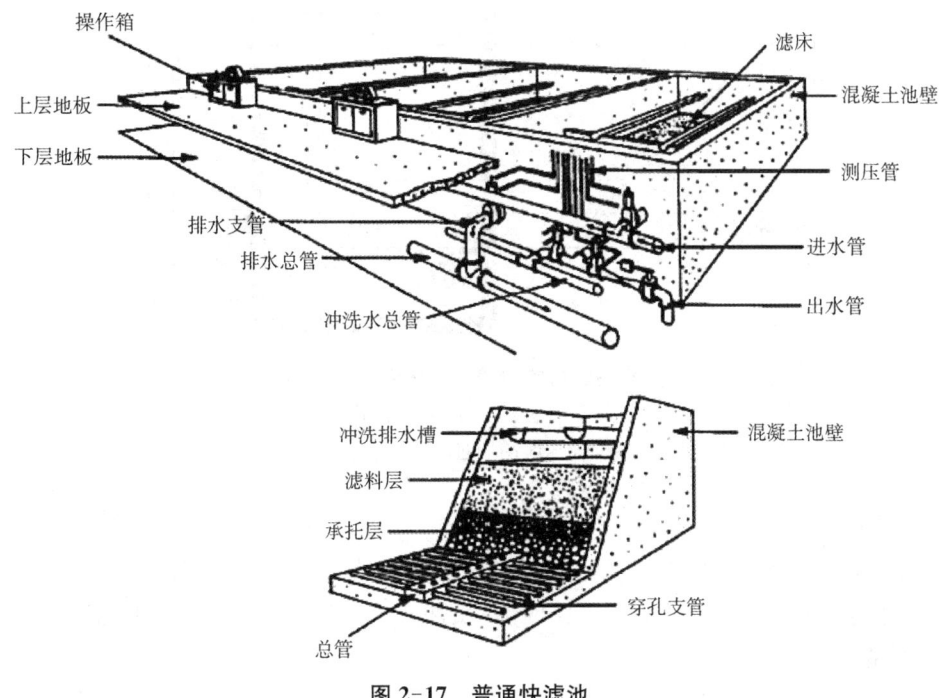

图 2-17 普通快滤池

滤层表面以上水深,一般为 1.5~2.0 m。其作用在于保证有效过滤压力,保证滤池有足够的工作周期。滤池水面以上超高可取 300 mm。

滤池按过滤方式可分为重力滤池和压力滤池,一般采用重力滤池。按运行方式,过滤分等速过滤和减速过滤。滤池过滤速度保持不变,亦即单格滤池进水量不变的过滤称为"等速过滤"。虹吸滤池和无阀滤池属于等速过滤滤池。过滤过程中,如果过滤水头损失不变,即保持砂面上水位和滤后清水出水水位高差不变,考虑到截留杂质的滤层空隙率减小,必然使滤速逐渐减小,这种过滤方式称为"等水头减速过滤"。滤层厚度 0.6~2.0 m。

快滤池在适当条件下,需要停止过滤,进入反冲洗阶段,将滤层中截留杂质洗净,恢复滤层过滤能力。反冲洗应具有以下几个条件。

(1) 整个滤层的水头损失超过限定值,难以达到规定的过滤流量。

(2) 水中杂质穿透滤层,引起过滤水质变差。

(3) 滤层某一深度处出现负水头,水中溶解的气体形成气囊,破坏滤层结构(图 2-18)。

(4) 达到预定的滤池冲洗周期。

滤池反冲洗主要有如下形式。

(1) 高速水流反冲洗:利用较大流速的水流反向冲洗滤层,使整个滤层处于膨胀状态,相互碰撞摩擦。同时在水流冲刷剪切力作用下,附着在滤料表层的污泥脱落,连同缝隙中的污泥一并排出池外。

(2) 气、水反冲洗:利用高速气流反向冲洗滤层,使滤层发生移动,碰撞摩擦,滤料表面的附着污泥脱落在缝隙中,再用低速水流冲洗排出池外。

(3) 表面辅助冲洗、高速水流冲洗:考虑到滤层表面截留污泥最多的特点,在高速水流冲洗时,对滤层表面增加一道冲洗工序,有利于加强表层滤料碰撞摩擦和水流剪切作用,提

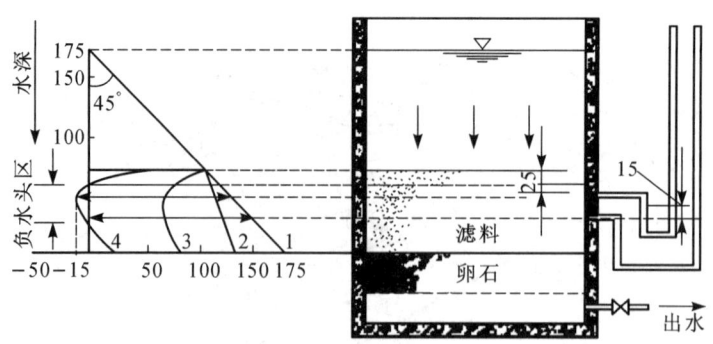

图 2-18 过滤时滤层内压力变化(cm)

1—净水压力线；2—清洁滤料过滤时的水压线；
3—过滤时间为 t_1 时的水压线；4—过滤时间为 $t_2(t_2>t_1)$ 时的水压线

高反冲洗效果。

滤池配水配气系统是安装在滤池底部滤料层、承托层之下的布水布气系统。过滤时配水系统收集滤后水到出水总管。反冲洗时,将反冲洗水(气)均匀分布到整个滤池。

5. 滤池分类

快滤池的形式多种多样,滤速一般都在 6 m/h 以上,截留水中杂质的原理基本相同,仅在构造、滤料组成、进水(出水)方式以及反冲洗排水等方面有一定差别。

按照滤料组成和级配划分,常用的滤池有单层细砂级配滤料滤池、单层粗砂均匀级配滤料滤池、双层滤料滤池和三层滤料滤池以及活性炭吸附滤池。活性炭吸附滤池是用于水中有机物、有毒物质或色、臭、味等感官指标不能满足水质要求时的净水处理构筑物。

按照过滤时进出水方式和反冲洗进水及排水方式划分,可以分为:有过滤进水、反冲洗进水、过滤出水、反冲洗排水四个阀门控制的滤池,俗称四阀滤池,或称普通快滤池。为节省阀门数量,将滤池进水、反冲洗排水阀门控制改为虹吸管进水、虹吸管排水的滤池,即为双阀(双虹吸管)滤池。基于滤层过滤阻力增大,砂面水位上升到一定高度形成虹吸或水位继电器控制的原理,可省去控制阀门,便又出现了无阀滤池、虹吸滤池和单阀滤池。

按照反冲洗方法分类,有单水反冲洗滤池和气水反冲洗滤池。

此外,还有上向流、下向流、双向流之分,以及混凝、沉淀过滤和接触絮凝过滤滤池。

2.6 膜分离法

2.6.1 净化机理

膜分离技术最初是应用于食品和气体的分离技术,随后应用于净水处理。利用膜分离法,可以在某种推动力作用下,利用特定膜的透过性能,达到分离水中离子或分子以及某些微粒的目的。膜分离的推动力可以是膜两侧的压力差、电位差或浓度差。一般可通过膜孔大小、膜材料(陶瓷或聚合物)、形式(螺旋状或中空纤维)将膜分类。最常用的分类方法是膜孔大小,例如微滤膜(MF,0.1～1 μm)、超滤膜(UF,0.01～0.1 μm)、纳滤膜(NF,1～10 nm)和反渗透膜(RO,<1 nm)。各种膜去除杂质的范围以及特点如图 2-19 和表 2-4 所示。

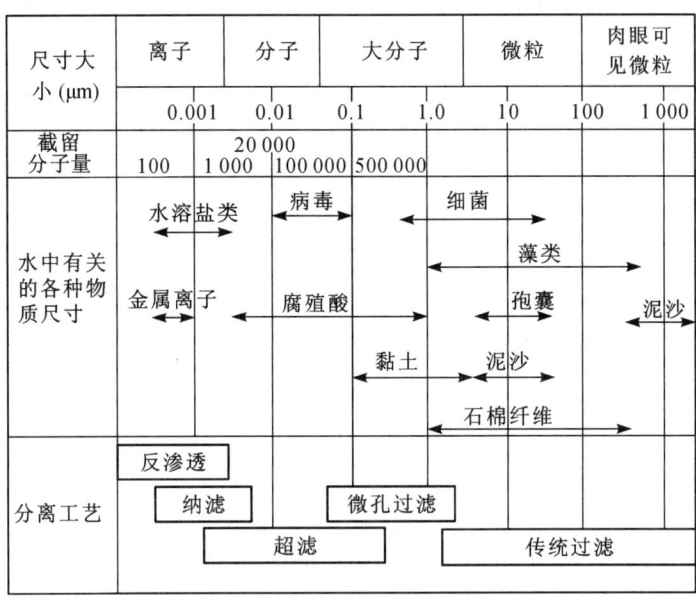

图 2-19 压力驱动膜去除杂质的范围

表 2-4 各种膜分离方法及其特点

膜分离种类	推动力	透过物	截留物	膜孔径
电渗析	电位差	电解质离子	非电解质物质	—
反渗透	压力差	水溶剂	全部悬浮物、大部分溶解性盐、大分子物质	0.000 1～0.00 1 μm
纳滤	压力差	水溶剂	全部悬浮物、某些溶解性盐、大分子物质	0.001～0.01 μm
超滤	压力差	水和盐类	悬浮固体和胶体大分子	0.01～0.1 μm
微滤	压力差	水和溶解性物质	悬浮固体	>0.1 μm

2.6.2 膜结构和清洗

膜组件是指将膜、固定膜的支撑材料、间隔物或管式外壳等通过一定的粘合或组装构成的基本单元,在外界压力的作用下可实现对杂质和水的分离。膜组件有板框式、管式、卷式和中空纤维式四种类型。

膜结构的特点是非对称结构和明显的方向性。膜主要有两层结构,表皮层和支撑层。表皮层致密,起脱盐和截留作用。支撑层为较厚的多空海绵层,结构松散,起支撑表皮层的作用。支撑层没有脱盐和截留作用。

膜清洗是过滤中的重要环节。随着膜过滤继续,水中的有机物、无机物和微生物均会对膜造成污染。清洗是将累积在膜表面的污染物清洗下来,达到恢复通量或降低膜压差的目的。超滤和微滤膜的清洗分为水力清洗和药剂清洗。水力清洗是用泵驱动水(通常是膜过滤水)向过滤的相反方向冲洗,也称为反冲洗。在膜过滤过程中,反冲洗是自动进行的,间隔大约为 30~60 min。由于一些污染物不是沉积在膜表面,而是进入了膜孔内,水力清洗无法将这些污染物清除。因此,随着过滤,膜压差仍会逐渐增加。此时药剂清洗成为降低膜压差的主要手段。药剂清洗采用强氧化剂(如高浓度的次氯酸钠)或酸碱等,通常采用二者组合。由于这些药剂的强氧化性,药剂清洗通常会对膜性能造成影响,反复或频繁清洗会对膜造成损害。因此药剂清洗的时间间隔越长,越有利于膜寿命的延长。

2.7 消毒

保证生活饮用水安全,消除水中致病微生物,是供水的首要目标。为此,即使是清洁的原水,消毒也是必要的。水的消毒方法包括氯及氯化物消毒、臭氧消毒、紫外线消毒等。其中氯消毒经济有效,使用方便,应用历史最久也最广泛。为了抑制水中残余病原微生物的再度繁殖,供水管网中需维持少量剩余消毒剂。

2.7.1 氯消毒

加氯可采用液化氯气(简称液氯)、次氯酸钠溶液、次氯酸钙和现场氯气发生器等方式进行。液化氯气储存在压力容器中,氯气从气瓶中引出,再通过可调控和可测量气体流量的加氯机按一定剂量加入水中。次氯酸钠溶液通过容积式计量泵或重力投加系统投加所需剂量。次氯酸钙必须先溶于水,再与饮用水混合。不论采用哪种方式,自由氯都需要溶于水中形成次氯酸(HOCl)或次氯酸根离子(OCl$^-$)。

以往液氯被广泛使用,现在从生产安全考虑,使用次氯酸钠居多。

氯容易溶解于水(20℃和 98 kPa 时,溶解度为 7 160 mg/L)。当氯溶解在纯水中时,式(2-22)和式(2-23)的两个反应几乎瞬时发生。

$$Cl_2 + H_2O = HOCl + H^+ + Cl^- \tag{2-22}$$

次氯酸 HOCl 部分离解为氢离子和次氯酸根离子

$$HOCl = H^+ + OCl^- \tag{2-23}$$

HOCl 和 OCl$^-$ 的相对比例取决于温度和 pH 值。图 2-20 表示在 5℃~35℃时,不同 pH 值下 HOCl 和 OCl$^-$ 的比例。pH 值高时,OCl$^-$ 较多;当 pH 值>10 时,OCl$^-$ 接近 100%。pH 值低时,HOCl 较多;当 pH 值<5 时,HOCl 接近 100%。

一般认为氯消毒是通过次氯酸 HOCl 起作用的。HOCl 为很小的中性分子,它能扩散到带负电的细菌表面,通过细菌的细胞壁穿透到细菌内部。当 HOCl 分子到达细菌内部时,能起氧化作用而使细菌死亡。OCl$^-$ 因带负电荷,难以接近带负电的细菌表面,因此杀菌能力比 HOCl 差得多。生产实践也表明,pH 值越低,则消毒作用越强。

尽管存在更为复杂的模型,但通常假设氯在水中的衰减可以模拟为一阶反应,即

$$\frac{dC}{dt} = -k_d C \tag{2-24}$$

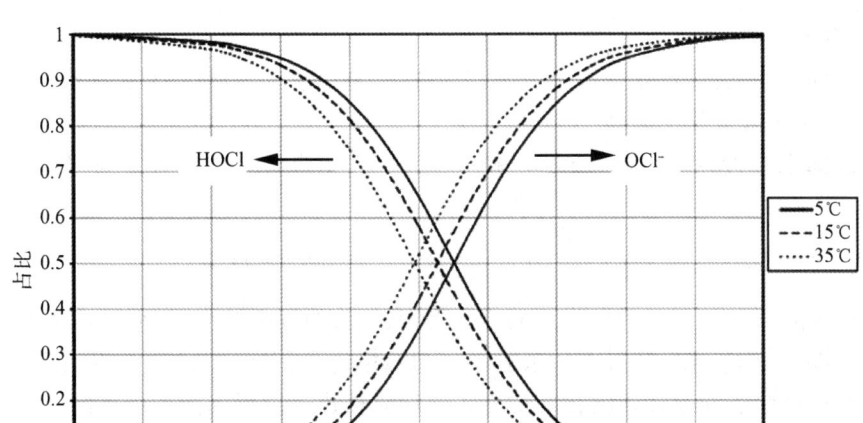

图 2-20　不同 pH 和水温时，水中 HOCl 和 OCl⁻ 的比例

式中　C——氯浓度；
　　　k_d——一阶衰减速率常数；
　　　t——时间。

水中加氯后，加氯量与余氯量存在以下三种不同情况。

(1) 如果水中不含微生物、有机物和还原性物质，则需氯量为零，加氯量等于剩余氯量，如图 2-21 所示虚线①，该线与坐标轴成 45°角。

(2) 事实上天然水特别是地表水中，总含有一定量的有机物和细菌，氧化这些有机物和杀灭细菌要消耗一定的氯量，即需氯量，加氯量必须超过需氯量（图 2-21 中的点 M），才能保证一定的余氯，如图 2-21 所示实线②。

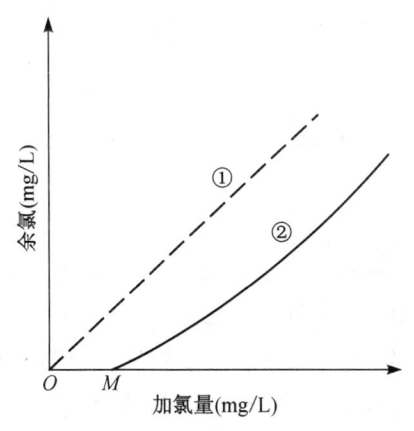

图 2-21　加氯量与余氯关系

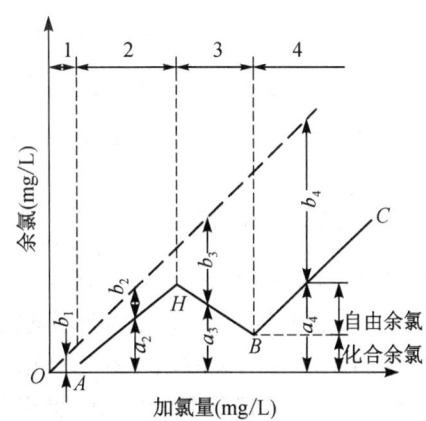

图 2-22　折点加氯

注：$a_1 \sim a_4$ 为余氯量（含自由氯和化合余氯），$b_1 \sim b_4$ 为各区内氯消耗量。

(3) 当水中含有氨和氮化合物时，情况可用图 2-22 说明，曲线可分为 4 个区。

第 1 区即 OA 段，称无氯区。该区表示水中杂质把氯消耗尽，余氯量为零，需氯量为

b_1,这时消毒效果不可靠。

第2区即曲线 AH,称化合性余氯区。加氯后,氯与氨发生反应,有余氯存在,但余氯为化合性氯,其主要成分是一氯胺。

第3区即 HB 段,称化合性余氯分解区。该区内化合性余氯随加氯量增加,开始发生化学反应

$$2NH_2Cl + HOCl \longrightarrow N_2\uparrow + 3HCl + H_2O \tag{2-25}$$

反应结果使氯胺氧化成不起消毒作用的化合物,余氯反而逐渐减少,最后到达折点 B。

第4区即曲线 BC 段,称折点后余氯区。加氯量进入该区后,已经不再消耗,余氯包括了增加的自由性余氯和原存在的化合性余氯。加氯量超过折点称作折点氯化。

根据余氯成分,水中所含 Cl_2、$HOCl$ 和 OCl^- 均称自由氯或游离氯。氯与氨的反应生成物氯胺称作化合性氯。当水中存在氯胺时,消毒作用比较缓慢,需要较长的接触时间。

过滤之后加氯,因消耗氯的物质已经大部分去除,所以加氯量较少。滤后消毒为饮用水处理的最后一步。

投加混凝剂的同时加氯,可氧化水中有机物,提高混凝效果。用硫酸亚铁作为混凝剂时加氯,将亚铁氧化为三价铁,促进硫酸亚铁的混凝作用,这类氯化法称为滤前氯化或预氯化。

加氯主要是为了微生物消毒。不过,自由氯是一种氧化剂,可以去除某些化学物质,也可使某些化学物质发生化学转化。例如,一些易被氧化的杀虫剂(如涕灭威);有些溶解性物质(如二价锰)通过氧化变成不溶物质,再通过后续过滤去除;有些溶解物质通过氧化变成更易于去除的形式(如亚砷酸盐变成砷酸盐)。

【例 2-2】 设某自来水厂设计规模为 10 万 m^3/d。

(1) 为保证水中余氯为 0.3 mg/L,则一天内需投加多少吨氯?

(2) 如果接触池内接触时间为 40 min,则接触池的容积应有多大?

解 (1) 一天内需氯量为

$$10\times10^4(m^3/d)\times300(mg/m^3) = 3\times10^7(mg/d) = 30(t/d)$$

(2) 接触时间为 40 min,则接触池容积为

$$10\times10^4(m^3/d)\times1(d)/1\,440(min)\times40(min) = 2\,777.8(m^3)$$

2.7.2 其他氯化物消毒方法

由于自由氯氧化能力强,可与水中腐殖质等有机物反应生成有机氯化合物,如三卤甲烷(THMs)和卤乙酸(HAAs)等影响健康的消毒副产物,因此出现了其他消毒方法。

氯化物消毒方法有氯胺消毒和二氧化氯消毒。氯胺(一氯胺、二氯胺和三氯胺)由液氯和氨反应制取。一氯胺是唯一有用的氯胺消毒剂,可在设计合理的氯胺制取条件下实现只生产一氯胺。一氯胺没有自由氯效率高,但具有持久性,因此是一种很好的保持管网系统稳定性的二次消毒剂。通常,二氧化氯需使用前现场制作。二氧化氯通过将氯气或液氯溶液加入氯化钠溶液制取。二氧化氯消毒的特点是:它对细菌、病毒等有很强的灭活能力,其余量能在管网中保持很长时间,其主要副产物是无机氯酸盐和亚氯酸盐,对人体血红细胞有损害。

不含氯的消毒方法有臭氧消毒和紫外线消毒。与氯及氯化物消毒相比,臭氧消毒能力强、反应快,它通过氧化作用破坏微生物有机体结构而导致微生物死亡。但是臭氧在水中不稳定,易分解,故经臭氧消毒后,管网水中无余量。紫外线消毒中紫外线引起微生物核酸的有害变化,从而 DNA 被破坏而使微生物死亡。通过 DNA 吸收最强烈的紫外线波长为 254 nm。经臭氧和紫外线消毒后的水,为了维持管网中消毒剂余量,进入管网前尚需在水中投加适量的氯或氯胺。此外臭氧消毒和紫外线消毒的设备复杂、电耗较高。

2.8 微污染原水的预处理和深度处理

微污染水源是当前给水处理面临的普遍问题,特别是有机物污染。混凝、沉淀、过滤等常规处理方法对水中有机污染物(特别是溶解性有机物)及氨氮等去除效果有限,为此需要在常规处理工艺的基础上,增加合适的预处理或深度处理。

预处理单元置于常规处理工艺之前,深度处理单元置于常规处理工艺之后。目前常用的预处理和深度处理方法是生物处理法、化学氧化法、活性炭吸附法等。

2.8.1 生物处理

由于近几十年水源污染特别是有机物污染日益严重,生物处理法被引入给水处理领域。例如生物接触氧化法和塔式生物滤池的主要作用是降解微污染水中有机物和去除氨氮。曝气生物滤池则兼有降解有机物、除氨氮和固液分离作用。

2.8.2 化学氧化

通过向水中投加化学氧化剂去除水中有机物的方法称为化学氧化法。常用的氧化剂有氯、臭氧、二氧化氯、高锰酸钾、高铁酸钾及复合药剂等。其中,氯、臭氧、二氧化氯等既是氧化剂,又是消毒剂。

臭氧为化学不稳定物质,在水中极易分解,所释放的氧原子具有很强的氧化能力。它能氧化大部分有机物,可降低水中三卤甲烷前体物,有效去除色度、异臭和异味。不过臭氧在氧化分解有机物的同时,也会产生某些副作用。当水中溴离子浓度高时,臭氧预氧化会使其中有害的溴酸盐和次溴酸盐浓度升高。因此单纯使用臭氧预氧化并不适宜。目前常在臭氧预氧化后增加活性炭过滤,形成臭氧-活性炭联用工艺,提高处理效果。

2.8.3 活性炭吸附

用于水处理的活性炭有颗粒活性炭(GAC)和粉末活性炭(PAC)。活性炭使用含碳原料通过热解作用制成,如木屑、果壳、煤炭等。我国在生产中常采用的是煤质炭。活性炭具有发达的孔隙结构和巨大的比表面积,这是活性炭具有很强吸附能力的原因。活性炭比表面积一般在 $700 \sim 1\,600\ m^2/g$。活性炭吸附可有效去除水中臭味、天然和合成溶解性有机物、微污染物等。大部分有机物分子、芳香族化合物、卤代烃等能牢固吸附在活性炭表面或孔隙中。活性炭对腐殖质、合成有机物和小分子量有机物也有明显的去除效果。实践证明,活性炭可降低有机碳(TOC)、总有机卤化物(TOX)和总三卤甲烷(TTHM)指标。

粉末活性炭一般在混凝前投加或与混凝剂同时投加,也可在混凝中端投加。颗粒活性炭针对沉淀出水和过滤出水进行处理,吸附装置的构造和工作过程类似快滤池。吸附饱和的活性炭从炭池中取出,经过再生后回用。

当臭氧和活性炭联用去除水中有机物时,研究发现活性炭滤料上滋生大量微生物,处理后水质很好,且活性炭再生周期明显延长,于是形成了一种有效的给水深度处理方法,称为生物活性炭法(图2-23)。生活饮用水深度处理中,臭氧-生物活性炭法处理至砂滤池后,进水浊度一般在1 NTU以下。投加O_3的目的:一方面尽可能去除一些有机物,将难生物降解有机物分解为可生物降解有机物,为生物活性炭降解创造条件;另一方面增加水中溶解氧浓度,为好氧菌生长繁殖创造条件。

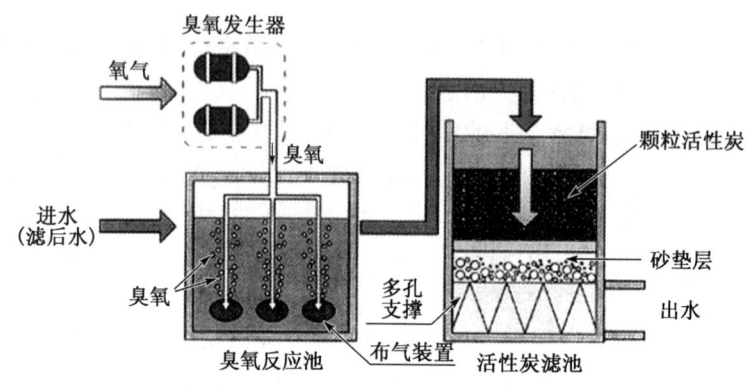

图 2-23　臭氧生物活性炭处理工艺

2.9　地下水除铁除锰

铁和锰可共存于地下水中,通常含铁量高于含锰量。由于铁和锰的其他价态在水中不稳定或者溶解度低(如Fe^{3+}和Mn^{4+}),铁和锰在水中均以二价状态存在。我国《生活饮用水卫生标准》(GB 5749—2022)中规定,铁、锰质量浓度分别不得超过0.3 mg/L和0.1 mg/L,这主要是为防止水变得腥臭或玷污生活用具和衣物,并没有毒理学意义。

铁锰含量超过标准的原水需经过除铁除锰处理。铁锰的去除原理,通常是将溶解形式物质氧化为不溶性物质,然后经沉淀去除。在相同pH值时二价铁比二价锰的氧化速率快。常用的氧化剂有氧、氯和高锰酸钾等。

1. 空气自然氧化法

铁锰与空气中的氧气氧化还原反应为

$$4Fe(HCO_3)_2 + O_2 + 2H_2O \longrightarrow 4Fe(OH)_3 + 8CO_2 \tag{2-26}$$

$$2MnSO_4 + 2Ca(HCO_3)_2 + O_2 \longrightarrow 2MnO_2 + 2CaSO_4 + 2H_2O + 4CO_2 \tag{2-27}$$

这些反应很缓慢。pH值为7.8~8.0,铁反应可能处于15 min和1 h之间。pH值为9.5时,锰氧化需1 h以上。因此在pH值较低时,锰与空气的氧化是不切实际的。

2. 加氯氧化

铁锰与氯的氧化还原反应为

$$2Fe(HCO_3)_2 + Ca(HCO_3)_2 + Cl_2 \longrightarrow 2Fe(OH)_3 + CaCl_2 + 6CO_2 \tag{2-28}$$

$$Mn(HCO_3)_2 + Ca(HCO_3)_2 + Cl_2 \longrightarrow MnO_2 + CaCl_2 + 2H_2O + 4CO_2 \tag{2-29}$$

当 pH 值为 8.0~8.5 时,铁的氧化时间大约为 15~30 min;锰的氧化需要 2~3 h。如果水中含有氨,它将增加氯消耗,并显著增加氯氧化时间。

3. 接触催化氧化法

接触催化氧化法的原理是:在滤料(通常采用锰砂)形成活性滤膜,活性滤膜即是催化剂。活性滤膜首先吸附水中的 Fe^{2+}(或 Mn^{2+})。在水中含有溶解氧的条件下,被吸附的 Fe^{2+}(或 Mn^{2+})在活性滤膜催化作用下,氧化成 Fe^{3+}(或 Mn^{4+}),形成 $Fe(OH)_3$(或 MnO_2)固体而被去除。

由于地下水中铁和锰往往共存,且除铁易、除锰难,故对含有铁、锰的地下水总是先除铁,后除锰。当地下水中铁、锰含量不高时,可在同一滤层中完成上层除铁、下层除锰,不致因锰的泄漏而影响水质。但如果含铁、锰量大,则除铁层的范围增大,剩余的滤层不能截留水中的锰,为了防止锰的泄漏,可在流程中建造两个滤池,前面是除铁滤池,后面是除锰滤池。图 2-24 为上层除铁、下层除锰压力滤池示意图。

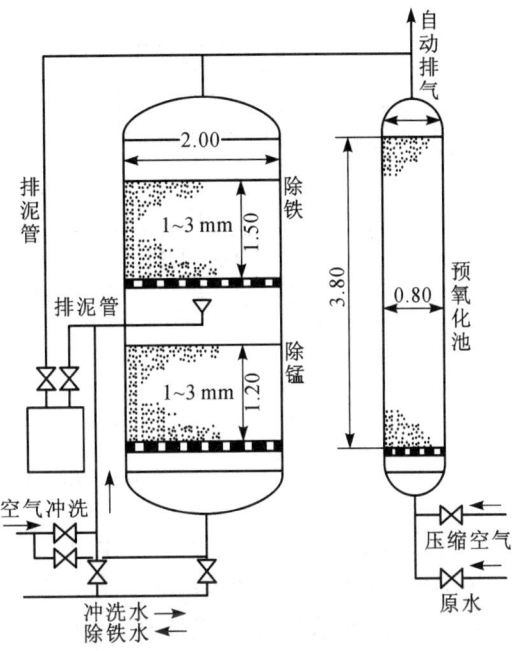

图 2-24 除铁除锰双层滤池示意(m)

4. 高锰酸钾氧化

铁锰与高锰酸盐的氧化反应为

$$3Fe(HCO_3)_2 + KMnO_4 + 2H_2O \longrightarrow 3Fe(OH)_3 + MnO_2 + KHCO_3 + 5CO_2 \tag{2-30}$$

$$3Mn(HCO_3)_2 + 2KMnO_4 \longrightarrow 5MnO_2 + 2KHCO_3 + 2H_2O + 4CO_2 \tag{2-31}$$

在 pH 值大于 5.5 时,Fe^{2+} 和 Mn^{2+} 的氧化反应均低于 20 s。必须注意控制高锰酸盐的使用剂量,因为剩余高锰酸盐量级在 0.05 mg/L 时,会使水中出现容易检测到的紫色。

5. 其他方法

铁、锰的其他处理方法,包括臭氧氧化、二氧化氯氧化、离子交换、纳滤等。

2.10 排泥水处理

净水厂通过固液分离,产生的排泥水包括沉淀池(澄清池)排泥水、气浮池浮渣和滤池反冲洗水等。水厂排泥水处理工艺流程应根据水厂所处社会环境、自然条件及净水工艺确定,由调节、浓缩、脱水及泥饼处置四道工序或其中部分工序组成(图 2-25)。净水厂所排泥水处理后排入河道、沟渠等天然水体的水质应符合现行《污水综合排放标准》(GB 8979)的规定。

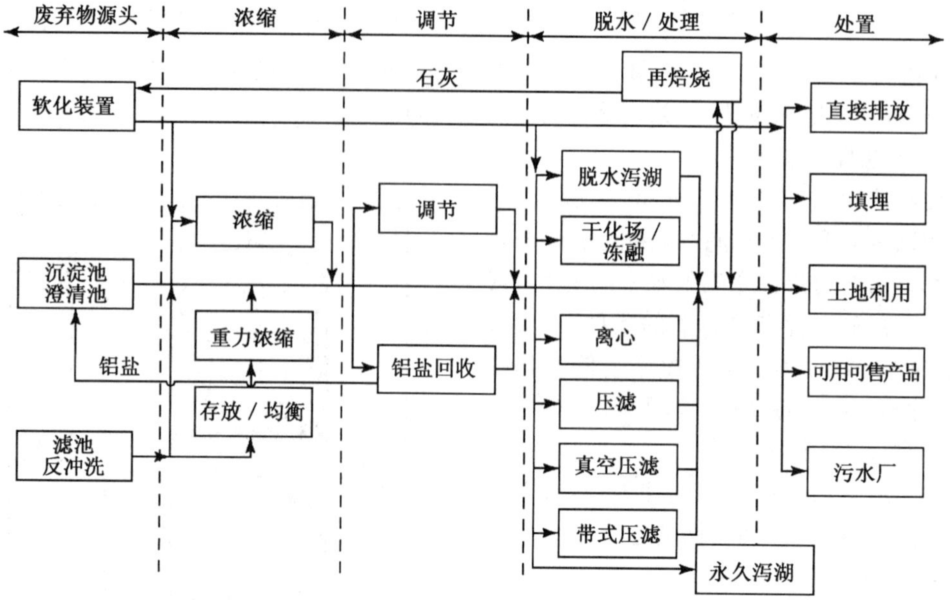

图 2-25 水厂排泥水处理工艺

排泥水浓缩宜采用重力浓缩,重力浓缩池宜采用圆形或方形辐流式浓缩池(图 2-26)。固体通量、液面负荷宜通过沉降浓缩实验,或按相似排泥水浓缩数据确定。当无试验数据和资料时,辐流式浓缩池的固体通量可取 0.5~1.0 kg 干固体$/(m^2 \cdot h)$,液面负荷不大于 $1.0 \, m^3/(m^2 \cdot h)$。

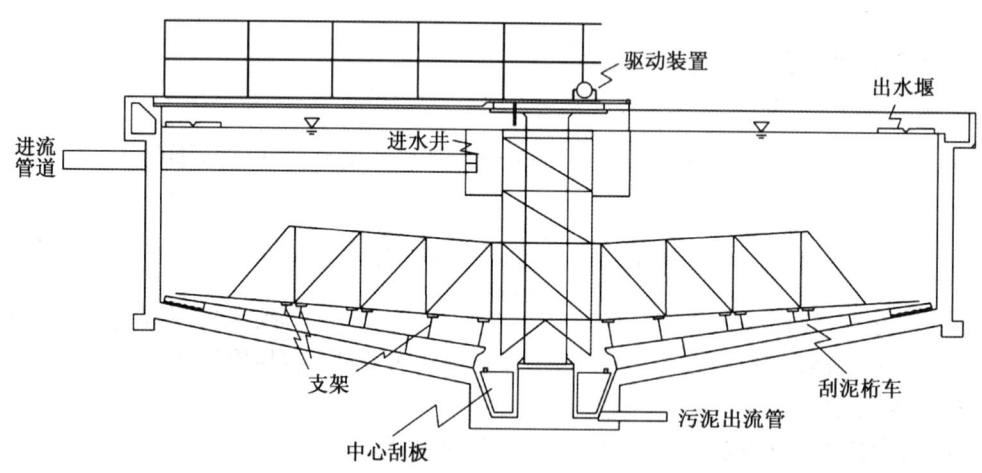

图 2-26 连续流动重力浓缩池

辐流式浓缩池设计应符合下列要求:①池边水深宜为 3.5~4.5 m。当考虑泥水在浓缩池临时贮存时,池边水深可适当加大。②宜采用机械排泥,当池子直径(或正方形一边)较小时,也可以采用多斗排泥。③刮泥机上宜设置浓缩栅条,外缘线速度不宜小于 2 m/min。④池底坡度为 8%~10%,超高大于 0.3 m。⑤浓缩泥水排出管直径不应小于 150 mm。

当重力浓缩池为间歇进水和间歇出泥时,可采用浮动槽收集上清液提高浓缩效果。

污泥经浓缩后,尚有95%～97%的含水率,体积仍很大。为了综合利用和最终处置,须对污泥作干化和脱水处理。二者对脱除污泥的水分具有同等效果。污泥的干化和脱水方法,主要有自然干化、机械脱水等。

污泥自然干化的主要构筑物是干化场,干化场脱水主要依靠渗透、蒸发与撇除。我国幅员辽阔,干化场的干化周期、干泥负荷宜根据小型试验或泥渣性质、年平均气温、年平均蒸发量等因素,参照相似地区经验确定。

机械脱水包括脱水前的预处理和脱水处理。预处理的目的是改善污泥脱水性能,提高机械脱水效果与机械脱水设备的生产能力。一般预处理是向排泥水中投加石灰。除此之外,也使用高分子混凝剂。脱水机械可采用板框压滤机、离心脱水机;对于一些易于脱水的泥水,也可采用带式压滤机。

脱水后的泥饼处置可用作地面填埋或其他有效利用方式。有条件时,应尽可能有效利用。

第 3 章 城 市 供 水

3.1 用水量

3.1.1 用水定义

水文学中,用水定义为水文循环过程中由人类干涉的所有水流。更狭义的用水定义是指用于特定目的的水。我国《城市用水分类标准》(CJ/T 3070—1999)将城市用水分为三级,其中一级城市用水分为居民家庭用水、公共服务用水、生产运营用水、消防及其他特殊用水四类(表 3-1),在此基础上的二级城市用水分为 41 类。三级以下的细分类别由各城市根据实际情况自行设置或不予设置。

表 3-1　　　　　　　　　　一级城市用水类别名称及包括范围

序号	用水目的	包括范围
1	居民家庭用水	城市范围内所有居民家庭的日常生活用水
2	公共服务用水	为城市社会公共服务的用水
3	生产运营用水	在城市范围内生产、运营的农、林、牧、渔业、工业、建筑业、交通运输业等单位在生产、运营过程中的用水
4	消防及其他特殊用水	城市灭火以及除居民家庭、公共服务、生产运营用水范围以外的各种特殊用水

3.1.2 用水计量

用水计量表达为单位时间内的体积。体积单位一般采用立方米(m^3)和升(L)。有些情况下,也使用水深为单位(例如毫米降雨)。时间单位包括秒(s)、分(min)、时(h)、日(d)和年(a)。由于年用水体积很大,常用平均日用水量表示。例如,$1\ m^3/s = 3\ 600\ m^3/h = 8.64$ 万 m^3/d,$1\ L/s = 3.6\ m^3/h = 86.4\ m^3/d$。

为了易于理解,便于各种用水的比较,对用水量的以下几种表达方式进行了区分。

(1) 平均日用水量:一年内总用水量除以用水天数。该值一般作为水资源规划的依据。

(2) 最高日用水量:一年内用水量最多一天的总用水量。该值一般作为给水取水与水处理工程规划和设计的依据。

(3) 最高时用水量:一年内最大用水小时内的总用水量。该值一般作为给水管网工程规划与设计的依据。

给水管网用水量可以根据管道水表(流量计)计量、蓄水设施的水位测量或者水泵日志估计用水。

3.1.3 生活用水影响因素

生活用水量的多少随当地的气候、人口、社会经济影响、住宅类型、计量和节水措施、供水压力等而有所不同。

1. 气候

温度和降雨等气候因素严重影响着用水量。南方城市因气候炎热,用水量一般比北方城市大;即使同一地区,用水量也随季节而异,夏季大于冬季。在炎热和干旱天气的用水量是很大的,主要原因是增加了洒水、喷灌和景观灌溉。

2. 人口

有证据表明家庭人口数量很重要,较大的家庭具有较低的人均日用水量。例如,只有一个人居住的家庭人均用水量与两人居住的家庭相比,高出40%;与4人居住的家庭相比,高出73%;与5人或以上人口的家庭相比,高出2倍多。另外居民中退休人员的用水量比其他人要高,可能由于他们在家里待的时间更长。

3. 社会经济影响

居住区越富裕或经济条件越好,其用水量越大。如果供水难度很大,每人每天的最小需水量为5~10 L。居民用水从集中给水龙头取用时,每人每天用水量可以增加到10~20 L(表3-2)。当房屋卫生设备渐趋完善时,用水量会逐渐提高,这可能是因为具有了较大的家庭用水设备,如洗衣机、洗碗机和淋浴器等。

表3-2　　　　　　　　　　　　　生活用水量的变化

住宅类型/水源类型	平均用水量(L/d)
高质量住宅区	225
城市居住区	180
郊区低价房	95
使用公共水龙头的城市区域	60
使用公共水龙头的农村区域	40
离水源距离大于1 km的农村住宅	20

4. 住宅类型

居住类型也很重要。尤其有花园的别墅住宅用水量要高于公寓或单元房,这是因为公寓或单元房里人均园艺灌溉需水较低。此外,独立式住宅的高用水量与空间较大、与器具使用和社会经济因素有关。

5. 计量和节水措施

理论上来说,计量设施将限制用户浪费水源,减少实际用水量,因此也会减少废水流量。诸如低流量水龙头/淋浴器、低流量冲刷便器和循环用水/回用水系统等节水措施也将减少用水量。

6. 供水压力

给水管网的水压高低对用水量也有影响,一般水压高则用水量大,漏水量也较多。

3.2　设计用水量

给水系统设计时,首先须确定系统在设计年限内达到的用水量,系统中的取水、水处理、泵站和管网等设施的规模都需参照设计用水量确定,因此它会直接影响建设投资和运行费用。

设计用水量由下列各项组成：

(1) 综合生活用水，包括居民生活用水和公共建筑及设施用水。前者指城市中居民的饮用、烹调、洗涤、冲厕、洗澡等日常生活用水；公共建筑及设施用水包括娱乐场所、宾馆、浴室、商业、学校和机关办公楼等用水，但不包括城市浇洒道路、绿化和市政等用水。

(2) 工业企业用水。

(3) 浇洒道路、广场和绿地用水。

(4) 管网漏损水量。

(5) 未预见用水。

(6) 消防用水。

3.2.1 用水量定额

用水量定额是指设计年限内达到的用水水平，因此需从城市规划、工业企业生产情况、居民生活条件和气象条件等方面，结合现状用水调查资料分析，进行远近期水量预测。城市生活用水和工业用水的增长速度，在一定程度上是有规律的，但如对生活用水采取节约用水措施，对工业用水采取计划用水、提高工业用水重复利用率等措施，可以减缓用水量的增长速度，在确定用水量定额时应考虑这种变化。

1. 居民生活用水

城市居民生活用水量由城市人口、每人每日平均生活用水量和城市给水普及率等因素确定。这些因素随城市规模的大小而变化。通常，住房条件好、给水排水设备较完善、居民生活水平较高的大城市，生活用水量定额也较高。

我国幅员辽阔，各城市的水资源和气候条件不同，生活习惯各异，故人均用水量有较大的差别。即使用水人口相同的城市，因城市地理位置和水源等条件不同，用水量也可能相差很多。一般来说，我国东南地区、沿海经济开发特区和旅游城市，因水源丰富，气候较好，经济比较发达，用水量普遍高于水源短缺、气候寒冷的西北地区。

理论上讲应具有充分的水量支撑人们的生产和生活使用，但是由于时空分布不均，导致某些地区常年缺水，或者某些时段处于缺水状态。设计时如果缺乏实际用水量资料，则居民生活用水定额和综合用水定额可参照现行《室外给水设计标准》(GB 50013)的规定。

2. 工业企业生产用水和工作人员生活用水

工业企业生产用水一般是指工业企业在生产过程中，用于冷却、空调、制造、加工、净化和洗涤方面的用水。在城市给水中，工业用水占很大比例。生产用水中，冷却用水是大量的，特别是火力发电、冶金和化工等工业。空调用水则以纺织、电子仪表和精密机床生产等工业用得较多。

设计年限内生产用水量的预测，可以根据工业用水的以往资料，按历年工业用水增长率推算，或根据单位工业产值的用水量、工业用水量增长率与工业产值的关系，或单位产值用水量与用水重复利用率的关系加以预测。

工业用水指标一般以万元产值用水量表示。不同类型的工业万元产值用水量不同。如果城市中用水单耗指标较大的工业多，则万元产值的用水量也高；即使同类工业部门，由于管理水平提高、工艺条件改革和产品结构的变化，尤其是工业产值的增长，单耗指标会逐年降低。提高工业用水重复利用率、重视节约用水等可以降低工业用水单耗。随着工业的发展,工业用水量也随之增长,但水量增长速度比不上产值的增长速度。工业用水的单耗指标由于水的重复利用率提高而有逐年下降趋势。由于高产值、低单耗的工业发展迅速,万元产值的用水量指标在很多城市有较大幅度的下降。

有些工业企业的规划,往往不是以产值为指标,而以工业产品的产量为指标。这时,工业企业的生产用水量标准,应根据生产工艺过程的要求确定或是按单位产品计算用水量,如每生产一吨钢要多少水,或按每台设备每天用水量计算可参照有关工业用水量定额。生产用水量通常由企业的工艺部门提供。在缺乏资料时,可参考同类型企业用水指标。在估计工业企业生产用水量时,应按当地水源条件、工业发展情况、工业生产水平,预估将来可能达到的重复利用率。

工业企业内工作人员生活用水量和淋浴用水量可按现行《工业企业设计卫生标准》(GBZ 1)执行。工作人员生活用水量应根据车间性质决定,一般车间采用每人每班25 L,高温车间采用每人每班35 L。

工业企业内工作人员的淋浴用水量可参照表3-3的规定,淋浴时间在下班后1 h内进行。

表3-3　　　　　　　　　　工业企业内工作人员淋浴用水量

分级	车间卫生特征			用水量 [L/(cap·班)]
	有毒物质	生产性粉尘	其他	
1级	极易经皮肤吸收引起中毒的剧毒物质(如有机磷、三硝基甲苯、四乙基铅等)		处理传染性材料、动物原料(如皮、毛等)	60
2级	易经皮肤吸收或有恶臭的物质或高毒物质(如丙烯腈、吡啶、苯酚等)	严重污染全身或对皮肤有刺激的粉尘(如炭、玻璃棉等)	高温作业,井下作业	60
3级	其他毒物	一般性粉尘(如棉尘)	重作业	40
4级	不接触有毒物质及粉尘,不污染或轻度污染身体(如仪表、机械加工、金属冷加工等)			40

3. 消防用水

将最高时用水量加上消防用水,是配水系统设计方案校验的一种重要工况。消防用水只在火灾时使用,历时短暂,对水质没有特殊要求。但从数量上说,消防用水在城市用水量中占有一定的比例,尤其是中小城市,所占比例甚大。城市、居住区室外消防用水量,应按同一时间内的火灾次数和一次灭火用水量确定。

4. 其他用水

浇洒道路、广场和绿地用水量应根据路面、绿化、气候和土壤等条件确定。浇洒道路和广场用水可按浇洒面积以2.0~3.0 L/(m²·d)计算,浇洒绿地用水可按浇洒面积以1.0~3.0 L/(m²·d)计算。

城镇配水管网的漏损水量宜按综合生活用水、工业企业用水、浇洒道路和广场用水量之和的10%计算,当单位管长供水量小或供水压力高时可适当增加。未预见用水应根据水量预测时难以预见因素的程度确定,宜采用综合生活用水、工业企业用水、浇洒道路、广场和绿地用水、管网漏失水量之和的 8%～12%。

工业企业自备水厂的上述水量可根据工艺和设备情况确定。

3.2.2 用水量变化

无论生活或生产用水，用水量时刻在变化。生活用水量随着生活习惯和气候而变化，如假期比平日高，夏季比冬季用水多；从我国大中城市的用水情况可以看出，在一天内早晨起床后和晚饭前后用水最多。又如工业企业的冷却用水量随气温和水温变化，夏季多于冬季。居民需水量在夏季和冬季的短期变化的例子见图 3-1。

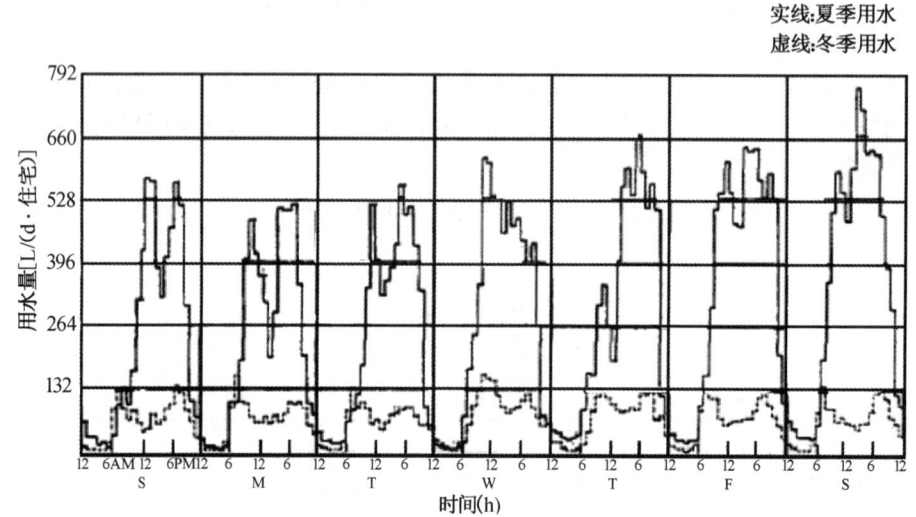

图 3-1 冬季和夏季小时用水的一周变化模式

用水的变化通常用它们与平均用水量的比值表示，这个比值即用水量变化系数。在一年中，最高日用水量与平均日用水量的比值，称作日高峰系数。一天内，最高 1 h 用水量与平均时用水量的比值，称作时高峰系数。城镇供水的时高峰系数、日高峰系数应根据城镇性质和规模、国民经济和社会发展、供水系统布局，结合现状供水曲线和日用水变化分析确定。例如管网内的蓄水设施可以缓解高峰时的供水量。缺乏实际用水资料情况下，最高日城市综合用水的最高时系数宜采用 1.2～1.6；最高日系数宜采用 1.1～1.5。通常较大服务区取低值，较小服务区取高值。

3.3 服务水压和水质要求

给水系统应保证一定的水压，以供给足够的生活用水或生产用水。不同城市管网系统的服务水压是不同的，居民区或商业区水压不宜过高或过低。水压过低时，如果有多处同时用水，会导致流量降低；水压过高会导致水龙头漏水、阀门损坏。异常的高压也将导致用水高峰时的水量和水压浪费。因此当按直接供水的建筑层数确定给水管网水压时，用户接管处的最小服务水头，一层为 10 m，二层为 12 m，二层以上每增加一层，增加 4 m。例如，当地房屋按六层楼考虑，则最小服务水头应为 28 m。至于城市内个别高层建筑物或建筑群，或城市高地上的建筑物等所需的水压,不应作为管网水压控制的条件;为满足这类建筑物的用水,可单独设置局部加压装置。

消防给水设计时,灭火点处按低压消防考虑,管道的压力应保证灭火时最不利消火栓的水压不小于10 m水柱(从地面算起)。低压消防是指管网内平时水压较低,火场上水枪需要的压力,由消防车或其他移动式消防泵加压形成。假设火场上一辆消防车占用一个消火栓,一辆消防车出两支水枪,每支水枪的平均流量为5 L/s,两支水枪的出水量约为10 L/s。直径65 mm麻质水带长度为20 m时的水头损失约为8.6 m水柱。消火栓与消防车水罐入口的标高差约为1.5 m。二者合计约为10 m水柱。因此,最不利点消火栓的压力不应小于10 m水柱。

管网最高水压通常发生在低流量时段(例如夜间)和地势较低地区。为防止管网内局部压力过高,可采用分区供水或在适当地点安装减压阀。

城市统一供给的或自备水源供给的生活饮用水水质应符合现行《生活饮用水卫生标准》(GB 5749)的规定。

3.4 蓄水设施

配水系统内蓄水设施包括清水池、水塔、水泵吸水池等,作用为提高供水可靠性、保证水压、平衡供水量与用水量(处理水量与供水量)之间的流量差、减小管道尺寸、提高运行灵活性和效率等。设计蓄水设施时需要多方面决策,便于确定水池的类型、尺寸、位置和运行方式等,一般设计要求如下。

(1) 管网供水区域较大,配水距离较长,且供水区域有合适的位置和适宜的地形,可考虑在水厂外建高地水池、水塔或调节水池泵站。其调节容积应根据用水区域供需情况及消防储备水量等确定。

(2) 生活饮用水的清水池和调节水池、水塔,应有保证水的流动、避免死角、防止污染、便于清洗和通气等措施。

(3) 生活饮用水的清水池和调节水池10 m以内不得有化粪池、污水处理构筑物、渗水井、垃圾堆放场等污染源;周围2 m以内不得有污水管道和污染物。当达不到上述要求时,应采取防污染措施。

3.4.1 蓄水设施的作用

1. 水量平衡

调节水量是蓄水设施的一项重要功能。水处理厂基本属于均匀供水,如果水泵供水也是均匀的,那么水泵工作状态将是最佳的。然而,一日内用户的用水量发生着显著变化。为了满足用水需求变化,就要不断改变供水量、调整水泵运行速率或者利用水池调节。其中利用水池的进出水量调节是一种简单易行、费用较低的方法。

用水调节与高峰用水时段相联系,用于补充高峰时段用水和管网供水之间的差值,一定量的贮存水量可以调节用水的波动,管网供水不会发生急剧变化,使系统压力保持稳定。

2. 保持足够的压力

很大程度上,水池水位决定了直接与其相连的管段压力(即不设减压阀和水泵的情况

下）。忽略局部水头损失，压强可以表示为

$$p = (H-z)\gamma \tag{3-1}$$

式中　p——标高 z 处的压强(Pa)；

　　　H——水池水位(m)；

　　　z——配水系统标高(m)；

　　　γ——水的容重(N/m³)。

一般水池容积越大，配水系统的压力越稳定。

3. 消防贮备

如果管网里不设水池调节，消防用水的供应需要更大的输水管道和更大规模的水处理设施。对整个系统而言，为满足消防时用水增加的需求，设置水池是一种经济可靠的解决办法。

消防贮水量是防止火灾发生时的特殊供水。一般清水池按照 2 h 火灾延续时间计算，水塔按 10 min 室内消防用水量计算。

4. 事故应急贮备

安全贮备水量用于紧急情况下满足用水需要，例如，水源供给不足、主干管破裂、水泵损坏、突然断电或自然灾害等。如果水池没有贮备足够的水量，供水就会中断。管网的事故贮存用水根据风险评估和系统可靠性分析确定。考虑安全贮备水量时，要评估事故时水量的减少量，例如，预测自然灾害时最小用水需求量。除了提供贮存的备用水量外，水池还能提供一定的备用压力。此备用压力可以在水泵故障时，防止由于管道交叉连接导致的水质污染。

5. 节约能耗

某种程度上讲，管网的水头（能量）要高于水处理构筑物中的水头（能量）。设置水池为供水蓄存能量和保证水量提供了方便。首先，水池对水量的调节，在一定程度上降低了管道中水流速度，可以减少水泵加压消耗的能量。其次，多数供水企业依据能量消耗向电力部门支付费用。对能量的贮存在一定程度上缓解了高峰期的能耗，所以水池对减少供电需求是有益的。如果城市采用分时电价，蓄水设施就可以在用电低峰时储存水量，用电高峰期使用。

6. 其他作用

蓄水设施（尤其是水塔）可以缓冲由水锤引起的过高或过低压力变化。

通过蓄水设施布局，可将供水管网服务区域分解为较小的子区域。蓄水设施作为子区域的供水水源，方便子区域内的水量、水压和水质管理。

作为加氯的理想位置，可以将含氯消毒剂投加到水池进水口、出水口或其内部。将消毒剂投加到水池进水口或其内部时，水池提供了消毒剂与水的充分接触时间。

蓄水设施也有助于将来自不同水处理工艺的水量混合。

3.4.2　蓄水设施位置和水压线

蓄水设施位置的选择对水池容积是否能最大限度地利用具有显著影响。当城市或工业区靠山或有高地时，可根据地形建造高地水池。如城市附近缺乏高地，或因高地离给水区很远，以致建造高地水池不经济时，可建造水塔。水塔在管网中的位置，可靠近水厂、位于管网中间或靠近管网末端。应尽量使水池（水塔）与周围的建筑物相协调，减少视觉上的不良影响。图

3-2 说明了各种蓄水设施的形式。蓄水设施的一般设置方式及其适用条件见表3-4。

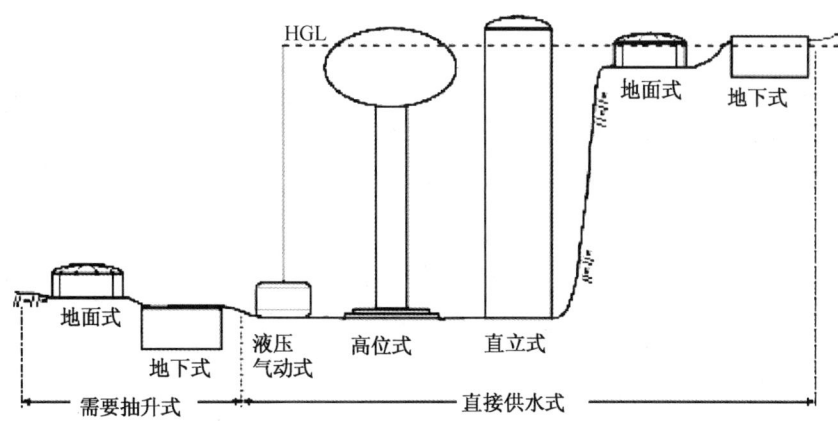

图 3-2 蓄水设施类型

表 3-4 各种蓄水调节设施的适用条件

序号	调节方式	适用条件
1	在水厂设置清水池	(1) 一般供水范围不大的中小型水厂,经技术经济比较无必要在管网内设置调节水池 (2) 需昼夜连续供水,并可用水泵调节负荷的小型水厂
2	配水管网前设调节水池泵站	(1) 净水厂与配水管网相距较远的大中型水厂 (2) 无合适地形或不适宜设置高地水池
3	设置水塔	(1) 供水规模和供水范围较小的水厂或工业企业 (2) 间歇生产的小型水厂 (3) 无合适地形建造高地水池,而且调节谷积较小
4	设置高地水池	(1) 有合适的地形条件 (2) 调节容量较大的水厂 (3) 供水区的要求压力和范围变化不大
5	配水管网中设置调节水池泵站	(1) 供水范围较大的水厂,经技术经济比较适宜建造调节水池泵站 (2) 部分地区用水压力较高,采用分区供水的管网 (3) 解决管网末端或低压区的用水
6	局部地区(或用户)设调节构筑物	(1) 由城市供水的工业企业,当水压不能满足要求时 (2) 局部地区地形较高,供水压力不能满足要求 (3) 利用夜间进水以满足要求压力的居住建筑

1. 水池

许多情况下,水存储在贮水池中,水位接近地面标高,因为具有较低的初始建设投资,较低的维护费用,水质易于测试,具有较高的安全性,以及较大的美学价值。地面水池的基本缺点是缺乏水压。

清水池设在水处理厂或地下水出流管的末端,一般是地面式或地下式,需要水泵加压后向外供水。清水池为消毒剂提供了充分的接触时间。通常地面水池的造价较低。然而因为清水池中的水必须用水泵加压,需要配有备用电源(特别当配水管网的水量调节能力有限时)。通常,清水池的个数或分格数不得少于2个,能单独工作并分别泄空;如有特殊措施能保证供水要求时,亦可修建一个。

2. 水塔

1）网前(前置)水塔

对于网前(前置)水塔,当泵站供水量大于管网中用户用水量时,多余的水量通过输水管送至水塔中贮存;而在最高用水时,由泵站和水塔联合向管网中用户供水以满足水量的需求。网前(前置)水塔的水压线见图 3-3。由图中的水压关系可得最高用水时的水压平衡关系为

$$Z_t + H_t = Z_c + H_c + h_n \tag{3-2}$$

式中　Z_t——设置水塔处的地形标高(m);

　　　H_t——水塔水柜底部高度(m);

　　　Z_c——控制点处的地形标高(m);

　　　H_c——控制点要求的自由水压(m);

　　　h_n——按最高时用水量计算的从水塔至控制点之间管路的水头损失(m)。

故水塔高度计算公式为

$$H_t = H_c + h_n - (Z_t - Z_c) \tag{3-3}$$

从式(3-3)可以看出,建造水塔处的地面标高 Z_t 越高,则水塔高度 H_t 越低,造价越低,当 $H_t = 0$ 时,即变为高地水池,这就是水塔建在高地的原因。

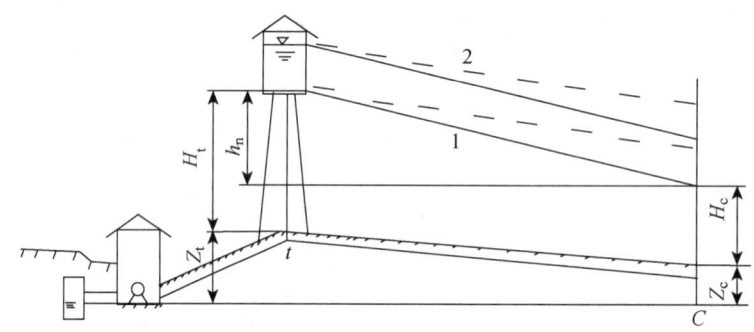

图 3-3　网前水塔管网的水压线
1—最高用水时；2—最低用水时

水塔水柜中的水位变动和用水量的变化,都会引起管网的水压波动。当水柜为低水位而用水量最大时,管网的水压最低;当水柜的水位上升而用水量减小时,管网的水压增大。

网前水塔的缺点是,水塔高度需按设计年限内最高时用水量确定,在未达到设计流量之前,管网水压总是高于要求值,从而浪费了能量,并且当用水量超过设计值时,随着管网内水头损失的增大,又使边远地区的水压不足,因而,它对流量变动的适应性较差。

2）网后(对置)水塔

由于城市地形和保证供水区水压的需要,水塔可能布置在管网末端的高地上,或者布置在最大需水用户的下游方向,这样就形成对置水塔的给水系统。这种设置方法的优点是可从多个方向向需水量中心输水,各方向管道的输水量降低,管径较小,这样也就降低了成本。

当然在用水低峰期,应保证管道有足够的能力把水送入水池。图 3-4 说明了对置水塔的水力坡度线。对置水塔系统可能有如下两种工作情况。

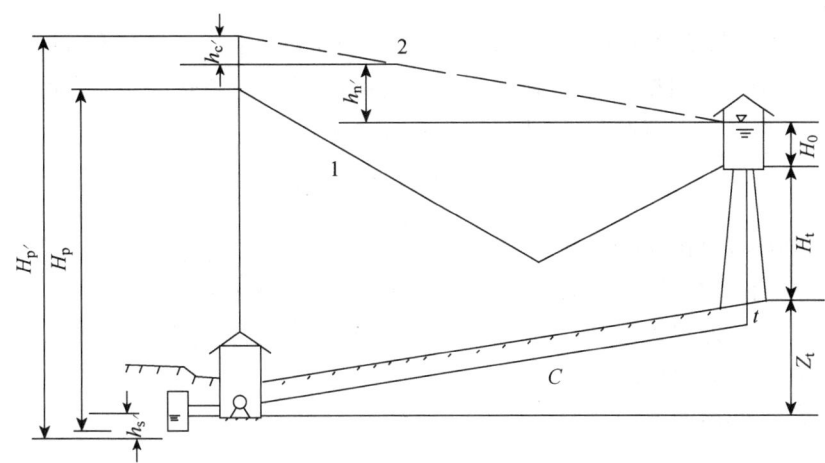

图 3-4 对置水塔管网的水压线

1—最高用水时；2—最大转输时

(1) 最高用水量时,管网用水由泵站和水塔同时供给,二者各有自己的给水区,在给水区分界线上,水压最低。水泵扬程可按无水塔管网的计算公式计算,水塔水柜底部高度可按网前水塔的计算式(3-3)计算。

(2) 一天内有若干小时因二级泵站供水量大于用水量,多余的水通过管网转输入水塔贮存,一般取最大 1 h 的转输流量作为管网设计校核的依据。

最大转输时水泵扬程的计算公式为

$$H'_p = Z_t + H_t + H_0 + h'_s + h'_c + h'_n \tag{3-4}$$

式中　H'_p——最大转输时水泵扬程(m)；

　　　h'_s, h'_c, h'_n——最大转输时吸水管、输水管和管网中水头损失(m)。

这时需校核根据最高用水量确定的水泵扬程 H_p 能否满足最大转输时水泵扬程 H'_p。

在最大转输时,虽然用水量较小,但因转输流量通过整个管网进入水塔,所以最大转输时的水泵扬程往往大于最高用水时。在最高用水时和最大转输时两种情况下,水泵的流量和扬程有所不同,为便于管理,所选用水泵的台数和型号不宜多,在难以二者兼顾而选出合适水泵的情况下,可酌情放大管网中个别管段的直径。

3.4.3　水池容积

1. 容积计算

选择最佳的水池容积,不仅是水池建造的经济问题(水池容积加倍,造价将增加 60%~70%),而且是改善供水可靠性与剩余消毒剂损失之间的权衡问题。对高地水池而言,只有供水区域管网水力坡度线低于水池水位时,水才出流。当水池内的水位降至很低时,供水区地面高程较高的用户可能会出现小于要求的水压。在一定高程上能满足用户水压要求的容积部分称为"调节容积"。处于最小水力坡度线下的那部分容积,尽管属于总容积的一部分,但不是调节容积。调节容积以下的容积仍然可以提供一定的压力,有时可作为应急贮备水量,因为供水企业只有在紧急情况下才允许供水水压低于最小压力需求。

通常清水池中除了贮存调节用水以外,还存放消防用水和水厂生产用水。因此净水厂清水池的有效容积,应根据产水曲线、送水曲线、自用水量及消防储备水量等确定,并满足消毒接触时间的要求。清水池有效容积可表达为

$$W = W_1 + W_2 + W_3 + W_4 \quad (3-5)$$

式中　W_1——调节容积(m^3);

　　　W_2——消防贮水量(m^3),常按 2 h 火灾延续时间计算;

　　　W_3——水厂冲洗滤池和沉淀池排泥等生产用水,等于最高日用水量的 5%~10%;

　　　W_4——安全贮水量(m^3)。

水塔中需存贮消防用水,总容积等于

$$W = W_1 + W_2 \quad (3-6)$$

式中　W_1——调节容积(m^3);

　　　W_2——消防贮水量(m^3),常按 10 min 室内消防用水量计算。

建造标准尺寸的水池(水塔)是最经济的,根据以上方法计算出数值后,可取近似的标准尺寸。

2. 调节容积

调节容积用以保证水源和水泵按供水企业的要求运行。关于水泵运行的一些要求如下:

(1) 为简化运行和降低费用,水泵应均匀供水。

(2) 泵站各级供水线应尽量接近用水线,以减少水池的调节容积。

(3) 尽量根据电能按时计价,使水泵在用电低峰期工作。

(4) 利用变频水泵使水泵供水量与用户需水量相符。

(5) 液压气动水泵在单位时间内须有合理的启动次数。

图 3-5 说明了以上几种情况下的水泵供水曲线和用户用水曲线。如果已知城市 24 h 的用水量变化规律,在此基础上可拟定泵站的供水曲线,则调节容积的总量 $W(m^3)$ 可表达为

$$W = \max\sum(Q_1 - Q_2) - \min\sum(Q_1 - Q_2) \quad (3-7)$$

式中　Q_1, Q_2——分别表示泵站时供水量和管网时用水量(m^3/h)。

缺乏用水量变化规律的资料时,城市水厂的清水池调节容积,可凭运转经验,按最高日用水量的 10%~20% 估算。供水量大的城市,因 24 h 的用水量变化较小,可取较低百分数,以免清水池过大。至于生产用水的清水池调节容积,应按工业生产的调度、事故和消防等要求确定。

缺乏资料时,水塔调节容积也可凭运转经验确定,当泵站分级工作时,可按最高日用水量的 2.5%~6% 计算,城市用水量大时取低值。工业用水可按生产上的要求(调度、事故和消防)确定水塔调节容积。

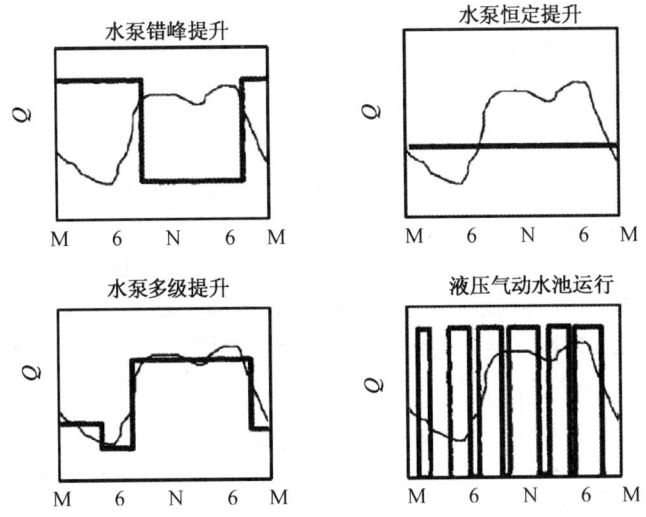

图 3-5　水泵供水曲线(粗实线)与需水曲线(细实线)之间的比较

(M—0:00 时;N—12:00 时;Q—流量)

美国《配水系统手册》(Mays 编著)认为贮存量取决于用水与供水情况之间的关系,一般值见表 3-5。

表 3-5　　　　　　　　　　　水池调节容积一般取值

运行方式	调节容积占最高日用水量的比例
水泵均匀供水	0.10～0.25
水泵分级供水(定速)	0.05～0.15
与高峰期错时供水	0.25～0.50
水泵变速供水	0

3. 清水池消防贮量

消防储备容积是对水厂供水能力的补充。如果水厂的供水能力在满足最大日用水量的同时还可以提供消防用水量,就无需储备消防容积。这种情况一般出现在大型系统中,消防用水量仅占最大日用水量的很小一部分。

消防贮量通过消防流量与消防历时的乘积计算。《给水排水设计手册》中推荐用下式计算消防储备水量。

$$W_2 = T(Q_x + Q_T - Q_1) \, (\mathrm{m}^3) \tag{3-8}$$

式中　T——消防历时(h),一般为 3 h,也有采用 2 h 的,可视具体情况而定;
　　　Q_x——消防用水量(m^3/h);
　　　Q_T——最高日平均时生活与生产用水量之和(m^3/h);
　　　Q_1——消防时一级泵房供水量(m^3/h),如消防时允许净水厂强制提高制水量,则 $Q_1 > Q_T$。

美国《配水系统手册》中提出的消防贮备水量计算公式为

$$W_2 = T(NFF + MDC - PC - ES - SS - FDS) \tag{3-9}$$

式中 MDC——最大日用水量；

PC——产水量，以水厂供水能力、地下井水供水能力或水泵供水能力为依据计算；

ES——应急供水量，可以从另一管网系统输送到本管网系统的流量；

SS——吸水量，指在火灾发生期间，可从附近湖泊或渠道中抽取的水量，它不得大于消防流量；

FDS——消防部门供水量，指可由消防车送至火灾现场的水量；

NFF——需要的消防流量，根据建筑物的大小和占地面积，在最大消防用水情况下的计算数值（除了很大的系统，通常假定在同一时间发生一次火灾），中等级的火灾持续时间见表3-6。

表3-6　　　　　　　　　　　　中等级火灾持续时间

消防流量需求(L/s)	持续时间(h)
<157	2
189～220	3
251～755	4

尽管上面的计算看起来较为简单，但它可以得出若干不同的结论。例如，最大日用水量是变化的，与最大日用水量相对应年份的选择对容积的确定影响很大。

4. 安全贮量

安全贮量的确定没有相应的公式，只能依据供水企业应对故障的可能性确定。如果一个供水企业有若干处水源和具有备用供电设施的水处理厂，那么事故储备可以较小。部分事故容积可以用来减小重大爆管事故带来的影响。如果一个供水企业只有一处水源，没有备用供电设施，并且配水系统可靠性较差，则从谨慎的角度考虑就需要很大的事故容积。

【例3-1】 蓄水设施调节容积计算示例。

按图3-6所示用水曲线和泵站供水曲线，分别计算管网中设水塔和不设水塔时的清水池调节容积，以及水塔调节容积。

解 本例可根据逐时用水和供水情况，列表计算（表3-7）。当管网中设置水塔时，清水池调节容积计算见表3-7中第5、6列，给水处理小时供水量（最高日平均时流量）Q_1为第(2)项，泵站小时供水流量Q_2为第(3)项，第5列为调节流量Q_1-Q_2，第6列为调节流量累计值$\sum(Q_1-Q_2)$，其最大值为9.74，最小值为-3.89，则调节容积为9.74-(-3.89)=13.63(%)。

当管网中不设水塔时，清水池调节容积计算见表3-7中第7、8列，Q_1为第(2)项，泵站小时供水量（即用户需水量）Q_2为第(4)项，第7列为调节流量Q_1-Q_2，第8列为调节流量累计值$\sum(Q_1-Q_2)$，其最大值为10.40，最小值为-4.06，则清水池调节容积为10.40-(-4.06)=14.46(%)。

水塔调节容积计算见表3-7中第9、10列，泵站小时供水量Q_1为第(3)项，用户需水量Q_2为第(4)项，第9列为调节流量Q_1-Q_2，第10列为调节流量累计值$\sum(Q_1-Q_2)$，其最大值为2.43，最小值为-1.78，则水塔调节容积为2.43-(-1.78)=4.21(%)。

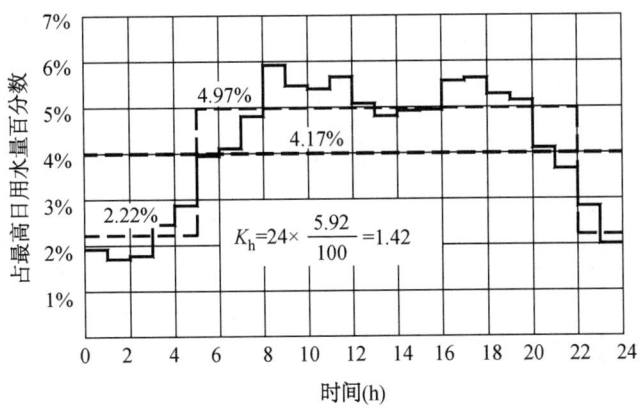

图 3-6 某城市最高日用水量变化曲线

实折线表示用水量；虚折线表示泵站供水量；虚直线表示日平均水量。

表 3-7　　　　　　　　　　　清水池与水塔调节容积计算

小时(h)	给水处理供水量(%)	供水泵站供水量(%)		清水池调节容积计算(%)				水塔调节容积计算(%)	
		设置水塔	不设水塔	设置水塔		不设水塔			
(1)	(2)	(3)	(4)	(2)−(3)	$\sum$	(2)−(4)	$\sum$	(3)−(4)	$\sum$
0~1	4.17	2.22	1.92	1.95	1.95	2.25	2.25	0.30	0.30
1~2	4.17	2.22	1.70	1.95	3.90	2.47	4.72	0.52	0.82
2~3	4.16	2.22	1.77	1.94	5.84	2.39	7.11	0.45	1.27
3~4	4.17	2.22	2.45	1.95	7.79	1.72	8.83	−0.23	1.04
4~5	4.17	2.22	2.87	1.95	**9.74**	1.30	10.13	−0.65	0.39
5~6	4.16	4.97	3.95	−0.81	8.93	0.21	10.34	1.02	1.41
6~7	4.17	4.97	4.11	−0.80	8.13	0.06	**10.40**	0.86	2.27
7~8	4.17	4.97	4.81	−0.80	7.33	−0.64	9.76	0.16	**2.43**
8~9	4.16	4.97	5.92	−0.81	6.52	−1.76	8.00	−0.95	1.48
9~10	4.17	4.96	5.47	−0.79	5.73	−1.30	6.70	−0.51	0.97
10~11	4.17	4.97	5.40	−0.80	4.93	−1.23	5.47	−0.43	0.54
11~12	4.16	4.97	5.66	−0.81	4.12	−1.50	3.97	−0.69	−0.15
12~13	4.17	4.97	5.08	−0.80	3.32	−0.91	3.06	−0.11	−0.26
13~14	4.17	4.97	4.81	−0.80	2.52	−0.64	2.42	0.16	−0.10
14~15	4.16	4.96	4.62	−0.80	1.72	−0.46	1.96	0.34	0.24
15~16	4.17	4.97	5.24	−0.80	0.92	−1.07	0.89	−0.27	−0.03
16~17	4.17	4.97	5.57	−0.80	0.12	−1.40	−0.51	−0.60	−0.63
17~18	4.16	4.97	5.63	−0.81	−0.69	−1.47	−1.98	−0.66	−1.29
18~19	4.17	4.96	5.28	−0.79	−1.48	−1.11	−3.09	−0.32	−1.61
19~20	4.17	4.97	5.14	−0.80	−2.28	−0.97	**−4.06**	−0.17	**−1.78**
20~21	4.16	4.97	4.11	−0.81	−3.09	0.05	−4.01	0.86	−0.92
21~22	4.17	4.97	3.65	−0.80	**−3.89**	0.52	−3.49	1.32	0.40

续表

小时(h)	给水处理供水量(%)	供水泵站供水量(%)		清水池调节容积计算(%)				水塔调节容积计算(%)	
		设置水塔	不设水塔	设置水塔		不设水塔			
(1)	(2)	(3)	(4)	(2)−(3)	$\sum$	(2)−(4)	$\sum$	(3)−(4)	$\sum$
22~23	4.17	2.22	2.83	1.95	−1.94	1.34	−2.15	−0.61	−0.21
23~24	4.16	2.22	2.01	1.94	0.00	2.15	0.00	0.21	0.00
累计	100.00	100.00	100.00	调节容积=13.63		调节容积=14.46		调节容积=4.21	

3.5 配水系统水力分析

在合适时间提供可接受水质的需水量到合适的位置,是配水系统的基本功能。配水管路、贮水池和泵站是城市配水系统的三个主要组件。这些组件可进一步分为子组件。例如,结构、电力、管道和水泵系统是泵站组件的子组件。水泵系统可以分为水泵、电机、控制,以及管道和阀门。组件的定义取决于需要分析的详细水平和可用数据。划分模块的层次可用于构建城市配水系统。组件和子组件之间的关系见图 3-7。

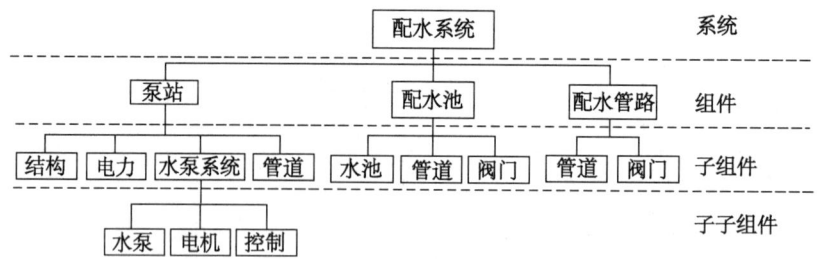

图 3-7 配水系统中的不同层次

配水系统水力分析中容易确定的子子组件是管道、阀门、水泵、电机、控制和蓄水箱。水泵系统子组件包含了管道、阀门、水泵、电机和控制子子组件。城市配水系统的可靠性通过三个子组件提升:水泵系统、管道和蓄水箱。配水管路可以是枝状的(图 3-8),也可以是环状的(图 3-9),或者为枝状与环状的组合。

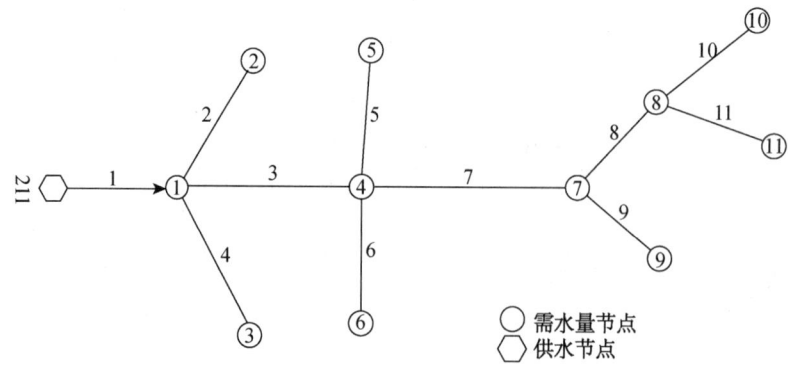

图 3-8 典型枝状配水系统

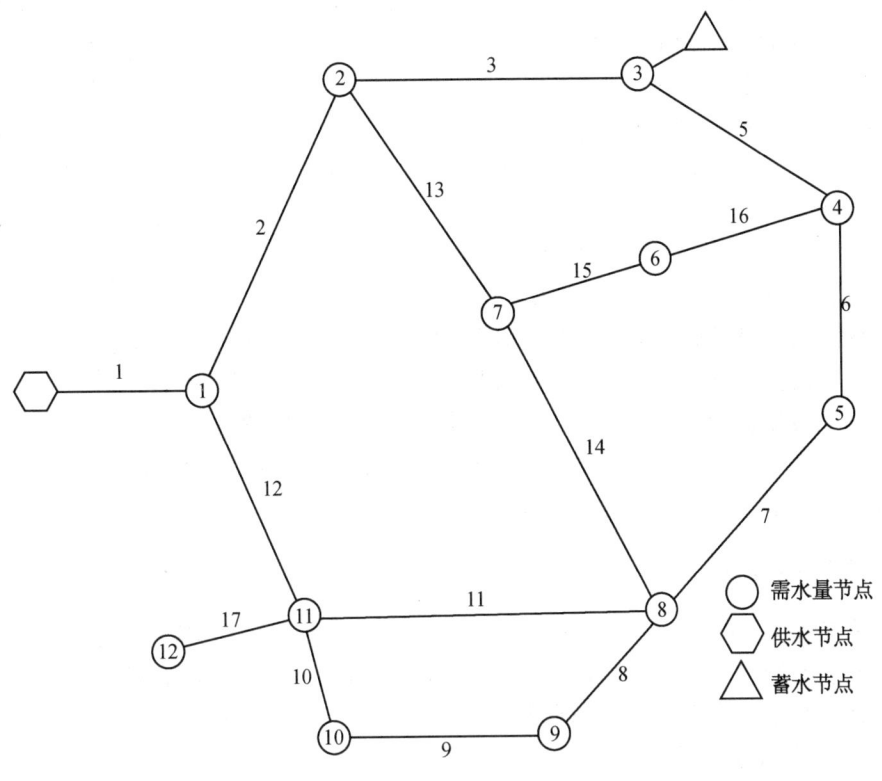

图 3-9　典型环状配水管网

管网中最广泛使用的元素为管道,这包含了配件以及其他附件,例如阀门、蓄水设施和水泵。管道是配水系统中基建投资最高部分,其以不同材料、不同尺寸制作,例如钢、球墨铸铁、钢筋或者预应力混凝土、聚乙烯、聚氯乙烯和玻璃钢。

管道的每一端称作节点。连接节点和已知水压节点是配水管网中两类节点。连接节点,其进水量或者出水量是已知的,具有可随时间变化的集总需水量。添加了贮水池的节点称作已知水压节点。这些节点可以采取水箱形式,或为大型恒压干管。

配水系统中的流量或水压通过控制阀门调节。如果存在水流逆转的条件,阀门将关闭或者没有流量通过。减压或者泄压(压力调节)阀门(PRV)是最常见的控制阀门,为了耗散压力,放置在压力分区边界。许多其他类型的阀门包括隔断阀,为了关闭一段配水系统;单向控制阀(止回阀),仅允许一个方向流动,例如旋启式止回阀、橡胶瓣止回阀、倾盘止回阀和双门止回阀;泄气/真空制动阀门,为了控制干管中的流动。

对于压力低于上游水头的所有水流,PRV 维护了阀门下游侧的恒定压力。配水管网中,当高压和低压配水系统相连时,如果低压侧压力不过分,PRV 允许高压系统的流动。如果下游压力高于 PRV 装置,那么内部的压力将关闭阀门。PRV 水头损失取决于下游压力,并独立于管道中的水流。水平旋启式止回阀以类似原理运行。稳压阀类似于 PRV,监视阀门上游侧的压力。

配水系统中,水泵用于增加能量,有许多不同类型的水泵(容积式水泵、运动泵、涡轮泵、水平离心泵),其中最常见的水泵类型为离心泵。

城市配水系统中,为了在单个组件故障时供水,均衡靠近有效工况点的水泵流量(尽管具有变化的需水量),提供消防用水,以及缓解水力瞬变,系统中的蓄水是必要的。配水与水箱密切相关。水箱通常用于配水管网的蓄水,由钢制作。水箱用于供水,满足高系统需水量下,或者在紧急条件下,当水泵不能够充分满足需水节点压力时的需求。蓄水箱可以处于地面标高,或者地面上的特定标高。水泵流量越大,水泵水头越低。因此,在高峰需水量时段,可用水头较低。

一系列测试仪器用于计量以下供水干管的流量。

(1) 涡轮水表具有计量室,通过水流转动。

(2) 多流束水表具有多个叶片转子,固定在圆筒计量室的竖向定子上。

(3) 电磁流量计,通过沿着管道绝缘段产生电磁场的方式测试流量。

(4) 超声波流量计,利用附着在管道两侧的声波发射和接收的传感器(感应器)测量。

(5) 比例水表利用水管中压力,转换部分水进入具有涡轮或者位移水表的环中。分离的水流正比于干管线路中的水流。

3.5.1 水力学基础

配水系统中,几乎所有组件在压力下工作。这些组件运行时,具有最小和最大压力范围。由于管壁和附件的摩擦阻力,整个系统内压力沿着水流降低,它根据水头/能量损失计算。以下部分描述配水系统模拟的水力学原理。

1. 管道流的能量方程

图 3-10 所示管段,其任何点的总能量包括势能或标高水头、压力水头以及速度水头。水力坡度线(HGL)说明了沿着管道的压力水头标高。该概念类似于明渠流的水面。管段内不同点的总水头通过能量坡度线(EGL)表示。一致均匀管道中,速度水头是常数,于是能量坡度线平行于水力坡度线。

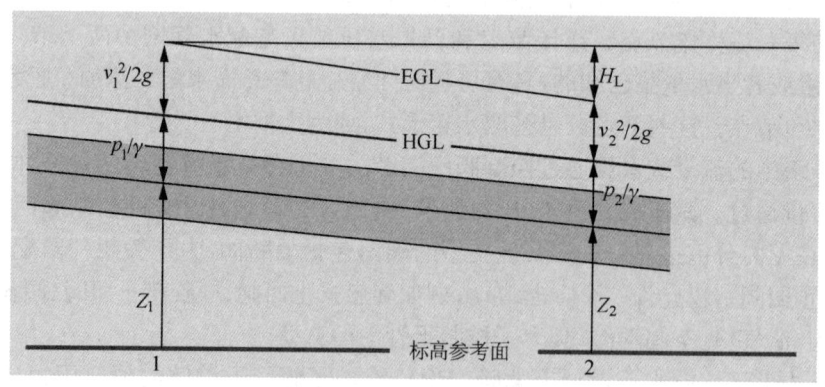

图 3-10 管道流中水力坡度线和能量坡度线

点 1 和点 2 之间由能量方程可得

$$Z_1 + \frac{p_1}{\gamma} + \alpha \frac{v_1^2}{2g} = Z_2 + \frac{p_2}{\gamma} + \alpha \frac{v_2^2}{2g} + h_f \quad (3-10)$$

式中 h_f——管道的摩擦水头损失。

能量坡度 S_f 等于 h_f/L。来自阀门、配件、弯头等的额外损失,称作局部损失 h_m,当存在时必须包含。于是,式(3-10)中,项 h_f 将替换为总水头损失 h_{loss},它等于 h_f 和 h_m 之和。因为局部损失是局部性的,通过 h_f/L 表示的能量坡度线,将在局部损失发生处断裂。如果在感兴趣的两点之间,通过水泵加入,或者通过涡轮减少机械能,应从式(3-10)的左侧添加或者减去该机械能。均匀管道中,$v_1=v_2$,以及标高 Z_1 和 Z_2 通常是已知的。为了推断压力的下降,评价水头损失(以及局部损失,如果存在的话)是必要的。

【例 3-2】 从断面 A 到断面 B,管道直径从 200 mm 变为 100 mm。断面 A 的压力为 8.15 m,断面 B 具有 2.5 m 的负压。断面 A 的速度为 1.8 m/s。如果断面 B 比断面 A 高 7 m,计算:(1)流量;(2)断面 B 处的流速;(3)流向;(4)系统的水头损失。

解

(1) 管道流量为

$$Q = A_A v_A = \frac{\pi}{4}(0.2)^2 1.8 = 0.057 \ (m^3/s)$$

(2) 因为管道中流量恒定,断面 B 处的流速为

$$v_B = \frac{Q}{A_B} = \frac{0.057}{(\pi/4)(0.1)^2} = 7.26 \ (m/s)$$

(3) 为了确定流向,首先应计算断面 A 和 B 处的总水头。为此,假设基准线对应于断面 A。

断面 A 的总水头

$$H_A = Z_A + \frac{p_A}{\gamma} + \frac{v_A^2}{2g} = 0 + 8.15 + \frac{1.8^2}{2 \times 9.81} = 8.32 \ (m)$$

断面 B 的总水头

$$H_B = Z_B + \frac{p_B}{\gamma} + \frac{v_B^2}{2g} = 7 + (-2.5) + \frac{7.26^2}{2 \times 9.81} = 7.19 \ (m)$$

因为断面 A 的总水头高于断面 B,所以水流方向从断面 A 到断面 B。

(4) 系统水头损失等于断面 A 和 B 处总水头之差

$$h_f = 8.32 - 7.19 = 1.13 \ (m)$$

2. 摩擦水头损失的估计

1) Darcy-Weisbach 公式

Darcy-Weisbach 公式(1845 年)是管道流中最常使用的公式。它根据实验获得,表达式为

$$h_f = \frac{\lambda L}{d} \cdot \frac{v^2}{2g} \tag{3-11}$$

式中 h_f——管道摩擦水头损失(m);

λ——摩擦因子,无量纲;

L——管道长度(m);
d——管道内径(m);
v——管道平均流速(m/s)。

公式(3-11)的计算需要确定摩擦因子 λ 的合适数值。

(1) Darcy-Weisbach 公式的摩擦因子。摩擦因子关系式取决于流态的雷诺数。管道直径为特征量,给出雷诺数 Re 为

$$Re = \frac{vd}{\nu} \tag{3-12}$$

式中 v——平均流速(m/s);
d——管道内径(m);
ν——流体运动黏度(m^2/s)。

层流的雷诺数由式(3-13)给出,它是摩擦因子的函数。

$$\lambda = \frac{64}{Re} \quad [对于层流(Re<2\,000)] \tag{3-13}$$

任何摩擦因子关系式不能够用于 Re 在 2 000 和 4 000 之间的临界区,这是水流在层流和紊流($Re>4\,000$)之间的转换区。紊流中,摩擦因子是雷诺数和管道表面相对粗糙度的函数。粗糙度刻画为 k_s/d 参数,其中 k_s 为管道的平均粗糙高度。紊流进一步分类为三个区域:①紊流光滑区,相对粗糙度 k_s/d 很小;②紊流粗糙区;③紊流过渡区,相对粗糙度和黏性均很显著。

可根据获得的隐式关系,求出 Darcy-Weisbach 公式的摩擦因子。1944 年,莫迪(Moody)制备了摩擦因子与雷诺数以及相对粗糙度的图表,当已知流速和管道直径时,可以确定雷诺数(图 3-11)。

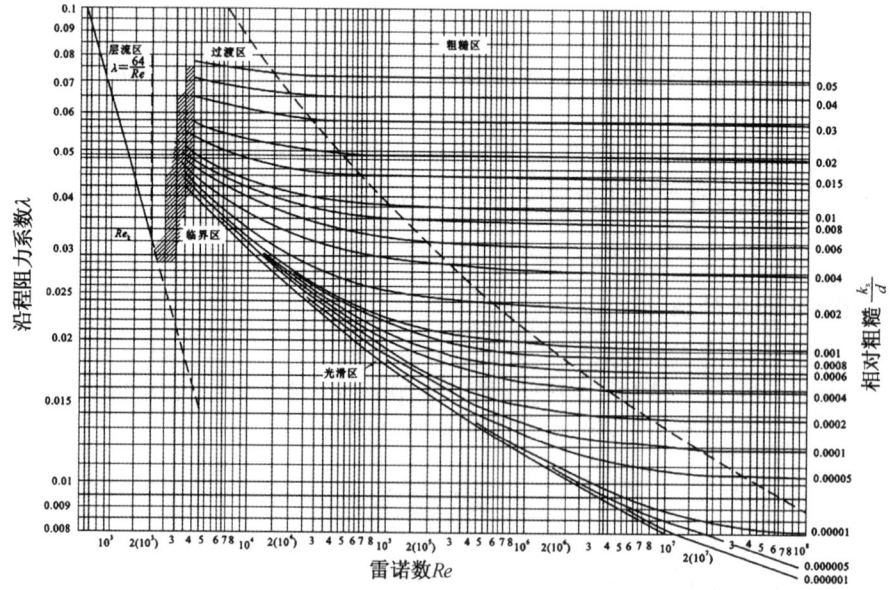

图 3-11 莫迪图

【例 3-3】 确定水流的摩擦因子,铸铁管道直径 50 mm,在 20℃时流量为 0.028 m³/s。管道粗糙度为 $k_s = 2.4 \times 10^{-4}$(m)。

解 因为管道断面积为 $A = (\pi/4) \times 5^2 \times 10^{-4} = 0.002$(m²),流速计算为 $v = Q/A = 0.028/0.002 = 14$(m/s)。

在 20℃时,运动黏度为 1.00×10^{-6} m²/s,雷诺数估计为

$$Re = \frac{vd}{\nu} = \frac{14 \times 50.0 \times 10^{-3}}{1.00 \times 10^{-6}} = 7.0 \times 10^5$$

因为 $Re > 4\,000$,水流为紊流。当量粗糙度 $k_s = 2.4 \times 10^{-4}$(m),相对粗糙度计算为 $k_s/d = 2.4 \times 10^{-4}/50 \times 10^{-3} = 0.005$。图 3-11 中,$Re = 7.0 \times 10^5$ 与 $k_s/d = 0.005$ 的交点,水平引到左边,读出 $\lambda = 0.029$。

(2) Darcy-Weisbach 公式适用于以下三种情况。

① 计算给定管道尺寸 d,输送已知流速 v 或者流量 Q 下的水头损失 h_f。

② 通过给定管道尺寸 d,已知水头损失 h_f,确定水流的 v(或者 Q)。

③ 已知流量 Q,水头限值 h_f,确定管道尺寸 d。

情况①中,公式(3-11)的应用很直接。根据已知的 v 和 d 数值,可以计算 Re,然后通过莫迪图确定 λ。于是公式(3-11)可以求解 h_f。情况②和③中,Re 和 λ 难以确定。因为 Re 是未知的,许多调查人员准备特定的表格,在特定变量组之间以无量纲方式表示,除了 Re 和 λ,确保直接确定管道尺寸或者流量。具体试算步骤如下。

① 如果 k_s/d 已知,假设接近粗糙紊流的 λ 数值。

② 由 Darcy-Weisbach 公式(3-11),分析 v 或者 d。

③ 确定 Re 和修改的 λ。

④ 重复步骤②和③,直到获得正确的 λ 数值。

【例 3-4】 确定 20℃下,在 A 和 B 两点之间输送水量 0.03 m³/s 时铸铁管道的水头损失。管道直径和长度分别为 150 mm 和 300 m。如果点 B 比点 A 高 25 m,两点具有相同的压力,输送水从点 A 到点 B 需要的水泵扬程是多少?铸铁管道的粗糙度等于 0.000 244 m。

解 流速为 $Q/A = 0.03/(0.15^2 \pi/4) = 1.70$(m/s),以及在 20℃时,$\nu$ 为 1.00×10^{-6} m²/s。于是,Re 计算为

$$Re = \frac{vd}{\nu} = \frac{1.70 \times 0.150}{1.00 \times 10^{-6}} = 2.55 \times 10^5$$

相对粗糙度为 $k_s/d = 0.000\,244/0.15 = 0.001\,6$,由莫迪图得 $\lambda = 0.023$。因此管道中的水头损失计算为

$$h_f = \frac{\lambda L}{D} \cdot \frac{v^2}{2g} = 0.023 \times \frac{300}{0.15} \times \frac{1.7^2}{2 \times 9.81} = 6.78 \text{ (m)}$$

为了确定输水需要的水泵扬程,利用点 A 和点 B 之间的能量方程

$$Z_A + \frac{p_A}{\gamma} + \frac{v_A^2}{2g} + h_p = Z_B + \frac{p_B}{\gamma} + \frac{v_B^2}{2g} + h_f$$

因为两点的压力和流速相等,方程可变为 $Z_A + h_p = Z_B + h_f$,于是

$$0 + h_p = 25 + 6.78 \Rightarrow h_p = 31.78 \,(\text{m})$$

2) 摩擦水头损失的 Hazen-Williams 公式

Hazen-Williams(海曾-威廉)公式是管道中水头损失的另一常用公式。Hazen-Williams 公式常用于管道设计,尽管它的精度处于特定直径和摩擦坡度范围内。公制下 Hazen-Williams 公式为

$$v = 0.849 C R^{0.63} S^{0.54} \tag{3-14}$$

式中　v——平均流速(m/s);
　　　C——海曾-威廉粗糙系数;
　　　R——水力半径(m);
　　　S——能量坡度,等于 h_f/L。

Jain 等人(1978)指出大范围直径和坡度的海曾-威廉公式,速度估计中涉及的误差可能高达 39%。海曾-威廉公式的两个误差源头如下。

(1) 相同 C 值下,不同 R 和 S 数值,乘子 0.849 应是变化的。

(2) 海曾-威廉系数 C 被认为仅仅与管道材料相关。类似于 Darcy-Weisbach 公式的摩擦因子,海曾-威廉系数也取决于管道直径、速度和黏度。

为了便于求解,可根据公式(3-14)的诺莫图(图 3-12)计算。公式(3-14)和诺莫图提供了管道问题的直接求解步骤。

(1) 计算水头损失。

(2) 估计流量。

(3) 确定管道尺寸。

图 3-12 的诺莫图对应于系数 $C=100$。对于不同系数的管道,应进行如下调整。

流量调整:

$$Q = Q_{100} \left(\frac{C}{100} \right) \tag{3-15}$$

直径调整:

$$d = d_{100} \left(\frac{100}{C} \right)^{0.38} \tag{3-16}$$

摩擦坡度调整:

$$S = S_{100} \left(\frac{100}{C} \right)^{1.85} \tag{3-17}$$

式中,下标 100 是指从诺莫图获得的数值。

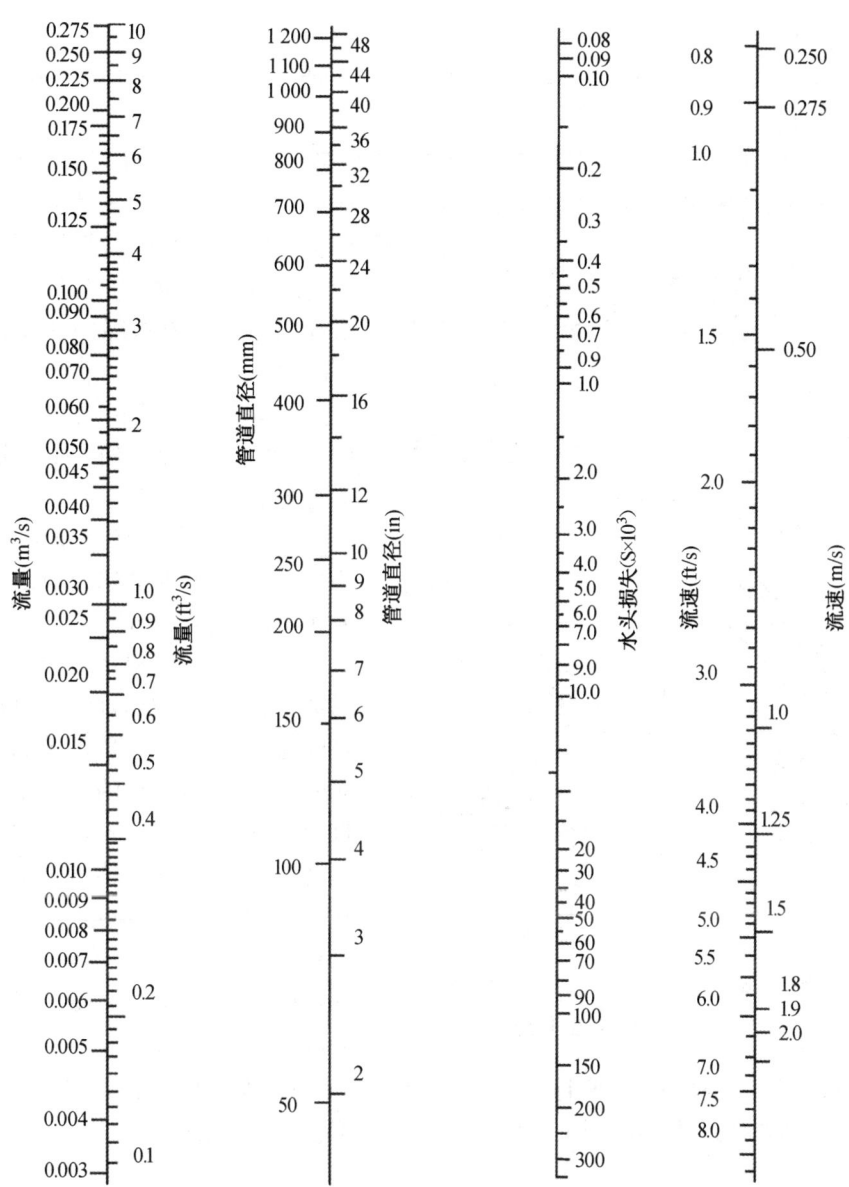

图 3-12 根据海曾-威廉公式的诺莫图(对应于 $C=100$)

注：$1\ ft^3 = 28.3168 \times 10^{-3}\ m^3$，$1\ in = 2.54\ cm$

【例 3-5】 利用海曾-威廉公式，计算例 3-4 的水头损失。

解 对于新的铸铁管道，海曾-威廉系数等于 130。于是由式(3-14)，$1.7 = 0.849 \times 130 \times (0.15/4)^{0.63} S^{0.54}$，得 $S = 0.020$。

因此 $h_f = SL = 0.020 \times 300 = 6.0\ (m)$。

也可利用诺莫图求解如下。

首先在流量比尺上标出点 $0.03\ m^3/s$，另一点在直径比尺上的 150 mm 处标出。之后穿过这两点的直线，在单位水头损失比尺上相交于点 30。于是 $S_{100} \times 10^3 = 30$，即 $S_{100} =$

0.030。

该 S 数值应调整到对应于 $C=130$。

$S=S_{100}(100/C)^{1.85}=0.030\times(100/130)^{1.85}=0.018$，因此 $h_f=SL=0.018\times300.0=5.4(m)$。

3. 局部水头损失

给水管道或渠道中，往往设有弯管、渐缩管、三通、四通、计量水表、控制阀门等部件和设备。流体流经这些部件时，均匀流特征受到破坏，流速的大小、方向或分布发生变化。由此产生的集中流动阻力就是局部阻力，所引起的能量损失称为局部水头损失，造成局部水头损失的部件和设备称为局部障碍(图 3-13)。

流体流经突然扩大、突然缩小、转向、分岔等局部障碍时，因惯性作用，主流与壁面脱离，其间形成漩涡区[图3-13(a)～(d)]。在渐扩管内沿程减速增压，紧靠壁面的低速质点因受反向压差作用，速度不断减小至零，主流遂与边壁脱离，并形成漩涡区[图 3-13(b)]。局部水头损失同漩涡区的形成有关，这是因为在漩涡区内，质点漩涡运动集中耗能，同时漩涡运动的质点不断被主流带向下游，加剧下游一定范围内主流的紊动强度，从而加大能量损失。除此之外，局部障碍附近，流速分布不断改组，也将造成能量损失。实验结果表明，局部阻碍处漩涡区越大，漩涡强度越大，局部水头损失越大。

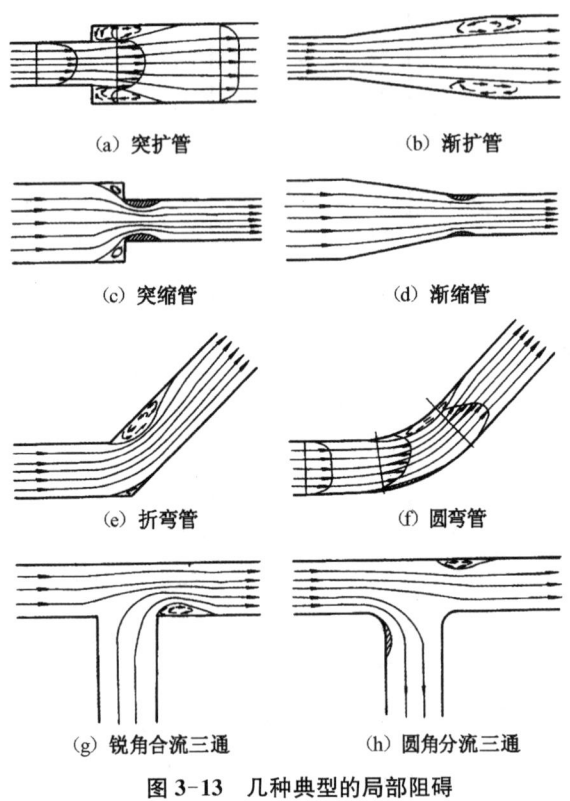

图 3-13 几种典型的局部阻碍

局部水头损失计算一般有两种方式：一种是将局部障碍换算成具有相同水头损失的当量管道长度；第二种方式是认为局部水头损失正比于流速水头，表示为

$$h_j=\zeta\frac{v^2}{2g}=\zeta\frac{8Q^2}{\pi^2 gD^4} \tag{3-18}$$

式中　h_j——局部水头损失(m)；

　　　ζ——阀门、变径管等处的水头损失系数，通常由设备生产厂家提供，这个参数的一般形式见表 3-8；

　　　v——水流平均流速(m/s)；

　　　g——重力加速度常数(9.81 m/s²)。

对于较长管线，局部损失常常远小于摩擦水头损失(因此也称作"小型"损失)。因此，许多模拟者常常忽略局部损失。有专家指出，当管道长度小于 30 m 时，或者一些情况，例如泵站、水处理厂或者阀门处，由于具有较多配件和较高的流速，局部损失可能会对管道系统造成重要影响。

与管道粗糙系数类似，局部水头损失系数也随流速发生变化。可是多数实际管网问题中，局部损失系数一般作为常数处理。

表 3-8　　　　　　　　　　　管道附件的局部损失系数

附件	损失系数	附件	损失系数
截止阀,全开	10.0	45°弯头	0.4
角阀,全开	5.0	密闭回水弯头	2.2
旋翼式止回阀,全开	2.5	标准三通,运行通过	0.6
闸阀,全开	0.2	标准三通,支管通过	1.8
短径弯头	0.9	四通交叉	0.5
中径弯头	0.8	出水口	1.0
长径弯头	0.6		

3.5.2　管线水力分析

分析包括确定通过给定尺寸管线的流量或者水头损失。两点之间具有指定贮水池标高或者已知压力差，选择设计流量的管道尺寸，形成了设计状况。问题可以通过 Darcy-Weisbach 公式求解。如果忽略局部损失，海曾-威廉公式可直接求解分析和设计问题。

为了提升水位，水泵常用于水厂、中途加压点和污水系统。从较低贮水池向较高水位贮水池供水的状况见图 3-14。

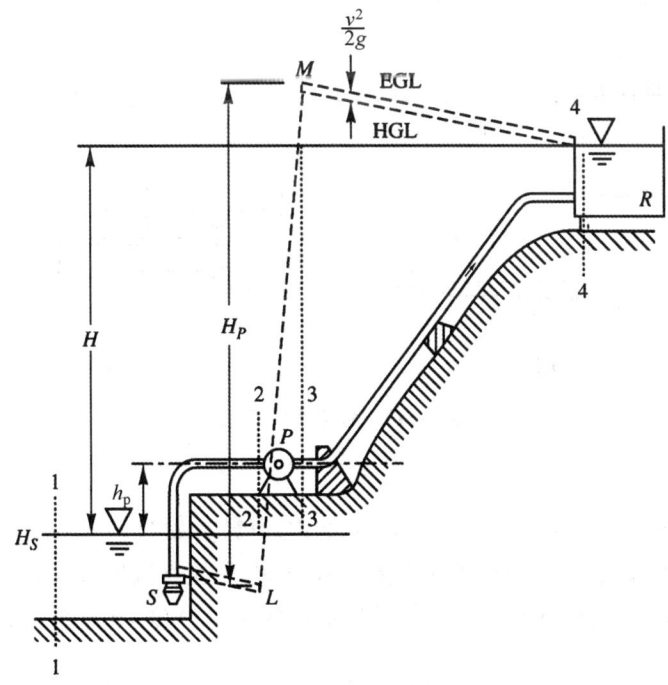

图 3-14　提升管线系统

为了分析系统,管道上游和下游端利用能量方程

$$Z_1 + \frac{p_1}{\gamma} + \frac{v_1^2}{2g} + h_p = Z_2 + \frac{p_2}{\gamma} + \frac{v_2^2}{2g} + h_f + h_m \tag{3-19}$$

若 $v_1 = v_2$,得

$$h_p = \left(Z_2 + \frac{p_2}{\gamma}\right) - \left(Z_1 + \frac{p_1}{\gamma}\right) + h_f + h_m \tag{3-20}$$

$$h_p = \Delta Z + h_{\text{loss}} \tag{3-21}$$

式中 h_p——水泵增加的能量(m);

ΔZ——上游和下游测压管水头或者水位之差,或者总静扬程(m);

h_f——摩擦水头损失,等于 $(\lambda L/D) \cdot (v^2/2g)$(m);

h_m——局部水头损失,$\sum \zeta v^2/2g$(m);

h_{loss}——总摩擦和局部水头损失。

能量水头 h_p 与水泵的制动功率是相关的,为

$$BHP = \gamma \frac{Qh_p}{\eta} \tag{3-22}$$

式中 BHP——制动功率(kW);

Q——管道流量(m^3/s);

h_p——水泵扬程(m);

η——水泵总效率。

1. 串联和并联管道系统

管道系统最简单的布置是串联和并联方式(图 3-15)。

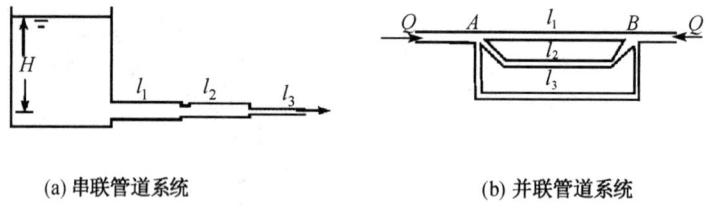

(a) 串联管道系统　　　　　　　　(b) 并联管道系统

图 3-15　管道系统示意

1) 串联管道

由直径不同管段顺序连接起来的管道,称为串联管道,如图 3-15(a)所示。串联管道常用于沿程向多处输水,经过一段距离便有流量分出,沿程随着流量减少,采用的管径相应减小。设管段 i 末端集中分出的流量为 q_i,管段通过的流量为 Q_i,由连续性方程可得

$$Q_i = Q_{i+1} + q_i \tag{3-23}$$

如果沿管道没有流量分出,即 $q_i = 0$,则各管段内的流量相等。

串联管道的总水头损失等于各管段水头损失之和,即

$$h_L = \sum_{i \in I_p} h_{L,i} = \sum_{i \in I_p} s_i Q_i^{n_i} \tag{3-24}$$

式中 I_p——串联管道集。

作为特例,假定紊流条件下,所有管道的 Q_i、n_i 值相同,其等价关系式可表示为

$$h_L = s_e Q^n \tag{3-25}$$

式中 s_e——等效管道的摩阻系数,s_e 由式(3-24)和式(3-25)合并得

$$s_e = s_1 + s_2 + s_3 + \cdots = \sum_{i \in I_p} s_i \tag{3-26}$$

【例 3-6】 从某水塔向三处用户供水,各用户用水量分别为 $q_1 = 50$ L/s, $q_2 = 40$ L/s, $q_3 = 30$ L/s。水平敷设的铸铁管管长及所用管径分别为 $l_1 = 500$ m, $d_1 = 400$ mm, $l_2 = 400$ m, $d_2 = 300$ mm, $l_3 = 300$ m, $d_3 = 200$ mm,如图 3-16 所示。用户所需自由水头(即剩余水头)H_z 皆为 10 m 水柱。因地势平坦,管道埋深较浅,地面高差不考虑,试求水塔水面距地面的高度 H。

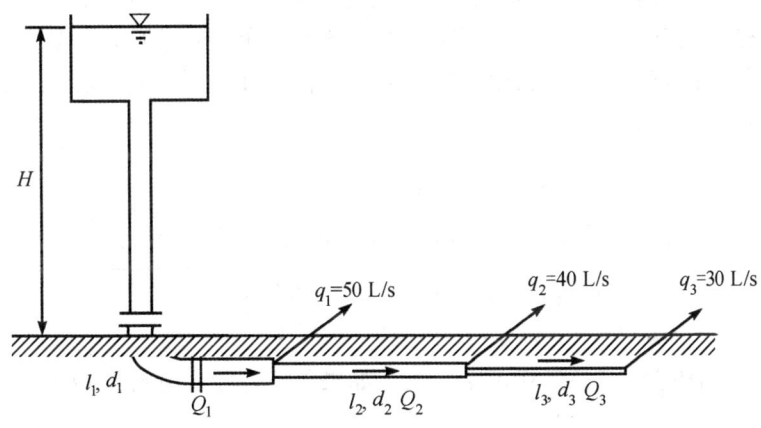

图 3-16 例 3-6 计算

解 (1)计算各管段通过的流量,分别为

$$Q_1 = q_3 = 30 \text{ L/s}$$
$$Q_2 = Q_3 + q_2 = 30 + 40 = 70 \text{ L/s}$$
$$Q_1 = Q_2 + q_1 = 70 + 50 = 120 \text{ L/s}。$$

(2)计算各管段的摩阻系数,若采用海曾-威廉公式,为

$$s_i = \frac{10.654 l_i}{C^{1.852} d_i^{4.87}} \tag{3-27}$$

铸铁管海曾-威廉系数取 $C = 100$,于是有

$$s_1 = \frac{10.654 \times 500}{100^{1.852} \times 0.4^{4.87}} = 91.30$$

$$s_2 = \frac{10.654 \times 400}{100^{1.852} \times 0.3^{4.87}} = 296.48$$

$$s_3 = \frac{10.654 \times 300}{100^{1.852} \times 0.2^{4.87}} = 1\,601.84$$

(3) 由 $h_{fi} = s_i Q_i^{1.852}$，计算各管段的水头损失

$$h_{f1} = s_1 Q_1^{1.852} = 91.30 \times 0.12^{1.852} = 1.80 \text{ (mH}_2\text{O)}$$

$$h_{f2} = s_2 Q_2^{1.852} = 296.48 \times 0.07^{1.852} = 2.16 \text{ (mH}_2\text{O)}$$

$$h_{f3} = s_3 Q_3^{1.852} = 1601.84 \times 0.03^{1.852} = 2.43 \text{ (mH}_2\text{O)}$$

(4) 求水塔水面距地面高度 H。除了应满足克服各管段沿程阻力之外，还需保证管道最远点所需自由水头 H_z。

$$H = h_{f1} + h_{f2} + h_{f3} + H_z = 1.80 + 2.16 + 2.43 + 10 = 16.39 \text{ (m)}$$

2) 并联管道

在两节点之间，并结两条以上管段的管道称为并联管道[图 3-15(b)]。并联管道可提高输水的可靠性。两条或更多条并联管段可由一条等价管道和等价系数代替。

虽然并联管段的直径、材料、长度和流速不一定相同，但是每一管段由于具有相同的起点和终点，水头损失相同。

$$h_A - h_B = h_{L,1} = h_{L,2} = h_{L,j} \tag{3-28}$$

根据流量守恒，上游流量和下游流量等于并联管道各管段流量之和。

$$Q = Q_1 + Q_2 + \cdots = \sum_{m \in M_p} Q_m \tag{3-29}$$

式中管道 m 为平行管段集合 M_p 中的某一条。如果单条管段流量写作 $Q = (h_L/s)^{1/n}$，代入式(3-29)得

$$Q = \left(\frac{h_{L,1}}{s_1}\right)^{1/n_1} + \left(\frac{h_{L,2}}{s_2}\right)^{1/n_2} + \left(\frac{h_{L,3}}{s_3}\right)^{1/n_3} + \cdots \tag{3-30}$$

如式(3-28)所示，每条并联管段的水头损失是相同的。如果假定所有管道具有相同的 n 值，式(3-30)可简化为

$$Q = h_L^{1/n}\left[\left(\frac{1}{s_1}\right)^{1/n} + \left(\frac{1}{s_2}\right)^{1/n} + \left(\frac{1}{s_3}\right)^{1/n} + \cdots\right] = h_L^{1/n} \sum_{m \in M_p}\left(\frac{1}{s_i}\right)^{1/n} = h_L^{1/n}\left(\frac{1}{s_e}\right)^{1/n} \tag{3-31}$$

由此可得等价摩阻系数关系为

$$\sum_{m \in M_p}\left(\frac{1}{s_i}\right)^{1/n} = \left(\frac{1}{s_e}\right)^{1/n} \tag{3-32}$$

每条管段根据其物理特性，s 值已知，因此可计算 s_e 值。将其代入式(3-25)，可以确定

并联管道的水头损失及各管段的流量。

【例 3-7】 设并联铸铁管道的干管流量 $Q=230$ L/s,无分出管道外部的流量($q_A=0$),已知 2 条并联管段的管长、管径分别为 $l_1=300$ m,$d_1=300$ mm;$l_2=100$ m,$d_2=150$ mm。试确定 A 点和 B 点之间的水头损失,以及管段流量 Q_1 和 Q_2。管道系统平面布置图如图 3-17 所示。

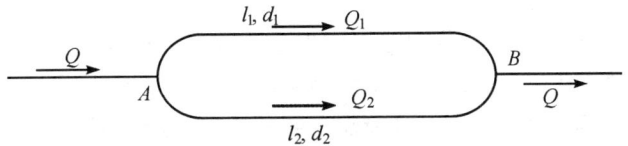

图 3-17 例 3-7 计算

解 (1) 利用公式(3-27),计算各管段摩阻系数 s,C 取 100,于是有

$$s_1=\frac{10.654\times 300}{100^{1.852}\times 0.3^{4.87}}=222.36$$

$$s_2=\frac{10.654\times 100}{100^{1.852}\times 0.15^{4.87}}=2\,167.45$$

(2) 由式(3-32)求管道系统摩阻 s_e。

$$\left(\frac{1}{s_1}\right)^{1/1.85}+\left(\frac{1}{s_2}\right)^{1/1.85}=\left(\frac{1}{s_e}\right)^{1/1.85}$$

$$\left(\frac{1}{222.36}\right)^{1/1.85}+\left(\frac{1}{2\,167.45}\right)^{1/1.85}=\left(\frac{1}{s_e}\right)^{1/1.85}$$

得 $s_e=137.77$。

(3) 计算水头损失

$$h_L=s_e Q^{1.85}=137.77\times 0.230^{1.85}=9.085\,(\text{m})$$

(4) 计算管段流量 Q_1 和 Q_2。

$$Q_1=(h_L/s_1)^{1/1.85}=(9.085/222.36)^{0.54}=0.178(\text{m}^3/\text{s})=178(\text{L/s})$$

$$Q_2=(h_L/s_2)^{1/1.85}=(9.085/2\,167.45)^{0.54}=0.052(\text{m}^3/\text{s})=52(\text{L/s})$$

检验:根据质量守恒,$Q_1+Q_2=178+52=230(\text{L/s})$

手工计算时,常用当量管道长度处理串联和并联管路,以及局部阻力情况,因为它节省了整个管线分析的时间。随着计算模拟技术的发展,现已不再广泛应用该项技术。由于现在水力模型更容易直接应用沿程水头损失系数和局部损失系数,有些学者认为计算当量长度的过程实际上效率并不高。此外,当量管道长度的应用也会影响预测的流行时间,而预测的流行时间对于许多水质计算是很重要的。

2. 管网

真实配水系统不包括简单的管道,难以简单利用连续性和能量方程组描述。可是,系统中每一节点必须建立一个连续性方程,每一管道(或者环)必须建立一个能量方程,取决于使用的方法。对于真实系统,这些方程数以千计。

同简单系统一样,管网的流量和水头也要满足质量守恒和能量守恒方程。但是由于涉及节点和管段较多,将由质量守恒方程和能量守恒方程形成供水管网水力分析方程组。在恒定流状态下,这些方程组具有非线性特征,难以直接求解,需要采用迭代法求解。

1) 环方法(哈代·克罗斯方法)

计算机问世前,1936 年出现了哈代·克罗斯(Hardy Cross)方法。该方法作为牛顿方法在解环方程组中的应用,适用于简单给水管网系统的手工计算。

(1) 环方程组。环方程组表示了管段流量的质量和能量守恒。其中节点必须满足质量守恒。对所有 N_j 个连接节点,可表示为

$$\sum_{i \in I_j} Q_i = q_{\text{ext}} \tag{3-33}$$

对于起点和终点为同一点的闭合环,由能量守恒(含管段和水泵)知

$$\sum_{i \in I_L} s_i Q_i^n - \sum_{ip \in I_p}(A_{ip}Q_{ip}^2 + B_{ip}Q_{ip} + C_{ip}) = 0 \tag{3-34a}$$

或

$$\sum_{i \in I_L} s_i Q_i^n - \sum_{ip \in I_p}(h_c - CQ^m) = 0 \tag{3-34b}$$

该两式对于 N_1 个独立闭合环均成立。因为环可以相互嵌套,最小环为基环,每条管段将在各基环中最多出现 2 次。图 3-9 为包含了 4 个基环的管网。

已知压力节点之间的管段,能量也必须保持守恒。如果管网中存在 N_f 个已知压力节点,则有 N_f-1 个独立方程,表示如下。

$$\sum_{i \in I_L} s_i Q_i^n - \sum_{ip \in I_p}(A_{ip}Q_{ip}^2 + B_{ip}Q_{ip} + C_{ip}) = \Delta E_{\text{FGN}} \tag{3-35a}$$

或

$$\sum_{i \in I_L} s_i Q_i^n - \sum_{ip \in I_p}(h_{c_{ip}} - C_{ip}Q_{ip}^m) = \Delta E_{\text{FGN}} \tag{3-35b}$$

式中 ΔE_{FGN} ——两个已知压力节点之间的能量差。

该两式可用环流量不断校正的哈代·克罗斯方法求解,也可直接在线性理论方法上解出管段流量。

(2) 计算方法。使用哈代·克罗斯方法之前,需对管网中的管段初步分配流量,使每个节点保持质量守恒。处理过程的每一步,各环将施加校正值 ΔQ_L。由于初步分配流量时已经满足质量守恒,所以各管段加上校正流量之后仍保持质量守恒。

然后,考虑管段流量是否满足能量守恒。初始流量代入式(3-34)和式(3-35),方程的左面和右面通常并不平衡。为了使方程趋于平衡,每环的管段流量 Q_i 上增加校正流量 ΔQ_L。可得

$$\sum_{i \in I_L} s_i (Q_i + \Delta Q_L)^n - \sum_{ip \in I_p}[A_{ip}(Q_{ip} + \Delta Q_L)^2 + B_{ip}(Q_{ip} + \Delta Q_L) + C_{ip}] = \Delta E$$

$$\tag{3-36a}$$

或
$$\sum_{i \in I_L} s_i (Q_i + \Delta Q_L)^n - \sum_{ip \in I_p} [h_{c_{ip}} - C_{ip}(Q_{ip} + \Delta Q_L)^m] = \Delta E \quad (3\text{-}36\text{b})$$

注意环闭合差 ΔE 应等于展开式(3-36)，假定 ΔQ_L 足够小，略去高次项，得

$$\sum_{i \in I_L} s_i Q_i^n + n \sum_{i \in I_L} | s_i Q_L^{n-1} \Delta Q_L | - \sum_{ip \in I_p} (A_{ip} Q_{ip}^2 + B_{ip} Q_{ip} + C_{ip}) + \sum_{ip \in I_p} | 2 A_{ip} Q_{ip} \Delta Q_L + B_{ip} \Delta Q_L | = \Delta E \quad (3\text{-}37\text{a})$$

或
$$\sum_{i \in I_L} s_i Q_i^n + n \sum_{i \in I_L} | s_i Q_L^{n-1} \Delta Q_L | - \sum_{ip \in I_p} (h_{c_{ip}} - C_{ip} Q_{ip}^m) + \sum_{ip \in I_p} | m C_{ip} Q_{ip}^{m-1} \Delta Q_L | = \Delta E \quad (3\text{-}37\text{b})$$

环 L 在第 k 次迭代时流量估计为 $Q_{i,k}$，由式(3-37)解出校正值为

$$\Delta Q_L = \frac{-\left[\sum_{i \in I_L} s_i Q_{i,k}^n - \sum_{ip \in I_p} (A_{ip} Q_{ip,k}^2 + B_{ip} Q_{ip,k} + C_{ip}) - \Delta E\right]}{n \sum_{i \in I_L} | s_i Q_{i,k}^{n-1} | + \sum_{ip \in I_p} | (2 A_{ip} Q_{ip,k} + B_{ip}) |} \quad (3\text{-}38\text{a})$$

或
$$\Delta Q_L = \frac{-\left[\sum_{i \in I_L} s_i Q_{i,k}^n - \sum_{ip \in I_p} (h_{c_{ip}} - C_{ip} Q_{ip,k}^m) - \Delta E\right]}{n \sum_{i \in I_L} | s_i Q_{i,k}^{n-1} | + m \sum_{ip \in I_p} | C_{ip} Q_{ip}^{m-1} |} \quad (3\text{-}38\text{b})$$

该两式中分子表示了环中多余的水头损失，根据能量守恒应为零。这些项应考虑到流向和附件，分母是不考虑流向的算术值相加。

多数情况只考虑管网闭合环而不考虑水泵时，消去水泵项，设 ΔE 为零，则式(3-38)简化为

$$\Delta Q_L = \frac{-\sum_{i \in I_L} s_i Q_{i,k}^n}{n \sum_{i \in I_L} | s_i Q_{i,k}^{n-1} |} = \frac{-\sum_{i \in I_L} h_{L,i}}{n \sum_{i \in I_L} | h_{L,i}/Q_{i,k} |} = \frac{-F(Q)}{\left.\frac{\partial F}{\partial Q}\right|_{Q_{i,k}}} \quad (3\text{-}39)$$

对于整个管网，依次计算每个环的校正流量 ΔQ_L。一旦计算出每个环的校正值，可得下一次迭代中管段流量的估计值

$$Q_{i,k+1} = Q_{i,k} + \Delta Q_L \quad (3\text{-}40)$$

然后在下一次迭代中利用 $Q_{i,k+1}$ 取代 $Q_{i,k}$ 值。这种计算校正值和更新流量的过程将持续到每环的 ΔQ_L 小于某一固定值。流量计算出来后，就可以确定节点水头。

哈代·克罗斯法增进了对管网计算原理的理解，是小型管网手工计算的重要工具。

【例 3-8】 如图 3-18 所示给水管网，节点 1 为清水池，节点水头 12.00 m，节点 5 为水塔，节点水头为 48.00 m；图中表示了各管段长度、直径、各节点流量；管段 1 上设有泵站，其水力特性为 $h_p = 48.96 - 138.5 q^{1.852}$。水头损失采用海曾-威廉公式计算，$C$ 取 110，考虑流量，列出给水管网环方程组；确定各管段流量，并计算节点 7 的总水头。

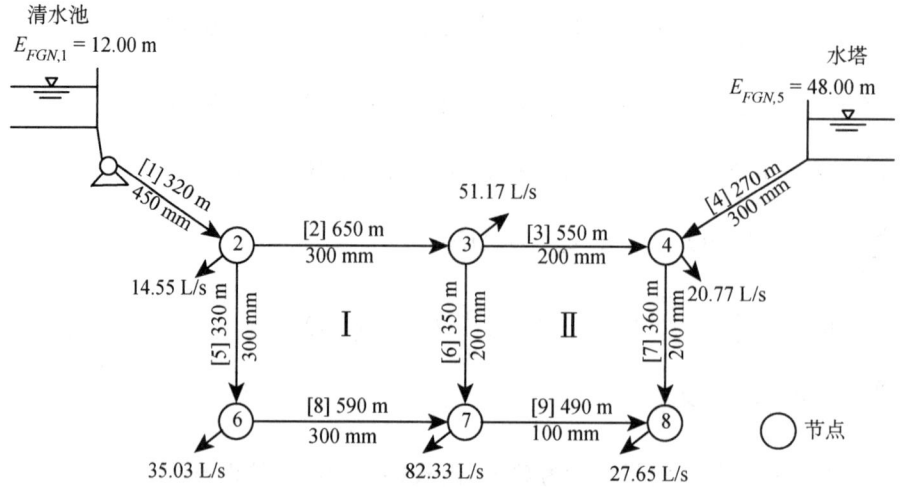

图 3-18 给水管网分析示意

注:[1]~[9]为管段编号。

解 环方程组将包含 6 个节点的连续性方程,2 个基环和 1 个虚环的能量方程。连续性方程组中,假设流入节点为正,流出节点为负,流量单位以 m^3/s 计。水头损失采用海曾-威廉公式计算,n 取 1.852。

节点 2 $Q_1 - Q_2 - Q_5 = 0.01455$

节点 3 $Q_2 - Q_3 - Q_6 = 0.05117$

节点 4 $Q_3 + Q_4 - Q_7 = 0.02077$

节点 6 $Q_5 - Q_8 = 0.03503$

节点 7 $Q_6 + Q_8 - Q_9 = 0.08233$

节点 8 $Q_7 + Q_9 = 0.02765$

环 I $h_{L,2} + h_{L,6} - h_{L,8} - h_{L,5} = 0$

$s_2 Q_2^{1.852} + s_6 Q_6^{1.852} - s_8 Q_8^{1.852} - s_5 Q_5^{1.852} = 0$

环 II $h_{L,3} + h_{L,7} - h_{L,9} - h_{L,6} = 0$

$s_3 Q_3^{1.852} + s_7 Q_7^{1.852} - s_9 Q_9^{1.852} - s_6 Q_6^{1.852} = 0$

虚环

$h_{L,4} - h_3 - h_2 - h_1 + h_p - E_{FGN,5} + E_{FGN,1} = 0$

$s_4 Q_4^{1.852} - s_3 Q_3^{1.852} - s_2 Q_2^{1.852} - s_1 Q_1^{1.852} + (h_m - C_p Q_1^{1.852}) - E_{FGN,5} + E_{FGN,1} = 0$

上列式中,环方程假定顺时针流向为正。环 I 中管段 5 为逆时针流向,所以 $h_{L,5}$ 取负值。环 I 中管段 6 为顺时针流向,$h_{L,6}$ 取正值;而在环 II 中为逆时针流向,$h_{L,6}$ 取负值。应注意虚环中流量逆时针流经水泵,h_p 应采用正值,因为它给流量施加了能量。

为满足流量连续性,需事先假定管段流量初始值,s 值由 Hazen-Williams 公式计算,C 取 110,得

$$s = 10.654 C^{-1.852} D^{-4.87} L = 10.654 \times 110^{-1.852} D^{-4.87} L = 0.0017654 D^{-4.87} L \quad (3-41)$$

于是该给水管网中的管段信息见表 3-9。

表 3-9　　　　　　　　　　　　　管段信息

管段	1	2	3	4	5	6	7	8	9
D(m)	0.45	0.30	0.20	0.30	0.30	0.20	0.20	0.30	0.10
L(m)	320	650	550	270	330	350	360	590	490
s	25.596	403.809	2 461.443	167.736	205.011	1 566.373	1 611.126	366.534	64 126.746
Q(m³/s)	0.198 08	0.081 17	0.010 00	0.033 42	0.102 36	0.020 00	0.022 65	0.067 33	0.005 00

对于水泵,有 $h_m=48.96$,$C_p=-138.5$。

[第 1 次迭代]　计算虚环校正值,方程式(3-38b)的分子为

$$s_4Q_4^{1.852}-s_3Q_3^{1.852}-s_2Q_2^{1.852}-s_1Q_1^{1.852}+(h_m-C_pQ_1^{1.852})-E_{FGN,5}+E_{FGN,1}$$

$=167.736\times0.033\,42^{1.852}-2\,461.443\times0.010^{1.852}-403.809\times0.081\,17^{1.852}-$

　$25.596\times0.198\,08^{1.852}+(48.96-138.5\times0.198\,08^{1.852})-48.00+12.00$

$=0.743$

分母为

$$1.852s_4Q_4^{0.852}+1.852s_3Q_3^{0.852}+1.852s_2Q_2^{0.852}+1.852s_1Q_1^{0.852}+1.852C_pQ_1^{0.852}$$

$=1.852\times167.736\times0.033\,42^{0.852}+1.852\times2\,461.443\times0.010^{0.852}+$

　$1.852\times403.809\times0.081\,17^{0.852}+1.852\times25.596\times0.198\,08^{0.852}+$

　$1.852\times138.5\times0.198\,08^{0.852}=271.815$

所以虚环校正值 ΔQ_{PL} 为

$$\Delta Q_{PL}=\frac{-(-0.743)}{271.815}=-0.002\,73$$

计算环 I 校正值,分子为

$$s_2Q_2^{1.852}+s_6Q_6^{1.852}-s_8Q_8^{1.852}-s_5Q_5^{1.852}$$

$=403.809\times0.081\,17^{1.852}+1\,566.373\times0.020^{1.852}-366.534\times0.067\,33^{1.852}-$

　$305.011\times0.102\,36^{1.852}=-0.511$

分母为

$$1.852s_2Q_2^{0.852}+1.852s_6Q_6^{0.852}+1.852s_8Q_8^{0.852}+1.852s_5Q_5^{0.852}$$

$=1.852\times403.809\times0.081\,17^{0.852}+1.852\times1\,566.373\times0.020^{0.852}+$

　$1.852\times366.534\times0.067\,33^{0.852}+1.852\times205.011\times0.102\,36^{0.852}$

$=314.139$

因此,环 I 校正值 ΔQ_I 为

$$\Delta Q_I=-\frac{-0.511}{314.139}=0.001\,63$$

计算环 II 校正值,分子为

$$s_3Q_3^{1.852}+s_7Q_7^{1.852}-s_9Q_9^{1.852}-s_6Q_6^{1.852}$$

$=2\,461.443\times0.010^{1.852}+1\,611.126\times0.022\,65^{1.852}-64\,126.746\times0.005^{1.852}-$

　$1\,566.373\times0.020^{1.852}=-2.695$

分母为

$$1.852s_3Q_3^{0.852} + 1.852s_7Q_7^{0.852} + 1.852s_9Q_9^{0.852} + 1.852s_6Q_6^{0.852}$$
$$= 1.852 \times 2\,461.443 \times 0.010^{1.852} + 1.852 \times 1\,611.126 \times 0.022\,65^{1.852} +$$
$$1.852 \times 64\,126.746 \times 0.005^{1.852} + 1.852 \times 1\,566.373 \times 0.020^{0.852} = 1\,612.798$$

环 2 校正值 ΔQ_{II} 为

$$\Delta Q_{\text{II}} = -\frac{-2.695}{1\,612.798} = 0.001\,67$$

管段流量第二次迭代时，更新见表 3-10。

表 3-10 管段流量更新 1

管段	1 与水泵	2	3	4	5	6	7	8	9
$\Delta Q(\text{m}^3/\text{s})$	0.002 73	0.002 73+ 0.001 63	0.002 73+ 0.001 67	0.002 73	−0.001 63	0.001 63− 0.001 67	0.001 67	−0.001 63	−0.001 67
$Q(\text{m}^3/\text{s})$	0.200 81	0.085 53	0.014 40	0.030 69	0.100 73	0.019 96	0.024 32	0.065 70	0.003 33

由于管段 1 流向相对虚环是逆时针的，校正值加上负号。类似的，虚环中管段 2 也加负号；而对于环 I，管段 2 流向为顺时针，故校正值加正号。管段 3 和 6 也出现在两环中，均应采用两个校正值校正。

[第 2 次迭代] 虚环调整，分子为

$$s_4Q_4^{1.852} - s_3Q_3^{1.852} - s_2Q_2^{1.852} - s_1Q_1^{1.852} + (h_\text{m} - C_pQ_1^{1.852}) - E_{FGN,5} + E_{FGN,1}$$
$$= 167.736 \times 0.030\,69^{1.852} - 2\,461.443 \times 0.014\,40^{1.852} - 403.809 \times 0.085\,53^{1.852} -$$
$$25.596 \times 0.200\,81^{1.852} + (48.96 - 138.5 \times 0.200\,81^{1.852}) - 48.00 + 12.00$$
$$= -0.374$$

分母为

$$1.852s_4Q_4^{0.852} + 1.852s_3Q_3^{0.852} + 1.852s_2Q_2^{0.852} + 1.852s_1Q_1^{0.852} + 1.852C_pQ_1^{0.852}$$
$$= 1.852 \times 167.736 \times 0.030\,69^{0.852} + 1.852 \times 2\,461.443 \times 0.014\,40^{0.852} +$$
$$1.852 \times 403.809 \times 0.085\,53^{0.852} + 1.852 \times 25.596 \times 0.200\,81^{0.852} +$$
$$1.852 \times 138.5 \times 0.200\,81^{0.852} = 308.36$$

所以虚环校正值 ΔQ_{PL} 为

$$\Delta Q_{PL} = \frac{-(-0.374)}{308.36} = 0.001\,21$$

计算环 I 校正值，分子为

$$s_2Q_2^{1.852} + s_6Q_6^{1.852} - s_8Q_8^{1.852} - s_5Q_5^{1.852}$$
$$= 403.809 \times 0.085\,53^{1.852} + 1\,566.373 \times 0.019\,96^{1.852} - 366.534 \times 0.065\,70^{1.852} -$$
$$205.011 \times 0.100\,73^{1.852} = 0.076$$

分母为

$$1.852s_2Q_2^{0.852}+1.852s_6Q_6^{0.852}+1.852s_8Q_8^{0.852}+1.852s_5Q_5^{0.852}$$
$$=1.852\times403.809\times0.085\,53^{0.852}+1.852\times1\,566.373\times0.019\,96^{0.852}+$$
$$1.852\times366.534\times0.065\,70^{0.852}+1.852\times205.011\times0.100\,73^{0.852}$$
$$=315.829$$

因此,环Ⅰ校正值 ΔQ_{I} 为

$$\Delta Q_{\mathrm{I}}=-\frac{0.076}{315.829}=-0.000\,24$$

计算环Ⅱ校正值,分子为

$$s_3Q_3^{1.852}+s_7Q_7^{1.852}-s_9Q_9^{1.852}-s_6Q_6^{1.852}$$
$$=2\,461.443\times0.014\,40^{1.852}+1\,611.126\times0.024\,32^{1.852}-64\,126.746\times0.003\,33^{1.852}-$$
$$1\,566.373\times0.019\,96^{1.852}=-0.16$$

分母为

$$1.852s_3Q_3^{0.852}+1.852s_7Q_7^{0.852}+1.852s_9Q_9^{0.852}+1.852s_6Q_6^{0.852}$$
$$=1.852\times2\,461.443\times0.014\,40^{0.852}+1.852\times1\,611.126\times0.024\,32^{0.852}+$$
$$1.852\times64\,126.746\times0.003\,33^{0.852}+1.852\times1\,566.373\times0.019\,96^{0.852}$$
$$=1\,272.11$$

环2校正值 ΔQ_{II} 为

$$\Delta Q_{\mathrm{II}}=-\frac{-0.16}{1\,272.11}=0.000\,13$$

用于第3次迭代时,管段流量见表3-11。

表3-11　　　　　　　　　　　管段流量更新2

管段	1与水泵	2	3	4	5	6	7	8	9
$\Delta Q(\mathrm{m}^3/\mathrm{s})$	−0.001 21	−0.001 21 −0.000 24	−0.001 21 +0.000 13	0.001 21	0.000 24	−0.000 24 −0.000 13	0.000 13	0.000 24	−0.000 13
$Q(\mathrm{m}^3/\mathrm{s})$	0.199 60	0.084 08	0.013 32	0.031 90	0.100 97	0.019 59	0.024 45	0.065 94	0.003 20

[第3次迭代]　对虚环、环Ⅰ和环Ⅱ的校正值分别为0,0.000 40和0.000 09。流量结果见表3-12。

表3-12　　　　　　　　　　　管段流量更新3

管段	1与水泵	2	3	4	5	6	7	8	9
$\Delta Q(\mathrm{m}^3/\mathrm{s})$	0	0.000 40	0.000 09	0	−0.000 40	0.000 40 −0.000 09	0.000 09	−0.000 40	−0.000 09
$Q(\mathrm{m}^3/\mathrm{s})$	0.199 60	0.084 48	0.013 41	0.031 90	0.100 57	0.019 90	0.024 54	0.065 54	0.003 11

在其后两次迭代后,变化很小,流量结果见表3-13(注意每次迭代要满足节点连续性方程)。

表3-13　　　　　　　　　　　管段流量计算结果

管段	1与水泵	2	3	4	5	6	7	8	9
$Q(\mathrm{m}^3/\mathrm{s})$	0.199 42	0.084 38	0.013 29	0.032 08	0.100 47	0.019 92	0.024 60	0.065 46	0.003 05

哈代·克罗斯方法进行给水管网水力分析,也可采用表格方式计算,其形式见表3-14。

表 3-14　哈代·克罗斯方法给水管网水力平差计算

环号	管段	管长 L(m)	管径 D(mm)	比阻 s (或 C_p)	初步分配流量			第 1 次校正		
					流量 Q (m^3/s)	水头损失 h (或 h_p 值)	$1.852s\|q\|^{0.852}$ 或 $1.852C_p\|Q\|^{0.852}$	流量 Q (m^3/s)	水头损失 h (或 h_p 值)	$1.852s\|q\|^{0.852}$ 或 $1.852C_p\|Q\|^{0.852}$
虚环	4	270	300	167.736	0.033 42	0.310	17.168	0.033 42−0.002 73=0.030 69	0.265	15.966
	3	550	200	2 461.443	−0.010 00	−0.487	90.122	−0.010−0.002 73−0.001 67=−0.014 4	−0.956	122.958
	2	650	300	403.809	−0.081 17	−3.858	88.028	−0.081 17−0.002 73−0.001 63=−0.085 53	−4.251	92.041
	1	320	450	25.596	−0.198 08	−1.276	11.932	−0.198 08−0.002 73=−0.200 81	−1.309	12.072
	水泵	—	—	138.5	−0.198 08	42.054	64.545	−0.198 08−0.002 73=−0.200 81	41.877	65.323
	$-(E_{FGN,5}-E_{FGN,1})$	—	—	—	—	−36.00	—	—	−36.00	—
					$\Delta Q_{PL}=-(-0.743)/271.815=0.002\ 73$	0.743	271.815	$\Delta Q_{PL}=-(-0.374)/308.36=0.001\ 21$	−0.374	308.36
环 I	2	650	300	403.809	0.081 17	3.858	88.028	0.081 17+0.002 73+0.001 63=0.085 53	4.251	92.041
	6	350	200	1 566.373	0.020 00	1.118	103.517	0.020 0+0.001 63−0.001 67=0.019 96	1.114	103.341
	8	590	300	366.534	−0.067 33	−2.477	68.138	−0.067 33+0.001 63−0.001 63=−0.065 7	−2.367	66.730
	5	330	300	205.011	−0.102 36	−3.010	54.456	−0.102 36+0.001 63=−0.100 73	−2.922	53.717
					$\Delta Q_I=-(-0.511)/314.139=0.001\ 63$	−0.511	314.139	$\Delta Q_I=-(0.076)/315.829=-0.000\ 24$	0.076	315.829
环 II	3	550	200	2 461.443	0.010	0.487	90.122	0.010+0.002 73+0.001 67=0.014 4	0.956	122.958
	7	360	200	1 611.126	0.022 65	1.448	118.383	0.022 65+0.001 67=0.024 32	1.652	125.780
	9	490	100	64 126.746	−0.005	−3.512	1 300.776	−0.005+0.001 67=−0.003 33	−1.654	920.031
	6	350	200	1 566.373	−0.020	−1.118	103.798	−0.020−0.001 63+0.001 67=−0.019 96	−1.114	103.341
					$\Delta Q_{II}=-(-2.695)/1\ 612.798=0.001\ 67$	−2.695	1 612.798	$\Delta Q_I=-(-0.16)/1\ 272.11=0.000\ 13$	−0.16	1 272.11

续表

环号	管段	第2次校正 流量 Q (m³/s)	第2次校正 水头损失 h (或 h_p 值)	第2次校正 $1.852s\|q\|^{0.852}$ 或 $1.852C_p\|Q\|^{0.852}$	第3次校正 流量 Q (m³/s)	第3次校正 水头损失 h (或 h_p 值)	第3次校正 $1.852s\|q\|^{0.852}$ 或 $1.852C_p\|Q\|^{0.852}$	第4次校正 流量 Q (m³/s)	第4次校正 水头损失 h (或 h_p 值)	第4次校正 $1.852s\|q\|^{0.852}$ 或 $1.852C_p\|Q\|^{0.852}$
虚环	4	$0.030\,69+0.001\,21=0.031\,9$	0.284	—	$0.031\,9+0=0.031\,9$	0.284	16.500	0.032 06	0.287	16.571
虚环	3	$-0.014\,4+0.001\,21-0.000\,13=-0.013\,32$	-0.828	—	$-0.013\,32-0.000\,09=-0.013\,41$	-0.838	115.718	$-0.013\,29$	-0.824	114.835
虚环	2	$-0.085\,53+0.001\,21+0.000\,24=-0.084\,08$	-4.118	—	$-0.084\,08-0.000\,40=-0.084\,48$	-4.155	91.078	$-0.084\,34$	-4.142	90.949
虚环	1	$-0.200\,81+0.001\,21=-0.199\,6$	-1.294	—	$-0.199\,6+0=-0.199\,6$	-1.294	12.010	$-0.199\,44$	-1.292	12.002
虚环	水泵	$-0.200\,81+0.001\,21=-0.199\,6$	41.956	90.716	$-0.199\,6+0=-0.199\,6$	41.956	64.987	$-0.199\,44$	41.966	64.943
虚环	$-(E_{FGN,5}-E_{FGN,1})$	—	-36.00	—	—	-36.00	—	—	-36.00	—
虚环			0.00			-0.047	300.293		-0.005	299.3
		$\Delta Q_{PL}=0.00$			$\Delta Q_{PL}=-(-0.047)/300.293=0.000\,16$			$\Delta Q_{PL}=-(-0.005)/299.3=0.000\,06$		
环 I	2	$0.085\,53-0.001\,24-0.000\,24=-0.084\,08$	4.118	90.716	$0.084\,08+0.000\,40=0.084\,48$	4.155	91.078	0.084 34	4.142	90.949
环 I	6	$0.019\,96-0.000\,24-0.000\,13=0.019\,59$	1.076	101.767	$0.019\,59+0.000\,40-0.000\,09=0.019\,9$	1.108	103.076	0.019 88	1.106	102.988
环 I	8	$-0.065\,7-0.000\,24=-0.065\,94$	-2.383	66.938	$-0.065\,94+0.000\,40=-0.065\,54$	-2.357	66.591	$-0.065\,52$	-2.355	66.574
环 I	5	$-0.100\,73+0.000\,24=-0.100\,97$	$-2/935$	53.826	$-0.100\,97+0.000\,40=-0.100\,57$	-2.913	53.644	$-0.100\,55$	-2.912	53.635
环 I			-0.124	313.181		$-0.000\,7$	314.398		-0.019	314.146
		$\Delta Q_I=-(-0.124)/313.181=0.000\,40$			$\Delta Q_I=-(-0.007)/314.398=0.000\,02$			$\Delta Q_I=-(-0.019)/314.146=0.000\,06$		
环 II	3	$0.014\,4+0.000\,13=0.013\,32$	0.828	115.056	$0.013\,32+0.000\,09=0.013\,41$	0.838	115.718	0.013 29	0.824	114.835
环 II	7	$0.024\,32+0.000\,13=0.024\,45$	1.668	126.353	$0.024\,45+0.000\,09=0.024\,54$	1.679	126.749	0.024 58	1.685	126.925
环 II	9	$-0.003\,33+0.000\,13=-0.003\,2$	-1.537	889.340	$-0.003\,2+0.000\,09=-0.003\,11$	-1.458	867.985	$-0.003\,07$	-1.423	858.464
环 II	6	$-0.019\,96+0.000\,24-0.000\,13=-0.019\,59$	-1.076	101.707	$-0.019\,59+0.000\,40+0.000\,09=-0.019\,9$	-1.108	103.076	$-0.019\,88$	-1.106	103.076
环 II			-0.117	1 232.455		-0.049	1 213.528		-0.02	1 203.300
		$\Delta Q_{II}=-(-0.1117)/1\,232.456=0.000\,09$			$\Delta Q_{II}=-(-0.049)/1\,213.528=0.000\,04$			$\Delta Q_{II}=-(-0.02)/1\,203.3=0.000\,02$		

节点 7 的总水头可以从任意一个定压节点（FGN）开始计算。例如从 $FGN1$ 开始，流经管段 1、5 和 8；或者从 $FGN5$ 开始，流经管段 4、7 和 9。

含管段 1、5 和 8 的路径计算为

$$12.00+(48.96-138.5Q_1^{1.852})-s_1Q_1^{1.852}-s_5Q_5^{1.852}-s_8Q_8^{1.852}$$
$$=12.00+[48.96-138.5\times 0.199\,42^{1.852}]-25.596\times 0.199\,42^{1.852}-$$
$$205.011\times 0.100\,47^{1.852}-366.534\times 0.065\,46^{1.852}$$
$$=12.00+48.96-6.992-1.292-2.908-2.351=47.42(\text{m})$$

含管段 4、7 和 9 的路径计算为

$$48.00-s_4Q_4^{1.852}-s_7Q_7^{1.852}+s_9Q_9^{1.852}$$
$$=48.00-167.736\times 0.032\,08^{1.852}-1\,611.126\times 0.024\,6^{1.852}+$$
$$64\,126.746\times 0.003\,05^{1.852}$$
$$=48.00-0.287-1.687+1.406=47.43(\text{m})$$

以上计算结果（47.42 mm 和 47.43 mm）的微小差异来自迭代计算中引入的误差。

2) 管段流量方法（线性理论方法）

(1) 线性理论。可以利用线性理论（Linear Theory）求解环方程组或流量连续性方程组[式(3-33)～式(3-35)]，N_p 个方程（$N_j+N_1+N_f-1$）中含 N_p 个未知管段流量。这些方程对应于流量项是非线性的，因此需要采用迭代法计算。1972 年，Wood 和 Charles 提出的线性理论是，将前次迭代 $Q_{i,k}$ 作为已知值，对 $Q_{i,k+1}$ 线性化能量方程[式(3-34)和式(3-35)]。如果计算中只考虑管段，这些方程为

对于所有 N_j 个节点 $\qquad \sum_{i\in I_j}Q_{i,k+1}=q_{\text{ext}} \qquad$ (3-42)

对于所有 N_1 个闭合环 $\qquad \sum_{i\in I_L}s_iQ_{i,k}^{n-1}Q_{i,k+1}=0 \qquad$ (3-43)

对所有 N_f-1 个独立虚环 $\qquad \sum_{i\in I_L}s_iQ_{i,k}^{n-1}Q_{i,k+1}=\Delta E_{FGN} \qquad$ (3-44)

这些方程形成了求解 $Q_{i,k+1}$ 的线性方程组。可计算流量预估值之差的绝对值，与收敛标准进行比较。如果差值较大，更新次数 k，重新迭代。由于流量在最终解附近摆动，Wood 和 Charles 推荐，取前两次迭代的流量平均值作为下次迭代的估计值。一旦管段流量确定，就可以沿路径从一个 FGN 到所有节点确定各节点测压水头。

(2) 改进线性理论——牛顿法。Wood 等人（1980）在肯塔基大学开发了 KYPIPE 程序，将线性理论改进为牛顿方法。该方法不用解出流量变化值 ΔQ，就可确定 Q_{k+1}。

为了形成方程组，根据当前估计值 Q_k，写出包括管段、配件损失和水泵的能量方程组

$$f(Q_k)=\sum_{i\in I_L}s_iQ_k^n+\sum_{im\in I_m}s_{im}Q_k^2+\sum_{ip\in I_p}(A_{ip}Q_k^2+B_{ip}Q_k+C_{ip})-\Delta E \qquad (3\text{-}45)$$

式中　下标 i，im，ip——分别表示管段、局部损失组件和水泵编号；

　　　下标 k——迭代次数。

该式对于闭合实环和虚环均适用，但是，无论哪种情况，校正后 $f(Q_k)$ 结果应为零。

为了趋于真实解，方程可线性化为泰勒级数形式（其中略去高阶量）

$$f(Q_{k+1}) = f(Q_k) + \frac{\partial f}{\partial Q}\bigg|_{Q_k}(Q_{k+1} - Q_k) = f(Q_k) + G_k(Q_{k+1} - Q_k) \tag{3-46}$$

注意 $f(Q)$ 和 Q 分别为能量方程组和管段流量矢量，G_k 为对应于 Q_k 估计的梯度矩阵，假设式(3-46)等于零，求解 Q_{k+1}，得

$$0 = f(Q_k) + G_k(Q_{k+1} - Q_k)$$

或

$$G_k Q_{k+1} = G_k Q_k + f(Q_k) \tag{3-47}$$

它表示了 $N_1 + N_f - 1$ 个方程，它与式(3-42)的 N_j 个节点方程结合，形成 N_p 个关于 Q_{k+1} 的方程。该线性方程组可以利用矩阵过程对 N_p 个流量向量求解。解得的 Q_{k+1} 值与上次迭代值比较，如果最大差值的绝对值在某一范围内，计算停止；反之，将 Q_{k+1} 代入式(3-47)，再进行迭代计算。

3）节点方法（牛顿-拉夫森方法）

节点方法是用未知节点测压水头表示的质量守恒关系式。一般管网中，N_j 个节点方程可以用 N_j 个节点测压水头表示。一旦水头已知，则管段流量可由水头损失公式计算。

对于其他管网组件，例如阀门和水泵，可通过在组件的端点增加连接节点而处理为特殊的管段，然后用各组件的流量关系列出节点方程。

在第 k 次迭代中，将牛顿-拉夫森方法（Newton-Raphson）应用于节点方程组 $F(h_k)$，求解节点水头 h_k。方程展开后，略去高次项，结果为

$$F(h_k) + \frac{\partial F}{\partial h}\bigg|_{h_k} \Delta h_k = 0 \tag{3-48}$$

式中 $F(h_k)$ —— h_k 时节点方程组的估计；

h_k —— 第 k 次迭代中的节点水头向量；

$\dfrac{\partial F}{\partial h}$ —— 对应于节点水头的节点方程组梯度雅克比矩阵，该矩阵是一个稀疏对称矩阵，因为每个节点水头只出现在两个节点平衡方程中。

未知校正量 Δh_k 利用线性方程组求解方法计算为

$$F(h_k) = \frac{\partial F}{\partial h}\bigg|_{h_k} \Delta h_k \tag{3-49}$$

然后节点水头更新为

$$h_{k+1} = h_k + \Delta h_k \tag{3-50}$$

同前述方法一样，需要检查节点水头的变化量，以确定计算是否可以停止。如果水头没有收敛，则式(3-49)重新由 h_{k+1} 代入，计算下一个校正向量。如果找到最终结果，则用各已知水头的关系式计算流量。

同所有计算公式一样，系统中至少应有一个已知压力节点。如果节点水头赋予较差初始值，则会出现难以收敛问题。但是在所有方法中，节点方程组计算方法中的未知量和方程

数最少。

【例 3-9】 写出图 3-18 所示管网系统的节点方程组(注意,以下方程右侧为外部需水量)。

解

节点 2：

$$\text{sign}(h_{pd}-h_2)\left(\frac{|h_{pd}-h_2|}{s_1}\right)^{\frac{1}{n}} + \text{sign}(h_3-h_2)\left(\frac{|h_3-h_2|}{s_2}\right)^{\frac{1}{n}} + \text{sign}(h_6-h_2)\left(\frac{|h_6-h_2|}{s_5}\right)^{\frac{1}{n}} = 0.01455$$

节点 3：

$$\text{sign}(h_2-h_3)\left(\frac{|h_2-h_3|}{s_2}\right)^{\frac{1}{n}} + \text{sign}(h_4-h_3)\left(\frac{|h_4-h_3|}{s_3}\right)^{\frac{1}{n}} + \text{sign}(h_7-h_3)\left(\frac{|h_7-h_3|}{s_6}\right)^{\frac{1}{n}} = 0.05117$$

节点 4：

$$\text{sign}(h_3-h_4)\left(\frac{|h_3-h_4|}{s_3}\right)^{\frac{1}{n}} + \text{sign}(48-h_4)\left(\frac{|48-h_4|}{s_4}\right)^{\frac{1}{n}} + \text{sign}(h_8-h_4)\left(\frac{|h_8-h_4|}{s_7}\right)^{\frac{1}{n}} = 0.02077$$

节点 6：

$$\text{sign}(h_2-h_6)\left(\frac{|h_2-h_6|}{s_5}\right)^{\frac{1}{n}} + \text{sign}(h_7-h_6)\left(\frac{|h_7-h_6|}{s_8}\right)^{\frac{1}{n}} = 0.03503$$

节点 7：

$$\text{sign}(h_3-h_7)\left(\frac{|h_3-h_7|}{s_6}\right)^{\frac{1}{n}} + \text{sign}(h_6-h_7)\left(\frac{|h_6-h_7|}{s_8}\right)^{\frac{1}{n}} + \text{sign}(h_8-h_7)\left(\frac{|h_8-h_7|}{s_9}\right)^{\frac{1}{n}} = 0.08233$$

节点 8：

$$\text{sign}(h_4-h_8)\left(\frac{|h_4-h_8|}{s_7}\right)^{\frac{1}{n}} + \text{sign}(h_7-h_8)\left(\frac{|h_7-h_8|}{s_9}\right)^{\frac{1}{n}} = 0.02765$$

水泵新节点：

$$\left[\frac{48.96-(h_{pd}-12.00)}{138.5}\right]^{\frac{1}{2}} + \text{sign}(h_2-h_{pd})\left(\frac{|h_2-h_{pd}|}{s_1}\right)^{\frac{1}{n}} = 0$$

水泵节点方程的第一项为采用水泵出口总能量 h_{pd} 表示的水泵流量关系,第二项为管段 1 中从水泵流向节点 2 的流量。

由于水泵关系式不同于管段 1,零需水量的新节点加在水泵的出水口(假设水泵进水口为水池)。为了将节点类型加在每个组件(阀门、管段或水泵)上,必须知道每种组件的精确位置。例如,如果管段内出现阀门,要确切表达系统,应在阀门的两侧加上新的节点,原管段由阀门分成上下两段。

总之,对于系统写出的 7 个方程,可以确定 7 个未知量(节点 2—4、5—8 和水泵节点的总水头)。利用哈代·克罗斯方法计算节点水头结果(表 3-15),将满足以上节点方程组。

表 3-15 节点水头

节点	2	3	4	6	7	8	水泵
总水头(m)	52.676	48.531	47.713	47.768	47.420	46.026	53.968

管段	1	2	3	4	5	6	7	8	9	水泵
流量(m³/s)	0.199 42	0.084 38	0.013 29	0.032 08	0.100 47	0.019 92	0.024 60	0.065 46	0.003 05	0.199 42

4) 梯度法(节点-环方法)

(1) 管段方程组。与节点方程组和环方程组不同,管段方程组将同时求解 Q 和 h。虽然它需要更多的方程,但 Todini 和 Pilati(1987)提出的梯度算法对其求解很有效,因此 Rossman 在 EPANET 软件(汉化版为 EPANETH)中采用了该方法。

要建立管段方程组,需将系统每一管网组件根据节点压力写成能量守恒方程。例如,管段方程为

$$h_a - h_b = sQ^n \tag{3-51}$$

水泵方程利用二次方程近似表达为

$$h_a - h_b = AQ^2 + BQ + C \tag{3-52}$$

式中 h_a, h_b——分别为组件上下游节点的水头。

式(3-51)、式(3-52)与节点守恒关系式(3-33)联立,将形成含有 $N_j + N_p$ 个未知数(节点水头和管段流量)的 $N_j + N_p$ 个方程。

(2) 计算方法。尽管节点流量连续性方程是线性的,然而各组件的能量方程却是非线性的。因此需要利用迭代方法求解,该迭代方法称作梯度算法。它利用原先的流量估计 Q_k,线性化组件的流量方程对于管段有

$$sQ_k^{n-1}Q_{k+1} + (h_a - h_b) = 0 \tag{3-53}$$

线性化方程组的矩阵形式为

$$\boldsymbol{A}_{12}\boldsymbol{h} + \boldsymbol{A}_{11}\boldsymbol{Q} + \boldsymbol{A}_{10}\boldsymbol{h}_0 = 0 \tag{3-54}$$

$$\boldsymbol{A}_{21}\boldsymbol{Q} - \boldsymbol{q}_{\text{ext}} = 0 \tag{3-55}$$

式(3-54)为管网每一组件的线性化流量方程,式(3-55)为节点流量平衡方程。$\boldsymbol{A}_{12}(=\boldsymbol{A}_{21}^{\text{T}})$ 为由 0 和 1 组成的关联矩阵,表示节点是否与特定组件相关联,$\boldsymbol{A}_{10}$ 表示了已知压力的节点。$\boldsymbol{A}_{11}$ 为包含线性化系数(例如 $|sQ_k^{n-1}|$)的对角矩阵。

式(3-54)和式(3-55)的微分形式为

$$\begin{bmatrix} NA_{11} & A_{12} \\ A_{21} & 0 \end{bmatrix} \begin{bmatrix} \mathrm{d}Q \\ \mathrm{d}h \end{bmatrix} = \begin{bmatrix} \mathrm{d}E \\ \mathrm{d}q \end{bmatrix} \quad (3\text{-}56)$$

式中，$\mathrm{d}E$ 和 $\mathrm{d}q$ 分别为式(3-51)[或式(3-52)]和式(3-33)中当前解 Q_k 和 h_k 的余项。N 为管段方程的对角矩阵。式(3-56)是关于 $\mathrm{d}Q$ 和 $\mathrm{d}h$ 的线性方程组。求出 $\mathrm{d}Q$ 和 $\mathrm{d}h$ 数值后，Q_k 和 h_k 更新为

$$Q_{k+1} = Q_k + \mathrm{d}Q \quad (3\text{-}57)$$

$$h_{k+1} = h_k + \mathrm{d}h \quad (3\text{-}58)$$

通过评价 $\mathrm{d}E$ 和 $\mathrm{d}q$ 的值判定收敛性，如果需要，则再次迭代。

1987年，$Todini$ 和 $Pilati$ 在求解 Q_{k+1} 和 h_{k+1} 中应用了一种可选的有效递归方法，即

$$h_{k+1} = -(A_{21}N^{-1}A_{11}^{-1}A_{12})^{-1}[A_{12}N^{-1}(Q_k + A_{11}^{-1}A_{10}H_0) + (q_{\mathrm{ext}} - A_{21}Q_k)] \quad (3\text{-}59)$$

然后利用 h_{k+1}，可得

$$Q_{k+1} = (1 - N^{-1})Q_k - N^{-1}A_{11}^{-1}(A_{12}H_{k+1} + A_{10}H_0) \quad (3\text{-}60)$$

式中，A_{11} 是在 Q_k 时的计算值。注意 N 和 A_{11} 均是对角矩阵，因此可以忽略它们的转置。然而，该方法必须进行一次完整的矩阵变换。

【例 3-10】 写出图 3-18 管网的管段方程组。

解 管段方程组包括系统中每个节点的质量连续性方程。管网包含 6 个节点和一个水泵下游的附加节点。水泵可看作一条管段，假设直接置于定压节点之后。

对每条管段和水泵管段写出能量守恒方程。可以写出 9 个管段方程和一个水泵方程。方程总数为 17 个，其中含有 17 个未知量：包括 9 个管段压降方程，1 个水泵流量方程和 7 个节点连续性方程（包括水泵出口 h_p 处的附加节点流量方程）。

节点 2：$Q_1 - Q_2 - Q_5 = 0.01455$　　　管段 1：$h_p - h_2 = s_1 Q_1^n$

节点 3：$Q_2 + Q_3 - Q_6 = 0.05117$　　　管段 2：$h_2 - h_3 = s_2 Q_2^n$

节点 4：$Q_3 + Q_4 - Q_7 = 0.02077$　　　管段 3：$h_3 - h_4 = s_3 Q_3^n$

节点 6：$Q_5 - Q_8 = 0.03503$　　　　　　管段 4：$48 - h_4 = s_4 Q_4^n$

节点 7：$Q_6 + Q_8 - Q_9 = 0.08233$　　　管段 5：$h_2 - h_6 = s_5 Q_5^n$

节点 8：$Q_7 + Q_9 = 0.02765$　　　　　　管段 6：$h_3 - h_7 = s_6 Q_6^n$

水泵节点：$Q_p - Q_1 = 0$　　　　　　　　管段 7：$h_4 - h_8 = s_7 Q_7^n$

水泵管段：$h_p - 12.00 = 48.96 - 138.5 Q_p^{1.852}$　管段 8：$h_6 - h_7 = s_8 Q_8^n$

　　　　　　　　　　　　　　　　　　　　管段 9：$h_7 - h_8 = s_9 Q_9^n$

5) 四种计算方法的比较

表 3-16 对四种不同方法的一些相关属性进行了比较。环方法和其他方法相比，效率较低。管段流量方法含有的方程最多，环方法含有的方程最少，节点方法求解水头，管段流量方法和环方法求解流量。一旦水头或流量已知，就可以直接利用流量-水头损失关系求解其

他未知的参数。梯度法(节点-环方法)是唯一一种以递归方式计算水头和流量的方法,在Newton-Raphson迭代中,每一个新的流量作为反馈信号,用于更新下一步计算中的水头。

表 3-16　　　　　　　　　　　不同水力求解方法的特性

	节点方法	管段流量方法	环方法	梯度法
方程式数量	N_j	N_j+N_p	N_p-N_j	N_j
求解的变量	水头	流量	流量调整	水头和流量
是否需要产生基环	否	是	是	否
是否需要初始流量分配	否	否	是	否
收敛特性	从差到好	好	好	好
系数矩阵的对称性	是	否	是	是
矩阵稀疏的相对程度	高	中等	低	高

注:N_j——节点总数;N_p——管段总数。

管段流量方法和环方法均需要确定基环,环方法还需要使管段流量的初始分配满足连续性方程。在一些管网中,当低阻力管段连接到高阻力管段,以及包含了陡峭的扬程-流量曲线水泵时,节点方法也存在收敛问题。节点、环和梯度/节点-环方法在 Newton-Raphson 过程中,均生成系统的线性方程组对称系数矩阵。对称矩阵需要较少的计算机内存,可使用更有效的求解技术。与环方法相比,节点和梯度法更适于非管道元素的计算,特别是具有止回阀、调节阀以及管道关闭的情况。环方法需要特殊技术处理管道关闭以及管道流量为零的状态。

6) 延时模拟

当给水管网模拟考虑时间变化时,最简单的方法就是延时模拟,它可利用本章前面介绍的方法之一,进行一系列稳态模拟。每个模拟时段后,更新变化的水池水位、需水量和运行状态。

水池水位(或者水面标高)作为已知水头节点。固定几何形状水池的水位变化等于水量容积的变化量除以水池底面积。

$$\Delta H_T = \frac{V_T}{A_T} = \frac{Q_T \Delta t}{A_T} \tag{3-61}$$

式中　ΔH——T 时段内水位的变化量;
　　　Q_T, V_T——分别为某时间段内进入水池的流量和体积;
　　　Δt——模拟的时间增量;
　　　A_T——水池面积。

对于非圆柱形水池的计算比较复杂。随着水位的更新,它们将作为已知能量节点,继续下个时段的延时模拟。所有时间段计算完成后,过程结束。

3.6　配水管网水质模拟

《生活饮用水卫生标准》(GB 5749—2006)公布之前,尽管很多供水企业很早就意识到水质在配水系统中会恶化,但其重点仍放在水处理上。近年,其已逐渐开始关注饮用配水系统的水质维护。

3.6.1 质量守恒

模拟配水系统内污染物或者化学成分(例如氯)从各种进入点(例如处理厂)通过系统到用户的迁移过程,通常根据以下三个原则进行。

(1) 管道微元长度中的质量守恒。
(2) 管道连接节点处水的瞬间完全混合。
(3) 管道和蓄水设施中物质增长或者衰减动力学。

平移(沿流向的运动)和弥散(由于浓度差,在断面方向上的运动)是物质迁移的两个重要机制。描述平移—弥散的基本方程是质量守恒原理和菲克扩散定理。对于非保守性物质,管道微分段(即控制体)内的质量守恒原理可以表示为

$$\begin{vmatrix}控制体内质量\\的变化速率\end{vmatrix} = \begin{vmatrix}平移质量\\变化速率\end{vmatrix} + \begin{vmatrix}弥散质量\\变化速率\end{vmatrix} + \begin{vmatrix}转换反应\\速率\end{vmatrix}$$

考虑一种物质与其他物质之间的一级反应,质量守恒给出为

$$\frac{\partial C(x,t)}{\partial t} = -v\frac{\partial C(x,t)}{\partial x} + E\frac{\partial^2 C(x,t)}{\partial x^2} - K_R[C(x,t)] \tag{3-62}$$

式中 $C(x,t)$——点 x 和时刻 t 的物质质量浓度(g/m^3);
v——流速(m/s);
E——纵向弥散系数(m^2/s);
$K_R[C(x,t)]$——反应速率表达式,负号(-)反映了衰减速率导致的浓度降低。

配水系统中一般物质(例如氯)的弥散是可忽略的,因此公式(3-62)可以简化为

$$\frac{\partial C(x,t)}{\partial t} = -v\frac{\partial C(x,t)}{\partial x} - K_R[C(x,t)] \tag{3-63}$$

根据公式(3-63),小的管段内物质的质量变化速率等于进入和流出该管段的质量差加上该段内的反应速率。假设管段内的流速事先是已知的(来自管网水力模型的求解)。为了求解公式(3-63),重要的是,对于所有时间知道 $x=0$ 处的 C(边界条件)和反应速率表达式 $K_R[C(x,t)]$。因为氯是配水管网内最常见的重要物质,下一部分介绍氯的衰减模拟。

公式(3-64)表示了离开连接节点并进入管道的物质质量浓度

$$C_{ij} = \frac{\sum_k Q_{ki} C_{ki}}{\sum_k Q_{ki}} \tag{3-64}$$

式中 C_{ij}——节点 i 到 j 的管段开始处的质量浓度(mg/L);
C_{ki}——从 k 到 i 的管段末端质量浓度(mg/L);
Q_{ki}——从 k 到 i 的流量。

公式(3-64)意味着离开连接节点的质量浓度等于流入连接节点的物质总质量除以进

入连接节点的总流量。

蓄水池可以模拟为完全混合、变化容积的反应器,其中容积和浓度随时间而变,为

$$\frac{dV_s}{dt} = \sum_k Q_{ks} - \sum_i Q_{sj} \tag{3-65}$$

$$\frac{dV_s C_s}{dt} = \sum_k Q_{ks} C_{ks} - \sum_i Q_{sj} C_s + k_{ij} C_s \tag{3-66}$$

式中 C_s——水箱 s 的质量浓度(mg/L);

dt——时间变化(s);

Q_{ks}——节点 k 到 s 的流量(m^3/s);

Q_{sj}——节点 s 到 j 的流量(m^3/s);

dV_s——水箱容积在节点处的变化(m^3);

V_s——水箱在节点处的容积(m^3);

C_{ks}——管段末端处的污染物浓度(mg/m^3);

k_{ij}——节点 i 和 j 之间衰减系数(s^{-1})。

3.6.2 氯衰减

管道中氯的衰减有两种机制。第一种机制认为是主流衰减,它是氯与水中其他物质的反应;第二种机制为氯与管壁物质的反应,称作管壁衰减。当存在显著腐蚀性时,配水管网中的管壁衰减是主要机制。

1. 主流衰减

主流衰减常假设为以下一级动力学,公式为

$$\frac{dC}{dt} = -k_b C \tag{3-67}$$

或

$$C_t = C_0 e^{-k_b t} \tag{3-68}$$

式中 C_t——时刻 t 后的浓度;

C_0——初始氯浓度;

k_b——主流衰减系数。

主流衰减速率通过在特定时间间隔,观测注满取样水的玻璃瓶内氯浓度计量。然后通过最小平方曲线拟合方法确定主流衰减系数。主流衰减是初始氯浓度、水温和总有机物(TOC)含量的函数。

2. 管壁衰减

氯的管壁衰减多数是因为与腐蚀副产物的反应。Rossman 等人(1994 年)假设管壁反应速率相对于管壁浓度为一级反应,公式为

$$N = k_f(C - C_w) = k_w C_w \tag{3-69}$$

式中 N——管壁处的氯通量[$g/(m^2 \cdot s)$];

k_f——质量转换速率系数(m/s);

C, C_w——分别为主流和管壁处的氯浓度(g/m³);

k_w——管壁反应的一级速率系数(m/s)。

利用 C 表达 C_w 和 N,公式(3-69)可改写为

$$C_w = \frac{k_f}{(k_w + k_f)} C \tag{3-70}$$

$$N = \frac{k_w k_f}{(k_w + k_f)} C \tag{3-71}$$

质量转换速率系数 k_f 估计为

$$k_f = Sh \left(\frac{D_m}{d}\right) \tag{3-72}$$

$$Sh = 0.023 Re^{0.83} Sc^{0.33} \text{ (当 } Re > 2\ 300 \text{ 时)}$$

$$Sh = 3.65 + \frac{0.066\ 8(d/L)ReSc}{1 + 0.04[(d/L)ReSc]^{2/3}} \text{ (当 } Re < 2\ 300 \text{ 时)} \tag{3-73}$$

式中　Sh——Sherwood 数;

Re——雷诺数;

Sc——Schmidt 数($=\nu/D_m$,ν 为水的黏度,D_m 为水中氯的分子扩散系数);

L——管道长度;

d——管道直径。

3. 总体衰减速率

确定总体衰减速率的简单方法,是将它表示为主流和管壁衰减速率常数之和。

$$k = k_b + k_w \tag{3-74}$$

式中　k——总体衰减速率常数。

可是,公式(3-74)没有考虑氯从主流到管壁的质量转换速率。同时考虑管段内主流和管壁反应的总体速率表达式,得到

$$\left(\frac{\pi}{4} d^2 L\right) \frac{\partial C}{\partial t} = -\left(\frac{\pi}{4} d^2 L\right) k_b C - N(\pi d L) \tag{3-75}$$

式中　L 和 d——分别为管道长度和直径。

将公式(3-75)除以$(\pi/4)d^2 L$,代入公式(3-71)中的 N 值,得

$$\frac{\partial C}{\partial t} = -\left[k_b + \frac{k_w k_f}{(d/4)(k_w + k_f)}\right] C = \left[k_b + \frac{k_w k_f}{R(k_w + k_f)}\right] C \tag{3-76}$$

式中　R——水力半径。

公式(3-76)描述了氯沿着单条管道的时间变化。于是,整体衰减速率常数为

$$k = \left[k_b + \frac{k_w k_f}{R(k_w + k_f)} \right] \qquad (3-77)$$

【例 3-11】 图 3-19 所示的水泵出流管道长为 1 500 m,直径为 300 mm。提升速率为常数 0.028 m³/s。氯在水泵中完全混合,水泵中氯的浓度保持为 1.5 mg/L。氯的总体衰减速率为 6.417×10^{-6} s^{-1}。(1)确定节点 1 处的稳态氯浓度;(2)确定不同时间步长下,在达到稳态条件之前子节点 150 m 间距处的浓度。

解

(1) 计算管道的流速

$$v = Q/(\pi d^2/4) = 4 \times 0.028/(\pi \times 0.3^2) = 0.396 \text{(m/s)}$$

水泵到节点 1 的输送时间计算为 $t = L/v = 1\,500/0.396 = 3\,788$(s)。从开始到 3 788 s,节点 1 处氯的浓度将为零,之后氯的质量浓度将为常数

$$C(1\,500, 3\,788) = C(0, 0) e^{-6.417 \times 10^{-6} \times 3\,788} = 1.5 \times 0.976 = 1.464 \text{ (mg/L)}$$

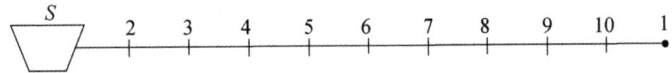

图 3-19 例 3-11 的配水系统示意

(2) 子节点处需要的氯的质量浓度。因为子节点之间的距离等于 150 m,两个连续子节点之间的输送时间为 378.8 s。对于时段 3 788 s,确定每 378.8 s 子节点处的氯的质量浓度。氯在 378.8 s 之后到达节点 2,此处氯的质量浓度为 1.496 mg/L;它在 757.6 s 之后到达节点 3,质量浓度为 1.493 mg/L;等等(表 3-17)。正如前面看到的,氯在 3 788 s 之后到达节点 1,其质量浓度降低至 1.464 mg/L。

表 3-17   例 3-11 中在不同时间步长处各子节点氯的质量浓度

时间 T(s)	子节点处的氯质量浓度(mg/L)										
	S	2	3	4	5	6	7	8	9	10	1
0	0	0	0	0	0	0	0	0	0	0	0
378.8	1.5	1.496	0	0	0	0	0	0	0	0	0
757.6	1.5	1.496	1.493	0	0	0	0	0	0	0	0
1 136.4	1.5	1.496	1.493	1.489	0	0	0	0	0	0	0
1 515.2	1.5	1.496	1.493	1.489	1.485	0	0	0	0	0	0
1 894	1.5	1.496	1.493	1.489	1.485	1.482	0	0	0	0	0
2 272.8	1.5	1.496	1.493	1.489	1.485	1.482	1.478	0	0	0	0
2 651.6	1.5	1.496	1.493	1.489	1.485	1.482	1.478	1.475	0	0	0
3 030.4	1.5	1.496	1.493	1.489	1.485	1.482	1.478	1.475	1.471	0	0
3 409.2	1.5	1.496	1.493	1.489	1.485	1.482	1.478	1.475	1.471	1.468	0
3 788	1.5	1.496	1.493	1.489	1.485	1.482	1.478	1.475	1.471	1.468	1.464

【例 3-12】 图 3-20 的枝状管网,具有一个水源节点和三个需水量节点(节点 1,2 和 3)。管道特征见表 3-18。假设水源节点 1 处氯的质量浓度稳定为 0.8 mg/L,获得不同节点处的稳态质量浓度。假设所有管道的总体衰减速率常数为 6.417×10^{-6} s^{-1}。

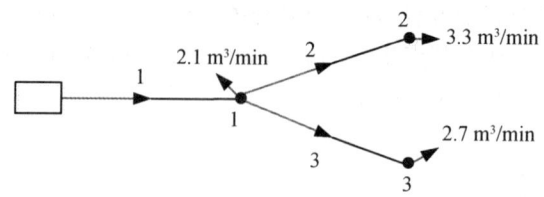

图 3-20 例 3-12 的枝状管网

表 3-18 例 3-12 枝状管网的管道细节

管道编号	长度 L(m)	直径 D(m)	流量 Q(m³/min)	面积 A(m²)	流速 v (m/min)	输送时间 t(min)
(1)	(2)	(3)	(4)	(5)	(6)	(7)
1	500	0.350	8.1	0.096 2	84.20	5.938
2	350	0.200	3.3	0.031 4	105.10	3.330
3	400	0.150	2.7	0.017 7	152.54	2.622

解 对于所有管道,管道面积、流速和管道输送时间的计算见表 3-18 的列(5)~(7)。管道 1 上游氯的质量浓度 C_{1u},与水源节点相同,即为 0.8 mg/L。氯在管道 1 中的输送时间为 5.938 min,5.938 min 之后管道 1 下游氯的质量浓度保持为常数。于是,管道 1 下游端氯的质量浓度给出为

$$C_{1d} = C_{1u} e^{-6.417 \times 10^{-6} \times 5.938 \times 60} = 0.8 \times 0.997\ 7 = 0.798\ 2 \text{ (mg/L)}$$

考虑节点 1 处的混合,可以获得节点 1 处氯的质量浓度 C_1、管道 2 的上游质量浓度 C_{2u} 和管道 3 的上游质量浓度 C_{3u}。因为仅仅一处供水管道,节点 1 处没有加氯,管道 2 和管道 3 上游氯的质量浓度将与管道 1 的下游端相同。于是,$C_1 = C_{2u} = C_{3u} = 0.798\ 2$ mg/L。

现在,管道 2 和管道 3 的流行时间分别为 3.330 min 和 2.622 min。因此,可以获得管道 2 下游处稳态氯质量浓度 C_{2d} 和管道 3 的稳态质量浓度 C_{3d},分别在 3.330 min 和 2.622 min 之后为

$$C_{2d} = C_{2u} e^{-6.417 \times 10^{-6} \times 3.330 \times 60} = 0.798\ 2 \times 0.998\ 7 = 0.797\ 2 \text{ (mg/L)}$$
$$C_{3d} = C_{3u} e^{-6.417 \times 10^{-6} \times 2.622 \times 60} = 0.798\ 2 \times 0.999\ 0 = 0.797\ 4 \text{ (mg/L)}$$

于是,节点 2 和节点 3 的稳态氯质量浓度分别为 0.797 2 mg/L 和 0.797 4 mg/L。到达节点 2 和节点 3 处的稳态氯质量浓度条件的总时间分别为 9.268 min 和 8.560 min。

3.6.3 物质质量浓度的稳态模型

正如例 3-11 中观测到的,物质质量浓度(例如氯质量浓度)在特定时段后保持恒定,这在系统的不同点是不同的。静态或者稳态模型中,可忽略氯质量浓度的初始变化,假设物质

质量浓度在所有点是恒定的。为了确定该常数,最初,通过管网的水力分析确定管道流量,然后计算每一管道的速度和流行时间。为了确定具有 M 个水源、N 个需水量节点(标以 $M+1,\cdots,M+N=J$),以及 X 条管道的多水源环状网不同节点的物质质量浓度,应建立以下公式。问题以一般形式给出,考虑所有节点的质量浓度是未知的,除了具有已知质量浓度的参考节点(为了分析,这是必要的)。

为了获得节点处的物质质量浓度,需要管道上游和下游的质量浓度。于是,未知量总个数为 $M+N+2X$;为了求解所有未知数,需要相同个数的方程。这些方程形式如下。

(1) 管道上游的质量浓度方程。管道上游的物质质量浓度与该管道上游节点处的质量浓度相等。这给出

$$C_{xu}=C_j(x=1,\cdots,X) \tag{3-78}$$

式中 C_{xu}——管道 x 上游端点 u 的氯的质量浓度;
j——管道 x 的上游节点;
X——利用公式(3-78)建立的方程个数。

(2) 管道的氯衰减速率方程。管道上游和下游端氯的质量浓度通过氯衰减速率方程相关。于是,

$$C_{xd}=C_{xu}\mathrm{e}^{-(k\Delta t)_x}=C_{xu}F_x\ (x=1,\cdots,X) \tag{3-79}$$

式中 C_{xd}——管道 x 下游端的物质质量浓度;
Δt——管道中的流行时间;
F_x——管道 x 的衰减因子,它等于 $\mathrm{e}^{-(k\Delta t)_x}$。

公式(3-79)提供了 X 个方程。

(3) 节点处的质量守恒方程。水源和需水量节点处的质量守恒方程写作

$$\sum_{x\in I}C_{xd}Q_x-\sum_{x\in O}C_{xu}Q_x-C_jq_j=0\ (j=1,\cdots,M+N) \tag{3-80}$$

公式(3-80)提供了 $M+N$ 个方程。同时求解式(3-78)~式(3-80),提供了 $M+N+2X$ 个未知量的数值。为了将氯的质量浓度投加到指定水平,或者通过特定定量,在 WDN 中提供中途加氯站,于是,中途站点最终氯浓度是已知的,或者分析中添加的氯量是已知的。相应地,修改和求解式(3-78)~式(3-80)以获得未知氯的质量浓度。

3.6.4 动态水质模型

几种不同的数值方法可用于求解污染物迁移方程。四种常见的技术是有限差分方法(FDM)、离散体积方法(DVM)、时间驱动方法(TDM)和事件驱动方法(EDM)。

FDM 近似了时空中沿着固定点网格的有限差分等价的导数。Islam(1995 年)将该技术用于模拟配水系统中的氯衰减。DVM 将每一管道分隔为一系列等尺寸、完全混合的容积段。在每一连续水质时间步长末,每一容积段的浓度首先进行反应,然后转化到临近下游段。将该方法用于模型,是早期美国环保署研究的基础。

TDM 跟踪水中非叠加段的浓度和尺寸,填充管网的每一管段。随着水进入管段,管段

中最上游端的尺寸增加。随着水离开管段,发生最下游段尺寸的等价损失。这些段的尺寸保持不变。

EDM 类似于 TDM,除了以固定时间步长更新整个管网,还更新单个管段节点条件,仅仅在管段的最前段完全消失时,通过该下游节点。

第4章 需水量管理

尽管从理论上讲，地球上的水资源可以充分满足当前和可预见将来的需求，但增加的取水距离，对局部干旱的考虑，使得水资源的利用成本越来越高。此外，人们的生活水准不断提高，也意味着需要消耗更多的水量。不断恶化或污染的水资源，不仅影响了可用性，而且影响到自然生态，因此人们开始寻求更有效的供水方式，使需求量管理模式替代按需供水模式（图4-1）。

采用的节水技术可分为：①节约用水，即用少量的水做少量的事，例如减少草坪灌溉次数、洗车次数、洗澡用水量等；②高效用水，即用少量的水做更多的事，例如节水马桶、节水浴缸和淋浴器等；③尽量不用水，例如干厕、无水便器等；④水资源替换，即用其他物质代替水资源，例如利用道路清扫代替道路冲洗；⑤水资源开发，例如污水回用、雨水利用、海水利用、冷却水循环等；⑥其他节水技术和措施，例如水表安装与计量、水价调整、开展节水教育等。

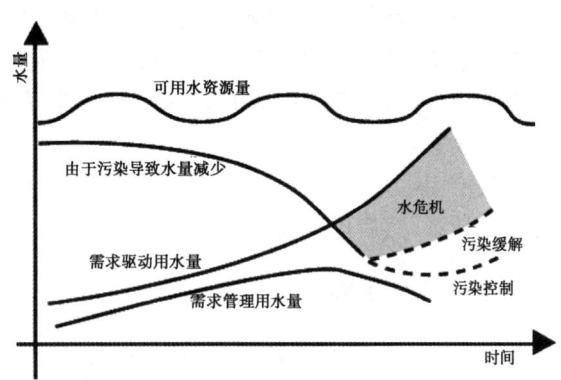

图4-1 可用水资源减少情况下按需供水和需水量管理的关系

城市需水量管理是水资源管理的重要组成部分，它不仅体现在节水方面，同时关注到安全供水的健康和卫生；它对于公平有效利用水资源，提高供水服务具有重要意义。

需水量管理可分为三个阶段考虑，分别为长期管理、日常运行管理和应急管理，表4-1所示总结了需水量管理的方法。

表4-1 需水量管理方法

方法	应急管理	日常运行管理	长期管理
技术	降低水压 分时分区供水 紧急关阀	流量控制	计量 漏损控制 节水技术 污水回用 雨水资源化
社会	宣传 广告	立法	教育
经济	惩罚性措施	补贴 阶梯收费	供需经济学

4.1 城市用水量预测

城市用水量预测是指采用一定的理论和方法，有条件地预计城市将来某一阶段的可能用水量。它对运行研究、系统容量或供水成本都是很重要的。用水量预测一般以过去的资料为依据,以今后用水趋向、经济条件、人口变化、资源情况、政策导向等为条件。

通过长期大量的观测、统计和分析发现,从短期(小时、日、周)看,城市用水量的变化具有周期性、随机性和相对平稳性;从长期(月、年)看,城市用水量的变化则具有随机性和明显的趋势化。因此,城市用水量预测一般可分为两大类:中长期预测和短期预测。中长期预测主要根据城市经济及人口增长速度等因素对未来几年、十几年甚至更长时间的城市用水量做出预测,中长期用水量预测将为水资源的合理开发、分配、水污染控制,给水管网系统的改扩建,城市整体规划和布局提供必要的信息。通过中长期用水量预测,可以了解城市的远期用水量规模以及用水量发展趋势。短期预测则主要是根据过去几天、几周的实际用水量记录并考虑影响用水量的各种因素,对未来几小时、一天或几天的用水量做出预测,这些期望值有助于确定运行参数、人员、设施管理等,为供水系统优化运行调度提供依据。如果没有实现期望的要求,资源可能被浪费;如果实际需水量超出预期,则可能危及供水系统可靠性,并出现成本超支。

城市用水量预测有多种方法,应根据具体情况,选择合理可行的方法,必要时可采用多种方法计算,然后比较确定。

4.1.1 用水定额预测法

用水定额是在总结各地区不同时期分类用水量资料基础上得出的用水量指标。包括工业(单位产值指标法、单位产品指标法)、市政、居民生活用水(单位面积指标法、单位人口指标法)等各种类别,根据不同地区、不同卫生级别要求定出不同的指标。

用水定额预测法的要点在于分别对各类用水进行预测,获得各类用水量,再进行汇总。最常用的分类是分成综合生活用水、工业企业用水、消防用水、市政用水、未预见及管网漏失用水量等。当然也可以根据其他分类计算,但前提是必须有相应的分类指标定额。规划设计者所要做的是根据工业产值用水量、单位产品用水量、生活等用水指标和城市规划人口、工业规模等指标进行代数计算,得出未来某一时期的用水量。亦可采用较简化的方法,例如可用人均城市用水综合指标乘以规划人口数。

此类方法的优点是计算方便,比较接近实际资料,缺点是难以预测随时间动态变化的用水量变动趋势,不便于确定准确的分期建设规模。而且如果对各类用水指标取值偏高,会导致设计流量偏大,造成水资源的浪费。该方法主要在设计阶段计算用水量。

用水合理精度的估计,常常通过分解总输送水量到城市区域获得,分解为两个或者更多的用水类型,计算每一类的平均用水量。用水的分解估计能够利用用户数量(或者需水量驱动计量)与一个常数平均用水量的乘积表示。

$$Q_t = \sum_c N_{t,c} q_c \tag{4-1}$$

式中 $N_{t,c}$——表示了同一用户区 c、时刻 t 的用户总数;

q_c——该区单位用水系数(或者人均用水量)。

总城市需水量的分区分解也在时空上被扩展。随着分解的维数增加,式(4-1)扩展为

$$Q_t = \sum_c \sum_s \sum_g N_{t,c,s,g} q_{c,s,g} \tag{4-2}$$

式中　s——根据季节性变化(例如年、季节、月)用水的分解。
　　　g——用水的空间分解,分解成各种地理区域,例如压力分区或者土地使用单元,它与规划目的相关。单位用水系数 $q_{c,s,g}$ 的例子如某压力分区内住宅区的平均用水量。

$$N_{t,c,s,g} = f(Z_i) \tag{4-3}$$

$$q_{t,c,s,g} = f(X_j) \tag{4-4}$$

式中　Z_i、X_j——分别为用户总数的决策量(例如居民人数、工业企业产值)以及平均用水率的决策量(例如单位居民、单位产品的平均用水量)。

4.1.2　数学模型法

数学模型法也建立在对以往数据总结的基础上,但可以通过找出影响用水量变化的内在因素与用水量之间的关系,预测城市未来的用水量。对历史数据的利用和数学模型结构的选择是预测准确与否的关键。数学模型法可用于各分类水量的预测,也可用于总体水量的预测。

根据数据处理方式的不同,需水量预测方法可以分为:时间序列分析法、结构分析法和系统分析法等。例如,常用的方法中,年递增率法、生长曲线法属时间序列分析法;线性回归法、生产函数法属结构分析法;灰色系统法属系统分析法。

1. 时间序列分析法

时间序列分析法是基于惯性原理进行用水量预测的。所谓惯性原理是指客观事物发展变化过程都有其内在的延续性。这种延续性外在表现即为"惯性",客观事物惯性大小,取决于事物本身的动力和外界因素制约的程度。通过研究用水量过去和现在的统计数据等资料,寻找其变动趋势,并以趋势外延来推测未来状态。即时间序列分析方法把系统看作一个"暗箱",不管其影响因素,只关心观测数据和预测结果。

时间序列分析方法具有很强的主观性,仅使用很少的数据资料,试图仅用时间变量解释用水。这一方法对于任何实际应用都显得过于简单,且它对用水结构的变化高度敏感。

1) 年递增率法

根据历年供水能力的年递增率,并考虑经济发展的速度,选定供水的递增函数,然后由现状供水量推算出规划期限内增长的用水量规模。

常用模型选用类似于复利公式的形式,即

$$Q = Q_0 (1+r)^N \tag{4-5}$$

式中　Q_0、Q——分别表示起始年份和预测年份所规划的城市用水总量;
　　　r——城市用水总量的年平均增长率;
　　　N——规划期限。

该方法的关键是合理确定递增速率。对不同城市的用水量需求进行预测时,必须首先调查目标城市的历年用水量数据,然后分析用水量变动的原因(特别是经济、人口原因)及未来增长的可能性,最后确定合理的递增速率。预测起始年份的选择对预测结果也会有一定影响。

年递增率法的优点是概念清晰,适合新兴的、迅速扩张的城市,或快速发展开发区的水量增长模式;缺点是若预测时限过长,会影响预测精度。导致该缺陷的原因是,年递增率法作为一种拟合指数曲线的外推型方法,也就是说预测水量呈几何级数增长,越到后来增长越快,这与城市发展进化的实际相矛盾。对于已经具备一定规模且经济结构稳定的城市和地区,社会循环水量往往成等差数列增长,或增长量递减,甚至出现负增长,这时每年的 r 是变化的。

2) 年递增率的改进算法

通常从两个方面进行改进:细分用水类别,或使年递增率符合各年规划的假设,即把递增率看作随时间改变的变量。

如果细分为工业用水和生活用水等用水门类,可有如下的模型。

(1) 工业用水预测

工业用水相对于生活用水来说,其水量的变化较有规律性,工业用水模型可表示为

$$W = W_0 \theta^{T-T_0} \tag{4-6}$$

式中　W ——预测年份 T 年的工业用水量;

　　　W_0 ——基准时点 T_0 年的工业用水量;

　　　θ ——工业取水量变化指数(取水量＝总用水量－重复使用水量),$\theta = \alpha \times \beta \times \gamma \times \omega$,可见其是一个随时间变化的变量。

$$\alpha = (1 - P_T)/(1 - P_{T_0})$$

$$\beta = \left(\sum_i w_i r_i\right)_T \bigg/ \left(\sum_i w_i r_i\right)_{T_0}$$

$$\gamma = R_T/R_{T_0} = \left(\sum r_i\right)_T \bigg/ \left(\sum r_i\right)_{t_0}$$

$$\omega = \left[\left(\sum_i w_i r_i\right)_T \bigg/ R_T\right] \bigg/ \left[\left(\sum_i w_i r_i\right)_{T_0} \bigg/ R_{T_0}\right]$$

式中　α ——重复利用率变化指数;

　　　β ——生产工艺水平变化指数;

　　　γ ——工业产值变化指数;

　　　ω ——工业结构变化指数;

　　　P_T、P_{T_0} ——分别是 T、T_0 年的重复利用率;

　　　w_i ——行业 i 的单位产值用水量;

　　　r_i ——行业 i 产值(产值不变);

　　　R_T、R_{T_0} —— T、T_0 年的工业生产总值。

(2) 生活用水预测

城市生活用水模型可表示为

$$U = U_0 \theta^{T-T_0} \tag{4-7}$$
$$\theta = \theta_1 \theta_2 \theta_3 \theta_4 \theta_5$$

式中　θ_1 ——城市人口变化指数;

θ_2——居民收入影响指数；

θ_3——单位居民收入生活用水量变化指数；

θ_4——城市生活用水回用技术指数；

θ_5——城市生活用水结构指数。

3) 生长曲线法

水工业体系中流动的水量总量从整个发展过程看，呈 S 形曲线变化，这符合城市在经济结构、人口上的变化规律，即从初始发展到加速发展，最后逐渐减缓的发展规律。用水量按生长曲线模式增长，可分成具有代表意义的三段(图 4-2)。

（1）迅速增长期：增长速度随时间增加，用水量关于时间的增长曲线向下凹，水量仍呈几何级数增长，可用等比率增长模式描述。

（2）稳定增长期：以等量增长模拟，即水量逐年增加一个相等的水量；此时，流量增长率是递减的。由于水量供给本身会影响需求，所以可以此种增长模式描述增长稳定期的典型形式。

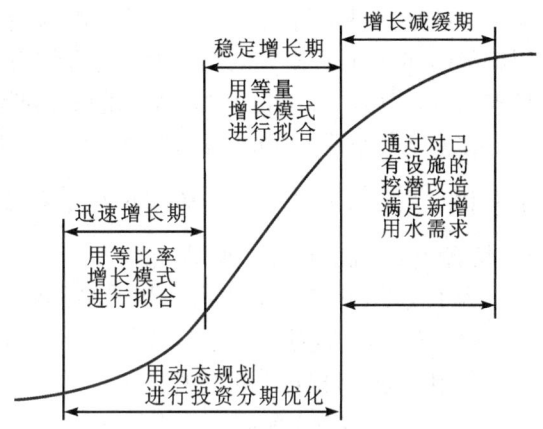

图 4-2 用水量按生长曲线模式增长趋势

（3）增长减缓期：水量增长规模逐年减少。此种状态一般表示该区域已经发展成熟，工业规模和产业结构已经基本配合正常，不会导致工业水量需求的剧烈变化，而且生活用水也趋饱和。这种城市或地区，往往遇到的是一个原有水工业设施挖潜改造就能解决问题的模式。

生长曲线法主要有两种模型描述，其系数可用回归法或最小二乘法确定。

(1) Gompertz 模型

$$Q = L\exp(-a\mathrm{e}^{-bt}) \tag{4-8}$$

(2) Raymond Pearl 模型

$$Q = \frac{L}{1 + a\mathrm{e}^{-bt}} \tag{4-9}$$

式中 Q——预测用水量(m^3/d)；

L——预测用水量的上限值(m^3/d)；

a、b——待定参数。

2. 结构分析法

该预测方法是通过回归分析，寻找预测对象与影响因素之间的因果关系，建立回归模型进行预测。在系统发生较大变化时，也可以根据相应变化因素修正预测值，同时对预测值的误差也有大体的把握。

1) 线性回归法

采用单一变量(如人口)解释用水最为常见。简单的回归模型捕获了两个变量之间的关系为

$$y_i = \alpha + \beta X_i + \varepsilon_i \tag{4-10}$$

式中 y_i——用户 i 的用水；

α——等式的截距；

β——等式的坡度系数；

ε_i——用户 i 的误差项，$i=1, 2, \cdots, n$，这是 y 的估计值和真实值之间的偏差。

简单线性回归模型可应用于综合或各类别用水。该模型假设 X 为自变量，影响 y 为因变量，同时因变量不能够以任何形式影响自变量。式(4-10)用水 y_i 分为可以解释的和不可以解释的部分，可以解释的部分表示为系统力 X 的函数；不可解释的部分表示为随机噪声。换句话说，式(4-10)中，$\alpha+\beta X$ 为 y 的确定部分，ε 为随机部分。

在常规最小平方(OLS)回归分析中，通过用水数据拟合直线估计参数 α 和 β，便于偏差平方和 $\left(\sum \varepsilon_i^2\right)$ 最小。最小平方的方法说明选择了回归直线，直线点的偏差平方和为最小，使直线尽可能与数据"匹配"。

为了使 OLS 产生合理的结果，偏差 ε 必须满足以下五个简单的直线回归假设。

(1) 零平均值：对于所有 i，有 $E(\varepsilon_i)=0$，即平均误差的期望值为零。换句话说，误差期望在零附近振荡，相互之间抵消。

(2) 等方差：对于所有 i，有 $\mathrm{Var}(\varepsilon_i)=\sigma^2$，这说明用户的每一个误差项具有相同的变化。

(3) 独立性：对于所有 $i \neq j$，ε_i 和 ε_j 独立。

(4) X_i 独立：对于所有的 i 和 j，ε_i 和 X_j 独立，说明 ε 的分布不依赖于 X 值。

(5) 正态性：对于所有 i，ε_i 为正态分布。这也表示 ε_i 独立，平均值为零，正态变化为 σ^2。正态的概念对于参数的推断是需要的，但是寻找最小平方估计不需要。

当回归模型的五个基本假设满足时，OLS 提供了回归参数 α 和 β 的非偏估计，在所有非偏估计中具有最小的差异。换句话说，最小平方估计确实产生了估计直线，与其他直线相比，具有较小的偏差平方和。因此，OLS 估计偏向于最好直线无偏估计(BLUE)。违反以上任何假设将反而降低 OLS 方法的有效性。模型距离这些假设越远，OLS 的可靠性越小。在这些状态下，必须使用其他估计过程，取决于违反以上假设的类型。

多元回归技术用于模拟因变量不是简单回归的情况，因为：①如果使用了多于一个的自变量，能够更精确地预测因变量；②如果因变量取决于多于一个自变量，因变量的简单回归带来该自变量对因变量影响的偏误估计。多元回归的理论模型基本上与简单回归相同。唯一的不同是因变量假设为多于一个自变量的线性函数。例如，如果具有三个自变量，模型为

$$y = \alpha + \beta_1 X_1 + \beta_2 X_2 + \beta_3 X_3 + \varepsilon \tag{4-11}$$

式中 X_1、X_2、X_3——假设影响因变量 y 的自变量；

ε——随机误差项；

α、β_1、β_2、β_3——估计系数。

正如简单回归情况，对于因变量的观测值，以及回归方程的预测值，通过每一个最小化平方离差的总和寻找系数 α 和 β_i。再者，为了获得最小平方估计，多元回归必须全部遵从简单回归中的五个假设，并具有两个附加条件：第一个条件是没有自变量能够正好为其他自变

量的任何线性组合。换句话说,没有一个变量可以表示为任何其他自变量的乘积(或者线性组合),该条件也称作多重共线性。第二个条件与自由度有关。需注意,观测值的数量 N 必须超过估计参数的数量。事实上,样本尺寸应远大于估计系数的数量,便于获得具有意义的潜在关系信息。

2)生产函数法

这是一种经济理论中用于描述生产过程的数学模型。它与水量的预测有着相似的增长结构。可以把水工业提供的社会水循环能力看作是水工业设施的生产能力,那么

$$W_{N+1} = b_0 P_{N+1}^{b_1} D_{N+1}^{b_2} W_N^{b_3} \tag{4-12}$$

式中 b_0、b_1、b_2、b_3——参数,需要根据历史资料,用线性回归法得出;

P_{N+1}——预测地区第 $N+1$ 年的GDP值;

D_{N+1}——预测地区第 $N+1$ 年的人口数;

W_N、W_{N+1}——分别为预测地区第 N 年、第 $N+1$ 年的社会水工业生产能力。

3. 灰色系统法

灰色系统是一种基于模糊数学的决策优化方法,在各行业的建模预测中有很广泛的应用。当用于建立水量预测模型时,其基本原理是对已有的白色系统(即已知的历史用水数据)作累加生成,使原白色系统信息的随机性得以弱化,然后对弱化的白色系统信息拟合,建立预测模型。由于预测方法较复杂,一般用计算机求解。该方法的预测范围很广,对长、短期预测均可,且所需数据量不大,数据缺乏时很有效。

4.1.3 预测中的不确定性

导致预测用水量的不确定性一般至少有以下三个方面的原因。

(1)模型不规范。模型可能缺少重要的解释变量,也可能包含了不相关的(假的)变量,或可能没有表示出自变量和因变量之间已存在的函数关系。

(2)系数误差。由于现有数据中的误差和其他干扰因素、程序中的误差或各变量间的共线性,模型系数可能会被错误估计。

(3)假设误差。在任何一点的假设,包括那些关于解释变量未来值的假设,都可能产生误差。

预测应该使风险和不确定性最小化。通过选择能减少模型不规范误差或那些能够使客观分析最大化的预测方法,减少假设误差。

4.2 漏损控制技术

4.2.1 引言

供水系统作为城市公用设施的一部分,对于保障城市的经济稳定发展以及人民生活水平的提高,有着举足轻重的地位。但由于施工不良、管路老化、水压异常等影响,造成大量漏水损失。供水漏损量成为管网的无效供水,增加了供水部门取水、净化和输配水的成本,同时加大了净水和输配水的能耗、药耗。供水设施的漏水、爆管和溢流也常常造成积水、淹没

道路等次生灾害。漏水、爆管事件时大面积道路开挖,给社会和居民生活带来不便,加大了供水部门的责任。多数漏水和蓄水设施的溢流可能进入排水系统,加大了污水输送和处理负担。管道漏水部位也是污染物侵入的理想场所,导致供水水质不良。

因此,控制供水管网漏损具有重要的社会、经济和环境意义,包括提高供水系统运行效率,降低运行成本,节约能耗药耗,减少供水水质污染,有效利用现有设施、延长使用寿命,增强供水设施抗干旱和缺水的能力,增强供水企业竞争力,提高供水部门的社会形象等。

国际上近年在管网漏损管理中主要取得了下列进展。

(1) 1993年,为了分析和预测年真实漏损情况,分析夜间流量的构成,提出了背景和爆管估计(BABE)概念。认为背景漏损是采用各种检漏设备难以检测到的、配水管网所有组件中小流量漏水的集合。爆管漏水进一步分为明漏和暗漏(图4-3)。明漏是被居民、检漏部门发现并可以直接修理的漏水。暗漏是还未被发现,并可用检漏设备检测到的漏水,也是具有事故隐患的长期连续漏水。

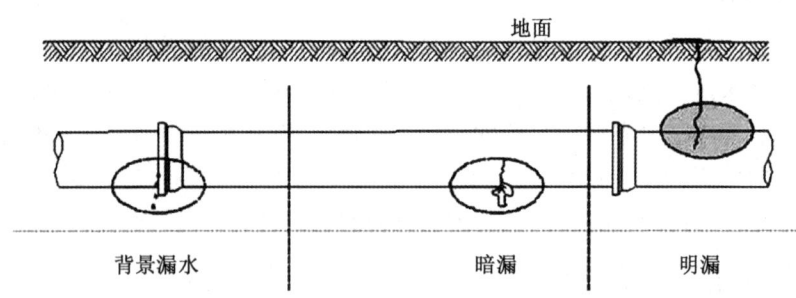

图4-3 漏水类型示意

(2) 1994年,为了分析和预测不同压力、漏水速率和耗水量之间的关系,提出了固定和变化面积出流(FAVAD)概念。管道漏水量认为与供水压强呈幂函数关系,幂指数的取值从表示固定面积孔口出流的0.5到变面积i孔口的1.5。

(3) 1999年,提出真实漏损的运行管理"最佳"性能指标,包括不可避免(技术最小)真实漏损的公式及其关键参数的选用。

(4) 2000年,提出国际实用性水量平衡和性能指标。

(5) 2002年,将95%的置信水平引入水量平衡计算中。

(6) 2005年,引入世界银行研究所分级系统,使供水企业能够快速确认真实漏损管理中的缺陷,并提出优先采取的控制措施。

(7) 2006年,提出执行水量漏损降低的策略和步骤:①利用国际实用性水量平衡估计漏损量;②分析漏水量数据,计算运行管理最佳性能指标;③根据最佳性能指标,对需要采用的检漏技术进行优先性排序,并形成漏损控制策略;④执行漏损控制策略,并在执行过程中不断学习和改进。

4.2.2 漏水事故原因分析

漏水的发生通常分为以下两种基本方式。

(1) 用户水表计量误差、数据收集和分析中产生的误差,以及非法用水(未安置水表、安置水表并不使用、消火栓取水等)给供水公司带来经济损失的部分水量,称作表观漏损。

(2) 由于管道破裂、接口脱落、管件损坏以及蓄水池溢流等,未经任何使用就从给水管网中漏损掉的水,称作真实漏损。

1. 真实漏损的原因

导致城市供水管网漏损的原因很多,不同地区、不同管材的管网漏损会有不同的主要诱导因素,即使同一处漏水或爆管,也有可能是多方面共同作用的结果。

1) 设计方面的原因

给水管网设计一般仅对主干管道进行水力计算,且多采用简化的计算方法,致使管网和水泵的设计参数与实际运行参数不符。

2) 管材质量原因

管道材质低劣、耐压性差是管道爆裂的内在因素。根据经验,相同条件下各种管道易裂可能性由大到小排列为:普通铸铁管＞石棉水泥管＞球墨铸铁管＞钢筋混凝土管＞钢管。据文献调查说明,发生漏水的管道,95%的钢管漏水是腐蚀穿孔,而75%的铸铁管漏水发生在管道连接承插接口附近。

一些新型管材的管配件系列不全,在管段压力和温度大幅度变化的情况下,管段各部分机械性能不一致,也可能产生漏水现象。

3) 施工质量原因

(1) 管道基础不好。由于管沟沟底不平或不结实,管道不均匀沉降,接头损坏,导致漏损。

(2) 接口质量差。灰口铸铁管全线刚性连接,构成残缺管道结构,致使管道处于不稳定的动态工作条件,因而极易发生破裂、漏水;钢管的焊接处有夹渣、气孔、焊缝宽度不均,易发生漏水。混凝土承插口,接口坏形纵向间隙控制不严,造成密封胶不到位或压紧的现象,使胶圈受力不均引起滑脱,造成漏水。法兰连接不规范,法兰与管子不垂直,两片法兰不平行,垫圈太薄或位置不正,拧紧螺丝时未按对角线法则操作或少上螺栓等,导致法兰受力不均而引起水量外渗或漏流。由于管道的伸缩性,在弯头附近的接口很容易漏损。而带垫圈的接口也会由于不良安装而损坏。老式含铅或者无铅接口经常会随时间变脆,进而破裂。除了接口密封问题,老管道上面的承口也可能破裂。

(3) 管道防腐不好。没有按照防腐层要求操作,或者内外防腐层破坏处没有做好特殊处理。当管道内壁遇到软水或 pH 值偏低的水,可能造成腐蚀,使管壁减薄、强度降低形成爆管隐患。

(4) 覆土不均。回填土时未分层夯实或两侧填土的密度不同,使管道侧向受力,增加了管道爆裂漏水的机会。

4) 温度变化的影响

在温差较大的地方,温度是造成给水管道频繁发生破损的主要原因之一。在温度不断变化的条件下工作,夏季敷设的管道甚至是在超过环境温度的情况下连接在一起,管道的温度变形伸长达到最大值,在这种情况下工作的管道常年受到收缩拉应力的影响。例如一根 5 m 长的铸铁管在敷设时温度为 26℃,冬季最低温度为 1℃,两种温度之间变形达 1.50 mm,变形应力为 3.6 kg/mm^2。

在冬季易发生管网漏损,这主要是温变应力和冰冻荷载两个原因造成的。由于管内的水温和管外的土壤温度随季节变化,管壁上产生相应的轴向应力,使管道本身也随温度的变化而发生应变伸缩。

5) 管网管理存在的问题

供水管网经过长时间的运行,水中氧化铁、细菌、碳酸盐沉积,使内壁形成锈瘤和积物,降低了供水能力,改变了管道的阻力系数;由于用地功能的变化,用水量也相应改变,使管网的实际运行状态与设计参数不相符,出现供水事故而漏水。

虽然许多城市安装了实时监测系统,采集供水泵站出口和管网节点的压力监测值,调度者根据压力变化,凭经验发出指令确定泵的运行,并没有涉及水力模型、数学规划等优化技术,只是人工代替机器劳动,使得动态需水量与实际供水量脱节,增加了漏损的可能。

管网中由于水泵开启或停止,用户用水量的瞬时改变而产生的水锤压力可使管道发生大的变形甚至破裂。由于管道摩阻或气蚀的影响,实际产生的水锤压强值可能比计算的水锤压强值高出许多,这种巨大的压强若遇多波源水锤波,发生共振水锤,则水锤压强将比单波源水锤增加数倍,其后果更为严重。

随着城市建设的发展,给水管网的规模也在不断地扩大,给水管网的复杂性也随之增加,在满足用户用水需求的前提条件下,给水管网的供水压力亦不断提高。其中局部区域水压明显高于用户需求水压,相应管道的漏损频率也会随之上升。

6) 环境因素

(1) 交通——重车通行、荷重增加,引起管线破裂或断裂。

(2) 土壤类型——土壤含水量的变化,引起下陷或位移。

(3) 环境破坏——土壤受污水侵蚀,造成管线穿孔、破洞。

(4) 外物侵入——如树根侵入或破坏管体。

7) 灾害因素

(1) 其他工程造成挖损:包括管道附近的施工、矿区开采等。

(2) 天灾引起地层滑动,造成管道破裂,如地震、台风、暴雨、滑坡塌方等。

2. 表观漏损的原因

1) 计量误差

供水量的数据主要来自出厂水总表,计量的准确程度直接关系到产销差率的计算。读数误差一般与以下因素相关。

(1) 随时间的磨损。

(2) 水质影响。

(3) 环境条件,例如极端寒冷或炎热天气。

(4) 不正确安装。

(5) 缺少例行测试和维护。

(6) 不正确修理等。

水表也存在一定问题,例如一些企业设置水表是根据设计规模选用的,企业更换设施,规模扩大和压缩后,水表口径没有及时调整,这样大水表走小流量,计量偏小;反过来,若水表超负荷运行,水表部件极易磨损,计量偏慢,乃至不计量。

管网水质不良,也会明显影响水表的精度。一种是水中挟带的固体杂质颗粒,如砂粒、麻丝、锈垢等容易堵塞滤水网和叶轮盒进水孔;二是水中所含的某些无机或有机物质,如铁盐等,容易在滤水网、叶轮盒的孔壁上结成水垢。两种情况都会使滤水网、叶轮盒进水孔的孔径变小,导致流速加快、计量偏移。

2) 统计误差

用水数据统计中总是存在漏抄、错抄和估抄现象,例如以下情况。

(1) 收费数据调整过程中,用户用水数据修订。

(2) 一些用户有意无意从收费记录中消除或者不计量。

(3) 未支付用户,或者未记录用水。

(4) 数据分析和支付中的人为误差。

(5) 政策的薄弱,造成支付和统计中的漏洞。

(6) 水表计量和支付系统不良联系。

(7) 房屋所有权的变化,用户的变更。

(8) 评价、降低和预防漏损的技术和管理理念薄弱。

3) 非法用水

长期以来,由于一些特殊的历史原因以及供水企业职工自身的问题,用户私自乱接供水管道、水表倒装、无表用水或者用户有意破坏水表口径,在滤网、叶轮堵卡异物等行为导致大量用水未计量或计量不准确。也可能存在营销人员玩忽职守、以水谋私等现象。特别在靠近施工场地处,水可以在消火栓处轻易被盗取。

4.2.3 供水管网数据收集和检漏技术

1. 流量测试技术

计量用水数据是水量审计或水量平衡的基础。供水系统中的主要流量计量包括:产水计量、分区计量(DMA)和用户计量。产水计量或者总表用于测试配水系统中的输入流量。精确的产水计量是进行水资源合理管理的基础,对于多数供水企业,获得对漏损状态掌握的第一步是设置产水计量,并进行例行校验和测试。分区计量是为了掌握供水管网运行情况。用户计量在用水点计量,该工作复杂性较高,需考虑计量用水数据收集、水量平衡计算和需水量管理。

2. 常用检漏方法

常用检漏方法可分为被动检漏法和主动检漏法。其中被动检漏法是待地下管道漏水冒出地面后,发现漏水并进行检修的方法。被动检漏法主要依靠专门人员进行巡查检漏和用户报漏两种方式。被动检漏法投资少,但发现的漏损以明漏为主,往往造成大量漏水后才能发现。因此,被动检漏法适合于埋在泥土地下,附近又无河道和下水管的输水管线。

常用的检漏技术见表4-2。这些方法中,有实用性较强的,也有成本昂贵但技术含量高的。漏损控制中,最重要的是能够利用现有的手段和技术达到比较好的效果。长效管理中可以考虑采用先进的技术手段实现智能化管理。

表 4-2　　　　　　　　　　　　　主要检漏技术

漏损控制方法		特点及适用性
漏损控制技术	区域测漏法	适用于居民小区的漏损检测
	区域声音检测法	可以较快速地确定漏水范围
漏点检测技术	听漏棒	适用于漏点的准确定位
	漏水探测仪	检测精度高,主观误差小
	相关仪	灵敏度高,在混乱嘈杂环境中作业能力强
管线定位技术	探地雷达	准确度高,收集资料丰富
	金属管线定位	准确定位地下金属管线
	非金属管线定位	较准确定位地下非金属管线
神经网络技术		人工智能技术,可减少查漏的盲目性

1) 音听检漏法

给水管网漏损检测设备通常是通过检测漏水声从而定位漏点。漏水声的种类可分为三种。

(1) 漏口摩擦声:指涌出管道的水与漏口摩擦产生的声音,频率通常为 300~2 500 Hz,并沿管道向远方传播,传播距离通常与管材、管径、接口、漏口、水压等相关,一定范围内可在阀门、消火栓等可接触点听测到漏水声。

(2) 水头撞击声:指涌出管道的水与周围介质撞击产生的声音,并以漏斗形式通过土壤向地面扩散,可在地面用听漏仪听测到,频率通常为 100~800 Hz。

(3) 介质摩擦声:指涌出管道的水带动周围粒子(如土粒、沙粒等)相互碰撞摩擦产生的声音,频率较低,当将听音杆插到地下漏口附近时可听测到。

音听检漏法可分为阀栓听音(亦称直接听音)和地面听音(亦称间接听音)两种。前者用于查找漏水的线索和范围,简称漏点预定位;后者用于确定漏水点位置,简称漏点精确定位。

阀栓听音法是用听漏棒或电子放大听漏仪等音听仪器直接在管道可接触点(如消火栓、阀门等)听测由漏水点产生的漏水声,从而确定漏水管道,缩小漏水检测范围。金属管道漏水声频率一般为 300~2 500 Hz,而非金属管道漏水声频率一般为 100~700 Hz。听测点距漏水点位置越近,听测到的漏水声越大;反之越小。

地面听漏法是指通过预定位方法确定漏水管段后,用电子放大听漏仪在地面听测地下管道的漏水点,并进行精确定位。听测方式为沿着漏水管道走向以一定间距逐点听测比较,当地面拾音器越靠近漏水点,听测到的漏水声越强,在漏水点上方达到最大。

按英国水研究中心估计,音听检漏法约可查得地下漏水的 80%,数字的大小取决于检漏人员的素质、音听设备的质量和管理水平。

2) 不间断流量检测法

由于测量技术的迅猛发展,扩大了传统机械式测量仪器和仪表的功能和适用范围。该法是在小区进口及出口安装检测仪器,检测水流量。数据每周采集一次,并对其分析,计算出系统中每一地区单位 ELSB(服务管线爆裂等价数,由每一地区水量损失对应的阀门数转化而来)用户数,该数最高的地区作为首要检测目标,此法还可以比较每周数据,如出现明显增长,可能是主干管破裂。由于维修前后最小夜间流量有明显的改善,此法还可用于估计维修的有效性。该法成本低,效率高。

3) 夜间最小流量法

夜间最小流量法借助流量检测记录器,连续自动测量并记录某一时段内的流量值。数据处理方法有两种:一是将夜间测得的最小流量值与日平均用水量比较,如果最小时用水量与日平均时用水量的比值超过某一百分点(各国有不同的规定,如英国取40%,美国取50%)即认为可能出现漏损;二是按照经验选定数据[夜间用水低峰期取0.6~2 L/(cap·h),白天高峰用水期为40 L/(cap·h)],据此绘制标准图表,将实际用水量与其比较,即可得出是否存在漏水。第二种方法适合于管网结构简单的中小供水企业。

4) 干管流量分析法

该方法可分为管网运行和停止两种分析方法。停止运行的方法要求阀门能严密关闭,做法为将干管两端及出水支管阀门均关闭,仅留一安装有水表的旁通管。漏水量可由水表精确读出,调整封闭系统可缩小待检漏损区域。干管运行具体做法为,将一对电磁流量计放入待测主管线两端,以测定管线中心流速,定时读数、调换两只流量计、调节流量,将各种流量读数运用特定的流量分析,判定管线是否漏水,此法可以将漏损检测缩小到1~1.5 km,准确率极高。

5) 区域检漏法

在生活小区或日夜连续用水户较少地区,测漏时除小区进水总表(此时作测漏表用)外,关闭所有连通该区域的阀门,在用户最小时测定一段时间,其最低流量(扣除连续用水户用水量)大致就是该区的漏损量。如果漏损量未超过允许漏损值,该区基本上无漏水或漏水很少;如果超过允许值,则关闭部分阀门,缩小测漏范围,再比较缩小范围后的最低流量,如果差别大,则说明该段管道有漏水。区域测漏法又分为直接区域测漏和间接区域测漏,两种方法统称为"水量平衡测试"。直接区域测漏法就是在测定时除了关闭所有进入该区域的阀门外,还要同时关闭所有用户水表前的进水阀门,这样测得的流量就是此时该区内管道的漏水量。间接区域法就是在测定时关闭所有进入该区的阀门,原则上不关闭用户的进水阀门,这时测得的流量为管网漏水量和用户的最少用水量之和,通过分析,估算出用户夜间最小流量,从而得出该区漏水量。区域测漏法在实际中较常规方法准确性高,是运用较多也是比较成功的方法,特别对居民小区更为适宜。区域漏损控制和分区计量管理就是在该方法的基础上发展形成的。

6) 水质判别法

通常地面存水包括自来水、雨水、地下水和污水。为了确定是否为自来水,也可以根据水质判断,常用的指标有余氯质量浓度、电导率和pH值。各类型水的水质状况见表4-3。

表4-3　　　　　　　　　　地面存水的种类和性质

水的种类	电导率(μS/cm)	pH值	余氯质量浓度(mg/L)
自来水	100~300	6.7~7.0	0.1以上
雨水	40~90	6.0以下	无
地下水	300~1 000	6.4~7.5	无
污水	500以上	7.0以上	无

7) 相关分析检漏法

在漏水管道两端放置传感器,利用漏水噪声传到两端传感器的时间差,推算漏水点位置的方法。

3. 常用的检漏仪器

供水管网埋设于地下,具有隐蔽性强、其状况难以判断的特性,因此为了确认供水管网内因渗漏造成的漏水量,必须通过使用各种仪器实现对地下设施的积极管理。

(1) 听漏仪。听漏棒是最早出现的漏损检测仪器,它结构简单,只需要一个带有尖头的金属棒和一个类似小碗状的接听头部,用于察听管件、消火栓或入户接口。20世纪60年代开始出现了声音增强的测量仪器,如电子耳,但它仍滞留在听漏棒的工作原理上。进一步可以精确定点的仪器是类似听诊器的薄膜听漏仪。它利用吊有重块的薄膜,通过胶皮管传向检漏人员的耳朵。在薄膜听漏仪的基础上又发明了电子放大听漏仪,它主要由传感器、电子放大器和耳机组成。电子放大听漏仪是利用传感器把地面震动声音转为音频电压输出,然后通过电子放大器放大到用耳机可以听到的音量。

通常漏水声的大小与供水压力、漏口大小、管材以及管道周围的介质密切相关,因此漏水声的大小和频率各不相同,听漏时一般在夜间,反复听反复比较,才能取得满意的效果。

(2) 管线定位仪。作用是准确定位地下管线的走向和掩埋深度,主要利用电磁感应原理,探测对象需具有一定的导电性。管线定位方法有两种,一种是极大值法,一种是极小值法。一般先用极大值法找到管线的大致位置,然后用极小值法精确定位。深度测量有直读法和45°法两种方法。直读法是利用上下两个线圈测量电磁场的梯度从而确定管线深度;45°法在管线正上方用接收机线圈与地面成45°角,并沿管线方向横向移动,寻找零值点,该零值点与定位点之间的距离等于地下管线的埋深。

(3) 相关检漏仪。它利用两个传感器拾取漏水声波作互相关分析,求出声波时差,利用输入的参数(管材、管径、管长等)确定漏点位置。当测点附近不止一个漏源时会产生误差。

4.2.4 给水管网漏损评定标准

1. 国际水协会水量平衡和供水服务性能指标

1) 水量平衡概念

2000年国际水协会(IWA,简称国际水协)公布了蓝页——供水系统的漏损:标准术语和推荐的性能测试。该文总结了水量漏损工作组的结论,尤其注重于评价输配水系统中真实漏损(漏水和溢流)运行性能标准术语和优先的性能指标。其中最关注未计费水量(或产销差水量,Non-Revenue Water)和供水设施漏水指数(Infrastructure Leakage Index, ILI)。

漏损分析的前提是技术上并非所有供应水量到达用户,财务上并非到达用户的供水量均被计量或收取了水费。平衡模型的水量输入输出要素见图4-4。其中免费水量包括消防用水、管道冲洗、管道末端放水等。

供水平衡模型(表4-4)建立在供水统计数据基础之上,分析一般以一年为周期,步骤如下:

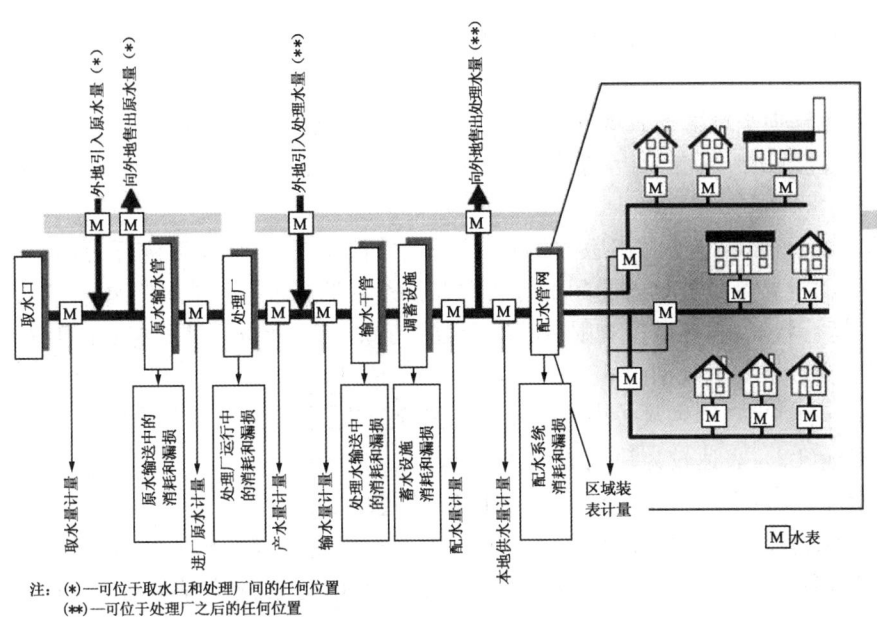

图 4-4　供水平衡模型水量输入输出示意

表 4-4　　　　国际水协供水平衡模型(数据为算例计算结果,单位:万 m³/年)

A	B	C	D	E	F	G
本地取水量 (4 489.5)	系统供水总量 (7 044.5)	向外地售出水量 (1 022)	有效供水量 (5 304)	收费水量 (5 238)	向外地售出水量(1 022)	售水量 (5 238)
					计量售水量(4 007)	
					未计量售水量(209)	
		本地系统供水量 (6 022.5)		免费供水量 (66)	计量免费水量(28)	未计费水量 (1 806.5)
					未计量免费水量(38)	
外地引水量 (2 555)			系统漏损水量 (1 740.5)	表观损失 (652.9)	非法用水量(200)	
					用水计量和数据不准确性(452.9)	
				真实漏水 (1 087.6)	原水输水管和处理厂漏损	
					配水干管漏损	
					蓄水设施漏损和溢流	
					进户管漏损	

(1) 确定系统供水总量,包括本地取水量和外地引水量(列A),其和为系统供水总量(列B)。

(2) 确定向外地售出水量、计量售水量和未计量售水量(列F),三者之和为收费水量(列E),或称作售水量(列G)。

(3) 系统供水总量减去售水量,得到未计费水量(也称产销差水量)(列G)。

(4) 确定计量免费水量和未计量免费水量(列F),总和为免费供水量(列E)。

(5) 收费水量和免费供水量之和为有效供水量(列D)。

(6) 系统供水总量与有效供水量之差为系统漏损水量(列D)。

(7) 通过现场测试,可估计非法用水和计量(或数据处理)不准确性(列 F),其和为表观漏损(列 E)。

(8) 系统漏损水量减去表观损失量,得到真实漏水量(列 E)。

(9) 通过夜间最小流量分析、爆管频率/流量/历时计算、水力模拟等方式校验真实漏水量。

2) 性能指标

国际水协于 2000 年 7 月出版的《供水服务的性能指标》(2016 年修订为第三版),已成为供水企业的重要参考文献。国际水协的供水服务性能指标包含了水资源、人力资源、设施结构性能、运行状况、服务质量和财务状况等方面的指标。针对这些指标,在组织管理层次上又将其分为以下三个级别。

1 级指标(L1):表达供水效率和效益的总体管理状况;

2 级指标(L2):表达较为深入的管理信息;

3 级指标(L3):表达管理水平上最为详细的信息。

在国际水协供水服务性能指标系统中,与漏损和未计费水量相关的指标包括无效供水率、系统漏损率、表观损失率、真实漏水率、供水设施漏水指数、未计费用水率和未计费用水成本比等。它们所属的指标类型、级别、计量单位、定义见表 4-5。

表 4-5 中的供水设施漏水指数考虑了系统不可避免真实漏水量,它指在当前技术水平及条件下,无论采取什么技术手段都很难避免的漏失水量。它主要来自管网附属机械设施的滴漏、不易发现的少量漏水和维修过程中的漏水等。因为在分析供水系统漏损情况时,从经济角度来看漏损值并非越低越好。漏损较大时,只需较少的检漏和维修费用就能降低较多的漏损水量;但当漏损值很低,尤其较大漏水点较少时,需要花费较多的人力和资金才能找到漏水点,经济效益较低,甚至出现得不偿失的情况,因此应允许有不可避免的漏水量。

表 4-5 与漏水和未计费水量相关的供水服务性能指标

指标	类型	级别	计量单位	定义	备注
无效供水率	水资源指标	L1	%	[真实漏水量/(本地取水量+外地引入水量)]×100	该指标说明了水资源的使用效率,不能作为衡量输配水系统管理效率的指标
系统漏损率	运行指标	L1	m³/(接户头·年)	漏损水量/接户头数	如果接户头密度<20/km 干管(例如输水管),该指标将表示为 m³/km 干管/年
表观损失率	运行指标	L3	m³/(接户头·年)	表观损失量/接户头数	如果接户头密度<20/km 干管(例如输水管),该指标将表示为 m³/km 干管/年
真实漏水率	运行指标	L1	L/(接户头·d)(系统处于有压状态)	真实漏水量×1 000/(接户头数×365×T/100)	对于间歇性供水管网,T 为一年内系统处于有压状态百分比时间;对于不间断供水管网,$T=100$。如果接户头密度<20/km 干管(例如输水管),该指标将表示为 L/km 干管/d
供水设施漏水指数	运行指标	L3	—	真实漏水量/不可避免真实漏水量	用于衡量供水企业的漏损控制水平:在良好漏损控制管理下,该指标应接近于 1;在不良管理条件下,其值较大
未计费用水率	财务指标	L1	%	未计费用水量/系统供水量×100	
未计费用水成本比	财务指标	L3	%	未计费用水成本/年运行成本×100	未计费用水成本是免费用水、表观损失和真实漏水成本之和

国际水协综合了世界上 20 多个国家的实测数据,得出了综合考虑供水系统干管长度、系统平均压力、进户管的数量以及进户管平均长度等因素的不可避免真实漏水量 UARL (L/s)

$$UARL = (AL_m/N_c + B + CL_p/N_c)p \quad (4\text{-}13)$$

式中　A,B 和 C——由经验确定的参数,分别为 18, 0.80 和 25;
　　　L_m——干管长度(km);
　　　N_c——接户头数;
　　　L_p——进户管长度(km);
　　　p——平均压力(m)。

供水设施漏水指数(ILI)是当前年真实漏水量($CARL$)与不可避免年真实漏水量 $UARL$ 的无量纲比值。

$$ILI = \frac{CARL}{UARL} \quad (4\text{-}14)$$

IWA 统计了澳大利亚、荷兰、英国、巴西、日本、马耳他、巴勒斯坦等 20 个国家 27 个不同管理规模的供水管网运行数据,发现其中 12 个供水管网 $ILI \leqslant 2.0$,表明其漏损管理控制水平优良;11 个供水管网 ILI 值为 2.0~8.0,说明其漏损管理控制良好;仅有 4 个供水管网的 $ILI \geqslant 8.0$,即其漏损管理控制有较大提升空间,27 个供水管网的 ILI 平均值为 4.38,见图 4-5。

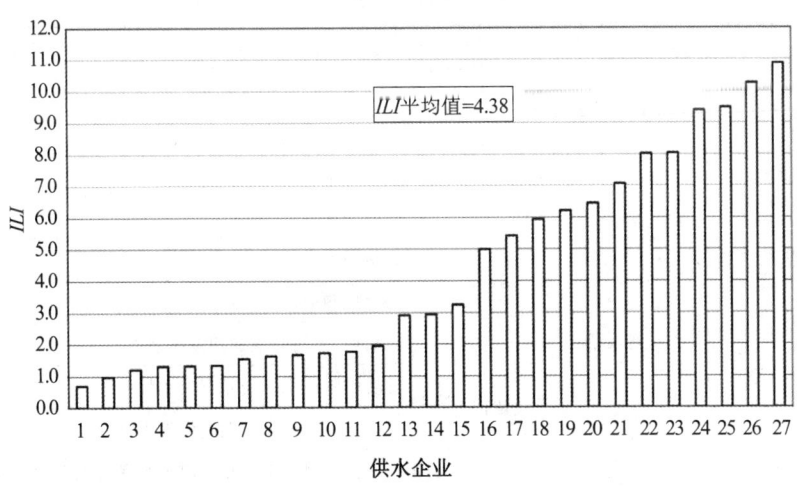

图 4-5　国际上 27 家供水企业 ILI 值比较

3) IWA 方法的特点

(1) IWA 方法作为一种标准的国际"最适合"方法和术语被结构化。

(2) IWA 将漏水和溢流作为"正当耗水"的一部分。

(3) 包括了"不可避免真实漏水"计算方法。

(4) IWA 方法克服了最常使用的性能指标(系统输入容积百分比和单位公里干管漏损)的缺陷。

(5) IWA 不采用"不明水(UFW)",而采用"未计费水量(NRW)",因为 UFW 在国际上没有公认的定义,且水量审计的所有组成部分均可以利用 IWA 方法"计量"。

(6) 采用标准国际方法,可以将各种供水机构与国际 20 个国家 27 个系统的国际数据集比较。

(7) 将国际水协供水平衡模型和供水服务性能指标相结合,可以从水资源利用、运行管理和财务方面更好地表达供水系统的漏损问题。计算结果便于在各供水企业之间,以及本企业历年供水情况之间进行比较。

(8) 水量构成的合理分类便于寻找供水系统漏损控制的原因。例如表观损失的进一步分析,可以判断其主要原因来自非法用水,还是来自水表计量误差、数据传输或者数据分析误差;对真实漏水的进一步分析,可以判断在漏损控制中需要采用压力优化技术、加大检漏频率,还是需要采用改善系统的修复和替换技术。

2. 我国《城镇供水管网漏损控制及评定标准》

2002 年,我国颁布了《城市供水管网漏损控制及评定标准》(CJJ 92—2002),2016 年修订后为《城镇供水管网漏损控制及评定标准》(CJJ 92—2016),规定如下。

1) 水量平衡表及术语

水量平衡表为供水单位分析漏损水量的重要工具。供水单位应根据表 4-6 的水量平衡表确定各类水量,并且应每年分析一次漏损水量。表 4-6 是以国际水协推荐的水量平衡表(表 4-5)为基础,进行了适当修正:①重新定义了漏失水量的构成要素;②取消了表观漏损的表达。

表 4-6 水量平衡表

自产供水量	供水总量	注册用户用水量	计费用水量	计费计量用水量
				计费未计量用水量
			免费用水量	免费计量用水量
				免费未计量用水量
		漏损水量	漏失水量	明漏水量
				暗漏水量
				背景漏失水量
				水箱、水池的渗漏和溢流水量
外购供水量			计量损失水量	居民用户总分表差损失水量
				非居民用户表具误差损失水量
			其他损失水量	未注册用户用水和用户拒查等管理因素导致的损失水量

(1) 供水总量:进入供水管网中的全部水量之和,包括自产供水量和外购供水量。

(2) 注册用户用水量:在供水单位登记注册用户的计费用水量和免费用水量。

(3) 计费用水量:在供水单位注册的计费用户用水量。

(4) 免费用水量:按规定减免收费的注册用户用水量和用于管网维护和冲洗等的水量。

(5) 漏损水量:供水总量和注册用户用水量之间的差值。由漏失水量、计量损失水量和其他损失水量组成。

(6) 漏失水量:各种类型的管线漏点、管网中水箱及水池等渗漏和溢流造成实际漏掉的水量。

(7) 明漏水量:水溢出地面或可见管网漏点的漏失水量。

(8) 暗漏水量:在地面以下检测到的管网漏点漏失水量。

(9) 背景漏失水量:现有技术手段和措施未能检测到的管网漏点漏失水量。

(10) 计量损失水量:计量表具性能限制或计量方式改变导致计量误差的损失水量。

(11) 其他损失水量:未注册用户用水和用户拒查等管理因素导致的损失水量。

2) 评定指标计算

(1) 漏损率:指管网漏损水量与供水总量之比,即产销差率,通常用百分数表示。

$$R_{WL} = \frac{Q_s - Q_a}{Q_s} \times 100\% \qquad (4-15)$$

式中 R_{WL}——漏损率(%);

Q_s——供水总量(万 m³);

Q_a——注册用户用水量(万 m³)。

(2) 漏失率:指管网漏失水量与供水总量之比,即真实漏水率,通常用百分数表示。

$$R_{RL} = (Q_{r1} + Q_{r2} + Q_{r3} + Q_{r4})/Q_s \times 100\% \qquad (4-16)$$

式中 R_{RL}——漏失率(%);

Q_{r1}——明漏水量(万 m³);

Q_{r2}——暗漏水量(万 m³);

Q_{r3}——背景漏失水量(万 m³);

Q_{r4}——水箱、水池渗漏和溢流水量(万 m³)。

3) 评定标准

(1) 城镇供水管网基本漏损率分为两级,一级为10%,二级为12%,并应根据居民抄表到户水量、单位供水量管长、年平均出厂压力和最大冻土深度进行修正。

(2) 城镇供水管网漏失率不应大于修正后漏损率评定标准的70%。

(3) 漏损率评定标准的修正应符合下列规定。

① 居民抄表到户水量的修正值为

$$R_1 = 0.08r \times 100\% \qquad (4-17)$$

式中 R_1——居民抄表到户水量的修正值(%);

r——居民抄表到户水量占总供水量比例。

② 单位供水量管长的修正值为

$$R_2 = 0.99(A - 0.0693) \times 100\% \qquad (4-18)$$

$$A = \frac{L}{Q_s} \qquad (4-19)$$

式中 R_2——单位供水量管长的修正值(%);

A——单位供水量管长(km/万 m³);

L——DN75(含)以上管道长度(km)。

当 R_2 值大于 3% 时，应取 3%；当 R_2 值小于 -3% 时，应取 -3%。

③ 年平均出厂压力小于等于 0.35 MPa 时，修正值 $R_3=0$；年平均出厂压力大于 0.35 MPa 且小于等于 0.55 MPa 时，修正值 $R_3=0.5\%$；年平均出厂压力大于 0.55 MPa 且小于等于 0.75 MPa 时，修正值 $R_3=1\%$；年平均出厂压力大于 0.75 MPa 时，修正值 $R_3=2\%$。

④ 最大冻土深度大于 1.4 m 时，修正值 $R_4=1\%$；小于等于 1.4 m 时，$R_4=0$。

(4) 修正后的漏损率评定标准为

$$R_n = R_0 + R_1 + R_2 + R_3 + R_4 \tag{4-20}$$

式中　R_n——修正后的漏损率评定标准(%)；
　　　R_0——基本漏损率(%)；
　　　R_3——年平均出厂压力的修正值(%)；
　　　R_4——最大冻土深度的修正值(%)。

【例 4-1】 我国江苏省某城乡一体化供水城市 2016 年的水量平衡表见表 4-7。以下进行评定指标计算和修正。

表 4-7　　　　　　　　　　2016 年某市水量平衡表

项目	水量(万 m³/年)	百分比
供水总量	10 092.82	100.00%
注册用户用水量	8 412.32	83.35%
计费水量	8 309.16	82.33%
计费计量水量	8 178.89	81.04%
计费未计量水量	130.27	1.29%
免费水量	103.16	1.02%
免费计量水量	55.16	0.55%
免费未计量水量	48.01	0.48%
漏损水量	1 680.50	16.65%
漏失水量	1 390.38	13.78%
计量损失水量	286.40	2.84%
其他损失水量	3.72	0.04%

解　(1) 漏损率计算

已知供水总量为 10 092.82 万 m³，注册用户用水量为 8 412.32 万 m³，由式(4-15)计算漏损率为

$$R_{WL} = \frac{10\ 092.82 - 8\ 412.32}{10\ 092.82} \times 100\% = 16.65\%$$

该漏损率计算值远大于城镇供水管网基本漏损率(一级为 10%，二级为 12%)。

(2) 漏损率评定标准修正

① 在计费计量水量 8 178.89 万 m³ 中,65% 为居民抄表到户水量,则由式(4-17),计算居民抄表到户水量修正值为

$$R_1 = 0.08 \times \left(8\,178.89 \times \frac{0.65}{10\,092.82}\right) \times 100\% = 4.2\%$$

② 该市 DN75(含)以上管道长度 3 338 km,由式(4-19),计算单位供水量管长为

$$A = \frac{3\,338}{10\,092.82} = 0.33\,(\text{km}/万\,\text{m}^3)$$

由式(4-18),单位供水量管长修正值为

$$R_2 = 0.99 \times (0.33 - 0.069\,3) \times 100\% = 25.8\%$$

因 25.8% 大于 3%,R_2 值应取 3%。

③ 该市有 2 座水厂,出厂压力均在 0.32~0.35 MPa 之间,小于 0.35 MPa,因此年平均出厂压力修正值 R_3 取 0。

④ 该市最大冻土深度在 0.1 m 左右,小于 1.4 m,因此最大冻土深度修正值 R_4 取 0。

取基本漏损率 $R_0 = 10\%$,由式(4-20)得修正后的漏损率评定标准为

$$R_n = 10\% + 4.2\% + 3\% + 0 + 0 = 17.2\%$$

可以看出该市漏损率 16.65% 小于修正后的评定标准要求 17.2%,可认为该市漏损水量控制在评定标准要求以内。

(3) 漏失率计算

由式(4-16)计算漏失率为

$$R_{RL} = \frac{1\,390.38}{10\,092.82} \times 100\% = 13.77\%$$

修正后漏损率评定标准的 70% 为

$$17.2\% \times 70\% = 12.04\%$$

可以看出 13.77% > 12.04%,说明该市漏失率较高,应采取措施降低漏失率。

【例 4-2】 考虑某 10 万人口的城市,设该城市人均需水量为 150 m³/年,求若漏损率降低 1%,在 1 年内可节约的用水量;该用水量可供多少人使用?

解 漏损率降低 1% 可节约的水量为

$$10 \times 10^4 (人) \times 150 (\text{m}^3/人 \cdot 年) \times 1\% = 1.5 \times 10^5 (\text{m}^3/年)$$

该水量可满足用水人数为

$$1.5 \times 10^5 (\text{m}^3/年) \div 150 (\text{m}^3/人 \cdot 年) = 10^3 (人)$$

4.2.5 系统改善策略

供水漏损是不能完全避免的,但是可以通过各种系统改善措施和管理措施使供水漏损控制在经济允许的范围内。

1. 真实漏水处理

真实漏水的改善策略包括有效的漏水管理,压力调控,系统维护、更新和修复,以及减少修漏响应时间等(图4-6)。

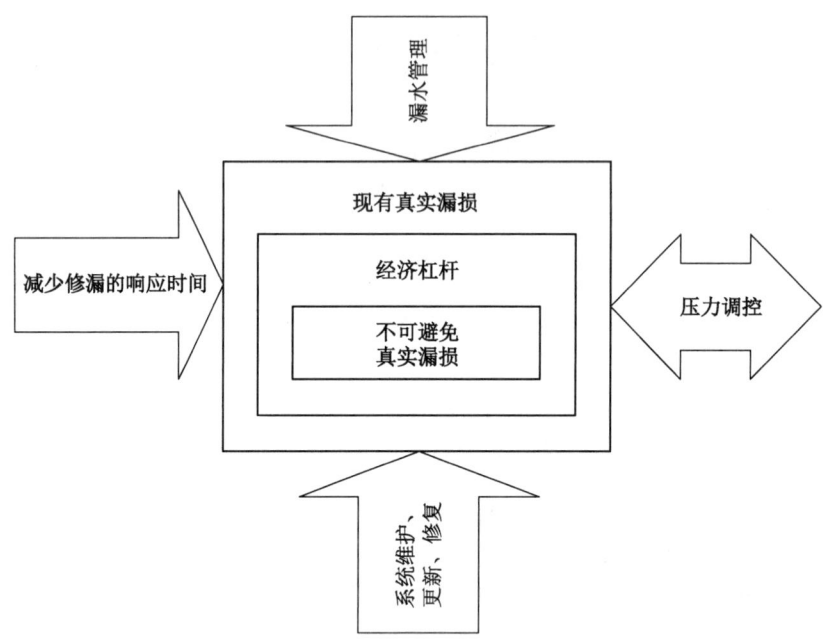

图4-6 真实漏水主动管理程序的四个组成部分

1)漏水管理

供水单位应自建检漏队伍或委托专业检漏单位,按有关规定进行漏水检测。供水单位应建立管网漏点监测管理制度,确定检漏方式、检测周期和考核机制。城市道路下的管道检漏,应以主动检漏法为主,被动检漏法为辅。宜以音听法为主,其他方法为辅。其中对阀门性能良好的居住区管网,可采取区域检漏法;单管进水的居住区可用区域装表法。漏点检测周期不应超过12个月。供水单位应详细记录明漏、暗漏的原始信息,包括漏水原因、破损面积、事故点运行压力等,并进行漏失水量分析和统计。

给水管网检漏过程中应注意安全。如果遇到多年未开启的井盖,要点明火验证。一定要证明井中无毒气,无蛇、鼠以后,方可下井操作。市区内检漏时应注意交通安全,应放置警示牌,穿上警示背心。对某些漏点需要打地钎核实时,应查明地下是否埋有电缆、燃气管道等。

2)压力调控

由于管网漏失量以及部分用户用水量(直接由市政供水管网提供压力的非容器式设备)与供水管网压力具有正相关关系,合理的压力调控是降低管网漏失水量的重要手段(图4-7)。

在满足供水服务压力标准的前提下,供水单位应根据水厂分布、管网特点和管理要求,通过压力调控管网漏失。

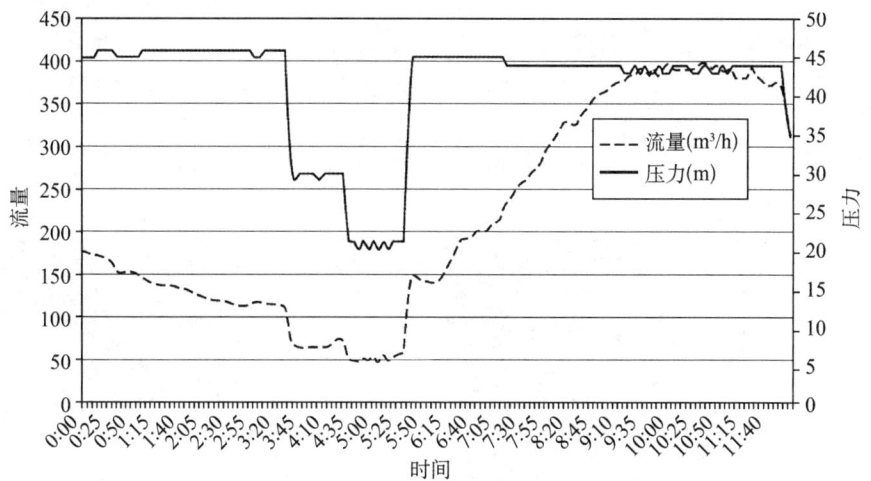

图 4-7 水压降低会引起漏损量减少

地势平坦的城市可通过调节各水厂二泵房的供水压力使整个供水管网压力维持在经济合理水平,从全局上实现管网压力管理。压力分布差异较大的供水管网宜采用分区调度、区域控压、独立计量区控压和局部调控等手段,使区域内管网压力达到合理水平。

供水距离较远的管网,宜通过设置管网中途增压泵站,采取逐级增压输送的方法降低出厂水入网压力。

考虑到用户对水压降低存在适应过程,压力控制宜采取逐步调减的方式,可根据需要选择恒压控制、按时段控制、按流量控制和按最不利点压力控制等方式。

分区调度和区域控压时,宜采取设置远程控制电动阀门等应急保障措施。

实施压力调控时,边界阀门的关闭通常会导致管线中水流方向或流速的较大变化,可能引起管网内水的浊度升高,因此应监测分析管网水质,发现问题应及时采取相应处理措施,保障管网水质安全。

3) 管网修复和更新改造

(1) 修理漏水管道

修理漏水管道按以下步骤进行。

① 根据漏水探测情况,定位漏水点。

② 关闭漏水点附近的阀门,隔离漏水管段。

③ 采取警示灯、告示牌、路障和交通分流等,形成安全工作区域[图 4-8(a)]。

④ 开挖故障管段,同时保证工人的安全并防止管道的进一步受损[图 4-8(b)]。

⑤ 处理管道周围的污泥,采用水泵排除沟槽中的积水[图 4-8(c)]。

⑥ 根据现场管材类别,管道受损程度、部位、破损原因和施工作业条件,采取以下三种不同的处理方法(表 4-8)。

图 4-8 管道修理的一些步骤

表 4-8　　　　　　　　　　供水管网抢修方法

方法	定义	适用范围	处理工艺
管箍法	在管壁外部用管箍件修复管道漏水处的方法	用于管道接口脱开、断裂和孔洞的修复	包括管箍选择、管箍安装和止水处理
焊接法	用电焊焊接(补)管道的修复方法	用于钢质管道焊缝开裂、腐蚀穿孔的修复	包括预处理、焊接和防腐处理
粘结法	用粘结材料修复泄漏处的方法	用于管道裂缝、孔洞的修复	包括胶粘剂选择、粘堵和加固处理
更换管段法	用新管段替换已破损管道的修复方法	用于整段管道破损或其他修复困难的管道修复	包括原管道加固、破损管道拆除、新管段基础处理、新管段敷设和连接处理

- 封堵小型漏水点。A. 直管段漏水处理,将表面清理干净停水补焊。B. 法兰盘处漏水处理,更换橡皮垫圈,按法兰孔数配齐螺栓,注意在上螺栓时要对称紧固。如果是因基础不良而导致的,则应对管道加设支墩。C. 承插口局部漏水,应将泄露处两侧宽 30 mm、深 50 mm 的封口填料剔除,注意不要动不漏水的部位。用水冲洗干净后,再重新打油麻,捣实后再用青铅或石棉水泥封口。D. 接口渗水、窜水、砂眼喷水、管壁破裂等渗漏情况,采用快速抢修进行紧急带压堵塞[图 4-8(d)]。

- 较严重的漏水点。切割受损管道,利用合适接口,安装新的管段。

- 管道整体状况不良时,替换整条管道。
⑦ 所有情况下,应清洗和消毒新的管段,去除修理过程中进入管道内的任何固体。
⑧ 缓慢开启修理前关闭的一个阀门,打开相邻的消火栓,排除管道内的空气。
⑨ 开启所有修理前关闭的阀门,使管段返回正常状态。
⑩ 利用现有排水口、消火栓冲洗管段。
⑪ 使管段处于有压运行状态,检查修理情况。
⑫ 沟槽回填。
⑬ 恢复和清理工作区域。
⑭ 完成管道修理报告,分析故障原因。

(2) 更新改造

供水管网的年度更新率(年管网改造长度除以当年给水管网总长度)不宜小于2%。供水单位应根据管网漏失评估、水质及供水安全保障等情况,制定管网更新改造的中长期规划和年度计划。

管网改造应因地制宜,可采取开挖取管和非开挖修复技术相结合的方式。

新铺设管道的材质应按照接口安全可靠性高、破损概率小、内部阻力系数低和全寿命周期成本低的原则选择。

4) 减少修漏响应时间

除了非本企业的障碍外,漏水修复时间应符合下列规定。

(1) 明漏自报漏之时起、暗漏自检漏人员正式转单报修之时起,90%以上的漏水次数应在24 h内修复(节假日不能顺延)。

(2) 突发性爆管、折断事故应在报漏之时起4 h内止水并开始抢修。

【例4-3】 考虑大约有350 000名居民的城市。系统中仅仅60%的供水被有效使用,其余作为损失。为了缓解该问题,执行了供水管网的修复和改善程序。

(1) 如果供水管网修复和改善程序可降低耗水损失2%,计算1年内可节约的总水量。设单位人口需水量为350 m^3/年。

(2) 如果总供水量相同,请将节水量换算为可以服务的人口数。

解 (1) 当前水量损失=40%的用水量。

耗水损失降低2%,为

$$2\% \times 350\ 000(人) \times 350[m^3/(人 \cdot 年)] \times 0.40 = 980\ 000(m^3/年)$$

(2) 该节水水量可供应的人口数为

$$\frac{980\ 000(m^3/年)}{350[m^3/(人 \cdot 年)]} = 2\ 800 人$$

2. 表观损失处理

表观损失可从降低水表误差、减少人为误差、降低数据处理误差和防止偷水等方面进行(图4-9)。《中华人民共和国城市供水条例》规定,禁止滥用或者转供公共供水。

1) 水量计量规定

(1) 供水单位应建立用户注册等级制度,对所有用户进行注册登记管理,应动态维护用户信息。

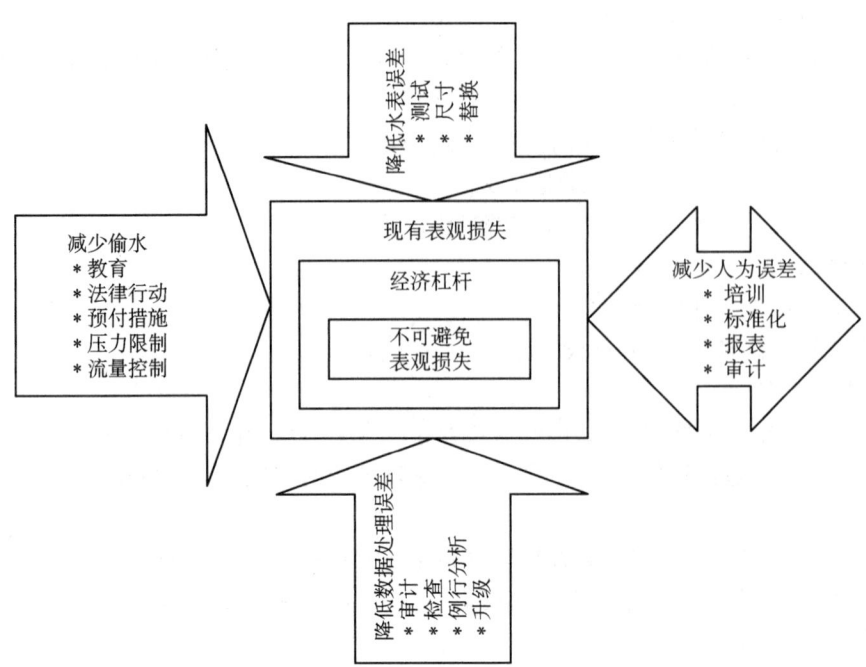

图 4-9 表观损失主动管理程序的四个组成部分

(2) 供水单位应制定计量器具管理办法、抄表质量和数据质量控制管理措施。

(3) 消防用水、水池(箱)清洗、应急供水、管网维护和冲洗用水宜进行计量。

(4) 对城市供水范围内自产供水量、外购供水量、注册用户用水量中的居民家庭用水、公共服务用水、生产运营用水以及向相邻区域管网输出的水量等，应进行计量。

(5) 水量计量方式的选择和计量器具的选配、维护、检定及更换工作，应符合行业标准要求。

(6) 计量仪表的性能及安装应符合国家标准要求。

2) 计量损失控制

(1) 供水单位应建立计量管理考核体系，逐步建立大用户水量远程监测和分析系统，减少人工查表导致的水量损失。

(2) 计量表具的类型和口径应根据计量需求和用户用水特性选配与调整，降低水表的计量误差。

(3) 计量表具应安装在易于维护和抄表的位置，户用水表宜安装在户外。

(4) 表具口径在 DN40 以上且用水量较大或流量变化幅度较大的用户水表，其量程比不宜小于 200。表具口径在 DN40(含)以下的用户水表，其量程比不应小于 80，其中非居民用户的水表量程比不宜小于 100。

(5) 供水单位应每年对居民总分表差损失水量和非居民用户表具误差损失水量进行测试评定。居民用户总分表差损失水量的总表样本量宜大于 10 只；非居民用户表具误差损失水量测试的样本量根据水表口径确定，每种口径不宜少于 5 只。

3) 其他损失控制

(1) 供水单位应采取措施，加强对未注册用水行为的管理，减少未注册用户的用水量。

(2) 供水单位应采取措施,减少管理因素导致的水量损失。

3. 漏损控制措施优先性排序

2005 年,世界银行研究所(World Bank Institute,WBI)提出了可用于发达国家和发展中国家的 ILI(供水设施漏水指数)分级系统。当计算出特定系统的 ILI 后,可以对其分配级别 A~D,每一级包含了真实漏水管理性能的描述,同时认为发展中国家级宽度应为发达国家的 2 倍(表 4-9)。一旦确定了级别,就可根据表 4-10 判断可能的行动优先级,指导需要采取的漏损控制措施。

表 4-9　　　　　　　　　　　世界银行研究所 ILI 分级系统

发展中国家 ILI 范围	发达国家 ILI 范围	级别	发达和发展中国家真实漏损管理性能类别的描述
<4	<2	A	除非在缺水情况下,进一步降低漏损是不经济的,需进行详细分析,以确定经济有效的改进
4~8	2~4	B	具有显著改善的潜力;应考虑压力管理、更好的主动漏水控制,以及更好的管网维护
8~16	4~8	C	漏水记录不良;如果水量丰富且便宜,可以忍受;应分析漏水的水平和特性,并强化减漏工作
≥16	≥8	D	资源利用效率极低;减漏计划迫切,应具有高优先性

表 4-10　　　　　　　　　　　WBI 分级的建议行动优先性

WBI 建议	A	B	C	D
调查压力管理选项		是	是	是
调查修理的速度和质量		是	是	是
检查经济干预频率		是	是	是
引入/改善主动漏水控制			是	是
评价经济漏水水平	是	是		
审查爆管频率			是	是
审核资产管理政策			是	是
处理人力、培训和通信缺陷				是
达到下一最低级别的 5 年计划			是	是
所有行动的基本人员审查				是

【例 4-4】 发展中国家某城镇供水干管长度为 300 km,系统平均压力为 26 m,接户管有 12 000 个,供水干管到进户水表之间(进户管)平均长度为 3 m。经水量平衡分析,该城镇的年真实漏水量为 200 万 m³/年。试评价该城镇供水设施漏损水平和应建议的干预措施。

解　(1) 由式(4-13),计算不可避免年真实漏水量

$$UARL = (A \times L_m/N_c + B + C \times L_p/N_c) \times p$$
$$= (18 \times 300/12\,000 + 0.80 + 25 \times 3/1\,000) \times 26$$
$$= (0.45 + 0.80 + 0.075) \times 26$$
$$= 34.45 (L/d)$$

(2) 计算当前年真实漏水量

$$CARL = 真实漏水量 \times 1\,000/(接户头数 \times 365)$$
$$= 2\,000\,000 \times 1\,000/(12\,000 \times 365)$$
$$= 456.6(L/d)$$

(3) 由式(4-14),计算供水设施漏损指数

$$ILI = CARL/UARL = 456.6/34.45 = 13.25$$

(4) 该城镇处于发展中国家,由表 4-9 可以看出,该城镇处于 C 级,意味着漏损管理较差。

(5) 由表 4-10 确定漏水管理的优先措施包括执行压力管理、提高修漏速度和质量、采取主动控漏措施、确定和修理高爆管频率管道、增强资产管理实践、加强人员培训以及指定达到 B 级(ILI 小于 8)的 5 年行动计划等。

4.3　城镇供水价格

城镇供水价格是指城镇公共供水企业通过一定的工程设施,将地表水、地下水进行必要的净化、消毒处理、输送,使水质符合国家规定的标准后供给用户使用的水价格。污水处理费计入城镇供水价格,按城镇供水范围,根据用户使用计量征收。

4.3.1　水价制定的基本原则

供水服务价格(简称水价)的制定关系着国家的社会经济政策。水价太低,会使供水企业无力补偿成本,导致供水设施技术与服务水平低下,造成水资源的严重浪费。水价过高,又将加大社会的生活和生产成本,影响社会福利乃至投资环境。因此,一项合适的水价与水费计收政策,对于实现水资源的优化配置,促进节约用水,提高城市给水排水设施技术与服务水平,改善社会生产与生活环境具有重要意义。

1992 年,都柏林的水与环境国际会议列出了与水价相关的以下指导原则。

(1) 水在竞争性使用中,具有经济价值。

(2) 所有人均具有以可支付的价格获得供水和卫生的基本权利。

(3) 水作为经济商品被管理时,需达到有效和平等使用,并鼓励节约和保护水资源。

(4) 水的价值体现在:①它的使用产生了经济效益;②它具有交易价值;③它具有稀缺性。

我国制定城市水价常遵循以下几项原则。

(1) 覆盖成本和合理收益原则

覆盖成本和合理收益原则要求水价的制定在能保证水务企业收回成本的条件下,还能产生一定量的盈利,使水务企业有能力清偿债务和筹措扩大规模,维持企业的正常运转,激励水务企业的投资积极性。

(2) 公平负担原则

水价的制定必须使所有人(即使是最低收入者)都有能力支付基本生活用水量所需的费用。水价的制定也必须保证用户支付费用与所获用水服务相等。因此从考虑支付能力上,应考虑两部制水价和基本生活水价等多种水价计价方式。

水的可承受性对用水和水源的选择有显著的影响。只能得到最低安全供水水平的家庭与连通自来水系统的家庭相比,获取水的成本更高。水的高成本会迫使家庭用户使用替代的更低质水源,这将带来更大的健康风险。另外水的高成本会减少家庭的用水量,这反过来会影响卫生习惯,增加疾病传播的风险。

(3) 节约用水和水资源可持续开发利用原则

水资源是稀缺资源,水价的制定应能够促进节约用水,减少水资源的过度开发和浪费。

4.3.2 水价制定

制定城镇供水价格,以成本监审为基础,按照"准许成本加合理收益"的方法,先核定供水企业供水业务的准许收入,再以准许收入为基础分类核定用户用水价格。

供水企业供水业务的准许收入由准许成本、准许收益和税金构成。

供水企业准许成本包括固定资产折旧费、无形资产摊销和运行维护费,相关费用通过成本监审确定。

准许收益按照有效资产乘以准许收益率计算确定。

(1) 有效资产为供水企业投入、与供水业务相关的可计提收益的资产,包括固定资产净值、无形资产净值和营运资本。可计提收益的有效资产,通过成本监审核定。

(2) 准许收益率的计算公式为

准许收益率＝权益资本收益率×(1－资产负债率)＋债务资本收益率×资产负债率

其中,权益资本收益率,按照监管周期初始年前一年国家 10 年期国债平均收益率加不超过 4 个百分点核定;债务资本收益率,参考监管周期初始年前一年贷款市场报价利率(LPR)确定;资产负债率参照监管周期初始年前 3 年企业实际资产负债率平均值核定,首次核定价格的,以开展成本监审时的前一年度财务数据核定。

税金包括所得税、城市维护建设税、教育费附加,依据国家现行相关税法规定核定。

核定供水企业平均供水价格,应当考虑本期生产能力利用情况。当实际供水量不低于设计供水量的 65% 时,供水企业平均供水价格＝准许收入/核定供水量;当实际供水量低于设计供水量的 65% 时,供水企业平均供水价格＝准许收入÷{核定供水量/[实际供水量/(设计供水量×65%)]}。

平均供水价格、准许收入均不含增值税,含增值税供水价格由各地根据供水企业实际执行税率计算确定;核定供水量＝取水量×(1－自用水率)×(1－漏损率)。取水量、自用水率、漏损率通过成本监审确定。

4.3.3 水价分类及计价方式

1. 水价分类

城镇供水实行分类水价。分类计价应当以供水企业平均供水价格、当地用水结构为基础,按照居民生活用水保本微利、其他用水合理盈利的原则,统筹考虑当地供水事业发展需要、促进节约用水、社会承受能力等因素核定。

根据使用性质分为居民生活用水、非居民用水、特种用水三类。①居民生活用水主要指城镇居民住宅家庭的日常生活用水。②非居民用水主要指工业、经营服务用水和行政事业单位用水、市政用水(环卫、绿化)、生态用水、消防用水等。学校教学和学生生活用水、养老机构和残疾人托养机构等社会福利场所生活用水、宗教场所生活用水、社区组织工作用房和居民公益性服务设施用水等,按照居民生活类用水价格执行。③特种用水主要包括洗车、以自来水为原料的纯净水生产、高尔夫球场用水等。

居民生活用水阶梯水价设置应当不少于三级,级差按不低于1∶1.5∶3的比例安排。其中,第一阶梯水价原则上应当按照补偿成本的水平确定,并应当考虑本期生产能力利用情况阶梯水量,由各地结合本地实际情况,按照一级满足居民基本生活用水需求、二级体现改善和提高居民生活质量用水需求的原则确定,并根据实施情况实行动态管理。

非居民用水及特种用水实行超定额累进加价制度,原则上水量分档不少于三档,二档水价加价标准不低于0.5倍,三档水价加价标准不低于1倍。缺水地区要根据实际情况加大加价标准,充分反映水资源稀缺程度。

实行居民生活用水阶梯水价和非居民用水超定额累进加价后增加的收入,应当主要用于管网和户表改造、水质提升、弥补供水成本上涨等。

各地可以根据当地实际情况实行容量水价和计量水价相结合的两部制水价。

以旅游业为主或季节性消费特点明显的地区可以实行季节性水价。在枯水期实行较高的价格,丰水期实行较低的价格。

2. 阶梯式水价

城市居民生活用水阶梯式水价是指用户用水量超过规定的计划用水量时,对其超额部分按较高价格计费。计算公式如下。

(1) 阶梯式计量水价

$$阶梯式计量水价=第一级水价\times 第一级水量基数+第二级水价\times 第二级水量基数+第三级水价\times 第三级水量基数$$

(2) 居民生活用水计量水价第一级基数

$$居民生活用水计量水价第一级基数=每户平均人口\times 每人每月计划平均消费量$$

阶梯水价的主要优点是可抑制过量耗水;采用用户装表计量时,有利于低耗水量的客户。缺点是仅在高耗水量用户用水量占耗水总量比例大的情况下有效;要求单独装表计量(一户一表),否则对低用水量用户产生负面影响;对低收入高用水量家庭有负面影响。

(3) 两部制水价

两部制水价由容量水价和计量水价两部分组成:容量水价用于补偿供水的固定资产成本;计量水价用于补偿供水的运营成本,计算公式如下。

$$两部制水价=容量水价+计量水价$$

$$容量水价=容量基价\times 每户容量基数$$

$$容量基价=\frac{年固定资产折旧额+年固定资产投资利息}{年制水能力}$$

$$居民生活用水量容量水价基数=每户平均人口\times 每人每月计划平均消费量$$

非居民生活用水量水价基数为:前一年或前三年的平均用水量,新用水单位按审定后的用水量计算。

$$计量水价 = 计量基价 \times 实际用水量$$

$$计量基价 = \frac{成本+费用+税金+利润-(年固定资产折旧额+年固定资产投资利息)}{年实际售水量}$$

4.3.4 价格弹性

水量的理论供需关系(图 4-10)通常为,在较高价格时,生产厂家希望供应更多的水量,但是用户需求将降低;在较低价格下,用户需水量增加,但生产厂家将削减供应量。同时存在两种极端情况:当水价增长到一定程度,进一步的用水量降低将是不切实际的,例如烹饪和废物处置;而当水价很低时,即使免费用水,用户对水的需求也不会提高。

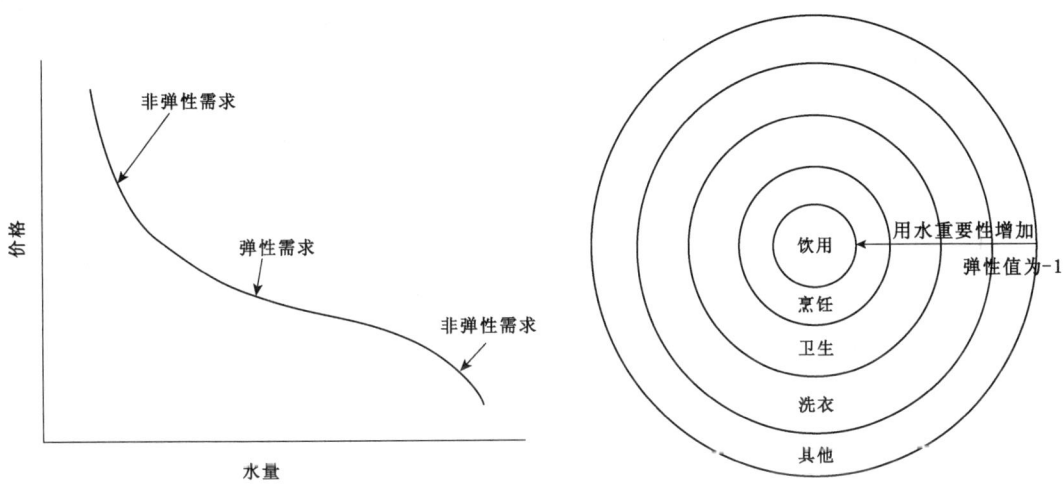

图 4-10 用户需水量随水价的弹性变化　　图 4-11 不同家庭用水及其需求弹性示意

在水量构成中,除极少部分是人类生活必需的用水(例如饮用和烹饪、部分洗涤用水)外,大部分用水具有一定的弹性,即可以根据各种条件,调整用水强度和时段(图 4-11)。其中与水价相关的弹性称为价格弹性。它的含义是指当水价升高时,则用水量降低;当价格降低时,则将使用更多的水量。需水量价格弹性可表示为

$$\eta_p = \frac{\Delta d}{\bar{d}} \Big/ \frac{\Delta p}{\bar{p}} \tag{4-21}$$

式中　$\bar{d}$——平均需水量;
　　　$\bar{p}$——平均价格;
　　　Δd——需水量变化;
　　　Δp——价格变化。

价格弹性通常为负值。例如,如果影响需水量的其他因素保持恒定,当水价升高 1.0% 时,需水量下降 0.8%,这时的需水量价格弹性为

$$\eta_p = (-0.8\%) \div 1.0\% = -0.8$$

供水企业通常并不热衷于限制需水量。当需水量没有弹性，即水价提高，需水量下降不大时，这时供水企业提高水价将会带来纯利润收入。因此通常供水企业应为国有企业，便于国家采用各种方式补贴企业或用户。如果私有化，则需要具有严格的监管机制，限制其对水价的操纵。

第 5 章 污水管道系统设计

污水管道系统由收集和输送城市污水的管道及其附属构筑物组成。污水由支管流入干管,由主干管流入污水处理厂,管道由小到大,分布类似河流,呈树枝状,与给水管网的环流贯通情况完全不同(图 5-1)。进入管道的生活污水是由不同类型的卫生器具随机使用而产生。每一种卫生器具污水的排放历时较短,通常以秒(s)或分钟(min)计,具有间断性和水力不稳定性。但在污水管道下游,通常观测到的污水是连续的,且在一天内流量变化很小。图 5-2 给出了这些状态的示意图。

在排水管网中可能具有连续流动与间歇流动的分界线,由于一天内各种卫生器具应用时段的不同,连续流动与间歇流动的分界线并不是固定于某一特定管道断面。即使在最大连续流量状态,整个管道的输水能力也不可能被充分利用。

污水管道系统的设计是依据批准的当地城镇(地区)总体规划及排水工程总体规划进行的。设计的主要内容和深度应按照基本建设程序及有关的设计规定、规程确定。通常,污水管道系统的主要设计内容包括以下几项。

(1) 设计基础数据(包括设计地区面积、设计人口数,污水定额,防洪标准等)的确定。

(2) 污水管道系统的平面布置和管道定线。

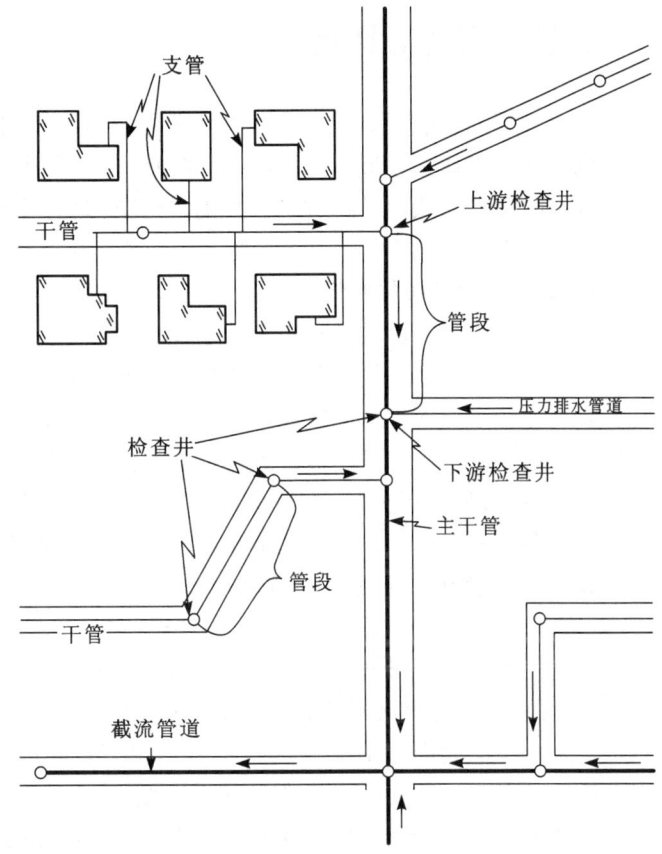

图 5-1　污水管道系统布置示意

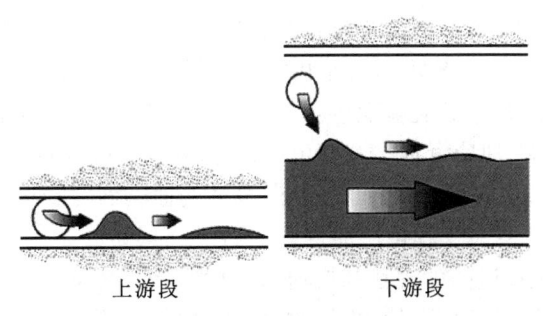

图 5-2　污水管道水力状况示意

（3）污水管道设计流量计算和水力计算：①计算设计管段的设计流量；②尝试确定设计管段的坡度和管径；③检查管段的充满度和流速是否满足设计要求；④必要情况下调整设计管段的坡度和管径，再返回至步骤③。

（4）污水管道系统上某些附属构筑物，如污水中途泵站、倒虹管、管线桥等的设计计算。

（5）污水管道在街道横断面上的位置确定。

（6）绘制排水管道系统平面图和纵剖面图。

5.1 设计资料的调查

污水管道系统的规划设计必须以可靠的资料为依据。设计人员接受设计任务后，须做一系列的准备工作。一般应先了解、研究设计任务书或批准文件的内容，明确工程的范围和要求，赴现场踏勘，然后分析、核实、收集、补充有关的基础资料。排水工程设计时，通常需要有以下几方面的基础资料。

1. 有关明确任务的资料

凡进行城镇（地区）的排水工程新建、改建或扩建工程的设计，一般需要了解与工程有关的城镇（地区）的总体规划以及道路、交通、给水、排水、电力、电信、防洪、环保、燃气、园林绿化等各项专业工程的规划。这样可进一步明确本工程的设计范围、设计期限、设计人口数；拟用的排水体制；污水处置方式；受纳水体的位置及防止污染的要求；各类污水量定额及其主要水质指标；现有雨水、污水管道系统的走向，排出口位置和高程，存在问题；与给水、电力、电信、燃气等工程管线及其他市政设施可能的交叉；工程投资情况等。

2. 有关自然因素方面的资料

（1）地形图。进行大型排水工程设计时，在初步设计阶段要求有设计地区和周围 25～30 km 范围的总地形图，比例尺为 1∶1 000～1∶25 000，等高线间距 1～2 m。进行中小型设计时，要求有设计地区总平面图，城镇可采用比例尺 1∶5 000～1∶10 000，等高线间距 1～2 m；工厂可采用比例尺 1∶500～1∶2 000，等高线间距为 0.5～2 m。在施工图阶段，要求有比例尺 1∶500～1∶2 000 的街区平面图，等高线间距 0.5～1 m；设置排水管道的沿线带状地形图，比例尺 1∶200～1∶1 000；拟建排水泵站和污水厂处，管道穿越河流、铁路等障碍物的地形图要求更加详细，比例尺通常采用 1∶100～1∶500；等高线间距 0.5～1 m。另还需排出口附近河床横断面图。

（2）气象资料。包括设计地区的气温（平均气温、极端最高气温和最低气温）、风向和风速、降雨量资料或当地的雨量公式、日照情况、空气湿度等。

（3）水文资料。包括接纳污水河流的流量、流速、水位记录、水面比降、洪水情况和河水水温、水质分析化验资料，城市、工业区水及排污情况，河流利用情况及整治规划情况。

（4）地质资料。主要包括设计地区的地表组成物质及其承载力；地下水分布及其水位、水质；管道沿线的地质柱状图；当地的地震烈度资料。

3. 有关工程情况的资料

包括道路的现状和规划，如道路等级、路面宽度及材料；地面建筑物和地铁、其他地下建筑的位置和高程；给水、排水、电力、电信电缆、燃气等各种地下管线的位置；本地区建筑材料、管道制品、电力供应的情况和价格；建筑、安装单位的等级和装备情况等。

污水管道系统设计所需的资料范围比较广泛,其中有些资料虽然可由建设单位提供,但往往不够完整,个别地方不够准确。为了取得准确、可靠、充分的设计基础资料,设计人员必须到现场进行实地调查踏勘,必要时还应去提供原始资料的气象、水文、勘测等部门查询,将收集到的资料进行整理分析、补充完善。

5.2 污水设计总流量的确定

污水管道及其附属构筑物能保证通过的污水最大流量称为污水设计流量。进行污水管道系统设计时常采用最大日最大时流量为设计流量,其单位为 L/s。合理确定设计流量是污水管道系统设计的主要内容之一,也是做好设计的关键。

5.2.1 设计年限的选择

排水管渠一般使用年限较长、改建困难,因此应按远期水量设计。在设计上,由于管道的重要程度不同,其设计年限也有差异,一般城市主干管设计年限要长,基本应一次建成后在相当长时间不再扩建;次干管、支管、接户管按年限可依次略微降低;至于远期的具体年限应与城市总体规划相协调。

城市排水系统设计使用年限的选择一般考虑以下因素:①建(构)筑物和机电设备的使用寿命;②系统将来扩展的可能性;③居民、商业和工业发展趋势;④经济因素等。通常认为在整个设计年限内的状态估计越准确越好。英国 Butler 和 Davies 在《城市排水》(*Urban Drainage*,2000 年)一书中建议考虑 25~50 年的设计年限。高廷耀教授在《水污染控制工程》(2000 年)中建议考虑 20~30 年的设计年限。

5.2.2 生活污水设计流量

1. 居住区生活污水

设计流量按式(5-1)计算。

$$Q_1 = \frac{nNK_z}{24 \times 3\,600} \tag{5-1}$$

式中 Q_1——居住区生活污水设计流量(L/s);

n——居住区生活污水定额[L/(人·d)];

N——设计人口数;

K_z——生活污水量总变化系数。

(1) 居住区生活污水定额。居住区生活污水定额可参考居民生活用水定额或综合生活用水定额。

① 居民生活污水定额。居民每人每天日常生活中洗涤、冲厕、洗澡等产生的污水量[L/(cap·d)]。

② 综合生活污水定额。指居民生活污水和公共设施(包括娱乐场所、宾馆、浴室、商业网点、学校和机关办公室等地方)排出污水两部分的总和[L/(cap·d)]。

居民生活污水定额和综合生活污水定额应根据当地采用的用水定额,结合建筑内部的排水设施水平和排水系统普及程度等因素确定。在按用水定额确定污水定额时,排水系统完善的地区可按用水定额的90%计,一般地区可按用水定额的80%计。

学校和医院等建筑物的特殊许可排水设计可参照表5-1。

表5-1　　　　　　　　　各种来源污水的日流量和污染负荷

类型	流量(L/d)	BOD_5 负荷(g/d)	计量单位
走读学校	50~100	20~30	每学生
寄宿学校	150~200	30~60	每学生
医院	500~750	110~150	每床位
疗养所	300~400	60~80	每床位
体育中心	10~30	10~20	每客

(2) 设计人口。设计人口指污水排水系统设计期限终期的规划人口数,它是计算污水设计流量的基本数据。该值是由城镇(地区)的总体规划确定的。由于城镇性质或规模不同,城市工业、仓储、交通运输、生活居住用地分别占城镇总用地的比例和指标有所不同。因此,在计算污水管道服务的设计人口时,常用人口密度与服务面积相乘得到。

人口密度表示人口分布的情况,是指住在单位面积上的人口数,以 cap/hm^2 表示。若人口密度所用的地区面积包括街道、公园、运动场、水体等,该人口密度称作总人口密度。若所用的面积只是街区内的建筑面积,计算污水量是根据总人口密度计算。而在技术设计或施工图设计时,一般采用街区人口密度计算。

(3) 生活污水量总变化系数。实际上管道中的污水流量随时随地发生着变化。在时间上,夏季与冬季污水量不同,一日中,日间和夜间的污水量不同,日间各小时的污水量也有很大的差异。一般来说,居住区的污水量在凌晨几个小时最小,上午6—8点和下午5—8点流量较大。即使在1h内,污水量也是有变化的。

在空间上,污水流量的变化情况随着人口数的变化而定。在采用同一污水定额的地区,上游管道由于服务人口少,管道中出现的最大流量与平均流量的比值较大。而在下游管道中,服务人口多,来自各排水地区的污水由于流行时间不同,高峰流量得到削减,最大流量与平均流量的比值较小,流量变化幅度小于上游管道。即使在同一条管道中,由于管道对污水的储蓄、混合作用,管道下游部位的流量变化也要比管道上游部位小。

此外,影响污水流量变化形式的因素还包括管道内的地下水渗入、中途泵站的设置数量和操作状况等。

一般在现有排水管道系统中,以上因素对流量变化形式影响程度的判断,采用计算水力模型。对于新建污水管道系统,污水量的变化程度在设计中通常用总变化系数表示。《室外排水设计标准》(GB 50014—2021)采用的综合生活污水量总变化系数值见表5-2。

表5-2　　　　　　　　　　综合生活污水量总变化系数

平均日流量(L/s)	5	15	40	70	100	200	500	≥1 000
总变化系数 K_z	2.7	2.4	2.1	2.0	1.9	1.8	1.6	1.5

注:当污水平均日流量为中间数值时,变化系数用内插法求得。

此外,流量变化系数 P_F 也可以表示与人口的关系。

$$P_F = \frac{a}{P^b} \tag{5-2}$$

式中 P——服务人口,以 1 000 人的倍数计;

a,b——常数。

其他类似公式见表 5-3。

表 5-3　　　　　　　　　　　　流量变化系数

类型	公式	编号
Harman 公式[①]	$1+\dfrac{14}{4+\sqrt{P}}$	(5-3a)
Grifft 公式[①]	$\dfrac{5}{P^{1/6}}$	(5-3b)
Babbitt 公式[①]	$\dfrac{5}{P^{1/5}}$	(5-3c)
Gaines 公式 a[②]	$2.18Q^{-0.064}$	(5-3d)
Gaines 公式 b[②]	$5.16Q^{-0.060}$	(5-3e)
BS EN 752-4 公式	6	
国内常用公式[②]	$3.216Q^{-0.112}$	(5-3f)

注:① 人口 P 以 10^3 人计;② 流量 Q 以 L/s 计。

【例 5-1】 一分流制污水管道系统,服务人口为 350 000。应用 Grifft 公式和国内常用公式计算管道出水口处的最高污水流量(不包括渗入量)。其中人均日流量 150 L。

解 日均流量＝(350 000×150)/(3 600×24)＝608(L/s)

(1) 应用 Grifft 公式[式(5-3b)]计算

$$P_F=\frac{5}{P^{1/6}}=\frac{5}{350^{1/6}}=1.88$$

最大污水流量＝1.88×608＝1 145(L/s)。

(2) 应用国内常用公式[式(5-3f)]计算

$$P_F=3.216/608^{0.112}=1.57$$

最大污水流量＝1.57×608＝955(L/s)。

该例说明应用不同的公式所求得的结果明显不同。

2. 工业企业生活污水及淋浴污水

设计流量按式(5-4)计算:

$$Q_2=\frac{A_1B_1K_1+A_2B_2K_2}{3\,600T}+\frac{C_1D_1+C_2D_2}{3\,600} \tag{5-4}$$

式中 Q_2——工业企业生活污水及淋浴污水设计流量(L/s);

A_1——一般车间最大班职工人数(人);

A_2——热车间最大班职工人数(人);

B_1——一般车间职工生活污水定额,以 25 L/(人·班)计;

B_2——热车间职工生活污水定额,以 35 L/(人·班)计;

K_1——一般车间生活污水量时变化系数,以 3.0 计;

K_2——热车间生活污水量时变化系数,以 2.5 计;

C_1——一般车间最大班使用淋浴的职工人数(人);

C_2——热车间最大班使用淋浴的职工人数(人);

D_1——一般车间的淋浴污水定额,以 40 L/(人·班)计;

D_2——高温、污染严重车间的淋浴污水定额,以 60 L/(人·班)计;

T——每班工作时数(h)。

淋浴时间以 60 min 计。

5.2.3 工业废水设计流量

工业废水设计流量按式(5-5)计算。

$$Q_3 = \frac{mMK_z}{3\,600T} \tag{5-5}$$

式中 Q_3——工业废水设计流量(L/s);

m——生产过程中每单位产品的废水量(L/单位产品);

M——产品的平均日产量;

T——每日生产时数;

K_z——总变化系数。

工业废水量标准是指生产单位产品或加工单位数量原料所排出的平均水量。现有工业企业的废水量标准可根据实测现有车间的废水量求得。在设计新建工业企业时,可参考与其生产工艺过程相似的现有工业企业的数据来确定。当工业废水量标准的资料不易取得时,可用工业用水量标准(生产每单位产品的平均用水量)作为依据估计废水量。各工厂的工业废水量标准有很大差别,当生产过程中采用循环给水系统时,废水量较直流给水系统会有显著降低。因而,工业废水量取决于生产种类、生产过程、单位产品用水量以及给水系统等。

5.2.4 地下水渗入量

受当地土质、地下水位、管道和接口材料以及施工质量、管道运行时间等影响,当地下水位高于排水管渠时,排水系统设计应适当考虑入渗地下水量。入渗地下水量 Q_4 宜根据测定资料确定,一般按单位管长和管径的入渗地下水量计,也可按平均日综合生活污水和工业废水量计。日本《下水道设施设计指南与解说》(日本下水道协会,2001 年)规定采用经验数据,按每人每日最大污水量的 10%~20%计;英国《污水处理厂》(BS EN 12255)建议按观测现有管道的夜间流量进行估算;德国 ATV 标准(德国废水工程协会,2000 年)规定入渗水量不小于 0.15 L/(s·hm²),如大于该数值,则应采取措施减少入渗;美国按 0.01~1.0 m³/(d·mm·km)(mm 指管径,km 指管长)计,或按 0.2~28 m³/(hm²·d)计。

5.2.5 城市污水设计总流量计算

城市污水总的设计流量是居住区生活污水、工业企业生活污水和工业废水设计流量三部分之和。在地下水位较高地区,还应加入地下水渗入量。因此,城市污水设计总流量一般为

$$Q = Q_1 + Q_2 + Q_3 + Q_4 \tag{5-6}$$

式(5-6)确定污水总设计流量的方法,是假定排出的各种污水都在同一时间内出现最大流量,污水管道设计采用这种简单累加方法来计算流量。但在设计污水泵站和污水厂时,如果也采用各项污水最大时流量之和作为设计依据,将很不经济。因为各种污水最大时流量同时发生的可能性很小,各种污水流量汇合时,可能互相调节,而使流量高峰降低,这样就必须考虑各种污水流量的逐时变化。也就是说,要知道一天中各种污水每小时的流量,然后将相同小时的各种流量相加,求出一日中流量的逐时变化,取最大时流量作为总设计流量。按这种综合流量计算法求得的最大污水量,作为污水泵站和污水厂处理构筑物的设计流量,是比较经济合理的。当缺乏污水量逐时变化资料时,一般采用式(5-6)计算设计流量。

5.2.6 英国旱流流量(DWF)和高峰流量的计算方法

当主要是生活污水时,英国水和环境管理研究院(the Institution of Water and Environmental Management,IWEM)把 DWF 定义为在连续 7 d 内不下雨(不含节假日),以及在随后 7 d 中任何一日的雨量不超过 0.25 mm 的日平均流量。当包含大量工业废水时,DWF 应在主要产品生产时间内计算。具有代表性的理想 DWF 应是夏季和冬季计算值的平均数。这样得到的 DWF 日均流量不会受到雨水的影响,它包括家庭、商业和工业污水,以及渗入量,但不包括雨水的直接流入。DWF 可以表示为

$$DWF = PG + I + E \tag{5-7}$$

式中 DWF——旱流流量(L/d);
  P——服务人口;
  G——平均每人每日耗水量[L/(人·d)];
  I——入渗量(L/d);
  E——24 h 内平均工业废水量(L/d)。

高峰流量的计算有两种方法:一种是采用固定的流量系数;另一种是采用变化的流量系数。

对于固定的流量系数,在《室外排水和污水系统》(BS EN 752:2008)中建议采用6,适用于衰减和多样化效应较小的汇水面积内。对于较大型的排水管道,符合实际的值为4。更小的数字为2.5,在合流制排水管道旱流流量预测中使用。

Sewers for Adoption(《排水管道的采用》)中建议,在居民区设计流量应用 4 000 L/(户·d)[即 0.046L/(户·s)],近似于每户 3 人,每人排放 200 L/d,流量系数为 6.0,且具有 10% 的入渗量。

在利用式(5-7)计算 DWF 时,高峰流量的计算方法最好应用流量系数为4,此时为 $4(DWF - I) + I$。

高峰流量也可以使用变化的流量系数(即流量变化系数)表示。流量变化系数与水流在管网中的位置有关(图 5-3),管网中的位置通常使用

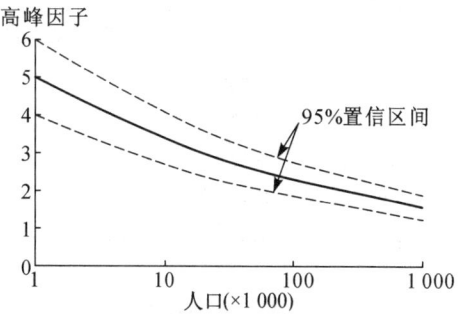

图 5-3 高峰流量与平均日流量的比值(具有 95% 的置信度)

特定点的服务人口或平均流量表示。

5.3 污水管道设计计算

为使污水管道免于出现超负荷现象,需要满足一定的服务和风险标准。事实上,由于城市排水工程有关技术经济资料匮乏,加之地区差异很大,一般城市排水工程很难进行技术经济分析,其服务和风险标准仅仅依靠经验进行判断。在大型污水管道设计中,生活污水量变化系数就暗示了满足服务的水平。

5.3.1 水力计算基本公式

污水管道水力计算的目的是合理经济地选择管道断面尺寸、坡度和埋深。由于这种计算是根据水力学规律的,所以称作管道的水力计算。如果在设计和施工中注意改善管道的水力条件,可使管内污水的流动状态尽可能地接近均匀流。由于变速流公式计算的复杂性和污水流动的变化不定,即使采用变速流公式也很难保证精确。因此,为了简化计算工作,目前在排水管道的水力计算中仍采用均匀流公式。常用的均匀流基本公式为曼宁公式[式(5-8)和式(5-9)]。

$$v = \frac{1}{n} R^{2/3} I^{1/2} \tag{5-8}$$

$$Q = \frac{1}{n} A R^{2/3} I^{1/2} \tag{5-9}$$

式中 v——流速(m/s)。

R——水力半径(过水断面面积与湿周的比值)(m)。

I——水力坡度(等于水面坡度,也等于管底坡度)。

n——管壁粗糙系数。该值根据管渠材料而定(表5-4)。混凝土和钢筋混凝土污水管道的管壁粗糙系数一般采用0.014。

Q——流量(m^3/s)。

A——过水断面面积(m^2)。

表5-4 排水管渠粗糙系数

管渠类别	粗糙系数 n	管渠类别	粗糙系数 n
UPVC管、PE管、玻璃钢管	0.009~0.011	浆砌砖渠道	0.015
石棉水泥管、钢管	0.012	浆砌块石渠道	0.017
陶土管、铸铁管	0.013	干砌块石渠道	0.020~0.025
混凝土管、钢筋混凝土管、水泥砂浆抹面渠道	0.013~0.014	土明渠(包括带草皮)	0.025~0.030

注:n 的单位为 $m^{-1/3} \cdot s$。

曼宁公式是纯经验性的,如果绘制在莫迪图中,将是一条水平线,说明该公式仅仅适用于紊流粗糙区。

英国学者认为清水管道的粗糙系数取决于管材及其表面情况,而污水管道的粗糙系数则主要取决于管壁结膜和管底淤积情况,这二者又取决于污水性质及其流动情况,因此推荐采用柯尔勃洛克-怀特(Colebrook-White)公式计算,即

$$\frac{1}{\sqrt{\lambda}} = -2\lg\left(\frac{k_s}{3.7d} + \frac{2.51}{Re\sqrt{\lambda}}\right) \tag{5-10}$$

式中,k_s 为实用管道的当量粗糙度。由于在污水和合流管道长期运行中,管壁会变得黏滑,为了达到设计目的,假设管道粗糙度与管材无关,《建筑物外部排水和污水系统》(BS EN 752-4:1998)建议当峰值 DWF 流速超过 1.0 m/s 时,k_s 值取 0.6 mm;当流速在 0.76~1.0 m/s 时,取 1.5 mm。

鉴于国内针对柯尔勃洛克-怀特公式的研究颇少,而美国、日本等国仍沿用曼宁公式进行水力计算,故仍推荐采用曼宁公式。

5.3.2 污水管道水力计算的设计数据

从水力计算公式可知,设计流量与设计流速及过水断面积有关,而流速则是管壁粗糙系数、水力半径和水力坡度的函数。为了保证污水管道的正常运行,《室外排水设计标准》(GB 50014—2021)中对这些因素作了规定,在污水管道进行水力计算时应予以遵守。

1. 设计充满度

在设计流量下,污水在管道中的水深 h 和管道直径 D 的比值称为设计充满度(或水深比),如图 5-4 所示。$\frac{h}{D}=1$ 时称为满流,$\frac{h}{D}<1$ 时称为不满流。

《室外排水设计标准》(GB 50014—2021)规定,重力流污水管道应按不满流计算,其最大设计充满度应按表 5-5 采用。这样规定的原因是:①为未预见水量的增长留有余地;②对管道的通风和防止爆炸有良好效果;③便于疏通和维护管理。

表 5-5　　　　　　　　最大设计充满度

管径或渠高(mm)	最大设计充满度
200~300	0.55
350~450	0.65
500~900	0.70
≥1 000	0.75

注:在计算污水管道充满度时,不包括短时突然增加的污水量,但当管径小于或等于 300 mm 时,应按满流复核。

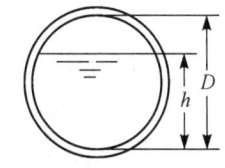

图 5-4　圆形管渠充满度示意

2. 设计流速

与设计流量和设计充满度相应的污水平均流速叫做设计流速。污水的流速较小时,污水中所含杂质可能下沉,产生淤积;当污水流速较大时,可能产生冲刷现象,甚至损坏管道。为了防止管道中产生淤积或冲刷,设计流速不宜过小或过大,应在最大和最小允许流速范围之内。

最小设计流速是保证管道内部不致发生淤积的流速,这一最低的限值既与污水中所含悬浮物的成分和粒度有关,又与管道的水力半径、管壁粗糙系数有关。从实际运行情况看,

流速是防止管道中污水所含悬浮物质沉淀的主要因素,但不是唯一的因素。引起污水中悬浮物沉淀的决定因素是充满度,即水深。一般小管道水量变化大,水深变小时就容易产生沉淀。因此不需要按管径大小分别规定最小设计流速。根据国内污水管道实际运行情况的观测数据并参考国外经验,污水管道的最小设计流速定为 0.6 m/s。含有金属、矿物固体或重油杂质的生产污水管道,其最小设计流速宜适当加大,其值要根据试验或运行经验确定。

最大设计流速是保证管道不被冲刷损坏的流速。该值与管道材料有关,通常,金属管道的最大设计流速为 10 m/s,非金属管道的最大设计流速为 5 m/s。

5.3.3 最小管径和最小设计坡度

一般在污水管道的上游部分,设计污水量很小,若根据流量计算,则管径会很小。养护经验证明,管径过小极易堵塞,比如 150 mm 支管的堵塞次数,有时达到 200 mm 支管堵塞次数的 2 倍,使养护管道的费用增加。而 200 mm 与 150 mm 管道在同样埋深情况下,施工费用相差不多。此外,因采用较大的管径,可选用较小的坡度,使管道埋深减小。因此为了养护工作的方便,常规定一个允许的最小管径。按计算所得的管径,如果小于最小管径,则采用规定的最小管径,而不采用计算得到的管径。

在设计污水管道系统时,通常管道埋设坡度与设计地区的地面坡度基本一致,但管道坡度造成的流速应大于或等于最小设计流速,以防止管道内产生沉淀。这一点在地势平坦或管道走向与地面坡度相反时尤为重要。因此,使管内流速为最小设计流速时对应的管道坡度叫做最小设计坡度。

排水管道的最小管径与相应的最小设计坡度,宜按表 5-6 的规定取值。

表 5-6　　　　　　　　　　最小管径与相应的最小设计坡度

管道类别	最小管径(mm)	相应的最小设计坡度
污水管	300	塑料管 0.002,其他管 0.003
雨水管和合流管	300	塑料管 0.002,其他管 0.003
雨水口连接管	200	0.01
压力输泥管	150	—
重力输泥管	200	0.01

随着城镇建设的发展,街道楼房增多,排水量增大,应适当增大最小管径,并调整最小设计坡度。常用管径的最小设计坡度,可按设计充满度下不淤流速控制,当管道坡度不能满足不淤流速要求时,应有防淤、清淤措施。通常管径的最小设计坡度见表 5-7。

表 5-7　　　　　　　常用管径的最小设计坡度(钢筋混凝土管非满流)

管径(mm)	最小设计坡度	管径(mm)	最小设计坡度
400	0.001 5	1 000	0.000 6
500	0.001 2	1 200	0.000 6
600	0.001 0	1 400	0.000 5
800	0.000 8	1 500	0.000 5

5.3.4 排水管渠

最常用的管渠断面形式是圆形,直径一般从 150 mm 开始。管渠材料通常有混凝土、钢筋混凝土、陶土、石棉水泥、塑料、铸铁和钢管,以及砖、石料和土明渠等,应根据排水水质、水温、冰冻情况、断面尺寸、管内外所受压力、土质、地下水位、地下水侵蚀性和施工条件等因素选用,尽量就地取材。

1. 竖向布置

图 5-5 表示了排水管道断面上竖向高程的定义方式,重要高程包括:管内底高程,管内顶高程和管外顶高程。其中管内底是指管道内部的最低点。由图 5-5 可知

$$b = a + D$$
$$c = b + t = a + D + t$$

式中 D——管道内径(mm);
t——管壁厚度(mm)。

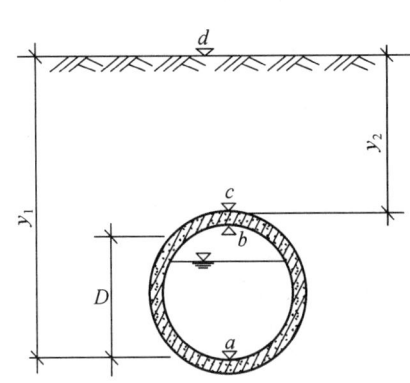

图 5-5 与排水管道竖向布置有关的高程定义

因此管道的埋设深度 y_1(指管道内壁底到地面的距离)为

$$y_1 = d - a \tag{5-11}$$

管道的覆土厚度 y_2(指管道外壁顶部到地面的距离)为

$$y_2 = d - c = y_1 - D - t \tag{5-12}$$

【例 5-2】 一条污水管道,直径为 400 mm,壁厚 15 mm,管内底标高为 16.225 m。如果地面标高为 18.460 m,请计算:(1)管内顶标高;(2)埋设深度;(3)覆土厚度。

解 (1) 管内顶标高:$b = a + D = 16.225 + 0.400 = 16.625$(m)。

(2) 埋设深度[式(5-11)]:$y_1 = d - a = 18.460 - 16.625 = 1.835$(m)。

(3) 覆土厚度[式(5-12)]:$y_2 = y_1 - D - t = 1.835 - 0.400 - 0.015 = 1.420$(m)。

图 5-6 所示是一条排水管道的纵剖面。排水管道的纵剖面图反映管道沿线的高程位置,它是和平面图相对应的。通常在纵剖面图上用单线条表示原地面高程线和设计地面高程线,用双线条表示管道高程线,用双竖线表示检查井。图中还应标出沿线支管接入处的位置、管径、高程;与其他地下管线、构筑物或障碍物交叉点的位置和高程;沿线地质钻孔位置和地质情况等。在剖面图的数据表中列有检查井号、管道长度、管径、坡度、地面标高、管内底标高、埋深等。有时也注明流量、流速、充满度等数据。采用比例尺,一般横向 1∶500~1∶2 000;纵向 1∶50~1∶2 000。对工程量较小,地形、地物较简单的污水管道工程亦可不绘制纵剖面图,只需将管道的管径、坡度、管长、检查井的高程以及交叉点等注明在平面图上即可。

2. 排水管道在街道上的位置

在城市道路下,有许多管线工程,如给水管、污水管、煤气管、热力管、雨水管、电力电缆、电信电缆等。在工厂的道路下,管线工程的种类会更多。此外,在道路下还可能有地铁、地

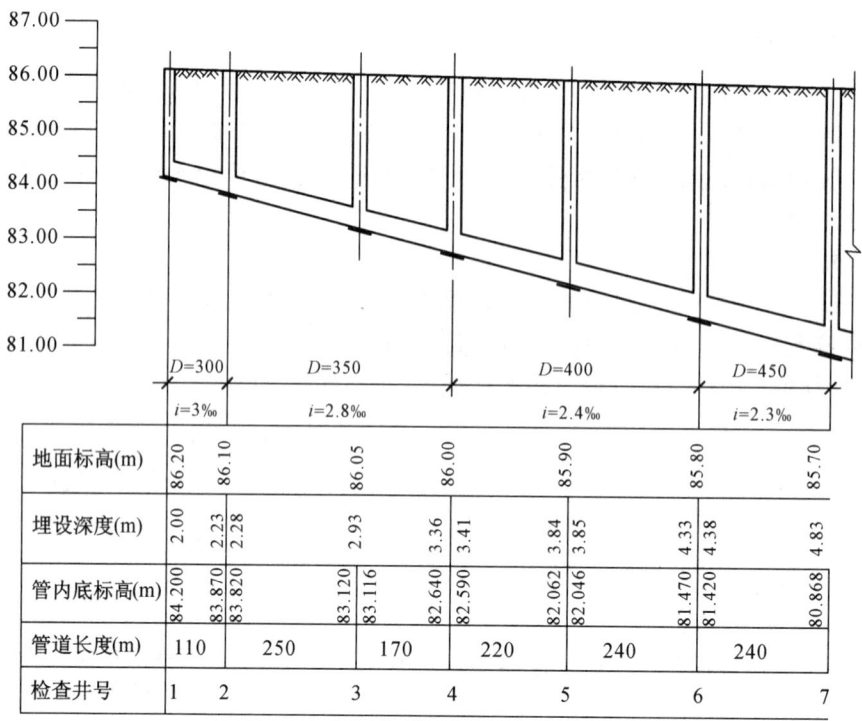

图 5-6　排水管道纵剖面

下人行横道、工业用隧道等地下设施。为了合理安排其在空间的位置,必须在每个单项管线工程规划的基础上,进行综合规划,统筹安排,以利施工和日后的维护管理。

由于排水管道通常设计成重力流形式,管道(尤其是干管和主干管)的埋设深度较其他管线大,且有很多连接支管,若管线位置安排不当,将会造成施工和维护的困难。另外,排水管道难免渗漏、损坏,从而会对附近建筑物、构筑物的基础造成危害或污染饮用水。因此《室外排水设计标准》(GB 50014—2021)中规定,排水管道与其他地下管渠、建筑物、构筑物等相互间的位置应符合下列要求。

(1) 敷设和检修管道时,不应互相影响。

(2) 排水管道损坏时,不应影响附近建筑物、构筑物的基础,不应污染生活饮用水。

(3) 污水管道、合流管道与生活给水管道相交时,应敷设在生活给水管道的下面。

(4) 再生水管道与生活给水管道、合流管道和污水管道相交时,应敷设在生活给水管道下面,宜敷设在合流管道和污水管道的上面。

进行管线综合规划时,所有地下管线应尽量布置在人行道、非机动车道和绿化带下,只有在不得已时,才考虑将埋深大、修理次数较少的污水、雨水管布置在机动车道下。管线布置的顺序一般是,从建筑红线向道路中心线方向为:电力电缆—电信电缆—煤气管道—热力管道—给水管道—污水管道—雨水管道。若各种管线布置发生矛盾,处理的原则是:新建的让已建的,临时的让永久的,小管让大管,压力管让重力流管,可弯的让不可弯的,检修次数少的让检修次数多的。

在地下设施拥挤的地区或车流较大的街道下,把污水管道与其他管线集中安置在综合管廊中是比较合适的,但雨水管道一般不设在综合管廊中,而是与综合管廊平行敷设。

为了方便用户接管,对于道路红线宽度超过 40 m 的城镇干道,宜在道路两侧布置排水管道,减少横穿管,降低管道埋深。排水管道与其他地下管线(或构筑物)水平和垂直的最小净距,应根据二者的类型、高程、施工先后和管线损坏的后果等因素,按当地城镇综合规划确定,亦可按表 5-8 采用。图 5-7 所示为城市街道下地下管线布置的实例。

表 5-8　　　　　　　　　排水管道和其他地下管线(构筑物)的最小净距

名　称			水平净距(m)	垂直净距(m)
建筑物			见注③	
给水管	$d \leqslant 200$ mm		1.00	0.40
	$d > 200$ mm		1.50	
排水管				0.15
再生水管			0.50	0.40
燃气管	低压	$p \leqslant 0.05$ MPa	1.00	0.15
	中压	0.05 MPa$< p \leqslant 0.4$ MPa	1.20	0.15
	高压	0.4 MPa$< p \leqslant 0.8$ MPa	1.50	0.15
		0.8 MPa$< p \leqslant 1.6$ MPa	2.00	0.15
热力管线			1.50	0.15
电力管线			0.50	0.50
电信管线			1.00	直埋 0.50
				管块 0.15
乔木			1.50	
地上杆柱	通信照明及<10 kV		0.50	
	高压铁路基础边		1.50	
道路侧石边缘			1.50	
铁路钢轨(或坡脚)			5.00	轨底 1.20
电车(轨底)			2.00	1.00
架空管架基础			2.00	
油管			1.50	0.25
压缩空气管			1.50	0.15
氧气管			1.50	0.25
乙炔管			1.50	0.25
电车电缆				0.50
明渠渠底				0.50
涵洞基础底				0.15

注:① 表列数值除注明者外,水平净距均指外壁净距,垂直净距指下面管道的外顶与上面管道基础底间净距。
② 采取充分措施(如结构措施)后,表列数值可以减小。
③ 与建筑物水平净距,当管道埋深浅于建筑物基础时,不宜小于 2.5 m,管道埋深深于建筑物基础时,按计算确定,但不应小于 3.0 m。

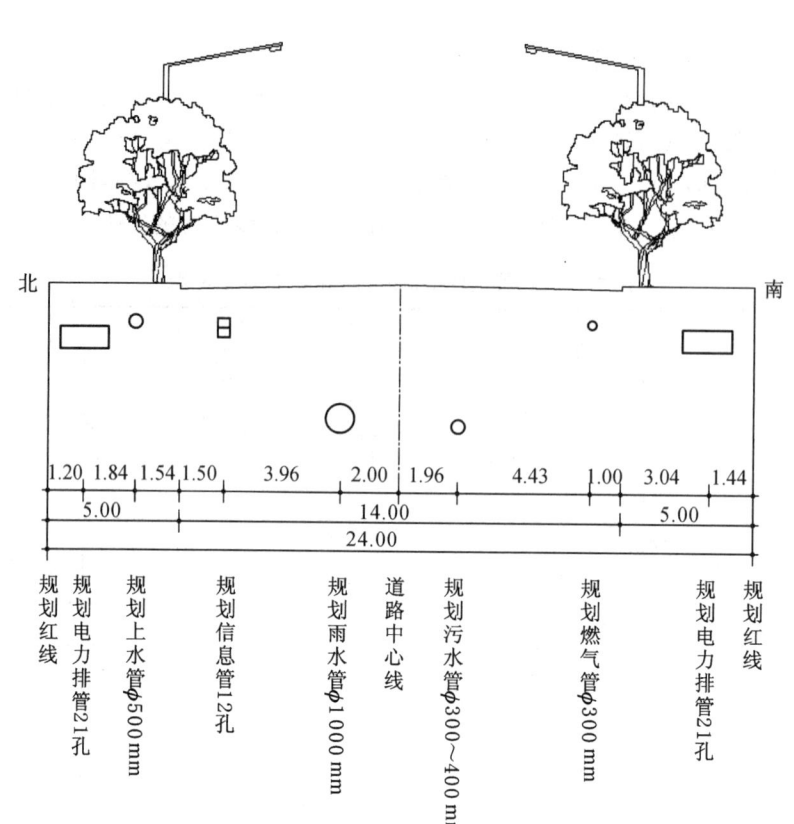

图 5-7 街道地下管线的布置(m)

3. 排水管道的埋设深度

排水管道覆土厚度和埋设深度均可表示管道的埋设深度。为了降低造价,缩短施工期,管道埋设深度愈小愈好。但覆土厚度应有一个最小的限值,否则就不能满足技术上的要求。这个最小值称为最小覆土厚度。

污水管道的最小覆土厚度,一般应满足下述三个要求。

(1) 防止管道内污水冰冻和因土壤冰冻膨胀而损坏管道;

(2) 防止管壁因地面荷载而受到破坏;

(3) 满足街区污水连接管衔接的要求。

对每一条管道,从上述三个不同的因素出发,可以得到三个不同的管底埋深或管顶覆土厚度值,这三个数值中的最大值就是这一管道的允许最小覆土厚度或最小埋设深度。

针对以上三个要求,《室外排水设计标准》(GB 50014—2021)有以下规定。

(1) 不同直径的管道在检查井内的连接,宜采用管顶平接或水面平接。

(2) 设计排水管道时,应防止在压力流情况下使接户管发生倒灌。

(3) 管顶最小覆土厚度,应根据管材强度、外部荷载、土壤冰冻深度和土壤性质等条件,结合当地埋管经验确定。管顶最小覆土深度宜为:人行道下 0.6 m,车行道下 0.7 m。

(4) 一般情况下,排水管道宜埋设在冰冻线以下。当该地区或条件相似地区有浅埋经验或采取相应措施时,也可埋设在冰冻线以上,其浅埋数值应根据该地区经验确定,但应保证排水管道安全运行。

4. 设计管道及其编号

两个检查井之间的管段,如果设计流量不变,且采用相同的管径和坡度,则称这样的管段为设计管段。为了简化计算,不需要把每个检查井都作为设计管段的起讫点。因为在直线管段上,为了疏通管道,需在一定距离处设置检查井。根据管道平面布置图,凡有集中流量流入,有旁侧管道接入的检查井均可作为设计管段的起讫点。

在设计计算时,可采用两种类型的编号形式。图5-8(a)所示是对管段编号,编号形式为$(x.y)$,其中x指管道分支,y指分支中的各管段编号。图5-8(b)所示是对检查井编号。在施工阶段这是很方便的,编号方式从排放口依次按顺序编制。检查井的平面位置由它们的参考坐标点确定。

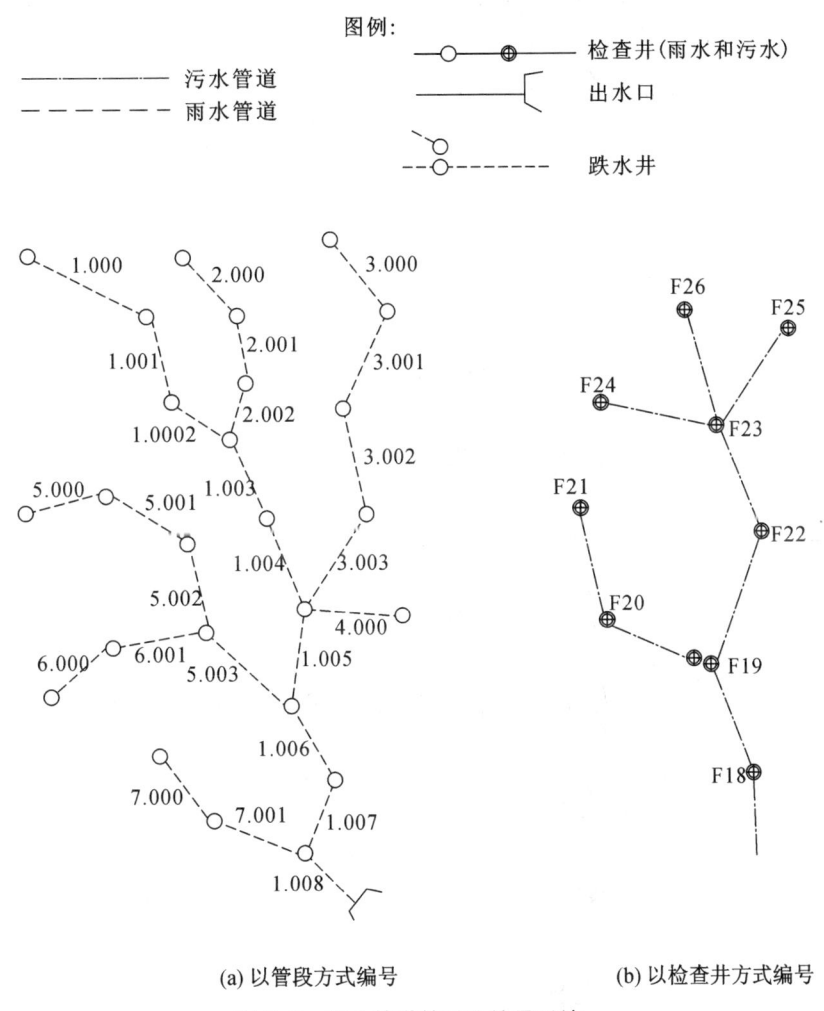

图 5-8 排水管道符号和编号系统

5.3.5 污水管道水力计算方法

进行污水管道水力计算时,通常污水设计流量为已知值,需要确定管道的断面尺寸和敷设坡度,为使水力计算获得较为满意的结果,必须认真分析设计地区的地形等条件,并充分考虑水力计算数据的有关规定。所选择的管道断面尺寸,必须要在规定的设计充满度和设计流速下,能够排泄设计流量。管道坡度应参照地面坡度和最小坡度的规定确定。一方面要使管道尽可能与地面坡度平行敷设,另一方面管道坡度有不能小于最小设计坡度的规定。当然也应避免管道坡度太大而使流速大于最大设计流速。

当圆形断面污水管道水力计算采用曼宁公式时,主要的几何尺寸公式和水力计算公式有

$$v = \frac{1}{n} R^{\frac{2}{3}} I^{\frac{1}{2}} \tag{5-13}$$

$$Q = wv = \frac{1}{n} \omega R^{\frac{2}{3}} I^{\frac{1}{2}} \tag{5-14}$$

$$\omega = \frac{D^2}{8} (\theta - \sin\theta) \tag{5-15}$$

$$\chi = \frac{D\theta}{2} \tag{5-16}$$

$$R = \frac{D}{4} \left(1 - \frac{\sin\theta}{\theta} \right) = \frac{\omega}{\chi} \tag{5-17}$$

$$h/D = \frac{1}{2} \left(1 - \cos\frac{\theta}{2} \right) \tag{5-18}$$

$$v = \frac{1}{n} \left[\frac{D}{4} \left(1 - \frac{\sin\theta}{\theta} \right) \right]^{\frac{2}{3}} I^{\frac{1}{2}} \tag{5-19}$$

$$\theta = 2\arccos(1 - 2h/D) \tag{5-20}$$

$$Q = \frac{D^2}{8} (\theta - \sin\theta) v \tag{5-21}$$

$$Q = \frac{D^2}{8n} (\theta - \sin\theta) \left[\frac{D}{4} \left(1 - \frac{\sin\theta}{\theta} \right) \right]^{\frac{2}{3}} I^{\frac{1}{2}} \tag{5-22}$$

$$I = \left(\frac{vn}{R^{\frac{2}{3}}} \right)^2 \tag{5-23}$$

$$\theta = \frac{8Q}{D^2 v} + \sin\theta \tag{5-24}$$

$$\theta = \frac{8nQ}{R^{\frac{2}{3}} I^{\frac{1}{2}} D^2} + \sin\theta \tag{5-25}$$

式中　Q——管段污水设计流量(m^3/s);

　　　v——设计流速(m/s);

　　　D——管径(m);

　　　ω——过水断面面积(m^2);

χ——湿周(m);
R——水力半径(m);
h/D——设计充满度;
I——水力设计坡度;
θ——水面与管中心的夹角,以弧度计(图5-9);
n——管壁粗糙系数;
h——管内水深(m)。

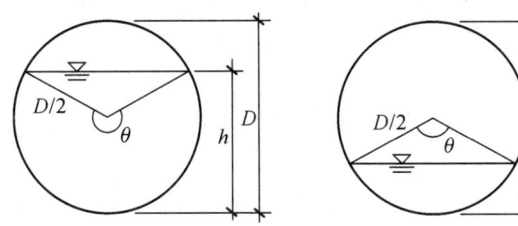

图 5-9 管道过水断面示意

具体计算中,污水管道设计流量 Q 和管壁粗糙系数 n 为已知值,需要确定管径 D、设计充满度 h/D、流速 v 和坡度 I。为使这四个参数处于限定数值范围,考虑上游衔接要求,并参考地面坡度,需要反复计算。首先假定两个参数的数值,然后利用管道断面的几何关系和水力计算公式,求解另外两个参数;如果计算结果难以满足限定要求,则重新设置参数数值,再次计算。形成的参数计算有如下类型。

(1) 设定管道直径 D 和坡度 I,求充满度 h/D 和流速 v;
(2) 设定充满度 h/D 和流速 v,求管道直径 D 和坡度 I;
(3) 设定管道直径和允满度 h/D,求水力坡度 I 和流速 v;
(4) 设定水力坡度 I 和流速 v,求管道直径和充满度 h/D;
(5) 设定管道直径 D 和流速 v,求充满度 h/D 和水力坡度 I;
(6) 设定充满度 h/D 和水力坡度 I,求管道直径 D 和流速 v。

【例 5-3】 已知 $Q=50$ L/s,$n=0.014$,假设 $I=0.002$,$h/D=0.60$,试求管道直径 D 和相应的流速 v。

解 (1) 由 $h/D=0.60$,可求水面与管中心夹角为
$$\theta = 2\arccos(1-2h/D)$$
$$= 2\arccos(1-2\times 0.6) = 3.544$$

(2) 求管道直径,由
$$Q = \frac{D^2}{8n}(\theta-\sin\theta)\left[\frac{D}{4}\left(1-\frac{\sin\theta}{\theta}\right)\right]^{\frac{2}{3}} I^{\frac{1}{2}}$$

$$0.05 = \frac{D^2}{8\times 0.014}[3.544-\sin(3.544)]\left[\frac{D}{4}\left(1-\frac{\sin(3.544)}{3.544}\right)\right]^{0.667} \times 0.002^{\frac{1}{2}}$$

$$0.05 = 0.545 D^{2.667}$$

得 $D=0.408$,取 400 mm。

(3) 求流速 v。

$$v = \frac{1}{n}\left[\frac{D}{4}\left(1-\frac{\sin\theta}{\theta}\right)\right]^{\frac{2}{3}} I^{\frac{1}{2}}$$

$$= \frac{1}{0.014}\left\{\frac{0.4}{4}\left[1-\frac{\sin(3.544)}{3.544}\right]\right\}^{\frac{2}{3}}(0.002)^{\frac{1}{2}}$$

$$= 0.74(\text{m/s})。$$

【例 5-4】 已知 $Q=100$ L/s，$n=0.014$，假设 $I=0.005$，$D=450$ mm，求 h/D 和流速 v。

解 (1) 求水面与管中心夹角。

$$Q = \frac{D^2}{8n}(\theta-\sin\theta)\left[\frac{D}{4}\left(1-\frac{\sin\theta}{\theta}\right)\right]^{\frac{2}{3}} I^{\frac{1}{2}}$$

$$0.1 = \frac{0.45^2}{8\times 0.014}(\theta-\sin\theta)\left[\frac{0.45}{4}\left(1-\frac{\sin\theta}{\theta}\right)\right]^{\frac{2}{3}}\times 0.005^{\frac{1}{2}}$$

$$(\theta-\sin\theta)\left[0.1125\times\left(1-\frac{\sin\theta}{\theta}\right)\right]^{\frac{2}{3}} = 0.782$$

这是关于 θ 的隐函数，需要迭代求解，得 $\theta=3.22$。

(2) 求充满度 h/D。

$$h/D = \frac{1}{2}\left(1-\cos\frac{\theta}{2}\right) = \frac{1}{2}[1-\cos(1.61)] = 0.52(\text{m})$$

(3) 求流速 v。

$$v = \frac{1}{n}\left[\frac{D}{4}\left(1-\frac{\sin\theta}{\theta}\right)\right]^{\frac{2}{3}} I^{\frac{1}{2}}$$

$$= \frac{1}{0.014}\left[\frac{0.45}{4}\left(1-\frac{\sin(3.22)}{3.22}\right)\right]^{\frac{2}{3}}\times 0.0707$$

$$= 1.19(\text{m/s})。$$

【例 5-5】 已知 $Q=30$ L/s，$n=0.014$，假设 $D=300$ mm，$v=0.82$ m/s，求 h/D 和 I。

解 (1) 求水面与管中心夹角。

$$Q = \frac{D^2}{8}(\theta-\sin\theta)v$$

$$0.03 = \frac{0.3^2}{8}(\theta-\sin\theta)\times 0.82$$

$$\theta-\sin\theta = 3.252$$

通过迭代求解，得 $\theta=3.20$。

(2) 求充满度 h/D。

$$h/D = \frac{1}{2}\left(1-\cos\frac{\theta}{2}\right) = \frac{1}{2}[1-\cos(1.60)] = 0.51(\text{m})。$$

(3) 求水力坡度 I。

$$v = \frac{1}{n}\left[\frac{D}{4}\left(1-\frac{\sin\theta}{\theta}\right)\right]^{\frac{2}{3}} I^{\frac{1}{2}}$$

$$0.82 = \frac{1}{0.014}\left\{\frac{0.3}{4}\left[1-\frac{\sin(3.20)}{3.20}\right]\right\}^{\frac{2}{3}} I^{\frac{1}{2}}$$

得 $I=0.004$。

当解决管段水力计算问题时,通常利用计算机编程求解,或者人工查图表计算。计算中应注意以下两方面的问题。

(1) 必须细致研究管道敷设坡度与管线经过地面的地面坡度之间的关系,使确定的管道坡度在保证最小设计流速前提下,既不会使管道埋深过大,又便于支管的接入。

(2) 水力计算自上游依次向下游管道进行。一般情况下,随着设计流量逐段增加,设计流速也相应增加。如果流量保持不变,流速不应减小。只有在管道坡度由大骤然变小的情况下,设计流速才允许减小。另外,随着设计流量逐段增加,设计管径也应逐段增大;但当管道坡度骤然增大时,下游管段的管径可以减小,但缩小范围不得超过50~100 mm。

【例 5-6】 图 5-10 为某一小区的污水管道平面布置图。高峰流量时在检查井1处进流量 Q_a 为 30 L/s。为了简化,不考虑入渗情况。管壁粗糙系数为 $n=0.014$。街区1、2、3、4内的工业废水设计流量分别为19.8 L/s、10.2 L/s、4.7 L/s和2.8 L/s。检查井1的起点埋深为2.0 m,检查井2的起点埋深为1.5 m。检查井1、2、3、4、5点的地面标高分别为86.20 m、86.05 m、86.00 m、85.90 m和86.15 m。街区1~4的居住人口分别

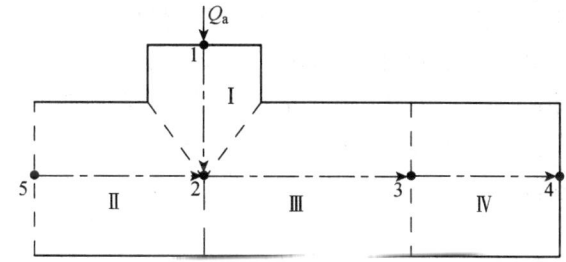

图 5-10 污水管道平面布置示意

为2 000人、2 500人、1 400人和5 000人。居民生活污水定额为120 L/(人·d)。管段长度分别为110 m、250 m、170 m和220 m。求各设计管段的设计流量。

解 应用已知数据,并假设工业废水设计流量即为高峰流量。各设计管段的设计流量列表计算(表 5-9)。污水干管水力计算中管道的流速、直径、充满度可通过查图表获得或者利用曼宁公式计算(表 5-10)。

表 5-9 污水干管设计流量计算

管段编号	居住区生活污水量 Q_1							集中流量		设计流量 (L/s)
	本段流量			转输流量 q_2 (L/s)	合流平均流量 (L/s)	总变化系数 K_z	生活污水设计流量 (L/s)	本段 (L/s)	转输 (L/s)	
	街区编号	街区面积 (hm²)	比流量 q_0[L/(s·hm²)]	流量 q_1 (L/s)							
1—2	I	2 000	120	2.78	—	2.78	2.3	6.39	19.8	30	56.19
5—2	II	2 500	120	3.47	—	3.47	2.3	7.98	10.2	—	18.18
2—3	III	1 400	120	1.94	6.25	8.19	2.1	17.20	4.7	60	81.90
3—4	IV	5 000	120	6.94	8.19	15.13	2.0	30.26	64.7	2.8	97.76

表 5-10　　　　　　　　　　　　　　污水主干管水力计算表

管段编号	管道长度 L (m)	设计流量 Q (L/s)	管径 D (mm)	坡度 I	流速 v (m/s)	充满度		降落量 $I \cdot L$ (m)	标高(m)						埋设深度(m)	
						h/D	h (m)		地面		水面		管内底			
									上端	下端	上端	下端	上端	下端	上端	下端
1—2	110	56.19	400	0.0018	0.70	0.59	0.263	0.198	86.20	86.05	84.436	84.238	84.200	84.002	2.00	2.05
5—2	250	18.18	300	0.0030	0.70	0.50	0.150	0.750	86.15	86.05	84.800	84.050	84.650	83.900	1.50	2.15
2—3	170	81.90	450	0.0017	0.73	0.65	0.293	0.289	86.05	86.00	84.050	83.761	83.757	83.468	2.29	2.53
3—4	220	97.76	500	0.0015	0.75	0.63	0.315	0.330	86.00	85.90	84.733	84.403	83.418	83.088	2.58	2.81

5.4　污水管道系统优化设计

市政建设和环境治理工程中,城市管道系统的投资占整个排水系统投资的70%左右。因此排水管渠系统的设计,应根据设计规范和实践经验,进行多种方案比较和选择,尽量使设计方案达到合理安全的目标。污水管道系统的设计计算如有大量简单机械的迭代运算,费时费力。图5-11为一个6×6节点的规划管网示意图,出水口位于该图的右下角。考虑不同的连接方式,可产生 2^{25} 即 33 554 432 种树状布置方案。每一方案又包含多种管径与埋深的组合方案(图5-12)。尽管存在通过多年总结而形成的通用计算方法,但即使是最有经验的工程设计人员,也不可能对每个方案做定量比较,只能考虑其中部分情况。于是需要借助最优化技术,进行方案比选。有学者指出,一般传统方法计算出的方案要比最优设计方案费用高出5%~15%。系统规模越大,复杂性越高,通过优化设计后可节省的潜在费用越多。

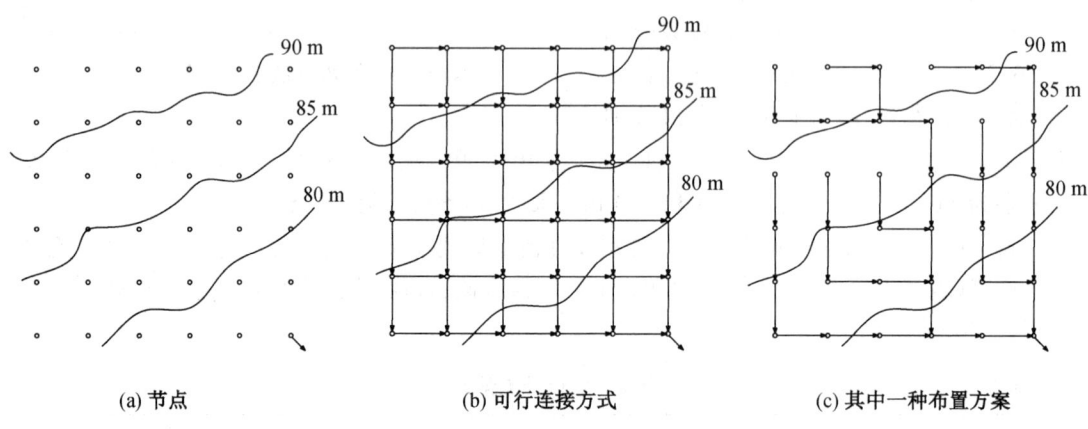

(a) 节点　　　　　　　(b) 可行连接方式　　　　　　(c) 其中一种布置方案

图 5-11　污水管道系统可行布置方案示意

排水管渠系统优化设计就是在满足设计规范要求的条件下,使排水管网的建设投资和运行费用最低。应用最优化方法进行排水管道系统的优化设计,可以求出科学合理和安全实用的排水管网优化设计方案。

排水管渠系统优化设计一般包括两个相互关联的内容:管网系统平面优化布置和管线布置给定下的管径和坡度(埋深)及泵站设置的优化设计方案。优化设计计算一般都需要借助于计算机,把管渠系统的布置形式和设计方案用计算机可以识别的模型进行描述和计算。优

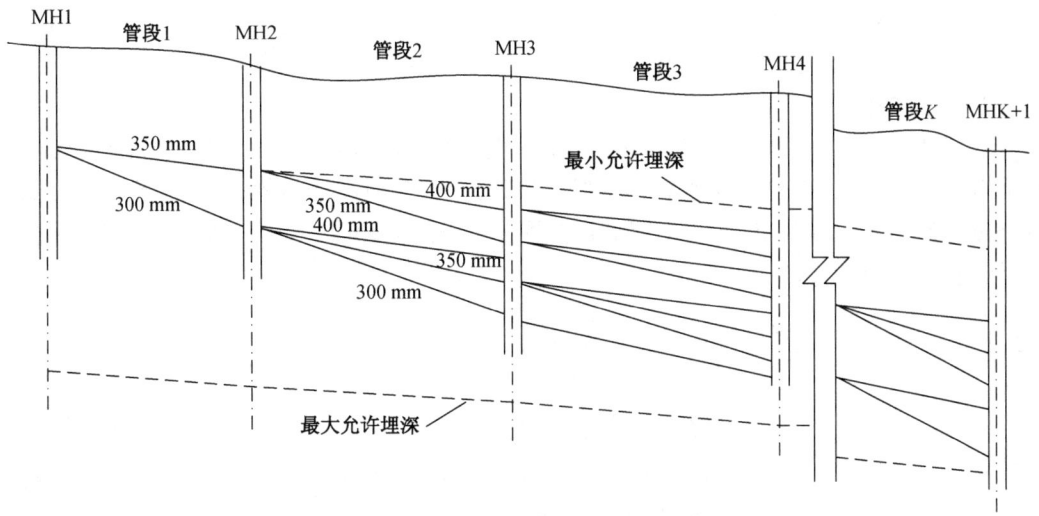

图 5-12 排水管渠不同直径-埋深组合示意

化设计通常以费用函数为目标,以设计规范的要求和规定为约束条件,建立优化设计数学模型,进行最优化求解计算,尽可能降低其工程造价,其求解计算的结果即为最优化设计方案。

5.4.1 污水管道系统优化设计数学模型

从数学上分析,基于费用函数的排水管渠系统优化设计计算模型是一个带有整数约束的多阶段非线性规划模型。

1. 目标函数

污水管道系统优化设计一般以费用函数作为其目标函数。费用函数通过数学关系式或图形图像方式来描述工程费用特征及其内在的联系,是工程费用资料的概括或抽象。

一般污水管道系统的费用函数包括整个系统在投资偿还期内的基建费用和运行维护费用。基建费用包括管线造价 C_p、检查井造价 C_d、提升泵站造价 C_{pu},这里所述各类造价中均包括材料、设备和施工费用;运行维护费用包括提升泵站的运行费用 C_{op},管线、检查井、提升泵站的折旧及维修费用。设投资偿还期为 T 年,管线、检查井及提升泵站的年折旧及维修率分别为 e_p、e_d、e_{pu},则在 T 年内的总费用为

$$F = \sum_{i=1}^{m} \{(1+e_p T)C_p(D_i, x_i, L_i) + \varphi_i [(1+e_{pu}T)C_{pu}(Q_i) + C_{op}(Q_i, H_i)]\} + \sum_{i=1}^{n}(1+e_d T)C_d(D_i, y_i)$$

(5-26)

式中 F——排水管道系统总费用(元);

m——管段数;

n——检查井数;

φ_i——0—1 变量,$\varphi_i=0$ 表示管段 i 不设提升泵站,$\varphi_i=1$ 表示管段 i 设置提升泵站;

D_i, x_i, L_i, Q_i——分别为管段 i 的管径(m),管底平均埋深(m),管长(m),设计流量(L/s);

y_i——检查井的深度(m);

H_i——水泵提升扬程(m)。

2. 约束条件

为了使污水能靠重力流动较顺利地通过排水管渠进入污水厂,《室外排水设计标准》(GB 50014—2021)和《给水排水设计手册》等都对排水管网设计中的充满度、流速、埋深、设计坡度等作出了许多规定,这些规定都是在管渠系统优化设计中应当遵守的,可以作为优化设计计算的约束条件。

$$\begin{cases} I_{min} \leqslant I_i \leqslant I_{max} \\ v_{min} \leqslant v_i \leqslant v_{max} \\ H_{min} \leqslant H_{i1} \leqslant H_{max} \\ H_{min} \leqslant H_{i2} \leqslant H_{max} \\ (h/D)_{min} \leqslant (h/D)_i \leqslant (h/D)_{max} \\ v_i \geqslant v_{iu} \\ D_i \geqslant D_{iu} \\ D_i \in D_{标} \end{cases} \quad (5-27)$$

式中 I_{min},v_{min},H_{min},$(h/D)_{min}$——分别为最小允许设计坡度,最小允许设计流速(m/s),最小允许埋深(m)和最小允许设计充满度;

I_{max},v_{max},H_{max},$(h/D)_{max}$——分别为最大允许设计坡度,最大允许设计流速(m/s),最大允许埋深(m)和最大允许设计充满度;

H_{i1},H_{i2}——管段 i 上、下端埋设深度(m);

I_i,v_i,$(h/D)_i$,D_i——分别为管段 i 的设计坡度,设计流速(m/s),设计充满度和管径(m);

v_{iu},D_{iu}——分别为与管段 i 相邻上游管段的流速(m/s)和管径(m)中的最大值;

$D_{标}$——标准规格管径集。

5.4.2 污水管网系统优化设计计算方法

1. 已定管线下的优化设计

已定管线下的排水管渠系统优化设计计算主要是解决管径和埋深(坡度)以及不同管段间的设计参数优化问题。对于某一设计管段,当流量确定后,满足设计规范要求的管径与埋深有多种组合。在这些组合中,如果选择的管径较大,则坡度较小、管道埋深较小、施工费用低而管材费用高;如果选择的管径较小,坡度较大、管道埋深较大、施工费用高而管材费用低。因此,总存在一组管径和埋深的组合,使其投资最小。对于由多条管段组成的系统,上游管段的设计结果将直接影响到下游管段设计参数的选用,这样造成了某条管段的设计最优并不能保证整个系统的设计最优。因此,为了使整个工程设计为最优以达到全局利益,往往要求工程系统中的某些局部利益作出一定牺牲。

排水管渠系统优化设计计算有许多方法,按其使用的数学方法可以分为线性规划法、非线性规划法、动态规划法、直接优化法、遗传算法等。应用优化方法进行已定管线下的排水管道系统优化设计计算时,主要面临的五个问题是:①管段直径不是连续的,而是离散的规格管径;②设计计算模型的目标函数和约束条件大多是非线性的;③优化过程运行时间长、占用内存量大;④上下游管段设计参数之间不满足"无后效性";⑤怎样减少人为干预,使尽可能多的工作由计算机完成。

2. 管线的平面优化布置

研究人员在解决已定管线下的排水管渠系统优化设计计算问题时就已经指出,正确定线是合理经济地设计排水管渠系统的先决条件,对不同定线方案的优化选择更具有使用价值。相对于已定管线下的优化设计计算,排水管渠系统平面布置的优化更为复杂。某种平面布置方案是否最优,取决于该平面布置方案管径-坡度(埋深)优化设计计算结果,因此已定管线下的优化设计计算是平面优化布置的基础。

应用于平面优化布置的方法包括试算法、排水线法、最小生成树算法、简约梯度法、递阶优化设计法、集中流量法、进化算法等。平面优化布置中可选管段变权问题,加上已定管线下应注意的五个问题,可以称为排水管渠系统优化设计计算的六问题。

5.4.3 遗传算法应用

1. 优化设计计算特点

在确定排水管道中各管段的可行管径集的基础上,把设计管段的可行管径映射成遗传算法中的编码,再加上对这些编码进行的选择、交叉和变异等遗传操作,就可以应用遗传算法解决已定管线下排水管道优化设计计算问题。优化设计计算框图(图5-13)中,污水管道可行管径集根据设计流量和最大设计充满度确定;雨水管渠和合流制管渠可行管径集根据直接优化法计算结果确定。

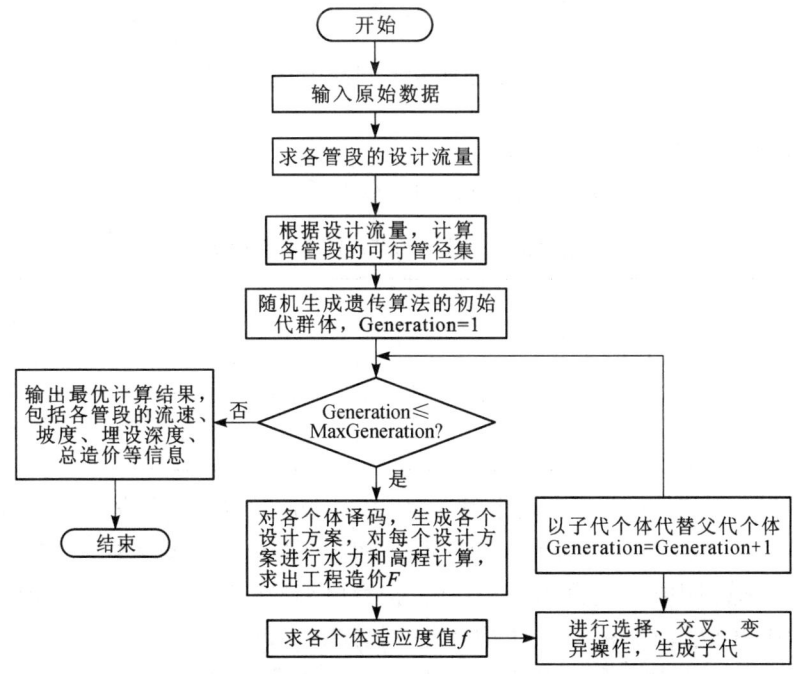

图5-13 遗传算法进行排水管道系统优化设计计算框图

遗传算法在排水管道系统优化设计中的应用,能够注重整个系统各管段间的协调和总体目标,可以解决已定管线下优化设计计算应注意的五个问题:①利用可行管径集的概念,直接把标准管径映射成遗传算法的基因编码,不存在对非标准管径"圆整"的问题。②一般在排水管道系统的优化设计模型中,目标函数和约束条件大多是非线性关系式。遗传算法对于待寻优函数基本无限制,既不要求函数连续,也不要求函数可微,适合于目标函数和约束条件大多是非线性模型的寻优。③遗传算法在世代更替过程中,管段直径所对应的群体中各个体上的基因编码在发生变化,而整个群体所占用的计算机内存保持不变,不会出现动态规划那样随问题复杂度增加而出现的"指数爆炸",因此遗传算法更适合于大规模复杂问题的优化。④遗传算法不受"无后效性"条件的约束。⑤对于各种设计方案的选择,均由计算机完成,减少了人为干预。

2. 优化设计计算步骤示例

以下采用手工计算方法来说明遗传算法在排水管渠系统优化设计计算中的应用步骤。

图 5-14 所示是对某市一个区域污水干管的平面布置。费用函数为

$$C = 107.736 + 559.174D^2 + 3.173H^2 + 12.429DH \tag{5-28}$$

个体适应度函数采用

$$f(C_i) = (C_{\max} - C_i)/(C_{\max} - C_{\min}) \tag{5-29}$$

式中　C——单位长度管段造价(元/m);
　　　D——设计管段直径(m);
　　　H——设计管段平均埋深(m);
　　　$C_{\max}$、$C_{\min}$——分别为群体中最大、最小个体投资值(元)。

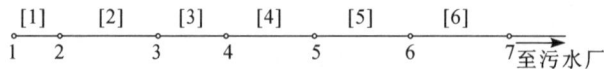

图 5-14　某市区污水干管平面布置示意

具体计算步骤如下。

(1) 根据已知各管段的设计流量,选出可行管径系列,见表 5-11。

表 5-11　　　　　　　各管段设计流量下的可行管径及其编码

管段编号	1	2	3	4	5	6	编码格式
设计流量(L/s)	25.00	38.20	39.52	61.11	67.11	84.36	
可行管径(mm)	200	250	250	350	350	400	0
	250	300	300	400	400	450	1
	300	350	350	450	450	500	2

注意:根据街道下应采用的最小管径为 300 mm 的要求,管段 1 将只采用编码 2(300 mm),管段 2、管段 3 采用编码 1(300 mm)和 2(350 mm)进行运算。

(2) 从每一管段中随机选择出一个代码,按管段编号的次序排列成一个数字串。例如数字串 211201 表示管段 1~管段 6 的管径分别为 300 mm、300 mm、300 mm、450 mm、350 mm、450 mm。这样的数字串表示了遗传算法中的染色体或个体,每个管段的可行管

径系列编码为该管段位的等位基因。

应用同样的方式再生成多个个体,便组成了遗传算法中的一个群体。在本例中,假定群体包含有 8 个个体,每个个体的数字串范围为 211000~222222(其中每位数的数字不得超过 2)。每个个体就可以代表该管道系统的一个设计方案。如果假定管径随污水流向逐段增大,这时需对这些个体作相应的修改。修改的方法是:假如下游管径小于上游管径,则令下游管径与上游管径相同,其变化后的代码写在源代码之后,用括号括起。例如个体 211201 中,管段 5 的管径 350 mm 小于管段 4 的管径 450 mm,则将管段 5 的管径改为 450 mm(其相应编码为 2)。修改后的个体写作 21120(2)1。

表 5-12 中的第(1)列、第(2)列分别为个体编号和个体编码串,第(3)、(5)、(7)、(9)、(11)、(13)列分别为各设计管段管径值。

(3) 根据每一管段的管径和流量进行水力计算,计算结果中各设计管段的平均埋深和管径总造价分别列于表 5-12 中的第(4)、(6)、(8)、(10)、(12)、(14)列和第(15)列。由此根据适应度函数公式(5-29)求得各个体的适应度值,列于表 5-12 的第(16)列。

(4) 在本例中只采用了交叉运算而没有进行变异运算(变异运算在前一代生成后一代的繁殖过程中,只对单个个体的某一位(或数位)随机变化成其等位基因即可,而且在遗传算法中变异运算的概率一般为 0.002~0.02)。本例采用选择压力(适应度的指标)为 0.15,适应度低于此值的个体即被淘汰,适应度大于等于此值的个体则被保留,成为繁殖下一代个体的双亲。其中被淘汰的个体由保留下来的个体取代。取代的方法是:淘汰第一个个体用本代中最优个体取代,淘汰第二个个体用本代次优个体取代……。例如表 5-12 中的 3 号、4 号、8 号个体分别被 2 号、5 号、7 号个体所取代。这样做的目的是使每代群体中个体数在遗传过程中始终保持不变。

(5) 对交配池中的个体随机选择配对个体,组成一对双亲,在本例中将生成 4 对双亲,见表 5-12 的第(19)列。

对双亲的染色体随机产生断点,本例中采用双断点,其中每对双亲的断点位置应相同,见表 5-12 中的第(20)、(21)列。其后进行交叉运算,交叉运算的概率在本例中为 1.0。交叉运算后产生第二代群体,列于表 5-12 的第(22)列。

(6) 重复步骤(2)~(5),其中步骤(2)将不需要随机产生个体,只需对个体编码串进行修改即可。重复一次即产生新的一代,本例中的第二代、第三代运算见表 5-13 和表 5-14。运行中的第一代最低造价为 295 059.20,第二代、第三代最低造价均为 291 558.65。由于本示例为人工查图表计算,至此已可确定最优方案的编码,于是不再向下计算。其最优方案的水力计算见表 5-15。

3. 可行管径集和编码映射技巧

对于某一固定管径,当 h/D 为常数时,即 θ 为常数。设 $\dfrac{D^2}{8}(\theta-\sin\theta)=k_1$,$\dfrac{D^2}{8n}(\theta-\sin\theta)\left[\dfrac{D}{4}\left(1-\dfrac{\sin\theta}{\theta}\right)\right]^{\frac{2}{3}}=k_2$。于是由式(5-21)和式(5-22)得

$$Q=k_1 v=f(v) \tag{5-30}$$

$$Q=k_2 I^{\frac{1}{2}}=f(I) \tag{5-31}$$

表 5-12 污水干管优化设计计算(第一代)

个体	个体编码	管段1 D_1 (mm)	H_1 (m)	管段2 D_2 (mm)	H_2 (m)	管段3 D_3 (mm)	H_3 (m)	管段4 D_4 (mm)	H_4 (m)	管段5 D_5 (mm)	H_5 (m)	管段6 D_6 (mm)	H_6 (m)	总造价 C_i (元)	适应度 $f(C_i)$	计数	交配池	交配号	断点1	断点2	生成个体
(1)	(2)	(3)	(4)	(5)	(6)	(7)	(8)	(9)	(10)	(11)	(12)	(13)	(14)	(15)	(16)	(17)	(18)	(19)	(20)	(21)	(22)
1	211110	300	2.115	300	2.86	300	3.92	400	4.88	400	5.73	400	6.58	338 795.21	0.403	1	211110	3	3	6	212022
2	221(2)022	300	2.115	350	2.54	350	2.98	350	3.525	450	4.315	500	5.01	318 523.12	0.680	2	222022	7	2	3	222022
3	21121(2)2	300	2.115	300	2.86	300	3.92	450	4.955	450	5.48	500	6.69	368 287.47	0.000	0	222022	1	3	6	221110
4	21221(2)1	300	2.115	300	2.86	350	3.955	450	4.88	450	5.675	450	6.445	359 536.88	0.120	0	222112	8	2	4	222012
5	221(2)112	300	2.115	350	2.54	350	2.98	400	3.345	400	3.68	500	4.145	304 267.88	0.875	2	222112	6	3	5	222022
6	212021	300	2.115	300	2.86	350	3.955	350	4.85	350	5.735	450	6.505	329 588.32	0.529	1	212021	5	2	5	212111
7	221(2)000	300	2.115	350	2.54	350	2.98	350	3.525	350	4.335	400	5.23	295 059.20	1.000	2	222000	2	2	3	222000
8	21120(2)1	300	2.115	300	2.86	300	3.92	450	4.955	450	5.84	450	6.67	360 683.45	0.104	0	222000	4	2	4	222100

表 5-13 污水干管优化设计计算(第二代)

个体	个体编码	管段1 D_1 (mm)	H_1 (m)	管段2 D_2 (mm)	H_2 (m)	管段3 D_3 (mm)	H_3 (m)	管段4 D_4 (mm)	H_4 (m)	管段5 D_5 (mm)	H_5 (m)	管段6 D_6 (mm)	H_6 (m)	总造价 C_i (元)	适应度 $f(C_i)$	计数	交配池	交配号	断点1	断点2	生成个体
(1)	(2)	(3)	(4)	(5)	(6)	(7)	(8)	(9)	(10)	(11)	(12)	(13)	(14)	(15)	(16)	(17)	(18)	(19)	(20)	(21)	(22)
1	212022	300	2.115	300	2.86	350	3.955	350	4.85	450	5.735	500	6.515	356 864.03	0.000	0	222110	4	3	6	222012
2	222022	300	2.115	350	2.54	350	2.98	350	3.525	450	4.315	500	5.01	318 523.12	0.587	1	222022	8	4	6	222110
3	221(2)110	300	2.115	350	2.54	350	2.98	400	3.345	400	3.68	400	4.225	291 558.65	1.000	2	222110	5	3	5	222020
4	222012	300	2.115	350	2.54	350	2.98	350	3.525	450	4.265	500	5.01	311 790.93	0.690	1	222012	1	3	6	222110
5	222022	300	2.115	350	2.54	350	2.98	350	3.525	450	4.315	500	5.01	318 523.12	0.587	1	222022	3	3	5	222112
6	212111	300	2.115	300	2.86	350	3.955	400	4.83	400	5.635	450	6.415	345 974.02	0.167	1	212111	7	2	3	222111
7	222000	300	2.115	350	2.54	350	2.98	350	3.525	350	4.335	400	5.23	295 059.20	0.946	1	222000	6	2	3	212022
8	22210(1)0	300	2.115	350	2.54	350	2.98	400	3.345	400	3.68	400	4.225	291 558.65	1.000	1	222110	2	4	6	222022

表 5-14 污水干管优化设计计算（第三代）

个体	管段	1		2		3		4		5		6		总造价 C_i（元）
	个体编码	D_1 (mm)	H_1 (m)	D_2 (mm)	H_2 (m)	D_3 (mm)	H_3 (m)	D_4 (mm)	H_4 (m)	D_5 (mm)	H_5 (m)	D_6 (mm)	H_6 (m)	
(1)	(2)	(3)	(4)	(5)	(6)	(7)	(8)	(9)	(10)	(11)	(12)	(13)	(14)	(15)
1	222012	300	2.115	350	2.86	350	2.98	350	3.525	400	4.265	500	5.01	311 790.93
2	222110	300	2.115	350	2.54	350	2.98	400	3.345	400	3.68	400	4.225	291 558.65
3	222020(1)	300	2.115	350	2.54	350	2.98	350	3.525	450	4.315	450	5.00	311 310.34
4	222110	300	2.115	350	2.54	350	2.98	400	3.345	400	3.68	400	4.225	291 558.65
5	222112	300	2.115	350	2.54	350	2.98	400	3.345	400	3.68	500	4.145	304 267.88
6	222111	300	2.115	350	2.54	350	2.98	400	3.345	400	3.68	450	4.095	296 892.90
7	212000	300	2.115	300	2.86	350	3.955	350	4.85	350	5.705	400	6.58	330 829.99
8	222022	300	2.115	350	2.54	350	2.98	350	3.525	450	4.315	500	5.01	318 523.12

表 5-15 最优设计方案水力计算表

管段编号	管道长度 L (m)	设计流量 Q (L/s)	管径 D (mm)	坡度 I (‰)	流速 v (m/s)	充满度		降落量 $I \cdot L$	地面		水面		管内底		埋设深度 (m)	
						h/D	h (m)		上端	下端	上端	下端	上端	下端	上端	下端
(1)	(2)	(3)	(4)	(5)	(6)	(7)	(8)	(9)	(10)	(11)	(12)	(13)	(14)	(15)	(16)	(17)
1	110.0	25.00	300	3.0	0.70	0.51	0.153	0.330	86.20	86.10	84.35	84.02	84.20	83.87	2.00	2.23
2	250.0	38.20	350	2.4	0.70	0.55	0.193	0.575	86.10	86.05	84.01	83.44	83.82	83.25	2.28	2.80
3	170.0	39.52	350	2.3	0.70	0.57	0.200	0.391	86.05	86.00	83.44	83.05	83.24	82.85	2.81	3.15
4	220.0	61.11	400	1.7	0.70	0.65	0.260	0.374	86.00	85.90	83.05	82.68	82.79	82.42	3.21	3.48
5	240.0	67.11	400	2.1	0.78	0.65	0.260	0.500	85.90	85.80	82.68	82.18	82.42	81.92	3.48	3.88
6	240.0	84.36	400	3.3	0.98	0.65	0.260	0.790	85.80	85.70	82.18	81.39	81.92	81.13	3.88	4.57

根据流速和坡度约束,对于某一固定管径,设计流量范围应为

$$Q \in [f(v_{\min}), f(v_{\max})] \cap [f(I_{\min}), f(I_{\max})]$$

因为 $I_{\min}$ 是在流速为 $v_{\min}$ 和充满度为 $(h/D)_{\min}$ 时求得的值,所以当 $(h/D) > (h/D)_{\min}$ 并且增大时,θ 值越来越大。根据三角函数性质,在 $0 < \theta < 2\pi$ 之间,$\dfrac{\sin\theta}{\theta}$ 越来越小,R 值则越来越大,由式(5-13)可知,v 值越来越大,此时即使 $I = I_{\min}$,v 值也将大于 $v_{\min}$。因此,总有 $f(v_{\min}) \leqslant f(I_{\min})$。又由于在最大设计充满度时,$I_{\max}$ 是在流速 $v_{\max}$、充满度为 $(h/D)_{\max}$ 时求得,所以 $f(v_{\max}) = f(I_{\max})$。这样可以得出,最大设计充满度 $h/D = (h/D)_{\max}$ 时,设计流量范围为

$$[f(I_{\min}), f(I_{\max})]$$

对于不同管径在最大设计充满度时的设计流量范围见表 5-16。

为了充分利用管道的通水能力,在设计中一般选择尽可能大的设计充满度。这样在最大设计充满度时,计算得到的不同管径设计流量范围为确定可行管径提供了依据。例如,某一管段设计流量为 $Q = 300$ L/s,由表 5-16 可得在最大设计充满度情况下,可选管径有 500 mm、600 mm、700 mm 三种,这些标准管径都应作为 300 L/s 流量的可行管径,于是由这些管径构成了可行管径系列集。

可是,在实际管段水力计算中,并非每个管段的设计充满度都是处于最大设计充满度,在上文示例中 800 mm 甚至 900 mm 的管径也应看作是 300 L/s 流量的可行管径,但是 500 mm 以下的管径由于其在最大设计充满度时都不能满足流量条件,将在选择可行管径时不再考虑。如果对于每一设计管段选择四种可行管径作为优化对象,例如设计管段的设计流量为 300 L/s,则在运算中选择 500 mm、600 mm、700 mm、800 mm 管径(在遗传算法中以二进制编码表示,分别为 00、01、10、11)。此处所选的可行管径从严格意义上讲只是可行管径集的一部分。

表 5-16　　　　　　　不同管径在最大设计充满度时的设计流量范围

管径 D(mm)	最小流量 $Q_{\min}$(L/s)	最大流量 $Q_{\max}$(L/s)	管径 D(mm)	最小流量 $Q_{\min}$(L/s)	最大流量 $Q_{\max}$(L/s)
300	28.81	95.60	1 000	480.42	1 516.44
350	45.81	158.88	1 100	585.32	1 834.90
400	57.03	207.52	1 200	738.18	2 183.68
450	72.20	262.64	1 350	1 010.57	2 763.72
500	115.20	352.34	1 500	1 338.40	3 412.00
600	189.14	507.37	1 650	1 725.71	4 128.52
700	257.61	690.58	1 800	2 176.39	4 913.28
800	336.28	901.98	2 000	2 882.42	6 065.78
900	426.89	1 141.57			

5.4.4 进化算法在排水管渠系统平面布置优化中的应用

1. 进化算法的计算步骤

近代科学技术发展的显著特点之一是生命科学与工程科学相互交叉、相互渗透和相互促进。进化算法的蓬勃发展正体现了学科发展的这一特征和趋势。自然界生物体通过自身的演化就能适应特定的生存环境。进化算法(Evolutionary Algorithms，EA)就是基于这种思想发展起来的一类随机搜索技术，它们是模拟由个体组成群体的集体学习过程。进化算法实质上是自适应的机器学习方法，它的核心思想是利用进化历史中获得的信息指导搜索或计算。

进化算法的发展过程大体上包括20世纪70年代的兴起阶段、80年代的发展阶段和90年代的高潮阶段。进入90年代后，进化算法作为一类实用、高效、鲁棒性强的优化技术，得到了极为迅速的发展，在各种不同的领域得到了广泛的应用。前面介绍的遗传算法就是进化算法的一种。

利用进化算法进行排水管渠系统平面布置优化的计算步骤如下(图5-15)。

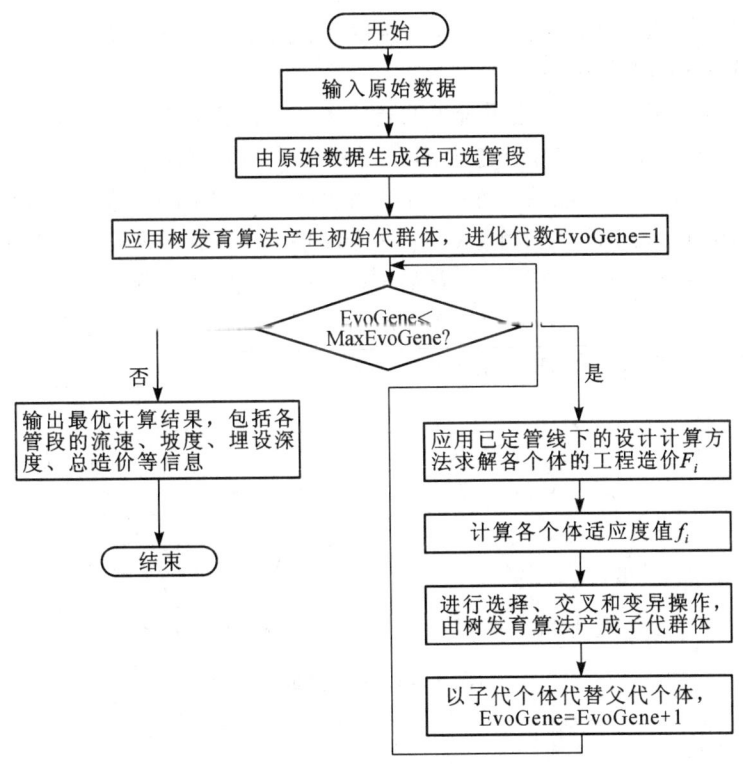

图 5-15 排水管道系统平面优化布置计算框图

(1) 根据城市规划的需求，确定排水节点，并用可选管段连接，对各个节点分别编号；根据地形条件，对各管段假定一初始流向。该初始流向对于可以明确流向的管段，则采用其实际流向；对于不能事先确定流向的管段，假定一个方向，为了与确定流向的管段区分开，给其一个未定流向标志。

(2) 输入原始数据。包括各排水节点的平面位置坐标及地面高程、服务面积、集中流量等,对于雨水管渠和合流制管渠需输入暴雨强度公式设计参数。

(3) 应用树发育算法生成各个平面布置方案,即进化策略中的个体。N 个个体形成初始父代群体。由于树发育算法具有一定的随机选择性,群体中的各个体也是随机选择的。此时进化代数 EvoGene=1。

(4) 当进化代数 EvoGene 小于等于最大进化代数 MaxEvoGene 时:

① 应用遗传算法求出每个个体的工程造价 F_i。

② 由适应度函数将各方案的工程造价 F_i 转化为个体的适应度 f_i,采用

$$f_i = -F_i$$

这反映出造价越高,其适应度值越低。

③ 根据父代群体中各个体的适应度值 f_i,进行选择、交叉和变异操作,生成子代个体。在选择中只选择适应度值高的个体参与遗传操作,这些个体在交叉时生成通用池,变异对通用池进行操作,子代由通用池中产生,产生方法为树发育算法。

④ 遗传代数加 1,EvoGene=EvoGene+1,以子代个体代替父代个体。

(5) 输出计算结果,包括各管段的设计流量、流速、坡度和埋深及管网总造价等信息。

2. 使用过程中的处理技巧

在优化过程中,城市排水管道系统平面布置图通常抽象为由点和线构成的决策图,因此需要应用大量的图论知识。其中由连通图 G 导出生成树的破圈法(图 5-16)指:在 G 中任取一圈,去掉其中的一条边,然后再取一个圈,再去掉这个圈中的一条边。如此继续下去,最后得到的连通图的无圈生成子图就是 G 的一棵生成树。例如,在图 5-16 连通图 G 中,取圈 abc,去掉 c;再取圈 $abed$,去掉边 e。最后取圈 dfg,去掉边 d,剩下的由 a、b、f、g 组成的生成子图就是 G 的一棵生成树。G.W. Walters 称破圈法为树发育算法,它能够保证从无向、有向和部分有效基础图中随机得到生成树。

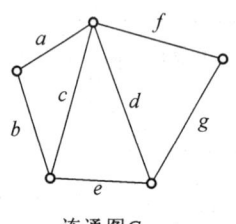
连通图 G
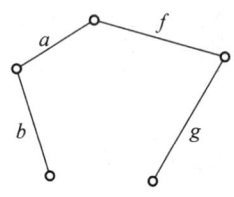
G 的一棵生成树

图 5-16 树的生成

1) 子图的生成

假定有一个节点集[图 5-17(a)],通过可行性连接,形成一个无向基础图[图 5-17(b)]。设初始无向基础图为 BG,当 BG 中的各条边任意设定方向后,形成带有方向表示的无向基础图的参考图 A[图 5-17(c)],其中的边集为 BaseArcs(A)。如果图 B 是 BG 的子图,它将包含边集 BaseArcs 的两个子集:正边集 PosArcs(B) 和负边集 NegArcs(B)。在正边集 PosArcs(B) 中边的流向与边集 BaseArcs(A) 中边的设定方向相同;负边集 NegArcs(B) 中边的流向与边集 BaseArcs(A) 中边的设定方向相反。这样,对于图 BG 中的一条边,如果它

既不属于正边集 PosArcs(B)，又不属于负边集 NegArcs(B)，则它不属于图 B；如果图 BG 中的一条边，既属于正边集 PosArcs(B)，又属于负边集 NegArcs(B)，则该边在图 B 中的方向是未定的。

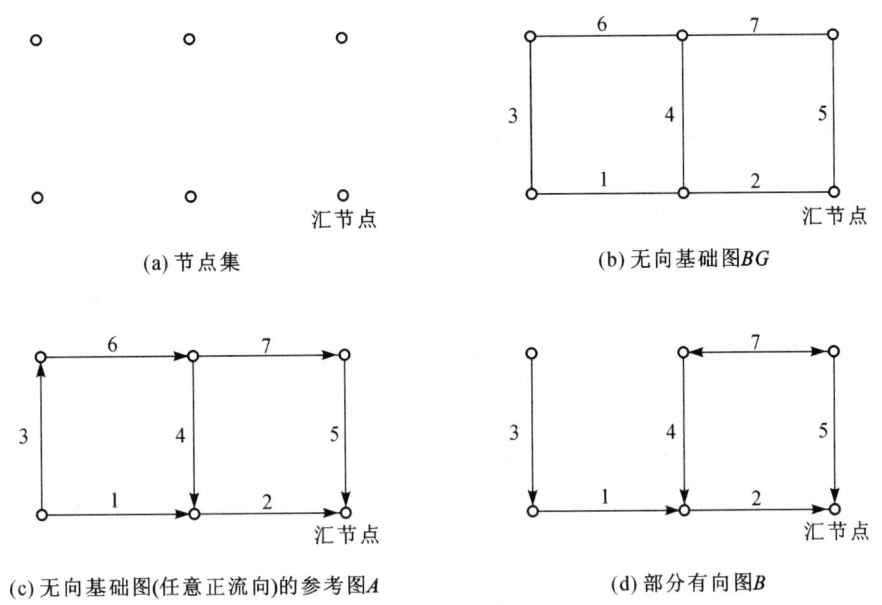

图 5-17　基础图与子图

图 5-17(b)的无向基础图 BG，包含编号 1～7 的七条边，当每条边任意设定方向后，生成参考图 A。图 5-17(d)中的部分有向图 B 是图 BG 的一个子图，参照参考图 A，它将包含两个边集

$$\text{PosArcs}(B)=[1,2,4,5,7]$$
$$\text{NegArcs}(B)=[3,7]$$

其中编号为 6 的边既不属于 PosArcs(B)又不属于 NegArcs(B)，所以它不属于图 B；而编号为 7 的边既属于 PosArcs(B)，又属于 NegArcs(B)，因此在图 B 中边 7 的方向是未定的。

2) 子代的生成

假设在进化算法中被选择用于繁殖下一代的两个父代生成树为 P_1 和 P_2（图 5-18），根据图 5-17，则这两个父代个体的全部遗传信息为边集

$$\text{PosArcs}(P_1)=[1,6,7,5]$$
$$\text{NegArcs}(P_1)=[4]$$
$$\text{PosArcs}(P_2)=[1,2,4,5,6]$$
$$\text{NegArcs}(P_2)=[\ ]$$

当两个父代个体交配时，其遗传信息将混合进一个通用池（Common Pool），它是两棵生成树叠加后形成的一个新的部分有向图 PP，PP 为 P_1 和 P_2 的并集，它是由 P_1 和 P_2 中所有的边组成的图，其中的每条边都保持了它在 P_1 和 P_2 中的方向。此时如果一条边在 P_1 和 P_2 中的方向相反，则该边在 PP 中方向不确定，见图 5-18(b)。

$$PP = P_1 \cup P_2 \Rightarrow \begin{cases} \text{PosArcs}(PP) = \text{PosArcs}(P_1) \cup \text{PosArcs}(P_2) \\ \quad = [1,6,7,5] \cup [1,2,4,5,6] \\ \quad = [1,2,4,5,6,7] \\ \text{NegArcs}(PP) = \text{NegArcs}(P_1) \cup \text{NegArcs}(P_2) \\ \quad = [4] \cup [\,] = [4] \end{cases}$$

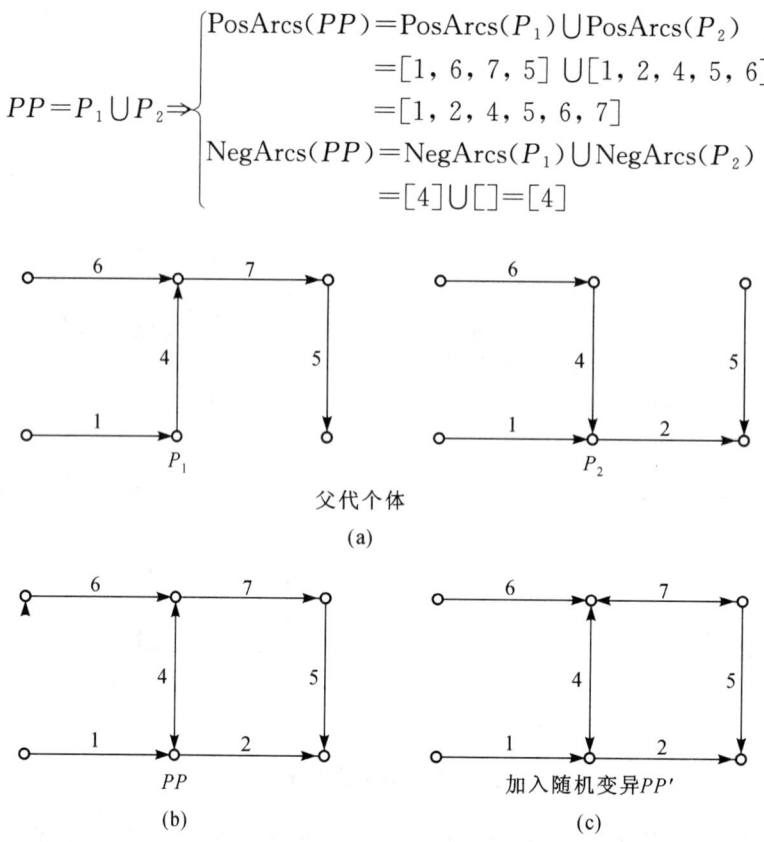

图 5-18 遗传信息共享

该阶段为引入随机变异提供了方便,随机变异是进化过程中一个重要的操作。变异的方法是通过随机加入一条或多条有向边到图 PP 中,形成图 PP',这样就向通用池中加入了额外遗传信息。在图 5-18(c)中加入了一条有向边到编号为 7 的边上。

对图 PP' 应用图论中破圈法便可以生成子代个体。尽管从 PP' 中可以产生相当多的子代个体,为了保持群体规模的稳定性,通常采用从两个父代个体混合的通用池中,只生成两个子代个体。

在排水管道系统的优化布置中,进化策略中每个个体都代表了一种可行布置方案。每种可行布置方案可以采用已定管线下的优化设计计算方法进行计算。合理经济的排水管道系统将是一棵优化树,而且是一棵最小费用树。

3. 算例分析

1) 已知条件

根据图 5-19 所示的街坊平面图,布置污水管道。①人口密度 600 人/hm^2;②污水量标准为 140 L/(cap·d);③工人的生活污水和淋浴污水设计流量分别为 8.24 L/s 和 6.84 L/s,生产污水设计流量为 26.4 L/s,工厂排出口(图 5-19 中的接管点)地面标高为 43.5 m,管底埋深不小于 2 m,土壤冰冻深为 0.8 m;④沿河岸堤坝顶标高 40 m;⑤管道造价公式采用式(5-32)的形式。

$$c = 12.1997 + 44.8812H + 1.5073H^2 + 7.6463DH - \\ 225.7476D + 606.0350D^2 - 85.6203D^3 \tag{5-32}$$

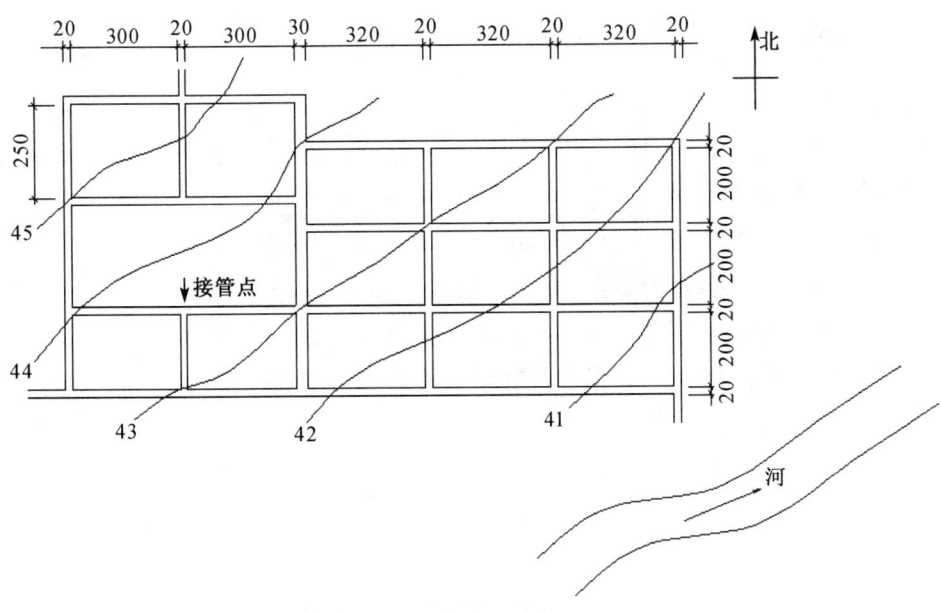

图 5-19 街坊平面图(m)

2) 前期准备工作

(1) 在街坊平面图上布置污水管道。从街坊平面图可知该区地势自西北向东南倾斜，坡度很小，无明显分水线，可划分为一个排水流域。

(2) 街坊编号并计算其面积。对各街坊编码，并按各街坊的平面范围计算它们的面积，列入表 5-17。用箭头标出各街坊污水排出的方向。

(3) 划分设计管段，计算比流量。根据设计管段的定义和划分方法，将各干管和主干管中有本段流量进入的点(一般定为街坊两端)、集中流量旁侧支管进入的点，作为设计管段的起讫点的检查井并编码。

表 5-17　　　　　　　　　　　　　街坊面积

街坊编号	1	2	3	4	5	6	7	8	9	10	11	12	13
街坊面积(hm²)	3.75	3.75	3.75	3.75	3.2	3.2	3.2	3.2	3.2	3.2	3.2	3.2	3.2
街坊编号	14	15	16	17	18	19	20	21	22	23	24	25	26
街坊面积(hm²)	3.2	3.2	3.2	3.0	3.0	3.0	3.0	3.2	3.2	3.2	3.2	3.2	3.2

本例中，居住区人口密度为 600 人/hm²，污水量标准为 140 L/(人·d)，则每 hm² 街坊面积的生活污水平均流量(比流量)为

$$q_0 = \frac{600 \times 140}{86\,400} = 0.972 \, [\text{L/(s} \cdot \text{hm}^2)]$$

本例中有 1 个集中流量，在检查井 13 进入管道，相应的设计流量为

$$8.24+6.84+26.4=41.48(\text{L/s})$$

检查井编号及街坊编号见图 5-20。原始数据经整理后见表 5-18。

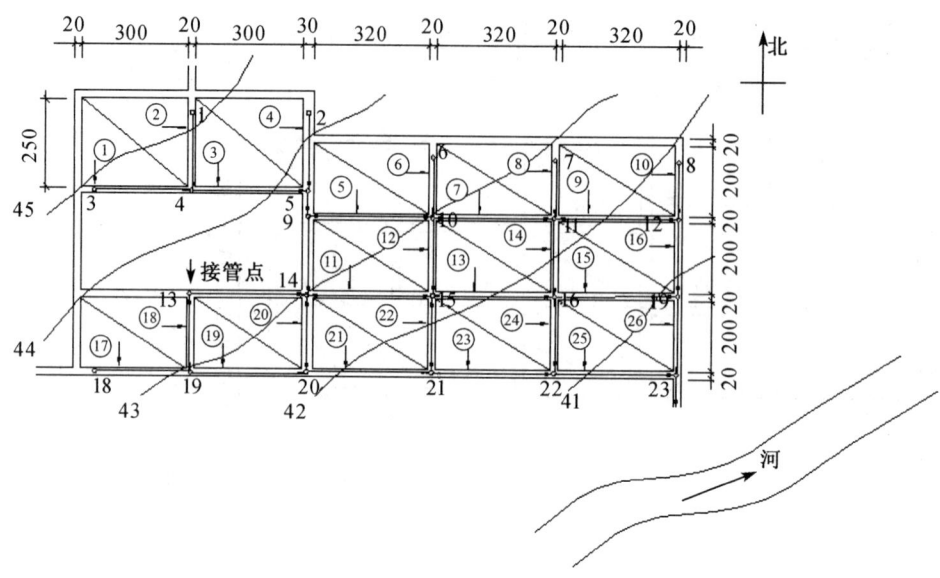

图 5-20 街坊平面可选管段连接(m)

3) 计算结果分析

利用以上的优化方法,计算结果见表 5-19。其中已定管线下的优化设计计算采用遗传算法来求解。遗传算法在设计计算中直接利用标准管径,注重整个系统中各管段间的协调和总体目标,可实现全局寻优的效果。可以看出表 5-19 中的数据满足污水管道计算的约束条件。管网的平面布置示意见图 5-21。

表 5-18　　　　　　　　　　　　　原始数据表

检查井编号	平面坐标		地面标高	街坊面积	街坊编号	集中流量	下游检查
	$X(\text{m})$	$Y(\text{m})$	$Z(\text{m})$	(hm^2)		(L/s)	井编号
1	330	750	45.05	3.75	2	—	4
2	650	750	44.20	3.75	4	—	5
3	120	550	44.80	3.75	1	—	4
4	330	550	44.50	3.75	3	—	5
5	650	550	43.90				9
6	1 000	600	43.30	3.20	6	—	10
7	1 340	600	42.80	3.20	8	—	11
8	1 680	600	41.90	3.20	10	—	12
9	650	440	43.60	3.20	5	—	—10, 14
10	1 000	440	42.95	6.40	7+12	—	—11, 15
11	1 340	440	42.30	6.40	9+14	—	—12, 16

续表

检查井编号	平面坐标 X(m)	平面坐标 Y(m)	地面标高 Z(m)	街坊面积 (hm²)	街坊编号	集中流量 (L/s)	下游检查井编号
12	1 680	440	41.60	3.20	16	—	17
13	330	220	43.60	3.00	18	41.48	14, 19
14	650	220	42.95	5.20	11+20	—	−15, −20
15	1 000	220	42.30	6.40	13+22	—	−16, −21
16	1 340	220	41.70	6.40	15+24	—	−17, −22
17	1 680	220	40.95	3.20	26	—	23
18	120	0.0	43.40	3.00	17	—	19
19	330	0.0	42.95	3.00	19	—	20
20	650	0.0	42.40	3.20	21	—	21
21	1 000	0.0	41.70	3.20	23	—	22
22	1 340	0.0	41.10	3.20	25	—	23
23	1 680	0.0	40.50	—	—	—	至污水厂

注：下游检查井编号前有"−"表示该段管段的方向不确定。

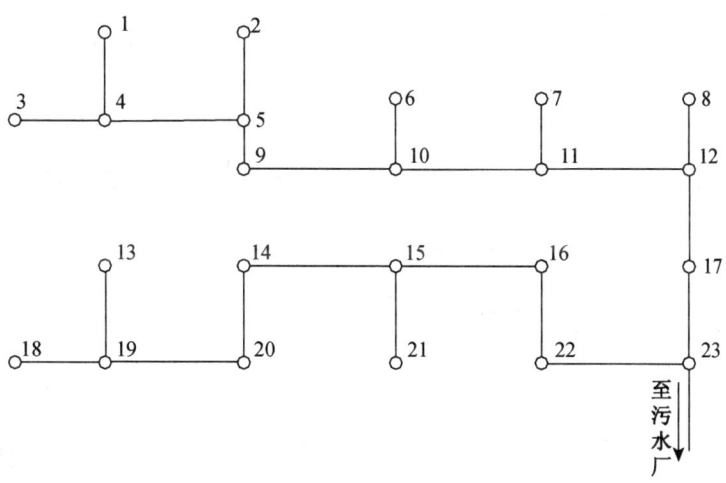

图 5-21 管网平面布置示意

计算中采用的进化算法参数为：交叉概率为 0.60，变异概率为 0.10，群体中个体数为 5，进化代数为 30。进化过程曲线见图 5-22。

对于进化算法所计算的结果，并没有很好的方法证明它是最优的，因此最优结果必须通过多次试运行才能确定，图 5-23 所示是在 10 次试运行中得到的结果，其取值范围为 189 739.77～195 874.30 元，最大差距为 6 134.53 元。出现多组计算结果并不表明进化策略的缺陷，而正是这样，进化算法可以产生一组互相独立的趋近于最优解的方案。这从工程角度考虑，是非常有意义的，当在工程中出现意想不到的技术问题时，进化算法可以提供其他趋近于最优解的可选方案。根据部分有向基础图生成树数目的算法，可以计算出总的平面布置方案为 8 498 个。在本例中只采用了 5×30=150 次估计就找到了趋近于最优解的结果。

表 5-19　算例中污水干管计算结果(设计流量计算部分)

管段编号	居住区生活污水量 Q_1									集中流量(L/s)		设计流量(L/s)
	本段流量				转输流量 q_2 (L/s)	合计平均流量 (L/s)	总变化系数 K_z	生活污水设计流量 Q_1		本段	转输	
	街坊编号	街坊面积 (hm²)	比流量 q_0 [L/(s·hm²)]	流量 q_1 (L/s)								
1	2	3	4	5	6	7	8	9		10	11	12
1—4	2	3.75	0.97	3.65	—	3.65	2.30	8.39		—	—	8.39
2—5	4	3.75	0.97	3.65	—	3.65	2.30	8.39		—	—	8.39
3—4	1	3.75	0.97	3.65	—	3.65	2.30	8.39		—	—	8.39
6—10	6	3.20	0.97	3.11	—	3.11	2.30	7.16		—	—	7.16
7—11	8	3.20	0.97	3.11	—	3.11	2.30	7.16		—	—	7.16
8—12	10	3.00	0.97	2.92	—	2.92	2.30	6.71		41.48	—	48.19
13—19	18	3.00	0.97	2.92	—	2.92	2.30	6.71		—	—	6.71
18—19	17	3.20	0.97	3.11	—	3.11	2.30	7.16		—	—	7.16
21—15	23	3.75	0.97	3.65	7.29	10.94	2.08	22.70		—	—	22.70
4—5	3	3.00	0.97	2.92	5.83	8.75	2.13	18.61		—	41.48	60.09
19—20	19	—	—	—	14.58	14.58	2.01	29.32		—	—	29.32
5—9	—	3.20	0.97	3.11	8.75	11.86	2.06	24.40		—	41.48	65.88
20—14	21	3.20	0.97	3.11	14.58	17.69	1.97	34.83		—	—	34.83
9—10	5	6.20	0.97	6.03	11.86	17.89	1.97	35.17		—	41.48	76.65
14—15	11	6.40	0.97	6.22	20.81	27.03	1.88	50.78		—	—	50.78
10—11	7	6.40	0.97	6.22	21.00	27.22	1.88	51.10		—	41.48	92.58
15—16	13	6.40	0.97	6.22	30.14	36.36	1.82	66.12		—	—	66.12
11—12	9	6.40	0.97	6.22	27.22	33.44	1.84	61.38		—	41.48	102.86
16—22	15	3.20	0.97	3.11	39.47	42.58	1.79	76.10		—	—	76.10
12—17	16	3.20	0.97	3.11	33.44	36.56	1.82	66.43		—	41.48	107.91
22—23	25	3.20	0.97	3.11	42.58	45.69	1.77	81.03		—	—	81.03
17—23	26	3.20	0.97	3.11	42.58	45.69	1.77	81.03		—	—	81.03

续表

算例中污水干管计算结果表（设计流量计算部分）

管段编号	管道长度 L (m)	设计流量 Q (L/s)	管径 D (mm)	坡度 I (‰)	流速 v (m/s)	充满度 h/D	充满度 h (m)	降落量 I·L (m)	地面上端	地面下端	水面上端	水面下端	管内底上端	管内底下端	埋设深度上端	埋设深度下端
1	2	3	4	5	6	7	8	9	10	11	12	13	14	15	16	17
1—4	200.00	8.39	300	3.00	0.700	0.500	0.150	0.600	45.05	44.50	43.900	43.300	43.750	43.150	1.30	1.35
2—5	200.00	8.39	300	3.00	0.700	0.500	0.150	0.600	44.20	43.90	43.050	42.450	42.900	42.300	1.30	1.60
3—4	210.00	8.39	300	3.00	0.700	0.500	0.150	0.630	44.80	44.50	43.650	43.020	43.500	42.870	1.30	1.63
6—10	160.00	7.16	300	3.00	0.700	0.500	0.150	0.480	43.30	42.95	42.150	41.670	42.000	41.520	1.30	1.43
7—11	160.00	7.16	300	3.00	0.700	0.500	0.150	0.480	42.80	42.30	41.650	41.170	41.500	41.020	1.30	1.28
8—12	160.00	7.16	300	3.00	0.700	0.500	0.150	0.480	41.90	41.60	40.750	40.270	40.600	40.120	1.30	1.48
13—19	220.00	48.19	350	2.21	0.728	0.650	0.228	0.487	43.60	42.95	42.528	42.041	42.300	41.813	1.30	1.14
18—19	210.00	6.71	300	3.00	0.700	0.500	0.150	0.630	43.40	42.95	42.250	41.620	42.100	41.470	1.30	1.48
21—15	220.00	7.16	300	3.35	0.710	0.462	0.139	0.660	41.70	42.30	40.550	39.890	40.400	39.740	1.30	2.56
4—5	320.00	22.70	300	3.11	0.736	0.617	0.247	1.070	44.50	43.90	43.020	41.950	42.881	41.811	1.62	2.09
19—20	320.00	60.09	400	1.96	0.738	0.550	0.165	0.628	42.40	42.95	41.620	40.992	41.373	40.745	1.58	1.65
5—9	110.00	29.32	300	4.39	0.762	0.650	0.260	0.446	43.90	43.60	41.950	41.608	41.785	41.443	2.12	2.16
20—14	220.00	65.88	400	2.03	0.874	0.429	0.165	1.535	42.95	42.30	40.992	40.546	40.732	40.286	1.67	2.66
9—10	350.00	34.83	300	3.05	0.894	0.570	0.228	0.649	43.60	41.70	41.608	40.073	41.443	39.908	2.16	3.04
14—15	350.00	76.65	500	1.85	0.772	0.505	0.252	1.200	42.95	41.60	40.546	39.897	40.294	39.645	2.66	2.66
10—11	340.00	50.78	350	3.53	0.884	0.576	0.202	0.615	41.70	41.10	40.073	38.873	39.871	38.671	3.08	3.63
15—16	340.00	92.58	600	1.81	0.800	0.429	0.257	1.036	41.60	40.95	39.890	39.275	39.633	39.018	2.67	2.68
11—12	340.00	66.12	400	3.05	0.894	0.570	0.228	0.382	42.30	41.60	38.873	37.838	38.645	37.610	3.65	3.99
16—22	220.00	102.86	600	1.74	0.810	0.460	0.276	0.637	41.70	40.95	39.275	38.893	38.999	38.617	2.70	2.48
12—17	220.00	76.10	400	2.90	0.904	0.635	0.254	0.590	41.60	40.50	37.838	37.200	37.584	36.946	4.02	4.00
22—23	340.00	107.91	600	1.74	0.820	0.473	0.284	0.619	41.10	40.50	38.893	38.303	38.609	38.019	2.49	2.48
17—23	220.00	81.03	450	2.81	0.914	0.545	0.245	0.619	40.95	40.50	37.200	36.582	36.955	36.336	3.99	4.16

总造价：189 739.77 元

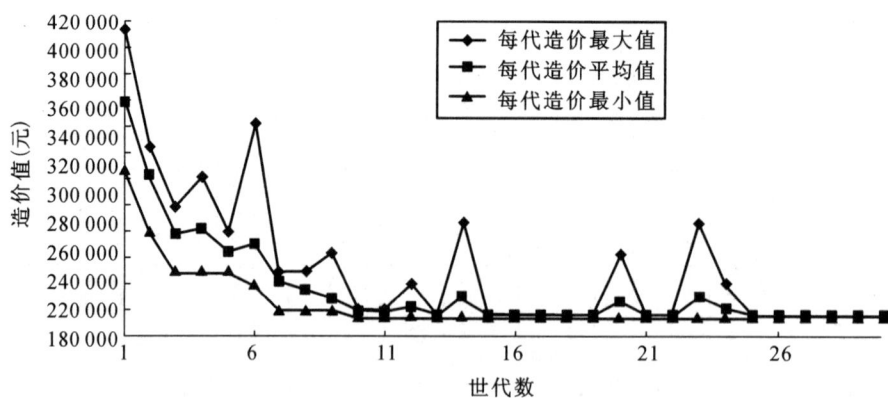

图 5-22 造价随世代变化曲线

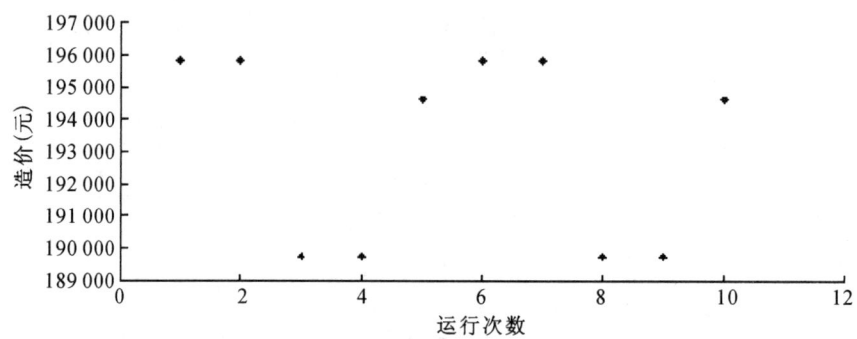

图 5-23 10 次试运行结果

4. 多出水口排水管网问题

在许多大、中城镇，由于排水量的增长，往往逐步发展出多出水口（包括污水总泵站、雨水调节池等也看作是出水口）的排水系统，当然多出水口管网仍旧是枝状管网。进化算法的优化原理为处理多出水口排水管网问题提供了方便。应用虚管段和虚节点的概念，其中虚节点为虚单出水口，虚管段将各出水口与虚节点相连[图 5-24(a)]。虚管段长度为零，只表

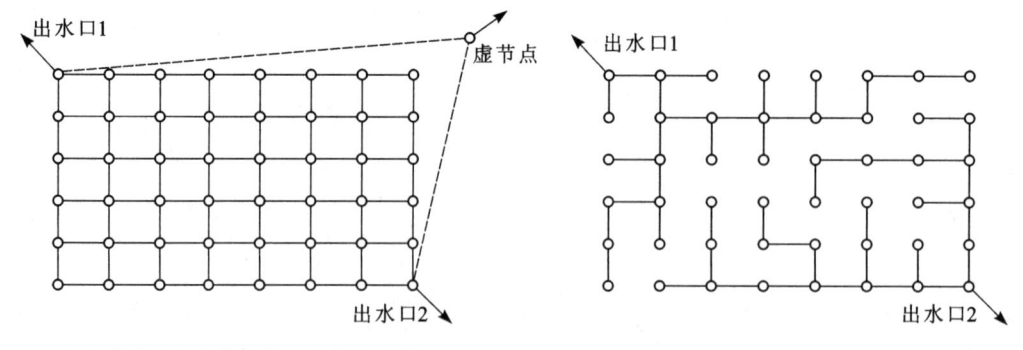

(a) 加入虚节点和虚管段的可选管段连接图　　(b) (假定)排水管道系统平面优化布置计算结果

图 5-24 多出水口排水管网平面布置示例

示在平面布置时的一个环节,其工程造价也为零。这样多出水口管网的计算就转化成了单出水口管网的计算形式,同样可以应用进化算法求解。图 5-24(b)所示是经进化算法求得的一种最优平面布置方案(理论上假定,目前还没进行实例计算)。进化算法可以自动解决每一出水口所连管道的服务范围。这样多出水口管网问题应用优化方法解决,可以使各出水口所包含的排水区域的划分更加合理。

第6章 污水处理

6.1 污水处理基本方法与系统

污水处理的基本方法,就是采用各种技术与手段,将污水中所含的污染物质分离去除、回收利用,或将其转化为无害物质,使水得到净化。

现代污水处理技术,按处理程度划分为一级、二级或深度处理,以及污泥处理(图6-1)。现在一般均附加必要的深度处理。

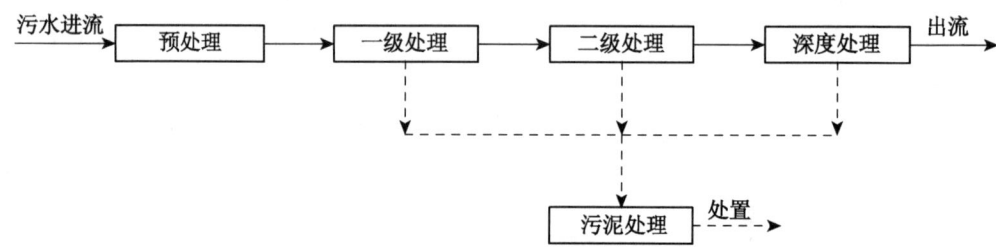

图6-1 污水处理系统流程

一级处理一般为物理处理,主要去除污水中呈悬浮状态的固体污染物质,以减轻后续二级处理的负荷。方法有筛滤、沉淀、气浮等。这些过程至少可以去除30%的BOD_5、15%的总氮和总磷,大肠埃希氏菌数量也可以降低1~2个数量级。

二级处理为生物化学处理,它是利用微生物的代谢作用,使污水中呈溶解、胶体状态的有机物转化为稳定的无害物质。主要方法分为两大类,即利用好氧生物作用的好氧法(好氧氧化法)和利用厌氧微生物作用的厌氧法(厌氧氧化法)。

深度处理是在一级、二级处理后,进一步处理难降解的有机物、磷和氮等能够导致水体富营养化的可溶性无机物等。主要方法有生物脱氮除磷法、混凝沉淀法、砂滤法、活性炭吸附法、离子交换法和电渗析法等。

污泥是污水处理过程中的产物。城市污水处理产生的污泥含有大量有机物、细菌、寄生虫卵以及从生产污水中带来的重金属离子等,需要做稳定与无害化处理。污泥处理的主要方法是减量处理(如浓缩、脱水)、稳定处理(如厌氧消化、好氧消化)、综合利用(如污泥农业利用)和最终处理(如干燥焚烧、填埋)。

6.2 预处理和一级处理

图6-2说明了预处理和一级处理工艺流程。预处理通常包括格栅、破碎机和沉砂池,一级处理利用沉淀池。为使污水处理厂内构筑物之间的水力以重力方式流动,格栅之后设置

污水总泵站，进行污水提升。

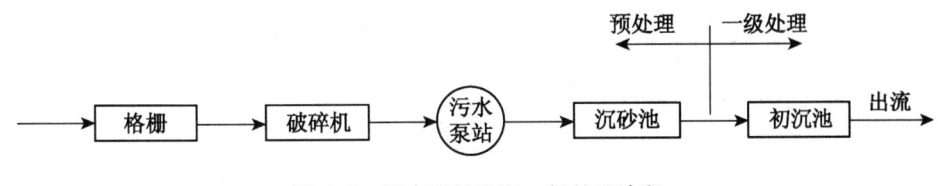

图 6-2　污水预处理和一级处理流程

格栅由一组平行的金属栅条或筛网制成，安装在污水渠道、泵房集水井的进口或污水处理厂的端部，用以截留较大的悬浮物或漂浮物，如纤维、碎皮、毛发、木屑、果皮、蔬菜、塑料制品等，以减轻后续处理构筑物的处理负荷。被截留的物质称为栅渣。

破碎机的主要部件是半圆柱形固定滤网与同心的圆柱形转动切割盘，作用是把污水中较大的悬浮固体破碎成较小的、较均匀的碎块，仍留在污水中。它可安装在格栅后、污水泵前，作为格栅的补充，防止污水泵阻塞并提高与改善后续处理构筑物的处理效能；也可安装在沉砂池之后，减轻破碎机的磨损。

沉砂池的功能是去除比重较大的无机颗粒(如泥砂、煤渣等，它们的相对密度约为2.65)。沉砂池一般设于泵站、倒虹管前，以减轻无机颗粒对水泵、管道的磨损；也可设于初次沉淀池前，以减轻沉淀池负荷及改善污泥处理构筑物的处理条件。常用的沉砂池有平流沉砂池、曝气沉砂池、旋流沉砂池等。

一级处理使用的沉淀池不同于生物处理中使用的沉淀池，称作初次沉淀池(初沉池)。根据前面的沉淀理论，初沉池起固液分离作用，处理的对象主要是污水中的有机悬浮物 SS，同时可去除部分 BOD_5(主要是非溶解性的)，用以改善生物处理构筑物的运行条件并降低其 BOD 负荷。初沉池中沉淀的污泥称为初沉污泥。

当沉淀池的有效水深为 2.0～4.0 m 时，初次沉淀池的沉淀时间为 0.5～2.0 h，相应的表面水力负荷为 1.5～4.5 $m^3/(m^2 \cdot d)$，其中一级处理厂和无脱氮除磷的二级处理厂取沉淀时间的高值和表面水力负荷的低值；脱氮除磷的二级处理厂取沉淀时间的低值(0.5～1.0 h)和表面水力负荷的高值[3.0～4.5 $m^3/(m^2 \cdot d)$]。沉淀池的超高不应小于 0.3 m。

污水中油脂、浮渣较多，会在出流处聚集，因此为防止浮渣随出水溢出，在出流堰之前，应设撇渣设施。出水堰一般为三角堰，在整个池中保持水平。出水堰的负荷不宜大于 2.9 $L/(s \cdot m)$。

污水厂常用的沉淀池为平流式沉淀池、竖流式沉淀池和辐流式沉淀池(图 6-3)。平流式沉淀池的长度与宽度之比不宜小于 4。长度和有效水深之比不宜小于 8，池长不宜大于 60 m。辐流式沉淀池的直径(或正方形的一边)与有效水深比宜为 6～12，水池直径不宜大于 50 m。竖流式沉淀池的直径与有效水深比不宜大于 3。

沉淀池应设有连续排泥措施。采用机械排泥时，平流沉淀池排泥机械的行进速度为 0.3～1.2 m/min；辐流式沉淀池排泥机械旋转速度宜为 1～3 r/h，刮泥板的外缘线速度不宜大于 3 m/min。

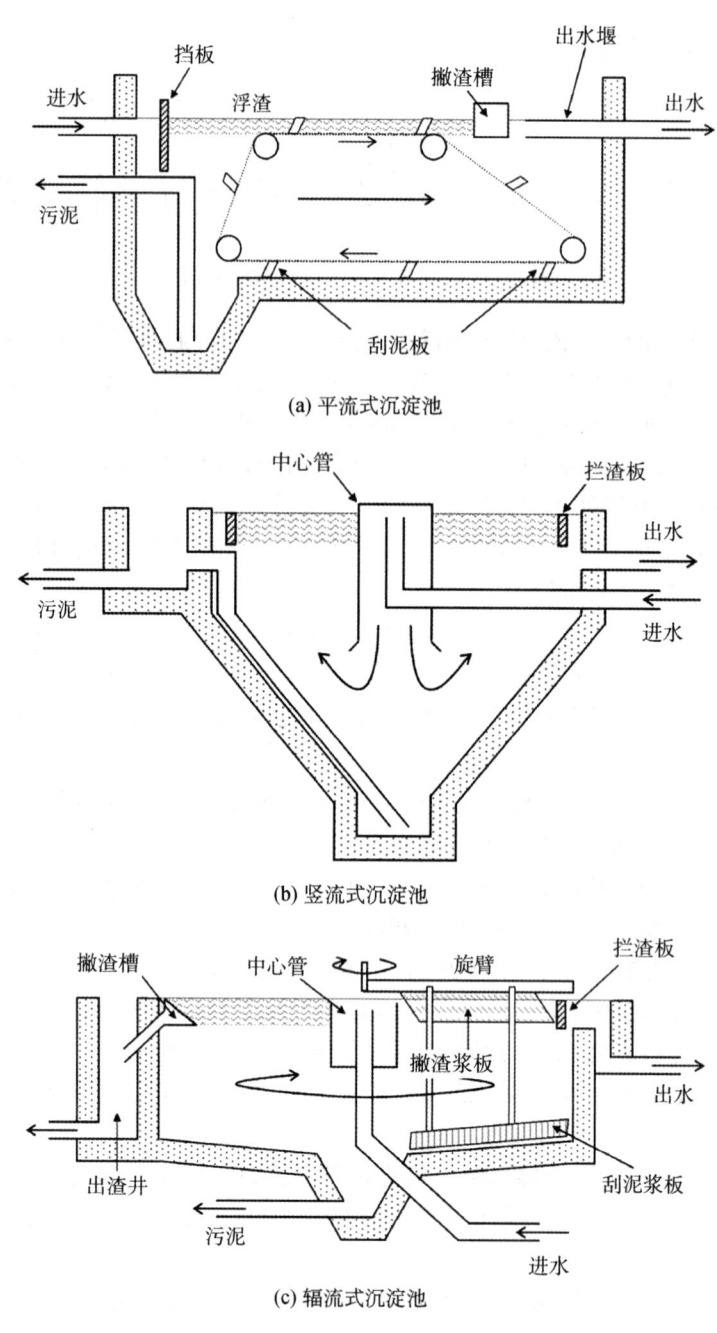

图 6-3 沉淀池

6.3 二级处理

6.3.1 生物分解作用与处理原理

污水的二级处理采用生物处理。处理过程中,微生物以水中的有机污染物质作为生长碳源和(或)能源,将污染物从水中去除,将其转化为新细胞物质和 CO_2 或其他无毒形式。

生物处理工艺按代谢功能可划分为好氧处理、厌氧处理和缺氧处理。其中好氧处理指有分子氧存在条件下进行的生物处理过程。厌氧处理指无分子氧和硝酸盐氮(化合态氮)存在条件下进行的生物处理过程。缺氧处理指在缺氧条件下,通过生物作用将硝酸盐氮转化为氮气的过程,也称为反硝化。

根据微生物在反应器内生长方式的不同,生物处理反应器可以分为悬浮生长型工艺和附着生长型工艺。悬浮生长型工艺是指降解污染物的微生物在水中处于悬浮状态的生物处理工艺,例如好氧(厌氧)活性污泥法,污泥的好氧(厌氧)消化工艺。附着生长型工艺是指降解污染物的微生物附着于某些惰性材料(如碎石、炉渣及其他专门设计的塑料或陶瓷)上的生物处理工艺,也称为生物膜法工艺。好氧附着生长型工艺包括生物滤池、生物转盘、生物接触氧化池等;厌氧附着生长型工艺包括厌氧生物滤池、厌氧填料床反应器和厌氧流化床反应器等。

有机物的好氧生物处理是在游离氧(分子氧)存在的条件下,好氧微生物降解有机物,使其稳定化、无害化的处理方法。好氧生物处理过程中,有机物被微生物摄取之后,通过代谢活动,一部分有机物被分解、稳定,为微生物生命活动提供所需能量;一部分被转化,合成为新的原生质(细胞质)的组成部分,即微生物的自身生长繁殖(图6-4)。好氧生物处理的反应速度较快,所需反应时间较短,处理构筑物(反应器)的容积较小;且在处理过程中散发的臭气较少。因此目前对中、低浓度的有机废水,或者 BOD_5 质量浓度在 500 mg/L 以下的有机废水,基本上采用好氧生物处理法。

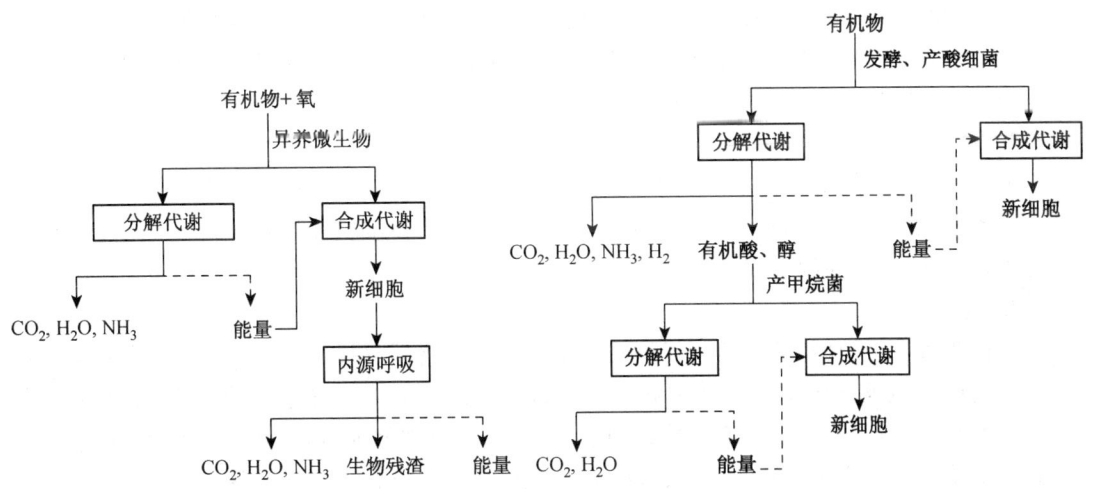

图 6-4 好氧生物处理过程中有机物的转化　　图 6-5 厌氧生物处理过程中有机物的转化

有机物的厌氧生物处理是在没有游离氧的情况下,兼性细菌和厌氧细菌降解及稳定有机物的生物处理方法。有机物的厌氧分解过程,主要经历两个阶段(图6-5)。在第一阶段,复杂的高分子有机化合物降解为低分子的中间产物,即有机酸、醇、二氧化碳、氨、硫化氢等。在此阶段,由于有机酸大量积累,pH值下降,所以称为产酸阶段。产酸阶段中,起作用的主要是产酸菌,这是一种兼性厌氧菌。在第二阶段,产甲烷菌发挥作用,这是一种专性厌氧菌,它可进一步利用产酸阶段产生的有机酸、醇,最终生成甲烷(CH_4)。第二阶段的特征是产生大量的甲烷气体,故称为产气阶段。厌氧生物处理工艺由于不需另加氧源,故运转费用低;同时还具有可回收生物能(甲烷)以及剩余污泥量少的优点。其主要缺点是由于厌氧生化反应速度较慢,反应时间长,处理构筑物容积较大等。此外要保持较高的反应速度,就需要保持高的温度,这将消耗能量。总的来说,对于有机污泥的消化以及高质量浓度(一般 BOD_5 的质量浓度≥2 000 mg/L)有机废水均可采用厌氧生物法。

微生物的生长规律可以用微生物生长曲线反映(图 6-6)。按微生物生长速度可将微生物的生长分成 4 个阶段,即停滞期、对数生长期、静止期和衰亡期。

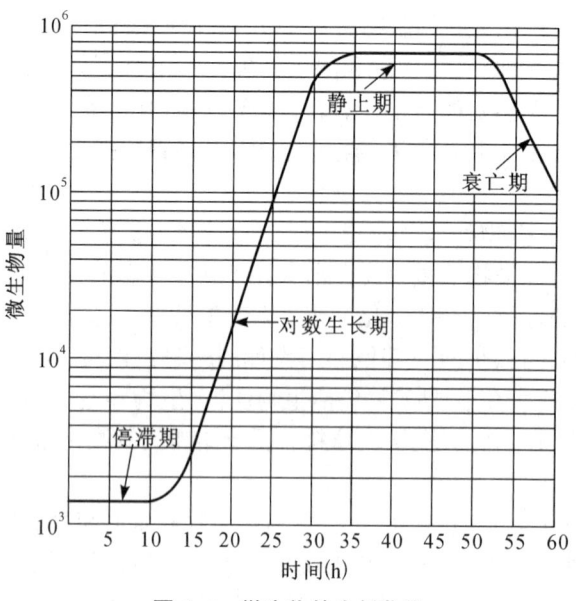

图 6-6 微生物的生长曲线

1. 停滞期

将细菌接种至培养基中并处于有利的生长环境时,还不能马上发生分裂增殖,而是先适应新环境并为增殖贮备条件,这一阶段称为停滞期。停滞期内生物量增长很少,底物消耗也很少。

2. 对数生长期

微生物经过停滞期的调整适应后,就可以最快的速度增殖,这一阶段称为对数生长期。由于培养基内的底物和营养物质丰富,细菌的繁殖速度不受底物限制,只受温度因素的影响。该阶段生物体的生长呈对数关系增长。

3. 静止期

由于对数生长期对培养基中营养物质的消耗,细菌用于增殖的底物量受到限制,细胞繁殖速度逐渐减慢。体内细胞的生长与死亡相对平衡,生物体浓度保持相对稳定,不随时间发生变化,这一阶段称为静止期。

4. 衰亡期

静止期后,由于培养基中的营养物质近乎耗尽,细菌将因得不到营养而只能利用菌体内的贮存物质或以死亡菌体作为养料,进行内源呼吸以维持生命,故衰亡期又称为内源呼吸期。在这期间,培养液中的活细胞数急剧下降,只有少数细胞能继续分裂,大多数细胞出现自溶现象并死亡。菌体细胞的死亡速度超过分裂速度,生长曲线显著下降。

微生物的生长曲线对于生物处理工艺条件的控制有重要的指导意义。当微生物接种至不同生长条件的污水中,或污水处理厂因故中断运行后恢复运行时,就可能出现停滞期。这种情况下,微生物要经过若干时间的驯化或恢复才能适应新的污水或恢复正常状态。当污水中有机物浓度很高,且培养条件适宜时,微生物可能处于对数生长期。处于对数生长期的微生物繁殖很快,活力也很强,处理污水的能力必然较高。但为了维持微生物处于对数生长状态,微生物处于食料过剩的环境中。这种情况下,微生物的絮凝、沉降性能较差,出水中带出的有机物质(包括菌体)亦将多一些。因此利用微生物对数期处理污水,虽然反应速率快,但难以取得稳定出水和较好的处理效果。当污水中有机物浓度较低,微生物浓度较高时,微生物可能处于静止期,这时微生物絮凝性能好,混合液沉淀后上清液清澈。因此一般污水生物处理,常控制微生物处于静止期或衰亡期,以使污水处理效果较好。

6.3.2 与污水处理相关的微生物

1. 细菌

污水中 BOD 成分的去除,直接与细菌相关。细菌包含各种杆菌、球菌等,细菌粒径大约为 0.1 μm。活性污泥中的细菌以异养型原核细菌为主,主要有产碱杆菌属、动胶杆菌属、微球菌属、芽孢杆菌属、无色肝菌属。脱氮细菌如氨化菌、亚硝化菌、硝酸菌等。

2. 真菌

多数真菌为微小腐生或寄生的丝状菌。丝状菌宽度约为 5~20 μm,异常增殖会导致菌胶团松散甚至消失,活性污泥失去正常的絮凝沉降性能。

3. 藻类

分为硅藻、绿藻和蓝藻等。

4. 原生动物

原生动物是低等单细胞动物,分为肉足虫类、鞭毛虫类和纤毛虫类等。粒径大小从 5 μm 到 300 μm,通常为 30~100 μm。

5. 后生动物

后生动物为多细胞动物,污水中的后生动物有轮虫和线虫。轮虫类粒径为 200~500 μm,线虫类长度为 1 000~3 000 μm。

6.3.3 活性污泥法

1. 处理方法概述

图 6-7 所示为活性污泥法处理系统的基本流程。系统以活性污泥反应器-曝气池作为核心处理设备,包括二次沉淀池(简称二沉池)、污泥回流系统与空气扩散系统。

经初次沉淀池或水解酸化装置处理后的污水从一端进入曝气池。从二次沉淀池连续回流的活性污泥,也同步进入曝气池。此外,从空压机站送来的压缩空气,通过曝气池底部的空气扩散装置,以微小气泡形式进入水中。活性污泥微生物与污水互相混合、充分接触,使污水中有机物得到降解。从曝气池流出的混合液进入二次沉淀池后,进行泥水分离,流出沉淀池的上清液即是经过活性污泥处理的出水。沉淀浓缩后的污泥一部分回流至曝气池;一部分作为生物污泥排出二次沉淀池,在污泥处理设施中处理处置。

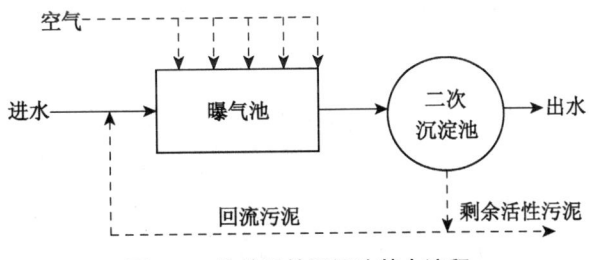

图 6-7 传统活性污泥法基本流程

2. 活性污泥反应动力学

所有生化反应中,底物降解的同时,微生物得到生长。微生物增长速度与活性污泥底物浓度之间的关系,可表示为 Monod 反应速度式

$$\mu = \mu_{\max}\left(\frac{S}{K_s + S}\right) = \frac{1}{X}\frac{dX}{dt} \tag{6-1}$$

式中　μ——微生物比增长速度(d^{-1})；
　　　μ_{max}——在活性污泥底物条件下，微生物最大比增长速度(d^{-1})；
　　　K_s——饱和常数，当$\mu=\frac{1}{2}\mu_{max}$时底物的质量浓度，又称半速度常数；
　　　S——底物质量浓度(mg/L)；
　　　X——微生物质量浓度(mg/L)。

由上式可知，微生物增长速度为

$$\frac{dX}{dt}=\frac{\mu_{max}XS}{K_s+S} \qquad (6-2)$$

在高底物质量浓度条件下，底物质量浓度S远大于饱和常数K_s，微生物处于对数生长期，式(6-2)可写为

$$\frac{dX}{dt}=\mu_{max}X=k_1X \qquad (6-3)$$

式中　k_1——活性污泥增长反应常数(d^{-1})。

式(6-3)说明，在高质量浓度有机底物条件下，活性污泥(微生物)的增殖速度与底物质量浓度S无关。活性污泥质量浓度X呈一级反应，底物对应零级反应[图6-8(a)]。

有时，过量的底物会对最大反应速率产生负面影响。在这种情况下，可以使用Andrews动力学说明

$$\mu(S)=\mu_{max}\frac{S}{K_s+S+S^2/K_1} \qquad (6-4)$$

式中，K_1表示抑制常数。这类动力学的形状如图6-8(b)所示。

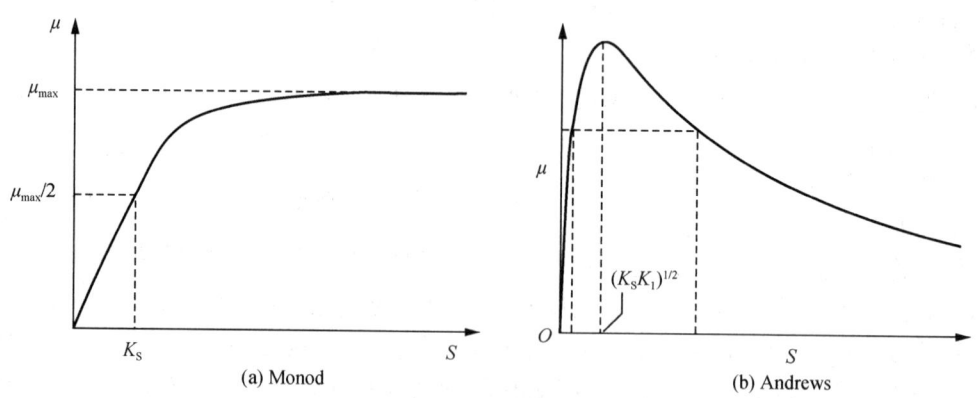

图6-8　动力学说明

低底物质量浓度条件下，$S\ll K_s$，对应于微生物减速增长或内源呼吸期。

$$\frac{dX}{dt}=\left(\frac{\mu_{max}}{K_s}\right)XS=k_2XS \qquad (6-5)$$

式中　k_2——反应速率常数，d^{-1}。

这时,活性污泥质量浓度为有机底物的一级反应。

通常认为微生物的比增殖速度 $\dfrac{dX}{dt}$ 与底物的比降解速度 $\dfrac{dS}{dt}$ 呈比例关系,即

$$\dfrac{dX}{dt} \propto \dfrac{dS}{dt}$$

于是式(6-3)和式(6-5)经过系数变化,可得

$$\dfrac{dS}{dt} = -K_1 X \tag{6-6}$$

$$\dfrac{dS}{dt} = -K_2 XS \tag{6-7}$$

式中 K_1,K_2——BOD 去除速率常数,一般采用时间单位(h^{-1})。

公式(6-7)中 K_2 的确定方法如下。设曝气池进水 BOD 的质量浓度为 S_0,出水 BOD 的质量浓度为 S_e,曝气池的停留时间为 T,积分式(6-7),得

$$\dfrac{S_e}{S_0} = \exp(-K_2 XT) \tag{6-8}$$

于是有效底物 BOD 降解率 η 为式(6-9),K_2 为式(6-10)。

$$\eta = \dfrac{S_0 - S_e}{S_0} = 1 - \exp(-K_2 XT) \tag{6-9}$$

$$K_2 = \dfrac{1}{XT} \ln\left(\dfrac{S_0}{S_e}\right) \tag{6-10}$$

3. BOD 负荷

正常活性污泥反应进程中,有机污染物被降解,含量降低;由于微生物的增殖,活性污泥得到增长;溶解氧为微生物利用,需要连续不断补充。有机物量与活性污泥量的比值 $\dfrac{F}{M}$,是决定有机物降解速度、活性污泥增长速度和溶解氧利用速度的重要因素,生物可降解的有机物质 F 通常用 BOD 表示。活性污泥量 M 通常用混合悬浮物质(MLSS)表示。为此具体工程应用中,$\dfrac{F}{M}$ 值是以 BOD-污泥负荷(又称 BOD-SS 负荷)L_s 表示,即

$$L_s = \dfrac{QS_a}{XV} \text{[kgBOD/(kgMLSS·d)]} \tag{6-11}$$

式中 Q——污水进流量(m^3/d);
 S_a——原污水中有机污染物(BOD)的质量浓度(mg/L);
 X——混合液悬浮固体(MLSS)的质量浓度(mg/L);
 V——曝气池容积(m^3)。

BOD-污泥负荷表示了曝气池中单位质量(kg)活性污泥,在单位时间(1d)内能够接受,并将其降解到预定程度的有机污染物量(BOD)。传统活性污泥法中,L_s 取值为 0.2~0.4 kgBOD/(kgMLSS·d)。

活性污泥处理系统设计与运行中,也利用 BOD-容积负荷(L_V)表示处理装置的容积效率。

$$L_s = \frac{QS_a}{V} \ [\text{kgBOD}/(\text{m}^3 \ \text{曝气池} \cdot \text{d})] \quad (6-12)$$

即单位曝气池容积(m^3),在单位时间(1 d)内能够接受并将其降解到预定程度的有机污染物量(BOD)。

L_s 值与 L_V 值之间的关系为

$$L_V = L_s X \quad (6-13)$$

4. 曝气池的水力停留时间

曝气池的水力停留时间(HRT)指污水在池中的停留时间,也即有机物与微生物的接触时间。当考虑污泥回流比 r 时,HRT 的计算为

$$HRT = \frac{V}{Q(r+1)} \times 24 \ (\text{h}) \quad (6-14)$$

5. 污泥泥龄

污泥泥龄 θ_c 又称微生物细胞平均停留时间,单位为日(d),是曝气池中总污泥量与系统每日排除的污泥量(或新增污泥量)之比,表示为

$$\theta_c = \frac{\text{曝气池中总污泥量}}{\text{每日排除污泥量}} = \frac{VX}{Q_w X_r + (Q - Q_w)X_e} \ (\text{d}) \quad (6-15)$$

式中　V——曝气池有效容积;
　　　X——曝气池混合液污泥质量浓度;
　　　Q_w——作为剩余污泥排放的污泥量;
　　　X_r——剩余污泥质量浓度;
　　　Q——污水流量;
　　　X_e——处理出水中的悬浮固体质量浓度。

污泥泥龄反映了活性污泥在曝气池中的平均停留时间。如果 θ_c 较短,则微生物不能足够生长。例如硝化菌在 20℃时,其世代时间为 3 d,当 $\theta_c < 3\text{d}$ 时,硝化菌就不可能在曝气池中大量增殖,不能够成为优势种属,就不能在曝气池中完成硝化反应。反过来,如果 θ_c 较长,则微生物活性下降。因此污泥泥龄应保证适当的数值。

一般情况下,出水中的污泥质量浓度很低,X_e 在计算中可忽略,于是式(6-15)变为

$$\theta_c = \frac{VX}{Q_w X_r} \quad (6-16)$$

θ_c 与污泥负荷、处理要求及运行方式等有关。

6. 活性污泥的沉降性能

二次沉淀池中,良好的沉降性能是发育正常的活性污泥应具有的特性之一。通常以污泥沉降比和污泥容积指数两个指标反映活性污泥的沉降性能。

污泥沉降比又称 30 min 沉降率,指混合液在量筒内静置 30 min 后形成沉降污泥的容积占原混合液容积的百分率,以%表示。污泥沉降比数值越小,说明污泥的沉降分离性能越好。

污泥指数 SVI 表示曝气池混合液经 30 min 静置沉淀后,每克干污泥(即 $MLSS$)占沉降污泥的容积,计算式为

$$SVI = \frac{混合液(1\ L)30\ min\ 静沉形成的活性污泥容积(mL)}{混合液(1\ L)中悬浮固体干重(g)} = \frac{SV(mL/L)}{MLSS(g/L)} \quad (6\text{-}17)$$

SVI 值的单位为"mL/g",但一般只用数字,将单位略去。SVI 值能反映活性污泥的絮凝沉降性能。以生活污水为主的城市污水处理中,活性污泥 SVI 值一般在 75~150 范围内。SVI 值超过 200,说明活性污泥出现异常,此时可能发生污泥膨胀。

7. 曝气设备

溶解氧是活性污泥的基本要素之一。曝气过程应使氧转移到液相的速率不低于微生物的好氧速率,满足微生物的溶解氧需求,这是曝气的充氧作用。此外,使微生物、有机物和氧充分接触,使活性污泥处于悬浮状态,这是曝气的混合作用。

活性污泥系统曝气池的充氧和混合通过曝气设备实现。目前常用的曝气方法主要为鼓风曝气、机械曝气以及鼓风-机械联合曝气系统。

鼓风曝气系统由空气净化器、鼓风机、空气输配管道和空气扩散装置等组成。其中,空气净化器的作用是防止扩散装置阻塞及空气管道的磨损;空气输配管道将空气输送到空气扩散器。空气扩散装置将空气分散成小气泡,增大空气和混合液之间的接触界面,促使空气中的氧溶解于水(图 6-9)。

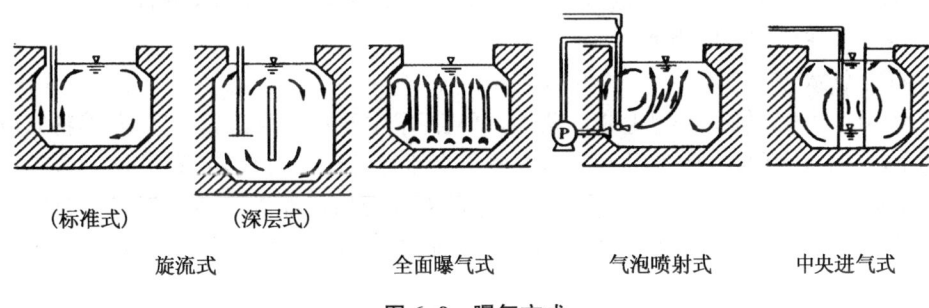

图 6-9 曝气方式

机械曝气属于表面曝气,通过安装于曝气池表面的曝气机运转达到充氧和混合的目的。机械曝气的充氧,通过叶轮或转刷的旋转产生水跃,使得曝气池混合液成薄幕状抛入池面上部的空气层中,形成巨大的气水接触面,加速气相中的氧分子向液相传递。机械曝气分竖式和卧式两类。

8. 氧转移原理

氧气从空气进入水中溶解,普遍使用的是双膜理论(图 6-10)。双膜理论认为在气液界面上存在气膜和液膜。气相和液相主体中,在液体充分混合条件下,浓度分布是均匀的,不存在浓度差,可忽略传质阻力。由于氧是难溶气体,溶解度很小,因此氧从气相主体传递到液相的主要阻力在于液膜。

令液膜的厚度为 X_f,界面处溶解氧浓度为 C_s,液相主体内溶

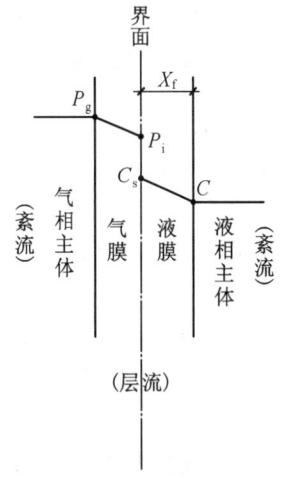

图 6-10 双膜理论模型

解氧浓度为 C,于是液膜溶解氧移动速度为

$$v = D\frac{1}{X_f}(C_s - C) \tag{6-18}$$

式中 D——液膜中氧分子扩散系数。

设空气和水的接触面积为 A,液相主体体积为 V,移动氧量为 m,有

$$\frac{dm}{dt} = vA = \frac{D}{X_f}A(C_s - C) \tag{6-19}$$

$$\frac{dC}{dt} = \frac{1}{V} \cdot \frac{dm}{dt} = \frac{D}{X_f}\frac{A}{V}(C_s - C) \tag{6-20}$$

令 $K_{La} = \frac{D}{X_f} \cdot \frac{A}{V}$,称为氧分子的总传递系数,简称总传质系数,常采用单位(h^{-1})。则式(6-20)改写为

$$\frac{dC}{dt} = K_{La}(C_s - C) \tag{6-21}$$

式中,dC/dt 为液相主体中溶解氧浓度变化速率(或氧转移速率),为提高该值,需要加大气相中的氧分压(C_s-C),或提高 K_{La} 值。提高 K_{La} 值,可通过加速液体的紊流运动,减小液膜厚度和提高气、水界面更新速度,以及使曝气气泡细小,增大气、水接触面积等。

9. 活性污泥法的影响因素

1) 营养物质

活性污泥中的好氧微生物生命活动,需要从污水中不断吸取营养物质,营养物质以碳源营养为主,还有氮、磷和一些微量元素。一般认为活性污泥正常代谢,有机物和营养盐类比值为 $BOD_5:N:P=100:5:1$。生活污水中的营养源组成能满足活性污泥中微生物的营养需求,但工业废水不一定都能满足。通常将工业废水与生活污水合并处理,是改善工业废水营养缺乏的途径。

2) 温度

活性污泥微生物的生理活动与环境温度有着密切的关系。根据污水处理厂的运行经验,曝气池的水温以 20~30℃ 为适宜范围。若水温超过 35℃ 或低于 10℃ 时,处理效果明显下降。

在 5~30℃ 时,BOD 去除速率与温度的关系为

$$K_t = K_{20}\theta^{t-20} \tag{6-22}$$

式中 K_t——t℃时 BOD 去除速率系数(h^{-1});

K_{20}——20℃时 BOD 去除速率系数(h^{-1});

θ——温度系数;

t——温度(℃)。

3) pH 值

一般 pH 值为 6.5~7.5 时最适宜微生物新陈代谢。通常生活污水 pH 值为 6.0~8.0,其中溶解了各种物质,缓冲能力大,pH 值稳定。对于 pH 值过高过低的工业废水,在

进入生物处理前,应采用中和措施,使污水的 pH 值调节到适宜范围后再进入曝气池。

10. 异常情况

活性污泥处理系统运行中,由于水质变化、操作运行等原因,会出现异常情况,造成处理效果降低、污泥流失等。

(1) 污泥膨胀

当污泥变质时,污泥不易沉淀,SVI 值增高(一般指高于 200),污泥的结构松散和体积膨胀,含水率上升,澄清液稀少(但较清澈),颜色也有异变,这就是"污泥膨胀"。污泥膨胀主要是丝状菌大量繁殖引起的,也有由污泥中结合水异常增多导致的污泥膨胀。

当污泥膨胀后,解决的办法是针对引起膨胀的原因采取措施。例如,投加硅藻土、黏土等惰性物质,降低污泥指数;投加 5~10 mg/L 氯化铁,帮助凝聚,刺激菌胶团生长;投加漂白粉或液氯,抑制丝状菌繁殖。

(2) 污泥解体

处理水质浑浊,SVI 值降低,污泥絮凝体微细化,处理效果变坏等则是污泥解体现象。导致这种异常现象的原因有运行中的问题,也有可能是污水中混入了有毒物质。当鉴别出运行方面的问题时,需及时对污水量、回流污泥量、空气量、排泥状态等进行检查,加以调整。若污水中混入有毒物质,应查明工业废水的来源,责成其按国家排放标准要求进行局部处理。

(3) 污泥上浮

当曝气池内污泥泥龄过长,硝化进程较高,在沉淀池底部产生反硝化,硝酸盐的氧被利用,氮即呈气体脱出附于污泥上,从而使污泥比重降低,整块上浮。为防止这一异常现象,应增加污泥回流量或及时排除剩余污泥,在脱氮之前即将污泥排除;或降低混合液污泥质量浓度,缩短污泥龄和降低溶解氧等,使之不进行到硝化阶段。

6.3.4 活性污泥法运行方式

1. 阶段曝气活性污泥法

阶段曝气活性污泥法如图 6-11 所示。针对推流式活性污泥法的不足,从进水方式入手,对工艺运行方式进行了改良。污水曝气池长度分成几点进入,改变了推流式活性污泥法中有机底物质量浓度前端高、池尾低的分布不均情况,使底物质量浓度沿池长分布得到改善。改善了供氧速率和需氧速率的吻合程度,有利于降低供氧能耗。

2. 延时曝气活性污泥法

延时曝气活性污泥法的主要特点是生物负荷率低;勿须初沉池,污水经预处理后直接进入曝气池;曝气时间长,多在

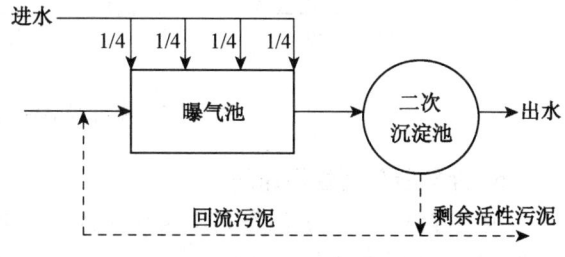

图 6-11 阶段曝气活性污泥法工艺流程

24 h 及以上;活性污泥在池内长时间处于内源呼吸期,剩余污泥量少且稳定,勿须硝化,易于处置;工艺处理效果稳定,对原污水水质、水量变化有较强适应性。延时曝气活性污泥法一般采用流态为完全混合式的曝气池。该工艺的主要缺点是曝气时间长,池容大,基建费和运行费用都较高。它主要适用于剩余污泥处置困难的小型污水处理工程以及降解过程缓慢

的小型工业废水处理。

3. 氧化沟

氧化沟处理系统的基本特征是曝气池呈封闭式渠道形,如图 6-12 所示,通常带有方向控制器的曝气装置(图中为转刷),一方面向混合液充氧,另一方面使池中活性污泥保持悬浮状态,同时推动混合液在沟内沿池长不停循环流动。流动过程中进行生化反应,污水中的污染物得到降解。氧化沟的有效水深与曝气、混合和推流设备性能有关,宜为 3.5~4.5 m。氧化沟的水力停留时间和污泥泥龄都比一般生物处理法长,悬浮状有机物与溶解性有机物均可得到稳定,所以氧化沟前可不设初次沉淀池。由于氧化沟工艺的泥龄长,负荷低,承受水量水质冲击负荷的能力较强;排出的剩余污泥量较少;运行稳定,便于维护管理。氧化沟工艺占地面积较大。

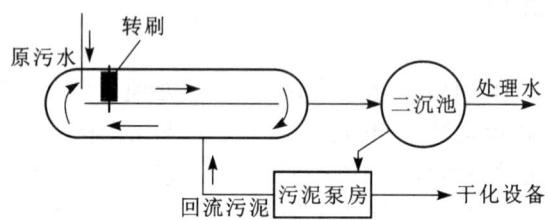

图 6-12 氧化沟污水处理工艺流程

4. 序批式活性污泥法

序批式活性污泥法如图 6-13 所示,它是在一个池内交替进行曝气和沉淀的方法。基本操作过程为:①污水流入反应槽;②曝气反应;③静置阶段,使活性污泥沉淀;④上清液出水,同时排除剩余污泥;⑤闲置(待机)阶段。该工艺系统组成简单,勿须设置污泥回流设备,不设二次沉淀池,曝气池容积也较小,具有一定的调节功能,在一定程度上可均衡污水水质、水量变动。

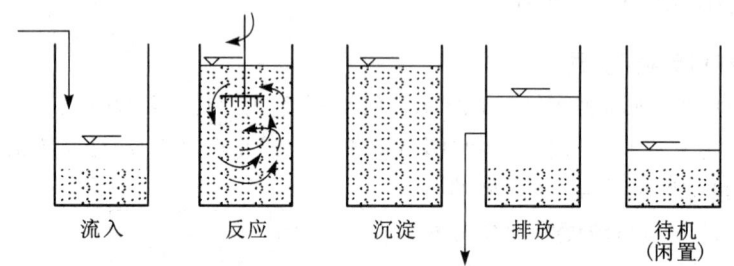

图 6-13 序批式活性污泥法的操作过程

5. 纯氧曝气活性污泥法

纯氧曝气活性污泥法是利用氧气代替空气进行曝气的生物处理方法。空气中的氧含量仅为 21%,而纯氧中的含氧量为 90%~95%,氧分压纯氧比空气高 4.4~4.7 倍。纯氧曝气能提高氧向混合液的传递能力,提高氧利用率;提高曝气池的容积负荷;且污泥指数低,沉淀分离性能好。

纯氧曝气池目前多为有盖封闭式,以防氧气外溢和可燃性气体进入(图 6-14)。纯氧曝气的主要缺点是装置复杂,运转管理要求较高。

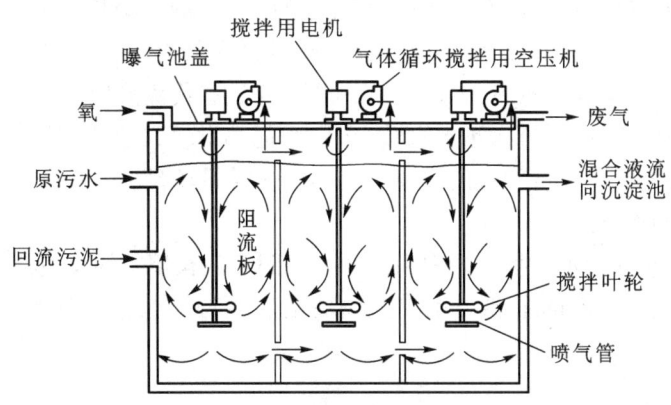

图 6-14 纯氧曝气池构造简图

6. 其他工艺

除上述方法外,还有许多活性污泥处理工艺方法,例如再生曝气工艺、高负荷工艺、吸附-生物降解工艺等。

6.3.5 二次沉淀池

二次沉淀池是生物处理系统的重要组成部分。二沉池在活性污泥法工艺中不仅要进行固液分离,还要将污泥进行一定程度浓缩以供回流。而活性污泥的沉降性能较差,因此一般选用较低的表面水力负荷[$0.6 \sim 1.5 \ m^3/(m^2 \cdot h)$]。二沉池在生物膜法工艺中只需进行固液分离、不需要进一步浓缩,脱落生物膜又比活性污泥易于沉淀,所以一般可选用较高的表面水力负荷[$1.0 \sim 2.0 \ m^3/(m^2 \cdot h)$]。

原则上用于初次沉淀池的平流式沉淀池、辐流式沉淀池和竖流式沉淀池都可以作为二次沉淀池的形式。

6.3.6 生物膜法

1. 处理机理

生物膜法中,微生物附着生长在填料或载体的表面上,形成生物膜,污水与生物膜接触而得到净化。图 6-15 所示是附着在生物滤池滤料上生物膜的构造。生物膜是微生物高度密集的物质,在膜表面和一定深度的内部生长繁殖着大量各种类型的微生物和微型动物,并形成有机污染物-细菌-原生动物(后生动物)的食物链。

生物膜在形成与成熟后,由于微生物不断增长,在一定增厚程度后,氧难以透入的里侧深部转变为厌氧性膜。这样生物膜便由好氧和厌氧两层组成。生物膜内、外,生物膜与水层之间进行着多种物质的传递。膜表面的好氧层,从污水中摄取有机物,将其分

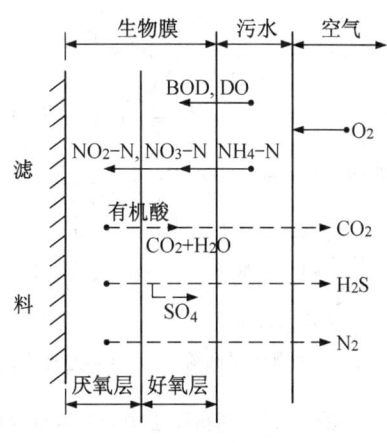

图 6-15 生物膜的净化机理

解为二氧化碳和水;硝化菌的活动,分解含氮化合物,生成的硝酸盐和亚硝酸盐为厌氧细菌的呼吸源和营养盐。膜内侧的厌氧层,将有机物厌氧分解为有机酸,成为好氧层的底物;有机酸进一步厌氧分解,形成 H_2S、NH_4 以及 CH_4 等气态代谢产物。由于生物膜生物相复杂,且物质变换形式多样,对流入污水水质、水量变化都有较强的适应性。处理过程含有厌氧分解,会产生臭气逸出。生物膜的增殖,引起老化生物膜的脱落,随处理水流出,后续需要二次沉淀池进行固液分离。

广义而论,凡是在污水生物处理中引入微生物附着生长填料的反应器,均可定义为生物膜反应器。生物膜反应器的主要类型有生物滤池、生物转盘、生物接触氧化池、生物流化床等。

2. 生物滤池

生物滤池中,污水长时间以滴状喷洒在块状滤料层(如碎石、塑料等)的表面,微生物生长形成生物膜,并摄取污水中的有机物,从而使污水得到净化。生物滤池在发展过程中,经历了从低负荷到高负荷、突破滤料层高度等阶段,应用范围得以扩大。

普通生物滤池的优点有:处理效果良好,运行稳定,易于管理。主要缺点是:占地面积大,散发臭味和产生滤池蝇,滤料易堵塞等。近年来新建项目较少,有日渐淘汰的趋势。

采取处理水回流措施,使高负荷生物滤池具有多种多样的流程系统。图 6-16 所示为单池系统的几种代表性流程。当原污水质量浓度较高,或对处理水质要求较高时,可以考虑二段(级)滤池处理系统(图 6-17)。

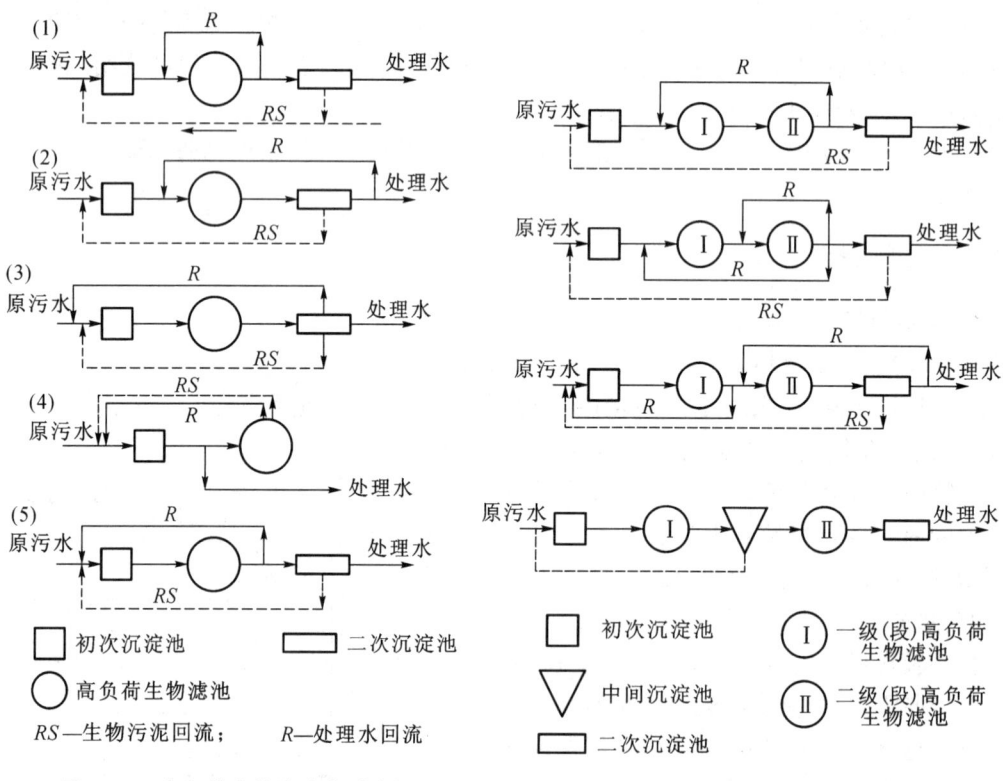

图 6-16 高负荷生物滤池典型流程 　　　　图 6-17 二段(级)高负荷生物滤池系统

生物滤池池体形状可采用圆形或矩形,当采用圆形时,直径应在 45 m 以下,滤床总高度约为 1.5～2.0 m。

生物滤池的滤料容积一般按两种负荷率计算,即 BOD_5 容积负荷率和水力负荷率。BOD_5 容积负荷率指在保证处理水达到要求质量前提下,每 m^3 滤料在 1 d 内能接受的 BOD_5 量,单位为 kg BOD_5/(m^3 滤料·d)。水力负荷率是指在保证处理水达到要求质量前提下,每 m^3 滤料或每 m^2 滤料表面在 1 d 内能接受的污水水量(m^3),单位为 m^3/(m^3 滤料·d)或 m^3/(m^2 滤料表面·d)。

处理城镇污水时,正常气温下,普通生物滤池水力负荷为 1～3 m^3/(m^2·d),BOD_5 容积负荷为 0.15～0.3 kg BOD_5/(m^3·d);高负荷生物滤池水力负荷为 10～36 m^3/(m^2·d),BOD_5 容积负荷为大于 1.8 kg BOD_5/(m^3·d)。

滤料选择原则为:①滤料表面适宜生物膜固着;②质坚、高强、耐腐蚀、抗冰冻;③较高的比表面积;④较大的孔隙率。生物滤池多采用实心拳状滤料,如碎石、卵石、炉渣和焦炭等,一般分工作层(上层)和承托层(下层)两层充填。普通生物滤池采用碎石类填料时,下层填料粒径为 60～100 mm,厚 0.2 m;上层填料粒径为 30～50 mm,厚 1.3～1.8 m。高负荷生物滤池采用碎石类填料时,下层填料粒径为 70～100 mm,厚 0.2 m;上层填料粒径为 40～70 mm,厚度不宜大于 1.8 m。

生物滤池布水装置首要任务是向滤池表面洒布污水,还具有适应水量变化,不易堵塞和易于清通以及不受风、雪影响等特征。普通生物滤池传统的布水装置是固定喷嘴式,高负荷生物滤池多使用旋转式。

3. 曝气生物滤池

曝气生物滤池是集生物降解、固液分离为一体的污水处理设备(图 6-18)。被处理的原污水从池上部进入池体,通过由 3～5 mm颗粒填充构成的滤层,在填料表面形成微生物栖息的生物膜。池下部通过空气管向滤层曝气。由填料间隙上升的空气,与流下的污水接触,空气中的氧转移到污水中,为生物膜上的微生物提供充足的溶解氧和丰富的有机物。在微生物新陈代谢作用下,降解有机污染物,污水得到处理。

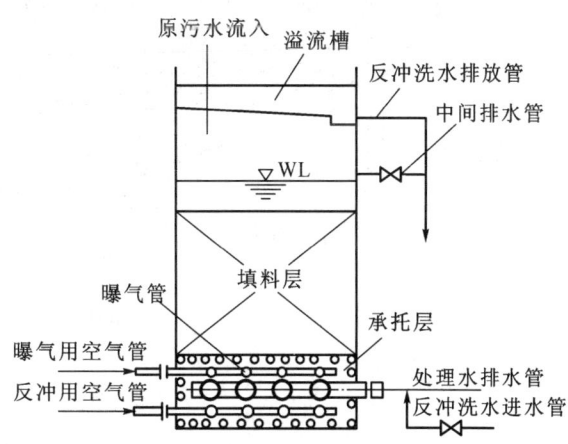

图 6-18 下向流曝气生物滤池构造示意

原污水中的悬浮物及生物膜上脱落的生物污泥,被填料截留,使滤层承担了固液分离功能,因此该工艺不需设二次沉淀池。当滤层内的截污量达到一定程度时,对滤层进行反冲洗。反冲洗水通过排放管排出后,回流至初沉池。

曝气生物滤池滤层厚度一般为 2～4 m。水力负荷高达 2～10 m/h,容积负荷高达 3～6 kg BOD_5/(m^3·d)。该工艺不需污泥回流,可不考虑污泥膨胀状况,维护管理方便。

4. 生物接触氧化法

生物接触氧化法的工艺形式相当于在曝气池中充填微生物栖息的填料,填料上长满生物膜,污水与生物膜接触过程中,水中的有机物被微生物吸附、氧化分解和转化为新的生物膜,污水得到净化。对生物填料的要求包括:比表面积大、孔隙率大、水力阻力小、强度大、化学和生物稳定性好、能经久耐用等。常采用的填料有聚乙烯塑料、聚丙烯塑料、环氧玻璃钢等制成的蜂窝状和波纹板状填料以及纤维状填料。

该工艺对冲击负荷有较强的适应能力,污泥生成量少,污泥颗粒较大,易于沉淀。生物接触氧化池平面形状一般为矩形,有效水深为 3～5 m。BOD_5 容积负荷宜根据试验资料确定。无试验资料时,碳氧化宜为 2.0～5.0 kg $BOD_5/(m^3 \cdot d)$;碳氧化/硝化宜为 0.2～2.0 kg $BOD_5/(m^3 \cdot d)$。

5. 生物转盘

生物转盘(图 6-19)是垂直固定在水平轴上一组直径为 2～3 m(最大为 5 m)、厚度为 0.5～2.0 mm 的盘片,40%～50%的盘面(转轴以下部分)浸没在半圆水槽中进行污水处理的工艺。盘片上附着的生物膜与空气、污水交替接触,浸没时吸附污水中的有机物,敞露时吸收空气中的氧气。通过微生物的新陈代谢作用,使污水得到净化。该工艺最早出现于 1926 年,其后在 20 世纪 60 年代由原联邦德国勃别尔(Pöpel)和哈特曼(Hartman)进行了大量的实验研究和理论探讨,逐渐得到推广应用。

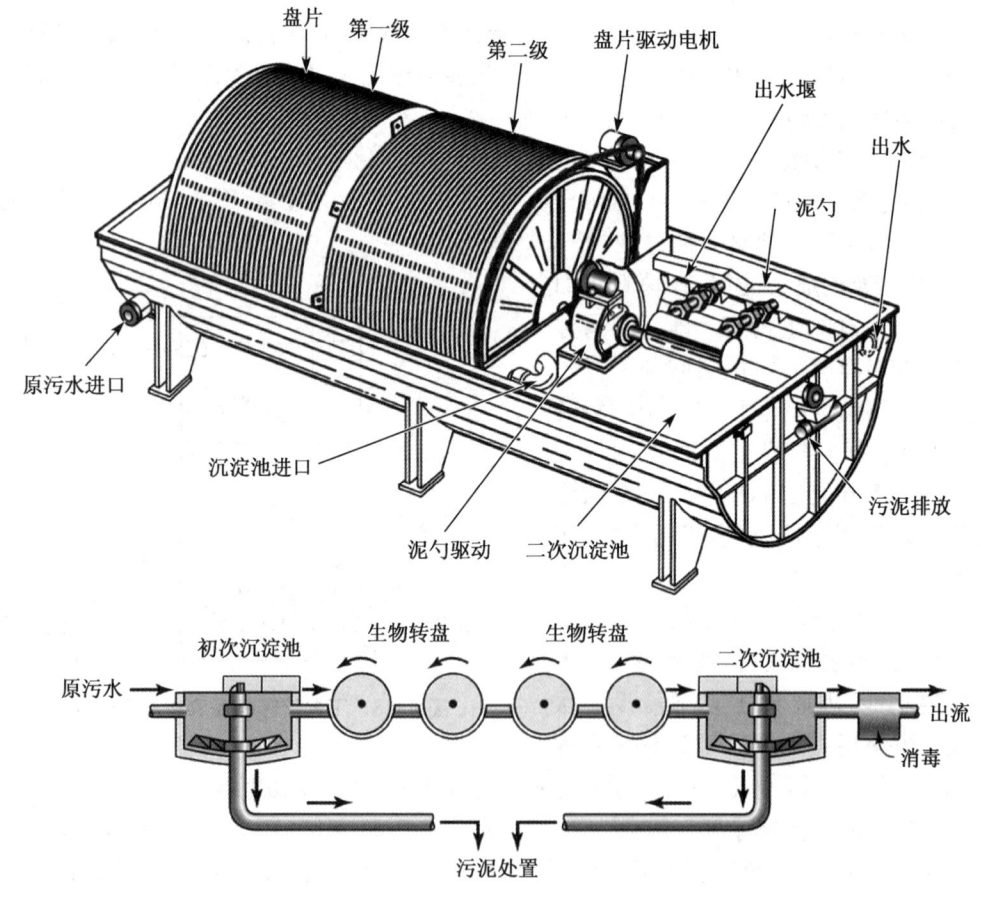

图 6-19 生物转盘工艺示意

根据污水水量、水质和处理程度等,生物转盘可采用单轴单级式、单轴多级式或多轴多级式布置形式。生物转盘的设计负荷宜根据试验资料确定,无试验资料时,BOD_5 表面有机负荷以盘片面积计,宜为 0.005~0.020 kg BOD_5/(m^2·d),首级转盘不宜超过 0.030~0.040 kg BOD_5/(m^2·d);表面水力负荷以盘片面积计,宜为 0.04~0.30 m^3/(m^2·d)。接触时间对污水净化效果有着直接影响,取 2 h 以上是必要的。盘片净距取决于盘片直径和生物膜厚度,一般为 10~35 mm;污水浓度高,取上限值,以免生物膜造成堵塞。若采用多级转盘,则前数级的盘片间距为 25~35 mm,后数级为 10~20 mm。盘片在槽中的浸没深度不应小于盘片直径的 35%,转轴中心高度应高出水位 150 mm 以上。

生物转盘转速宜为 2.0~4.0 r/min,转速过高有损于设备的机械强度,同时在盘片上易产生较大的剪切力,易使生物膜过早剥离。一般对于小直径转盘的线速度采用 15 m/min;中大直径转盘采用 19 m/min。

一方面,生物转盘不需要经常性调节生物污泥量,不存在污泥膨胀的麻烦,不需要曝气,复杂的机械设备较少,因此维护管理方便。另一方面,生物转盘的性能受环境气温及其他因素影响较大,北方设置生物转盘时,一般置于室内,并采取一定的保温措施。建于室外的生物转盘应加设雨棚,防止雨水淋洗使生物膜脱落。

6.4 深度处理

6.4.1 深度处理目的

污水的深度处理是相对于一级处理和二级处理而言的,有时也称为三级处理。根据二级处理技术(如活性污泥法)净化对城市污水达到的处理程度,一般情况下,出水中还存在相当数量的污染物质,如 BOD_5 为 20~30 mg/L,SS 为 20~30 mg/L,NH_3-N 为 15~25 mg/L,总 P 为 6~10 mg/L。为此排放前需要深度处理。

深度处理的对象与目标有如下几种。

(1) 去除有机物、悬浮物质:进一步降低 BOD_5、COD、TOC 等指标,使水进一步净化。

(2) 脱氮除磷:消除导致水体富营养化的因素。

(3) 去除溶解性盐类:有利于工业回用。

6.4.2 脱氮除磷技术

1. 生物法脱氮

脱氮技术有物化法和生物法两类。物化法脱氮技术有吹脱法、磷酸铵镁沉淀法、吸附法、折点加氯法、离子交换法等,这些方法大多用于处理氨氮含量较高的工业废水。

污水生物脱氮过程中,污水中各种形态的氮一部分通过氨化、硝化、反硝化作用转化为氮气,以气体形式从水中脱除;另一部分则在上述作用中转化为细菌细胞,再以污泥形式从水中分离出来。

生物脱氮中的几个步骤如下。

(1) 氨化作用:有机氮化合物(蛋白质、尿素等)在氨化细菌分泌的水解酶催化作用下,水解断开肽键,脱出羧基和氨基而形成氨的过程。

(2) 硝化作用：首先在亚硝化菌的作用下，氨转化为亚硝酸盐氮。然后再经硝化菌作用氧化成硝酸盐氮。亚硝化菌和硝化菌都是化能自养菌，能利用氧化过程中产生的能量，用 CO_2 合成细胞有机质，这一过程需氧量较大。每去除 1 g NH_3-N，约耗 4.33 g O_2，生成 0.15 g 新细胞，减少 7.14 g 碱度（以 $CaCO_3$ 计），耗去 0.08 g 无机碳（过程中 pH 值控制在 7~8）。

(3) 反硝化作用：NO_2^-、NO_3^- 经反硝化菌作用转化为 N_2 和微生物细胞。反硝化细菌是兼性异养菌，能利用污水中各种有机质作为电子供体。它以硝酸盐代替分子氧作为电子最终受体，进行"无氧"呼吸，使有机质分解，同时将硝酸盐氮还原成气态氮。每 1 g NO_3^--N 经反硝化，约耗去 2.47 g 甲醇（约合 3.7 g COD），产生 0.45 g 新细胞，产生 3.57 g 碱度（pH 值控制在 7~8，$BOD_5/TN \geqslant 4:1$）。

传统生物脱氮工艺中，氮的去除是通过硝化与反硝化两个独立的过程实现的，如图 6-20 所示的合建式缺氧-好氧活性污泥法脱氮系统。传统理论认为硝化与反硝化细菌的种类和所需环境条件都是不同的。硝化细菌以自养菌为主，需要环境中有较高的溶解氧，而反硝化细菌以异养菌为主，适宜生长于缺氧环境。因此认为同一反应器中难以同时实现硝化与反硝化两个过程。

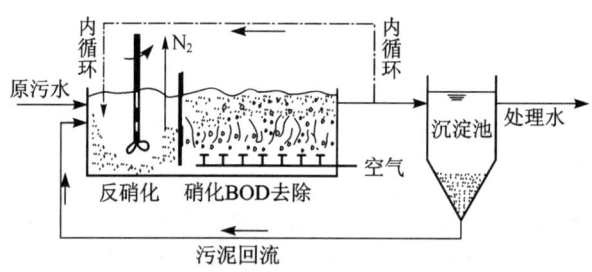

图 6-20 合建式缺氧-好氧活性污泥法脱氮系统

然而近年有不少研究和实践证明，有氧条件下的反硝化现象存在于各种不同的生物处理系统中，也发现硝化过程可以有异养菌参与、反硝化过程可在好氧条件下进行、NH_4^+ 可在厌氧条件下转变为 N_2 等现象。根据研究结果，出现了完全自养脱氮（ANAMMOX）、简单利用亚硝酸盐脱氮（SHARON）、SND、OLAND 等脱氮新工艺。

2. 除磷技术

污水处理技术有：使磷成为不溶性固体物，从污水中分离的化学除磷法以及使磷以溶解态为微生物摄取，使其转化为富含磷的生物细胞，然后与污水分离的生物除磷法。

有关生物除磷的机理还没有完全明了，目前较为一致的看法是聚磷菌（PAO）独特的代谢活动（即好氧吸磷和厌氧释磷），完成磷从液态（污水）到固态（污泥）的转化。生物除磷要求创造适合 PAO 生长的环境，从而使 PAO 群体增殖。在工艺上可设置为厌氧、好氧交替（如空间上的 A_pO 工艺，见图 6-21；时序上的 SBR 工艺）的环境条件，使 PAO 获得选择性增长。PAO 在厌氧状态下，大量吸收挥发性脂肪酸，在体内转化为聚 β 羟基丁酸（PHB），以使 PAO 进入好氧状态后无需同其他异养菌争夺水中残留有机物，从而成为优势群体。在厌氧状态下，聚磷分解形成的无机磷将释放回污水，这就是厌氧释磷。在进入好氧状态后，聚磷菌将贮存于体内的 PHB 进行好氧分解并释放大量能量，供聚磷菌增殖和主动吸收污水中的磷酸盐,这就是好氧吸磷。当排除包含过量吸磷的聚磷菌的剩余污泥时,也就完成了污水除磷过程。

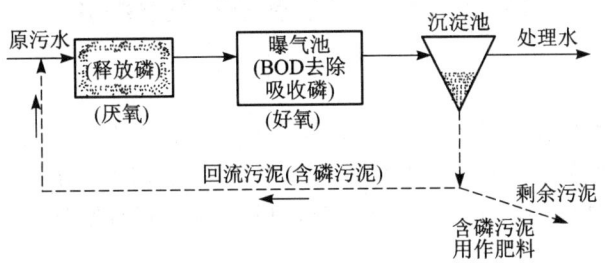

图 6-21　厌氧-好氧除磷工艺流程(A_pO 法)

化学法除磷采用了混凝原理。许多重金属的正磷酸盐都有很低的浓度,当向污水中投加金属盐类时,形成这些金属的正磷酸盐沉淀物,再通过固液分离达到污水除磷目的。化学法除磷的常用药剂有钙盐、铁盐和铝盐。

6.5　污水消毒

污水经处理后,水质达到改善,细菌含量也大幅减少,但存在病原菌的可能。因此为保证公共卫生安全,处理水在排放或回用前,必须进行消毒。污水消毒程度应根据污水性质、排放标准或再生水要求确定。污水宜采用紫外线或二氧化氯消毒,也可用液氯消毒。

二级处理出水的加氯量应根据试验资料或类似运行经验确定。无资料时,二级处理出水可采用 6~15 mg/L,再生水的加氯量按卫生学指标和余氯量确定。二氧化氯或氯消毒的接触时间不应小于 30 min。

考虑到加氯消毒形成的余氯及某些含氯化合物低浓度时对水生物有毒害,当污水含工业废水比例大时,加氯可能生成致癌物质,最近没有残留的紫外线消毒得到应用。目前紫外灯的最大输出功率在波长 153.7 nm 处。紫外线杀菌的普遍看法是,一方面,微生物核酸吸收紫外线后发生突变,引起微生物体内蛋白质核酶的合成障碍;另一方面紫外线照射产生的自由基可引起光电离,从而导致细胞死亡。

第 7 章 雨水径流分析

安全有效地排除雨水,对维护公共卫生和安全(包括洪水对生命财产的威胁)、保护受纳水体环境都是非常重要的。本章重点讨论雨水降落到地面后的雨水损失和地表径流分析(图 7-1),包括径流高峰流量和容积计算、流行时间和流量过程线分析。

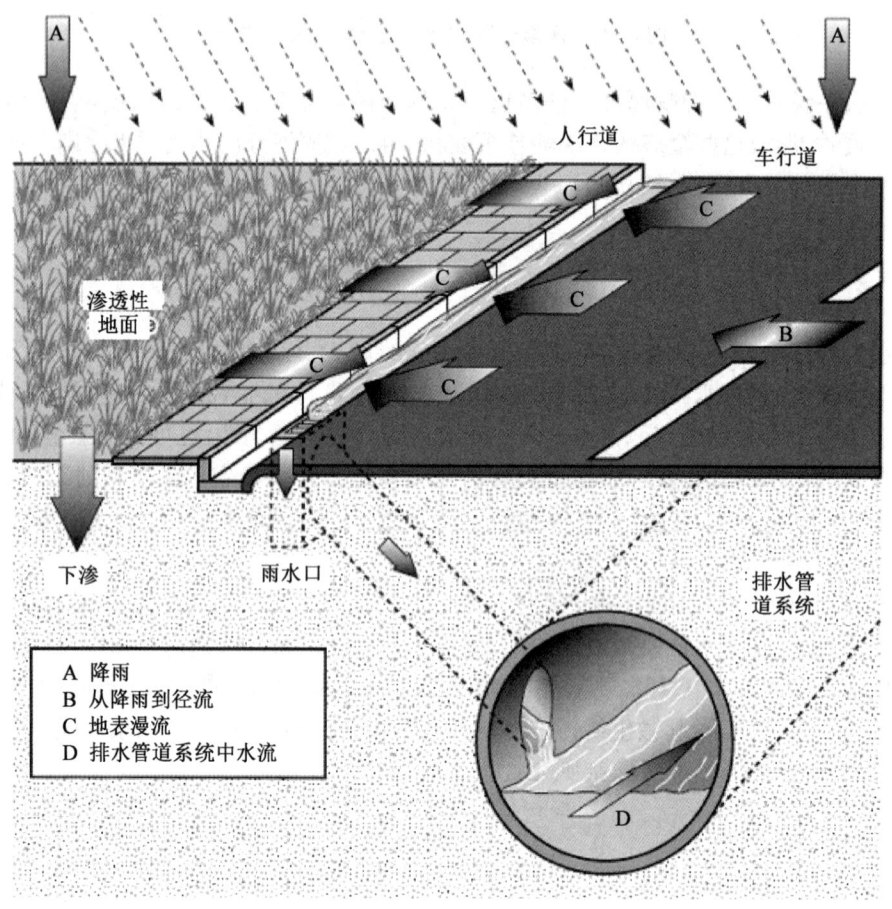

图 7-1 雨水径流产生过程

7.1 汇水面积

汇水面积(或称汇水区)是指雨水管渠汇集雨水的面积,单位常采用公顷(hm^2)或平方公里(km^2)。城镇或工厂的雨水管渠或排洪沟汇水面积较小,一般小于 100 km^2,通常认为降雨在整个小汇水面积内是均匀分布的,即各点的降雨强度相等。从而认为雨量计所测得的点降雨量资料可以代表整个小汇水面积的面雨量资料,即不考虑降雨在面积上的不均匀性。

城市汇水面积通过平面投影面积、形状、坡度、土壤类型、土地利用模式、不渗透地表百分比、粗糙系数,以及自然或人工洼地特征等刻画。在排水区界内,根据地形及城镇(地区)的竖向规划、街道走向、建筑物和雨水口的分布,划分汇水面积。一般在丘陵及地形起伏的地区,可按等高线画出分水线,通常分水线与汇水面积分界线基本一致。在地形平坦无显著分水线的地区,可依据面积大小划分,使各相邻区域的排水管道系统能合理分担汇水面积。汇水面积的大小,可以在地形图上用测面仪量出,或者在计算机上由 GIS、CAD 软件自动计算。

为了精确估计径流量,应考虑不透水面积的水力连接情况。具有边石和边沟的路面,收集了来自地表的径流,并通过雨水口排入雨水管道,这是水力连接不透水面积的例子。当径流排向透水面积,没有直接进入排水系统时,称作非直接水力连接。房屋落水管没有连接到下水道的屋顶是非直接水力连接的一个例子。

通常根据土地利用和人口密度估计不透水地表百分比。由不透水面积(例如道路、屋面和其他铺砌表面)计算汇水区不透水地表百分比($PIMP$)的公式常采用

$$PIMP = \frac{A_i}{A} \times 100\% \tag{7-1}$$

式中 A_i——不透水(屋顶或路面)面积(hm^2);
　　　A——总汇水面积(hm^2)。

利用人口密度估计不透水地表百分比的例子,如 Stankowski 公式

$$PIMP = 9.6PD^{0.479-0.017\ln PD} \tag{7-2}$$

式中 PD——人口密度(人/km^2)。

汇水长度又称汇水轴长,是指汇水区出口断面至分水线的最大直线距离。以汇水区出水口为中心向来水方向作一组不同半径的同心圆,在每个圆与分水线相交处作割线,各割线中点的连线长度即为流域长度。汇水面积与汇水长度的比值,称为汇水平均宽度。在汇水面积相同情况下,汇水长度越大,径流集中越慢,径流高峰越小。反之,径流容易集中,易形成大的径流高峰。

一般采用形状系数表示汇水区形状特征。汇水面积与汇水长度平方的比值称为形状系数。扇形汇水区的形状系数较大,狭长形汇水区的形状系数则较小。形状系数大,表明汇水面积外形接近方形,径流集中较快;形状系数小,表明汇水区外形接近长方形,径流集中较慢。

7.2 雨量分析

7.2.1 雨量分析要素

1. 降雨量

降雨量是指降雨的绝对量,即降雨深度。用 H 表示,单位以 mm 计,也可用单位面积上的降雨体积(L/hm^2)表示。在研究降雨量时,很少以一场降雨为对象,而常以单位时间表示,如:

年平均降雨量,指多年观测所得各年降雨量的平均值;

月平均降雨量,指多年观测所得各月降雨量的平均值;

年最大日降雨量,指多年观测所得一年中降雨量最大一日的绝对量。

2. 降雨历时

降雨历时是指连续降雨时段内的平均降雨量,可以指全部降雨时间,也可以指其中个别的连续时段,用 t 表示。在城市暴雨强度公式推求中的降雨历时指的是后者,即 5 min、10 min、15 min、20 min、30 min、45 min、60 min、90 min、120 min 等 9 个不同的历时,特大城市可以达到 180 min。

3. 暴雨强度

暴雨强度是指某一时段内的平均降雨量,用 i(mm/h)表示,即

$$i = \frac{H}{t} \tag{7-3}$$

暴雨强度是描述暴雨的重要指标,强度越大,降雨越猛烈。

在工程上,常用单位时间内单位面积上的降雨体积 $q[\text{L}/(\text{s} \cdot \text{hm}^2)]$ 表示。q 与 i 之间的换算关系是将每分钟的降雨深度换算成每公顷面积上每秒钟的降雨体积,即

$$q = \frac{10\,000 \times 1\,000 i}{1\,000 \times 60} = 167 i$$

式中　q——暴雨强度$[\text{L}/(\text{s} \cdot \text{hm}^2)]$;

167——换算系数。

4. 暴雨强度的频率

某一暴雨强度出现的可能性和水文现象中的其他特征值一样,一般是不可预知的。因此,需通过对以往大量观测资料的统计分析,计算其发生的频率以推论今后发生的可能性。某特定值暴雨强度的频率是指等于或大于该值的暴雨强度出现的次数与观测资料总项数之比。

该定义的基础是假定降雨观测资料年限非常长,可代表降雨的整个历史过程。但实际上只能取得一定年限内有限的暴雨强度值。因此,在水文统计中,计算得到的暴雨强度频率又称作经验频率。一般观测资料的年限越长,则经验频率出现的误差就越小。

假定等于或大于某指定暴雨强度值的次数为 m,观测资料总项数为 n(为降雨观测资料的年数 N 与每年选入的平均雨样数 M 的乘积)。若每年只选一个雨样(年最大值法选样),则 $n=N$,$P_n = \frac{m}{N+1} \times 100\%$,称为年频率式。若平均每年选入 M 个雨样数(一年多次法选样),则 $n=NM$,$P_n = \frac{m}{NM} \times 100\%$,称为次频率式。从公式可知,频率小的暴雨强度出现的可能性小,反之则大。

5. 暴雨强度的重现期

重现期是指等于或超过它的暴雨强度出现一次的平均间隔时间,单位以年(a)表示。重现期 P 与频率 P_n 互为倒数,即 $P = \frac{1}{P_n}$。若按年最大值法选样,第 m 项暴雨强度组的重现期为其经验频率的倒数,即重现期 $P = \frac{1}{P_n} = \frac{N+1}{m}$。若按一年多次法选样,第 m 项暴雨强

度组的重现期 $P = \dfrac{NM+1}{mM}$。

7.2.2 取样方法

雨量分析所用的资料是具有自记雨量记录的气象站所积累的资料。雨量资料的选取必须符合规范的有关规定。

自记雨量资料统计降雨强度的选样,在实用水文中常有以下三种方法。

1) 年最大值法

从每年各历时的暴雨强度资料中选用最大的一组雨量,在 N 年资料中选用 N 组最大值。用这样的选样方法不论大雨年或小雨年,每年都有一组资料被选入,它意味着一年发生一次的年频率。按极值理论,当资料年份很长时,它近似于全部资料系列,按此选出的资料独立性最强,资料的收集也较其他方法容易,对于推定高重现期的强度优点较多。

2) 年超大值法

将全部资料(N 年)的降雨分不同历时按大小顺序排列选出最大的 S 组雨量,平均每年可选用多组,但是大雨年选入资料较多,小雨年往往没有选入,该选样方法是从大量资料中考虑它的发生次数,它发生的机会是平均期望值。

3) 超定量法

选取观测年限(N)中特定值以上的所有资料,资料个数与记录年数无关,其资料序列前面最大的($3 \sim 4$)$\times N$ 个观测值组成超定量法的样本。它适合于年资料不太长的情况,但统计工作量也较大。

综合比较传统的三种选样方法,年最大值是从每年实测最大雨量资料中取一个最大值组成样本序列。N 年实测资料可得 N 个最大值。而年超大值法是将 N 年实测最大值按大到小排列从首项开始取 S 个最大降雨量组成样本序列。若平均每年选 m 个子样,则样本总数 $S = mN$ 个。此法所取样本总数 S 视需要而定,一般取 $S = (3 \sim 5)N$,即 $m = 3 \sim 5$。超定量法是先规定一个"标准值",凡是实测降雨量超过标准值的实测资料都选入组成样本。选择标准值各地不同,这样 N 年实测降雨资料也可选得 S 个,若平均每年选 m 个,则 N 年中的样本容量有 $S = mN$ 个。

显然,超定量法所得样本不会和年超大值法完全相同。同时,由于定量标准值影响,每年可能取得一定数量的样本也可能因有些年份的最大降雨量小于定量标准而未被选入。但是超定量法和超大值法的共同点都是取多个样本,独立性较差,所得累计频率为次频率。年最大值法选样资料独立性强,有条件时应推广使用。

例如,某市有 30 年自记雨量记录。每年选择了各历时的最大暴雨强度值 $6 \sim 8$ 个,然后将历年各历时的暴雨强度不论年次而按大小排列,最后选取了资料年数 4 倍共 120 组各历时的暴雨强度排列成表 7-1。根据公式 $P_n = \dfrac{m}{NM+1} \times 100\%$ 计算各强度组的经验频率。本例中序号总数 NM 为 120。

按一年多次选样统计暴雨强度时,一般可根据所要求的重现期,按照 $P = \dfrac{NM+1}{mM}$ 算出该重现期的暴雨强度组的序号数 m。表 7-1 的统计资料中,相应于重现期 30、15、10、5、3、2、1、0.5、0.33、0.25 年的暴雨强度组分别排列在表中序号的第 1、2、3、6、10、15、30、60、90、120 项。

7.2.3 暴雨强度、降雨历时和重现期之间的关系表和关系图

根据历年暴雨强度记录,按不同降雨历时,将历年暴雨强度不论年序按大小顺序排列,选择相当于年数 3~5 倍的最大数值约 40 个以上,作为统计的基础资料。一般要求按不同历时,计算重现期为 0.25、0.33、0.5、1、2、3、5、10、15、30 年的暴雨强度,制成暴雨强度 i、降雨历时 t 和重现期 P 的关系表(表 7-2)。

表 7-1　　　　　某市 1953—1983 年各历时暴雨强度统计表

序号	t(min)									经验频率 P_n(%)
	5	10	15	20	30	45	60	90	120	
	i(mm/min)									
1	3.82	2.82	2.28	2.18	1.71	1.48	1.38	1.08	0.97	0.83
2	3.60	2.80	2.18	2.11	1.67	1.38	1.37	1.08	0.97	1.65
3	3.40	2.66	2.04	1.80	1.64	1.36	1.30	1.07	0.91	2.48
4	3.20	2.50	1.95	1.75	1.62	1.33	1.24	1.06	0.86	3.31
5	3.02	2.21	1.93	1.75	1.55	1.29	1.23	0.93	0.79	4.13
6	2.92	2.19	1.93	1.65	1.45	1.25	1.18	0.92	0.78	4.96
7	2.80	2.17	1.88	1.65	1.45	1.22	1.05	0.90	0.77	5.79
8	2.60	2.12	1.87	1.63	1.43	1.18	1.01	0.80	0.75	6.61
9	2.60	2.11	1.85	1.63	1.43	1.14	1.00	0.77	0.73	7.44
10	2.60	2.09	1.83	1.61	1.43	1.11	0.99	0.76	0.72	8.26
11	2.58	2.08	1.80	1.60	1.33	1.11	0.99	0.76	0.61	9.09
12	2.56	2.00	1.76	1.60	1.32	1.10	0.99	0.76	0.61	9.92
13	2.56	1.96	1.73	1.53	1.31	1.08	0.98	0.74	0.60	10.74
14	2.54	1.96	1.71	1.52	1.27	1.07	0.98	0.71	0.59	11.57
15	2.50	1.95	1.65	1.48	1.26	1.02	0.96	0.70	0.58	12.40
16	2.40	1.94	1.60	1.47	1.25	1.02	0.95	0.69	0.58	13.22
17	2.40	1.94	1.60	1.45	1.23	1.02	0.95	0.69	0.57	14.05
18	2.34	1.92	1.58	1.44	1.23	0.99	0.91	0.67	0.57	14.88
19	2.26	1.92	1.56	1.43	1.22	0.97	0.89	0.67	0.57	15.70
20	2.20	1.90	1.53	1.40	1.20	0.96	0.89	0.66	0.54	16.53
21	2.12	1.90	1.53	1.38	1.17	0.96	0.88	0.64	0.53	17.36
22	2.06	1.83	1.51	1.38	1.15	0.95	0.86	0.64	0.53	18.18
23	2.04	1.81	1.51	1.36	1.15	0.94	0.85	0.63	0.53	19.00
24	2.02	1.79	1.50	1.36	1.15	0.94	0.83	0.63	0.53	19.83
25	2.02	1.79	1.50	1.36	1.15	0.93	0.83	0.63	0.53	20.66

续表

序号	t(min)									经验频率 P_n(%)
	5	10	15	20	30	45	60	90	120	
	i(mm/min)									
26	2.00	1.78	1.49	1.35	1.12	0.92	0.83	0.61	0.53	21.49
27	2.00	1.74	1.47	1.34	1.12	0.91	0.81	0.61	0.52	22.31
28	2.00	1.67	1.45	1.31	1.11	0.91	0.80	0.61	0.52	23.14
29	2.00	1.66	1.43	1.31	1.11	0.90	0.78	0.60	0.51	23.97
30	2.00	1.65	1.40	1.27	1.11	0.90	0.78	0.59	0.50	24.79
31	2.00	1.60	1.38	1.26	1.10	0.90	0.77	0.59	0.50	25.62
⋮	⋮	⋮	⋮	⋮	⋮	⋮	⋮	⋮	⋮	⋮
58	1.60	1.35	1.13	0.99	0.88	0.70	0.61	0.48	0.40	47.93
59	1.60	1.32	1.13	0.99	0.86	0.70	0.60	0.47	0.40	48.76
60	1.60	1.30	1.13	0.99	0.85	0.68	0.60	0.47	0.40	49.59
⋮	⋮	⋮	⋮	⋮	⋮	⋮	⋮	⋮	⋮	⋮
90	1.24	1.06	0.92	0.84	0.70	0.58	0.51	0.40	0.34	74.38
91	1.24	1.05	0.90	0.83	0.69	0.58	0.50	0.40	0.34	75.21
⋮	⋮	⋮	⋮	⋮	⋮	⋮	⋮	⋮	⋮	⋮
118	1.10	0.95	0.77	0.71	0.61	0.50	0.44	0.33	0.28	97.52
119	1.08	0.95	0.77	0.70	0.60	0.50	0.44	0.33	0.28	98.35
120	1.08	0.94	0.76	0.70	0.60	0.50	0.44	0.33	0.27	99.17

根据表 7-2 中的数据在普通方格坐标上绘出图 7-2,它表示不同重现期在不同降雨历时下与暴雨强度(i-t-P)的关系。由图 7-2 可知,暴雨强度随历时的增加而递减:历时越长,强度越低。从中也可以看出暴雨强度与重现期之间的关系,给定的降雨历时条件下较罕见事件(重现期较大的降雨事件)具有较大的暴雨强度。

表 7-2 暴雨强度-降雨历时-重现期关系表

P(年)	t(min)								
	5	10	15	20	30	45	60	90	120
	i(mm/min)								
0.25	1.08	0.94	0.76	0.70	0.60	0.50	0.44	0.33	0.27
0.33	1.24	1.06	0.92	0.84	0.70	0.58	0.51	0.40	0.34
0.50	1.60	1.30	1.13	0.99	0.85	0.68	0.60	0.47	0.40
1	2.00	1.65	1.40	1.27	1.11	0.90	0.78	0.59	0.50
2	2.50	1.95	1.65	1.48	1.26	1.02	0.96	0.70	0.58
3	2.60	2.09	1.83	1.61	1.43	1.11	0.99	0.76	0.72
5	2.92	2.19	1.93	1.65	1.45	1.25	1.18	0.92	0.78
10	3.40	2.66	2.04	1.80	1.64	1.36	1.30	1.07	0.91
15	3.60	2.80	2.18	2.11	1.67	1.38	1.37	1.08	0.97
30	3.82	2.82	2.28	2.18	1.71	1.48	1.38	1.08	0.97

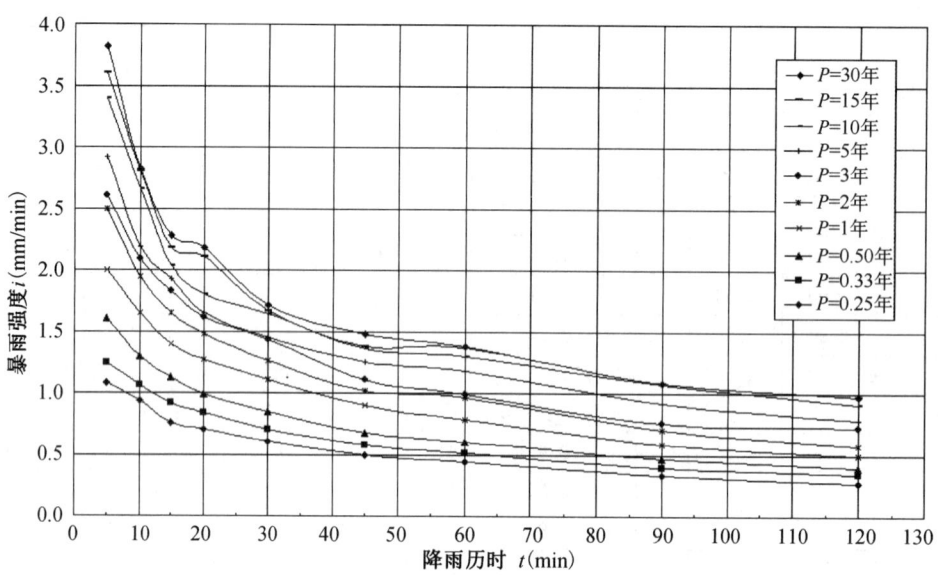

图 7-2　暴雨强度-暴雨历时-重现期之间的关系曲线

【例 7-1】 应用图 7-2 中的数据,确定具有 25 min 降雨历时、1 年重现期降雨事件的降雨强度。并确定具有 25 min 降雨历时,10 年重现期降雨事件的降水深度。

解 对于 $P=1$ 年,$t=25$ min,由图 7-2 查得 $i=1.2$ mm/min。

对于 $P=10$ 年,$t=25$ min,由图 7-2 查得 $i=1.73$ mm/min,因此降水深度约为 $d=1.73\times 25=43.25$(mm)。

在使用 $i\text{-}t\text{-}P$ 关系表或关系图时应注意:①降雨强度 i 为降雨历时 t 内的平均值,$i\text{-}t\text{-}P$ 关系表或关系图没有表示实际暴雨强度随时间的变化;②每个 $i\text{-}t\text{-}P$ 曲线都是由数场暴雨数据统计分析得到的;③降雨历时 t 与实际暴雨总历时无关;④$i\text{-}t\text{-}P$ 关系表或关系图无法估计降雨事件的总降雨量。

7.3　降雨损失

降雨发生后,部分雨水首先被植物截留。在地面开始受雨时,因地表比较干燥,雨水渗入土壤的下渗率(单位时间内雨水的入渗量)较大,而降雨起始时的强度还小于下渗率,这时雨水全部被地面吸收。随着降雨时间的增长,当降雨强度大于下渗率后,地面开始产生余水(有效降雨或过剩降雨),待余水积满洼地后,这时部分余水产生积水深度,部分余水产生地面径流(称为产流)。在降雨强度增至最大时相应产生的余水率最大。此后随着降雨强度的逐渐减小,余水率亦逐渐减小;当降雨强度降至与下渗率相等时,余水现象停止。但这时地面仍存在积水,故仍产生径流,下渗率仍按地面下渗能力渗漏,直至地面积水消失,径流才终止,而后洼地积水逐渐渗完。渗完积水后,地面实际渗水率将按降雨强度渗漏,直到雨终。以上过程可用图 7-3 表示。

植物呼吸与蒸发蒸腾作用,以及开放水体的水量蒸发气化,是一种持续的损失,但它在短历时降水中的影响可忽略,或者作为初始损失的一部分考虑。

7.3.1 植物截留

雨滴降落在植物枝叶上被枝叶表面截留,部分截留降雨附着在拦截物上并对其有湿润作用,最终以蒸发方式回归大气,该部分称为截留损失。截留降雨或滞留在叶片上,或顺植物茎干向下流动,形成茎流,或从植物叶面滴落,变为贯穿降雨。截留损失大多在降雨初期发生,此后截留率迅速减为零。

水量平衡研究中,植物截留举足轻重,其影响程度取决于自然特性、植被覆盖的类型和密度、降雨特性、季节等因素。例如,在湿润森林地区,植物截留损失可占年降水量的20%～30%。但在研究降雨和径流的时间较短且强度较大的暴雨事件中,植物截留损失在数量上很小(<1 mm),通常被忽略,或结合坑洼存水一起考虑。

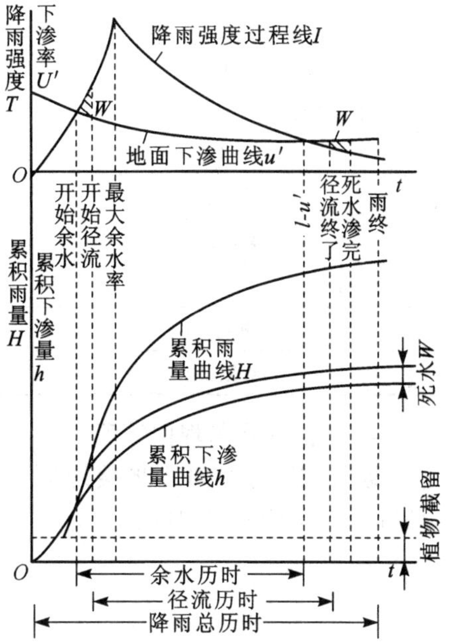

图7-3 地面上产流过程

7.3.2 坑洼存水

受地形和土地利用影响,汇水区域内的洼地在面积、深度、容积、数量等方面可能变化很大。当降雨发生时,部分降雨被坑洼拦蓄,无法变成地表径流。拦蓄的水量称为坑洼存水量或填洼量。拦蓄水量的出路是通过蒸发进入大气或下渗进入土壤。

当降雨强度超过土壤下渗能力时,净雨开始积聚并在地表流动,同时开始填注地表坑洼。较小的坑洼先被填满,并开始形成径流,然后填注较大的坑洼。大小不等的坑洼相互叠加并相互关联。大坑洼或许由许多小坑洼组成,每个坑洼都有各自的蓄水面积和蓄水能力。

地表类型和坡度,影响蒸发的因素和降雨前的土壤湿度条件,均对坑洼存水具有影响(图7-4)。不渗透地表和渗透地表的坑洼存水一般取值见表7-3。

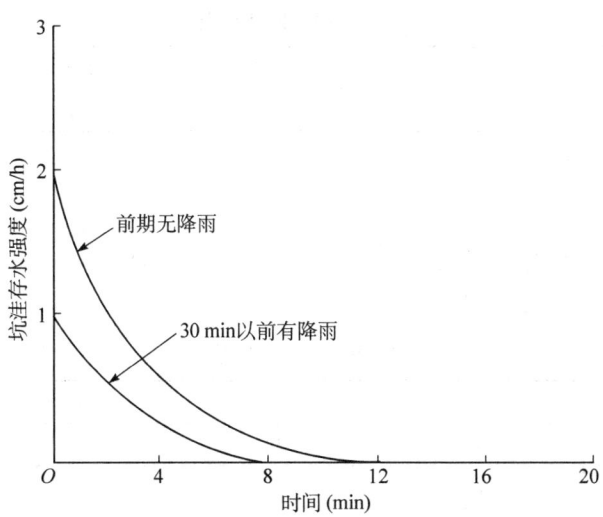

图7-4 不渗透地表坑洼存水速率与时间的关系

表 7-3　　　　　　　　　　　　地表坑洼存水经验数值

地表覆盖类型	坑洼存水量(mm)	推荐值(mm)
不透水面积		
大面积铺砌区	1.3~3.8	2.5
平屋顶	2.5~7.6	2.5
坡屋顶	1.3~2.5	1.3
渗透面积		
草地	5.0~12.7	7.6
林地或耕地	5.0~15.2	10.1

1. 坑洼存水与地面坡度

通常坑洼存水对于平缓地面数值较大，对于较陡地面数值较小。例如1979年英国Kidd和Lowring提出的公式为

$$d = \frac{k}{\sqrt{s}} \tag{7-4}$$

式中　d——坑洼存水量(mm)；
　　　k——与地表类型有关的系数(不渗透地表取0.07，渗透地表取0.28)(mm)；
　　　s——地面坡度。

同样在1979年，美国Ullah和Dickinson认为坑洼容积$V(\text{cm}^3)$随地面坡度s(百分比)增加而减小，可表示为

$$V = a\exp(-bs) \tag{7-5}$$

式中　a、b——常数。

【**例 7-2**】　某城市汇水区域平均坡度为1%，植物最终截留损失为0.5 mm，取$k_1 = 0.1$ mm，计算如表7-4所示暴雨的净降水情况(当仅建立在初始损失基础上时)。

表 7-4　　　　　　　　　　　　例 7-2 中的降水信息

时间(min)	0~10	10~20	20~30	30~40
降雨强度(mm/h)	6	12	18	6

解　根据已知条件

截留损失=0.5(mm)

由式(7-4)可得坑洼存水损失：$d = 0.1/\sqrt{0.01} = 1$(mm)

净降雨强度的计算见表7-5。

表 7-5　　　　　　　　　　　　例 7-2 中的计算表

时间(min)	0~10	10~20	20~30	30~40
降雨强度(mm/h)	6	12	18	6
降水深度(mm)	1	2	3	1
净降水深度(mm)	0	1.5	3	1

续表

时间(min)	0～10	10～20	20～30	30～40
净降雨强度(mm/h)	0	9	18	6
备注	20 min 内解决了植物截留损失和坑洼存水损失量		此时已不含初始损失量	

2. 坑洼存水随时间及净雨的变化

为从降雨中扣除坑洼存水量并得到净雨，必须确定坑洼容积如何随时间及净雨变化。设坑洼存水能力(容量)为 V，则任意时刻的蓄水量 S 在 0 和 V 之间，即 $0 \leqslant S \leqslant V$，可填充蓄水量 $S_e = V - S$，假定

$$\frac{dS_e}{dP_e} = -kS_e \tag{7-6}$$

式中 P_e——净雨量(降雨量 P－蒸发量 E－截留量－下渗量 F)；

k——常数或参数。

式(7-6)积分得

$$S_e = C\exp(-kP_e) \tag{7-7}$$

式中 C——积分常数。

应用条件 $P_e = 0$，$S_e = V$ 或 $S = 0$，得

$$S = V[1 - \exp(-kP_e)] \tag{7-8}$$

式(7-8)由美国 Linsley 于 1975 年提出。注意到 $P_e = 0$ 时，$\frac{dS}{dP_e} = 1$，即此时所有的水流均将填注坑洼，即可得到 $k = 1/V$。将式(7-8)对 t 求导，得

$$\frac{dS}{dt} = v = Vk\exp(-kP_e)\frac{dP_e}{dt} \tag{7-9}$$

注意到 $k = 1/V$，$dP_e/dt = (I - f)$，有

$$v = (I - f)\exp(-kP_e) \tag{7-10}$$

式中 I——降雨强度；

f——下渗率。

假定蒸发率和截留率要么小到忽略不计，要么和下渗合并考虑。于是地表径流量 Q 加上坑洼存水速率 v 应等于净降雨强度 $(I - f)$，即

$$Q = I - f - v \tag{7-11}$$

用式(7-10)替换 v，有

$$Q = (I - f)[1 - \exp(-kP_e)] \tag{7-12}$$

7.3.3 下渗

大气降水在经过各种截留作用后达到地面，并开始进入土壤，水分经土壤表层渗入土壤

的过程,称为下渗现象。下渗后,进入土壤的水分再继续往下层移动的过程,就土壤方面来说,有时称为渗漏;而就地下水方面来说,则称为补给。广义的渗透包括下渗和渗漏两个方面,狭义的渗透则仅指下渗过程。

地面土壤比较干燥,或供水强度较小情况下,人们可能观察不到水沿地面流动,而仅观察到水渗入土中。此过程中的土壤水分剖面和土壤含水率的平面分布为:土层中湿润的深度将越来越深,渗入土壤中的水量将越来越多;同一深度不同位置的土壤含水率也在变化,自供水所及区域向四周递减,并随时变化。这些过程同时伴随有水分的蒸发现象。

与自然区域相比,城市区域的下渗量较低。原因包括:①城市汇水区(道路、屋顶、停车场等)不透水性较高;②城市区域土壤密实度较高;③存在人工排水系统,使地表径流快速排除,减少了雨水下渗的时间。

1. 定义和符号

下渗:水透过地表进入土壤的过程,也称入渗。

渗透:水在土壤剖面运动的过程。显然下渗早于渗透。

下渗率 f:水进入土壤表面的速率,表示为单位时间内单位面积上渗透过的水量,量纲为长度/时间。

累积下渗量 F:从时间 t 开始或降雨开始的下渗总量,通常称为下渗量或累积下渗量,单位为 cm。显然

$$F(t) = \int_{t_1}^{t_2} f(t) \mathrm{d}t \tag{7-13}$$

或

$$f(t) = \frac{\mathrm{d}F}{\mathrm{d}t} \tag{7-14}$$

下渗能力 f_p:最大下渗率,即土壤通过其表面吸收水分的最大速率,量纲为长度/时间。f 与 f_p 之间的区别是:$0 \leqslant f \leqslant f_p$。

毛管位势:毛管力引起的压力水头,单位 cm。毛管位势也称为毛管压力、压力水头、水分张力、水分负压或负压。

毛管吸力 S:带有负号的 S 表示毛管吸力。正吸力将表示负水头,单位为 cm。

毛管传导度 K:单位梯度下水流通过土壤的速率。显然,毛管传导度取决于土壤含水量,量纲为长度/时间。毛管传导度也称为水力传导度,或简称传导度、导水率、导水系数。

饱和传导度(率) K_s:土壤饱和时的毛管传导度,量纲为长度/时间。

相对传导度(率) k_r:给定土壤含水量的毛管传导度与饱和传导度的比率

$$k_r = \frac{K}{K_s}$$

2. 影响下渗的因素

降雨下渗因素可以分为四个方面:地表特征、土壤特征、降雨特征和流体特征。

地表特征包括植被覆盖条件、地形和河网密度。这些特征在汇水面积内可能变化很大,对下渗能力有非常重要的影响。如果土壤裸露,雨滴冲压会形成土壤表面板结,由此改变下渗特征。耕作土壤将导致非常高的下渗,比自然态的土壤高数倍。另一方面,植被或团粒状态则使土壤免受雨滴冲击。植物根系增加了土壤的孔隙度。有机质增强了土壤的团粒结

构,并改进其渗透性。不同的植物、不同的种植密度和不同的生长季节,植被对下渗的影响也不同。种植时间较早的草皮具有更大的渗透性。城市建筑物及铺砌的道路,严寒地区的冻土覆盖,下渗很小,几乎为零。同样的降雨强度,雨水降落在平坦地面上,下渗速率大于坡面情况。

土壤特征是影响下渗能力最为重要的特征之一。土壤类型决定了毛管的大小和数量,而水流必须通过毛管才能流动。质地、结构、有机质成分、生物活动、根系渗透、胶态膨胀等均为土壤的重要特性。各种土壤的孔隙大小和数量均不同。粉沙和黏土一般比沙土的孔隙小,但数量比较多。由于具有大量的孔隙,粉沙和黏土比沙土保持的水分多。如果土壤为层状,土层的孔隙大小将影响水的流动。如果湿润锋遇到细小物质,极细小的孔隙产生的阻力将使水流运动减缓。如果湿润锋遇到粗糙物质,水流则停止运动,直到土壤接近饱和。对植物利用来说,层状土壤比均质土壤的持水性强。由于不同的土层阻止了水流的运动,更多的水分保留在根系中。土地利用和土壤温度也影响了下渗。如果饱和土壤时为封冻态,则其变得密实,近似不透水物质。前期土壤含水量决定了土壤的毛管位势及毛管传导度,从而影响了雨水下渗。

降雨特征对确定实际下渗率非常重要。降雨强度的时空分布及降雨历时、雨滴大小、倾斜角度、降雨形式等均为降雨的重要特征。这些特征空间变化较大,从而导致不同的下渗率。

流体特征也对下渗具有影响。水中包含的细黏土粒将减小下渗,因为它们会填充水流运动必须经过的细小孔隙。污染物改变了水的黏滞性,水温和水的黏度影响了水流在土壤中的运动。

3. Green-Ampt (G-A)模型

1911 年,Green 和 Ampt 提出了基于达西(Darcy)定律的简化下渗模型。该法基于下述假定:①土壤表面由水层覆盖,但其深度可忽略不计;②存在如图 7-5 所示的明显湿润锋;③湿润锋可看作水平面,该平面将下渗湿润区与整个下渗带均匀分开,因此土壤含水量剖面可假定为一阶跃函数;④一旦土壤湿润,在下渗过程中湿润区的含水量不随时间发生变化,意味着湿润区的水力传导度在下渗期间不随时间变化;⑤湿润锋以上紧靠湿润锋的地方存在不变的负压。

靠近土壤饱和区,利用达西定律[式(7-15)]估计下渗能力。

$$f=K_s\frac{\mathrm{d}h}{\mathrm{d}z}=K_s\frac{(\psi+z_f)-(H+0)}{z_f-0}=K_s\frac{\psi+z_f-H}{z_f} \tag{7-15}$$

式中 K_s——饱和导水率(cm/h);
　　f——下渗速率(cm/h);
　　ψ——湿润锋的毛管位势(cm);
　　z_f——湿润锋的深度(cm);
　　H——积水深度(cm)。

下渗深度 F 计算为

$$F=z_f(\theta_s-\theta_i) \quad \text{或} \quad z_f=\frac{F}{\theta_s-\theta_i} \tag{7-16}$$

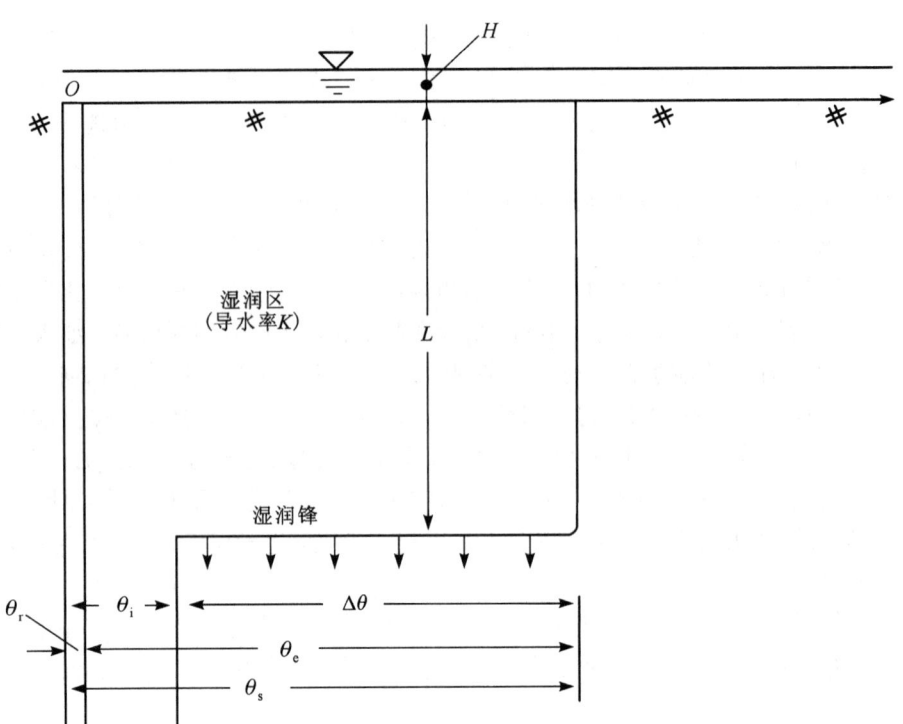

θ_r—残余土壤含湿量;θ_e—有效土壤含湿量

图 7-5 Green-Ampt 模型中的地下含湿量示意

式中 θ_s——饱和土壤含湿量;

θ_i——初始土壤含湿量。

将式(7-16)代入达西定律公式,得

$$f=\frac{dF}{dt}=K\frac{\psi+[F/(\theta_s-\theta_i)]-H}{F/(\theta_s-\theta_i)}=K\left(\psi+\frac{F}{\theta_s-\theta_i}-H\right)\frac{\theta_s-\theta_i}{F} \qquad (7-17)$$

由假设条件①,忽略积水深度 H,式(7-17)简化为 Green-Ampt 下渗速率公式

$$f=\frac{dF}{dt}=K\left(\psi\frac{\theta_s-\theta_i}{F}+1\right) \qquad (7-18)$$

为计算给定时刻的下渗速率 f,必须计算达到该时刻的总下渗量 F。式(7-18)积分,并结合初始条件 $t=0$ 时,$F=0$,求得

$$F=K_s t+\psi(\theta_s-\theta_i)\ln\left[1+\frac{F}{\psi(\theta_s-\theta_i)}\right] \qquad (7-19)$$

式(7-19)难以直接求解 F,需要利用牛顿法或二分法迭代求解。此外,公式假设在给定的时段内,降雨强度总是高于下渗速率。如果降雨强度低于相应的下渗速率时,下渗量应等于该时段内的降雨量。

Green-Ampt 模型应用中,一些参数应根据土壤类型和土地利用情况确定。表 7-6 所列为美国公布的 ψ,K_s 和 θ_s 的平均数值;在没有现场数据时,建议采用表格中的数值。

表 7-6　　　　　　　　　　　Green-Ampt 模型下的土壤特性参数

土壤类型	饱和土壤含湿量 θ_s	毛管位势 ψ(cm)	饱和导水率 K_s(cm/h)
砂土	0.437	4.95	11.78
壤质砂土	0.437	6.13	2.99
砂质壤土	0.453	11.01	1.09
壤土	0.463	8.89	0.34
粉质壤土	0.501	16.68	0.65
砂质黏壤土	0.398	21.85	0.15
黏质壤土	0.464	20.88	0.10
粉质黏壤土	0.471	27.30	0.10
砂质黏土	0.430	23.90	0.06
粉质黏土	0.479	29.22	0.05
黏土	0.475	31.63	0.03

【例 7-3】 利用 Green-Ampt 模型计算每一时间步长的下渗量。降雨模式见表 7-7。假设参数为 $\psi=8.9$ cm；$K_s=0.33$ cm/h；$\theta_s-\theta_i=0.434$。

表 7-7　　　　　　　　　　　例 7-3 所用降雨数据

时间(h)	降雨强度(cm/h)
0.0	0.8
0.1	4.8
0.2	8.1

解　求解下渗容积的关键为跟踪两个时间线中的位置。第一条时间线为降雨雨量过程线；第二条时间线为通过公式(7-18)产生的总下渗曲线。$t=0$ 时，这两条时间线重合。

如果特定时间步长内的降雨强度小于或等于下渗速率，那么该时间步长内的所有降雨将下渗。如果时间步长内，全部或局部降雨强度大于下渗速率，那么该时间步长内出现积水或径流。总累计下渗容积可利用公式(7-19)计算。随着时间增长，如果降雨强度大于下渗速率，则降雨雨量时间线和累计下渗时间线将同步增长；如果降雨强度低于下渗速率，则两条时间线以不同方式推进。

[时间步长 1]

(1) 假设时间步长 1 内所有降雨下渗，则下渗量为

$$0.8 \text{ cm/h} \times 0.1 \text{ h} = 0.08 \text{(cm)}$$

(2) 由公式(7-18)，计算时间步长 1 末的下渗速率为

$$f = 0.33 \times \left(\frac{8.9 \times 0.434}{0.08} + 1\right) = 16.26 \text{(cm/h)}$$

(3) 因为 16.26 cm/h＞0.8 cm/h，说明时间步长 1 内的所有降雨下渗，累计下渗量为 0.08 cm。

[时间步长 2]

(1) 假设时间步长 2 内的所有降雨下渗,则下渗量为

$$4.8(\text{cm/h}) \times 0.1(\text{h}) = 0.48(\text{cm})$$

总累计下渗量计算为

$$0.48(\text{cm}) + 0.08(\text{cm}) = 0.56(\text{cm})$$

(2) 假设 0.56 cm 降雨下渗,时间步长 2 末的下渗速率计算为

$$f = 0.33 \times \left(\frac{8.9 \times 0.434}{0.56} + 1\right) = 2.61(\text{cm/h})$$

(3) 因为下渗速率低于时间步长 2 的降雨强度 4.8 cm/h,所以在 0.1 h~0.2 h 之间产生积水或径流。应计算当降雨强度与下渗速率相等时的累计下渗量。代入 $f = 4.8$ cm/h,求解式(7-18)中的 F。

$$4.8 = 0.33 \times \left(\frac{8.9 \times 0.434}{F} + 1\right)$$

故 $F = 0.285$ cm。

(4) 应确定在 0.1 h~0.2 h 时,降雨强度等于下渗速率的准确时间。当总累计下渗量为 0.285 cm 时,降雨强度等于下渗速率。由于在时间步长 1 内累计下渗量为 0.08 cm,在时间步长 2 开始后的时间计算为

$$(0.285 - 0.08)/4.8 = 0.043(\text{h})$$

(5) 其次确定产生 0.285 cm 累计下渗量出现的时间。式(7-19)经变换,求解 t 得

$$t = \frac{1}{0.33}\left[0.285 - 8.9 \times 0.434\ln\left(1 + \frac{0.285}{8.9 \times 0.434}\right)\right] = 0.03(\text{h})$$

(6) 为了求时间步长内的下渗量,必须确定对应于降雨强度在时间步长 2 末,第二条时间线的时刻。径流开始出现的时间为

$$0.1 + 0.043 = 0.143(\text{h})$$

这时总累计下渗量等于 0.285 cm。该点对应于第二条时间线的 0.03 h。有

$$0.2 - 0.143 = 0.057(\text{h})$$

对应于降雨雨量线(第一条时间线)在时间步长 2 的余量。于是,时间步长 2 的末端对应于第二条时间线上的时间为

$$0.03 + 0.057 = 0.087(\text{h})$$

(7) 现在由式(7-19)求解 0.087 h 时的累计下渗量

$$F = 0.33 \times 0.087 + 8.9 \times 0.434\ln\left(\frac{F}{8.9 \times 0.434} + 1\right)$$

上式不能显式求解 F,需要利用数值方法计算。由求根方法,解得时间步长 2 末的 F 值为 0.490 cm。

(8) 时间步长 2 产生的下渗量为时间步长 2 末的总累计下渗量与时间步长 1 末的总累计下渗量之差,即

$$0.490-0.08=0.410(\text{cm})$$

[时间步长 3]

(1) 与时间步长 1、2 计算不同,时间步长 3 开始时的下渗速率,对应于 $F=0.490$ cm。

$$f=0.33\times\left(\frac{8.9\times0.434}{0.490}+1\right)=2.931(\text{cm/h})$$

因为 8.1 cm/h>2.931 cm/h,径流将在整个时间步长内产生。

(2) 确定第二条时间线上等于时间步长 3 末的点。因为径流在整个时间步长内产生(与时间步长 2 不同),0.1 h 可以简单添加到第二条时间线的时间步长 2 末的点上,即

$$0.1+0.087=0.187(\text{h})$$

因此,第二条时间线的 0.187 h,对应于降雨雨量图的 0.3 h。

(3) 由式(7-19),计算 0.187 h 时的总累计下渗量

$$F=0.33\times0.187+8.9\times0.434\ln\left(\frac{F}{8.9\times0.434}+1\right)=0.731(\text{cm})$$

(4) 时间步长内下渗量为 $0.731-0.490=0.241(\text{cm})$。

4. Horton 模型

1940 年,Horton 假定下渗类似于耗损过程,即现状工作效率与需要完成的剩余工作量成正比。下渗情况中,任意时刻 t 需完成的剩余工作,等于下渗能力达到最终的稳定值 f_c;现状工作效率为 df/dt;剩余需完成的工作量为 $(f-f_c)$。由于 f 随时间 t 减小,有

$$\frac{df}{dt}=-k(f-f_c) \tag{7-20}$$

式中 k——线性因子,取决于土壤类型和初始土壤含湿量。

结合初始条件 $t=0$, $f=f_0$;式(7-20)积分得

$$f=f_c+(f_0-f_c)\exp(-kt) \tag{7-21}$$

式(7-14)代入式(7-21)得

$$\frac{dF}{dt}=f_c+(f_0-f_c)\exp(-kt) \tag{7-22}$$

结合初始条件 $t=0$, $F=0$;式(7-22)积分得

$$F=f_c t+\frac{1}{k}(f_0-f_c)[1-\exp(-kt)] \tag{7-23}$$

式(7-21)或式(7-23)为 Horton 模型,如图 7-6 所示。

Horton 模型形式简单且与实验资料拟合较好。其难点在于参数 f_0、f_c 和 k 的确定。这些参数必须根据资

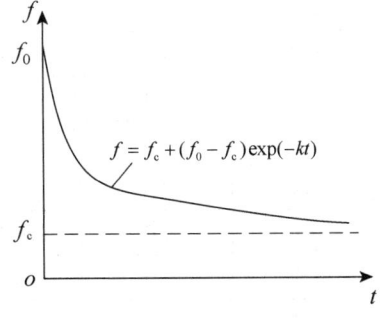

图 7-6　Horton 模型示意

料校验。经验规则是比值 f_0/f_c 的量级为 5。表 7-8 为给定土壤类型的典型参数值。

表 7-8　　　　　　　　Horton 模型参数 f_0、f_c 和 k 的典型取值

土壤类型	f_0(cm/h)	f_c(cm/h)	k(h^{-1})
Alphalpla 壤质砂土	48.26	3.56	38.29
Carnegie 砂壤土	37.52	4.50	19.64
Cowarts 壤质砂土	38.81	4.95	10.65
Dothan 壤质砂土	8.81	6.68	1.40
Fuquay 卵石壤质黏土	15.85	6.15	4.70
Leefield 壤质砂土	28.80	4.39	7.70
Robertsdale 壤质砂土	31.52	3.00	21.75
Stilson 壤质砂土	20.60	3.94	6.55
Tooup 砂土	58.44	4.57	32.71
Tifton 壤质砂土	24.56	4.14	7.28

【例 7-4】　某城市地区 2 h 降雨事件的降雨强度 i 和雨量图,分别见表 7-9 的第(3)列和图 7-7。该地区的 Horton 参数估计为 $f_0=2.8$ cm/h, $f_c=0.6$ cm/h, $k=1.1$/h。假设下渗为考虑的唯一降雨损失项,确定渗透区域内下渗损失及过量降雨。

解　计算总结列于表 7-9。表中 t_1[第(1)列]和 t_2[第(2)列]分别表示了时间步长的起始和终止时刻。f_p 是通过公式(7-21)确定的下渗速率,计算中时间取每一时间步长的中值 t[第(4)列]。实际下渗速率 f[第(6)列]取 f_p 和 i 中的较小数值。降雨强度 i 减去实际下渗速率 f,求得有效降雨强度 i_e[第(7)列]。下渗速率和过剩降雨的表达见图 7-7。利用 $\Delta t \sum f$ 获得下渗总量为 2.28 cm,其中 Δt 取 0.1 h。以类似方式获得有效降雨总深度为 0.77 cm。

表 7-9　　　　　　　　　　　　例 7-4 计算表

t_1(h)	t_2(h)	i(cm/h)	t(h)	f_p(cm/h)	f(cm/h)	i_e(cm/h)
(1)	(2)	(3)	(4)	(5)	(6)	(7)
0	0.1	0.75	0.05	2.68	0.75	0.00
0.1	0.2	0.75	0.15	2.47	0.75	0.00
0.2	0.3	0.75	0.25	2.27	0.75	0.00
0.3	0.4	1.5	0.35	2.10	1.50	0.00
0.4	0.5	1.5	0.45	1.94	1.50	0.00
0.5	0.6	2.25	0.55	1.80	1.80	0.45
0.6	0.7	2.25	0.65	1.68	1.68	0.57
0.7	0.8	2.25	0.75	1.56	1.56	0.69
0.8	0.9	2.75	0.85	1.46	1.46	1.29

续表

t_1(h)	t_2(h)	i(cm/h)	t(h)	f_p(cm/h)	f(cm/h)	i_e(cm/h)
0.9	1	2.75	0.95	1.37	1.37	1.38
1	1.1	2	1.05	1.29	1.29	0.71
1.1	1.2	2	1.15	1.22	1.22	0.78
1.2	1.3	2	1.25	1.16	1.16	0.84
1.3	1.4	1.5	1.35	1.10	1.10	0.40
1.4	1.5	1.5	1.45	1.05	1.05	0.45
1.5	1.6	1	1.55	1.00	1.00	0.00
1.6	1.7	1	1.65	0.96	0.96	0.04
1.7	1.8	1	1.75	0.92	0.92	0.08
1.8	1.9	0.5	1.85	0.89	0.50	0.00
1.9	2	0.5	1.95	0.86	0.50	0.00
		$\sum=3.05$ cm			$\sum=2.28$ cm	$\sum=0.77$ cm

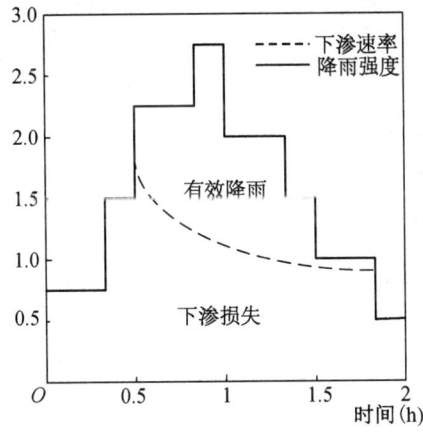

图 7-7 例 7-4 降雨雨量

7.3.4 SCS 模型

1972 年美国土壤保护局(SCS)开发计算降雨损失和有效降雨(或径流)的方法,称作 SCS 模型。SCS 模型综合考虑了植物截留、坑洼存水、蒸发和下渗的降雨损失量。

1. 水文土壤类型

为考虑下渗估计中土壤渗透性的影响,根据土壤的下渗速率和质地,将土壤分为 A、B、C 和 D 四类(表 7-10)。规定类型 A 的土壤具有最大下渗能力,类型 D 的土壤具有最小下渗能力。

表 7-10　　　　　　　　　　　　SCS 水文学土壤分类

土壤类型	描述
A	深成砂土,深成黄土,团粒粉砂土。可能的最低径流,包括带有一点淤泥和黏土的深砂层,有很深的透水卵石
B	浅成黄土,砂壤土。可能产生中等较低径流,多数为砂土但比 A 浅,这种土壤在润湿后也具有平均渗水速率以上的值
C	黏质壤土,浅砂壤土,低有机质土,黏性土。可能产生中等较高径流,土层浅并且含有相当数量的黏土和胶质物质,但比 D 组低,在饱和以后具有比平均渗水速率低的值
D	润湿时期明显膨胀的土壤,重塑黏土和盐土。可能的最高径流量,多数为高膨胀百分比的黏土,这类土还包括接近地表几乎不透水的次水平浅土层

2. 径流曲线数

CN(Curve Number)是一个无因次参数,称曲线数,是反映降雨前流域特征的综合参数,取值范围为 0～100。径流曲线数值根据地表覆盖、管理状况、水文条件、不透水地表百分比、土壤初始含湿量等确定。表 7-11 中的 CN 值对应于降雨前土壤中等含湿量条件（Ⅱ）的情况。对于较湿润（Ⅲ）或较干燥（Ⅰ）的土壤含湿量条件,应对 CN 值修正,修正值见表 7-12。

表 7-11　　　不同城市土地利用条件下的径流曲线数（前期土壤含湿量条件Ⅱ）

土地利用情况（不透水面积百分比）		土壤水文学分类			
		A	B	C	D
开阔地（草地、公园、高尔夫球场、陵园等）					
植被条件差（草被覆盖率 50% 以下）		68	79	86	89
植被条件一般（草被覆盖率 50%～75%）		49	69	79	84
植被条件好（草被覆盖率 75% 以上）		39	61	74	80
铺砌式停车场、屋顶、车行道等		98	98	98	98
街区和道路					
铺设有路缘石、雨水排水沟		98	98	98	98
砾卵石或炉灰铺砌路面		76	85	89	91
土路		72	82	87	89
沙漠城市区域					
自然沙漠景观（仅具有透水面积）		63	77	85	88
人工沙漠景观（不透水杂草栅栏,2.5～5cm 沙漠灌木,砂子或者砂砾覆盖和盆地边界）		96	96	96	96
城市地区					
商业区（85% 是不透水性区域）		89	92	94	95
工业区（72% 是不透水性区域）		81	88	91	93
居住区					
平均地块大小（m²）	平均不透水地表百分比（%）				
≤500	65	77	85	90	92

续表

土地利用情况(不透水面积百分比)		土壤水文学分类			
		A	B	C	D
≤1 000	40	61	75	83	87
≤1 500	30	57	72	81	86
≤2 000	25	54	70	80	85
≤4 000	20	51	68	79	84
≤8 000	12	46	65	77	82
正在开发的地块(仅有透水面积,没有植被)		77	86	91	94

表 7-12　　　　　　　　　不同土壤含湿量条件下的径流曲线数修正值

II	I	III	II	I	III
100	100	100	50	31	70
95	87	98	45	26	65
90	78	96	40	22	60
85	70	94	35	18	55
80	63	91	30	15	50
75	57	88	25	12	43
70	51	85	20	9	37
65	45	82	15	6	30
60	40	76	10	4	22
55	35	74	5	2	13

如果在考虑的排水面积中具有不同 CN 的子面积,则整个面积曲线数 CN(综合 CN 值)的计算应采用面积加权平均值。城市土地利用包含商业、工业和居民区,它们的 CN 数值是根据各自的不透水面积百分比估计的综合值。其中假设直接相连的不透水面积 CN 值等于 98,透水面积认为是开阔地且具有良好的水文条件。

3. 径流公式

SCS 模型中,降雨总深度 P 分解为初始损失 I_a、滞留蓄水 F 和有效降雨(径流量)P_e 三部分(图 7-8)。初始损失包括地表径流出现之前发生的植物截留、坑洼存水和下渗损失、滞留蓄水至形成径流后蒸发和下渗的连续损失。

SCS 模型具有以下三个假设条件。

(1) 存在排水面积内洼地和土壤的最大滞留蓄水容积 S(不含初始损失 I_a)。

(2) 实际滞留蓄水 F 与最大滞留蓄水容积 S 之比,等于径流量 P_e 与径流潜力(降雨深度 P 与初始损失 I_a 之差)之比:

$$\frac{F}{S} = \frac{P_e}{P - I_a} \quad (7-24)$$

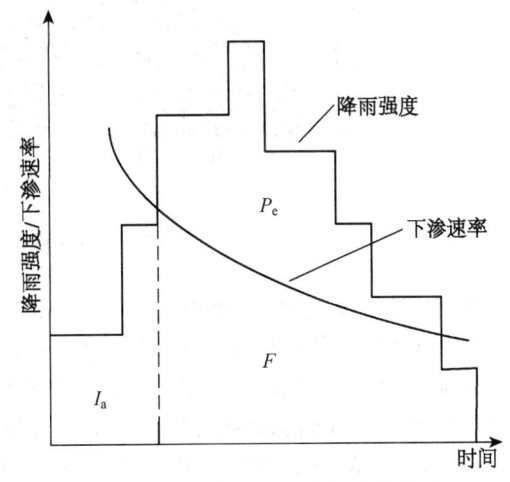

图 7-8　SCS 模型中确定的降雨构成

(3) 初始损失 I_a 与最大滞留蓄水容积 S 呈线性关系,即

$$I_a = aS \quad (7-25)$$

式中　a——常数,通常取 0.2。

根据质量守恒,有

$$F = P - I_a - P_e \quad (7-26)$$

综合式(7-24)~式(7-26),得

$$P_e = \frac{(P - 0.2S)^2}{P + 0.8S} \quad (7-27)$$

公式(7-27)即为降雨估算直接径流的 SCS 公式,它对于 $P > 0.2S$ 是合理的。

最大滞留蓄水容积 $S(\mathrm{mm})$ 的计算采用经验公式

$$S = 25.4\left(\frac{1\,000}{CN} - 10\right) \quad (7-28)$$

对于给定的曲线数 CN 和总降雨量 $P(\mathrm{mm})$ 数值,首先由公式(7-28)计算最大滞留蓄水容积 S,然后利用公式(7-27)确定径流 $P_e(\mathrm{mm})$。公式(7-27)的图形求解见图 7-9。如果已知总降雨量,SCS 方法可用于确定总径流量。如果已知降雨雨量图,也可用于确定有效降雨速率。

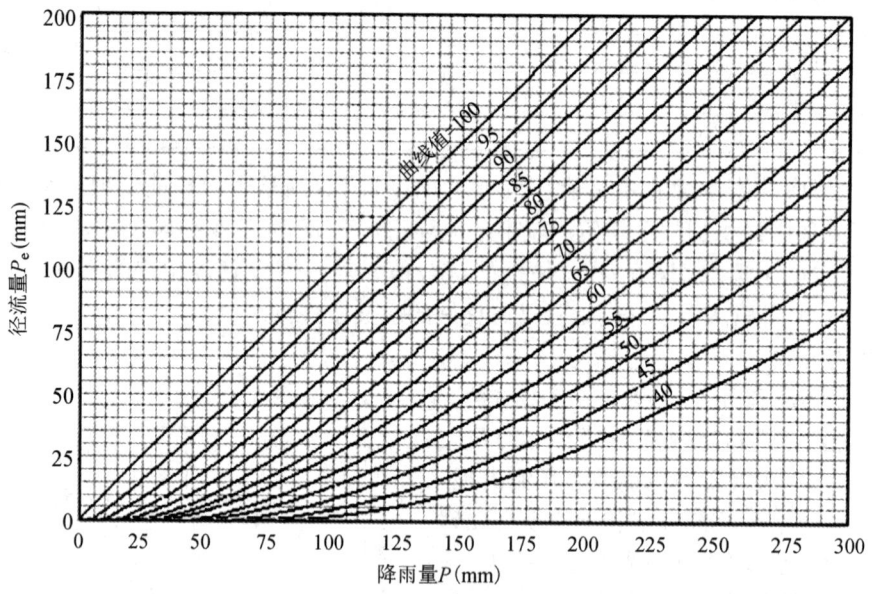

图 7-9　SCS 模型中的降雨-径流关系曲线

【例 7-5】　确定排水面积为 1 000 km² 城市区域的径流容积。已知该排水面积包括 380 km² 的开阔地,具有 65%的草地覆盖;200 km² 的商业区,不透水面积百分比为 85%;150 km² 的工业区,不透水面积百分比为 72%;270 km² 的住宅区,平均地块尺寸为 1 000 m²。18 h 的总降雨深度为 5.3 cm;假设流域水文土壤条件为类型 A。

解　由表 7-11 知,开阔地 $CN=49$;商业区 $CN=89$;工业区 $CN=81$;住宅区 $CN=61$。整个流域的 CN 值按不同土地利用类型 CN 的加权平均计,即

$$CN = \frac{280(\text{km}^2) \times 49 + 200(\text{km}^2) \times 89 + 150(\text{km}^2) \times 81 + 270(\text{km}^2) \times 61}{1\,000(\text{km}^2)} = 65.0$$

由公式(7-28),最大滞留蓄水容积 S 为

$$S = 25.4\left(\frac{1\,000}{CN} - 10\right) = 25.4\left(\frac{1\,000}{65.0} - 10\right) = 136.8(\text{mm})$$

由公式(7-27),总径流量为

$$P_e = \frac{(P - 0.2S)^2}{P + 0.8S} = \frac{(53 - 0.2 \times 136.8)^2}{53 + 0.8 \times 136.8} = 4.05(\text{mm})$$

在图 7-9 中,对应于横坐标降雨量 53 mm,曲线数 $CN = 65.0$,同样可得径流量近似值。

【例 7-6】 计算某城镇排水面积的径流速率。假设该排水面积的综合曲线数 CN 为 85,它的 2 h 历时、25 年重现期的降雨雨量见表 7-13 的第 3 列。

解 由式(7-28),最大滞留蓄水容积 S 为

$$S = 25.4\left(\frac{1\,000}{CN} - 10\right) = 25.4\left(\frac{1\,000}{85.0} - 10\right) = 44.70(\text{mm})$$

初始损失量 I_a 为

$$I_a = 0.2S = 0.2 \times 44.70 = 8.94(\text{mm})$$

因此当降雨累计深度至少为 8.94 mm 时,才出现径流。

径流计算见表 7-13。表中考虑的时间步长为 20 min。时间步长内的降雨深度值计算为 $\Delta P = i \Delta t$,见第 4 列。第 5 列 P_1 和第 6 列 $P_2 (= P_1 + \Delta P)$ 分别表示时刻 t_1 和 t_2 的累计降雨量。第 7 列 P_{e1} 和第 8 列 P_{e2} 分别表示时刻 t_1 和 t_2 的累积径流量。对于给定的 CN 和 P 值,采用公式(7-27)(或图 7-9)确定,即 $P_e = \frac{(P - 8.94)^2}{P + 35.76}$;当 $P < I_a$ 时,将认为没有径流产生。第 10 列的径流速率 $i_e = \Delta P/\Delta t$。由第 8 列的最后一行知,本降雨事件下产生的总径流量为 51.66 mm。

表 7-13 例 7-6 计算用表

t_1 (h)	t_2 (h)	i (mm/h)	ΔP (mm)	P_1 (mm)	P_2 (mm)	P_{e1} (mm)	P_{e2} (mm)	ΔP_e (mm)	i_2 (mm/h)
1	2	3	4	5	6	7	8	9	10
0.000	0.333	17	5.67	0.00	5.67	0.00	0.00	0.00	0.00
0.333	0.667	45	15.00	5.67	20.67	0.00	2.44	2.44	7.32
0.667	1.000	130	43.33	20.67	64.00	2.44	30.39	27.95	83.85
1.000	1.333	40	13.33	64.00	77.33	30.39	41.36	10.97	32.91
1.333	1.667	22	7.33	77.33	84.67	41.36	47.62	6.26	18.78
1.667	2.000	14	4.67	84.67	89.33	47.62	51.66	4.04	12.12

7.4 城市高峰径流量估计

雨水输送系统或滞留设施的设计，首先需要估计所收集汇水区内的径流量，作为它们的设计流量。通常有两种分析方法。第一种是仅计算高峰流量，即确定来自雨水事件的最大径流量。第二种方法较复杂，需形成径流过程线，提供流量随时间变化的信息，该方法在第7.5节讨论。估计高峰径流量最常用的方法是推理公式法。

7.4.1 推理公式法

推理公式法由爱尔兰工程师 Mulvaney 于 1850 年提出，1889 年由 Kuichling 应用于美国，1906 年由 Lloyd Davies 应用于英国。推理公式法是基于水量平衡方法，结合降雨强度数据和流域特性，用于预测降雨事件下的高峰径流量。由于方法使用简单，其常用于雨水管渠系统的设计。

假设某汇水区域面积为 A，在时间 t 内降雨深度为 H。如果汇水区域为不透水地面，且在边界处无水量流进或流出，则汇水区域内降雨容积为 $H \times A$。

假设该汇水区域内的雨水量在时间 t 内以恒定流速流向雨水出水口，且在排水管渠内也以恒定流速输送雨水量，则在雨水出水口处的雨水排放流量 Q 为

$$Q = \frac{HA}{t}$$

设平均强度 $i = H/t$，有

$$Q = iA$$

考虑汇水区域并非完全不透水，降雨过程中具有雨量损失，因此引入径流系数 Ψ，得

$$Q = \Psi i A \tag{7-29a}$$

换算为常用计量单位，有

$$Q = \Psi q A = 167 \Psi i A \tag{7-29b}$$

式中　Q——雨水高峰流量(L/s)；
　　　　Ψ——径流系数；
　　　　A——汇水区域面积(hm^2)；
　　　　q——以 $L/(s \cdot hm^2)$ 为计量单位的设计暴雨强度；
　　　　i——以 mm/min 为计量单位的设计暴雨强度。

式(7-29a)和式(7-29b)即为计算高峰径流量的推理公式。

应注意，降雨历时和集水时间相等不是必然要求。正常情况下认为降雨历时大于集水时间。更进一步，集水时间(计算平均降雨强度所用时间)可以出现在降雨中期之前、开始、期间、之后，或降雨后期的任何时段内。

式(7-29a)和式(7-29b)表明，当全流域水流贡献于出水口时，出现洪峰流量，它发生在降雨开始后 T_c 内。因此，集水时间之后出现的降雨对较大的洪峰流量没有贡献，所起的作

用仅为延长汇水历时。推理公式法的一个结论是,任何给定的峰值,其出现的频率等于流域上历时等于集水时间的降雨量出现的频率。

1. 假定条件

推理公式法利用的一些假定条件包括:

(1) 流域面积是汇水区面积或支流到设计点的面积。

(2) 降雨强度在长度等于集水时间的时段内不变。

(3) 集水时间是从流域水力最远点到达设计断面所需的时间。

2. 基本原理的解释

推理公式法所含的基本原理有多种解释,这里采用了以下三种说法。

(1) 用推理公式法估计洪峰流量的流域,通常小于 $13\ km^2$(约 $5\ mile^2$)。其基本前提是暴雨在时间上均匀分布,当全流域贡献于出口断面的水流时,流量达到最大。

(2) 对在某临界时段内空间和时间均匀分布的暴雨,全流域均贡献于出口或设计断面时,流量达到最大。

(3) 对任一流域,产生最大径流峰值的降雨是流域上强度最大的降雨,其历时等于流域汇流时间或降落在流域最远点的水在地表寻找并到达出口附近路径的时间。

3. 推理公式法的局限性

推理公式法的局限可概述如下。

(1) 该方法不适合空间不均匀的降雨,随着面积增大,计算结果常常是保守性的,即过高估计了高峰流量。

(2) 由于降雨强度与 T_c 有关,流域部分区域上高强度降雨产生的洪峰流量,可能比全流域发生的低强度降雨产生的洪峰流量大。

(3) 方法中应用的降雨强度与实际降雨模式没有时序关系。该方法使用的降雨强度-历时-频率曲线不是降雨的时序曲线,同一频率曲线上不同历时的降雨强度通常不是来自同一场降雨。

4. 应用评价

尽管推理公式法由于缺乏物理现实性而备受攻击,但仍在城市排水设计中应用,且是雨水管渠系统设计最常用的方法。有专家指出,推理公式法的误差来自降雨强度在流域面积上均匀分布的假定,而忽略滞蓄作用的反面影响,因此它仍可以得出合理的结果。

7.4.2 参数估计

推理公式法中两个重要参数为线性常数或径流系数 Ψ,以及集水时间 T_c。

1. 径流系数

径流系数 Ψ 是径流峰值与平均降雨强度的无因次比值,它表示降雨中在汇水区地表出现的部分。径流系数的值因汇水区的地面覆盖情况、地面坡度、地貌、建筑密度分布、路面铺砌情况等不同而异。例如,屋面为不透水材料覆盖,Ψ 值大;沥青路面的 Ψ 值也大;而非铺砌的土路面 Ψ 值就较小。地形坡度大,雨水流动较快,其 Ψ 值也大;种植植物的庭院,由于植物本身能截留一部分雨水,其 Ψ 值就小;等等。降雨特性(例如强度、历时)和前期降雨条件也对径流系数 Ψ 有一定影响。例如暴雨强度大,其 Ψ 值也大;降雨历时较长,由于地面渗透损失减少，Ψ 就大些；本场降雨之前，一直处于干旱状态，降雨过程中雨量损失将较大，Ψ 值就小。

由于影响因素很多，要精确确定 Ψ 值很困难。目前雨水管渠设计中，径流系数通常采用土地利用类型确定的经验数值，见表 7-14。

表 7-14　　　　　　　　　　径流系数 Ψ 值

地面类型	Ψ 值
各种屋面、混凝土或沥青路面	0.85~0.95
大块石铺砌路面或沥青表面处理的碎石路面	0.55~0.65
级配碎石路面	0.40~0.50
干砌块石或碎石路面	0.35~0.40
非铺砌土路面	0.25~0.35
公园或绿地	0.10~0.20

当汇水区由各种性质的土地利用类型组成时，整个汇水区上的平均径流系数 Ψ_{ave} 值可按各类地面面积用加权平均法计算，即

$$\Psi_{ave}=\frac{\sum A_i \cdot \Psi_i}{A} \tag{7-30}$$

式中　A_i——汇水面积内各类用地的面积（hm^2）；
　　　Ψ_i——对应各类用地面积的径流系数值；
　　　A——总汇水面积（hm^2）。

设计中也可采用区域综合径流系数。一般城镇建筑密集区，$\Psi=0.60\sim0.70$；城镇建筑较密集地区，$\Psi=0.45\sim0.60$；城镇建筑稀疏区，$\Psi=0.20\sim0.45$。综合径流系数高于 0.7 的地区，应采取渗透、调蓄设施。

2. 集水时间

推理公式法认为只有当降雨历时等于集水时间时，高峰径流量最大。因此，计算雨水设计流量时，将汇水区水力最远点的雨水流到设计断面所需时间称作集水时间。集水时间受地形坡度、地面铺砌、地面种植情况、水流路径等因素影响。对给定流域，时间特性一般要发生变化，不变只是假定的。1984 年，McCuen 等人将时间特性影响因素分为五组：坡度、流域尺度、水流摩阻、河道和水流。这些因素对流域地表流、管道流和河道流均适用，于是形成估算时间特性考虑因素的汇总表，见表 7-15。

表 7-15　　　　　　　　　集水时间参数和变量划分标准

水流路径	水流摩阻	流域大小	坡度	河道（管道）	水流
地表漫流	n, C, CN, C_u	L, A	S		I
河道流	C_z, n_m, C_f	L_c, L_{10-85}, L_{ca}	S_c, S_{10-85}	R	I, Q
管道流	n	L	S	R	Q_p

注：A—汇水面积；L_{ca}—到流域中心的距离；C_z—谢才摩阻系数；L_{10-85}—从流域出口总长度10%点到85%点的距离；C—推理公式法径流系数；n_m—曼宁粗糙系数；C_f—河道化因子；Q—流量；CN—径流曲线数；Q_p—最大流量；C_u—不透水地表百分数；R—水力半径；I—历时等于汇水时间的降雨强度；S—坡度；L—地表漫流长度；S_c—干流坡度；L_c—干流长度。

城市化流域内，地表漫流、河道流、管道流三种水流路径将同时存在，因此在估计集水时间时，必须反映这些水流路径因素。流域的总集水时间将为这些相互串联的水流路径，从水力最远点到设计断面的水流流行时间之和。当几个子汇水面积排向同一设施（例如雨水管渠）时，集水时间应采用这几个子汇水面积中的最大值。

估算集水时间的大部分方程可表示为长度 L_p、坡度 S_p、系数 C_p 的函数。其中，C_p 是反映流域地表特性的系数，可以是常数，也可以是变量。函数形式为

$$T_c = C_p L_p^a S_p^b \qquad (7\text{-}31)$$

式中　a、b——指数，对于不同流域，取值也不相同。

这些方程或根据经验推出，或根据明渠水力学方程推出。其中常用的地表漫流流行时间计算公式见表 7-16。关于街道边沟流和管道内流行时间的计算参见第 8 章。

表 7-16　　　　　　　　　常用地表漫流流行时间计算公式

公式形式	文献源	备注
$t_s = \dfrac{0.96 L^{1.2}}{H^{0.2} A^{0.1}}$	Williams (1922)	
$t_s = \left\{\dfrac{0.87 L^3}{H}\right\}^{0.385}$	Kirpich (1940)	A——面积(km^2)； H——高程差(m)； i——降雨强度(mm/h)； i_e——径流速率(mm/h)； L——汇水面积长度(km)； t_s——地表漫流流行时间(h)； C——推理公式法中的径流系数； N——曼宁系数； r——Kerby 阻力系数； k——Izzard 阻力系数
$t_s = \dfrac{(0.024 i^{0.33} + 878 k/i^{0.67}) L^{0.67}}{(CH^{0.5})^{0.67}}$	Izzard (1946)	
$t_s = 3.03 \left[\dfrac{rL^{1.5}}{H^{0.5}}\right]^{0.467}$	Kerby (1959)	
$t_s = 58 N^{0.6} L^{0.9} / i_e^{0.4} H^{0.3}$	Henderson and Wooding (1964)	
$t_s = 3.64(1.1 - C) L^{0.83} / H^{0.33}$	Federal Aviation Administration (1970)	

地表漫流流行时间除采用以上公式计算外，为了简便性，通常认为数值在 5~30 min 之间。对于高度开发、不透水性较高、雨水口分布较密的地区，集水时间常采用 5~8 min。而在地块开发较少、建筑密度较小、地形较平坦、汇水区较大、雨水口布置较稀疏地区，一般可取 10~15 min。

7.4.3　洪峰流量计算步骤

洪峰流量计算通常遵循下述步骤。

(1)确定特定地形、土壤、地表覆盖和土地利用特性下的径流系数 Ψ。如果汇水区面积可以分成几个区域，需要加权计算综合径流系数 Ψ。

(2)确定特定地形的集水时间 T_c。

（3）使用流域的降雨强度 i-历时 D-重现期 P 曲线，确定历时为 T_c 的平均降雨强度 q。

（4）由给定的面积 A、平均降雨强度 q 和径流系数 C，计算洪峰流量 Q。

【例 7-7】 确定 $4.7\ \text{hm}^2$ 居住区 5 年重现期的高峰径流量。居住区内各类用地面积 A_i 值见表 7-17。居住区集水时间估计为 20 min，5 年重现期下的平均降雨强度，根据 i-D-P 曲线，查得为 2.5 mm/min。

表 7-17　　　　　　　　　　某居住区用地面积

土地利用类型	面积 A_i(hm²)	采用的 Ψ_i 值
屋面	1.5	0.90
混凝土路面	0.8	0.90
碎石路面	0.6	0.60
非铺砌土路面	0.6	0.30
绿地	1.2	0.15
合计	4.7	0.594

解 按表 7-14 定出各类用地的 Ψ_i 值，填入表 7-17，该居住区面积共为 $4.7\ \text{hm}^2$。

$$\Psi_{\text{ave}} = \frac{\sum A_i \cdot \Psi_i}{A} = \frac{1.5 \times 0.9 + 0.8 \times 0.9 + 0.6 \times 0.6 + 0.6 \times 0.3 + 1.2 \times 0.15}{4.7}$$
$$= 0.594$$

已知 20 min，5 年重现期的平均降雨强度为 2.5 mm/min。因此，该暴雨下的高峰径流量由式(7-29)得

$$Q_p = 167\Psi iA = 167 \times 0.594 \times 2.5 \times 4.7 = 1\ 165.58(\text{L/s})$$

当汇水面积是由居民区、工业区、商业区、公园绿化区等组成时，尽管区域内部可采用平均径流系数计算，但是各区域之间平均径流系数将具有很大差异。这种情况下，汇水面积内雨水设计流量的计算针对不同区域需采用相同的降雨强度 q，而各子区域采用不同的径流系数，可表达为

$$Q = q \sum \Psi_i A_i \tag{7-32}$$

7.5 单位流量过程线

径流量过程线的估计与计算高峰径流量方法不同，它考虑了汇水区域内的蓄水效应。径流量过程线考虑了整个降雨事件内的容积和流量变化，它可用于分析复杂的流域和设计滞留池，评价与池塘和湖泊相关的蓄水效应。

汇水区内的径流过程可以利用单位流量过程线(UH)模拟，它定义为流域内一个单位（通常为 1 cm）过量降雨(有效降雨)产生的直接径流随时间变化情况的曲线。单位流量过

程线没有考虑径流过程中汇水区域物理特性的空间变化,在水文模拟中归类为集总方法。对于计量流域,通过同时分析降雨和径流记录,建立单位流量过程线。未计量流域采用合成单位流量过程线方法。

单位流量过程线的潜在假设,认为每一汇水区具有形状不变的单位流量过程线,除非汇水区域特征(例如土地利用、坡度等)发生了变化。这样单位流量过程线代表了1个单位有效降雨的径流响应,通过将单位流量过程线各时刻的流量值,乘以来自观测降雨记录的有效降雨,即可模拟出水口处实际降雨径流过程线。

研究区域内所有雨水出水口的无量纲流量过程线的推导,从建立每一场地的平均单位流量过程线开始。建立现场平均单位流量过程线的暴雨选择准则,应尽可能包括:①一定时段内整个流域内均匀分布的集中暴雨;②观测到的流量过程线具有一个高峰。较长时段内发生的暴雨,通常应避免较短时段内没有降雨的间断性暴雨,避免导致复杂、多峰点流量过程线的暴雨。对于观测到的每一流量过程线,通过在上升开始和回退结束之后线性内插方法,去除基流。图7-10说明了地表径流过程线的各种组件,在基流为零的情况下,流量过程线与时间轴之间所谓面积即为径流容积。

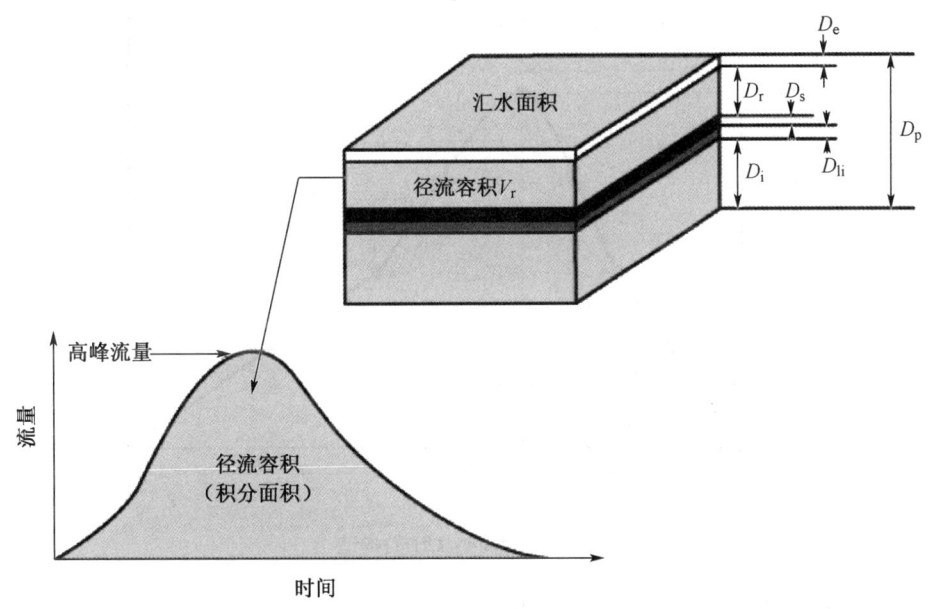

图 7-10　流量过程线概念图

D_r—直接径流总深度；D_p—总降水深度；D_{li}—总初始损失；D_i—初始损失后的总下渗深度；
D_s—总坑洼存水深度；D_e—蒸发蒸腾作用损失

建立合成单位流量过程线具有许多方法,难以证明它们的优劣。无论一种合成单位流量过程线是如何推导出来的,它的应用与任何其他方法推导出的是一致的。广泛应用并被包含在计算机化降雨-径流程序中的一些方法有 Espey 方法、SCS 方法等。

7.5.1　Espey 10 min 单位流量过程线

1978年,美国 Espey 等人根据八个州的41个城市流域,面积为9英亩(acre)~15平方英里($mile^2$),不渗透地表百分比为2%~100%,收集到径流数据,分析了它们的降雨-径流关系,得出一组回归方程,形成了便于应用的 10 min 单位流量过程线。Espey 10 min UH 见图 7-11,其中考虑了 9 个参数,即

Q_p——UH 高峰流量[$m^3/(s \cdot cm)$];

T_p——高峰流量出现时刻(min);

t_b——UH 的基准时间(min);

W_{50}——UH 在 $0.50Q_p$ 时的时间跨度(min);

W_{75}——UH 在 $0.75Q_p$ 时的时间跨度(min);

t_A——上升侧 $0.50Q_p$ 的时刻(min);

t_B——上升侧 $0.75Q_p$ 的时刻(min);

t_E——下降侧 $0.75Q_p$ 的时刻(min);

t_F——下降侧 $0.50Q_p$ 的时刻(min)。

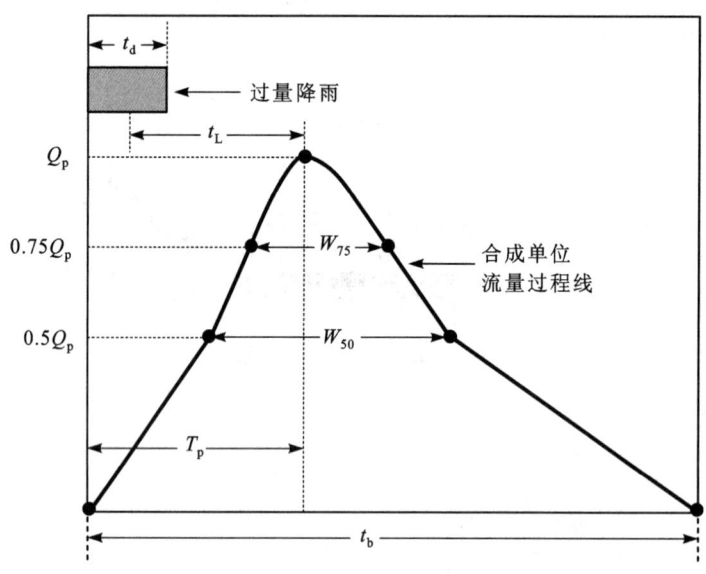

图 7-11　Espey UH 的构造

建立 UH 中利用的汇水流域特征如下:

L——从汇水流域边界到设计点的基本水流路径长度(m);

S——基本水流路径的平均坡度;

H——基本水流路径距上游边界 0.2L 处,与设计点之间的高程差(m);

A——排水流域面积(km^2);

I——流域内不透水地表百分比(%);

n——基本水流路径曼宁粗糙系数(表 7-18);

ϕ——流域无量纲输送系数,为不透水地表百分比 I 和基本水流路径曼宁粗糙系数 n 的函数,取值可查图 7-12。

表 7-18　　　　　　　　　　不同管道和明渠的曼宁粗糙系数

	管渠材料		曼宁系数
封闭管渠	铸铁管		0.013
	混凝土管		0.013
	波纹金属管	普通型	0.024
		铺砌内底	0.020
		完全铺砌	0.015
	塑料管		0.013
	陶土管		0.013
明渠	内衬渠道	沥青	0.015
		混凝土	0.015
		橡胶或者石块加固	0.030
		植被	0.040
	开挖渠道	土渠,笔直和均匀的	0.030
		土渠,弯曲,较均匀的	0.040
		没有维护的	0.100
自然渠道(小型河流)	较规则断面		0.050
	具有池塘的不规则断面		0.100

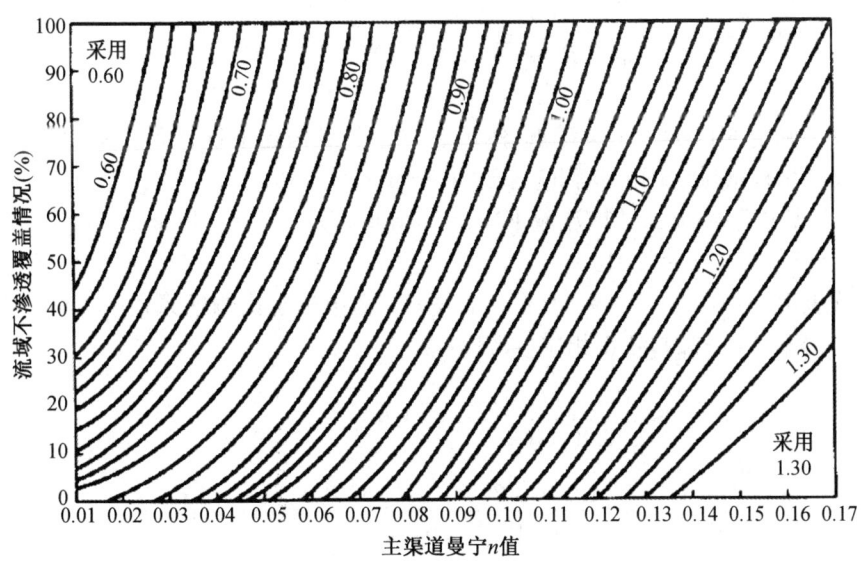

图 7-12　Espey UH 的流域输送系数 φ

Espey 10 min UH 的参数计算为

$$S = \frac{H}{0.8L} \tag{7-33}$$

$$T_p = \frac{4.1 L^{0.23} \phi^{1.57}}{S^{0.25} I^{0.18}} \tag{7-34}$$

$$Q_p = \frac{138.7 A^{0.96}}{T_p^{1.07}} \tag{7-35}$$

$$t_b = \frac{666.7 A}{Q_p^{0.95}} \tag{7-36}$$

$$W_{50} = \frac{105.1 A^{0.93}}{Q_p^{0.92}} \tag{7-37}$$

$$W_{75} = \frac{45.1 A^{0.79}}{Q_p^{0.78}} \tag{7-38}$$

$$t_A = T_p - \frac{W_{50}}{3} \tag{7-39}$$

$$t_B = T_p - \frac{W_{75}}{3} \tag{7-40}$$

$$t_E = T_p + \frac{2W_{75}}{3} \tag{7-41}$$

$$t_F = T_p + \frac{2W_{50}}{3} \tag{7-42}$$

由以上参数可确定 UH 的 7 个关键点，然后通过这些点构建 UH 图形。最后应检验，单位流量过程线与坐标横轴包围的面积应等于 10 mm 的直接径流。

【**例 7-8**】 计算以下特征的城市流域 Epsey 10 min UH：$A = 1.13 \text{ km}^2$，$H = 50 \text{ m}$，$L = 3\,250 \text{ m}$，$I = 51.2\%$，$n = 0.014$。

解 首先由 $n = 0.014$ 和 $I = 51.2\%$，在图 7-12 中确定出输送系数 (ϕ) 等于 0.60。然后由式 (7-33)～式 (7-42)，获得相应参数值：

$$S = \frac{50}{0.8 \times 3\,250} = 0.019$$

$$T_p = \frac{4.1 \times 3\,250^{0.23} \times 0.60^{1.57}}{0.019^{0.15} \times 51.2^{0.18}} = 15.66 \text{ (min)}$$

$$Q_p = \frac{138.7 \times 1.13^{0.96}}{15.66^{1.07}} = 8.2 \text{ [m}^3/(\text{s} \cdot \text{cm})\text{]}$$

$$t_b = \frac{666.7 \times 1.13}{8.2^{0.95}} = 101.9 \text{ (min)}$$

$$W_{50} = \frac{105.1 \times 1.13^{0.93}}{8.2^{0.92}} = 16.96 \text{ (min)}$$

$$W_{75} = \frac{45.1 \times 1.13^{0.79}}{8.2^{0.78}} = 9.6 \text{(min)}$$

$$t_A = 15.66 - \frac{16.96}{3} = 10 \text{(min)}$$

$$t_B = 15.66 - \frac{9.6}{3} = 12.45 \text{(min)}$$

$$t_E = 15.66 + 2 \times \frac{9.6}{3} = 22.06 \text{(min)}$$

$$t_F = 15.66 + 2 \times \frac{16.96}{3} = 26.96 \text{(min)}$$

t_A 和 t_F 处流量为 $0.50Q_p = 4.1 \text{ m}^3/(\text{s} \cdot \text{cm})$；$t_B$ 和 t_E 处流量为 $0.75Q_p = 6.16 \text{ m}^3/(\text{s} \cdot \text{cm})$。建立的流域 10 min UH 见图 7-13。

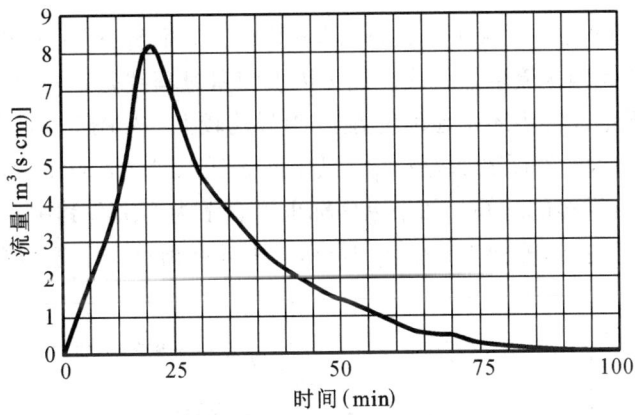

图 7-13 例 7-8 流域建立的 Espey UH

现在检查流量过程线与坐标横轴包围面积是否为 1 cm 的径流深度。为此，以相等的时间间隔，从图 7-13 中读取流量数据，计算见表 7-19。

径流容积计算为

$$\text{径流容积} = 41.18 \text{ (m}^3/\text{s)} \times 5 \text{ (min)} \times 60 \text{ (s/min)} = 12\,345 \text{(m}^3)$$

径流容积除以流域面积(1 130 000 m^2)得到

$$\text{径流深度} = \frac{12\,345}{1\,130\,000} = 0.010\,9 \text{ (m)} \approx 1 \text{(cm)}$$

因此有效径流深度等于 1 cm，不需要修改流量过程线。如果估计的径流深度不同于 1 cm，应调整流量过程线的坐标值。

表 7-19　　Espey 10 min UH 检验（例 7-8）

时间(min)	$Q[m^3/(s \cdot cm)]$	时间(min)	$Q[m^3/(s \cdot cm)]$
0	0	55	1.10
5	2	60	0.80
10	4.10	65	0.50
15	8.10	70	0.40
20	7	75	0.20
25	4.70	80	0.15
30	3.70	85	0.08
35	2.90	90	0.04
40	2.20	95	0.01
45	1.80	100	0
50	1.40		

7.5.2　SCS UH 方法

美国农业部土壤保护局(Soil Conservation Service，简称 SCS)提出的综合流量过程线，应用了一种平均无因次流量过程线。该无因次流量过程线是通过分析众多流域的 UH 得到的，这些流域无论在大小还是地理位置上，差异均较大。如图 7-14 所示，无因次过程线的纵坐标表示为 q/q_p，横坐标表示为 t/t_p。其中 q 为任意时刻 t 的流量，q_p 为峰值流量，t_p 为从曲线上升开始到洪峰的时间。图中纵坐标也可表示为 V_a/V，其中 V_a 表示 t 时刻 q 的累计值，V 为总水量。在约等于 1.7 倍 t_p 时刻，UH 具有拐点。t_p 近似在流量过程线总历时的 20% 位置处。

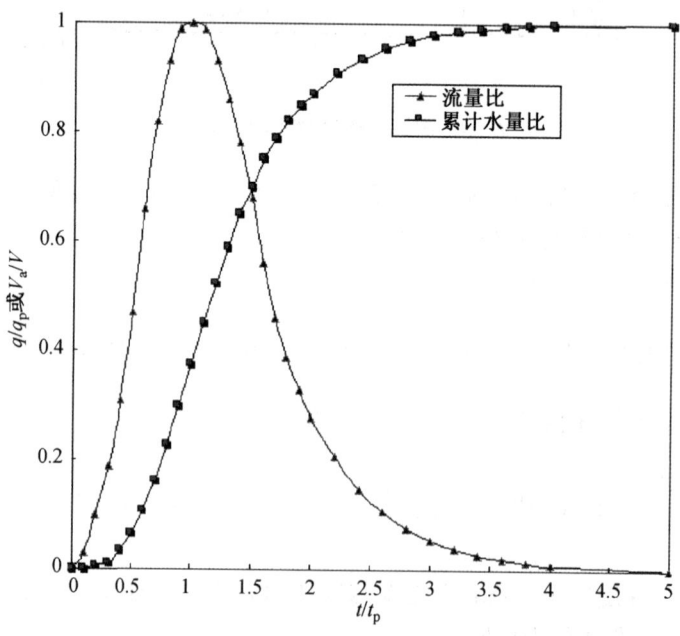

图 7-14　SCS 无因次 UH 和累计质量曲线

无因次 UH(表 7-20)在上升段约有 37.5% 的总水量,总水量是指单位时间的单位径流量。SCS 方法认为无因次 UH 也可表示为等价的三角形过程线,如图 7-15 所示。等价的三角形过程线具有与无因次曲线 UH 相同的时间单位和流量单位,在三角形的上升段具有相同的水量百分比。由此可确定三角形历时 T_b 和 T_p 的关系。如果 1 时间单位 T_p 等于总水量的 0.375,则

$$T_b = 1/0.375 = 2.67 \text{ 时间单位}$$

表 7-20 无因次 UH 和水量曲线比率

时间比率 t/t_p	流量比率 q/q_p	水量曲线比率 V_a/V	时间比率 t/t_p	流量比率 q/q_p	水量曲线比率 V_a/V
0.0	0.000	0.000	1.7	0.460	0.790
0.1	0.030	0.001	1.8	0.390	0.822
0.2	0.100	0.006	1.9	0.330	0.849
0.3	0.190	0.012	2.0	0.280	0.871
0.4	0.310	0.035	2.2	0.207	0.908
0.5	0.470	0.065	2.4	0.147	0.934
0.6	0.660	0.107	2.6	0.107	0.953
0.7	0.820	0.163	2.8	0.077	0.967
0.8	0.930	0.228	3.0	0.055	0.977
0.9	0.990	0.300	3.2	0.040	0.984
1.0	1.000	0.375	3.4	0.029	0.989
1.1	0.990	0.450	3.6	0.021	0.993
1.2	0.930	0.522	3.8	0.015	0.995
1.3	0.860	0.589	4.0	0.011	0.997
1.4	0.780	0.650	4.5	0.005	0.999
1.5	0.680	0.700	5.0	0.000	1.000
1.6	0.560	0.751			

回退时间 T_r 为

$$T_r = T_b - T_p = 1.67 \text{ 时间单位} = 1.67 T_p \tag{7-43}$$

三角形 UH 下的容积为

$$V = q_p(T_p + T_r)/2 \tag{7-44}$$

因此高峰流量 q_p 为

$$q_p = \frac{2V}{T_p + T_r} \tag{7-45}$$

式中,如果 V 以 cm 计,时间 T 以 h 计,则高峰流量 q_p 以 cm/h 计。于是当排水面积以 km^2 计时,UH 高峰流量 [$m^3/(s \cdot cm)$] 为

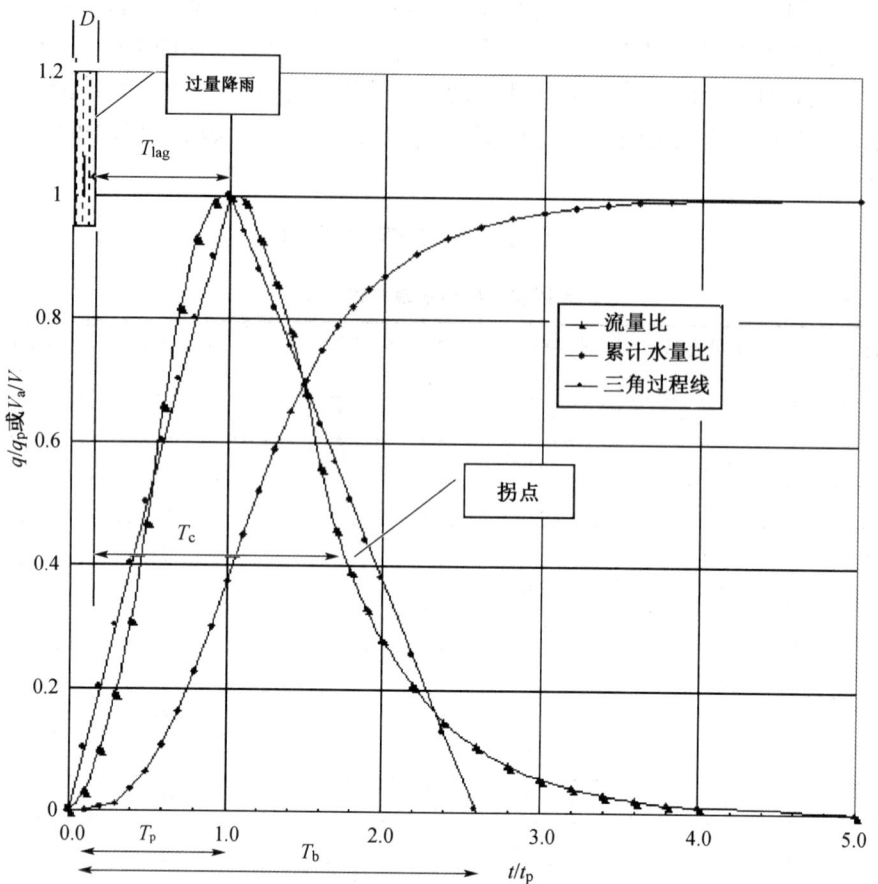

图 7-15 无因次曲线 UH 和等价三角形过程线

$$q_p = \frac{2 \times 10^4 AQ}{3\,600(T_p + T_r)} \quad (7\text{-}46)$$

将 $T_r = 1.67 T_p$ [式(7-43)]代入,得

$$q_p = \frac{2.08 AQ}{T_p} \quad (7\text{-}47)$$

除以上讨论的高峰出现时间、高峰流量外,由图 7-15,可计算径流高峰滞后降雨强度的时间

$$T_{lag} = T_p - \frac{D}{2} \quad (7\text{-}48)$$

式中 T_{lag}——径流高峰滞后于降雨时间,定义为过量降雨时间中心到 UH 高峰的时间差;

D——单位过量降雨历时。

高峰流量又可写为

$$q_p = \frac{2.08 AQ}{(D/2) + T_{lag}} \quad (7\text{-}49)$$

SCS 认为径流高峰滞后时间与集水时间 T_c 相关,为

$$T_{lag} = 0.6 T_c \tag{7-50}$$

此外在三角形 UH 中有

$$T_c + D = 1.7 T_p \tag{7-51}$$

结合式(7-48),得

$$0.6 T_c = T_p - 0.5 D$$

因此历时 D 可表示为

$$D = 0.133 T_c \tag{7-52}$$

式(7-43)~式(7-52)为构造 SCS 无因次 UH 的基本参数关系。式(7-52)说明了降雨历时与集水时间之间的期望关系。

【例 7-9】 试构造 4 km² 城市汇水流域的 20 min 单位径流过程线。

解 汇水流域的集水时间为

$$T_c = D/0.133 = 0.333/0.133\,3 = 2.50\,(h)$$

汇水区径流高峰滞后为

$$T_{lag} = 0.6 T_c = 0.6 \times 2.50 = 1.50\,(h)$$

到达高峰径流量时间为

$$T_p = \frac{D}{2} + T_{lag} = \frac{0.333}{2} + 1.50 = 1.67\,(h)$$

高峰径流量为

$$q_p = \frac{2.08 AQ}{T_p} = \frac{2.08 \times 4 \times 1}{1.67} = 4.98\,[m^3/(s \cdot cm)]$$

因此,20 min UH 的高峰径流量,与过量降雨相比,为 4.98 $[m^3/(s \cdot cm)]$,将发生在过量降雨开始后的 1.67 h。为构造 20 min UH,表 7-21 中的数值 t/t_p 与 q/q_p 分别通过 1.67×60(min)和 4.98 $[m^3/(s \cdot cm)]$。构造的单位流量过程线见表 7-21。

表 7-21　　　例 7-9 中的 SCS UH

t/T_p	q/q_p	t(min)	$q[m^3/(s \cdot cm)]$	t/T_p	q/q_p	t(min)	$q[m^3/(s \cdot cm)]$
0.0	0.000	0	0	1.7	0.460	170	2.29
0.1	0.030	10	0.15	1.8	0.390	180	1.94
0.2	0.100	20	0.50	1.9	0.330	190	1.64
0.3	0.190	30	0.95	2.0	0.280	200	1.39
0.4	0.310	40	1.54	2.2	0.207	220	1.03
0.5	0.470	50	2.34	2.4	0.147	240	0.73

续表

t/T_p	q/q_p	t(min)	$q[m^3/(s \cdot cm)]$	t/T_p	q/q_p	t(min)	$q[m^3/(s \cdot cm)]$
0.6	0.660	60	3.29	2.6	0.107	260	0.53
0.7	0.820	70	4.08	2.8	0.077	280	0.38
0.8	0.930	80	4.63	3.0	0.055	300	0.27
0.9	0.990	90	4.93	3.2	0.040	320	0.20
1.0	1.000	100	4.98	3.4	0.029	340	0.14
1.1	0.990	110	4.93	3.6	0.021	360	0.10
1.2	0.930	120	4.63	3.8	0.015	380	0.07
1.3	0.860	130	4.28	4.0	0.011	400	0.05
1.4	0.780	140	3.88	4.5	0.005	450	0.02
1.5	0.680	150	3.39	5.0	0.000	500	0.00
1.6	0.560	160	2.79				

7.5.3 单位流量过程线方法的应用

单位流量过程线方法的假设包括：①过量降雨和直接径流量之间为线性关系；②两种不同降雨分布产生的直接径流容积，与过量降水容积具有相同的比例变化。这意味着单位流量过程线的纵坐标与降雨强度呈正比。如果已知 A 降雨强度产生的径流量过程线，B 降雨强度为 A 降雨强度乘以因子 k，则 B 降雨强度产生的径流量过程线中相同时间点的数值相应为 A 产生径流流量过程线的 k 倍。

单位流量过程线表示了汇水流域内 1 cm 有效降雨的径流过程线。有效降雨量图通常表示包含了多个 Δt 时段，每一 Δt 时段具有相应的降水强度。在将单位过程线用于表达某设计降雨事件的径流量过程线时，采用离散卷积方法，即在每一离散时间步长中考虑不同降雨强度下单位流量过程线的叠加，求出该时段内的径流量。

【例 7-10】 确定图 7-16 所示有效降雨雨量图的径流过程线。汇水面积每 10 min 的单位径流量过程线坐标值见表 7-22 的第 2 列。

解 首先将每 10 min 时段的降雨强度单位 cm/h 转换为该时段内的有效降雨量（表 7-22）。

表 7-22　　　　　　　降雨强度与降雨量的转换

时段(min)	0~10	10~20	20~30	30~40	40~50
降雨强度(cm/h)	1.0	1.5	2.25	1.0	0.5
10 min 时段内有效降雨量(cm)	0.17	0.25	0.38	0.17	0.085

其次根据单位流量过程线假设，计算直接径流量过程线（DRH）为

$$DRH = 0.17\ UH + 0.25\ UH(滞后\ 10\ min) + 0.38\ UH(滞后\ 20\ min) +$$
$$0.17\ UH(滞后\ 30\ min) + 0.085\ UH(滞后\ 40\ min)$$

计算总结见表7-23。

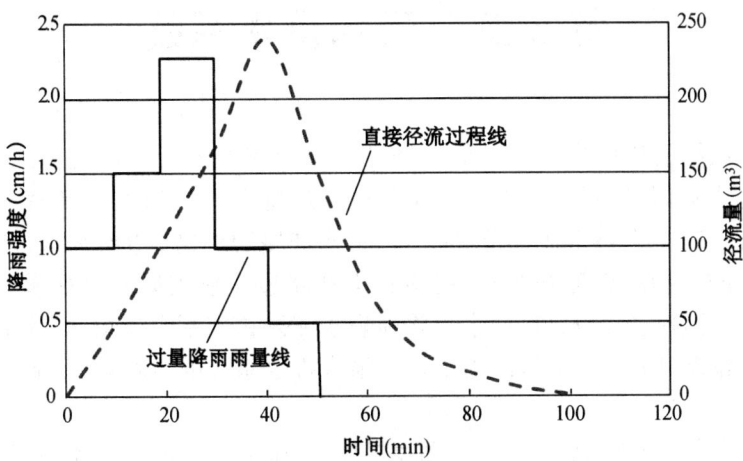

图7-16 例7-10中降雨事件及单位流量过程线特征

表7-23 单位径流量过程线的应用

T (min)	UH [m³/(s·cm)]	0.17 UH (m³/s)	0.25 UH 滞后10 min (m³/s)	0.38 UH 滞后20 min (m³/s)	0.17 UH 滞后30 min (m³/s)	0.085 UH 滞后40 min (m³/s)	直接径流过程线 (m³/s)
(1)	(2)	(3)	(4)	(5)	(6)	(7)	(8)
0	0	0	0	0	0	0	0
10	50	8.5	0	0	0	0	8.5
20	110	18.7	12.5	0	0	0	31.2
30	170	28.9	27.5	19	0	0	75.4
40	240	40.8	42.5	41.8	8.5	0	133.6
50	150	25.5	60	64.6	18.7	4.25	173.05
60	70	11.9	37.5	91.2	28.9	9.35	178.85
70	30	5.1	17.5	57	40.8	14.45	134.85
80	15	2.55	7.5	26.6	25.5	20.4	82.55
90	5	0.85	3.75	11.4	11.9	12.75	40.65
100	0	0	1.25	5.7	5.1	5.95	18
110	0	0	0	1.9	2.55	2.55	7
120	0	0	0	0	0.85	1.275	2.125
130	0	0	0	0	0	0.425	0.425
140	0	0	0	0	0	0	0

第8章 雨水排水系统

雨水排水系统的任务是及时汇集并排除暴雨形成的地面径流,防止城市居住区域工业企业遭受洪灾,保障城市人们的生命安全,维持生产生活的正常秩序。城市雨水排水系统包含了三个主要组成部分:①街道边沟和路边洼地;②雨水口;③雨水管渠及附属设施(例如检查井、交汇井等)。街道边沟和路边洼地收集来自街道(和附近区域)的雨水径流,然后输送到雨水口;雨水口将地表水流转移到雨水管渠;雨水管渠将雨水排向雨水管理设施或附近受纳水体。为了达到雨水排水系统的目标,所有这些设施均需要精心设计。

地表漫流设计计算理论已经在一些国家规范化,称为大型系统-小型系统方法。小型系统包括传统雨水排水设施,例如道路边沟、雨水口和排水管道,可以控制较小重现期、较为频繁发生的雨水径流问题。大型系统则模拟城市化之前的自然排水方式,其中包含了人行道、道路中心隔离带、洼地、泄洪道、调蓄池等,作为连续的地表漫流排水路径和泄洪系统,可以安全容纳更严重的地表积水问题。

8.1 暴雨强度公式

实际应用中,为了方便,常根据暴雨强度 i(或 q)、降雨历时 t 和重现期 P 之间的关系表和关系图,推导出三者之间关系的数学表达式——暴雨强度公式。不同地区,气候不同,降雨差异很大,降雨分布规律适合于哪一种曲线,需要在大量统计分析的基础上进行总结。许多学者对降雨强度公式的形式做了研究,各国制定了适合于本国国情的公式形式,例如

美国:
$$i = \frac{A}{(t+b)^n} \tag{8-1}$$

苏联:
$$i = \frac{A}{t^n} \tag{8-2}$$

日本和英国:
$$i = \frac{A}{t+b} \tag{8-3}$$

式中 A、b 和 n ——地方性参数。

通常 a 为含有频率参数(重现期)的公式。例如,美国偏向于使用

$$A = A_1 P^m \tag{8-4}$$

苏联和我国偏于使用

$$A = A_1 + B\lg P = A_1(1 + c\lg P) \tag{8-5}$$

式中 A_1,m,B,c——地方性参数。

我国各地暴雨强度公式较多采用式(8-1)或式(8-6)。

$$i=\frac{A_1(1+c\lg P)}{(t+b)^n} \tag{8-6}$$

从数学角度看,根据重现期 P-降雨强度 i-降雨历时 t 的关系表,推求暴雨强度公式中的 A_1、c、b、n 参数,是一个非线性已知关系式的参数估计问题,可采用非线性最小二乘法求解。

公式(8-7)中,若地方性参数 A_1、c、b、n 和降雨历时 t 保持不变,则不同重现期 P_1 和 P_2 下的降雨强度 i_1 和 i_2 的关系推导如下。

$$i_{P_1}=\frac{A_1(1+c\lg P_1)}{(t+b)^n}$$

$$i_{P_2}=\frac{A_1(1+c\lg P_2)}{(t+b)^n}$$

于是有

$$\frac{i_{P_1}}{i_{P_2}}=\frac{1+c\lg P_1}{1+c\lg P_2}$$

尤其当 $P_2=1$ 年时,有 $1+c\lg P_2=1$。因此

$$\frac{i}{i\big|_{P=1}}=1+c\lg P \tag{8-7}$$

对于不同重现期下降雨强度与重现期为1年的降雨强度比较见表8-1。注意本表所对应的暴雨重现期计算公式为 $i=\dfrac{A_1(1+c\lg P)}{(t+b)^n}$。如果采用其他形式的计算公式,可按照类似方式推导。

表 8-1　　不同重现期下降雨强度与 1 年重现期降雨强度的关系

重现期 P	0.25	0.33	0.5	1	2	3	5	10	15	30
$i/(i_{p=1})$	$1-0.602c$	$1-0.481c$	$1-0.301c$	1	$1+0.301c$	$1+0.478c$	$1+0.699c$	$1+c$	$1+1.176c$	$1+1.477c$

8.2　集水时间

设计中通常将汇水区最远点的雨水流到设计断面所需时间称作集水时间。对管道的某一设计断面来说,集水时间 t_c 由两部分组成:从汇水区最远点流到第1个雨水口的地面集水时间 t_1 和从该雨水口流到设计断面的管内流行时间 t_2,可用公式表示为

$$t_c=t_1+t_2 \tag{8-8}$$

8.2.1 地面集水时间

地面集水时间指从汇水区最远点流到第 1 个雨水口的时间。以图 8-1 为例,图中→表示水流方向。雨水从汇水面积最远点的房屋屋面分水线 A 点流到雨水口 a 的地面集水时间 t_1 通常由下列路径时间组成。

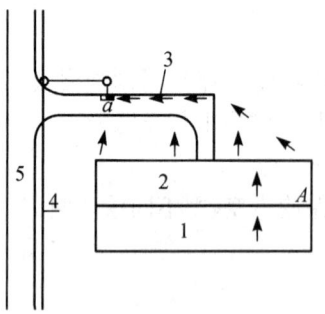

图 8-1 地面集水时间 t_1 示意

1—房屋;2—屋面分水线;3—道路边沟;4—雨水管;5—道路

(1) 从屋面 A 点沿屋面坡度经屋檐下落到地面散水坡的时间,通常为 0.3～0.5 min;

(2) 从散水坡沿地面坡度流入附近道路边沟的时间;

(3) 沿道路边沟到雨水口 a 的时间。

考虑到汇水区内的用地性质不同,可将进入道路边沟之前的时间称作地表漫流流行时间 t_s。于是雨水口的集水时间 t_1 可表示为地表漫流流行时间 t_s(见第 7 章)与道路边沟内流行时间 t_g 之和,即

$$t_1 = t_s + t_g$$

8.2.2 边沟内雨水流行时间

水流在边沟中的流行时间是设计路面雨水口汇水时间的重要组成部分。假设流量沿边沟是变化的,由边沟起点 Q_1 到雨水口处的 Q_2(图 8-2),边沟内的流行时间 t_g 需要通过将平均流速分解到边沟断面长度上计算,即

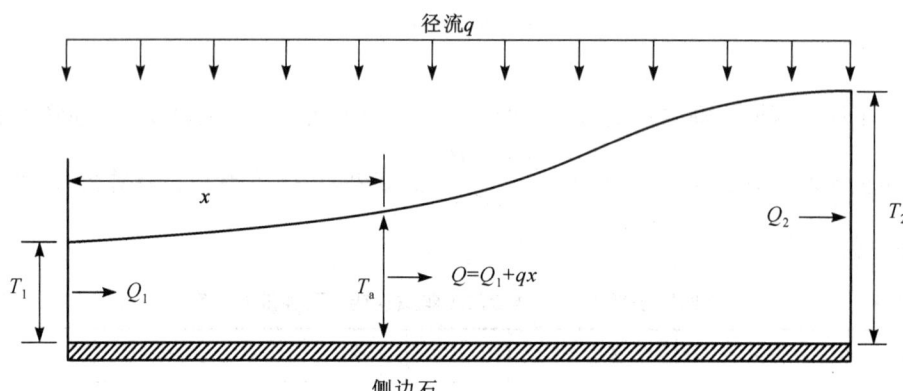

图 8-2 边沟流量的空间变化

$$t_g = \frac{L_g}{60 v_a} \tag{8-9}$$

式中 t_g——边沟内雨水流行时间(min);

L_g——边沟雨水流经长度(m);

v_a——在边沟长度上雨水的平均流速(m/s)。

边沟长度上雨水的平均流速 v_a 需利用曼宁公式在时间和距离上积分计算。对于一侧为边石的三角形断面边沟,v_a 表示为

$$v_{\mathrm{a}} = \frac{K_{\mathrm{m}}}{n} S_{\mathrm{x}}^{\frac{2}{3}} S_{\mathrm{L}}^{\frac{1}{2}} T_{\mathrm{a}}^{\frac{2}{3}} \tag{8-10}$$

式中 v_{a}——平均流速(m/s);

K_{m}——经验常数,等于 0.752;

T_{a}——平均流速下的路面漫水幅度(m),它可以根据式(8-11)估计。

$$T_{\mathrm{a}} = 0.65 T_2 \left[\frac{1 - \left(\frac{T_1}{T_2}\right)^{\frac{8}{3}}}{1 - \left(\frac{T_1}{T_2}\right)^{2}} \right]^{\frac{3}{2}} \tag{8-11}$$

式中 T_1, T_2——分别为边沟起点和下游雨水口处的路面漫水幅度(m)。

【例 8-1】 利用表 8-2 所示降雨强度-历时-频率数据,确定雨水口集流时间。进入雨水口之前,雨水流过了一块小型草地($n=0.15$)和 150 m 长的三角形边沟。已知草地地表漫流长度和坡度分别为 200 m 和 0.036;边沟的横断面坡度为 0.025,曼宁粗糙系数为 0.016,纵向坡度为 0.020;假设边沟的上游段漫幅为 0.80 m,下游雨水口处的设计漫幅为 3.0 m。地表漫流时间采用式(8-12)计算。

$$t_{\mathrm{s}} = \frac{K_{\mathrm{c}}}{i^{0.4}} \left(\frac{nL_{\mathrm{s}}}{\sqrt{S}}\right)^{0.6} \tag{8-12}$$

式中 t_{s}——地表漫流流经时间(min);

K_{c}——经验系数,6.943;

i——降雨历时等于地表漫流集水时间时的降雨强度(mm/h);

n——曼宁粗糙系数;

L_{s}——地表漫流流行距离(m);

S——地表坡度。

表 8-2　　　　　　　　　　　　例 8-1 数据

历时(min)	降雨强度(mm/h)	历时(min)	降雨强度(mm/h)
10	147	40	72
20	112	50	60
30	88		

解

[步骤 1] 计算地表漫流集流时间 t_{s}。

(1) 假设 $t_{\mathrm{s}}^{(0)} = 10$ min;

(2) 根据 IDF 数据,历时为 10 min 的暴雨强度为 147 mm/h;

(3) 由式(8-12)计算 $t_{\mathrm{s}}^{(1)}$

$$t_{\mathrm{s}}^{(1)} = \frac{K_{\mathrm{c}}}{i^{0.4}} \left(\frac{nL_{\mathrm{s}}}{\sqrt{S}}\right)^{0.6} = \frac{6.943}{147^{0.4}} \left(\frac{0.15 \times 200}{\sqrt{0.036}}\right)^{0.6} = 19.7 (\mathrm{min})$$

(4) 由于假设值 $t_s^{(0)}$ 与计算值 $t_s^{(1)}$ 不相等，以 $t_s^{(1)}$ 取代 $t_s^{(0)}$，重复步骤(1)到(3)。表 8-3 列出了求解集流时间为 22.4 min 的迭代过程。

表 8-3　　　　　　　　　　　　　　迭代过程

假定 $t_s^{(0)}$	降雨强度(mm/h)	计算 $t_s^{(1)}$
10	147	19.7
19.7	113	21.9
21.9	107	22.3
22.3	106	22.4(计算终止)

[步骤 2]　计算边沟流的集流时间。

(1) 根据式(8-11)估计平均扩展 T_a。

$$T_a = 0.65 T_2 \left[\frac{1-\left(\frac{T_1}{T_2}\right)^{\frac{8}{3}}}{1-\left(\frac{T_1}{T_2}\right)^2}\right]^{\frac{3}{2}} = 0.65 \times 3.0 \times \left[\frac{1-\left(\frac{0.80}{3.0}\right)^{\frac{8}{3}}}{1-\left(\frac{0.80}{3.0}\right)^2}\right]^{\frac{3}{2}} = 2.08 \text{(m)}$$

(2) 由式(8-10)计算边沟内的平均速度

$$v_a = \frac{K_m}{n} S_x^{2/3} S_L^{1/2} T_a^{2/3} = \frac{0.752}{0.016} \times 0.025^{\frac{2}{3}} \times 0.02^{\frac{1}{2}} \times 2.08^{\frac{2}{3}} = 0.93 \text{(m/s)}$$

(3) 计算边沟流行时间

$$t_g = \frac{L_g}{60 v_g} = \frac{150}{60 \times 0.93} = 2.69 \text{(min)}$$

[步骤 3]　计算总汇流时间

$$t_1 = t_s + t_g = 22.4 + 2.69 = 25.1 \text{(min)}$$

8.2.3　管渠内雨水流行时间

雨水在管渠内的流行时间 t_2(min)计算为

$$t_2 = \sum \frac{L_i}{60 v_i} \tag{8-13}$$

式中　L_i——各管段的长度(m)；

v_i——各管段满流时的水流速度(m/s)；

60——单位换算系数，1 min＝60 s。

8.3 边沟流

8.3.1 设计重现期和允许漫水幅度

路面排水设计中,设计重现期和允许路面最大漫水幅度(即允许漫水幅度,简称允许漫幅)是两个相关的设计参数。对于不同重现期的暴雨,允许漫水幅度具有很大差异。在确定路面及附近区域雨水收集时,需在合理费用的基础上选择设计重现期和允许漫水幅度。

用于设计计算的径流频率和允许漫水幅度,揭示了基建维护费用与交通事件(和破坏)之间相互协调的可接受水平。因此设计标准的选择,应对工程预算和相关风险进行完整评价。选择设计重现期和允许漫幅时,考虑的主要因素包括道路的等级、车辆设计速度、预计交通流量、降雨强度和基建投资。此外道路所处位置(例如洼地或高地)也会影响到设计重现期和允许漫水幅度的选择。

主干道、特殊路段由于积水所造成的损失较大,需要较高的重现期;对于重要主干道或特殊路段及短期积水即能引起较严重损失的地区,可采用更高的设计重现期。

1. 推荐的设计标准

水力设计中应选择一个能够满足特定工程需求的暴雨频率和允许漫幅。例如,美国联邦公路管理局为了排水目的,根据道路的交通量,划分成不同的道路类型,其推荐的设计重现期和允许漫水幅度的标准见表8-4。此外,边沟深度可能限制了设计漫水幅度。对于低洼处推荐采用50年重现期的径流事件。

表8-4 美国联邦公路管理局推荐的最小设计重现期和允许漫水幅度

道路分类		设计重现期(年)	允许漫水幅度
主干路和快速路	<70 km/h >70 km/h 低洼处	10 10 50	路肩宽度+1 m 路肩宽度 路肩宽度+1 m
次干路	<70 km/h >70 km/h 低洼处	10 10 10	1/2 车行道 路肩宽度 1/2 车行道
支路	低交通量 高交通量 低洼处	5 10 10	1/2 车行道 1/2 车行道 1/2 车行道

2. 检查事件

对于重要主干道或特殊路段及短期积水即能引起严重损失的地区,需要采用更高的重现期(例如100年一遇的暴雨)进行校验。这种重现期下的暴雨事件被称作检查暴雨或者检查事件。在检查事件校验情况下,允许漫水幅度使用的准则为路面上需有一条车道可以通行或者在暴雨事件中一条车道上无积水。这时街道将作为明渠进行水力分析。

8.3.2 边沟水力特性

边沟是靠近道路边缘部分,降雨期间将道路上的雨水导向雨水口。计算道路雨水口流量时,边沟水深不宜大于缘石高度的 2/3。一般边沟断面可分类为常规边沟和浅洼边沟。

1. 常规边沟

常规边沟在横断面上,一条边为竖直方向的侧边石,另一条边为路面,其线形可能是单一坡度型、复合坡度型或者抛物线型(图 8-3)。单一坡度型边沟只有一个道路断面坡度,其值为路肩坡度或者相邻的车道坡度;复合坡度型断面在靠近侧边石部分,其坡度被压低;抛物线型断面现在比较少见,多存在于具有曲线型道路横断面的老城区街道中。

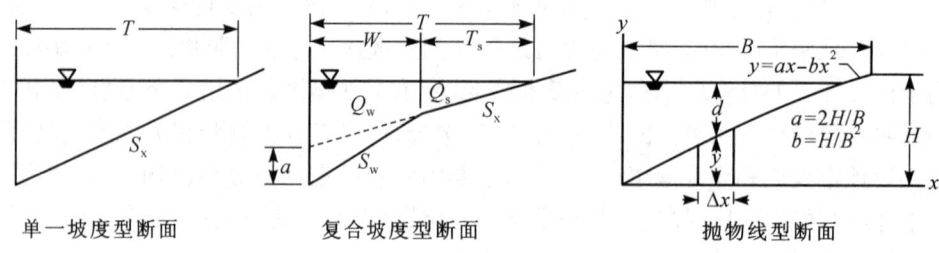

图 8-3 常规道路边沟断面型式

1) 单一坡度型

单一坡度型边沟具有一个浅的、三角形横断面,道路侧边石为该三角形的直角边,另外一条斜边向道路延伸 0.3~1 m。设计路面横坡一般情况下为 1.5%。边石除了限制道路径流外溢,同时也防止路边的侵蚀。在水力学上,单一坡度型边沟水流属浅水明渠流形式,假设忽略侧边石的阻力,则可以采用积分方式求其流量表达式。

设边沟的纵向坡度(常等于道路的纵向坡度)为 S_L,边沟横断面坡度(斜边)为 S_x,曼宁粗糙系数为 n(表 8-5),T 为横向路面漫水幅度,如果以漫水幅度 T 的顶点为原点,以扩展边为 x 轴,竖直向下为 y 轴,根据曼宁公式,则 dx 宽度边沟断面上的流量(图 8-4)见式(8-14)。

表 8-5 边沟的曼宁粗糙系数

边沟或者路面类型	n
混凝土边沟,抹光处理	0.012
沥青路面: 　　光滑 　　粗糙	0.013 0.016
混凝土边沟-沥青路面相结合: 　　光滑 　　粗糙	0.013 0.015
混凝土路面	0.014

注:如果边沟坡度较小,且具有沉积物累积,则在以上 n 值基础上再增加 0.02。

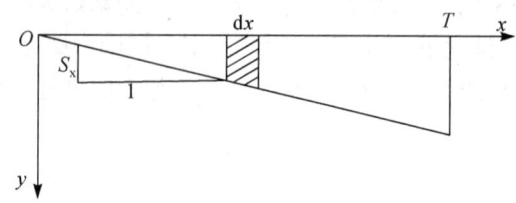

图 8-4 边沟流量计算示意

$$dq = \frac{1}{n}R^{2/3}S_L^{1/2}(dA) \tag{8-14}$$

式中,$dA = ydx = xS_x dx$。因为湿周 $P = dx\sqrt{1+S_x^2} \approx dx$,所以

$$R = \frac{dA}{P}\frac{ydx}{dx} = y = xS_x$$

因此

$$dq = \frac{1}{n}S_L^{1/2}xS_x dx(xS_x)^{2/3} = \frac{1}{n}S_L^{1/2}S_x^{5/3}x^{5/3}dx$$

对其积分,得

$$Q = \int_0^T dq = \int_0^T \frac{1}{n}S_L^{1/2}S_x^{5/3}x^{5/3}dx = \frac{3}{8} \cdot \frac{1}{n}S_x^{5/3}S_L^{1/2}T^{8/3}$$

$$= \frac{K_c}{n}S_x^{5/3}S_L^{1/2}T^{8/3}$$

式中,系数 $K_c = 3/8 = 0.375$。

由于公式推导过程中忽略了侧边石的影响(对于单一坡度型断面,侧边石对流量的影响低于 10%),而且在水力半径的计算上进行了近似(当漫幅超过 40 倍的水深,即坡度低于 0.015 时,水力半径难以完全描述断面的水力性能),所以 K_c 值需要纠正,在美国常采用的经验系数 K_c 值为 0.376。

侧边石处水深 d 与路面漫水幅度 T 的关系为

$$d = TS_x \tag{8-15}$$

可以看出,在式(8-15)中,横向坡度 S_x 对边沟流量的影响较大。例如 4% 的坡度,其过水能力将为 1% 横向坡度的 10 倍。可是对于路面的设计,在考虑方便排水的同时,还须考虑路面对于驾驶人员的舒适与安全性。表 8-6 提供了实际道路横断面坡度的可接受范围。

表 8-6　　推荐的道路横断面坡度

路面类型	横断面坡度
高等级路面 2 车道 3 车道以上,在每一方向上	0.015~0.020 最小值为 0.015;每车道增加 0.005~0.010;最大值为 0.040
中等级路面	0.015~0.03
低等级路面	0.020~0.060

【例 8-2】　三角形断面道路边沟,设计流量为 0.09 m³/s,横断面坡度为 0.022,纵向坡度为 0.014,曼宁粗糙系数为 0.015。试计算道路边沟的设计漫水幅度和水深。

解

[步骤 1]　利用式(8-14),计算道路边沟的设计漫水幅度 T:

$$T=\left(\frac{Qn}{K_c S_x^{5/3} S_L^{1/2}}\right)^{3/8}=\left[\frac{0.09\times 0.015}{0.376\times 0.022^{5/3} 0.014^{1/2}}\right]^{3/8}=2.9(\mathrm{m})$$

[步骤2] 由式(8-15),计算道路侧边石处水深
$$d=TS_x=2.9\times 0.022=0.064(\mathrm{m})$$

2) 复合坡度型

复合坡度型道路边沟,其横断面在靠近侧边石部分,坡度压低形成低洼,便于输送更多的流量,利于雨水口对雨水的收集。边沟总流量为

$$Q=Q_w+Q_s \tag{8-16}$$

式中　Q——边沟总流量(m^3/s);
　　　Q_w——低洼断面处流量(m^3/s);
　　　Q_s——低洼之外断面处流量(m^3/s)。

Q_s 可以采用式(8-14)计算,式中的 T 由低洼之外的漫水幅度 T_s 代替。对于复合坡度型边沟流量计算式(8-16),还须结合式(8-17)和式(8-18)使用。

$$E_0=\left[1+\frac{S_w/S_x}{\left(1+\dfrac{S_w/S_x}{T/W-1}\right)^{8/3}-1}\right]^{-1} \tag{8-17}$$

和

$$Q=\frac{Q_s}{1-E_0} \tag{8-18}$$

式中　E_0——低洼断面流量与边沟总流量的比值,即 Q_w/Q;
　　　W——低洼断面的宽度(m);
　　　S_w——低洼断面斜边坡度,可表示为

$$S_w=S_x+\frac{a}{W} \tag{8-19}$$

式中　a——低洼下凹的深度(m)。

【例8-3】 计算复合型断面边沟的设计流量。已知道路断面坡度0.022,曼宁粗糙系数0.015,纵向坡度0.014,边沟设计漫幅2.9 m;低洼深50 mm,宽0.60 m。

解

[步骤1] 由式(8-18)计算低洼断面的斜边坡度 S_w。

$$S_w=S_x+\frac{a}{W}=0.022+\frac{50/1\,000}{0.60}=0.11$$

[步骤2] 由式(8-14)计算边沟非下凹部分的流量 Q_s。

$$T_s=T-W=2.9-0.60=2.3\text{ m}$$

$$Q_s = \frac{K_c}{n} S_x^{5/3} S_L^{1/2} T_s^{8/3} = \frac{0.376}{0.015} \times 0.022^{5/3} \times 0.014^{1/2} \times 2.3^{8/3} = 0.047 (\mathrm{m^3/s})$$

[步骤3] 由式(8-17)计算低洼断面流量与边沟总流量的比值 E_0。

$$E_0 = \left[1 + \frac{S_w/S_x}{\left(1 + \frac{S_w/S_x}{T/W - 1}\right)^{8/3} - 1}\right]^{-1} = \left[1 + \frac{0.11/0.022}{\left(1 + \frac{0.11/0.022}{2.9/0.60 - 1}\right)^{8/3} - 1}\right]^{-1} = 0.62$$

[步骤4] 由式(8-18)计算边沟总流量 Q。

$$Q = \frac{Q_s}{1 - E_0} = \frac{0.047}{1 - 0.62} = 0.12 (\mathrm{m^3/s})$$

如果复合坡度型边沟设计流量已知,求边沟的漫水幅度,需要采用迭代法计算。即首先假设 Q_s,利用式(8-17)和式(8-18)求 Q,若与已知流量不符,则采用新的漫水幅度计算新的 Q_s 值。通过重复计算,直到计算流量与已知流量一致时为止。

3) 抛物线型断面

通常抛物线型边沟断面是由道路横断面所形成的抛物线形状确定。道路断面的抛物线型式可描述为

$$y = ax - bx^2 \tag{8-20}$$

式中 a ——$2H/B$;
　　　b ——H/B^2;
　　　H ——路拱顶部相对于边沟最低点的高度(m);
　　　B ——路拱顶部到侧边石间的宽度(m)。

由于道路断面抛物线型式随路面设计结构而变化,因此抛物线型边沟的流量与漫幅不能够形成统一的公式,需要采用分段求和法近似计算。即将抛物线型断面沿 x 轴方向分成若干段,每一段的流量采用曼宁公式计算,总的边沟流量即是所有分段流量总和。

【例8-4】 计算抛物线型边沟断面的流量。已知漫幅为1.2 m,纵向坡度为0.014,曼宁粗糙系数为0.015,道路侧边石至路拱顶点之间的宽度和高度分别为9.75 m 和 0.20 m。

解

[步骤1] 选择分段宽度 Δx。

假设边沟漫幅分为等宽的两段,则 $\Delta x = 0.60$ m。

[步骤2] 由式(8-20)计算路缘水深。

$$a = \frac{2H}{B} = \frac{2 \times 0.20}{9.75} = 0.041, \quad b = \frac{H}{B^2} = \frac{0.20}{9.75^2} = 0.0021$$

$$y = ax - bx^2 = 0.041 \times 1.2 - 0.0021 \times 1.2^2 = d = 0.046 (\mathrm{m})$$

[步骤3] 计算 Δx_1 的平均水深。

Δx_1 高度为

$$y = 0.041x - 0.0021x^2 = 0.041 \times 0.6 - 0.0021 \times 0.6^2 = 0.024 (\mathrm{m})$$

则在 Δx_1 范围内,道路平均抬升高度为 0.024/2 即 0.012 m。于是 Δx_1 内的平均水深为 $0.046-0.012=0.034$ m。

[步骤 4] 根据曼宁公式计算 Δx_1 范围内的流量。

$$R \approx \frac{0.034 \times 0.6}{0.034+0.6} \approx 0.034$$

$$Q_1 = \frac{1.0}{n} A R^{2/3} S_L^{1/2} = \frac{1.0}{n} \Delta x d_1^{5/3} S_L^{1/2} = \frac{1.0}{0.015} \times 0.60 \times 0.034^{5/3} \times 0.014^{1/2}$$
$$= 0.017 \text{ m}^3/\text{s}$$

[步骤 5] 重复步骤 3、4,计算 Δx_2 区段内的流量。

Δx_2 范围内,道路平均抬升为 $(0.024+0.046)/2=0.035$ m。于是在 Δx_2 区段内的平均水深为 $0.046-0.035=0.011$ m。

$$R \approx \frac{0.011 \times 0.6}{0.6}=0.011 \text{ m}$$

$$Q_2 = \frac{1.0}{0.015} \times 0.60 \times 0.011^{5/3} \times 0.014^{1/2} = 0.002\,6 (\text{m}^3/\text{s})$$

[步骤 6] 对每一区段流量求和,估计边沟总流量

$$Q = \sum Q_i = 0.017+0.002\,6 = 0.020 (\text{m}^3/\text{s})$$

2. 浅洼边沟

在道路设计中,有时会遇到在路侧不允许设置侧边石的情况(例如双向车道的中间隔离带),可能采用 V 形或者圆弧形低洼边沟,以输送路面径流(图 8-5)。

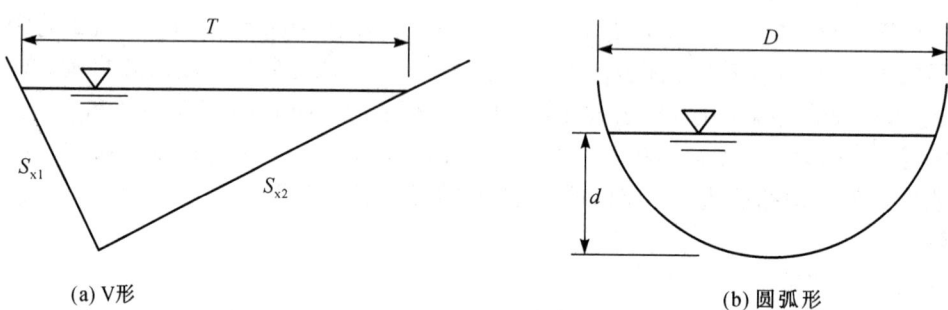

(a) V 形　　　　　　　　　　　　(b) 圆弧形

图 8-5　浅洼边沟断面示意

1) V 形断面

如果边沟两侧断面坡度 S_{x1}、S_{x2} 修正为 S_x,则可以利用式(8-14)计算 V 形断面边沟的过水能力。

$$S_x = \frac{S_{x1} S_{x2}}{S_{x1}+S_{x2}} \tag{8-21a}$$

该修正坡度的推导如下。将边沟流量沿通过沟底的垂线分为两部分 Q_1 和 Q_2,则

$$Q = Q_1 + Q_2$$

即

$$\frac{K_c}{n} S_x^{5/3} S_L^{1/2} T^{8/3} = \frac{K_c}{n} S_{x1}^{5/3} S_L^{1/2} T_1^{8/3} + \frac{K_c}{n} S_{x2}^{5/3} S_L^{1/2} T_2^{8/3}$$

得

$$S_{x1}^{5/3} T_1^{8/3} + S_{x2}^{5/3} T_2^{8/3} = S_x^{5/3} T^{8/3} \tag{8-21b}$$

由图 8-5(a)可知，$S_{x1}T_1 = S_{x2}T_2 = S_x T$，将其代入式(8-21b)，得

$$\frac{S_x^{5/3} T^{8/3}}{S_x^{8/3} T^{8/3}} = \frac{S_{x1}^{5/3} T_1^{8/3}}{S_{x1}^{8/3} T_1^{8/3}} + \frac{S_{x2}^{5/3} T_2^{8/3}}{S_{x2}^{8/3} T_2^{8/3}}$$

即 $\dfrac{1}{S_x} = \dfrac{1}{S_{x1}} + \dfrac{1}{S_{x2}}$ 或者 $S_x = \dfrac{S_{x1} S_{x2}}{S_{x1} + S_{x2}}$

【例 8-5】 试计算在 V 形洼地的漫幅。已知输送流量为 0.090 m³/s，边沟两侧的横向坡度分别为 0.33 和 0.022，曼宁粗糙系数为 0.015，纵向坡度为 0.014 m/m。

解

[步骤 1]　由式(8-21)计算边沟横向断面修正坡度

$$S_x = \frac{S_{x1} S_{x2}}{S_{x1} + S_{x2}} = \frac{0.33 \times 0.022}{0.33 + 0.022} = 0.021$$

[步骤 2]　由式(8-14)计算边沟漫水幅度

$$T = \left(\frac{Qn}{K_c S_x^{5/3} S_L^{1/2}}\right)^{3/8} = \left(\frac{0.09 \times 0.015}{0.376 \times 0.021^{5/3} \times 0.014^{1/2}}\right)^{3/8} = 3.0 \text{(m)}$$

2) 圆弧形断面

圆弧形断面的充满度 d/D 可用式(8-22)估计。

$$\frac{d}{D} = K_c \left(\frac{Qn}{D^{8/3} S_L^{1/2}}\right)^{0.488} \tag{8-22}$$

式中　d——从弧底起算的水深(mm)；
　　　D——圆弧的直径(m)；
　　　K_c——经验常量，等于 1.179。

于是边沟顶部漫水幅度可表示为

$$T = 2\left[\left(\frac{D}{2}\right)^2 - \left(\frac{D}{2} - d\right)^2\right]^{1/2} \tag{8-23}$$

【例 8-6】 试计算边沟的过水能力。已知圆弧形边沟的直径为 1.0 m，漫幅为 0.85 m，边沟纵向坡度为 0.014，曼宁粗糙系数为 0.015。

解

[步骤 1]　由式(8-23)，可计算水深 d

$$d = \frac{D}{2} - \sqrt{\left(\frac{D}{2}\right)^2 - \left(\frac{T}{2}\right)^2} = \frac{1.0}{2} - \sqrt{\left(\frac{1.0}{2}\right)^2 - \left(\frac{0.85}{2}\right)^2} = 0.24 \text{(m)}$$

[步骤2] 由式(8-22),计算边沟过水能力 Q

$$Q = \frac{D^{8/3}S_L^{1/2}}{n}\left(\frac{d}{DK_c}\right)^{1/0.488} = \frac{1.0^{8/3} \times 0.014^{1/2}}{0.015}\left(\frac{0.24}{1.0 \times 1.179}\right)^{1/0.488} = 0.30(\text{m}^3/\text{s})$$

8.4 雨水口

8.4.1 雨水口的类型和构造

1. 雨水口的类型

雨水口是地表径流与排水管渠系统的衔接点,既是雨水管渠或合流管渠系统上的重要附属构筑物,也是城市道路排水的重要组成部分。街道路面上的雨水首先经雨水口通过连接管流入排水管渠,它控制了从道路上进入地下排水系统的径流量。科学合理地设置雨水口是城市道路路面排水设计的关键,同时也将对路面结构安全产生重要影响。

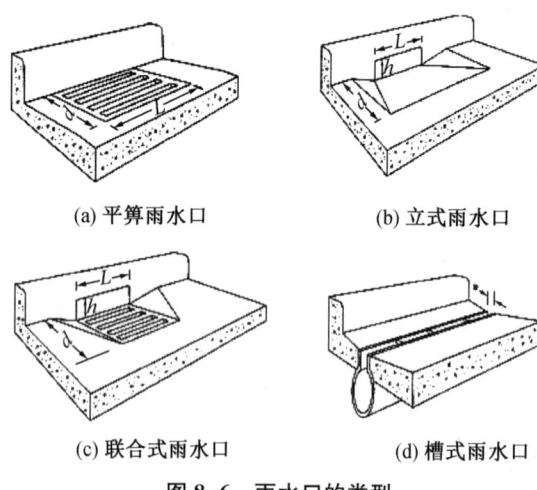

(a) 平箅雨水口 (b) 立式雨水口

(c) 联合式雨水口 (d) 槽式雨水口

图 8-6 雨水口的类型

常见雨水口类型如图 8-6 所示,包括:①平箅雨水口,其箅面应低于附近路面 3~5 cm,并使周围路面坡向雨水口。它又分为缘石平箅式和地面平箅式。缘石平箅式雨水口适用于有缘石的道路;地面平箅式适用于无缘石的路面、广场、地面低洼聚水处等。②立式雨水口,进水孔底面应比附近路面略低。有立孔式和立箅式,适用于有缘石的道路。其中立孔式适用于箅隙容易被杂物堵塞的地方。③联合式雨水口,是平箅与立式的综合形式,适用于路面较宽,有缘石、径流量较集中且有杂物处。④槽式雨水口,沿道路横沟或边沟设置的特殊雨水口,其剖面见图 8-7。雨水口设计主要考虑两个方面:雨水口的布置位置及其泄水能力。如果雨水口的截流能力或者位置选择不当,均有可能造成路面积水。设计人员的任务是确定雨水口的类型、尺寸和间距,以充分截除道路边沟雨水径流,防止出现积水。表 8-7 说明了不同雨水口类型的应用信息及各自优缺点。

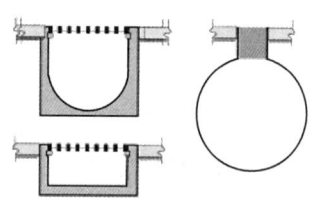

图 8-7 各种槽式雨水口剖面示意

雨水口设置数量主要依据来水量而定。截水点和来水量较小的地方一般设单箅雨水口;汇水点和来水量较大的地方一般设双箅雨水口;汇水距离较长、汇水面积较大的易积水地段常需设置三箅、四箅或选用联合式雨水口;立交下道路最低点一般要设置十箅左右。以上均按路拱中心线一侧的每一个布置点计算,同时注意多箅雨水口的泄水能力并不是单个雨水口泄水能力的简单叠加。

表 8-7　　　　　　　　　　　各种类型雨水口的应用情况

雨水口类型	应用条件	优点	缺点
平箅式	低洼处和连续坡面（应保证自行车的安全）	适用坡度范围大	易于堵塞，随着坡度的增大，截流效率降低
立式	低洼处和连续坡面（不应设在陡坡上）	不易堵塞，对行人和自行车较安全	随着坡度的增大，截流效率降低
联合式	低洼处和连续坡面（应保证自行车的安全）	截流能力较强，不易堵塞	与平箅式或立式雨水口相比，成本较高
槽式	截除面状径流	截流断面大	易于堵塞

2. 雨水口的构造

图 8-8 为平箅雨水口的一般构造。通常可分为进水箅、井筒和连接管三部分。雨水口的进水箅可用铸铁或钢筋混凝土、石料制成。采用钢筋混凝土或石料进水箅可节约钢材，但其进水能力较差。

雨水口的井筒可用砖砌或用钢筋混凝土预制，也可采用预制的混凝土管。雨水口的深度一般不宜大于 1 m；在有冻胀影响的地区，雨水口的深度可根据经验适当加大。雨水口的底部可根据需要做成有沉泥井（也称截留井）或无沉泥井的形式。图 8-9 所示为有沉泥井的雨水口，它可截留雨水所夹带的砂砾，避免其进入管道造成淤塞。但是沉泥井往往积水，滋生蚊蝇、散发臭气，影响环境卫生。因此需要经常清除，增加了养护工作量。通常仅在路面较差、地面上积秽很多的街道或菜市场等地方，才考虑设置有沉泥井的雨水口。

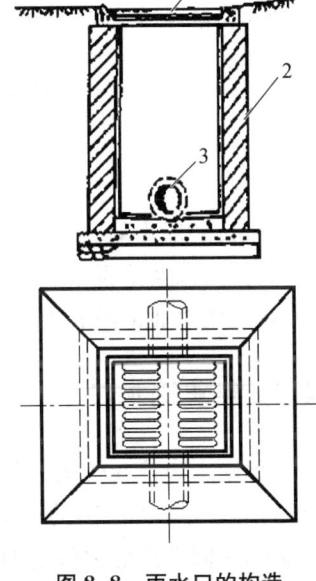

图 8-8　雨水口的构造
1—进水箅；2—井筒；3—连接管

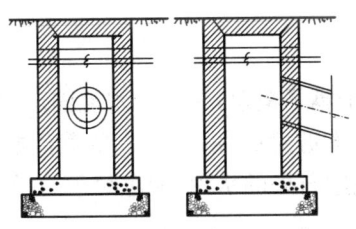

图 8-9　有沉泥井的雨水口

雨水口以连接管与街道排水管渠的检查井相连。当排水管直径大于 800 mm 时，也可在连接管与排水管连接处不另设检查井，而设连接暗井（图 8-10）。连接管的最小管径为

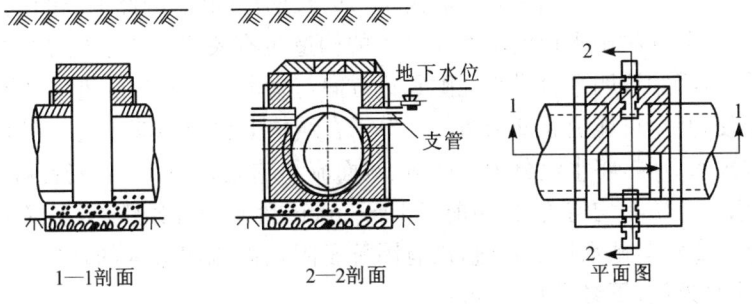

图 8-10　连接暗井

200 mm，坡度一般为 0.01，长度不宜超过 25 m，覆土厚度大于或等于 0.7 m。连在同一连接管上的雨水口一般不宜超过 3 个。

8.4.2 泄水能力和效率

雨水口的泄水能力直接影响雨水的排除效果，也间接影响道路交通安全，如果造成过多的雨水渗入路面，则会影响路面的结构性能。

通常雨水口很难截除整个边沟流量。雨水口泄水能力（或收水能力）为雨水口截流的边沟流量。未被雨水口截流的部分水流称作旁流，或称继续流，其关系可表示为

$$Q_b = Q - Q_i \tag{8-24}$$

式中　Q_b——旁流(m^3/s)；
　　　Q——边沟总流量(m^3/s)；
　　　Q_i——雨水口的截流能力(m^3/s)。

雨水口的截流效率 E 定义为在给定条件下，雨水口截流量占边沟总流量的百分比，表示为

$$E = \frac{Q_i}{Q} \tag{8-25}$$

雨水口的泄水能力与边沟横断面坡度、道路粗糙系数、边沟纵向坡度、上游来流量、雨水口几何尺寸，以及是否采用低洼布置相关。通常雨水口的泄水能力随边沟流量的增大而增大，而截流效率通常随着边沟流量的增大而减小。

8.4.3 平箅雨水口

平箅雨水口是在边沟上开孔，一个或者多个箅子覆盖，平行于水流固定[图 8-6(a)]。这些雨水口适用于大范围的边沟坡度，但随着边沟坡度的加大，它们的截流能力通常是降低的。影响它们截流能力的附加因素包括靠近侧边石处的水深、通过箅子的径流量、箅子的几何构造以及边沟中的水流速度。

箅子构造包括箅子的长度、宽度，栅条的宽度及其间距，栅条的布置形式(横向、纵向、正交布置或者呈蜂窝状布置)等。各种箅子的通水能力需通过水力实验确定。

平箅雨水口的主要优点是安装在边沟雨水径流的通道上，水流通畅，但易被垃圾、树枝等杂物堵塞，影响截流能力。堵塞是平箅雨水口的长期性问题，因此平箅的截流能力通常只有部分被有效利用；同时雨水口的堵塞与箅子的构造也有关系。进水栅条的方向和进水能力也有很大关系，经验证明平箅进水孔隙长边方向与来水方向一致的进水效果较好，但它会对交通造成不便，甚至可能引起交通事故。箅子在结构上也应能够承受一定的交通负荷。

设计平箅雨水口时，将水流分为正面流、侧面流和越流。1995 年，安智敏等人在实验中观测到：①雨水口上游为均匀流，但距前缘 10～30 cm 处水面开始跌落，呈降水曲线，水面宽度也相应收缩。②跌落雨水口的水流，没有因箅子阻挡而流回边沟的现象。③水流主要由前缘进入，其次是外侧，下缘进水很少。

当边沟水流漫幅超过箅子宽度时,箅子的正面水流将从箅子的正上游部位流来,侧面流是绕过箅子边缘的水流部分。当水流绕过箅子时,部分侧面流将被截流,截流量取决于边沟横断面坡度、流速以及箅子长度。当边沟流速太高,或者箅子长度太短时,正面流将难以完全被截流,部分流量将越过雨水口而成为越流。

2003 年,张庆军通过现场观察发现,道路纵坡的大小会对路面排水产生较大影响。在道路纵坡小于 0.3% 时,路面雨水迟滞现象较为严重,雨水不能顺利地往低处流动,此时雨水主要依靠路面每一个雨水口排放,因此当路面纵坡小于 0.3% 时,每一个雨水口都承担路面汇水面积内的雨水流量,一般不会形成超越流量。在道路纵坡介于 0.3% 与 2% 之间的状况下,路面雨水顺纵坡往下游流动,在路面横坡不大的情况下,实际水面宽度大于雨水口宽度,一部分雨水被雨水口截流,另一部分雨水顺流而下,在下游低洼处汇集,形成超越水量。在这种情况下,雨水口就需要采用更有效的截流形式,并在路面低洼处进行特殊设计,增加雨水口的数量和尺寸,以便及时排放路面雨水。在路面纵坡大于 2% 的较大坡道上,路面雨水水流将处于急流状态,部分水流会越过雨水口而形成跳越,使道路坡道上的雨水口进水能力大大降低,超越水量将会加大,因此路面低洼地段在暴雨期间将会出现较大的汇水面积,若在该低洼地段,路面没有足够的雨水排泄能力,将会出现积水现象。

对于复合式边沟,边沟正面流与边沟总流的比值 E_0,可以利用式(8-17)计算。对于单一横断面坡度边沟,比值 E_0 可表示为

$$E_0 = \frac{Q_w}{Q} = \frac{\int_{T-W}^{T} \frac{1}{n} S_L^{1/2} S_x^{5/3} x^{5/3} dx}{\int_0^T \frac{1}{n} S_L^{1/2} S_x^{5/3} x^{5/3} dx} = 1 - \left(1 - \frac{W}{T}\right)^{8/3} \quad (8-26)$$

式中 Q——边沟总流量(m^3/s);
Q_w——在箅子宽度(W)上的正面流量(m^3/s);
T——边沟漫水幅度(m)。

类似地,侧面流与边沟流的比值为

$$\frac{Q_s}{Q} = 1 - \left(\frac{Q_w}{Q}\right) = 1 - E_0 = \left(1 - \frac{W}{T}\right)^{8/3} \quad (8-27)$$

式中 Q_s——边沟通过箅子时产生的侧面流(m^3/s)。

正面截流与总正面流之比,即正面截流效率 R_f 可表示为

$$R_f = 1 - K_f(v - v_0) \quad (8-28)$$

式中 K_f——经验常数,取 0.295;
v——边沟流速(m/s);
v_0——在越流开始产生时的临界边沟速度(m/s),也称作越流起始速度。

根据雨水口平箅的栅条布置结构、箅子的长度和边沟流速,可以绘制越流速度-箅子长度关系曲线,以及正面截流效率-边沟流速的关系曲线。示例见图 8-11。

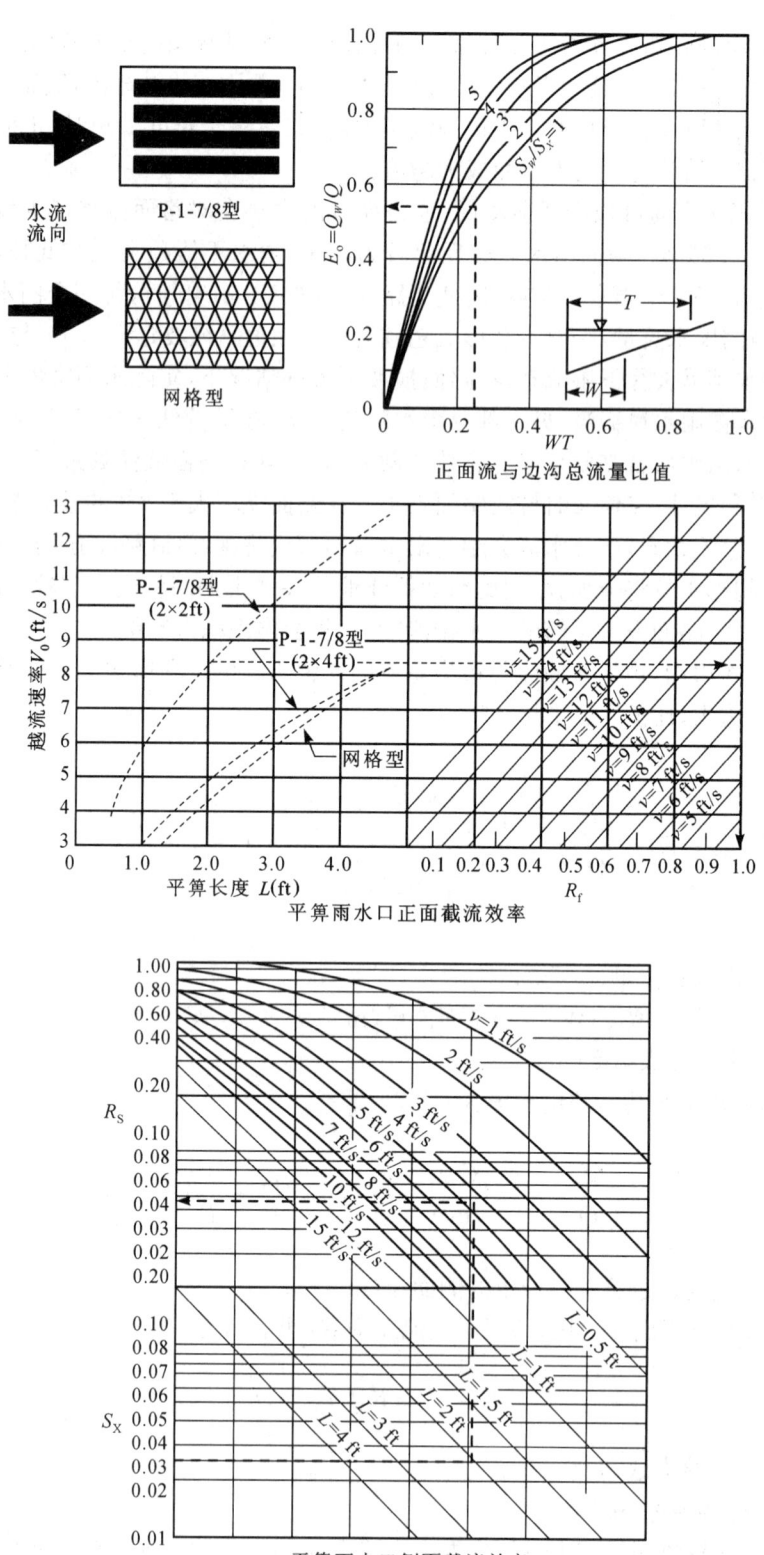

图 8-11 雨水口效率数据

注：1 ft＝0.304 8 m

箅子侧面截流量与侧面总流的比值,称作侧面流效率 R_s,可表示为

$$R_s = \frac{1}{\left(1 + \dfrac{K_s v^{1.8}}{S_x L^{2.3}}\right)} \tag{8-29}$$

式中　K_s——经验常数,取 0.082 8;
　　　L——箅子长度(m)。

于是箅子的总截流效率 E,可表示为正面截流效率与侧面截流效率的函数,即

$$E = R_f E_0 + R_s (1 - E_0) \tag{8-30}$$

式(8-30)右侧的第一项为雨水口正面截流量与边沟总流量的比值,第二项为侧面截流量与边沟总流量的比值。由式(8-25)可知,边沟雨水口的截流能力可表示为

$$Q_i = EQ = [R_f E_0 + R_s (1 - E_0)] Q \tag{8-31}$$

8.4.4　立式雨水口

立式雨水口是在道路边石上开孔,便于雨水进入地下的排水构筑物[图 8-6(b)]。与平箅雨水口相比,其长度较大,通常在道路纵向坡度较缓(低于 3%)时最为有效。立式雨水口的优点是不易被污物堵塞,对汽车、自行车和行人的安全影响较小,缺点为截流能力较差。影响立式截流能力的主要因素有近侧边石处的水深、边石开孔的长度、路面横向坡度和纵向坡度。

边石开孔高度一般在 100~150 mm 之间。对于单一坡度型断面边沟,截流 100% 边沟流量的侧边石开孔雨水口的开孔长度,可表示为

$$L_T = K_0 Q^{0.42} S_L^{0.3} (n S_x)^{-0.6} \tag{8-32}$$

式中　L_T——截流全部边沟流量所需边石雨水口开孔长度(m);
　　　K_0——经验常数,取 0.817。

当立式雨水口开孔长度小于 L_T 时,则截流效率 E 计算为

$$E = 1 - \left(1 - \frac{L}{L_T}\right)^{1.8} \tag{8-33}$$

式中　L——边石开孔的长度(m)。

因为增大道路(或边沟)横断面坡度会降低边沟雨水口截流所需要的宽度,往往在设计中,可将横断面坡度设计成局部或者连续的低洼边沟断面(图 8-12)。在这种情况下,可以将式(8-32)中的 S_x 用横断面当量坡度 S_e 取代,以及计算所需立式雨水口开孔长度。边沟横断面当量坡度 S_e 可表示为

$$S_e = S_x + S'_w E_0 \tag{8-34}$$

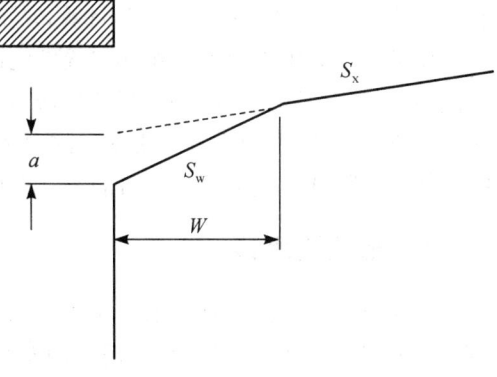

图 8-12　低洼式立式雨水口设置

式中 E_0——低洼断面流量与边沟总流量的比值,其计算参见式(8-26);

S'_w——从道路横断面坡度起点到低洼底的坡度,表示为

$$S'_w = \frac{a}{W} \tag{8-35}$$

式中 a——边沟低洼深度(m);

W——边沟低洼宽度(m)。

当侧边石开孔长度低于 L_T 时,低洼边沟同样可提高雨水口的截流效率,其计算仍采用式(8-33)。

【例 8-7】 计算立式雨水口的截流能力。已知立式雨水口开孔长度为 3.5 m,边沟为三角形均匀坡度断面,横向坡度为 0.025,纵向坡度为 0.03,曼宁粗糙系数为 0.016;边沟设计流量为 0.08 m³/s。

解

[步骤1] 由式(8-32)计算完全截流时的立式雨水口开孔长度 L_T。

$$L_T = K_0 Q^{0.42} S_L^{0.3} (nS_x)^{-0.6} = 0.817 \times 0.08^{0.42} \times 0.03^{0.3} \times (0.016 \times 0.025)^{-0.6}$$
$$= 10.8 (\text{m})$$

[步骤2] 由式(8-33)确定雨水口截流效率 E。

$$E = 1 - \left(1 - \frac{L}{L_T}\right)^{1.8} = 1 - \left(1 - \frac{3.5}{10.8}\right)^{1.8} = 0.506 = 50.6\%$$

[步骤3] 由式(8-25)确定雨水口截流能力。

$$Q_i = EQ = 0.506 \times 0.08 = 0.041 (\text{m}^3/\text{s})$$

8.4.5 联合式雨水口

联合式雨水口是在边沟底部及相邻侧边石都设置进水箅,便于雨水汇入的构筑物[图 8-6(c)]。它们主要设置在低洼位置,或者设置在边沟雨水口易于堵塞的位置。如果联合式雨水口的边沟平箅部分与侧边石立式开孔部分长度相同,则联合式雨水口的截流能力和效率与单设边沟平箅雨水口相比,差别并不显著,因此仍可采用计算平箅雨水口截流能力和效率的公式(8-26)和式(8-31)计算,从而忽略立式雨水口的截流能力和效率。

如果在平箅雨水口上游相邻位置事先设置了立式雨水口,则可以提高联合式雨水口的截流能力,这时其能力等于上游侧边石开孔长度上的截流能力加上相邻平箅雨水口的截流能力。但是应注意,由于立式雨水口的存在,相邻平箅雨水口处的漫幅、正面流量以及截流能力都有所降低。该类型雨水口的另一个优点是可更有效截除初期暴雨冲来的污物。

8.4.6 槽式雨水口

槽式雨水口包括一条管道或渠道,上部开口处设置有雨水箅,雨水箅的栅条通常与管(渠)道走向垂直[图 8-6(d)]。槽式雨水口对于截除面状径流是很有效的,但易于被残渣堵塞。

在没有残渣堵塞情况下,槽式雨水口与立式雨水口相比,几乎具有相同的水力特性。雨水口的截流能力是算子上部水深和雨水口长度的函数。美国联邦公路局的实验分析数据表明,对于宽度大于 45 mm 的槽式雨水口,100% 截流长度可采用式(8-32)计算,当小于该长度时,截流效率可用式(8-33)计算。

8.4.7 低洼处雨水口

对于低洼位置处的雨水口,从水力性能来看,当雨水算上部水深较大时,雨水口可作为孔口出流计算;雨水算上部水深适中时,水流处于过渡状态,其特性在堰流和孔口出流之间扰动;当雨水算上部水深较小时,可作为堰流处理。雨水口处的孔口出流开始时的水深为平算的尺寸、侧边石开孔尺寸或者槽宽的函数。例如平算尺寸较大时,会在较大的水深条件下,仍可采用堰流处理。

对于低洼和易积水地段,雨水径流面积大,径流量较一般多,如有植物落叶,容易造成雨水口的堵塞。低洼位置处雨水口的残渣通过能力很关键,因为雨水口必须将低洼处的径流全部截流。当雨水口的有效面积全部或者部分堵塞时,将导致具有危害性的积水。因此在低洼位置处通常采用立式雨水口、联合式雨水口,或者道路横沟上布置槽式雨水口,不建议单独使用边沟平算雨水口。

1. 平算雨水口

对于类似停车场等非街道路面,雨水口的设置是为了截除场地径流,确保行人和附近财产安全。当不采用侧边石时,雨水口将是整个排水方案中的重要组成部分,需要细心设计场地坡度,以便水可以顺利导入雨水口。通常采用低洼方式增加平算雨水口的截流能力。低洼布置的平算雨水口截流能力,当水深低于 0.12 m 时,可采用堰流公式计算;当深度大于 0.43 m 时,可采用孔口出流公式计算。当水深为 0.12~0.43 m 时,雨水口的截流能力难以精确计算。

当作为堰流操作时,边沟雨水口的截流能力为

$$Q_i = C_w P d^{3/2} \tag{8-36}$$

式中 Q_i——截流能力(m^3/s);
P——平算周长,未包含靠近边石一侧的边长(m);
C_w——平算堰流系数,取 1.66;
d——雨水口靠近侧边石处的水深(m)。

当作为孔口出流操作时,边沟雨水口的截流能力表示为

$$Q_i = C_0 A_g \sqrt{2gd} \tag{8-37}$$

式中 C_0——孔口流量系数,取 0.67;
A_g——平算的有效过水面积(m^2);
g——重力加速度常数。

美国联邦公路局的试验说明,扁钢栅条式平算,其有效面积等于平算总面积减去栅条所占面积;曲线叶片式平算水力性能较好,其有效面积应在扁钢栅条式基础上增加 10%。

【**例 8-8**】 计算洼地位置 0.9 m×1.2 m 平箅雨水口的截流能力。已知设计漫水幅度为 2.0 m;边沟横断面坡度为 0.05,曼宁粗糙系数为 0.016;假设平箅长度上发生 50% 的堵塞。

解
[步骤 1] 由式(8-15),计算靠近边石处的水深 d。
$$d = TS_x = 2.0 \times 0.05 = 0.1 \text{(m)}$$
假设堰流操作控制在 $d=0.1$ m,则计算按以下步骤。

[步骤 2] 计算格栅的周长 P。
$$P = 2 \times 0.9 \times 0.5 + 1.2 = 2.1 \text{(m)}$$

[步骤 3] 由式(8-36),计算雨水口能力 Q_i。
$$Q_i = C_w P d^{3/2} = 1.66 \times 2.1 \times 0.1^{3/2} = 0.11 \text{(m}^3/\text{s)}$$

2. 立式雨水口

当侧边石处的积水深度低于或者等于侧边石开孔高度时,边石雨水口的流量计算按照堰流处理。在该积水深度范围内,雨水口的截流能力为

$$Q_i = C_w L d^{3/2} \tag{8-38}$$

式中 C_w——立式雨水口堰流系数,取 1.60;
L——立式雨水口的开孔长度(m)。

如果采用低洼式立式雨水口,则截流能力计算为

$$Q_i = C_w (L + 1.8W) d^{3/2} \tag{8-39}$$

式中 W——下沉低洼的横向宽度(m)。

低洼式立式雨水口的堰流系数降至 1.25,边石处的水深 d 根据常规横断面坡度来测量。由于式(8-38)为堰流公式,边石处的水深限制在小于或等于开孔高度加上低洼下沉深度。此外,当边石开孔长度大于 3.6 m 时,非低洼式雨水口的计算式(8-37)计算出的截流量将大于低洼式雨水口的计算值。

当边石处水深接近 1.4 倍的开孔高度时,立式雨水口的截流能力将利用孔口出流公式计算。此时的截流能力计算为

$$Q_i = C_0 A_g \left[2g \left(d_i - \frac{h}{2} \right) \right]^{1/2} \tag{8-40}$$

式中 C_0——孔口流量系数,取 0.67;
A_g——边石开孔的有效面积(m^2);
g——重力加速度;
d_i——边石开孔处的水深,含低洼下沉深度(m);
h——边石开孔的孔高。

式(8-40)假设开孔为水平孔口[图 8-13(a)]。对于其他孔口形状[图 8-13(b)]和[图 8-13(c)],其通用表达式为

$$Q_i = C_0 h L (2g d_0)^{1/2} \qquad (8\text{-}41)$$

式中 h——定义为孔口宽度(m);

d_0——自孔口形心起算的有效水头(m)。

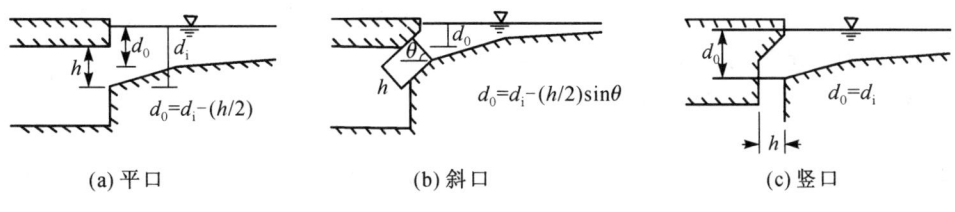

图 8-13 立式雨水口的形式

【例 8-9】 计算长 3 m,高 0.15 m 的低洼式立式雨水口的截流能力。已知洼深为 50.0 mm,洼宽 0.6 m;设计漫幅和横断面坡度分别为 2.5 m 和 0.03。

解

[步骤 1] 由式(8-15),计算边石处的水深 d。

$$d = T S_x = 2.5 \times 0.03 = 0.075 (\text{m})$$

由于 $d(=0.075 \text{ m}) < h + a (= 0.15 + 50/1\,000 = 0.2 \text{ m})$,因此假设为堰流。

[步骤 2] 由式(8-38),计算雨水口截流能力 Q_i。

$$Q_i = C_w (L + 1.8W) d^{3/2} = 1.25 \times (3 + 1.8 \times 0.6) \times 0.075^{3/2} = 0.10 \text{ m}^3/\text{s}$$

3. 联合式雨水口

为防止洼地积水,通常推荐采用立式雨水口和联合式雨水口。当按堰流公式计算时,联合式雨水口的截流能力近似于等长度平箅雨水口的截流能力,采用式(8-36)。当按孔口出流公式计算时,截流能力为平箅能力[利用式(8-32)计算]与立式开孔截流能力[采用式(8-39)或式(8-40)]之和。此外低洼处联合雨水口的设计常假设平箅部分被完全堵塞。

4. 槽式雨水口

由于槽式雨水口易被残渣堵塞,不推荐在低洼位置采用。采用时,若槽顶水深小于 60 mm,可用堰流公式计算;当槽顶水深大于 120 mm 时,采用孔口出流公式计算。

堰流公式计算槽式雨水口截流能力为

$$Q_i = C_w L d^{3/2} \qquad (8\text{-}42)$$

式中 C_w——堰流系数,其值随槽顶水深和槽宽而变化,一般取值 1.4;

L——槽的长度(m);

d——槽顶水深(m)。

孔口出流公式计算槽式雨水口截流能力为

$$Q_i = 0.8 L W (2gd)^{1/2} \qquad (8\text{-}43)$$

式中 W——槽宽(m);

g——重力加速度常数。

【例 8-10】 计算低洼处 20 m 长槽式雨水口的截流能力。已知槽宽为 50 mm,设计漫水幅度为 3.5 m,边沟横断面坡度为 0.04,假设雨水口不会被堵塞。

解

[步骤 1] 由式(8-14),计算边石处的水深 d。

$$d = TS_x = 3.5 \times 0.04 = 0.14 \text{(m)}$$

设 $d = 140$ mm 时可采用孔口出流公式。

[步骤 2] 由式(8-43),计算槽式雨水口的截流能力 Q_i。

$$Q_i = 0.8LW(2gd)^{1/2} = 0.8 \times 2.0 \times \frac{50}{1\,000} \times (2 \times 9.8 \times 0.14)^{1/2} = 0.13 \text{(m}^3/\text{s)}$$

8.4.8 雨水口堵塞

雨水口易被路面垃圾和灰尘堵塞。在降雨事件中,由于首次污物冲刷,常使大量垃圾、树叶等冲向雨水口。作为路面排水的一般实践,单个平箅雨水口在设计中考虑 50% 被堵塞,单个立式雨水口中考虑 10% 被堵塞。我国《给水排水设计手册》中认为大雨时易被杂物堵塞的雨水口,泄水能力应乘以 0.5~0.7 的系数计算。当为了收集路面雨水而采用多个雨水箅联合排水时,雨水口的堵塞将随布置的长度而降低。2000 年,郭纯园指出,堵塞因子随雨水口串联长度的衰减可描述为

$$C = \frac{1}{N}(C_0 + eC_0 + e^2C_0 + e^3C_0 + \cdots + e^{N-1}C_0) = \frac{C_0}{N}\sum_{i=1}^{i=N} e^{i-1} = \frac{KC_0}{N} \quad (8\text{-}44)$$

式中 C——多箅串联雨水口的堵塞因子;

C_0——单箅堵塞因子;

N——雨水箅的串联个数;

K——堵塞系数,参见表 8-8。

表 8-8 从单箅到多箅串联时堵塞因子的变化情况

雨水箅串联个数(N)	1	2	3	4	5	6	7	8	>8
边沟平箅雨水口(K)	1	1.5	1.75	1.88	1.94	1.97	1.98	1.99	2
立箅雨水口(K)	1	1.25	1.31	1.33	1.33	1.33	1.33	1.33	1.33

注:其中边沟平箅雨水口 e 采用 0.5,立箅雨水口 e 采用 0.25。

同时认为在坡面上雨水口的截流正比于雨水口的长度,在低洼处正比于雨水口的开孔面积。因此坡面上使用堵塞因子后的雨水口长度为

$$L_e = (1 - C)L \quad (8\text{-}45)$$

式中 L_e——雨水口的有效长度,即未被堵塞部分的长度。

在低洼处应用堵塞因子后的雨水口开孔口面积为

$$A_e = (1 - C)A \quad (8\text{-}46)$$

式中 A_e——有效开孔面积;

A——雨水箅的开孔面积。

8.5 雨水口位置设计

雨水口的设置应根据道路(广场)情况、街坊及建筑情况、地形情况、土壤条件、绿化情况、降雨强度以及雨水口的泄水能力等因素确定。雨水口设置的好坏直接影响城市道路雨水及时通畅排除、雨水冲刷携带的杂物截留;间接影响城市交通安全、城市环境卫生和人体健康。

雨水口布置应根据地形及汇水面积确定。有的地区不经计算,完全按道路长度均匀布置,不仅浪费投资,且不能收到预期的效益。雨水口设置存在的主要问题是雨水口堵塞、雨水口设置位置不当、设置数量不足等造成的地面积水。

雨水口的间距根据道路的几何特性和允许漫水幅度确定,图 8-14 说明了雨水口间距对路面漫水幅度的影响,其定位所需的信息包括以下内容。

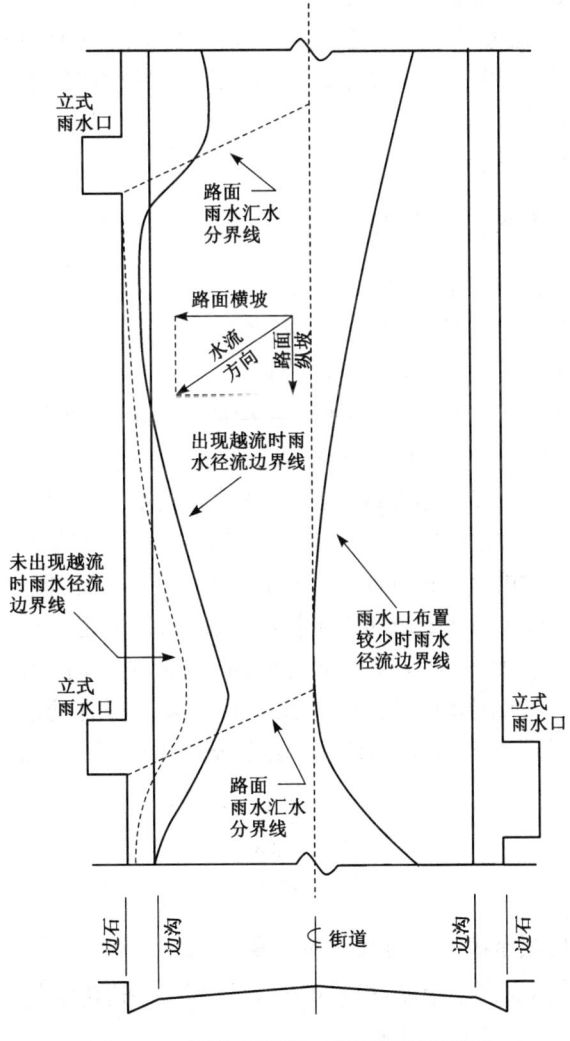

图 8-14 雨水口间距对路面漫幅的影响

(1) 现有或规划道路的平面、纵剖面图和横剖面图。
(2) 排水区域的地形图。
(3) 设计暴雨的强度-历时-频率数据。
(4) 当地排水规范和设计标准。

我国《室外排水设计标准》(GB 50014—2021)中规定,雨水口间距宜为25～50 m。当道路纵坡大于0.02时,雨水口的间距可大于50 m,其形式、数量和布置应根据具体情况和计算确定。坡度较短时可在最低点处集中收水,其雨水口的数量和面积应适当增加。

8.5.1 雨水口设置位置

为保证路面排水通畅,雨水口在很多情况下是根据道路的几何特性而忽略了汇水面积。也就是说忽略路面径流、边沟漫水幅度和雨水口的截流能力,在一些特殊位置优先设置雨水口,包括以下位置。

(1) 道路汇水点路面低洼处,防止路面积水。
(2) 中央隔离带、匝道进口/出口、道路交叉口、人行横道的上游侧,沿街单位出入口上游、靠地面径流的街坊或庭院的出水口等处,使雨水在通过这些位置之前就被截流,防止雨水漫过这些位置而影响交通安全。
(3) 桥面的上游侧和下游侧等。

8.5.2 连续坡面上雨水口的距离

雨水口的间距计算通常需要试算,一般步骤如下。

(1) 初步设置雨水口的位置,计算其汇水面积。
(2) 由推理公式计算该汇水面积上的高峰径流量。
(3) 计算边沟流量,它等于本雨水口汇水面积产生的高峰径流量与上游雨水口造成的旁通流量之和,然后代入式(8-14)和式(8-15),计算边沟的水面宽度和水深。
(4) 如果边沟水深大于实际侧边石高度,或者计算漫幅大于设计允许漫幅,则返回步骤(1),重新选择雨水口位置,减少排水面积和距离。同样,如果计算漫幅远小于设计允许值,也需要返至步骤(1),增加雨水口的间距。否则计算雨水口的截流能力和旁流量。
(5) 连续坡面上的雨水口从上游向下游依次定位,重复采用步骤(1)~(4)进行计算。

对于连续坡面以及排水面积仅仅包含有路面,或者排水面积具有相同的径流特性,且形状为矩形的情况,可采用相同的间距。此时通常假设所有雨水口的集水时间是相同的。从坡顶开始确定第一个雨水口的位置,在充分利用街道边沟的输送能力后,可以利用式(8-47)计算排水距离。

$$L_1 = \frac{QK'}{CiW_p} \tag{8-47}$$

式中 L_1——从路面坡顶至第一个雨水口的长度(m);
Q——利用设计路面漫水幅度,由式(8-14)计算出的边沟流量(m^3/s);
K'——转换常数,取 3.6×10^6;
W_p——路拱到侧边石之间的横向距离(m);

C——无量纲径流系数;

i——降雨强度(mm/h)。

由该上游雨水口的截流能力确定其旁流量,并计算出雨水口处的漫水幅度。根据达到的设计漫水幅度,计算到下游雨水口之间的距离

$$L_i = \frac{QK'}{CiW_p}E \tag{8-48}$$

式中 L_i——到下游雨水口之间的距离(m);

E——上游雨水口的截流效率。

应注意在连续坡面上的最下游雨水口,它可能位于坡面的最低点,设计时应考虑具有完全截流能力。

对于路面纵向坡度具有变化时,也可采用类似的方式计算,但其间距随着路面纵向坡度而变化。当坡度较缓时,雨水口的截流能力及其间距需要变小;相反当坡度变陡时,因为边沟断面过水能力的增加,雨水口的间距可增大。

【例 8-11】 已知排水路面宽度为 10 m,设计漫水幅度为 2.0 m;边沟横断面坡度为 0.02,纵向坡度为 0.018,曼宁粗糙系数为 0.015;设计降雨强度和径流系数分别为 150 mm/h 和 0.90;雨水箅的正面截流效率 R_f 为 1.0,侧面截流效率 R_s 为 0.10。试计算边沟平箅雨水口需要的间距。

解

[步骤 1] 由式(8-14),计算边沟流量。

$$Q = \frac{K_c}{n}S_x^{5/3}S_L^{1/2}T^{8/3} = \frac{0.376}{0.015} \times 0.02^{5/3} \times 0.018^{1/2} \times 2.0^{8/3} = 0.032 (\text{m}^3/\text{s})$$

[步骤 2] 由式(8-47),计算坡面上游第一个雨水口的位置 L_1。

$$L_1 = \frac{QK'}{Ci\,w_p} = \frac{0.032 \times 3.6 \times 10^6}{0.90 \times 150 \times 10} = 85 (\text{m})$$

[步骤 3] 计算 0.6 m×0.6 m 网格平箅雨水口的截流效率。

(1) 由式(8-26),计算正面截流比值

$$E_0 = 1 - \left(1 - \frac{W}{T}\right)^{8/3} = 1 - \left(1 - \frac{0.6}{2.0}\right)^{8/3} = 0.61$$

(2) 由式(8-30),计算截流总效率

$$E = R_f E_0 + R_s(1 - E_0) = 1.0 \times 0.61 + 0.10 \times (1 - 0.61) = 0.65$$

[步骤 4] 由式(8-48),计算后续雨水口的间距 L_i。

$$L_i = \frac{QK'}{Ci\,W_p}E = \frac{0.032 \times 3.6 \times 10^6}{0.90 \times 150 \times 10} \times 0.65 = 55 (\text{m})$$

即从坡顶到第一个雨水口应有 85 m,后续雨水口的间距应为 55 m。

8.6 雨水管渠

地表雨水径流通过雨水口的收集,进入雨水管渠系统,然后再输送到雨水管理设施或受纳水体。

8.6.1 雨水管渠设计重现期

设计暴雨重现期的选择将会决定排水管渠系统防止积水的程度。由暴雨强度公式和表 8-1 可知,暴雨强度随重现期的不同而不同。若选用较高设计重现期,则所得设计暴雨强度大,相应的雨水设计流量大,管渠的断面相应变大。这对防止地面积水是有利的,安全性高,但经济上则因管渠设计断面的增加而增加了工程造价。若选用较低的设计重现期,管渠断面相应减小,这样虽然可以降低工程造价,但可能会出现排水不畅、地面积水而影响交通,甚至给城市的人民生活及工业生产造成危害。因此,暴雨设计重现期的选择应兼顾技术与经济性。

我国《室外排水设计标准》(GB 50014—2021)规定,雨水管渠设计暴雨重现期应根据汇水地区性质、城镇类型、地形特点和气候特征等因素,经技术经济比较后按表 8-9 的规定取值,明确相应的设计降雨强度,且应符合下列规定。

(1) 人口密集、内涝易发且经济条件较好的城镇,应采用规定的设计暴雨重现期上限。

(2) 新建地区应按规定的设计暴雨重现期执行;既有地区应结合海绵城市建设、地区改建、道路建设等校核,更新雨水系统,并按规定设计暴雨重现期执行。

(3) 同一雨水系统可采用不同的设计暴雨重现期。

(4) 中心城区下穿立交道路的雨水管渠设计重现期应按表 8-9 中"中心城区地下通道和下沉式广场等"的规定执行;非中心城区下穿立交道路的雨水管渠设计暴雨重现期不应小于 10 年;高架道路雨水管渠设计暴雨重现期不应小于 5 年。

表 8-9　　雨水管渠设计暴雨重现期(年)

城市类型	城区类型			
	中心城区	非中心城区	中心城区的重要地区	中心城区地下通道和下沉式广场等
超大城市和特大城市	3～5	2～3	5～10	30～50
大城市	2～5	2～3	5～10	20～30
中等城市和小城市	2～3	2～3	3～5	10～20

注:① 表中所列设计暴雨重现期适用于采用年最大值法确定的暴雨强度公式。
② 雨水管渠按重力流、满管流计算。
③ 超大城市指城区常住人口在 1 000 万人以上的城市;特大城市指城区常住人口在 500 万人以上 1 000 万人以下的城市;大城市指城区常住人口在 100 万人以上 500 万人以下的城市;中等城市指城区常住人口在 50 万人以上 100 万人以下的城市;小城市指城区常住人口在 50 万人以下的城市(以上包括本数,以下不包括本数)。

英国设计中的经验是,暴雨重现期取 1 年或 2 年;受强降雨危害的敏感地区取 5 年;市中心地区采用较大重现期,可达到 25 年。

通常暴雨重现期并不能代表地表积水重现期。首先,参照《室外排水设计标准》(GB 50014—2021)规定,排水管道管顶覆土深度宜为:人行道下 0.6 m,车行道下 0.7 m。因此出现地面积水之前,管渠系统还可存储相当量的超载水。其次,雨水管渠内各管段的设计流量总是按照相应于该管段集水时间的设计暴雨强度计算,因此一般情况下,各管段的最大流量不大可能在同一时间发生,使管道内具有一定的空隙容量。基于以上两点,排水管渠的实际输送能力要高于设计能力,甚至高达设计能力的 2 倍。由表 8-1 可知,相同降雨历时下,10 年重现期的暴雨强度为 1 年重现期暴雨强度的 $(1+c)$ 倍,该值通常小于 2。因此可以得出,设计重现期为 1 年的雨水管渠,当遭遇 10 年重现期的暴雨时,也不应出现地面积水状况。

《室外排水设计标准》(GB 50014—2021)规定:内涝防治设计暴雨重现期应根据城镇类型、积水影响程度和内河水位变化等因素,经技术经济比较后按表 8-8 的规定取值,明确相应的设计降雨量,且应符合下列规定。

(1) 人口密集、内涝易发且经济条件较好的城市,应采用规定的设计暴雨重现期上限。

(2) 目前不具备条件的地区可分期达到标准。

(3) 当地面积水不满足表 8-10 的要求时,应采取渗透、调蓄、设置行泄通道和内河整治等措施。

(4) 应针对内涝设计暴雨重现期的暴雨采取应急防治措施。

表 8-10　　　　　　　　　　内涝防治设计暴雨重现期

城市类型	暴雨重现期(年)	地表积水规定
超大城市	100	1) 居民住宅和工商业建筑物的底层不应漫进雨水;
特大城市	50~100	2) 道路中一条车道的积水深度不超过 15 cm
大城市	30~50	
中等城市和小城市	20~30	

表 8-11 为欧洲标准对雨水管渠设计重现期的推荐值,这些数值的采用与排水区域所处位置有关;特定敏感位置应进行设计检查,以确保防止地面积水。

表 8-11　　　　　　　　　设计重现期推荐值(BS EN 752:2008)

位置	设计暴雨重现期(年)	设计地面积水重现期(年)
农村地区	1	10
住宅区	2	20
市中心/工业区/商业区	5	30
地铁/地下通道	10	50

8.6.2　雨水管渠水力计算设计数据

为使雨水管渠正常工作,避免发生淤积、冲刷等现象,对雨水管渠水力计算的基本数据作如下技术规定。

1. 设计充满度

雨水中主要含有泥沙等无机物质(不同于污水的性质),加之暴雨径流量大,而相应较高设计重现期的暴雨强度,降雨历时一般不会很长。故管道设计充满度按满流考虑,即 $h/D=1$。明渠则应具有等于或大于 0.20 m 的超高。街道边沟应具有等于或大于 0.03 m 的超高。

2. 设计流速

为避免雨水所携带的泥沙等无机物质在管渠内沉淀下来而堵塞管道,雨水管渠的最小设计流速应大于污水管道,满流时管道内最小设计流速为 0.75 m/s;明渠内最小设计流速为 0.40 m/s。

为防止管壁受到冲刷而损坏,影响及时排水,对雨水管渠的最大设计流速规定为:金属管最大流速为 10 m/s;非金属管最大流速为 5 m/s;明渠中水流深度为 0.4~1.0 m 时,最大设计流速宜按表 8-12 采用。当水流深度在 0.4~1.0 m 范围以外时,表 8-12 所列最大设计流速应乘以下列系数(注:h 为水流深度):

当 $h < 0.4$ m 时,取 0.85;

当 $1.0 < h < 2.0$ m 时,取 1.25;

当 $h \geq 2.0$ m 时,取 1.40。

表 8-12　　　　　　　　　　　明渠最大设计流速

明渠类型	最大设计流速(m/s)	明渠类型	最大设计流速(m/s)
粗砂或低塑性粉质黏土	0.8	草皮护面	1.6
粉质黏土	1.0	干砌块石	2.0
黏土	1.2	浆砌块石或浆砌砖	3.0
石灰岩和中砂岩	4.0	混凝土	4.0

3. 粗糙系数

与污水管道类似,为保险起见,假设管道粗糙系数与管材无关,可采用 $n = 0.013$,或者 $k_s = 0.6$ mm。

4. 最小管径和最小设计坡度

雨水管道的最小管径为 300 mm,相应的最小坡度为 0.003;雨水口连接管最小管径为 200 mm,最小坡度为 0.01。

8.6.3　设计计算步骤

首先要收集和整理设计地区的各种原始资料,包括地形图、城市或工业区的总体规划、水文、地质、暴雨等资料作为基本的设计数据,然后根据情况进行设计。一般雨水管道按下列步骤进行。

(1) 划分排水流域和管道定线;

(2) 划分设计管段;

(3) 划分并计算各设计管段的汇水面积;

(4) 确定各排水流域的平均径流系数值;

(5) 确定设计重现期 P、地面集水时间 t 及管道起点的埋深;

(6) 求单位面积径流量;

(7) 列表进行雨水干管的设计流量和水力计算,以求得各管段的设计流量,即确定各管段的管径、坡度、流速、管底标高和管道埋深值等;

(8) 绘制雨水管道平面图及纵剖面图。

【例 8-12】　如图 8-15 所示为简单雨水管网,该地区的暴雨强度公式为

$$q = \frac{1\,700(1 + 0.9\lg P)}{(t + 10)^{0.75}} \; [\text{L}/(\text{s} \cdot \text{hm}^2)]$$

设计中,取设计重现期 $P = 3$ 年。各管段的汇水面积、管段长度、径流系数,检查井的地面标高见表 8-13。管道起点埋深采用 1.50 m。试进行雨水管道的水力计算。

表 8-13 雨水管道水力计算表

设计管段	管长 L(m)	汇水面积 F(hm²)	径流系数 C	有效面积 CA(hm²)	总汇水面积 ΣCA(hm²)	集水时间 t_c(min)	本段流行时间 t_2(min)	降雨强度 q[L/(s·hm²)]	设计流量 Q(L/s)	管径 D(mm)	坡度 I	流速 v(m/s)	管道输水能力 Q'(L/s)	坡降 $I·L$(m)	设计地面标高(m) 起点	设计地面标高(m) 终点	设计管内底标高(m) 起点	设计管内底标高(m) 终点	埋深(m) 起点	埋深(m) 终点
(1)	(2)	(3)	(4)	(5)	(6)	(7)	(8)	(9)	(10)	(11)	(12)	(13)	(14)	(15)	(16)	(17)	(18)	(19)	(20)	(21)
1—2	180	1.5	0.5	0.75	0.75	6.00	3.75	303.75	227.81	600	0.0014	0.80	230	0.252	14.030	13.600	12.530	12.278	1.50	1.32
4—5	90	0.5	0.5	0.25	0.25	5.00	2.00	318.81	79.70	400	0.0021	0.75	95	0.189	14.060	14.060	12.560	12.371	1.50	1.69
6—5	80	0.8	0.7	0.56	0.56	5.00	1.78	318.81	178.53	600	0.0013	0.75	210	0.104	14.060	14.060	12.560	12.456	1.50	1.60
5—2	50	0.7	0.6	0.42	1.23	7.00	0.93	290.25	357.01	700	0.0014	0.90	320	0.070	14.060	13.600	12.071	12.001	1.99	1.60
2—3	100	1.4	0.3	0.42	2.40	9.75	1.81	259.38	622.51	900	0.0011	0.92	623	0.110	13.600	13.580	11.801	11.691	1.80	1.89

解 取雨水管道粗糙系数 $n=0.013$,应用曼宁公式计算满管流的流速和流量。雨水管道的水力计算见表 8-13。按照表中各列,说明如下。

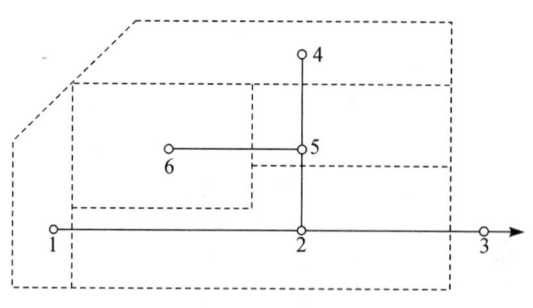

图 8-15 雨水管网布置示意

第(1)列:根据管道的具体位置,在管道转弯处、管径或坡度改变处、有支管接入处或两条以上管道交汇处以及超过一定距离的直线管道上设置检查井。把相邻两个检查井之间设计流量不变,且预计管径和坡度不变的管段定为设计管段,并依次编号。雨水管网设计计算从上游向下游依次进行,第(1)列对应于平面图(图 8-15)中的管段。

第(2)列:第(2)列为来自平面图所测管段长度。有文献指出,每一设计管段长度在 200 m 以内为宜。

第(3)列:在地形图上划分子汇水面积,并测出其数值。通常假定管段的设计流量进入管段的起点,因此各管段的设计流量按该管段起点,即上游管段终点的设计降雨历时(集水时间)计算。也有采用管段终点为设计断面计算的,这种情况下,设计降雨历时降雨管段与设计管径、流速有关,需要先预设本管段的设计管径和流速,通过试算确定。

第(4)列:估计每一子汇水面积的径流系数值。通常根据排水面积内各类地面面积所占比例,计算出该子汇水面积的平均径流系数;也可根据规划的地区类别,采用区域综合径流系数。

第(5)列:子汇水面积有效贡献径流的面积。

第(6)列:将设计管段所汇集的上游有效面积进行加和。例如管段 5—2,除含有本段有效面积($0.42\ \text{hm}^2$)外,还需输送上游管段 6—5 和 4—5 的雨水流量,因此总汇水面积为 $0.42+0.25+0.56=1.23\ \text{hm}^2$。

第(7)列:集水时间为从汇水区域最远点到设计管段起点的雨水流行时间。对于上游无衔接管道的起始管段,集水时间等于地面集水时间;对于上游具有衔接管道的设计管段,集水时间为上游各汇入管道中,取雨水流行最长的时间。例如 5—2 管段,上游管段 4—5 计算的集水时间为 $5.00+2.00=7.00$ min,管段 6—5 计算的集水时间为 $5.00+1.78=6.78$ min,这时取较大值 7.00 min。

第(8)列:本段雨水流行时间,计算为本管段管长除以流速,并将单位换算为 min。

第(9)列:根据公式,当 P 取 1 年时,降雨强度计算为

$$q=\frac{1\ 700(1+0.9\lg 1)}{(t+10)^{0.75}}=\frac{2\ 430}{(t+10)^{0.75}}\ [\text{L}/(\text{s}\cdot\text{hm}^2)]$$

式中,t 取第(7)列的集水时间计算。

为避免低降雨历时下计算出极高的降雨强度值,有专家指出,对于小型汇水面积,当排水管道长度<200 m 时,可采用固定暴雨强度 50 mm/h 或 140 L/(s·hm²)。

第(10)列:计算设计流量,将本管段总有效面积[第(5)列数值]乘以降雨强度[第(9)列]数值得到。

第(11)~(13)列:根据雨水管渠水力计算设计数据要求,采用水力计算公式或水力计算

图表得到相应数值。管径选用标准规格尺寸。当地面坡度较小,或出现地面坡向与管道坡向相反时,为减小管道埋深,管道坡度宜取小值。

第(14)列:管道输水能力 Q' 是指水力计算中管段在确定的管径、坡度、流速下,实际通过的流量,该值应等于或略大于设计流量 Q。

第(15)列:管段长度乘以管道坡度得到该管段起点与终点之间的高差,即降落量。

第(16)、(17)列:为设计管段起点和终点检查井的设计地面标高,来自规划图纸。

第(18)~(21)列:是对设计管内底标高和埋深的计算,其中管道起点的埋深或管底标高根据冰冻情况、雨水管道衔接要求及承受荷载要求确定。雨水管道各设计管段在高程上采用管顶相平衔接。

8.7 雨水管理

传统雨水管渠设计的基本要求是利用排水工程设施,例如雨水口、雨水管渠、检查井、出水口等,及时通畅地排走城镇和工厂汇水面积内的暴雨径流。尽管这种设计方法可以消除局部积水问题,但是雨水汇集量和高峰流量在管渠内的加剧,将造成下游洪水问题,以及自然受纳水体污染和冲刷问题。

近几年出现了雨水管理的概念。在雨水管理中,雨水被认为是需要妥善管理的资源,应进行控制。雨水在靠近产生源头处,不是立即排除,而是在当地储存、处理或回用。为了改善水质,暴雨径流的污染效应也被充分重视,许多方法被重新检验和完善。表 8-14 列出了各种雨水管理技术。

表 8-14　　　　　　　　　　雨水管理方法的分类

方法	示例	优点	缺点
就地排除	渗透设施 (例如渗水坑、渗水渠)	1. 降低小型降水径流; 2. 补充地下水; 3. 减少污染	1. 基建费用高; 2. 易堵塞; 3. 易发生地下水污染
	地表植被 (例如洼地植草)	1. 延缓径流; 2. 美化环境; 3. 减少污染; 4. 基建费用低	1. 维护费用高; 2. 易发生地下水污染
	透水路面	1. 降低小型降水径流; 2. 补充地下水; 3. 减少污染	1. 基建和维护费用高; 2. 易堵塞; 3. 易发生地下水污染
进口控制	屋顶池塘	1. 延缓径流; 2. 对建筑物具有降温效应; 3. 可能具有防火作用	1. 结构负荷增加; 2. 屋顶渗漏概率增加; 3. 出水口易堵塞
	落水管蓄水 (例如集雨桶)	1. 延缓径流; 2. 具有回用可能; 3. 尺寸较小	能力较低
	铺砌大面积池塘 (例如边沟控制)	1. 延缓径流; 2. 降低污染	1. 下雨时限制其他用途; 2. 损坏地表

续表

方法	示例	优点	缺点
局部存储	地表池塘 （例如水草甸、调蓄池）	1. 容量大； 2. 降低暴雨的径流； 3. 美化环境； 4. 多目标应用； 5. 降低污染	1. 较高的基建和维护费用； 2. 占用较大的空间； 3. 滋生蚊虫； 4. 具有安全隐患
	地下蓄水池	1. 降低雨水径流； 2. 降低污染； 3. 无视觉干扰； 4. 基建费用低	维护费用高
	大尺寸排水管道		

控制技术不仅需要传统工程措施，也需要好的管理措施（也称作非结构措施）。管理措施主要有大范围的规程、活动、禁令等。

在雨水管理框架内的源头控制，能够在水量和水质上取得较大的改善。其中流量效益包括：降低了高峰径流量，缓解了下游排水问题（例如洪水、溢流），补充了土壤含湿量和地下水，增加了河流基流量，并储存了回用雨水。水质效益包括：通过降低流量和控制流速，减少了对下游管渠的冲刷；降低了进入受纳水体的污染负荷；城市的自然植被和野生生物得到保护和增强。

可是这些方法也具有许多技术方面的问题，包括：在径流问题严重的城市建筑密集区，其应用受到限制；可能会增加局部系统故障概率（伴随局部泛洪事件）；加大了设施的维护和调控工作；以及可能会污染地下水。

目前雨水管理的有效性、设置各种源头控制的技术还没有被很好地重视，其可能原因包括以下内容。

（1）缺乏充分的公共场地。

（2）需要考虑日常的运行维护。

（3）与传统方法相比，难以进行全费用分析。

（4）需要考虑系统采用这些措施的合理性。

第 9 章 水信息学基础

水的研究和利用中存在着许多彼此独立而又相互联系的科学和工程学科,例如水力学、冰川学、水文学、湖沼学、海洋学、水利工程学、给水排水工程学等。几乎所有这些与水相关的科学和工程技术,存在着许多经验方程式,有些是理论性的,有些是由试验数据拟合而成的。水系统科技人员通过选择合适的实验方法和最佳量测过程,对原始量测数据加工,从而最大限度地提取物理、化学、生物、地理、气象、水文、地质等相关信息,用于水科学的研究和水工程的运行、调度、优化和预测。随着计算机科学、应用数学和统计学方法在水系统管理中的应用,逐渐形成了新的水学科——水信息学(Hydroinformatics)。

水信息学出现于 20 世纪 80 年代初期。1991 年 M. B. Abbott 教授的专著 *Hydroinformatics: Information Technology and the aquatic environment* 的出版,标志着水信息学的正式诞生。一般意义上,水信息学是研究与水系统相关数据的收集、处理、存储、传输、分析和图形显示等的学科,它通过综合数学、计算机科学和传统水系统科学与工程学的方法,揭示大量复杂的水环境科技奥秘,解决水环境科技难题。

9.1 水信息学应用

如今,几乎所有与水相关的科学与工程学科,无论是理论的、经验的或是实验性的,在不同程度上,其方法学均需要涉及计算机硬件和软件系统。

水信息学的研究和应用领域极为广泛,内容非常丰富,包括数据的获取和分析(例如 SCADA、遥感、遥测、数据模型、数据管理和数据库技术)、数值分析方法和技术(例如一维、二维和三维计算机水力、水质和水生生态模型,参数估计和过程识别)、控制技术和决策支持(例如基于模型控制、不确定性处理、决策支持系统、分布影响评价和决策、Internet 和 Intranet)、标准软件的开发(例如海岸和河口污染扩散的过程分析、水资源的流域管理、计算机辅助教学软件),以及新技术应用(例如进化算法、神经网络、模糊逻辑、分布和扩散模型、面向对象和代理)等。

水信息学在城市水系统中的应用见表 9-1。

表 9-1　　　　　　　　　　　信息技术的应用

部门	应用
规划	预测模型和数据库;GIS;基于计算机的内容展示
设计和建设	建设过程监视,电子建设文件归档,CAD 绘图
运行	SCADA 系统,水表抄收系统,通信
维护	状况评估,维护日程安排
财务	资产管理,财务信息
整个企业组织	资产清单,应急管理

9.1.1 数学模型

科学技术研究与实践中,为获得定量分析与描述,必须用数学的语言,通过数学表达实现。水环境中具有许多产汇流、洪水运动、泥沙输运和污染物迁移等动态过程(包括物理、化学、物理化学、生物化学过程等),如果以动态分析方法描述,将更加接近实际情况,使得研究趋于定量化和精密化。例如,给水或污水系统中,由于原水水质和水量的不断变化,致使处理系统运行过程处于非稳定状态。对此按照静态分析方法研究,则无法真实描述系统运行状态,难以精确预测、调节和控制。只有建立以联立微分方程组为基础的动态数学模型,说明各个状态变量之间的关系,才能做到客观准确的描述。

数学模型和计算机求解是解决庞大复杂系统/过程的定量分析问题所不可缺少的手段。它不仅能节省大量人力物力,而且由于这类问题的影响因素繁多,很难甚至无法用实验方法模拟。例如,与给水有关的水源及与排水有关的受纳水体模型、城市水系统的规划模型等,由于它们的开放性、庞大性和复杂性,用缩小比尺的实物模型模拟,显然是不现实的。

为使这种非实物的数学模型尽可能真实、准确地描述,需要利用计算机模拟和求解。例如,常将计算流体动力学(CFD)建模用于量化构筑物内的流态、混合机制和接触时间,然后配合必要的现场和实物的测试分析加以验证。

数学模型在城市水系统中的应用见表 9-2。

表 9-2　　　　　　　　　　数学模型的应用

供水	污水	雨水
地表或地下流域产水量 水库和水池蓄水 水厂运行 配水系统模拟 需水量预测	污水水量和成分分析 污水处理厂运行 污水管网模拟 受纳水体水质分析	降雨径流分析 雨水管网模拟 雨水水质分析

9.1.2 决策支持系统

决策就是面对实际的问题(其中常常包含某种形式的不确定性因素),为了实现一定的目标,运用科学分析方法(主要是信息分析方法)来解决问题,确定相应行动对策的过程。决策的结果总是与决策者的利益密切相关,决策准则是要使决策者获得尽可能大的利益,或者遭受尽可能小的损失。因此决策者通过制定决策,来实施系统的控制和优化。

决策支持系统(Decision Support System,DSS)是一个交互式的计算机信息系统,它在大量实测数据信息基础上,利用数据库、模型库和方法库以及人机交互部件和图形部件,使整个系统具有计算、优化以及分析、推理、判断等功能,管理人员利用逻辑、规则、过程和数据,创建决策和建议,帮助各级决策者实现科学决策。

决策支持系统的一般结构如图 9-1 所示。由图 9-1 可以看出,决策支持系统的信息来自实测数据源。决策支持系统包含数据库和模型方法库,有时将模型方法库分为模型库和方法库。决策支持系统具有信息处理器。决策支持系统由输出接口产生报告、模拟结果以及查询结果,用以支持决策的 4 个阶段,即情报阶段、设计阶段、选择阶段和评价阶段。

随着水工程和技术的复杂化、大型化与精密化,以及水资源规划、水污染控制规划等科

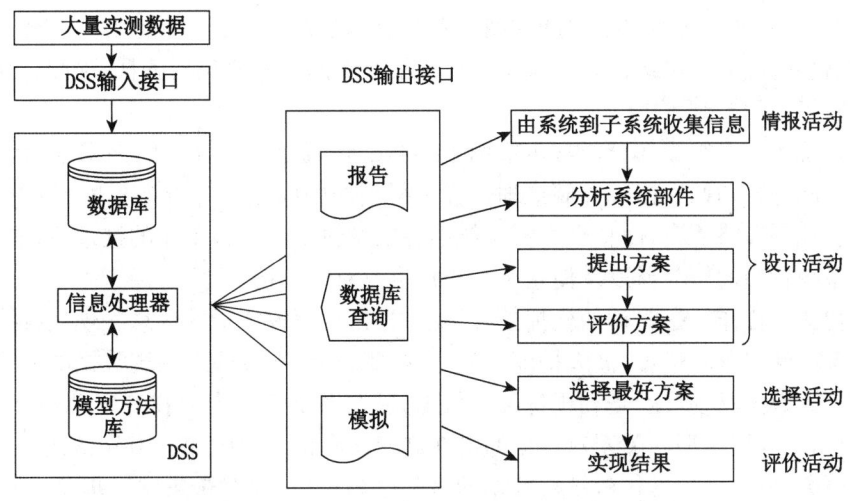

图 9-1　决策支持系统的一般结构

学化和综合化,决策、方案、设计和管理水平的优劣对经济效益产生越来越重大的影响。通过应用最优化设计的决策支持系统,能够保证水环境工程质量并尽可能降低基建费用;通过最优条件控制的决策支持系统,能够保证水利、给水与排水系统的安全可靠性并尽量减少运行费用。

9.1.3　人工智能

以往在科学中解决问题时受到可利用的计算能力限制,而现在主要受数据和知识的可利用性的制约。如果希望利用知识将模型用于改善城市水服务,重要的是理解信息流,即从数据开始,通过信息、知识、理解,最后到智慧决策(图 9-2)。该过程首先体现了数据的取样、监视和分析,其次是数据的处理、评价和利用。通过机器实现对人类行为的模仿,已经有很长的历史。电子计算机出现后,其对人类智能,尤其是认知过程的模仿和了解进行了很多尝试。人工智能或机器智能就是人所赋予机器的一种智能,即机器在一定的环境下针对一定的问题,为了一定目的而成功地获得、处理和利用信息解决问题的能力。人工智能中的研究领域包括语言处理、自动定理证明、智能数据检索系统、视觉系统、问题求解、人工智能方法和程序,以及自动程序设计等。

专家系统是人工智能应用研究的领域之一。一般而言,专家系统内

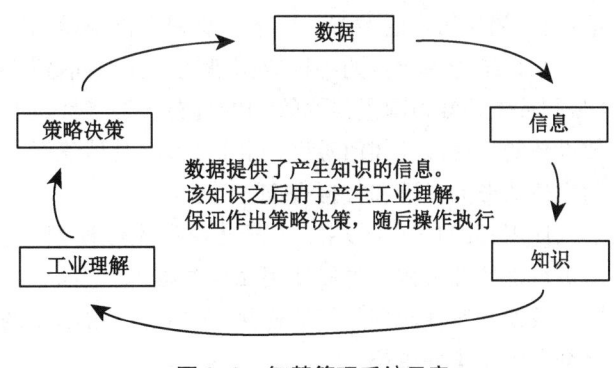

图 9-2　智慧管理系统示意

部具有大量专家水平的某个领域知识与经验,可模拟人类专家的决策过程,以解决那些必须依靠专家决定的复杂问题。开发专家系统的关键是表达和使用专家知识,即来自人类专家

并已被证明对解决有关领域内的典型问题是有用的事实和过程。专家系统和计算机程序的不同之处在于，专家系统所要解决的问题一般没有算法解，并且经常要在不完全、不精确或不确定的信息基础上做出结论。专家系统可以解决的问题一般包括解释、预测、诊断、设计、规划、修理、指导和控制等。

专家系统的主要组成部分通常包括用于存储某领域专家系统专门知识的知识库；用于存储领域或问题的初始数据和存储推理过程中得到的中间数据综合数据库；用于记忆所采用的规则和控制策略程序，使整个专家系统能够以逻辑方式协调工作的推理机；能够向用户解释专家系统行为的解释器以及使系统与用户进行对话的接口等。

人工智能又称作数据驱动的模拟技术，注重根据数据解释新的信息。现代科技发展，数据获取设备不断完善和进步，极大提高了生产、收集、存储和处理水系统数据的能力，数据资源日益丰富。数据驱动技术是利用各种分析工具，在海量数据中寻找和发现模型和数据间关系的过程，并利用模型和关系对数据的潜在规律作出预测。例如利用分类、聚类等对水体区域分块研究；应用序列模式对已有数据的时间序列分析，并对未来水环境情况变动预测；将模式识别技术用于降雨分类；将人工神经网络(ANN)用于合流制排水系统的溢流排放控制等。

9.1.4 地理信息系统

地理信息系统(Geography Information System，GIS)是融计算机图形和数据库于一体，储存和处理空间信息的高新技术，它将地理位置和相关属性有机结合起来，能够根据实际需要准确真实、图文并茂地输出信息给用户，用以满足城市、企业管理、居民生活对空间信息的要求，并借助其独特的空间分析功能和可视化表达，进行各种辅助决策。GIS 的这些特点使之成为与传统方法迥然不同的解决问题的先进手段。

地理数据可以通过三个主要方面刻画：位置、属性和时间。位置指坐标系统内的位置，属性指包含在数据库中实体的特征（管道直径、状况、材料等），时间是指地理数据收集时的时间点。具有四类地理数据：点、线、多边形和连续表面。它们的空间分布以两种基本类型空间模型表示：向量模型和栅格模型。向量模型利用一个或者一系列 X-Y 位置点，精确指定点、线和多边形的位置。栅格模型根据网格组织空间数据。

水系统管理所需的各种数据是建立在空间数据基础上的。例如，要解决居民区的供水问题，首先要知道附近供水管网的分布、供水管线的尺寸以及输送能力，然后判断是否需要敷设新的管线以及如何敷设，同时考虑与其他管线之间交叉的问题，这些都需要有确切的空间定位图形的显示和数据查询。

使用 GIS 的图形支持、工序处理和流量模型，用户可以有效地对雨水和污水的排放设施进行维护和分析。可以使用属性数据库，定期更新工作部署，做好数据库维护工作。通过空间数据和属性数据之间的连接，可追踪有害物质的排放、追溯上游的污染源，并及时通知将会受到污染的单位。

GIS 软件可以绘制水系分布图，将图中各个要素和数据库连接起来，包括水库、渠道、设备等。GIS 的智能型数据库使得工作规划、设备管理和流向分析自动化。还可以把现有网络模型连入 GIS，绘制结果图。

GIS 用于供水水量分配和污水水量分配、汇水面积划分、历史数据查询、以往对某些设施的维护(包括管道清通、漏水、爆管记录,阀门、检查井检修记录)。

9.1.5 实时控制

配水、污水收集和雨水排放的管网,以及饮用水和污水处理厂,需要采用实时控制(RTC)。这样的控制确保管网和处理厂的能力在需水量或者负荷扰动过程中得到更好的利用。特别的,RTC可以提供不期望极端事件后果的改善管理,例如管理管道破裂、配水,监视系统的毁坏和雨水管网部分的超负荷,控制蓄水箱的运行,处理过程故障、水泵的停止或者合流制排水管网运行频繁的溢流(表9-3)。

表9-3　　　　　　　　RTC系统在城市水系统中的应用

供水水源	根据水文信息,控制水库蓄水量。操作包括供水水量与水质控制、污染控制、洪水控制、渔业和导航限制等
水厂和污水厂	结合仪器设备进行自动化控制、操作阀门和水泵、产生报表
配水系统	通过控制压力,监视漏损,将SCADA用于节能和节水
污水收集系统	泵站自动化运行,监视水位、流量和水质
雨水系统	洪水预警、调蓄池运行、合流制溢流井操作等

RTC设施包括调节器,这是为了改变流量和水位的物理结构;传感器测定描述了系统性能的特定变量,包括降雨、水位、流量(流速)和水质变量;控制器根据从传感器接收到的数据指示应怎样操作;通信系统,具有不同水平的控制,包括当地控制、区域/单元处理控制,以及中央控制。

控制理论作为一个领域,首先从基本控制回路开始。例如根据水位启闭控制水泵,即在低水位时关闭,高水位时开启(图9-3)。其他控制回路例如药剂投加、阀门操作和水池蓄水等,在给水和污水处理中,通过单元过程使用。其次为控制回路的组合,多重控制器或局部区域网络连接到数据线,用于协同完成更为复杂的任务。

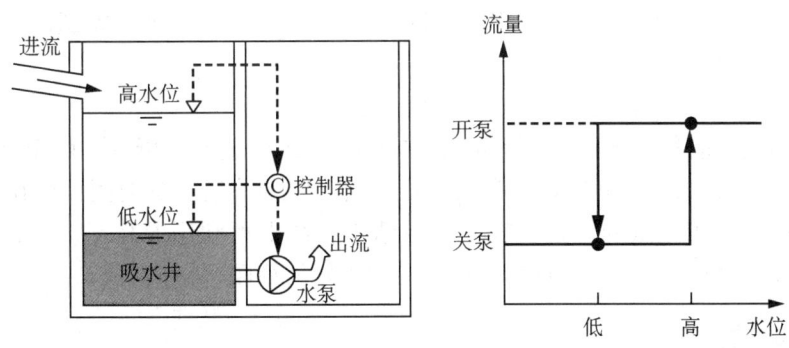

图9-3　泵站的两点式控制

9.1.6 软件工程

无论工作站还是单机系统,计算机是一种能迅速处理大量数据的数值操作工具。数值操作的结果仍然是大量的数据,对于用户,从其中提取有用的信息是很困难的。例如原始数据和计算结果的简单罗列不会体现多少直观内容。但是如果配合二维或三维图形界面,适当的声音、动画技术,加上简要的说明与结论,将会大大方便科技人员的工作。

另外,用户并不需要知道计算机软件处理数据信息的具体算法,这部分内容常以"暗箱"方式处理,这样用户对软件中数据的输入具有操作风险,如果输入非法数据,可能引起灾难性后果。因此软件开发和使用过程中,必须注意怎样控制数据的可靠性和正确性。

以上情况是软件工程中考虑的内容。软件工程是指应用计算机科学、数学及管理科学等原理,以工程化的原则和方法解决软件问题的工程。其目的是提高软件生产率、提高软件质量、降低软件成本、满足用户需求。

软件工程的重要性成为许多商业软件发展的基础。软件企业有各自的软件产品加工厂,包括对软件产品的版本控制、调试协议、α 和 β 测试程序、分发协议、热线支持、用户组等,并根据时间和资金状况,对软件系统的开发进度进行控制。

软件的成熟使专业人员分工明显,一部分人将作为软件用户,不再关心具体的实现方式,而仅关心是否可以解决实际问题;另一部分软件开发人员将逐步完善工具,使其应用性更好。

适合于水质管理的计算机程序可以分为以下三类。

(1) 开放式模型结构程序——通用目的模拟软件

通用目的模拟软件的程序允许用户在模型定义上具有很大程度的自由。其中,变量、参数、转换函数和微分方程组数量都是可以选择的。程序提供了求解 ODE(常微分方程组)和 PDE(偏微分方程组)的数学例程。开放式模型结构的主要缺点是给用户留下大量的工作,需要模型表达较深入的知识。因此,该类程序是典型的研究工具。一般的例子是 MATLAB/Simulink、Mathematica 以及污水工程中应用更直接的 AQUASIM、DUFLOW、GPS-X、KOSIM、SIMBA 和 WEST。

(2) 封闭式模型结构程序

模拟特定系统的多数商业可用程序具有封闭式结构。也就是说,程序集中于给定的环境系统,执行相关过程的数学模型。除了给定模型参数集下的特定数值,用户不能够自由选择。这样的模拟器的例子有 BIOWIN、DAISY、EFOR、HYDROWORKS、MOUSE、MIKE11 和 STOAT。

(3) 软件库

软件库可用于多种任务,例如求解微分方程组、结果的统计分析等。由于软件库(至少在理论上)经过了调试和数值优化,其能够相当大地加快开发程序的时间。但在选择的编程语言上仍需要编写相当量的软件。较好的数值库传统上可利用的是 C++、Delphi、R、Python 等语言,为开发和执行软件库提供了更多更好的特性。

9.1.7 大数据分析

随着技术的不断发展、监测设备的价格下降,供水企业能够监测和观察更多更详细的信息。这些信息的整理需要采用大数据分析技术。

大数据分析也称海量数据或巨量数据,是指数据量规模庞大、结构复杂,难以利用传统数据技术在可容忍的时间内获取、管理和处理的数据集。大数据具有数据规模庞大(Volume)、变化频繁(Velocity)、类型多样(Variety)和价值密度低(Value)四大特征(简称4V,图9-4)。

大数据分析可分为原始数据收集、数据验证、数据分析和知识发现四个阶段(图9-5)。

(1) 原始数据收集阶段处理来自多种格式、多种源头的数据。传统上,这种任务是由集中数据库完成,但是当数百万传感器发送高频数据时,数据集的大小和所需处理速度成为瓶颈。此外,集中数据库中的数据是结构化的,数据类型是在数据模型构建过程中定义的。相比之下,NoSQL(非关系型数据库)和分布式文件系统(DFS)等新的数据库范式允许突破这些限制。例如,NoSQL无模式数据库能够管理多种格式数据,在运行时可将现有数据模型调整为新的类型。此方法基于分布式体系结构,因此它具有水平可伸缩性,通过添加更多资源,能适应数据集的增大。

(2) 数据验证阶段保证了数据的可靠性。一方面,如果某个问题影响到通信系统模块,数据库中会出现数据缺口,需要利用重建和插补方法填补。另一方面,噪声和异常值是影响传感器数据准确性和可靠性的常见问题,需要采用各种方法处理这些问题。例如,通过趋势分析检测异常值。

(3) 数据分析阶段,即将数据转化为有价值信息的过程。其中探索性分析是深入了解所研究数据的第一步。在数据被理解后,通过建模进行数据转换。

(4) 知识发现阶段。知识是从现有信息中发现和衍生出来的。该阶段试图通过前一阶段获得的模型来描述和发现变量之间已知的或隐藏的关系。

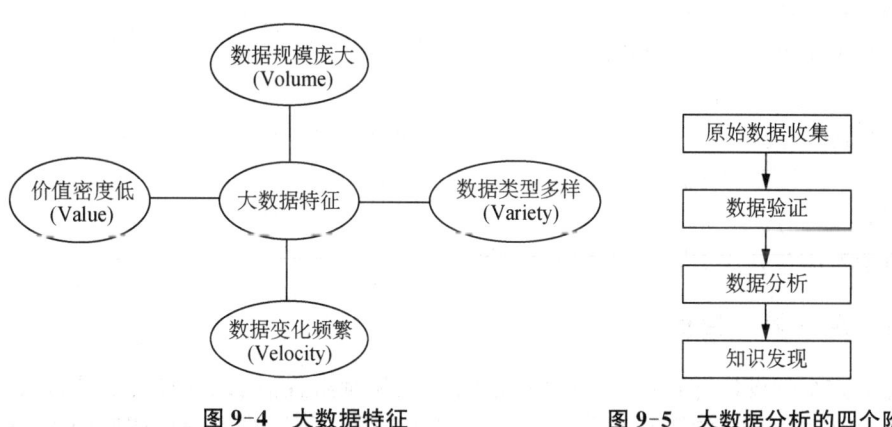

图9-4 大数据特征　　　　图9-5 大数据分析的四个阶段

9.2 数据监测与分析

监测可定义为定期取样和分析空气、水、土壤、生物和其他因素,确定污染物浓度、跟踪系统特征及其对管理的影响。

城市水系统综合管理监测方案的目标应是对整个城市水系统的了解,不是简单地收集城市水系统个别组件的信息集。特定组件(例如降水、供水、污水、雨水、受纳水体等)的数据,应以尽可能有助于理解其他组件的功能及其之间的相互作用的方式收集。换句话说,在为特定组件设计监测方案时,应考虑理解其他组件所需的数据。

城市水系统综合管理监测方案规划中须考虑以下事项(图9-6)。

(1) 定义监测目标;

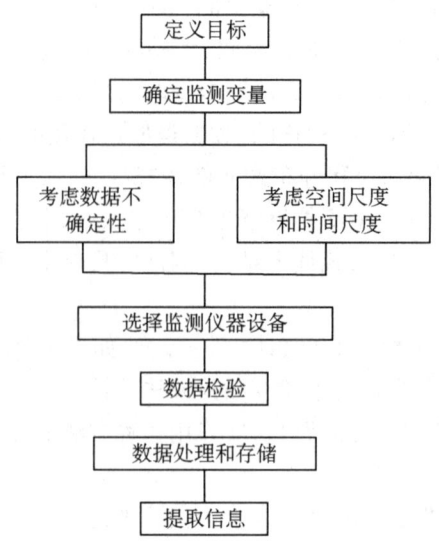

图 9-6　城市水系统综合管理数据收集

（2）确定监测变量；
（3）考虑时空尺度；
（4）理解和管理不确定性；
（5）选择监测仪器；
（6）数据检验；
（7）数据处理和存储；
（8）提取信息。

其他考虑包括成本因素和社会因素等。

9.2.1　定义监测目标

监测方案的设计，例如适当测试技术的规范和所需置信水平，取决于是否有明确的目标。在没有明确目标的情况下收集数据，很可能监测了不适当的变量或使用了不适当的方法，最终导致很少使用所收集的数据。因此监测方案的目标将是获得管理某一特定问题或一组问题所需的知识和理解，而不仅仅是获得有关这些问题的信息。实际目标应清楚如何处理数据，如何使用这些目标解决关注的问题。

监测目标的定义取决于数据的最终应用情况，包括以下几方面。

（1）法规需求：提取水样，确定是否满足国家或地方行业主管部门设定的需求。
（2）监视：跟踪实时过程的进展，提供测量的水量、水位、水压、水质等实时数据，迅速了解系统运行状况。
（3）评价：通过工艺（过程）的测试，存储系统特性数据，分析城市水系统性能。
（4）设计：测试的负荷数据可作为系统改善和提高的基本依据。
（5）修复：检查工艺（过程）或系统部件的状态，确定是否需要修复和更新，建立有效的系统资产管理程序。
（6）警报：提供报警系统，避免意外事故。

（7）控制：根据在线监测结果，对系统进行实时控制。
（8）研究：获得城市水系统内在深入的知识。

表 9-4 所示概述了监测的常见应用，说明了这些应用之间相互作用应考虑的一些因素。

表 9-4　典型监测应用及交互和集成注意事项

应用	数据需求	交互和集成注意事项
系统和过程理解	关于水系统特征的数据，包括关于过程的速率、影响过程的因素、变化性数据。最初监测方案往往对系统的认识不足，需要定期审查监测目标和方法	因系统各组件之间相互作用性很强，监测方案将不仅仅关注核心问题。例如，在监测地下水水位和水质时，还应考虑：①地表水流量和水质，取水和应用、污水排放；②汇水区物理特征（包括不透水性）；③汇水区降雨和蒸散发；④依赖地下水的生态系统；⑤饮用水水质和人类健康
规划和设计评价	规划/设计的性质决定了所需收集数据的范围（例如单个污水处理厂，或者整个供水系统）。需要关于速率、变化性、过程和长期趋势、社会经济因素（需求、偏好等）的数据	对于大型复杂的系统，需要测试大范围的变量（例如人口、需水量、汇水区特性等），以及可能受系统影响的变量（例如河流的水量和水质）
维护和资产管理计划	关于水系统的年代、状况和性能的数据，关于资产随老化和维护状态而发生性能变化的数据、维护成本等	考虑水系统资产对水系统其他组件的影响。例如，缺乏维护可能导致性能下降或者系统故障，影响受纳水体健康
长期性能评价	描述水系统长期运行情况的数据，关于平均性能、变化性和异常状况、影响性能的因素、系统之间相互作用的信息	性能数据有助于识别问题。影响性能的数据（如气候数据）也应作为性能监测的一部分。例如污水处理系统，它的性能与供水系统密切相关，而供水系统与气候和河流流量等有关。雨水管理设施的长期表现通常需要降雨、河流和环境影响的监测数据
合规性报告	关于特定资产或系统是否按照法规要求执行的数据	提供更多信息形式的数据，例如将流量和浓度转换为负荷。关于不遵守法规影响的数据（如涉及人类健康、生态健康）将会提高对适当目标和突发事件的理解
运行数据和实时控制	为有关系统运行提供所需信息的数据。例如实时数据可用于指导防洪系统的运行，或确定水处理厂的加药量	监测不仅基于对特定运行系统的了解，而且应基于它与城市水循环其他系统和组件的相互作用情况。例如，为了解供水系统水质变化，需要关于耗水量、地下水位和处理厂性能的数据。"从水源到龙头"方法包括该路径中各组件间的所有可能交互
模型开发和校验	用于预测城市水循环各组件特征的数据。模型可以是经验模型或概念模型，但都依赖于数据进行校准和验证	模型是现象的不完美表达。因此数据有助于不断细化模型，数据收集应包含潜在的相关变量
自然环境保护与管理	提供关于水生生态系统（如海湾、河流、湖泊）的结构、组成、多样性、功能的信息数据	生态系统受到多种因素影响，包括气候（和季节），以及自然和人为干预。潜在影响的数据例如水流流动状态的变化、土地利用和不透水性的变化、水质变化、地下水-地表水相互作用的变化
需水量管理	关于需求水量、时间和变化性，以及影响因素的数据	需水量受到水质和气候等因素影响。需水量的变化将影响到汇水、处理、蓄水和配水系统的运行
污染负荷估计	关于特定水流中污染量及其变化性数据	污染负荷涉及城市水循环的所有组件，包括降雨、地表水、地下水、供水、污水等。例如降雨中的污染负荷会明显影响河流水质
诊断监测	确定性能变化或故障（如渗漏、水质变化）原因的数据	城市水系统性能故障的原因往往是复杂的，不是单独的因素，而是由几个组件之间的意外或不可预测的相互作用引起的

9.2.2 确定监测变量

城市水系统内考虑的几类监测变量为现场特征、基础设施特征、城市气候、水量、水质、水体和水生生态系统健康以及社会经济指标。

1. 现场特征

现场变量涉及：①配水服务区域，例如配水服务区域的地形，包括尺寸、标高等；②汇水区域，例如污水和雨水收集区域的特征，包括布局、尺寸、坡度、地质和土壤特征、植被类型和覆盖范围、土地利用等。

这些变量中的大多数设计可用静态测量，例如汇水区域的大小或坡度通常在监测期间保持不变。然而有些变量可能会随时间变化。例如由于地表不透水区比例的变化，河流断面会随流量的变化而变化。城市发展的动态性决定了现场变量的变化程度和速度。

某些情况下，历史数据收集也很重要，其用以解释当前的系统状况。例如城市的发展，改变了河流的流行路线；城市河流中污染物水平的变化与土地利用的变化相关。

不同分辨率的地图、航空照片和卫星图像是常见的数据来源。数字地形模型（DTM）和地理信息系统（GIS）可用于分析收集到的调查数据，提取有关观测地貌的信息。

常采用模型估计一些难以测量的物理特征。例如城市雨水收集的汇水区可以在雨水模型（如 SWMM、MOUSE 等）的校准过程中调整。

2. 基础设施特征

重要的物理特性包括：①水系统布局，例如尺寸、坡度、标高等；②设计能力；③建设材料，例如类型、粗糙度、耐久性、强度等；④建设年代和现状条件；⑤能耗状况；⑥维护实践。

应确保基础设施的几何尺寸被准确测量，而不是凭经验假设。例如实际呈椭圆形的管道，假定为圆形，用于校准流量计，将会导致实质性误差。

基础设施特征信息的收集常来自基础设施维护部门。目前这些数据存储在计算机数据库（通常基于 GIS）的情况已越来越普遍。

3. 城市气候

气候通常理解为城市水系统性能的驱动因素。城市气候监测变量有降水（如降雨强度、降雪量）、环境温度和蒸发量或蒸散发量。

气候变量中，空间尺度和时间尺度很重要。例如蓄水池（水库）需要测量每月降水深度，而对于较小汇水区的雨水径流模型，需要每隔 1 min 测量 1 次降雨强度。

4. 水量

在系统内不同位置监测与水量相关的变量有：①流量（包括峰值流量和最小值流量）；②容积；③流速；④水压；⑤水位；⑥水深；⑦水头损失。

有些变量是直接测量，有些变量是间接测量。例如，监测堰前水位是监测堰上水头的常见方法，然后可以推导出通过堰的流量。对容积的监测通常通过持续监测流量，然后对时间积分获得。

5. 水质

需要测试的水质变量可分为物理、化学和生物指标。对这些指标的选择很大程度上取决于监测目标。

6. 水体和水生生态系统健康

需要监测的水体及其生态系统的重要方面包括以下三个内容。

1) 物理特征

(1) 地表水体,例如水库、河流、海湾、湖泊等的布局、尺寸、坡度、水深和速度分布、剪切应力,以及底床和岸边条件(例如是否存在侵蚀等)。

(2) 植被的数量、分布和状况(水生和岸生)。

(3) 地下含水层的大小、含水层物质特征。

2) 水质

即物理、化学和生物参数的浓度和负荷。

3) 生态系统健康和功能

(1) 生物构成和多样性。

(2) 过程速率和平衡指标,如光合作用-呼吸比和叶绿素 a 密度。

7. 社会经济指标

该方面的数据包括社会影响和响应(正面的和负面的),例如污水回用、雨水回用,经济方面如生命周期成本。

9.2.3 考虑时空尺度

空间尺寸由两个维度组成,即监测区域的大小(1 m² 还是 1 000 km²)和监测点布置的多少(密度高低)。时间尺寸也有两个维度,即监测历时(例如 6 h 还是 20 年)和采样频率(取样时间间隔为数秒还是几个月)。这些维度的不同组合形成了不同的数据监测需求(图 9-7 和图 9-8)。

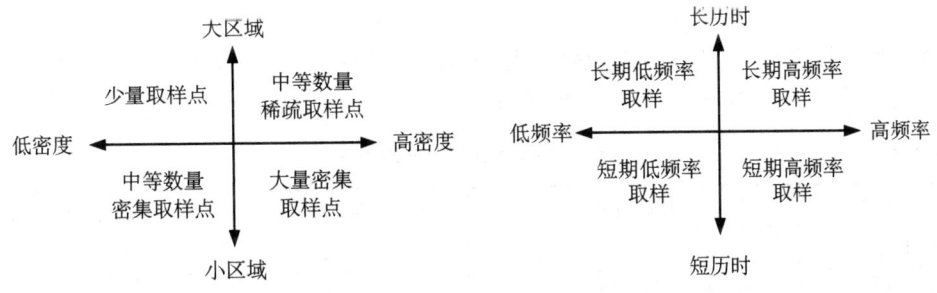

图 9-7 监测程序的空间尺度   图 9-8 监测程序的时间尺度

选择适当的监测时间尺度和空间尺度取决于监测方案的目标和待监测现象的性质。取样定理表明,为了观测发生频率为 F 的现象或效应,测量频率至少应等于 $2F$。例如,如果目标是评估一个变量的每日变化,则每日至少应测试该变量 2 次。同时应注意,为给定的目标选择最合适的时间步长是基于先验知识的迭代过程。这些知识可能预先存在于以前的经验、先前的监测或初步测试活动中。没有普遍适用的方法或简单的公式来定义监测的时间步长和时间尺度;每个案例都是具体的,需要调查确定。

空间对样本代表性的影响不单单发生在大尺度上,即使在很小的尺度上,空间变化性也可能会扭曲抽样结果。一个常见的例子是在管道截面上测试总悬浮固体(TSS)。TSS 的质量和粒径分布可能在管道截面上具有很大差异。理想情况下应使用试点研究来确定变化的程度，以便在最终监测方案中进行解释。

现以某泵站的输水量说明时变性的差异。某泵站的流量以 5 min 间隔进行了记录。4 d 的监测结果（某年 4 月 1—4 日）见图 9-9。

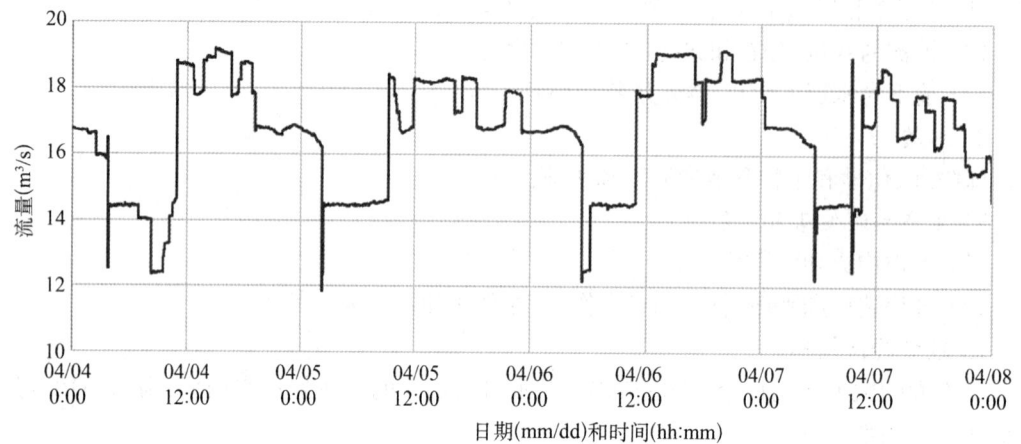

图 9-9　某泵站在某年 4 月 1—4 日期间流量变化（5 min 间隔）

假设这些时间序列数据代表了真值，4 d 内的总输水量为

$$V = \sum_{i=1}^{1\,152} Q_i \Delta t = 5\,752\,068\,(\text{m}^3)$$

式中　Q_i——流量（m^3/s）；

Δt——5 min＝300 s。

结合本次流量记录，比较五类取样情况，并计算总输水量。分析结果见表 9-5。与真值比较，水量范围 544 928 ～ 6 289 920 m³（即 −5.34% ～ ＋9.35%）。

表 9-5　各种取样情况下的总输水量

取样场景	取样时刻	总输水量（m³）	与 5 min 间隔计算值之比（%）
每小时取样	00:30, 01:30, 02:30, …	5 745 744	99.89
每 2 h 取样	01:00, 03:00, 05:00, …	5 790 024	100.66
每 6 h 取样	03:00, 09:00, 15:00, …	5 662 224	98.44
每 12 h 取样	06:00, 18:00, 06:00, …	5 444 928	94.66
每 24 h 取样	每日 12:00	6 289 920	109.35

9.2.4　理解和管理不确定性

测量过程是通过操作传感器和仪器，在数据采集中为某些物理变量赋值的过程。理想情况下，测量值应是所测物理变量的真实值。然而测量过程和环境误差引入了不确定性。由于物理过程中的随机波动，在现场或实验室中对相同过程的重复测量结果并不完全匹配。除了本质上随机性产生的不确定性外，仪器、数据采集程序、操作者和测试背景也会引起不确定性(图 9-10),例如如下几种情况。

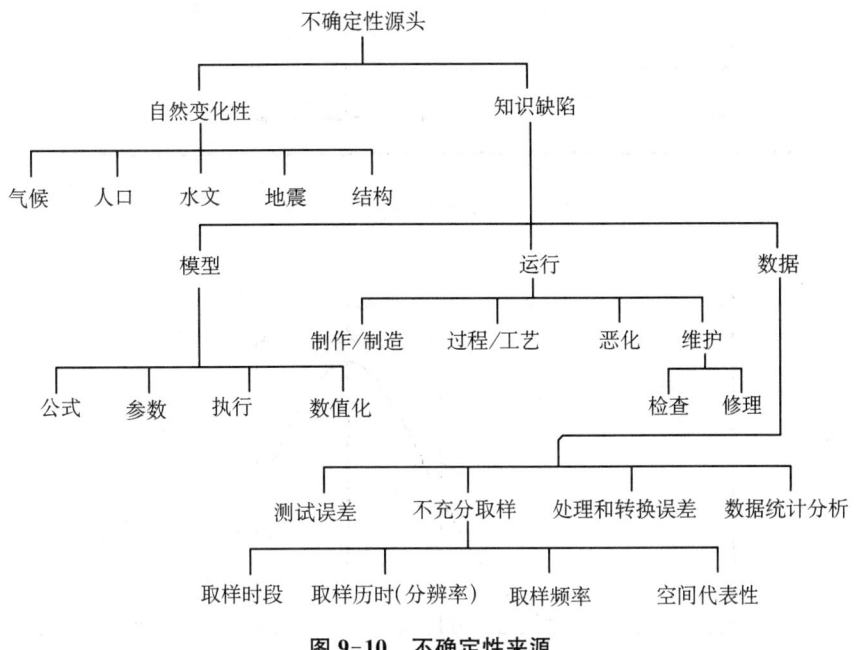

图 9-10 不确定性来源

(1) 非代表性测试现场(如暴露于风力之下的现场测试降雨);
(2) 不适当的感应器(如在起泡污水中的超声波水位感应器);
(3) 测试链中造成的误差(如模拟转换线路中的电磁噪声);
(4) 设备的缺陷(如扭曲的流速螺旋桨);
(5) 处埋误差(如在样本和实验室分析之间太长的滞后时间);
(6) 分析误差(如流量测试堰的错误形状参数)。

为了使测量值有一定的可信度,必须识别测量误差,并估计它们对结果的可能影响。系统性量化误差估计的过程被称为"不确定性分析"。

工程中根据误差对测量值的影响分为两类:偏离误差和精度误差。

如果对某个变量进行多次测量,偏离误差 β 是读数的平均值 μ 与该变量真实值 X_{true} 之间的差值。对于测量某些变量的单台仪器,偏离误差 β 是固定的、系统的或恒定的误差。由于偏离误差的值是固定的,所以不能通过统计方法确定。

精度误差 ε 是随机误差,每次测量都有不同的值。当在固定的测试条件下重复测试时,精度误差是观察到数据的分散点。精度误差是由测量系统的可重复性性能以及设施和环境的影响引起的。

在实验研究的各个阶段都会产生偏离误差和精度误差。

偏离误差 β 和精度误差 ε 之和称为总体误差 δ[图 9-11(a)],这些误差对变量的多个读数影响见图 9-11(b)。大小偏离误差的精度误差的定性影响如图 9-12 所示。

在多数情况中,被测量 Y 不是直接测量的,它是由 N 个其他量 $X_1, X_2, \cdots, X_N$ 通过函数关系 f 确定的。

$$Y = f(X_1, X_2, \cdots, X_N) \tag{9-1}$$

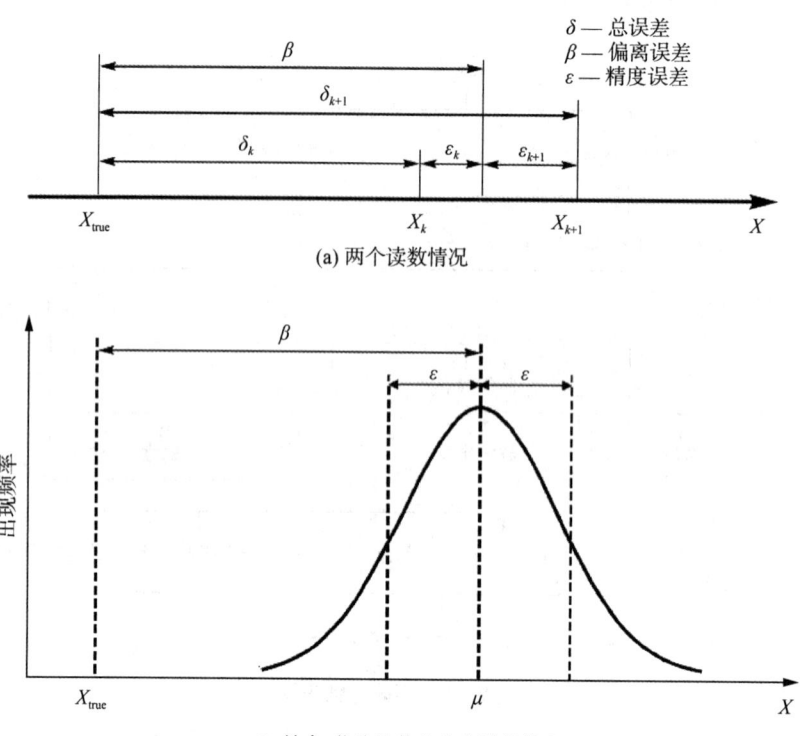

图 9-11 变量测试中的误差

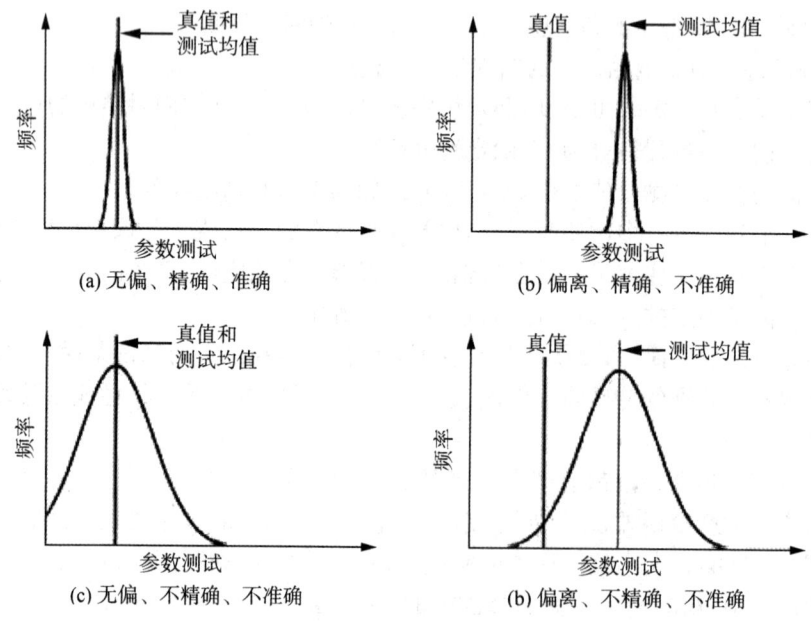

图 9-12 测试误差效应

在一系列观测中，X_i 的第 k 个观测值用 X_{ik} 表示。X_i 的估计量(期望值)用 x_i 表示，被测量 Y 的估计值用 y 表示。这样，作为测量结果的估计值 y 可表示为

$$y = f(x_1, x_2, \cdots, x_n) \tag{9-2}$$

设 y 的标准偏差为 $u_c(y)$，每一输入估计 x_i 的标准偏差为 $u(x_i)$。

(1) 非相关输入量

非相关输入量是指所有输入量及其不确定性都是独立的。这种情况下，$u_c(y)$ 为组合方差 $u_c^2(y)$ 的正平方根，给出

$$u_c^2(y) = \sum_{i=1}^{N} \left(\frac{\partial f}{\partial x_i}\right)^2 u^2(x_i) \tag{9-3}$$

式(9-3)是根据 $Y = f(X_1, X_2, \cdots, X_N)$ 的一阶泰勒级数近似。式中的偏导数称作敏感性系数，描述了输出估计 y 怎样随输入估计数值 $x_1, x_2, \cdots, x_N$ 变化。

$$\frac{\partial f}{\partial x_i} = \frac{\partial f}{\partial x_i}\bigg|_{x_1, x_2, \cdots, x_n}$$

(2) 相关性输入量

如果部分 X_i 存在显著相关性，则必须在分析中考虑。如果在测定过程中使用相同的测量仪器、物理测量标准或具有显著标准不确定性的参数数据，则两个输入量之间可能存在显著相关性。这时有

$$u_c^2(y) = \sum_{i=1}^{N} \left(\frac{\partial f}{\partial x_i}\right)^2 u^2(x_i) + 2\sum_{i=1}^{N-1}\sum_{j=i+1}^{N} \frac{\partial f}{\partial x_i}\frac{\partial f}{\partial x_j} u(x_i, x_j) \tag{9-4}$$

式中 x_i 和 x_j——X_i 和 X_j 的估计量；

$u(x_i, x_j) = u(x_j, x_i)$——与 x_i 和 x_j 相关的估计协方差。

9.2.5 选择监测仪器

监测仪器的主要作用是将一些测量的非电量(如水位)转换为可存储和处理的电量。这种转换是在传感器中完成的。新一代传感器具有内置的双向通信和额外的仪器。传感器本身具有校准数据、传输功能等，不仅用于不同传感器与用户之间的通信，还用于执行更复杂的数据分析。使用这种通用仪器可以方便地扩展测试链。

多参数传感器可利用同一传感器测量多个参数，具有节约空间和降低测试成本的优点，例如五参数水质传感器可测试余氯、一氯胺、pH、氧化还原电位和电导率。

9.2.5.1 传感器基本特征

(1) 传感器精度和可重复性。基本精度与传感器的工作原理密切相关。如果传感器不准确，需要重新校准，使其测试值处于可重复性范围内。

(2) 测量系统的准确性和可重复性。测量系统的整体精度总是低于传感器本身的精度。传感器的选择必须与现场测量条件匹配。例如基于超声波的水位计在洁净静止、没有漂浮物的水面，测量非常精确；如果不满足这些条件，则测量准确性变差。同样在封闭管道中，如果水流速度分布不均匀，则时差法超声波流量计的测试结果将比理论精度差。

(3) 稳定性。稳定性包含两个方面：①长期稳定工作，定义为每月或每年的输出信号漂

移。②热稳定性,定义为输出信号随环境温度的变化;如果在温度变化范围较大的环境中测量,则热稳定性很重要。

(4) 分辨率。分辨率是指测量仪器区分输入信号(测试量)中微小差异的能力。

(5) 线性化。线性化有助于在测量范围内具有恒定的相对误差。一些传感器在本质上是非线性的,例如光吸收速率与悬浮固体浓度的关系是非线性的。

(6) 测量范围。测量范围是指精确测量的变化范围。大多数传感器的测量范围是1:10,少数传感器的测量范围可以达到1:100。当超出某些传感器的测量范围时,其会造成永久性损坏。例如压差传感器对过载很敏感,因为这种情况下可能损坏隔膜。

(7) 动态响应。指传感器对输入量的突然变化的反应速度。

9.2.5.2 检测仪器选择准则

为特定地点或情况选择合适的测试仪器不是一件容易的事。需要对测试点的物理、化学和生物过程有良好的知识,以及需要有适用于这些过程的不同传感器技术的知识。技术参数并不是考虑的唯一标准,也应考虑其他因素。

(1) 数据用途。①实时控制中在线数据很重要,用户不会干扰数据存储和后处理;②数值模拟模型中需要大量历史数据,系统状态的确切条件很重要;③贸易结算中应定期检查设备精度。

(2) 连续监测和临时监测。临时监测的例子包括水泵性能测试、管道粗糙系数测试等。

(3) 测试精度。根据经验,所使用仪器的精度应至少比所要求的高3倍。通常监测仪器的价格与其精度近似呈指数关系。

(4) 仪器校准。为了保持额定精度,每一测试仪器在安装前必须校准,然后定期重新校准。

(5) 可用资源。与数据监测相关的资源有:①财务;②时间,多数情况下,应在很短时间内测试(例如洪水期间的最大流量);③传感器和监测站的可用空间;④操作设备的员工学历和技能;⑤供电(电池、太阳能或常规电缆);⑥通信可能性(电话线、GSM 或 GPRS、光缆)。

(6) 可用测试技术。在仪器选择中,应考虑所有可用技术。最精确的技术不一定是最合适的,有时可靠性和系统兼容性更为重要。

(7) 工作范围。选择较大工作范围的仪器可能导致较小数值的测试精度较差;选择较小工作范围的仪器可能会导致较大数值的测试精度较差。

(8) 测试现场条件。所选仪器不应改变现场的水力条件,从而干扰正常的运行和维护。所选仪器的基本精度不应因水力条件或测试现场而恶化。水力模型有助于模拟和确定水槽、堰或其他控制装置的最佳位置。

(9) 带有本地存储的传感器。传感器的本地存储容量将会降低数据丢失的风险;如果监控设备出现故障,传感器仍将继续工作并收集数据;在重新建立通信后,传感器将报告本地存储的数据。

(10) 内置通信能力的传感器。如今的传感器通常配备了本地无线通信能力。多数情况下,这不是传感器与监控系统中与其他传感器进行通信的主要途径,但它允许用户偶尔检查传感器的功能。当然数据安全是一个必须解决的问题,因为传感器的读数可能会被拦截。

(11) 内置智能功能的传感器。除了本地存储和通信能力外,许多传感器还能够:①数据分析(例如求极值、数据变化斜率);②根据编程逻辑改变功能(例如当输入数据的变化高于某个阈值时,应提高采样频率);③向用户报告测试异常。

(12) 时间同步。城市水系统为集成数据,需要同步测量多点数据。

(13) 仪器可靠性和可持续性。由于检测仪器较昂贵,有时希望在几个地点使用相同的仪器,但具有不同的采样标准和工作参数。当仪器在多个用户之间共享时,需要有一个开放、用户可编程的系统。

(14) 环境限制。不是所有的环境都是传感器友好的,也不是所有测试技术都是环保的(如一些示踪技术)。例如当水质探头被塑料或布条缠绕时,或者腐蚀了它的铸铝外壳,则该探头将无法继续使用。测试方法也会影响环境。例如在河道中安装堰或水槽会收缩河道断面,减缓上游流动,并加速结构内流动。

(15) 测试现场的运行条件。设备正常运行的关键条件包括电源(供电稳定)、是否存在振动(例如在水泵附近)、阳光直射(可能引起封闭柜的温度升高)、高湿度(高达100%)、腐蚀性或侵蚀性环境、极低温(多数电池不适合极低温),以及垃圾集中。在开阔场地应考虑被蓄意破坏的可能。

(16) 安装条件。例如,水槽处于临界水深有助于准确测量其中的流量。在现有排水管道中设置这样的水槽几乎是不可能的,或者说在经济上是不可行的。

(17) 用户培训和售后服务。为保持整体精度处于规定的范围,应培训用户正确使用测量仪器。在某些情况下,选择具有本地支持的低质量仪器,可能比购买没有售后的最新技术产品更好。

9.2.6 数据检验

鉴于城市水系统的研究和管理主要是基于对系统、过程和现象的观察,监测计量在确定这些活动的有效性方面起着至关重要的作用。降雨、流量、污染物浓度和负荷的现场测量是在恶劣且通常难以控制的条件下进行的,因为传感器收到许多功能、技术、操作约束(连续运行、风力、温度、压力、盐度、湿度、气体、固有的变化、污染、人为或仪器误差的影响,以及技术故障等)。

传感器生产厂家在仪器的生产和改进中,通过各种技术(如自清洁传感器、温度补偿、自动校准、内部误差检查等)来解决上述问题。不幸的是,在城市水系统的恶劣现场条件下,特别在污水管网、污水处理厂和地表水体中,这些仪器的可靠性仍然不足。即使用最可靠的仪器收集测量结果,也往往有缺陷,并不能准确地代表监测方案所针对的对象。它们会受到几个问题的影响,如噪声、缺失值和异常值。因此监测数据在进一步使用之前,应系统审查和验证。

(1) 传感器在安装和使用之前应严格校准。校准可以纠正潜在的偏差,并对不确定性进行量化。

(2) 现场监测已安装的传感器和辅助设备。定期监测对于避免测量条件恶化(例如堵塞或逐步污染传感器)至关重要。通过持续细心检查和维护,将显著降低测量非代表性数值的风险(例如 pH 传感器测量了电极周围污染层的 pH,而非水的 pH;多普勒流速传感器可能由于水中输送的罐头瓶、塑料袋或其他垃圾而难以监测)。各类传感器应建立特定检测程序,定期重新校准传感器,防止传感器响应的漂移和更改。

例如,在数据检验中,可将可靠数值标记为"A",可疑数值标记为"B",缺失值、异常值等不合理数值标记为"C"。例如生活污水管道中水温常在 4～20℃之间，pH 值为 6～8 时，若数值超出该范围，则认为其是可疑数值，可标记为"B"。再如图 9-13 所示的某泵站流量测试值，注意到在 10:40—10:55 之间存在缺失值，这时的数值可标记为"C"。

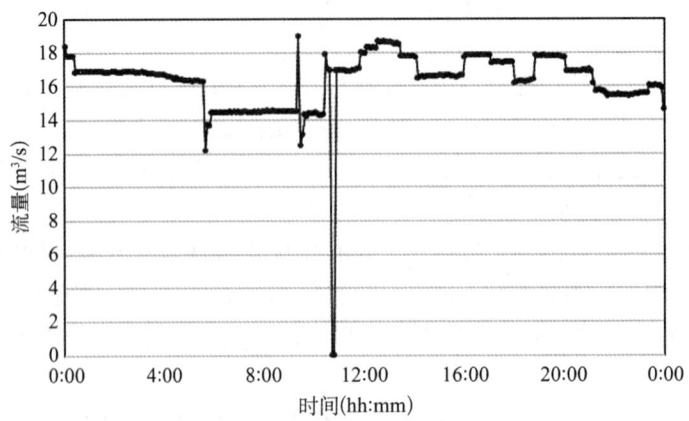

图 9-13　记录的流量超出测试范围

测量值的突然或不稳定的增大或减小会产生陡峭的坡度，这在当地环境条件下是不期望发生的。如果出现这种情况，则怀疑是测量系统故障。常用滤波算法来估计检测异常值。该方法中通过移动平均滤波信号、平滑高坡度将原始信号和滤波信号之间的差值作为突然变化和异常坡度的相关指标。

设原始信号 x_i，通过 N 个连续值的中心移动平滑的信号计算为

$$y_i = \sum_{y=-m}^{m} x_{i+j}/(2m+1)$$

结合均值为零的正态分布残差为

$$\varepsilon_i = x_i - y_i$$

图 9-14 所示说明了某交汇井水位的测量结果。

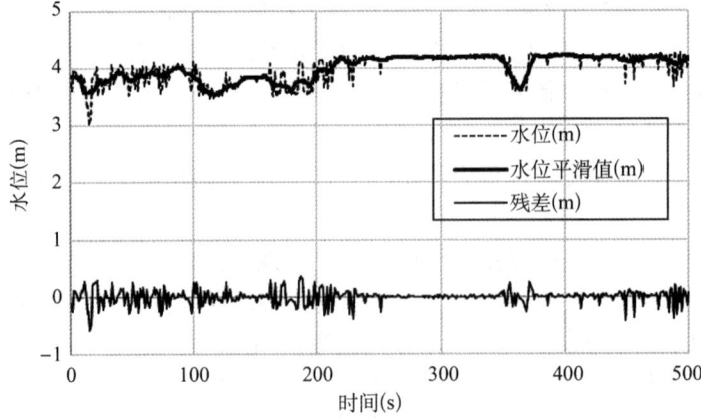

图 9-14　测量结果的异常数据变化示例

9.2.7 数据处理和存储

由于城市水系统各组件之间的数据共享,数据库必须以可持续方式长期运行。

(1) 将从监测仪器接收到的原始格式存储为输入数据。存储每个传感器的原始校准数据,并保存以前的校准记录,以便分析传感器的长期稳定性。

(2) 收集足够的元数据。元数据的最小集将包括:使用的监测仪器类型、测量日期和时间、采样条件(采样速率、开始/停止条件、报警级别等)、所使用的传感器、校准数据、环境条件(温度、湿度等)、采样地点(来自 GPS 数据或人工输入)、准确性评估、统计检验结果(标准差、峰值、平均值趋势等)以及其他文件记录良好的验证标准的结果。

(3) 输入数据应与(预)处理产生的信息分离,不要将二者混合。原始数据是唯一的,而从数据处理中开发出来的信息可以有不同的版本,这取决于在(预)处理中使用的规则。

(4) 输入数据中的冗余很重要。冗余数据有助于评估数据的准确性,填补缺失数据和交叉核对。

(5) 主数据库的硬件冗余是必需的,技术包括磁盘镜像、处理器镜像和双电源。

(6) (预)处理阶段,所有测量的时间序列数据都应放在同一时间线上。

(7) 应小心使用数据压缩。如果数据压缩的结果出现信息丢失,则输入时不应压缩原始数据。

(8) 数据格式必须保持从数据源(监测仪器)到数据存储的可移植性。

(9) 数据库管理系统必须解决安全问题。数据安全有两个方面:①数据加密,作为安全的数据存储和对数据的访问控制;②禁止修改测试数据。

9.2.8 提取信息

数据常定义为人类知识的基本构建块,它由独立的、不相关的原始事实组成。信息是指具有相关性和目的性的数据。

从数据中提取信息常含有以下属性。

(1) 及时关注问题的动态性。例如,当一条供水管道破裂时,哪些阀门亟须关闭以切断水流;再如为了预测未来需水量,需要获得人口增长的信息。

(2) 在信息需求框架内应准确。例如供水计费需要一定的精度。过度的精度将会消耗更多的存储空间。

(3) 应易于理解。理解是人类接受信息,并将其转化为知识的先决条件。

(4) 应能准确解释。信息不应是模棱两可的,应具有独特的含义。

具有许多可供处理数据的信息技术,包括地理信息系统、统计分析、模拟模型、数据挖掘技术等。这些技术不是相互排斥的,而是经常组合使用的。

1. 地理信息系统

地理信息系统(GIS)有助于促进地理和空间数据的捕获、存储、检索、分析和显示。基本的工作形式是地图,即 GIS 中的所有数据都是空间(地理)参考的。GIS 中的空间是通过层和对象之间的关系来定义的。

2. 统计分析

统计分析是数据用户面对数据集时要做的第一件事。一般来说,在数据分析中使用了以下三个统计概念。

（1）提取综合特征，即在时间或空间维度上计算平均值，特别是算术平均值、中值、模式、调和平均值和几何平均值。

（2）从综合特征中提取个体的变化，包括计算偏差、方差、变异系数、偏度等。

（3）将时空域转换为频时域或小波域。时间序列分析的标准方法包括分析单个值的频率分布（经验频率或理论频率），根据傅里叶变换，使用周期正弦和余弦函数提取主频率分量，或使用优化的母函数进行小波变换。

3. 模拟模型

模拟模型是用数学符号和表达式（即方程）表示的物理定律或过程。这些模型用作计算机程序的基础。在计算机程序中可以检查改变某些变量对输出结果的影响。例如分析每日用水量变化对供水系统运行的影响。

模拟模型是从可用数据中提取信息的技术。数据将用于以下几个阶段。

（1）模型构建。通过整合与目标相关的各个方面的数据来构建模型。

（2）模型校准。利用用户选择的充分数据校准模型。某些情况下，模拟模型经校准后，可能会改变被接受的模型。

（3）模型验证。验证中使用的数据与校准阶段使用的数据不同。使用新测量的数据验证模型来发现模型在使用中是否有潜在变化以衡量模型的不确定性。

（4）模型应用。当模型校验完成后，用户就可以有目的地使用模型，尝试不同的场景来了解模型所表达对象可能出现的反应。模型结果表达的一个重要特征，是将信息转换为可用的知识。

简单模型可以集成到较大、更复杂的模型中。例如需水量预测模型从用户信息系统（CIS）获取数据样本，从 GIS 系统获得位置，从 SCADA 系统提取流量和水池水位测试数据，从外部系统提取气象数据。给水管网水力模型运行中将使用需水量预测模型的需水量数据，也将利用 GIS 数据和漏水控制系统（LCS）的数据。给水管网水质模型将与水力模型耦合，使用实验室信息管理系统（LIMS）的水质分析结果进行校准，用于预测用户的供水水质。

4. 数据挖掘

使用模拟模型提取信息的主要缺点是，用户必须具有良好的前期知识来准备模型，以及为校准和使用模型准备输入数据。当面对大量可用的数据序列时，需要在计算机化的数据分析中包括智能推理，这样的工具统称为"数据挖掘"。数据挖掘将通过对大量数据的自动分析，发现重要的模式或趋势，从数据库中提取隐藏的预测信息。

数据挖掘包括如下功能。

（1）非监督学习（或单向数据挖掘、纯数据挖掘、数据驱动挖掘）。它将不受约束地构建模型和发现数据中的模式，通常用于分类和聚类。

（2）监督学习（或定向数据挖掘、理论驱动挖掘）。用户基于现有的知识和对物理过程的理解，构建"学习者模型"或概念定义。通过比较已知的输入/输出关系，使用数据挖掘来训练模型。然后将模型用于确定新的输入实例的结果。

（3）异常数据和模式的检测。用于应用以前的数据挖掘结果，分析异常模式和异常数据元素（即那些不符合一般模式的数据元素）。

（4）假设检验和细化。用户向系统提出一个假设以评估；如果证据不充分，将对假设进行改进。

数据挖掘的过程从来自不同源头的数据筛选、清理和集成开始；然后使用适当的抽样策略选择训练和验证数据集；最后是知识发现和编码，包括运行系统，验证发现的模式；最终在软件中编程数据挖掘的结果，用于预测或分类。

9.3 城市水量平衡

水量是水处理设施和管网规划、设计和管理维护的首要考虑因素。城市水系统水量平衡模型是从大量现有材料整合、抽象出方便使用、易于理解、定量化整个城市水循环的水量转移的模型。水量平衡研究旨在为以下目标寻求解答方案：环境上应对越来越缺乏的水资源，降低资源负荷、减少污水的直接排放；经济上探讨给水管道漏水，排水管道渗入、渗出和雨水进流，降低城市水系统运营成本、节约水费，为制定水价提供依据；社会功能方面，分析需水量增长模式，探讨污水回用和雨水资源化的潜力，为编制用水定额提供依据，减少城市上下游间关于水资源取用问题的纠纷，提高用水安全和用水保证率。

换句话说，水量平衡研究将为城市规划人员和城市水务管理人员提供城市水系统现状概图，明确城市水系统供、用、耗、排各个系统单元水量，帮助规划管理人员从整体上把握城市水系统组成部分间的关系，从而更科学地指导工程投资和工程项目。

水量平衡分析首先须绘制出服务范围边界，明确其中的水源位置、处理工艺和管网布局，考虑水量使用、损失等情况。其中关键是选择分析时段，通常在年均基础上分析。其次应考虑如何测试和获取各种存储、使用、蒸发、排放的水量。例如对供水水源、降雨和过境流量的测试；通过夜间流量分析，查看给水管道和排水管道的渗漏情况（图9-15）。

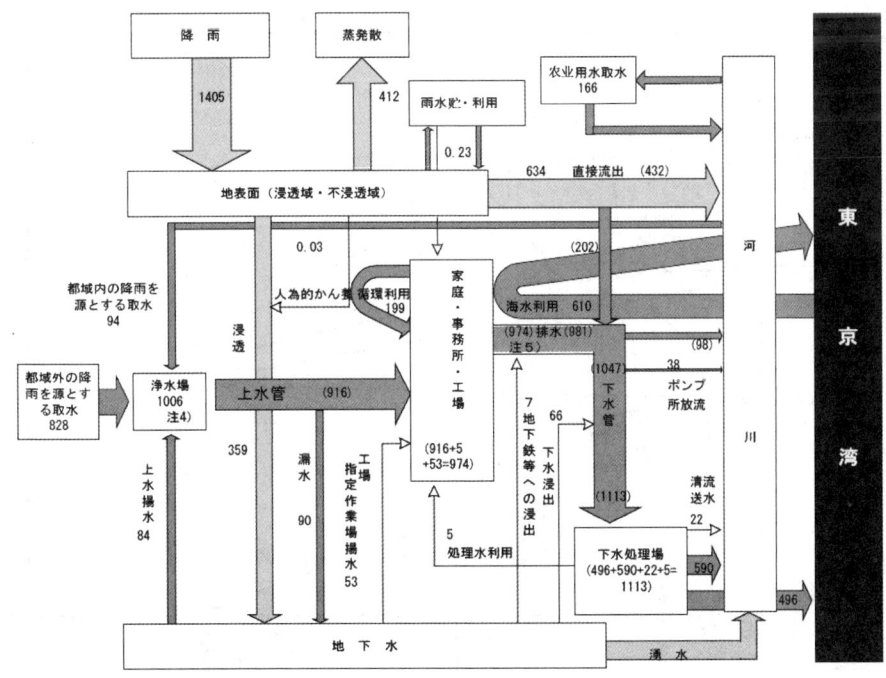

图 9-15　日本东京城市水量平衡示例（mm/年）

数据可以采用图形和表格形式表达,例如表格中供水源头作为行,系统蓄水、排水和蒸发作为列。图形中对各种用水加入连线,使计算内容更为抽象。例如表9-6和图9-16说明了一个小型汇水区域水量平衡的例子。

城市水量平衡也可以再详细到地表水平衡、地下水平衡、居住区水量平衡、工业水量平衡、供水管网水量平衡等。当结合水质监视后,也可用于分析城市水中污染物的质量平衡。

需要注重的水量平衡模型建立和计算方面的常识包括:①城市水平衡需要大量长期积累的高质量数据,包括降水、径流、蒸发蒸腾作用、地下水位、地表水位等;②需要加强城市水系统的水平衡测试和验证,加深对城市水系统的认识,实现模型的优化,为管理提供更为充足的数据支持;③需要健全城市水系统评价指标体系,以便为开展工程措施提供直观、普适性好的评判依据。

表9-6　　　　　　　　　　　　子汇水区域质量平衡　　　　　　　　　　　单位:L/s

汇水面积:　1 km²
降雨:　　5.4 mm/h＝1 500 L/s
蒸发:　　0.11 mm/h＝30 L/s

源头	总计	A 排水管道1	B 排水管道2	C 雨水管渠1	D 蒸发	E 系统存储
管道1	250					
管道2	170					
雨水	1 500					
总计	1 920	120	180	1 000	30	610

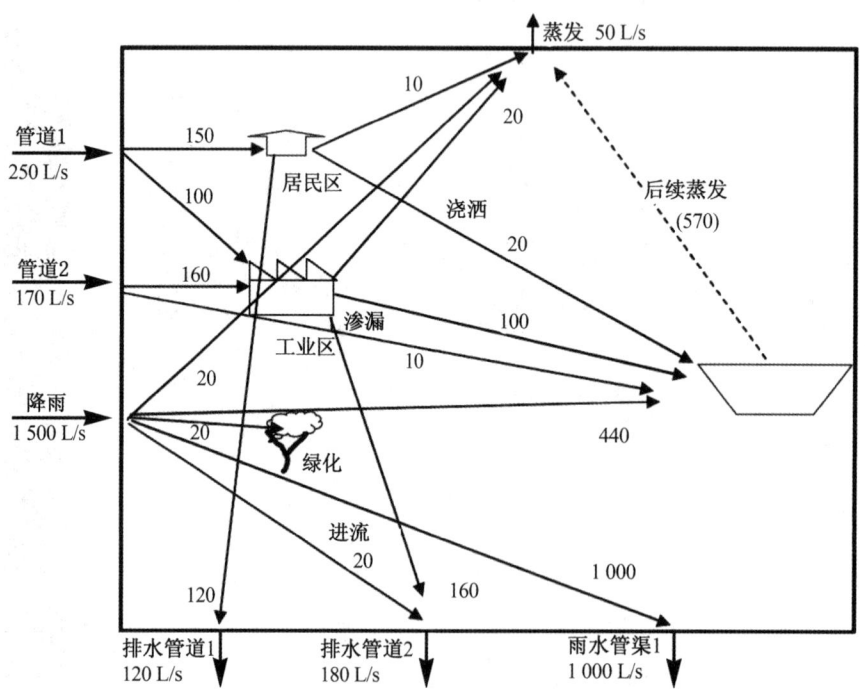

图9-16　子汇水区域水量平衡分析示意(L/s)

9.3.1 城市水量平衡模型

系统平衡通常指系统输入与输出的差值等于系统的变化。城市水量输送与迁移情况，可将城市水系统分解为室内系统、室外系统和管网系统三个子系统（表9-7），以便分层次构造室内、室外、管网系统模型，然后合并成城市整体水系统模型（包括进入城市流域的水资源系统）。在表9-7中，系统模型以开发新水源、减少需水量为核心，左栏利用图标和文字表达节水活动、雨水利用、灰水回用和管网修复等工程方案，右栏中列出对应左栏假设方案下的水量平衡等式。各子系统模型分述如下。

1. 室内水系统

室内水系统主要分析家庭、工厂车间和事业单位等的水量平衡问题，其水量输入为管道系统供水，输出为生活污水、工业废水等。本层次设定目标为计算室内日或月用水量，研究节水方案，以解决目前室内水系统中常见的供排不平衡问题、供需差距问题。

2. 室外水系统

室外水系统主要分析城市地表发生的降雨、径流等之间的水量平衡问题，水量输入为城市降水和管道供应的市政设施用水，输出为蒸发、雨污水排除及地表径流。

3. 管网水系统

管网层次的水系统包括供水设施、输配水管道、排水管道和污水处理厂，需要用户水表、加压泵站计量的统计数据，考虑管网与水设施的建设能力，使用效率等问题。

表9-7 水量平衡模型及计算公式

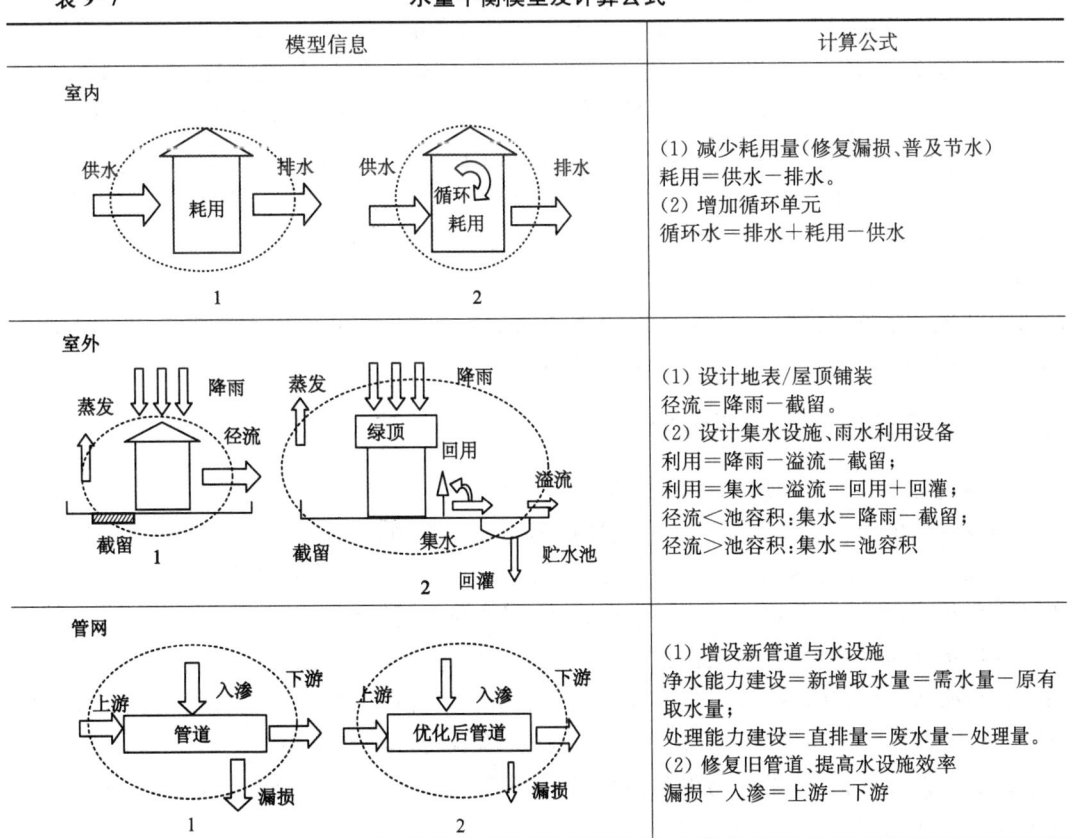

模型信息	计算公式
室内	(1) 减少耗用量（修复漏损、普及节水） 耗用＝供水－排水。 (2) 增加循环单元 循环水＝排水＋耗用－供水
室外	(1) 设计地表/屋顶铺装 径流＝降雨－截留。 (2) 设计集水设施、雨水利用设备 利用＝降雨－溢流－截留； 利用＝集水－溢流＝回用＋回灌； 径流＜池容积：集水＝降雨－截留； 径流＞池容积：集水＝池容积
管网	(1) 增设新管道与水设施 净水能力建设＝新增取水量＝需水量－原有取水量； 处理能力建设＝直排量＝废水量－处理量。 (2) 修复旧管道、提高水设施效率 漏损－入渗＝上游－下游

续表

模型信息	计算公式
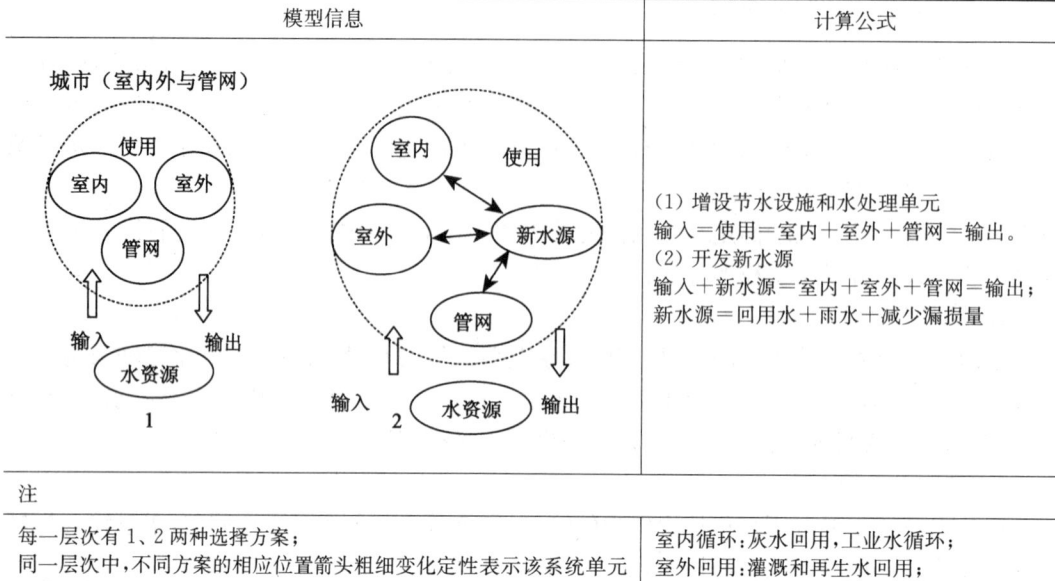	(1) 增设节水设施和水处理单元 输入＝使用＝室内＋室外＋管网＝输出。 (2) 开发新水源 输入＋新水源＝室内＋室外＋管网＝输出； 新水源＝回用水＋雨水＋减少漏损量
注 每一层次有1、2两种选择方案； 同一层次中,不同方案的相应位置箭头粗细变化定性表示该系统单元的水量变化； 管网系统包括管道、净水厂、污水处理厂等设施	室内循环:灰水回用,工业水循环； 室外回用:灌溉和再生水回用； 室外渗透:来自绿地或贮水池； 室外截留:绿化、街道和屋顶的雨水初损

4. 城市水系统

在前面三种模型的基础上,城市水系统模型将综合考虑整个城市的水量平衡问题。

当供水小于需水时,残差项表示城市生产生活需水量难以满足,表现为城市缺水。可选择的方案包括:①铺设引水管道,从城市以外的流域引入水源；②开发降雨、灰水、海水等非常规水源,补充本地传统水资源的不足。例如开展雨水收集利用工程项目,雨水经就地处理后,可以用于浇灌绿化、回灌地下水和再生水转入室内进行回用等。

当可供水量小于取水量时,残差项为水资源的过度开采,对水资源自净能力的破坏。

当取水量大于入流量时,表示流域内地表水取水和入流差别较大,应当通过研究和计算,量化不影响地表水生态功能的差值,将过境流量限定在某一范围内。同时,流域取水也应考虑对下游水资源供给量的影响；当不等式表示地下水提取和回灌不平衡时,可能引起地面沉降、海水倒灌、地表地下水交流不畅等问题。

9.3.2 基于城市水量的评价指标

指标是描述和评价系统的一种工具,源于测量或观察所得的参数,是描述现象、环境状态或与参数值紧密相关的数值。指标的选择遵循如下原则:①体现城市水资源可持续利用的内涵和目标；②在反映城市水系统特性的前提下,尽可能减少指标数目；③特殊性与普遍性的有机统一；④时间维和空间维的结合；⑤实用性和可操作性的结合。

在城市水量平衡模型中,根据文献资料和实际城市水系统调查,可将指标分为环境、经济和社会服务指标,初设指标及其计算方法见表9-8。其中环境指标从环境保护方面评价水资源、用水和排水,主要以百分比率表示。社会服务指标将与人口有关,评价城市水系统的整体服务性能；而经济指标与设备投资和同期国内生产总值(GDP)增长有关,评价城市水系统的经济效益。

表 9-8 城市水量平衡评价指标

指标	定义	备注
环境指标		
年径流量(mm)	区域年地表水资源量/区域评价面积	表示一个地区地表水量的多少。根据中国径流地带区划划分标准:年径流深大于 900 mm 的地区为丰水带;200~900 mm 为多水带;50~200 mm 为过渡带;10~50 mm 为少水带;径流深不足 10 mm 为缺水带
地下水资源模数(万 m^3/km^2)	区域地下水资源量/区域土地面积	表示一个地区地下水资源量的大小。分级评价标准 30 万 $m^3/(km^2 \cdot a)$ 为水量极丰富线,以 2 万 $m^3/(km^2 \cdot a)$ 为水量极贫乏线,以 5~20 $m^3/(km^2 \cdot a)$ 为水量中等线
产水系数	区域水资源量/区域年降水量	反映气候环境变化引起的水资源变化大小。以 0.10 为低水平线,以 0.60 为高水平线,以 0.50 为中水平上限
水资源开发利用率(%)	100%×水资源的开发利用量/水资源量	反映区域的水资源开发程度。通常认为<20%为可持续的;在 20%~30%之间为脆弱的;>30%为不可持续的
地表水控制利用率(%)	100%×地表水源供水量/地表水资源量	反映地表水资源开发利用程度。以 10%为高水平线,以 50%为低水平线,20%~30%为中等水平线
地下水利用程度(%)	100%×实际开采量/可开采量	用浅层地下水开采率度量。取 30%为低开采程度线,100%为严重超采线
生活用水比例(%)	100%×区域生活用水量/区域总用水量	不同收入水平的地区用水比例(%)
工业用水比例(%)	100%×区域工业用水量/区域总用水量	

不同收入水平的地区用水比例(%):

	生活	工业	农业
低收入地区	4	5	91
中等收入地区	13	18	69
高收入地区	14	47	39

指标	定义	备注
工业用水重复利用率(%)	100%×重复利用量/(生产中取用水量+重复利用量)	以 30%为低水平线,以 90%为高水平线,40%~70%为中等水平线
工业废水排放达标率(%)	100%×达到国家排放标准的工业废水量/工业废水排放总量	表明工业废水处理系统的减污效果。按国家生态环境部规定,指标值为 100%
污径比	未经处理污水排放量/地表径流量	在一定程度上反映江河湖库等地表水体的污染状况与程度。目前通常认为当污径比大于 0.05 时,就会发生严重污染
污水再生利用率(%)	100%×经废水处理系统处理达到规定水质标准后被利用的水量/废水处理系统总排水量	表示废水处理系统处理过的中水再利用情况。部分发达国家现状平均水平已达 25%
社会服务指标		
城市饮用水源地合格率(%)	100%×城市饮用水源地合格数/城市饮用水源地数	90%为低水平线,100%为目标
人均水资源占有量(m^3/人)	区域水资源量/区域总人数	衡量一个国家或地区可再生淡水资源状况的公认标准指标。目前把人均年占有水资源量 1 700 m^3 定为缺水警告数字
人均综合用水量(m^3/人)	区域年总用水量/区域总人口	人均综合用水量是随生活水平而异。510(m^3/人)为高水平线,以 100(m^3/人)为低水平线
自来水普及率(%)	100%×自来水供水人口数/总人口	其最大值为 100%
供水管网漏损率(%)	100%×(年供水量—年有效供水量)/年供水量	反映城市供水利用程度。通常认为<12%为可持续的,12%~18%之间为脆弱的,>18%为不可持续的

续表

指标	定义	备注
经济指标		
用水弹性系数	区域同期用水增长率/区域同期GDP增长率	反映用水量对经济增长的弹性影响,是判断用水的节水水平和内部重复利用率大小的指标,一般应小于1.0。通常以1.0为最低水平线,以0为高水平线
新水源开发[m^3/(万元)]	新增水量/设备投资	一般要求节约用水所引起的费用应小于增加用水所需的费用。可利用经济杠杆激励节约用水、减少排污和增加雨水利用
节水效率[m^3/(万元)]	节省水量/设备投资	

9.3.3 算例分析

1. 汇水区域描述

某市面积为 6 340.5 km², 南北长约 120 km, 东西宽约 100 km。其中市区面积为 2 643.06 km², 郊县面积为 3 697.44 km²; 陆地面积为 6 219 km², 水面面积为 122 km²。该市属北亚热带季风气候, 四季分明, 日照充分, 雨量充沛。气候温和湿润, 春秋较短, 冬夏较长, 年平均气温 16 ℃。全年无霜期约 230 d, 年平均降雨量在 1 200 mm, 但一年中 60% 的雨量集中在 5—9 月的汛期, 汛期有春雨、梅雨、秋雨三个雨期, 其中 2006 年降雨日达 129 d, 超过全年总天数的 1/3。因此在该市发展雨水利用有一定的优势。

2. 各种水量数据的处理

依据该市水务局 2007 年统计数据作为主要输入信息, 结合调查并对部分参数进行适当假设, 获得分析结果数据, 见表 9-9～表 9-11。

表 9-9 家庭室内水系统用水信息

用水项目	家庭1	家庭2	描述	家庭1	家庭2
清洁、厨房[L/(人·d)]	38.1	30.0	家庭人数(人)	3	3
淋浴[L/(人·d)]	37.2	32.4	小区户数(户)	1 600	1 600
洗衣、浇灌[L/(人·d)]	16.3	11.5	考察小区个数(个)	3 000	300
冲厕[L/(人·d)]	37.5	35.0	计量时间(d)	30	30
总需水量(万 m^3/月)	5 647	333.9	污水再生利用率(%)		30

表 9-9 中, 分别设计了两种用水模式。"家庭 1"(普通用水户)用水分项水量均多于"家庭 2"(节水型住户), 前者是后者的 10 倍, 表明节水模式的用水家庭较少。表 9-10 中, "工业 1"(普通企业)与"工业 2"(节水型企业)的生产过程用水分项相同, 但"工业 2"工业规模较"工业 1"大 7 倍, 循环用水比例大 1.6 倍, 因此耗水量较"工业 1"大, 计算结果表明"工业 2"比"工业 1"耗水量多将近 4 倍。而在"特种工业"(火电厂等特大用水户)和"事业单位"分项仅设计了一种用水模式, 因此表中"特种工业 2"(节水型特大用水户)统计值均为零。

表9-10　　　　　　　　　　　　每月室内水系统用水汇总

描述	供水量 （万 m^3）	排水量 （万 m^3）	耗用量 （万 m^3）
家庭1	5 647	5 082	564.7
家庭2	333.9	300.5	33.39
工业1	2 000	1 800	200.0
工业2	7 199	6 479	719.9
特种工业1	54 200	48 780	5 420
特种工业2		0.00	0.00
事业单位	7 000	6 300	700.0
总和（$10^8 m^3$）	7.64	6.87	0.76

表9-11　　　　　　　　　　　废水排放量及地表径流量统计（时间：年）

废水排放量 （$10^8 m^3$）	工业排放处理量 （$10^8 m^3$）	城市污水处理量 （$10^8 m^3$）	地表径流量 （$10^8 m^3$）
22.37	4.83	15.57	28.32

3. 水量平衡指标分析

所有城市水量平衡评价指标分析需要大量的数据处理工作，涉及数据可获取性和精确性，这里将在表9-9～表9-11数据基础上，仅以污水再生利用率、生活用水比例和污径比三个指标为例进行说明。

（1）污水再生利用率（基础数据见表9-9）

$$100\% \times 处理达标后再利用水量 / 废水处理系统总排放量$$
$$= 100\% \times \frac{5\,647 \times 0 + 333.9 \times 30}{5\,647 + 333.9} = 1.675\%$$

若以部分发达国家现状平均水平25%来看，上海市的污水回用情况还有一段差距，应当加强污水回用宣传、普及回用设备，增加生活污水再生利用率。

（2）生活用水比例（基础数据见表9-10，其中假定一半事业用水为生活用水）

$$100\% \times \frac{区域生活用水量}{区域总用水量} = 100\% \times \frac{[(5\,647 + 333.9) + 7\,000 \times 50\%]}{76\,400}$$
$$= 12.42\%$$

该值接近中等收入国家的生活用水指标（13%）。

（3）污径比（基础数据见表9-11）

$$未经处理污水排放量 / 地表径流量 = \frac{22.37 - 4.83 - 15.57}{28.32} = 0.006\,95$$

该值大于0.05的限额，表明地表流域受到严重污染，必须加强水系统中的治污工作，提高排水管网普及率和污水处理率。

9.4 污水泵站进水管涵流量系数估算

排水管道流量系数通常根据管道进出口之间的水头差,以及管道内的流量确定。其中管道进出口之间的水位差,可通过布置在管道进出口的检查井或交汇井内液位计测试获得。管道内的流量,对于小口径管道,可采用测流堰或流量计确定;但是对于大型污水泵站的进水管道或箱涵(简称管涵),如果设计和施工阶段没有考虑安装流量测试设施,则在运行中很难找到合适的方式测试管涵内的流量。

当已知污水泵站进水管涵上端交汇井内液位、集水池内液位和泵站出水流量时,作为一种特殊情况,将可以根据集水池内液位和泵站出水流量确定进水管涵内的流量;进而结合进水管涵上下游水头差估算进水管涵流量系数。

9.4.1 基本原理

污水泵站进水管涵流量系数计算的关键是确定管涵内的流量,因此基本原理可分为两部分:一是已知进水管涵内的流量后,结合进水管涵前后井内液位,利用沿程水头损失公式计算流量系数(非满管流常采用曼宁粗糙系数 n,满管流常采用海曾-威廉系数 C)。二是结合集水池内的水量平衡,根据泵站出水量确定进水管涵内的流量。

1. 进水管涵流量计算公式

进水管涵非满流时,常采用曼宁公式计算为

$$Q_L = \frac{1}{n}\omega R^{2/3}\left(\frac{h_1-h_2}{L}\right)^{1/2} \tag{9-5}$$

即

$$n = \frac{1}{Q_L}\omega R^{2/3}\left(\frac{h_1-h_2}{L}\right)^{1/2} \tag{9-6}$$

进水管涵满流时,常采用海曾-威廉公式计算为

$$Q_L = 0.2784 CD^{2.63}\left(\frac{h_1-h_2}{L}\right)^{0.54} \tag{9-7}$$

即

$$C = Q_L / \left[0.2784 D^{2.63}\left(\frac{h_1-h_2}{L}\right)^{0.54}\right] \tag{9-8}$$

式中 Q_L——进水管涵内污水流量(m^3/s);
Ω——过流断面积(m^2);
R——水力半径(m);
h_1 和 h_2——分别为进水管涵上游交汇井和下游集水池的水位(m);
L——进水管涵长度(m);
D——进水管涵直径(m);
n——曼宁粗糙系数;
C——海曾-威廉流量系数。

曼宁公式和海曾-威廉公式均适用于紊流条件(即雷诺数 $Re > 2\ 200$)。式(9-6)和式(9-8)分别是在已知进水管涵流量、上下游井内液位条件下,确定流量系数(即曼宁粗糙系数和海曾-威廉流量系数)公式。考虑到进水管涵中流量直接测试的难度,需要根据泵站集水池流量演算间接推导。

2. 集水池流量演算

由于集水池的水量调节作用,泵站的出流量通常不等于泵站的进流量。运行时,污水泵站具有集水池液位和出流量的良好记录,同时集水池的液位与容积具有确定性关系。当这些条件已知时,可根据流量连续性确定泵站进流量,即进水管涵内的流量。当污水泵站只具有一路进水管涵时,根据流量连续性,集水池中蓄水容积的变化速率应等于进流量和出流量的差值,即

$$Q_\mathrm{L} - Q_\mathrm{P} = \frac{\mathrm{d}S}{\mathrm{d}t} \tag{9-9}$$

式中 Q_L——集水池进流量,即进水管涵流量(m^3/s);

Q_P——集水池出流量,即水泵提升流量(m^3/s);

S——集水池蓄水量(m^3);

t——时间(s)。

集水池演算中,只知道出流量 Q_P 随时间的变化情况(即出流过程线),而进流量 Q_L 和集水池蓄水量 S 均未知,很难应用直接积分方法求解,需采用差分方法求式(9-9)的近似解。

把式(9-9)表示为有限差分格式

$$\frac{Q_{\mathrm{L},\,t+\Delta t} + Q_{\mathrm{L},\,t}}{2} - \frac{Q_{\mathrm{P},\,t+\Delta t} + Q_{\mathrm{P},\,t}}{2} = \frac{S_{t+\Delta t} - S_t}{\Delta t} \tag{9-10}$$

结合式(9-9),可以看出式(9-10)中作了如下假定:时段 Δt 的入流等于时段开始和结束时入流的平均值;时段 Δt 的出流等于时段开始和结束时出流的平均值;时段内蓄水量的变化等于时段结束时的蓄量和时段开始时的蓄量差值与时段 Δt 的比值。

对于每一时段,可用时段开始的 t 时对应值推求时段结束的 $t+\Delta t$ 时对应值。分离未知量,经整理得

$$Q_{\mathrm{L},\,t+\Delta t} = Q_{\mathrm{L},\,t} + \frac{2}{\Delta t}(S_{t+\Delta t} - S_t) + (Q_{\mathrm{P},\,t+1} - Q_{\mathrm{P},\,t}) \tag{9-11}$$

式中,出流过程为 Q_P,即泵站出流量是已知的。同样集水池的蓄水量 S 可看作水深 h_2 的函数,即

$$S = S(h_2) \tag{9-12}$$

式(9-12)中集水池的水深 h_2 也是已知的。当能够确定出 $t=0$ 的 $Q_{\mathrm{L},\,t=0}$ 时,其余各个时刻的 $Q_{\mathrm{L},\,t+\Delta t}$ 将通过式(9-11)的迭代依次确定。

为确定 $t=0$ 时的初始 $Q_{\mathrm{L},\,t=0}$,需要分析如下情况。

(1) 由式(9-11)看出,由于各时刻的 S_t 和 Q_P 是确定值,$Q_{L,t+\Delta t}$ 随 $t=0$ 时 $Q_{L,t}$ 的数值同步变化;如果初始进流量 $Q_{L,t=0}$ 增加一个数量 ΔQ 时,$Q_{L,t+\Delta t}$ 也会增加同样的 ΔQ 值。

(2) 由式(9-9)看出,t 和 $t+\Delta t$ 时,集水井内水深不变,即蓄水容积 S 不变,则进流量 Q_L 将等于出流量 Q_P。

(3) 由于泵站出流量和集水井水深测试中存在误差,且式(9-10)为式(9-9)的有限差分近似,所以即使在蓄水容积不变时刻,计算出的进流量与出流量也存在不一致性。

结合以上三种情况,确定 $t=0$ 时初始 $Q_{L,t=0}$ 的方法包含两步:① 取 $Q_{L,t=0}^{(0)}$ 为泵站最小出流量 $Q_{P,\min}$ 和最大出流量 $Q_{\max}$ 之间的一个数值,利用式(9-11)执行演算,求得后续各时刻的 $Q_{L,t+\Delta t}$ 值,当然这些数值通常不是真实值。② 考虑测试数据在 t 和 $t+\Delta t$ 时蓄水量 $S_t = S_{t+\Delta t}$ 的情况,这时的计算值 $\frac{Q_{L,t+\Delta t}+Q_{L,t}}{2} - \frac{Q_{P,t+\Delta t}+Q_{P,t}}{2}$ 并不等于零,而是数值 ΔQ(该值可为正值也可为负值)。由于测试期间可能存在多个 t 和 $t+\Delta t$ 时蓄水量 $S_t = S_{t+\Delta t}$ 的情况,也就存在多个不同的 ΔQ;取这些 ΔQ 的平均值 $\overline{\Delta Q}$;然后令 $Q_{L,t=0} = Q_{L,t=0}^{(0)} - \overline{\Delta Q}$,进而可求出不同时刻的进流量 Q_L。

3. 计算步骤

根据以上分析,污水泵站进水管涵流量系数估计的步骤如下。

(1) 收集已知数据信息,包括进水管道直径或箱涵尺寸、集水井蓄水容积随深度变化关系、进水管涵上游检查井的水位监测数据、集水井内水位(或水深)监测数据、泵站出水量数据等。

(2) 分析已知数据信息,撇除数据质量较差时段内的数据,从中选择质量较好的连续时段内数据作为计算已知数据。少量欠缺或异常值,可采用相邻数据线性插值法修正。对于测试参数相关性较强的情况,可采用相关分析法,由一个参数的数据推断并补充另一参数的缺失或异常数据。

(3) 根据集水池流量演算方法,计算各时刻的进水流量 Q_L。

(4) 如果进水管涵为非满流,根据公式(9-2)求各时刻曼宁粗糙系数值;如果进水管涵为满流,根据公式(9-4)求各时刻海曾-威廉系数值。

(5) 考虑到各时刻求出的曼宁粗糙系数或海曾-威廉系数值并不相等,为便于排水管渠系统模拟计算使用,最终确定污水泵站进水管涵流量系数采用曼宁粗糙系数或海曾-威廉系数的平均值;并与经验数值比较,确定系数的合理性。

9.4.2 案例研究

华东某市污水系统的大型泵站最大输送能力为 20 m³/s,两条并联进水矩形混凝土箱涵断面尺寸均为 2.8 m×2.8 m,长度均为 3 740 m,建设时未安装流量计量设施(图9-17)。当上游水量出现大幅波动时(尤其在雨天),难以合理调度泵站。考虑泵站进水箱涵中安装流量计的难度,拟通过测试交汇井和集水池的水位情况,估算流量系数,结合排水管渠系统水力模型,有效制定泵站的水泵运行方案,达到节约能源、降低泵机损耗的科学调度目的。了解进水箱涵内流量的关键,是确定泵站进水箱涵的流量系数,主要步骤如下。

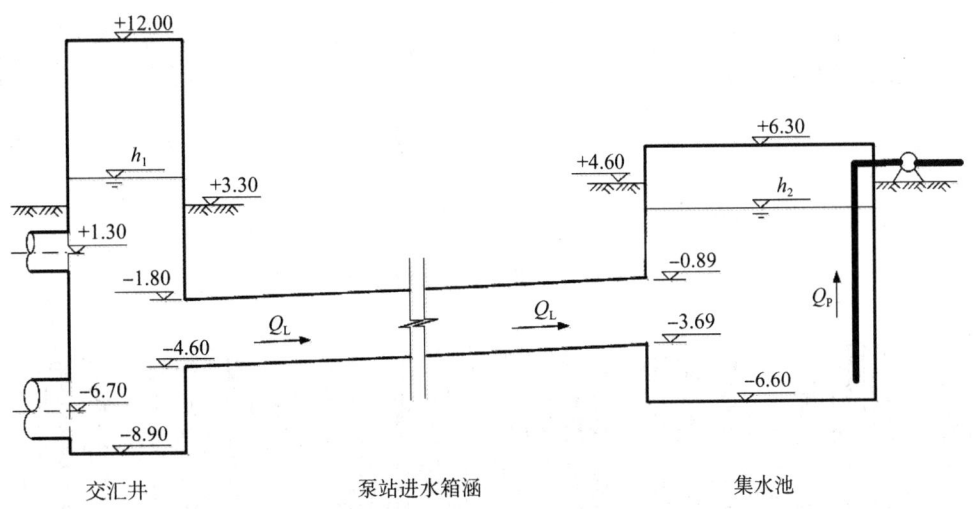

图 9-17 污水泵站进水箱涵示意(m)

(1) 通过查询图纸资料和现场调查,了解到:①交汇井设有超声波液位计,可实时收集井内液位变化情况;②集水池分两格,每格水平截面积为 370 m²,每格均设有超声波液位计,可实时收集液位变化情况;③泵站流量可由出水总管上的流量计实时测试。

(2) 液位和流量数据通常间隔 5 min 记录 1 次。但由于传感器灵敏性或信号传输问题,偶尔会出现极大值、极小值或者欠缺值等异常状况。通过测试数据分析,将 2017 年 4 月 4—9 日质量较好的液位和流量作为基础数据,期间交汇井液位、集水池液位和泵站出水流量数据分别见图 9-18～图 9-21。

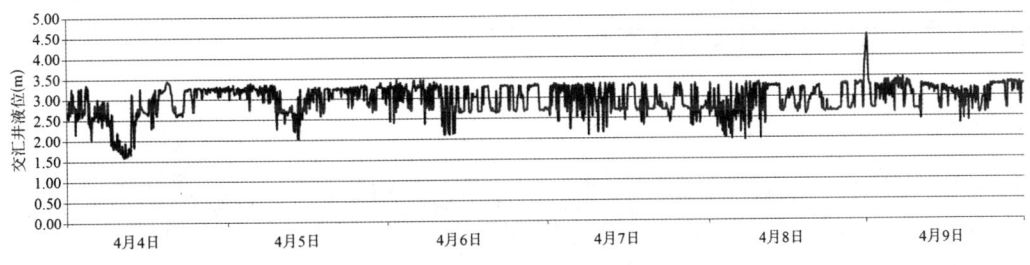

图 9-18 交汇井液位测试数据

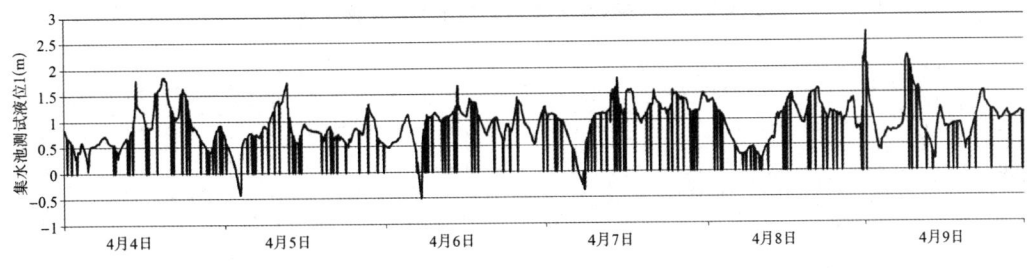

图 9-19 集水池测试液位 1

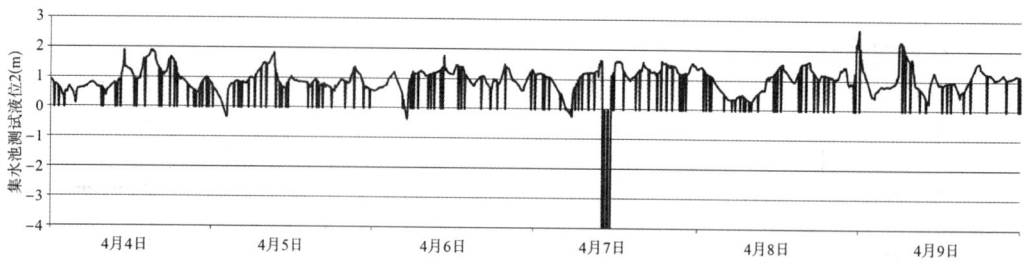

图 9-20 集水池测试液位 2

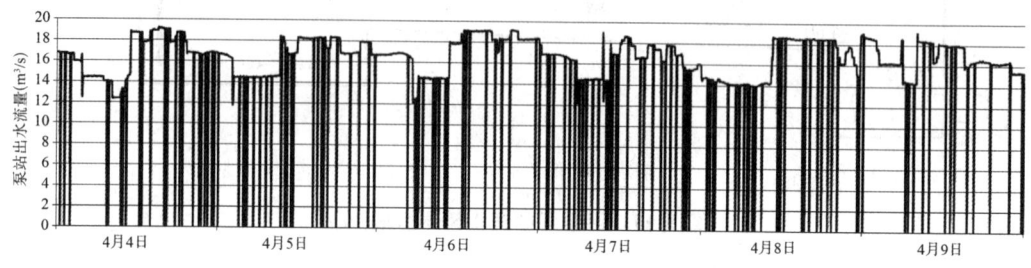

图 9-21 泵站出水流量

由图 9-18 看出,交汇井液位数据异常发生在 4 月 8 日 23:45—4 月 9 日 0:20 之间,水位变化为 3.71~4.36 m。考虑到交汇井液位数据齐全,中间无间断数据,且同一时段内集水池液位数据同样较高且泵站出水流量较大,认为该时段的液位仍处于正常状态。

集水池测试液位 1、测试液位 2 和泵站出水流量计量中一些单独时间点缺乏测试数据,这些在图 9-19～图 9-21 中表现为突然降落到零值(没有测试数据时为零值)的情况。为补充这些时间点的数据,将采用该时间点前后的数据进行线性插值确定。经处理后的集水井测试液位 1 和泵站出水流量数据见图 9-22 和图 9-23。

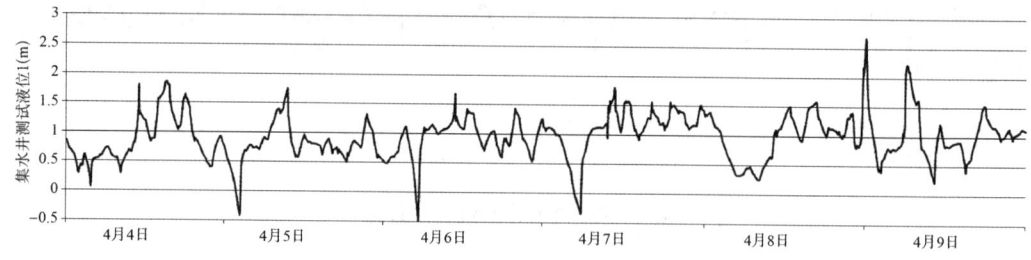

图 9-22 经数据处理后的集水井测试液位 1

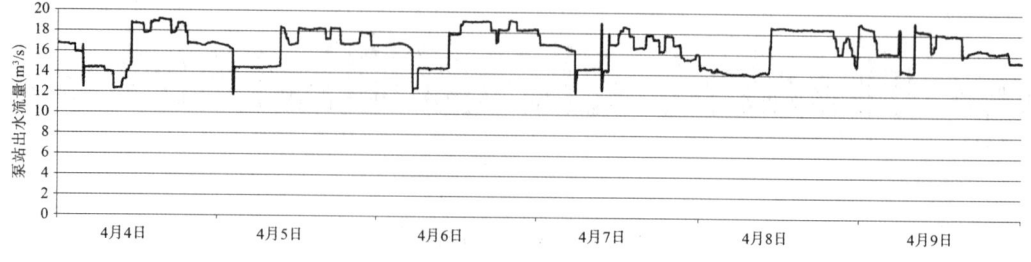

图 9-23 经数据处理后的泵站出水流量

集水井测试液位 2 在 4 月 7 日 10:00—11:10 之间出现异常,测试记录显示数据均为 —4.00。为弥补该段数据,发现两个集水井的测试液位 1 和测试液位 2 具有同步变化性,经曲线拟合,认为满足 $y=0.9924x+0.0615$ 的线性关系($R^2=0.9919$),式中 x 为测试液位 1 实测数据,y 为测试液位 2 推测数据(图 9-24)。因处理后的测试液位 2 的变化趋势与测试液位 1 相似,将不再用图形表示。

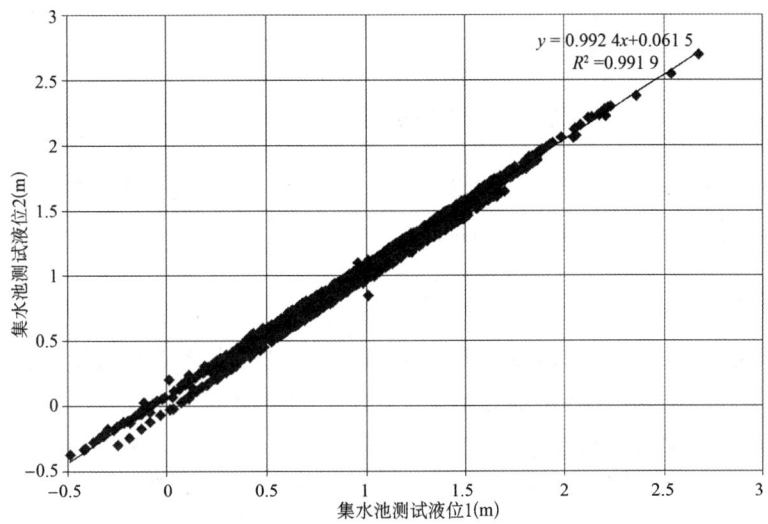

图 9-24 集水池测试液位 1 和测试液位 2 之间的相关性

(3) 根据集水池流量演算方法,计算各时刻的进水流量 Q_L。考虑到集水池分两格,且在各时刻的数据存在差异,计算中取两组液位数据的平均值用于计算。计算出的 Q_L 流量为两条进水箱涵的总流量,因这两条箱涵长度、断面尺寸和铺设标高相等,认为其中通过的流量均为 $Q_L/2$。推算出的 Q_L 变化见图 9-25。

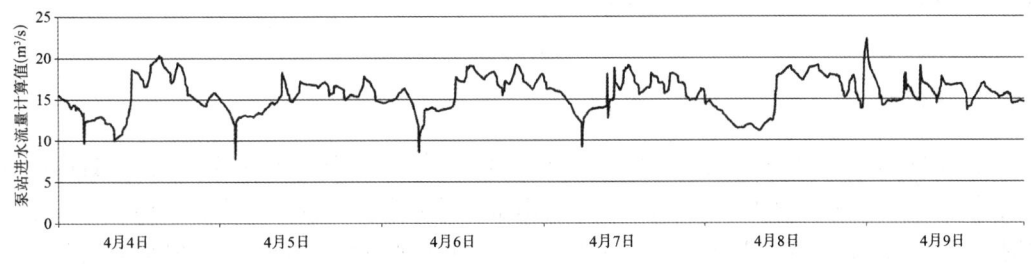

图 9-25 泵站进水流量计算值

(4) 进水箱涵上端底部标高为 —4.60 m,下端底部标高为 —3.69 m(图 9-17),为逆坡铺设(该状况在排水系统中较为少见,通常为正坡铺设);进水箱涵下端顶部标高为 —0.89 m,而集水池测试液位运行在 —0.5 m 以上(图 9-22)。因此可以确定进水箱涵在满流条件下运行,待确定的流量系数将采用海曾-威廉系数。考虑到管道较长,忽略局部损失影响。根据进水箱涵确定的流量、交汇井液位高度和集水池液位高度,推求海曾-威廉系数。各时刻求出的海曾-威廉系数并不相等(图 9-26),因此在模型应用中可采用其平均值 124.4。该值处于混凝土压力管 C 值 120~130 的范围内，认为计算所得结果 124.4 是合理的。

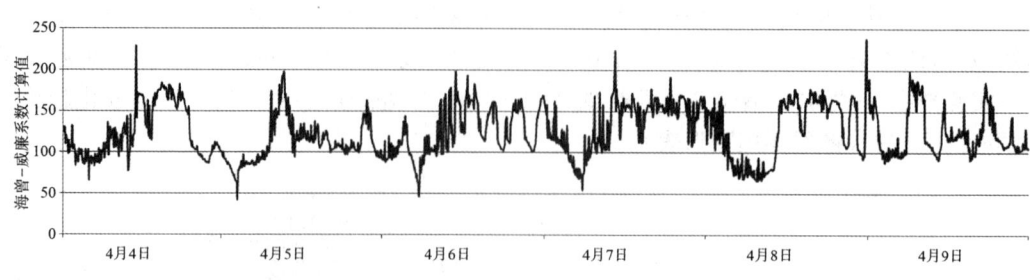

图 9-26　各时刻海曾-威廉计算值

由于数据分析时段为 2017 年 4 月 4—9 日，难以体现污水泵站进水管涵常年情况，还需长期收集测试数据，反复校核模型和验证结果。

9.4.3　本节小结

大型污水泵站的进水管涵如果在设计和建设阶段没有考虑安装流量测试设施，在运行过程中很难找到合适的方式测试通过的流量。当已知污水泵站进水管涵上端交汇井内液位、集水池内液位和泵站出水流量时，可以根据集水池内液位和泵站出水流量确定进水管涵内的流量；进而结合进水管涵上下游水头差估算进水管涵流量系数，以满足构建排水系统水力模型的要求。

数据收集过程中应注意对数据质量较差时段内的数据进行处理，例如采用线性内插法或相关法修改。考虑到测试数据存在瞬变特征，模型中将采用进水管涵流量系数平均值。

随着智慧排水和排水信息化的要求提高，建议排水工程在设计和建设阶段考虑在管网内的关键位置安装相应的流量监测设备，便于运行管理中的应用。

9.5　城市年用水量聚类分析

9.5.1　引言

城市用水量既有周期性也有变化性。城市用水量周期性表现在一年、一周、一日内的变化上，年用水量变化如图 9-27 所示。一年内用水随不同季节的温度而变。一周内分工作日和周末用水情况。当城市以居民活动为主导时，一日内时用水量表现为"双峰双谷"特点（各地在时间上可能略有差异）：5—6 时，人们开始准备一天的活动，用水量开始上升；8—10 时达到最高峰；11—16 时用水量处于下降时段；16 时之后用水量又逐渐上升；20—22 时再次达到高峰；之后用水量逐渐下降；其中 2—4 时为一日内用水量最低时段，此时段的流量常称作夜间最小流量。

城市用水量变化性包括以下两种情况。

(1) 一年 365 d（闰年 366 d）并非一周 7 d 的整数倍，致使按照周规律变化时，并不能使不同年份同一日历日固定为某周内的同一天。

(2) 每年阴历日期与公历日期不是固定对应的，例如每年阴历春节、端午节、中秋节等中国传统节日在公历中常常是变化的。此外气候原因等也会使城市用水量发生变化。

通常在城市用水量规律性分析中,分析一周内(工作日和周末)各日用水量变化、节假日用水量变化的文献居多;很少在一整年基础上,分析不同月份、不同日期之间用水的相似性和差异。如果能够找到一年内不同日期之间用水的相似性,则可以初步根据先出现日期的用水规律,预测将要来临的相似用水特性日期的情况;它也有助于总体掌握一年内的用水规律。

为此,本节将采用 K 均值聚类算法分析城市年用水量,试图寻找一年内用水的规律性。K 均值聚类算法兼具模式识别和异常值诊断功能,已在供水用户类型识别中得到应用。

9.5.2 K 均值聚类算法

聚类是将样本中相似的数据点分配到相同的类,不相似的数据点分配到不同的类。聚类时样本通常是欧氏空间中的向量;类别不是事先给定,而是从数据中自动发现的。样本之间的相似度或距离由应用决定。

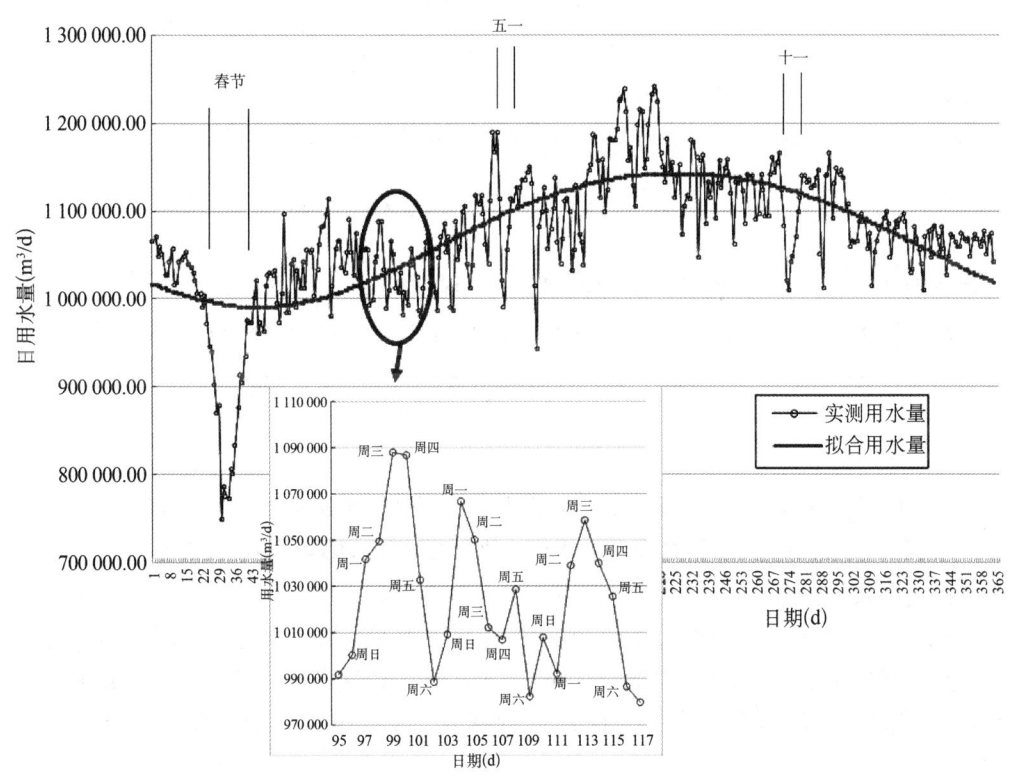

图 9-27 某城市某年日用水量变化

常用的 K 均值聚类算法将数据点集合划分为 K 个子集,构成 K 个类;将 N 个数据点分配到 K 个类别中($K<N$),每个数据点到其所属类的质心距离最小。不同类别中所含数据点个数不一定相同。K 均值聚类算法需要迭代求解,每次迭代包括两个步骤。首先选择 K 个类别的质心,将数据点逐个指派到与其最近的质心类中,得到一个聚类结果;然后更新每个类别的数据均值,作为类别的新的质心。重复以上步骤,直到满足收敛准则为止。具体

过程如下。

设给定 N 个数据点的集合 $X=\{x_1, x_2, \cdots, x_i, \cdots, x_N\}$，每个数据点为 H 维向量 $x_i=(x_{i1}, x_{i2}, \cdots, x_{ih}, \cdots, x_{iH})$。设计算结果中 K 个类中所含数据点集合分别为 G_1，$G_2, \cdots, G_k, \cdots, G_K$，其中 $G_i \cap G_j = \varnothing (i \neq j)$，$\bigcup_{k=1}^{K} G_k = X$。

(1) 输入 N 个数据点集 X 和类别数 K。

(2) 从 N 个数据点中随机选取 K 个数据点作为 K 个类别的初始质心

$$M^{(0)} = (m_1^{(0)}, m_2^{(0)}, \cdots, m_k^{(0)}, \cdots, m_K^{(0)})$$

(3) 求每个数据点 x_i 到各 $m_k^{(0)}$ 的距离 $d(x_i, m_k^{(0)}) = \sqrt{\sum_{h=1}^{H}(x_{ih} - m_{kh}^{(0)})^2}$，然后使 x_i 归属于与其最近的质心 $m_k^{(0)}$ 所代表的类别集合 G_k。

(4) 计算各数据点到所属类别质心之间距离平方的总和（称作损失函数）

$$W^{(0)} = \sum_{k=1}^{K} \sum_{\substack{i=1 \\ x_i \in G_k}}^{n(k)} [d(x_i, m_k^{(0)})]^2$$

式中　$n(k)$——类别 k 内所含数据点个数。

(5) 更新各类别质心 $M^{(1)} = (m_1^{(1)}, m_2^{(1)}, \cdots, m_k^{(1)}, \cdots, m_K^{(1)})$，其中

$$m_{kh}^{(0)} = \frac{1}{n(k)} \sum_{x_i \in G_k} x_{ih} \quad (h=1, 2, \cdots, H)$$

此时各类别质心 $m_k^{(1)}$ 的数值不一定与数据集 X 中任何一个 x_i 相同。

(6) 计算新的损失函数，即各数据点到所属类别质心之间距离平方的总和

$$W^{(1)} = \sum_{k=1}^{K} \sum_{\substack{i=1 \\ x_i \in G_k}}^{n(k)} [d(x_i, m_k^{(1)})]^2$$

(7) 比较 $W^{(0)}$ 和 $W^{(1)}$ 的数值大小。如果 $W^{(1)} < W^{(0)}$，则令 $M^{(0)} = M^{(1)}$，各 $G_k = \varnothing (k=1, 2, \cdots, K)$，返回步骤(3)；如果 $W^{(1)} \geqslant W^{(0)}$，则计算终止，输出分类结果 $G_1, G_2, \cdots, G_K$ 和相应损失函数 $W^{(0)}$。

K 均值聚类算法受初始值和异常点影响，聚类结果可能不是全局最优而是局部最优。

(1) 尽管异常点会影响聚类结果，但 K 均值聚类算法的一个优点就是可用于检测异常值。因此当检测到异常值时，对其进行修正，重新执行计算，将会克服异常值的影响。

(2) 选择不同的各类质心初始值会得到不同的聚类结果。通常需要执行多次运算，从中选择可使相应损失函数较小的分类结果作为最终聚类结果。

以上 K 均值聚类中的类别数 K 值需要预先指定，而实际应用中最优 K 值是不知道的。K 值的选择常采用手肘法：尝试不同 K 值并将对应的损失函数绘制成曲线图；随着 K 值增大，经过图中曲线拐点后损失函数将不再显著变化，因此认为该曲线拐点就是所求最优 K 值。

K 均值聚类算法的应用还包括前期原始数据的预处理，以及计算结果的分析。

9.5.3 算例分析

算例采用我国华东某城市某年 365 d 逐时用水量进行分析。该年最小时用水量为 20 003 m³,最大时用水量为 67 227 m³。分析之前需先对异常值进行处理。

1. 异常值处理

一年内每日的时用水量原始数据中可能存在异常值,在算例中异常值包括时用水量为 0 值或较低值;经与现场工作人员了解,很少出现时用水量的超高值异常,因此本研究中未考虑超高值异常。时用水量 0 值很容易辨识出来;而大于 0 值的较低值隐藏在大量数据之内,很难辨识,通常需要在 K 均值聚类分析后发现。

用水量常会出现逐小时水量高低变化情况,线性插值法处理会抹去中间点的上凸或下凹特征,因此不能按照线性插值处理。针对某小时水量异常值的修正,可引入权重系数,将前一小时和后一小时数据,以及前一日和后一日该小时数据处理为

$$Q_{i,j} = w_1 \left(\frac{Q_{i-1,j} + Q_{i+1,j}}{2} \right) + w_2 \left(\frac{Q_{i,j-1} + Q_{i,j+1}}{2} \right)$$

式中 w_1、w_2——权重,数值均在 $[0,1]$ 之间且 $w_1 + w_2 = 1$,应根据相邻数据变化趋势确定;

Q_{ij}——第 i 日第 j 小时的用水量(m^3);

$Q_{i-1,j}$、$Q_{i+1,j}$——分别为第 $i-1$ 日第 j 小时和第 $i+1$ 日第 j 小时的用水量(m^3);

$Q_{i,j-1}$、$Q_{i,j+1}$——分别为第 i 日第 $j-1$ 小时和第 $j+1$ 小时的用水量(m^3)。

2. K 均值聚类分析

在 K 均值聚类分析中,数据点总数 N 取 365;数据点 $x_i = (x_{i1}, x_{i2}, \cdots, x_{ih}, \cdots, x_{iH})$ 为 $H = 24$ 的向量,由一日内 24 h 用水量组成。

针对 $K = 1, 2, \cdots, 20$,分别执行 K 均值聚类计算,将不同 K 值获得的损失函数值绘制成曲线,见图 9-28。为使聚类具有充分代表性,参考手肘法,取 $K = 10$ 作为该年每日用水量聚类的类别数,各类别分别记为 $a, b, \cdots, j$,见图 9-29 和表 9-12。各类别质心数据见图 9-30。

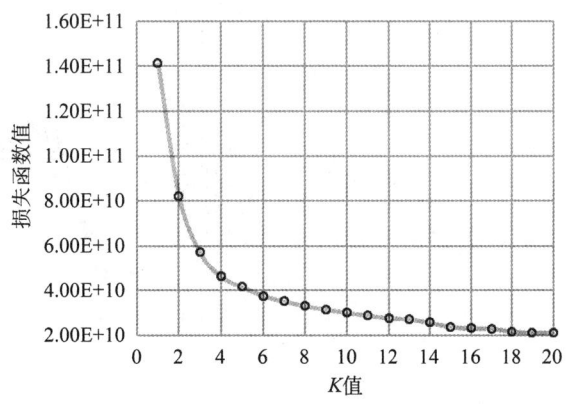

图 9-28 不同 K 值对应损失函数值

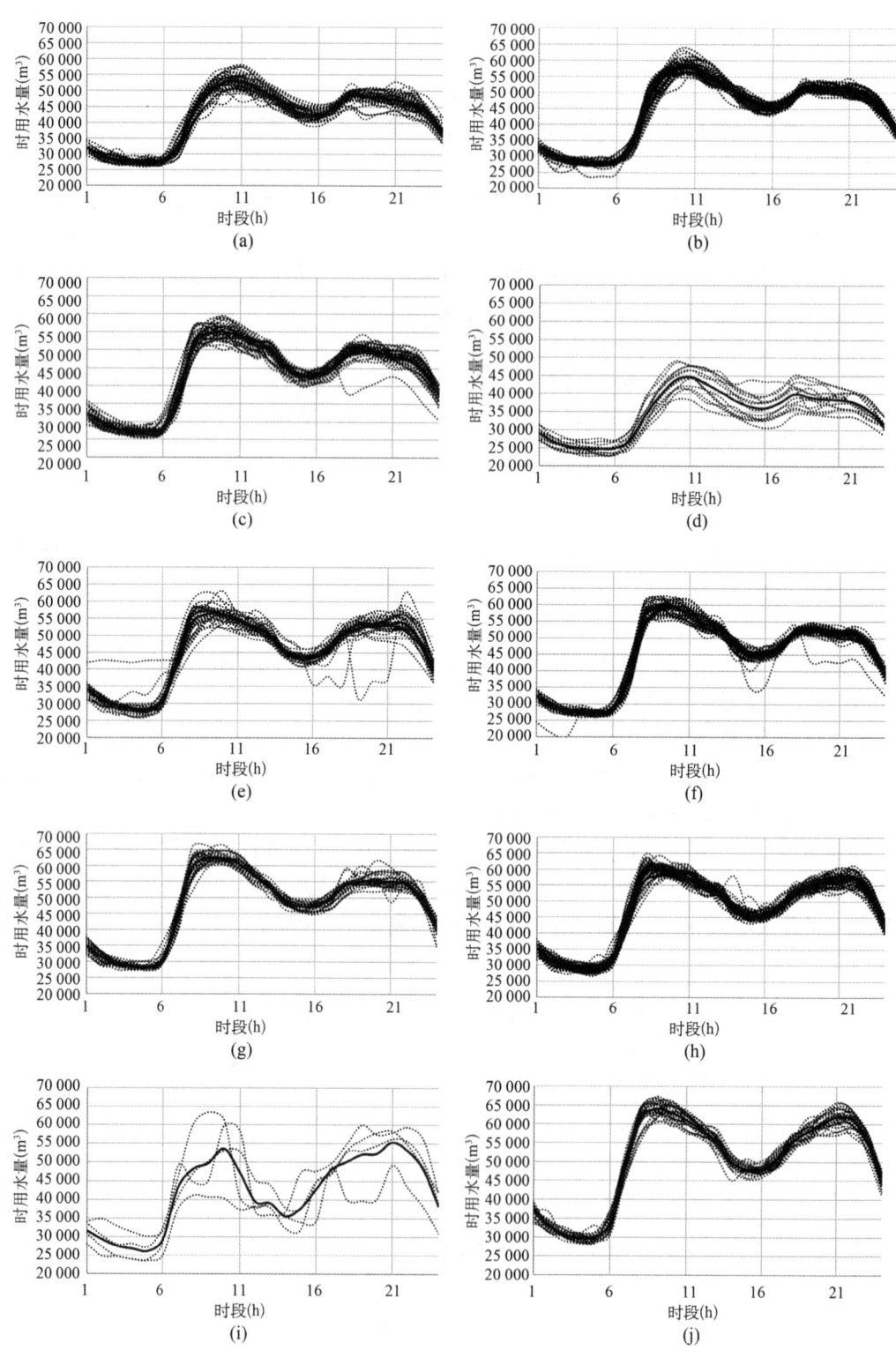

图 9-29 某市某一整年各日用水量聚类

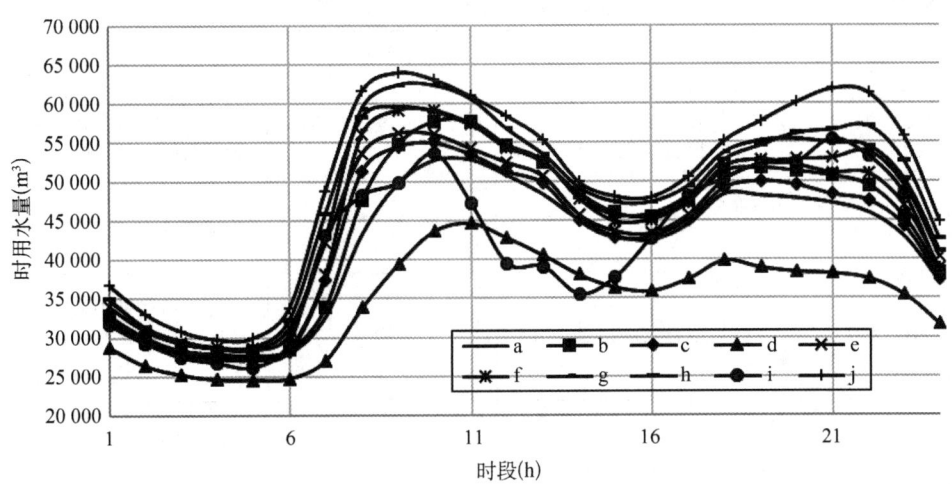

图 9-30 各类别质心时用水量

从表 9-12 中逐月看,该年度 1 月用水可归为 a～d 4 类,主要为 a 类(13 d)和 b 类(13 d)。2 月用水可归为 a～e 5 类,主要为 a 类(15 d)和 d 类(9 d)。3 月用水可归为 a～c、f 和 g 5 类,主要为 b 类(10 d)和 c 类(12 d)。4 月用水可归为 a～c、f 4 类,主要为 a 类(7 d)、c 类(12 d)和 f 类(10 d)。5 月用水可归为 8 类,主要为 e 类(9 d)。6 月用水可归为 5 类,主要为 e 类(9 d)和 h 类(17 d)。7 月用水可归为 4 类,主要为 e 类(7 d)、h 类(8 d)和 j 类(14 d)。8 月用水可归为 5 类,主要为 h 类(17 d)和 j 类(8 d)。9 月用水可归为 5 类,主要为 g 类(8 d)和 h 类(14 d)。10 月用水可归为 4 类,主要为 f 类(8 d)和 g 类(18 d)。11 月用水可归为 4 类,主要为 b 类(7 d)和 f 类(19 d);12 月用水可归为 3 类,主要为 b 类(25 d)。其中归类数最少的为 12 月(3 类),最多的为 5 月(8 类)。

从表 9-12 中各个类别看,a 类共含 43 d 用水量数据,多数为 1 月(13 d)、2 月(15 d)用水,所含 4 月用水量(7 d)均处于周末(星期六和星期日);a 类中含有元旦、元宵节、端午节三个法定假日。b 类共含 57 d 用水量数据,多数为 12 月(25 d)、1 月(13 d)和 3 月(10 d)用水量。c 类共含 43 d 用水量数据,多数为 3 月(12 d)、4 月(12 d)用水量;c 类中含有清明节、劳动节和国庆节三个法定假日;含有 5 月 1—4 日,10 月 1—4 日的用水量。d 类共含有连续从 1 月 28 日—2 月 9 日 13 d 的用水量数据,其中 2 月 1 日为春节。e 类共含 36 d 用水量数据,多数为 5 月(9 d)、6 月(9 d)、7 月(7 d)用水量。f 类共含 50 d 用水量数据,多数为 4 月(10 d)、10 月(8 d)、11 月(19 d)用水量。g 类共含 3 d 用水量数据,多数为 9 月(8 d)、10 月(18 d)用水量。h 类共含 61 d 用水量数据,多数为 6 月(17 d)、7 月(8 d)、8 月(17 d)、9 月(14 d)用水量。i 类共含 5 月(2 d)、6 月(1 d)、8 月(1 d)的数据;从图 9-30 中可以看出,一日内水量变化趋势极不稳定。j 类共含 27 d 用水量数据,多数为 7 月(14 d)、8 月(8 d)用水量。

从季节性看,a 类和 b 类反映了冬季用水;c 类反映了春季用水,且含有劳动节和国庆节两个长假期间的用水;d 类为春节前后用水;e 类、h 类和 j 类反映了夏季用水;g 类反映了秋季用水;f 类反映了春末和初冬用水。由图 9-30 可看出,d 类(春节前后)各小时用水量均较低;j 类(7 月、8 月)各小时用水量均较高。

表 9-12 某市某一整年内各日用水量聚类

类别	1月	2月	3月	4月
a	1日（元旦）、8日、11日、12日、19—27日。共13 d	10—19日（14日元宵节）、22日、24—26日、28日。共15 d	1日、4日、8日。共3 d	6日、12日、13日、19日、20日、26日、27日。共7 d，均为星期六或星期日
b	2—6日、9日、10日、13—18日。共13 d	23日。共1 d	2日、3日、9日、10日、15日、16日、21—23日、30日。共10 d	7日。共1 d
c	7日。共1 d	20日、21日。共2 d	5—7日、12日、13日、19日、20日、24日、25日、28日、29日、31日。共12 d	1日、5日（清明节）、11日、15—18日、21日、22日、24日、25日、28日。共12 d
d	28—31日（31日除夕）。共4 d	1—9日（1日春节）。共9 d		
e		27日。共1 d		
f			11日、14日、17日、26日、27日。共5 d	2—4日、8—10日、14日、23日、29日、30日。共10 d
g			18日。共1 d	

类别	5月	6月	7月	8月
a	10日、11日、18日。共3 d	2日。共1 d，端午节		
c	1—4日（1日劳动节）、17日、19日。共6 d	1日、15日。共2 d		
e	6—9日、13日、14日、20日、24日、25日。共9 d	3日、4日、17日、21日、22日、25—27日、30日。共9 d	1日、2日、4—6日、15日、28日。共7 d	17日、18日、27日、31日。共4 d
f	5日、12日。共2 d			
g	31日。共1 d		12日、27日。共2 d	23日。共1 d
h	15日、16日、21—23日。共5 d	5—14日、18—20日、23日、24日、28日、29日。共17 d	3日、7—9日、13日、14日、16日、25日。共8 d	1日、2日、8日、10日、12—16日、19日、20日、25日、26日、28—30日。共17 d
i	26日、27日。共2 d	16日。共1 d		24日。共1 d
j	28—30日。共3 d		10日、11日、17—24日、26日、29—31日。共14 d	3—7日、11日、21日、22日。共8 d

类别	9月	10月	11月	12月
a			30日。共1 d	
b			1日、2日、6日、9日、16日、23日、29日。共7 d	4日、6日、7日、9—16日、18—31日。共25 d
c		1—4日（1日国庆节）。共4 d	8日、24日、25日。共3 d	3日。共1 d
e	8日（中秋节）、13日、18日、19日、23日。共5 d	30日。共1 d		

298

续表

类别	9月	10月	11月	12月
f	30日。共1 d	5日、6日、16日、21日、27—29日、31日。共8 d	3日—5日、7日、10—15日、17—22日、26—28日。共19 d	1日、2日、5日、8日、17日。共5 d
g	6日、7日、14日、20日、21日、27—29日。共8 d	7—15日、17—26日。共18 d		
h	1日、3—5日、9—12日、15—17日、22日、24日、26日。共14 d			
j	2日、25日。共2 d			

9.5.4 本节小结

城市年用水量的周期性和变化特征可采用 K 均值聚类算法进行理论分析。K 均值聚类算法具有模式识别和异常值诊断功能,在使用中应关注各类质心初始值的随机选取问题,以及 K 值非预先指定特点,需要多次运行,以获得最优 K 值和较小损失函数结果。

以华东某城市某年逐日用水量为原始数据,分析认为 $K=10$ 较为合理;分类中的明显特点包括用水高峰为一类,春节期间用水量较少时为一类,五一和十一长假期间用水为一类。

在时用水量异常值处理中,为兼顾时用水变化中上凸和下凹特点,考虑利用前后两日该时段用水量和前后 2 h 用水量的加权方式修正。

本节只针对一年的用水量进行了计算,如果每年能够采用 K 均值聚类算法分析,将会对城市用水量管理和供水运行调度提供更有价值的信息。

第10章 数 学 模 型

10.1 建模一般步骤

数学模型是利用数学符号、数学公式刻画研究对象的本质属性及内在联系。其作用是解释研究对象的各种性态、预测它将来的形态,或者为控制研究对象的发展提供有意义的优化策略。

建立数学模型一般要经历图10-1所示步骤。

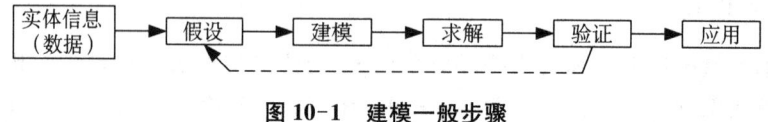

图 10-1 建模一般步骤

(1) 了解问题的实际背景,明确建模目的,掌握必要的数据资料(建模准备)。为了做好这一步工作,有时要求建模者作一番深入细致的调查研究,有时可向有关方面的专家请教。如果研究的是已经发生的实际问题(如富营养化),可以依据现场监测资料确定主要的水环境问题。如果研究的是规划问题,如污染排放的潜在影响,则需要通过调查和预测确定主要的环境过程。

(2) 抓住主要矛盾,对问题作必要的简化,提出几条恰当的假设。没有科学的假设,人们对现实世界的感性认识就不可能上升到理性的阶段。在提出假设时,如果考虑的因素过多、过于繁复,会使模型过于复杂而无法求解;考虑的因素过少、过于简单,又会使模型过于粗糙,得不出有用的结果而归于失败。此时,应当修改假设重新建模,一个较理想的模型往往需要经过反复多次的修改才能得到。

(3) 利用适当的数学工具刻画各变量之间的关系,建立相应的数学结构,即建模。例如,可根据质量、能量、动量守恒原理,建立描述系统主要水环境过程的控制方程。

建模时究竟采用什么数学工具要根据问题的特征、建模的目的要求及建模人员的数学特长而定。同一实际问题可以用不同的数学方法建立起不同的模型。一般地讲,在能够达到预期目的前提下,所有的数学工具越简单越好。

(4) 模型的分析和验证。建立数学模型后,对模型求解(包括解方程、图解、逻辑推理、定理证明、稳定性讨论等),将所得结果与实际情况作比较,以验证模型的正确性。

如果检验结果与事实不符或部分不符,就应当像前面所讲那样,修改假设,重新建模。

10.2 建模分类

基于不同出发点,可以有不同的模型分类。

根据人们对问题的认识程度,一般可以将模型分为白箱模型、黑箱模型与灰箱模型。白箱模型通常针对机理较清楚的问题,对它们的进一步研究要用到十分专门化的知识。黑箱模型通常针对机理模糊、内在关系复杂、目前还不能得出定量结果的问题。介于白箱模型和黑箱模型之间的灰箱模型可以针对部分机理较为清楚的问题。

按模型描述的系统是否具有时间稳定性,可分为稳态模型、动态模型和准动态模型。当水流运动要素和模型的输入参数都不随时间变化,系统的所有参数也不随时间变化时,这种模型称为稳态模型。当水流为非恒定流动,不论输入是否随时间而变,系统的参数将随时间而变时,这种模型称为动态模型。当水流为恒定流动,而输入随时间变化,引起系统的参数也随时间而变时,这种模型称为准动态模型。

按系统内参数的空间分布特性,可分为一维、二维和三维模型。若参数在三个方向上都均匀分布,水体处于完全混合状态,这种模型为零维模型。

根据问题中变量的特征,模型又可分为确定性模型与随机模型。根据变量取值情况可分为连续型模型与离散型模型。根据所用数学方法,模型可分为初等模型、微分方程模型、优化模型、控制论模型等。

10.3 水文模型

10.3.1 水池模型

地表径流计算水库模型中,汇水区认为是由一座水池或一组串联或并联水池组成,联立连续性方程和蓄水方程求解。其中连续性方程可写为

$$I(t) - Q(t) = \frac{\mathrm{d}S(t)}{\mathrm{d}t} \tag{10-1}$$

式中 I——进流量,常指降雨量($\mathrm{m^3/s}$);
 Q——出流量($\mathrm{m^3/s}$);
 S——蓄水量($\mathrm{m^3}$);
 t——时间(s)。

蓄水方程为

$$S(t) = k[Q(t)]^b \tag{10-2}$$

式中 k,b——参数。

1) 线性水池模型

当式(10-2)中参数 $b=1$ 时,蓄水方程变为

$$S(t) = kQ(t) \tag{10-3}$$

式(10-1)和式(10-3)组成线性水池方程组。合并式(10-1)和式(10-3),得

$$I(t) - Q(t) = k\frac{\mathrm{d}Q(t)}{\mathrm{d}t} \tag{10-4}$$

利用算子 $D = \mathrm{d}/\mathrm{d}t$,得

$$Q(t) = \frac{1}{1+kD} I(t) \tag{10-5}$$

在数学上有

$$Q(t) = e^{-t/k} \int e^{t/k} I(t) dt \tag{10-6}$$

式(10-6)定义了线性水池,算子 $1/(1+kD)$ 表示其对入流的作用。设

$$H = \frac{1}{1+kD}$$

算子 H 表示具有参数 k 的线性水池作用,常称为蓄量算子。

2) 线性水池串联模型

1957 年,Nash 通过 n 座相同的水池串联(图 10-2)简化汇水面积。当假设雨水口服务面积为线性系统时,单位时段的降雨相当于给线性汇水系统施加了一个脉冲,通过 n 个线性水库后流入雨水口。于是,当由 $\delta(t)$ 表示的瞬时单位净雨进入第一座水池时,式(10-5)变为

$$Q_1(t) = \frac{1}{(1+kD)} \delta(t)$$

对第二座水池,进流由第一座水池的出流组成。因此

$$Q_2(t) = \frac{1}{1+kD} Q_1(t) = \frac{1}{(1+kD)^2} \delta(t)$$

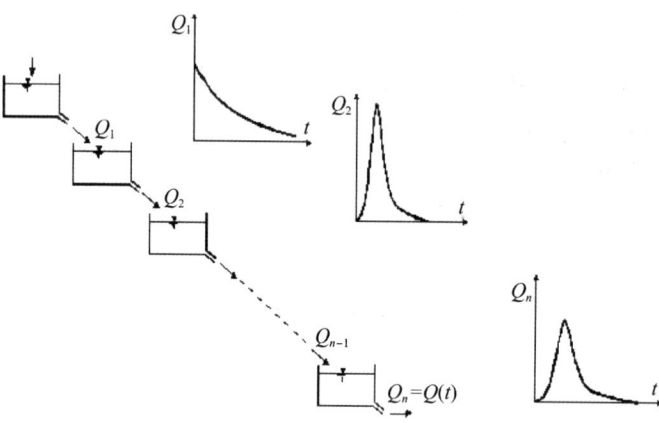

图 10-2 线性水池串联或 Nash 模型

同理,

$$Q_n(t) = Q(t) = \frac{1}{(1+kD)^n} \delta(t) \tag{10-7}$$

式(10-7)的解为

$$Q(t) = \sum_{i=1}^{n} C_i t^{i-1} e^{-t/k} \qquad (10-8)$$

式中 C_i——用初始条件计算的常量。

对每一水池,有

$$Q_i(0) = 0, \quad i = 1, 2, \cdots, n-1 \qquad (10-9)$$

则可发现

$$C_i = 0, \quad i = 1, 2, \cdots, n-1 \qquad (10-10)$$

和

$$C_n = \frac{1}{(n-1)! \; k^n} \qquad (10-11)$$

因此,线性水池串联模型(Nash 模型)的瞬时流量过程线表示为

$$Q(t) = \frac{1}{(n-1)! \; k^n} \left(\frac{t}{k}\right)^{n-1} \frac{e^{-t/k}}{k} = \frac{1}{\Gamma(n)} \left(\frac{t}{k}\right)^{n-1} \frac{e^{-t/k}}{k} \qquad (10-12)$$

式中 $\Gamma(n)$——伽马函数。

注意到式(10-12)是带有参数 n 和 k 的 Γ 分布,在统计学中常用列表形式给出。

3) 非线性水池模型

当将子汇水区抽象为矩形时,它具有单一坡度 s 和宽度 W,排向单一出水渠道,见图 10-3。地表漫流通过子汇水区模拟为一个非线性水池,见图 10-4。

图 10-3 子汇水区的抽象表示

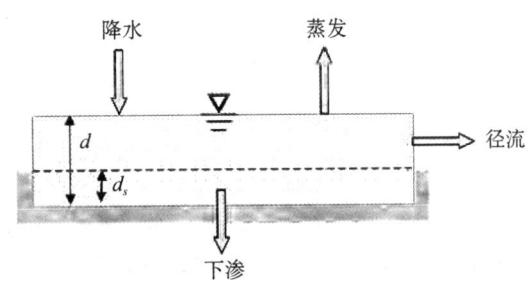

图 10-4 子汇水区的非线性水库模型

当子汇水区经历了降水(降雨和融雪)进流量,以及蒸发和下渗损失后,子汇水区上的净积水,达到深度 d。坑洼存水深度为 d_s,出流量为 q。通常认为坑洼存水考虑了初期降雨损失,例如地表积水、屋顶和植被截留,以及地面湿润。单位时间 t 内深度 d 的变化,简单写为子汇水区进流量和出流量之差

$$\frac{\partial d}{\partial t} = i - e - f - q \qquad (10-13)$$

式中 i——降雨和融雪速率(mm/min);

e——地表蒸发速率(mm/min);

f——下渗速率(mm/min);

q——径流量(mm/min)。

假设通过子汇水区的地表径流量为宽度 W(m)、高度 $d-d_s$(m)和坡度 s 矩形渠道内的均匀流,可采用曼宁公式计算为

$$Q = \frac{1}{n}s^{1/2}R_x^{2/3}A_x \tag{10-14}$$

式中　n——地表曼宁粗糙系数；

s——子汇水面积平均坡度；

A_x——宽度为 W、高度为 $d-d_s$ 的渠道过水断面积(m²)；

R_x——宽度为 W、高度为 $d-d_s$ 的渠道断面水力半径(m)。

由图10-3和图10-4知,$A_x = W(d-d_s)$,$R_x = d-d_s$,代入式(10-14),得

$$Q = \frac{1}{n}Ws^{1/2}(d-d_s)^{5/3} \tag{10-15}$$

式(10-15)除以子汇水区面积 A(它与过水断面积 A_x 不同),得出单位地表径流量 q 为

$$q = \frac{Ws^{1/2}}{An}(d-d_s)^{5/3} = \alpha(d-d_s)^{5/3} \tag{10-16}$$

式中 α 定义为

$$\alpha = \frac{Ws^{1/2}}{An} \tag{10-17}$$

将式(10-16)代入式(10-13),得

$$\frac{\partial d}{\partial t} = i - e - f - \alpha(d-d_s)^{5/3} \tag{10-18}$$

式(10-18)为一个非线性常微分方程。当每一时间步长内已知 i、e、f、d_s 和 α 时,可求得积水深度 d。然后由已知 d,可由式(10-16)求得径流量 q。注意式(10-17)仅用于 $d > d_s$ 时；当 $d \leq d_s$ 时,$q = 0$,可简化为

$$\frac{\partial d}{\partial t} = i - e - f \tag{10-19}$$

10.3.2　时间面积法

时间面积法定义了所有到达出水口相等时间点的等流时线。最长到达时间表示了流域的集水时间。流域的响应函数由时间-面积图根据等流时线之间的面积积分构造。

等流时线是连接汇水区内具有相同集水时间的等值线。等流时线互不交叉、不闭合,在汇水区边界上仅有一个起点或终点。等流时线在汇水区较平坦或下游较低部分较密,而在汇水区上游较高或较陡峭部分较疏。

设等流时线总条数为 J,雨型时间划分总数量为 L,则径流过程在数学上表示为

$$Q_i = \sum_{j=1}^{i} C_j A_j I_{i-j+1} \qquad (10\text{-}20)$$

式中　Q_i——第 i 时段内平均径流量(L/s)。

　　　A_j——第 j 条等流时线与第 $j-1$ 条等流时线之间包围的面积(hm^2);当 $j>J$ 时,$a_j=0$。

　　　C_j——第 j 条等流时线与第 $j-1$ 条等流时线之间包围面积的径流系数。

　　　I_l——第 l 个时段内的平均降雨强度[L/(s·hm^2)],式中 $l=i-j+1$;当 $l>L$ 时,$I_l=0$。

时间面积法的应用前提是:①确定汇水区的集水时间;②构造当地降雨雨型。该方法的计算步骤(图 10-5)如下。

(1) 选择合适的整数时间间隔 Δt,常采用 $\Delta t = t_c/10$。式中 t_c 为汇水区最大集水时间(min)。

(2) 以 Δt 为时间间隔,生成时间-面积图。

(3) 以 Δt 为时间间隔,准备合适的降雨雨量图。

(4) 利用式(10-20)计算径流量。

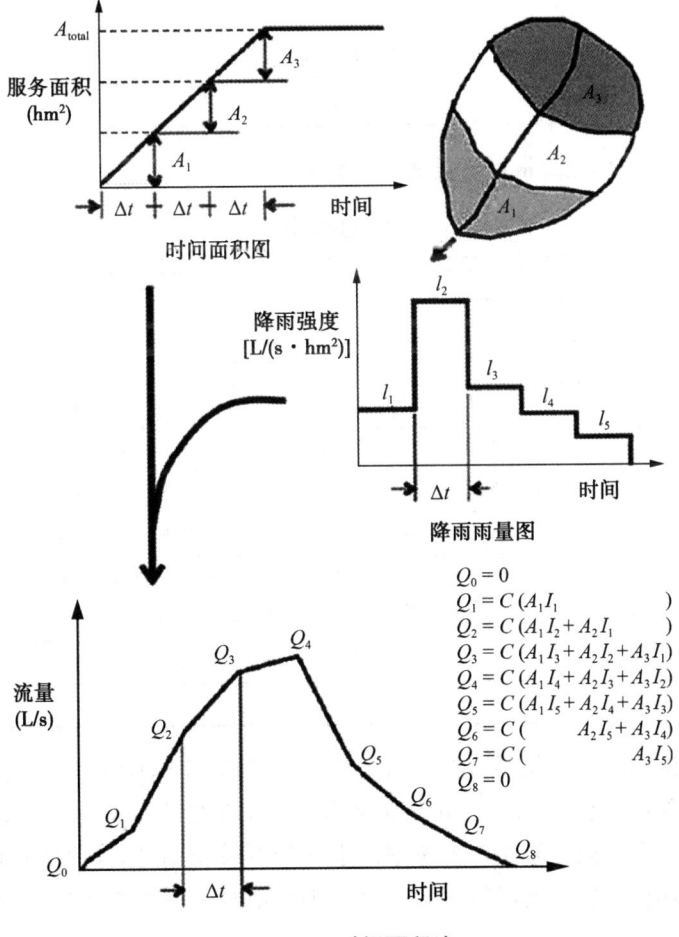

图 10-5　时间面积法

【例 10-1】 某汇水区面积为 13 hm²。降雨过程见表 10-1,汇水区时间面积关系见表 10-2,设径流系数为 1.0,试计算汇水区出口处降雨形成的径流过程线。

表 10-1　　　　　　　　　　　降雨过程

时段	时间(min)	降雨强度[L/(s·hm²)]
1	0~5	50
2	5~10	87
3	10~15	65
4	15~20	32

表 10-2　　　　　　　　　汇水区时间面积关系

时段	时间(min)	面积(hm²)
1	0~5	1
2	5~10	2
3	10~15	4
4	15~20	3
5	20~25	2
6	25~30	1

解　由式(10-20),径流量计算见表 10-3。

表 10-3　　　　　　　　　　　径流量计算

时段	时间(min)	汇水区出口径流量(L/s)		
1	0~5	$Q_1=A_1I_1$	$=1\times50$	$=50$
2	5~10	$Q_2=A_1I_2+A_2I_1$	$=1\times87+2\times50$	$=187$
3	10~15	$Q_3=A_1I_3+A_2I_2+A_3I_1$	$=1\times65+2\times87+4\times50$	$=439$
4	15~20	$Q_4=A_1I_4+A_2I_3+A_3I_2+A_4I_1$	$=1\times32+2\times65+4\times87+3\times50$	$=660$
5	20~25	$Q_5=A_2I_4+A_3I_3+A_4I_2+A_5I_1$	$=2\times32+4\times65+3\times87+2\times50$	$=685$
6	25~30	$Q_6=A_3I_4+A_4I_3+A_5I_2+A_6I_0$	$=4\times32+3\times65+2\times87+1\times50$	$=547$
7	30~35	$Q_7=\quad A_4I_4+A_5I_3+A_6I_2$	$=3\times32+2\times65+1\times87$	$=313$
8	35~40	$Q_8=\quad\quad A_5I_4+A_6I_3$	$=2\times32+1\times65$	$=129$
9	40~45	$Q_9=\quad\quad\quad A_6I_4$	$=1\times32$	$=32$
10	45~50	$Q_{10}=$	$=$	$=0$

时间面积法的基本假定是径流在汇水区地表的平移。时间面积法考虑雨水到达汇水区出口经历的滞后作用,也考虑了净雨的时间不均匀性,它可以生成设计峰值径流量,也可以生成流量过程线。但时间面积法没有考虑汇水区的调蓄作用,即峰值的降低和流量过程的延长。因此时间面积法估计的峰值偏大。考虑小型汇水区内调蓄作用有限,这种方法能产生可接受的结果。

10.4 水力模型

10.4.1 三维水动力学基本方程

若以 u、v、w 分别表示 x、y、z 方向上的流速分量,以 σ、τ 分别表示法向和切向应力,对于不可压缩流体,三维水动力学基本方程可以表示为

$$\begin{cases} \dfrac{\partial u}{\partial x}+\dfrac{\partial v}{\partial y}+\dfrac{\partial w}{\partial z}=0 \\ \dfrac{\partial u}{\partial t}+\dfrac{\partial (u^2)}{\partial x}+\dfrac{\partial (uv)}{\partial y}+\dfrac{\partial (uw)}{\partial z}=X+\dfrac{1}{\rho}\left(\dfrac{\partial \sigma_{xx}}{\partial x}+\dfrac{\partial \tau_{yx}}{\partial y}+\dfrac{\partial \tau_{zx}}{\partial z}\right) \\ \dfrac{\partial v}{\partial t}+\dfrac{\partial (vu)}{\partial x}+\dfrac{\partial (v^2)}{\partial y}+\dfrac{\partial (vw)}{\partial z}=Y+\dfrac{1}{\rho}\left(\dfrac{\partial \tau_{xy}}{\partial x}+\dfrac{\partial \sigma_{yy}}{\partial y}+\dfrac{\partial \tau_{zy}}{\partial z}\right) \\ \dfrac{\partial w}{\partial t}+\dfrac{\partial (wu)}{\partial x}+\dfrac{\partial (wv)}{\partial y}+\dfrac{\partial (w^2)}{\partial z}=Z+\dfrac{1}{\rho}\left(\dfrac{\partial \tau_{xz}}{\partial x}+\dfrac{\partial \tau_{yz}}{\partial y}+\dfrac{\partial \sigma_{zz}}{\partial z}\right) \end{cases} \quad (10-21)$$

式中 X、Y、Z——单位质量力分别沿 x、y、z 三个方向的分量;

σ_{xx}、σ_{yy}、σ_{zz}——法向应力;

$\tau_{yx}=\tau_{xy}$、$\tau_{zx}=\tau_{xz}$、$\tau_{zy}=\tau_{yz}$——切向应力。

对于不可压缩流体,当考虑应力与应变率之间的作用时,可得到纳维埃-斯托克斯(Navier-Stokes)方程

$$\begin{cases} \dfrac{\partial u}{\partial x}+\dfrac{\partial v}{\partial y}+\dfrac{\partial w}{\partial z}=0 \\ \dfrac{\partial u}{\partial t}+\dfrac{\partial (u^2)}{\partial x}+\dfrac{\partial (uv)}{\partial y}+\dfrac{\partial (uw)}{\partial z}=X-\dfrac{1}{\rho}\dfrac{\partial p}{\partial x}+\dfrac{\mu}{\rho}\nabla^2 u \\ \dfrac{\partial v}{\partial t}+\dfrac{\partial (vu)}{\partial x}+\dfrac{\partial (v^2)}{\partial y}+\dfrac{\partial (vw)}{\partial z}=Y-\dfrac{1}{\rho}\dfrac{\partial p}{\partial y}+\dfrac{\mu}{\rho}\nabla^2 v \\ \dfrac{\partial w}{\partial t}+\dfrac{\partial (wu)}{\partial x}+\dfrac{\partial (wv)}{\partial y}+\dfrac{\partial (w^2)}{\partial z}=Z-\dfrac{1}{\rho}\dfrac{\partial p}{\partial z}+\dfrac{\mu}{\rho}\nabla^2 w \end{cases} \quad (10-22)$$

对于河口或大型水库,垂直加速度与重力加速度相比很小,可以忽略。由式(10-21)可得河口或大型水库的三维流动基本方程

$$\begin{cases} \dfrac{\partial u}{\partial x}+\dfrac{\partial v}{\partial y}+\dfrac{\partial w}{\partial z}=0 \\ \dfrac{\partial u}{\partial t}+\dfrac{\partial (u^2)}{\partial x}+\dfrac{\partial (uv)}{\partial y}+\dfrac{\partial (uw)}{\partial z}=X-\dfrac{1}{\rho}\dfrac{\partial p}{\partial x}+\dfrac{1}{\rho}\left(\dfrac{\partial \tau_{xx}}{\partial x}+\dfrac{\partial \tau_{yx}}{\partial y}+\dfrac{\partial \tau_{zx}}{\partial z}\right) \\ \dfrac{\partial v}{\partial t}+\dfrac{\partial (vu)}{\partial x}+\dfrac{\partial (v^2)}{\partial y}+\dfrac{\partial (vw)}{\partial z}=Y-\dfrac{1}{\rho}\dfrac{\partial p}{\partial y}+\dfrac{1}{\rho}\left(\dfrac{\partial \tau_{xy}}{\partial x}+\dfrac{\partial \tau_{yy}}{\partial y}+\dfrac{\partial \tau_{zy}}{\partial z}\right) \\ \dfrac{\partial p}{\partial z}=-\rho g \end{cases} \quad (10-23)$$

式中 τ_{xx}、τ_{yy}——分别为正应力 σ_{xx}、σ_{yy} 中的偏应力部分。

对于较大面积的河口、湖泊、水库，通常需要考虑地球自转引起的科氏力的作用（科氏力是因地球自转而对地表附近的运动如风、海流等造成的偏向力），在上述 x、y 方向的动量方程中考虑科氏力分量后得到方程

$$\begin{cases} \dfrac{\partial u}{\partial x}+\dfrac{\partial v}{\partial y}+\dfrac{\partial w}{\partial z}=0 \\ \dfrac{\partial u}{\partial t}+\dfrac{\partial (u^2)}{\partial x}+\dfrac{\partial (uv)}{\partial y}+\dfrac{\partial (uw)}{\partial z}-fv=-\dfrac{1}{\rho}\dfrac{\partial p}{\partial x}+\dfrac{1}{\rho}\left(\dfrac{\partial \tau_{xx}}{\partial x}+\dfrac{\partial \tau_{yx}}{\partial y}+\dfrac{\partial \tau_{zx}}{\partial z}\right) \\ \dfrac{\partial v}{\partial t}+\dfrac{\partial (vu)}{\partial x}+\dfrac{\partial (v^2)}{\partial y}+\dfrac{\partial (vw)}{\partial z}+fu=-\dfrac{1}{\rho}\dfrac{\partial p}{\partial y}+\dfrac{1}{\rho}\left(\dfrac{\partial \tau_{xy}}{\partial x}+\dfrac{\partial \tau_{yy}}{\partial y}+\dfrac{\partial \tau_{zy}}{\partial z}\right) \\ \dfrac{\partial p}{\partial z}=-\rho g \end{cases} \quad (10-24)$$

式中 f——科氏力系数。

10.4.2 二维水动力学基本方程

1. 沿水深平均的二维水动力学方程

对于水平尺度远大于垂直尺度的河流及湖泊，物理量（如流速等）沿水深方向的变化相对于水平变化要小得多，可以不考虑这些量沿水深方向的变化，将三维水动力学基本方程沿水深积分，然后沿水深平均，可得沿水深平均的二维流动基本方程

$$\begin{cases} \dfrac{\partial h}{\partial t}+\dfrac{\partial (hU)}{\partial x}+\dfrac{\partial (hV)}{\partial y}=0 \\ \dfrac{\partial (hU)}{\partial t}+\dfrac{\partial (hUU)}{\partial x}+\dfrac{\partial (hUV)}{\partial y}=-gh\dfrac{\partial (h+z_b)}{\partial x}+\dfrac{1}{\rho}(\tau_x^s-\tau_x^b) \\ \quad +fVh+\dfrac{1}{\rho}\left\{2\dfrac{\partial}{\partial x}\left(h\mu\dfrac{\partial U}{\partial x}\right)+\dfrac{\partial}{\partial y}\left[h\mu\left(\dfrac{\partial U}{\partial y}+\dfrac{\partial V}{\partial x}\right)\right]\right\} \\ \dfrac{\partial (hV)}{\partial t}+\dfrac{\partial (hUV)}{\partial x}+\dfrac{\partial (hVV)}{\partial y}=-gh\dfrac{\partial (h+z_b)}{\partial y}+\dfrac{1}{\rho}(\tau_y^s-\tau_y^b) \\ \quad -fUh+\dfrac{1}{\rho}\left\{\dfrac{\partial}{\partial y}\left[h\mu\left(\dfrac{\partial U}{\partial y}+\dfrac{\partial V}{\partial x}\right)\right]+2\dfrac{\partial}{\partial y}\left(h\mu\dfrac{\partial U}{\partial y}\right)\right\} \end{cases} \quad (10-25)$$

式中 h——水深；

z_b——河底高程；

U——沿水深在 x 方向的平均流速，$U=\dfrac{1}{h}\displaystyle\int_{z_b}^{h+z_b} u\,\mathrm{d}z$；

V——沿水深在 y 方向的平均流速，$V=\dfrac{1}{h}\displaystyle\int_{z_b}^{h+z_b} v\,\mathrm{d}z$；

τ_x^s——自由水面处 x 方向的黏度和雷诺应力；

τ_x^b——河底处 x 方向的黏度和雷诺应力；

τ_y^s——自由水面处 y 方向的黏度和雷诺应力；

τ_y^b——河底处 y 方向的黏度和雷诺应力。

在浅水湖泊、潮汐河口及港湾的水动力模拟中,常以自由水面相对水位 ξ 为变量,水位的基准面取在湖、海平均水平面上,式(10-25)常改写为

$$\begin{cases} \dfrac{\partial \xi}{\partial t} + \dfrac{\partial (HU)}{\partial x} + \dfrac{\partial (HV)}{\partial y} = 0 \\ \dfrac{\partial (HU)}{\partial t} + \dfrac{\partial (HUU)}{\partial x} + \dfrac{\partial (HUV)}{\partial y} = -gH\dfrac{\partial \xi}{\partial x} + \dfrac{1}{\rho}(\tau_x^s - \tau_x^b) + fVH \\ \quad + \dfrac{1}{\rho}\left\{2\dfrac{\partial}{\partial x}\left(H\mu\dfrac{\partial U}{\partial x}\right) + \dfrac{\partial}{\partial y}\left[H\mu\left(\dfrac{\partial U}{\partial y} + \dfrac{\partial V}{\partial x}\right)\right]\right\} \\ \dfrac{\partial (HV)}{\partial t} + \dfrac{\partial (HUV)}{\partial x} + \dfrac{\partial (HVV)}{\partial y} = -gH\dfrac{\partial \xi}{\partial y} + \dfrac{1}{\rho}(\tau_y^s - \tau_y^b) - fUH \\ \quad + \dfrac{1}{\rho}\left\{\dfrac{\partial}{\partial y}\left[H\mu\left(\dfrac{\partial U}{\partial y} + \dfrac{\partial V}{\partial x}\right)\right] + 2\dfrac{\partial}{\partial y}\left(H\mu\dfrac{\partial U}{\partial y}\right)\right\} \end{cases} \quad (10\text{-}26)$$

式中　H——总水深,$H = h + \xi$;

　　　h——基准面到河底的距离。

2. 沿宽度平均的二维水动力学方程

对于宽度平均(侧向平均)假定的河流,x、y、z 方向上的流速可表示为

$$u = U + u'$$
$$v = V + v'$$
$$w = W + w'$$

式中　U、V、W——宽度平均流速。

$$U = \dfrac{1}{B}\int_{y_1}^{y_2} u\,\mathrm{d}y, \quad V = 0, \quad W = \dfrac{1}{B}\int_{y_1}^{y_2} w\,\mathrm{d}y$$

得到如下的长度比较大、水深尺度较大的湖泊、河流宽度平均的立面二维水动力学方程

$$\begin{cases} \dfrac{\partial (BU)}{\partial x} + \dfrac{\partial (BV)}{\partial z} = 0 \\ \dfrac{\partial (BU)}{\partial t} + \dfrac{\partial (BUU)}{\partial x} + \dfrac{\partial (BUW)}{\partial z} = \dfrac{\partial}{\partial x}\left(B\varepsilon_{xx}\dfrac{\partial U}{\partial x}\right) + \dfrac{\partial}{\partial z}\left(B\varepsilon_{xz}\dfrac{\partial U}{\partial z}\right) - \dfrac{B}{\rho}\dfrac{\partial p}{\partial x} \\ \dfrac{\partial (BW)}{\partial t} + \dfrac{\partial (BUW)}{\partial x} + \dfrac{\partial (BWW)}{\partial z} = \dfrac{\partial}{\partial x}\left(B\varepsilon_{xz}\dfrac{\partial W}{\partial x}\right) + \dfrac{\partial}{\partial z}\left(B\varepsilon_{zz}\dfrac{\partial W}{\partial z}\right) - Bg \end{cases} \quad (10\text{-}27)$$

式中　ε_{xx}、ε_{xz}、ε_{zz}——紊动黏性系数;

　　　p——宽度平均压强;

　　　B——河宽;

　　　ρ——宽度平均密度。

10.4.3　一维圣维南方程组

明渠自由表面均匀渐变流的一维圣维南方程组可写为

$$\begin{cases} \dfrac{\partial A}{\partial t}+\dfrac{\partial Q}{\partial x}=0 \\ \dfrac{\partial Q}{\partial t}+\dfrac{\partial}{\partial x}\left(\dfrac{Q^2}{A}\right)+gA\dfrac{\partial y}{\partial x}+gAS_f=gAS_0 \end{cases} \quad (10\text{-}28)$$

式中 A——过水断面积(m^2);

Q——流量(m^3/s);

t——时间(s);

x——沿水流方向的管渠距离(m);

g——重力加速度(9.8 m/s^2);

y——水深(m);

S_0——渠底坡度;

S_f——摩擦阻力坡度。

方程组(10-28)的解称圣维南方程组全解,也称动态波解。考虑到求解圣维南方程组的难度,已经出现了大量近似算法。为了改善稳定性,可作如下的动量方程简化。

(1) 当式(10-28)中忽略当地加速度项$\dfrac{\partial Q}{\partial t}$和平移加速度项$\dfrac{\partial}{\partial x}\left(\dfrac{Q^2}{A}\right)$后,得到

$$\begin{cases} \dfrac{\partial A}{\partial t}+\dfrac{\partial Q}{\partial x}=0 \\ \dfrac{\partial y}{\partial x}+S_f=S_0 \end{cases} \quad (10\text{-}29)$$

其解称为扩散波(零惯性项)解。

忽略当地加速度项和平移加速度项后,扩散波模型需要水流在时间和空间上为缓慢变化状态。由于排水管渠为棱柱体,渐变流需要水深和水力半径不迅速变化。压力项$\partial y/\partial x$保留了下游的壅水效应,它对于排水管渠模拟很重要。尽管扩散波近似没有动态波全解那样准确,但如果当地加速度和平移加速度不重要,扩散波近似的数值计算具有简单快速的优点。为了获得唯一解,扩散波近似求解需要两个边界条件,以及必要的初始条件。缓流中边界条件之一反映了下游壅水效应。

(2) 当简化为

$$\begin{cases} \dfrac{\partial A}{\partial t}+\dfrac{\partial Q}{\partial x}=0 \\ S_f=S_0 \end{cases} \quad (10\text{-}30)$$

联立求解时,称为运动波解。

运动波近似条件下,自由表面假定与渠底平行,即水流为均匀流。忽略水流惯性力项和压力项,运动波近似为求得唯一解,仅需要一个边界条件,以及必要的初始条件。渠道上游端给出边界条件,通常为近流变化曲线。运动波近似没有削弱高峰流量的机制,它不适合分析压力流问题。当水流状态变化缓慢时,运动波模型工作良好。

表10-4所示说明了圣维南方程组及其近似形式的适用条件。

表 10-4　　　　　　　　　　圣维南方程组及其近似形式的适用条件

	运动波	扩散波	动态波
需要的边界条件	1	2	3
是否考虑下游壅水效应和逆向流动	否	是	是
是否对高峰流量缓解	否	是	是
是否考虑平移加速度	否	否	是

10.4.4　一维圣维南方程组求解(SWMM算法)

美国环境保护署的雨水管理模型(SWMM)采用隐式欧拉法,求解排水管渠一维圣维南方程组。

1. 管段动量方程

式(10-28)代入式 $gA\dfrac{\partial h}{\partial x}=gA\dfrac{\partial y}{\partial x}-gAS_0$(式中 h 为管渠中水头),得到式(10-32)。

$$\frac{\partial A}{\partial t}+\frac{\partial Q}{\partial x}=0 \tag{10-31}$$

$$\frac{\partial Q}{\partial t}+\frac{\partial}{\partial x}\left(\frac{Q^2}{A}\right)+gA\frac{\partial h}{\partial x}+gAS_f=0 \tag{10-32}$$

式(10-32)中 $\dfrac{\partial}{\partial x}\left(\dfrac{Q^2}{A}\right)$ 可表示为

$$\frac{\partial}{\partial x}\left(\frac{Q^2}{A}\right)=\frac{\partial(U^2 A)}{\partial x}=2AU\frac{\partial U}{\partial x}+U^2\frac{\partial A}{\partial x} \tag{10-33}$$

式中　U——平均流速($=Q/A$)(m/s)。

将 $Q=UA$ 代入式(10-31),可得

$$\frac{\partial A}{\partial t}+A\frac{\partial U}{\partial x}+U\frac{\partial A}{\partial x}=0 \tag{10-34}$$

即

$$AU\frac{\partial U}{\partial x}=-U\frac{\partial A}{\partial t}-U^2\frac{\partial A}{\partial x} \tag{10-35}$$

将式(10-35)代入式(10-33),得

$$\frac{\partial}{\partial x}\left(\frac{Q^2}{A}\right)=-2U\frac{\partial A}{\partial t}-U^2\frac{\partial A}{\partial x} \tag{10-36}$$

将式(10-36)代入式(10-32),得管段动量方程

$$\frac{\partial Q}{\partial t}=2U\frac{\partial A}{\partial t}+U^2\frac{\partial A}{\partial x}-gA\frac{\partial h}{\partial x}-gAS_f \tag{10-37}$$

2. 节点连续性方程

假设节点(检查井)的水面标高与进入和离开节点的管段水面标高具有连续性,则节点与管段中的质量守恒可表示为

$$\frac{\partial V}{\partial t}=\frac{\partial V}{\partial h}\frac{\partial h}{\partial t}=(A_s+\sum A_{sL})\frac{\partial h}{\partial t}=\sum Q \tag{10-38}$$

式中 V——节点及管段的容积(m^3);

A_s——节点(检查井)的表面积(m^2);

A_{sL}——连接管段贡献的表面积(m^2);

$\sum Q$——节点净进流量(=进流量-出流量)(m^3/s)。

式(10-37)和式(10-38)形成了求解排水管渠中管段流量 Q 和节点水头 h 的偏微分方程组。

3. 求解方法

式(10-37)和式(10-38)中的空间和时间偏导数,可用以下有限差分近似替换。

$$\frac{\partial A}{\partial x}\approx\frac{A_2-A_1}{L} \tag{10-39}$$

$$\frac{\partial h}{\partial x}\approx\frac{H_2-H_1}{L} \tag{10-40}$$

$$\frac{\partial A}{\partial t}\approx\frac{\Delta\bar{A}}{\Delta t} \tag{10-41}$$

$$\frac{\partial Q}{\partial t}\approx\frac{\Delta Q}{\Delta t} \tag{10-42}$$

$$\frac{\partial h}{\partial t}\approx\frac{\Delta H}{\Delta t} \tag{10-43}$$

式中 A_1——管渠上游端过流面积(m^2);

A_2——管渠下游端过流面积(m^2);

H_1——管渠上游端水头(m);

H_2——管渠下游端水头(m);

L——管渠长度(m);

Δt——时间步长(s);

$\Delta\bar{A}$——时间步长 Δt 内平均过流面积变化(=$\bar{A}^{t+\Delta t}-\bar{A}^t$)($m^2$);

ΔQ——时间步长 Δt 内流量变化(=$Q^{t+\Delta t}-Q^t$)(m^3/s);

ΔH——时间步长 Δt 内流量变化(=$H^{t+\Delta t}-H^t$)(m);

上标 $t+\Delta t$ 和 t 均指时间。

摩擦坡度 S_f 用恒定均匀流曼宁公式表示为

$$S_f=\frac{n^2Q|U|}{AR^{\frac{4}{3}}} \tag{10-44}$$

将式(10-39)~式(10-44)代入管段动量方程式(10-37),并利用管段长度上平均数值代替 A、U 和 R,于是得到管段动量方程的有限差分形式。

$$\frac{\Delta Q}{\Delta t} = 2\bar{U}\frac{\Delta \bar{A}}{\Delta t} + \bar{U}^2 \frac{(A_2 - A_1)}{L} - g\bar{A}\frac{(H_2 - H_1)}{L} - gn^2 \frac{Q|\bar{U}|}{\bar{R}^{\frac{4}{3}}} \tag{10-45}$$

节点连续性方程式(10-38)的有限差分形式为

$$\frac{\Delta H}{\Delta t} = \frac{\sum Q}{(A_s + \sum A_{sL})} \tag{10-46}$$

当采用隐式欧拉方法求解时,式(10-45)可改写为

$$Q^{t+\Delta t} = \frac{Q^t + \Delta Q_{惯性} + \Delta Q_{压力}}{1 + \Delta Q_{摩擦}} \tag{10-47}$$

式中惯性项

$$\Delta Q_{惯性} = 2\bar{U}(\bar{A}^{t+\Delta t} - \bar{A}^t) + \bar{U}^2 \frac{(A_2 - A_1)}{L}\Delta t \tag{10-47a}$$

压力项

$$\Delta Q_{压力} = -g\bar{A}\frac{(H_2 - H_1)}{L}\Delta t \tag{10-47b}$$

摩擦项

$$\Delta Q_{摩擦} = gn^2 \frac{|\bar{U}|\Delta t}{\bar{R}^{\frac{4}{3}}} \tag{10-47c}$$

节点连续性方程式(10-46)的有限差分形式可表示为

非排放口节点

$$H^{t+\Delta t} = H^t + \frac{\frac{\Delta t}{2}(\sum Q^t + \sum Q^{t+\Delta t})}{(A_s + \sum A_{sL})^{t+\Delta t}} \tag{10-48a}$$

排放口节点

$$H^{t+\Delta t} = H_{排放口} \tag{10-48b}$$

式中 $H_{排放口}$ ——用户提供的排放口节点水头。

式(10-47)和式(10-48)可以利用函数迭代,在给定时间步长 Δt 上隐式求解,步骤如下。

(1) 最初令 Q^{last} 和 H^{last} 分别为时刻 t 每一管段流量和每一节点水头。初始条件下的,即时刻 0 处的 Q^{last} 和 H^{last} 数值由用户提供。

(2) 求解式(10-45),生成每一管段在时刻 $t+\Delta t$ 的新流量 Q^{new};根据 H^{last} 求 A、$\bar{A}$、$\bar{U}$ 和 $\bar{R}$ 的数值。

(3) 利用松弛因子 θ 合并 Q^{new} 和 Q^{last},产生加权数值

$$Q^{new} = (1-\theta)Q^{last} - \theta Q^{new}$$

(4) 再次利用松弛因子 θ 合并 H^{new} 和 H^{last},产生加权数值

$$H^{new} = (1-\theta)H^{last} - \theta H^{new}$$

(5) 对于每一节点,如果 H^{new} 充分接近 H^{last},则过程中止,并将 Q^{new} 和 H^{new} 作为时刻 $t+\Delta t$ 的解。否则设置 H^{last} 和 Q^{last} 分别等于 H^{new} 和 Q^{new},返回到步骤(2)。

10.5 水质模型

水质模型是描述水体(如河流、湖泊、水池、管渠流等)的水质要素(如 DO、BOD 等)在各种因素(如物理、化学、生物等)作用下随时间和空间变化的数学表达式。

按水质参数的传输特性,可分为移流模型、扩散(含弥散)模型和移流扩散(含弥散)模型。当移流占绝对优势,不计扩散弥散时,为移流模型;如果移流项不存在,只有扩散弥散作用的模型称为扩散模型;二者都不能忽略的模型称为移流扩散模型。

按反应动力学性质,可分为纯迁移模型、纯反应模型、迁移反应模型和生态模型。当系统内为不随时间衰减的保守物质时,物质只随水流做机械运动,这种模型称为纯迁移模型。当系统内为非保守物质时,水体基本静止,物质只有生物化学反应的模型为纯反应模型。系统内为非保守物质,水体又处于运动状态,物质既有迁移又有生化反应的模型称为迁移反应模型。含有生物生长过程的模型称为生态模型。

10.5.1 基本水质模型

1. 零维水质模型

如果把一块水体,如一个河段、一个湖泊、一座水库或一个局部水域,看作是一个完全混合的反应器,可考虑为一种准动态模型,即流入和流出水体的流量均为 Q,而且它不随时间而变,设 C_0 为流入水体的污染物浓度,则根据质量守恒,式(10-49)成立。

$$V\frac{dc}{dt} = Q(c_0 - c) + S + r(c)V \tag{10-49}$$

式中 V——水体体积;

c——反应器(水体)内的污染物浓度;

S——除集中流入和流出水体过程外的水体内污染物的其他来源和漏失量总和,量纲为 MT^{-1};

$r(c)$——反应器内过程的反应速率,量纲为 $ML^{-3}T^{-1}$。

2. 一维水质模型

考虑非保守物质的移流扩散弥散模型,对非保守物质在沿程中由生物化学作用引起的增加(即源项)用 $\sum A_i$ 表示,衰减(即汇项)用 $\sum B_i$ 表示。动态模型为

$$\frac{\partial(Ac)}{\partial t} + \frac{\partial(Qc)}{\partial x} = \frac{\partial}{\partial x}\left[(E_x + K)A\frac{\partial c}{\partial x}\right] + \sum A_i - \sum B_i + S \tag{10-50}$$

式中 A——过流断面积;

c——非保守物质浓度;

Q——流量;

E_x 和 K——分别为纵向紊动扩散系数和纵向弥散系数。

3. 二维水质模型

(1) 描述铅直方向(水深方向)均匀混合的水质方程

$$\frac{\partial(hc)}{\partial t}+\frac{\partial(uhc)}{\partial x}+\frac{\partial(vhc)}{\partial y}=\frac{\partial}{\partial x}\left[h(E_x+K)\frac{\partial c}{\partial x}\right]+\frac{\partial}{\partial x}\left[hE_y\frac{\partial c}{\partial y}\right]+\sum A_i-\sum B_i+S \tag{10-51}$$

(2) 描述横向均匀混合、铅直分层的水质方程

$$\frac{\partial(bc)}{\partial t}+\frac{\partial(ubc)}{\partial x}+\frac{\partial(wbc)}{\partial z}=\frac{\partial}{\partial x}\left[b(E_x+K)\frac{\partial c}{\partial x}\right]+\frac{\partial}{\partial z}\left[bE_z\frac{\partial c}{\partial z}\right]+\sum A_i-\sum B_i+S \tag{10-52}$$

以上两式中 h——沿 z 轴（铅直坐标）方向的水深；

w——沿 z 轴方向的流速；

b——沿 y 轴（横向坐标）方向的水体宽度；

v——沿 y 轴方向的流速；

E_y 和 E_z——分别是横向和铅直方向的紊动扩散系数。

4. 三维水质模型

三维水质模型是迁移反应动态模型，迁移为包含移流、扩散和弥散的综合过程。

$$\frac{\partial c}{\partial t}+\frac{\partial(uc)}{\partial x}+\frac{\partial(vc)}{\partial y}+\frac{\partial(wc)}{\partial z}$$
$$=\frac{\partial}{\partial x}\left[(E_x+K)\frac{\partial c}{\partial x}\right]+\frac{\partial}{\partial y}\left[bE_y\frac{\partial c}{\partial y}\right]+\frac{\partial}{\partial z}\left[bE_z\frac{\partial c}{\partial z}\right]+\sum A_i-\sum B_i+S \tag{10-53}$$

10.5.2 零维水质模型解析解

一条河流可以分为若干河段，当每段分割得很小时，可视为完全混合反应器。如果该河段中无源、无汇项，反应器某种物质的生化反应属于一级动力学反应，则无源、无汇项的零维水质模型为

$$V\frac{dc}{dt}=Q(c_0-c)-K_1 cV \tag{10-54}$$

式中 K_1——一级反应速率，量纲为 T^{-1}；

c_0——流入反应器的某种物质浓度；

V——反应器体积；

Q——恒定进流量或出流量。

(1) 在稳态条件下，$dc/dt=0$，有

$$Q(c_0-c)-K_1 cV=0$$

解为
$$c=\frac{c_0}{1+K_1\dfrac{V}{Q}}=\frac{c_0}{1+K_1 T} \tag{10-55}$$

式中 $T=V/Q$，为该物质在反应器内的停留时间。

(2) 在准动态条件下，当无生化反应时，考虑保守物质浓度变化，此时水质模型为

$$V\frac{dc}{dt} = Q(c_0 - c)$$

解为
$$c = c_0 - e^{-\frac{t}{T}}(c_0 - c_1) \tag{10-56}$$

式中 T——停留时间；

c_1——$t=0$ 时水体（积反应器）内该种物质质量浓度；

c——时刻 t 流出反应器的该种物质质量浓度。

（3）准动态条件下，非保守物质处于一级反应状态；初始条件 $t=0$ 时，反应器中该种物质质量浓度 $c=c_0$（即来流浓度），则有模型

$$V\frac{dc}{dt} = Qc_0 - Qc - K_1 cV$$

结合初始条件，解得

$$c = \frac{c_0}{T\beta}(1 - e^{-\beta t}) + c_0 e^{-\beta t} \tag{10-57}$$

式中 $\beta = \frac{1}{T} + K_1$，$T = V/Q$。

10.5.3 一维水质模型基本方程解析解

非保守物质处于一级反应状态，忽略纵向紊动扩散，无源、无汇项的均匀河槽准动态水质模型为

$$\frac{\partial c}{\partial t} + U\frac{\partial c}{\partial x} = K\frac{\partial^2 c}{\partial x^2} - K_1 c \tag{10-58}$$

式中 U——均匀流流速；

K_1——反应速率系数；

K——弥散系数。

1）稳态解

在恒定均匀流河段中，污染物也是稳定的输入（即连续均匀排放）条件，此时 $\frac{\partial c}{\partial t} = 0$，式（10-58）变为

$$\frac{d^2 c}{dx^2} - \frac{U}{K}\frac{dc}{dx} - \frac{K_1}{K}c = 0 \tag{10-59}$$

式中边界条件为：$x=0$ 处 $c=c_0$；$x=\infty$ 远处，$c=0$。式（10-59）是二阶常系数齐次线性常微分方程，可用解特征代数方程的方法求解，其对应的特征代数方程为

$$\lambda^2 - \frac{U}{K}\lambda - \frac{K_1}{K} = 0$$

式（10-59）有两个根 $\lambda_{1,2}$

$$\lambda_{1,2} = \frac{U}{2K}(1 \pm m) \tag{10-60}$$

$$m = \sqrt{1 + \frac{4KK_1}{U^2}} \tag{10-61}$$

方程式(10-59)的通解为

$$c = A e^{x\lambda_1} + B e^{x\lambda_2} \tag{10-62}$$

由于式(10-60)中的 $1-m$ 对应于排污口下游区域($x>0$)的情况，而 $1+m$ 对应于排污口上游区域($x<0$)的情况。根据边界条件，求得对应于上下游区域的浓度分布为

$$c = c_0 \exp\left[\frac{U}{2K}(1 \pm m)x\right] \tag{10-63}$$

如果再忽略纵向弥散时，水质模型将简化成更简单的形式为

$$U\frac{\partial c}{\partial x} + K_1 c = 0 \tag{10-64}$$

式中边界条件为：$x=0$ 处，$c=c_0$，可求得式(10-64)的解为

$$c = c_0 \exp(-K_1 x/U) \tag{10-65}$$

2) 忽略纵向弥散的准动态解

在不受潮汐影响，流速很小的恒定流中，可忽略弥散作用，同时假定非保守物质处于一级反应状态，则有水质模型

$$\frac{\partial c}{\partial t} + U\frac{\partial c}{\partial x} = -K_1 c \tag{10-66}$$

在 $t=0, x=0$ 处，$c=c_0$ 的边界条件下，有解

$$c(x,t) = c_0 \exp[-K_1 x(t)/U] \tag{10-67}$$

3) 无源、无汇项的一维水质模型的准动态解

(1) 简单边界的瞬时排放解

排放的污染物参与一级生化反应，移流和纵向弥散作用同时存在，则水质模型为

$$\frac{\partial c}{\partial t} + U\frac{\partial c}{\partial x} = K\frac{\partial^2 c}{\partial x^2} - K_1 c \tag{10-68}$$

求解方程式(10-68)，须结合条件[式(10-69)]

$$\begin{cases} c(x,0) = 0 \\ c(0,t) = \dfrac{M}{Q}\delta(t), \quad c(\infty, t) = 0 \end{cases} \tag{10-69}$$

为便于求解，先模拟瞬时排污情况，构造一个 $\delta(t)$ 函数。设河段起始断面处($x=0$)，在 $t=0$ 时突然投放质量为 M、流量为 Q 的平面污染源，其排放的浓度可写为 $M\delta(t)/Q$。在上述边界条件下求解方程(10-68)，可用拉普拉斯变换，则象函数为

$$L[c(x,t)] = \int_0^\infty \exp(-st)c(x,t)\mathrm{d}t = c^L(x,s)$$

式中 s 是拉式变量。这样就把偏微分方程式(10-68)转换为含 s 变量关于 x 的常微分方程,即

$$sc^L + U\frac{\mathrm{d}c^L}{\mathrm{d}x} = K\frac{\mathrm{d}^2 c^L}{\mathrm{d}x^2} - K_1 c^L$$

其特征代数方程为

$$\lambda^2 - \frac{U}{K}\lambda - \frac{s+K_1}{K} = 0$$

该方程有两个根

$$\lambda_{1,2} = \frac{U}{2K}\left(1 \pm \frac{2\sqrt{K}}{U}\sqrt{\frac{U^2}{4K}+K_1+s}\right)$$

象函数 c^L 的通解式为

$$c^L = A\mathrm{e}^{x\lambda_1} + B\mathrm{e}^{x\lambda_2}$$

对边界条件进行相应的拉氏变换,得

$$\begin{cases} c^L(0,s) = \int_0^\infty \dfrac{M}{Q}\delta(t)\exp(-st)\mathrm{d}t = \dfrac{M}{Q} \\ c^L(\infty, s) = 0 \end{cases}$$

因此,通解的系数 $A=0$,$B=M/Q$。拉式的逆变换公式为

$$L^{-1}\left[\exp(-y\sqrt{s+z})\right] = \frac{y\exp(-zt)}{\sqrt{4\pi t^3}}\exp\left(-\frac{y^2}{4t}\right)$$

式中 $y = z/\sqrt{K}$,$z = \dfrac{U^2}{4K}+K_1$。经拉式逆变换可得原函数为

$$c(x,t) = \frac{M}{A\sqrt{4\pi Kt}}\exp\left[-\frac{(x-Ut)^2}{4Kt} - K_1 t\right] \tag{10-70}$$

式中 A——断面面积,并认为污染物质量 M 在河流断面面积 A 上分布均匀。

式(10-70)瞬时排放非保守物质为一级反应的浓度分布公式,它是瞬时平面源在一维空间的浓度分布。

当将以上计算结果推广到二维和三维空间时,排放方式仍是瞬时排放,污染物仍为处于一级反应的非保守物质,则瞬时线源在二维空间的浓度分布为

$$c(x,y,t) = \frac{m}{4\pi t(KE_y)^{\frac{1}{2}}}\exp\left[-\frac{(x-Ut)^2}{4Kt} - \frac{y^2}{4E_y t} - K_1 t\right] \tag{10-71}$$

式中　m——单位长度上污染物质量,即线源。

瞬时点源在三维空间中的浓度分布为

$$c(x,y,z,t)=\frac{M}{(4\pi t)^{\frac{3}{2}}(KE_yE_x)^{\frac{1}{2}}}\exp\left[-\frac{(x-Ut)^2}{4Kt}-\frac{y^2}{4E_yt}-\frac{z^2}{4E_zt}-K_1t\right] \tag{10-72}$$

式(10-70)~式(10-72)中,点源是坐标原点或者通过坐标原点。如果污染点源不是坐标原点,而是点 $p(x_1,y_1,z_1)$,那么式中的 x、y 和 z 要分别用 $x-x_1$、$y-y_1$ 和 $z-z_1$ 替代。

(2) 时间连续均匀面源解

设面源位于 $x=0$ 处,污染源的初始浓度为函数 $c_0(0,t)$,那么这个分布在下游的发展可以用式(10-73)计算。

$$c(x,t)=\int_{-\infty}^{\infty}c_0(0,\tau)f(x,t-\tau)\mathrm{d}\tau \tag{10-73}$$

式(10-73)是一个具有核函数 f 的卷积分,它可以用考察河流对一个 δ 函数型输入的响应确定。当将 $c_0(0,t)$ 分解为一系列 δ 函数型输入时,每一个输入就是在 Δt 时间里投入一个相应的质量。由于基本方程是线性的,所以河流对这一系列输入的响应就等于对单个输入的响应的总和。式(10-73)中的核函数 f 为

$$f(x,t-\tau)=\frac{U}{\sqrt{4\pi K}}\exp\left\{-\frac{[x-U(t-\tau)]^2}{4K(t-\tau)}\right\} \tag{10-74}$$

设在 $x=0$ 处,在时间 $t=0$ 和 $t=\Delta t$ 之间连续排放污染物。初始条件是:当 $0 \leqslant t \leqslant \Delta t$ 时,$c(0,t)=c_0$;当 $t>\Delta t$ 时,$c(0,t)=0$,可以得到

$$c(x,t)=\int_0^{\Delta t}\frac{c_0 U}{\sqrt{4\pi K(t-\tau)}}\exp\left\{-\frac{[x-U(t-\tau)]^2}{4K(t-\tau)}-K_1(t-\tau)\right\}\mathrm{d}\tau$$

利用拉普拉斯变换,求得解析解为

$$\begin{aligned}\frac{c(x,t)}{c_0}=&\frac{1}{2}\left[\exp\left(\sqrt{\frac{U^2}{4K}+K_1}\,\frac{x}{\sqrt{K}}\right)\mathrm{erfc}\left(\frac{x}{\sqrt{4Kt}}+\sqrt{\frac{U^2}{4K}+K_1}\,t\right)+\exp\left(-\sqrt{\frac{U^2}{4K}+K_1}\,\frac{x}{\sqrt{K}}\right)\right.\\ &\mathrm{erfc}\left(\frac{x}{\sqrt{4Kt}}-\sqrt{\frac{U^2t}{4K}+K_1}\right)\left]\exp\left(\frac{Ux}{2K}\right)-\frac{1}{2}\left[\exp\left(\sqrt{\frac{U^2}{4K}+K_1}\,\frac{x}{\sqrt{K}}\right)\right.\\ &\mathrm{erfc}\left(\frac{x}{\sqrt{4K(t-\Delta t)}}+\sqrt{t-\Delta t}\,\sqrt{\frac{U^2t}{4K}+K_1t}\right)+\exp\left(-\sqrt{\frac{U^2}{4K}+K_1}\,\frac{x}{\sqrt{K}}\right)\\ &\mathrm{erfc}\left(\frac{x}{\sqrt{4K(t-\Delta t)}}-\sqrt{t-\Delta t}\,\sqrt{\frac{U^2}{4K}+K_1}\right)\left]\exp\left(\frac{Ux}{2K}\right)\theta(t-\Delta t)\end{aligned} \tag{10-75}$$

式中

$$\theta(t-\Delta t)=\begin{cases}0 & \text{当 } t \leqslant \Delta t \text{ 时}\\ 1 & \text{当 } t > \Delta t \text{ 时}\end{cases} \tag{10-76}$$

式中误差函数 $\mathrm{erfc}(z)=1-\mathrm{erf}(z)$。$\mathrm{erf}(z)$ 为 z 的误差函数,它是奇函数,有 $\mathrm{erf}(\infty)=1$,$\mathrm{erf}(0)=0$,$\mathrm{erf}(-\infty)=-1$。

$$\mathrm{erf}(z)=\frac{2}{\sqrt{\pi}}\int_0^x \mathrm{e}^{-u^2}\,\mathrm{d}u \tag{10-77}$$

和

$$\frac{\mathrm{d}}{\mathrm{d}x}[\mathrm{erf}(z)]=\frac{2}{\sqrt{\pi}}\mathrm{e}^{-x^2} \tag{10-77$'$}$$

当污染物为保守物质时,即 $K_1=0$,式(10-75)变为式(10-78)。

$$\frac{c}{c_0}=\frac{1}{2}\left[\exp\left(\frac{xU}{K}\right)\mathrm{erfc}\left(\frac{x+Ut}{\sqrt{4Kt}}\right)+\mathrm{erfc}\left(\frac{x-Ut}{\sqrt{4Kt}}\right)\right]-\frac{1}{2}\left\{\exp\left(\frac{xU}{K}\right)\right.$$
$$\left.\mathrm{erfc}\left(\frac{x+U(t-\Delta t)}{\sqrt{4K(t-\Delta t)}}\right)+\mathrm{erfc}\left[\frac{x-U(t-\Delta t)}{\sqrt{4K(t-\Delta t)}}\right]\right\}\theta(t-\Delta t) \tag{10-78}$$

第11章 优 化 技 术

11.1 引言

11.1.1 系统特性

城市水系统与其他各种系统一样,具有特定的结构和功能。对任何一个"系统",一般可概括为以下六个特性。

1. 目的性

任何系统都有其目的,它决定了该系统的基本作用和功能。系统的目的往往不止一个,通常用具体目标标识,例如"输水或净化效率最高""基建费用最低""运行费用最小""满足最低安全度"等。多种目的及其目标,可以通过适当折中协调,综合成系统的总目的及其目标;也可以通过合理简化,将某些目标转化为系统的约束条件,以便简化为单一系统目的及其目标。

2. 集合性

一个系统总是由若干个可以相互区别的要素或单元组成。

3. 关联性

系统的组成要素之间具有相互作用和相互制约的关系。这种系统内部的关联性主要有两类:

(1) 组成单元或要素之间的输入-输出响应关系,如给水系统各组成单元之间存在的水流流量、水压、水质的输入与输出关系。

(2) 系统功能目标与各组成单元的参数、变量之间的响应关系,如给水管网系统的功能目标取满足各节点流量和水压要求下的年折算费用最小,这一目标就与各管段的流量、管径(均可为变量)以及管材摩阻系数与管道施工方法等参数有关。

4. 阶层性

由许多相互作用要素组成的系统总体往往可以逐级分解为一系列的分系统,从而形成树枝状的阶层结构。上、下层之间有其主从关系,同一层各分系统之间也有物质、能量和信息交换的关联关系。

5. 整体性

系统论的核心是"总体大于局部""整体寻优"。局部的最优不等于全局最优。例如,传统上对水处理系统,先单独设计出最小费用下的单元处理构筑物,然后再把它们机械地叠加而构成水处理系统,这种经验设计方法通常在整体上不是最优的。

6. 环境适应性

一个系统必然存在于一个更大系统之中。它必定要与外部环境产生物质、能量和信息的交流;也必定要适应外部环境的要求,满足其约束条件。

系统的上述特性,表明了一个系统(包括城市水系统)进行内部分析和协调的必要性及其潜在效益的可开发性。

11.1.2 城市水系统优化特点

长期以来,城市水工程基本上是依靠已有装置所取得的经验进行设计、施工、运行和管理。自20世纪60年代开始,国际上在经验总结和数理分析基础上,逐渐建立了各种城市水系统或过程的数学模式,从而发展到了以定量和半定量为标志的城市水系统"合理设计和管理"阶段。与此同时,随着系统分析方法、计算技术和电子计算机手段的发展,对于各种类型的城市水系统,开展了最优化研究和实践,不仅在方法学和计算机程序上取得各种研究成果,而且在城市水系统的计算机辅助设计和自动化运行管理上,取得了明显的收益。

城市水工程的最优化设计,是运用系统分析原理和最优化技术,设计出效率高、能耗低、费用少、可靠性强的城市水工程系统(包括满意的系统和参数)。最优化设计与常规设计相比,具有以下优点:

(1) 可以从系统的各种可能结构和参数中找到最佳的匹配,使整体效果最佳,从而提高系统的效率,或降低投资和运行费用。

(2) 可以对系统及其过程进行定量模拟,提供各种状态下的大量信息,从而得到优选状态的可靠性和稳定性。

(3) 为实现计算机辅助设计和自动化运行管理提供良好基础。

(4) 可以提高城市水工程设计、运行的科学性和有效性。

城市水系统与一般生产工艺过程相比,在技术经济上具有更大的不确定性。为了优化城市水系统,需要建立能反映系统或过程的理化(和/或生化)与工程技术、经济特性的数学模型,也需要运用相应的数理模拟实验和求解计算技术。这个过程涉及一定深度的理论和实践知识;再加上优化设计所需的信息量和基础数据比传统设计的要求更严格,这些是发展城市水系统优化过程中常遇到的问题。

11.1.3 城市水系统优化的基本内容

从提出城市水系统优化的要求到完成系统优化的过程,一般需要经历如图11-1所示的阶段或程序。

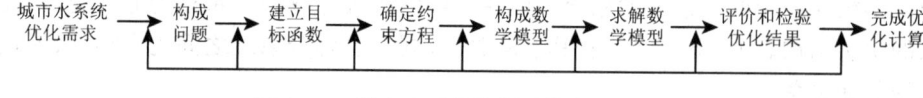

图11-1 城市水系统优化计算的一般流程

1. 构成问题

大多数工程实际问题,包含了很多复杂的因素,其结构和功能最初是含糊和不确切的。如何将一个真实的工程系统,科学地简化为能反映其关键要素及其基本特性,又便于定量表达和模拟优化的替代系统,往往是首要和关键的一步。从"错误"构成的系统,很难引出"正确"的答案。因此确定构成的系统化问题,从初始的概念化开始,还需要借助其后各过程阶段中的深入了解及其信息,并反复考察和修正。

系统化的内容主要有:定性分析城市水系统内各种要素对系统功能目标的影响大小;研究各要素间的基本变量与参数;初步确定系统的结构与功能、目标与约束以及环境条件等。

2. 确定目标

目标的选定是系统优化的评价依据,其内容包括:探明城市水系统设计的各种目标和综合目标;识别各目标的重要性,并表达其中值得追求目标的属性指标;建立目标随基本变量(或考虑的关键因素)变化的函数关系。

较完整的系统功能目标可分为技术、经济、社会三类,可用图11-2所示的目标数表达各个目标之间的逻辑关系。对于具体的城市水系统,按照各种目标权重大小的不同,可以将有限的目标列为追求的目标,而忽略次要的目标或将某些目标列入约束条件中。

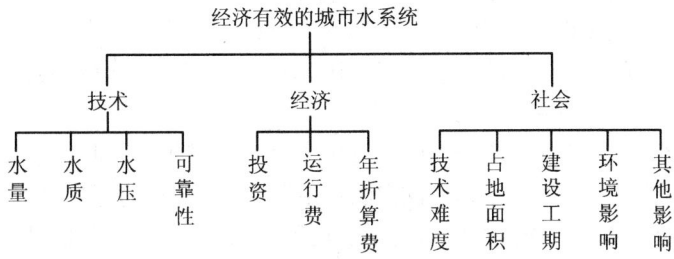

图 11-2 城市水系统目标数

最常遇到的城市水系统优化问题,是在给定技术与社会条件下,寻求系统经济性最佳时的设计、运行方案。因此经济目标往往是最重要的基本目标。主要的经济目标可区分为投资、运行和年折算费三种。年折算费与基建投资和年运行费的关系可表示为

年折算费 = 基建投资 × 资金回收系数(f) + 年经营运行费

资金回收系数
$$f = \frac{i(1+i)^m}{(1+i)^m - 1}$$

总费用 = 基建投资 + 年经营运行费 × 现值系数 R

现值系数
$$R = \frac{1}{f} = \frac{(1+i)^m - 1}{i(1+i)^m}$$

式中 i——投资利率(%);
  m——使用年限。

如 i 取 5%,m 取 20 年,则 $f=0.080\,24$,$R=12.462\,6$。

3. 建立数学模型

在上述两个阶段的基础上,建立能定量表达城市水系统的数学模型。其主要内容可分为两个方面:

(1) 建立系统内部要素变量与约束条件的关系模型。

(2) 建立系统要素变量与目标之间的整体优化模型,从而把系统目标、技术和条件的约束,通过基本变量有机地联系起来,并便于采用适当的优化方法求解。

4. 优化模型的求解并检验

实际工作中求最优解(或满意解)可能为以下几种情况之一。

(1) 评价目标是一个定量指标(通常是费用),且可行的方案很多又无法简单一一列举时,因此要运用最优化方法求出其最优解。

(2) 评价目标是一个定量指标,且备选方案不多,则可逐一对备选模拟计算,从中选优。

(3) 评价目标不止一个,多种目标彼此又有冲突,这时需要运用多目标最优化方法,通过各目标之间的权重妥协和协调优化。

最优化方法可以采用运筹学中的数学规划法(如线性规划、非线性规划、动态规划、网络分析技术等),也可以采用数值计算的试算和灵敏度分析等直接寻优法。

进化优化算法[例如模拟退火(SA)、遗传算法(GA)和禁忌搜索(TS)]是启发性搜索技术,通过模拟自然系统过程,确定最优解。例如 GA 模拟生物进化技术而不是利用目标函数的梯度知识。进化算法通常需要大量计算工作,但它们可以确定全局最优,能有效处理离散性决策变量,目前它们的应用在不断增加。

实际上,优化数学模型的最优解,只是对所用模型为最优,而对现实问题来说,则不完全合乎理想。这样,优化的实际目的是追求"满意解"而不是严格的"最优解"。

为了判断模型求解的正确性(包括模型本身的有效性),评价的准则应为该模型能否正确预测出各种备选行动路线的相对效果。因此,首先应认真检查核对模型本身有无明显的错误,其检查的一种有效方法是核对所有数学表达式在量纲上是否一致;其次,通过变动输入参数和(或)决策变量,核对模型的输出是否按合理的方向运行,更直接的系统检验办法,是使用以往的实际数据或具有实践经验的设计进行分析比较,确定优化模型及其所得结果的合理性与误差程度。

11.2 线性规划

11.2.1 线性规划问题

线性规划问题是在线性等式或线性不等式的约束条件下,求线性目标函数取最大(或最小)值的问题,它属于条件极值问题。

线性规划中满足约束条件的变量值称为线性规划的可行解,所有可行解构成的集合称为可行解集(或可行域);把使目标函数取最大(或最小)值的可行解称为线性规划的最优解。因此,求解线性规划就是从线性规划的可行解集中寻求使目标函数取最大(或最小)值的可行解。

为书写方便,习惯上把线性规划简记为

$$\max(或 \min) z = c_1 x_1 + c_2 x_2 + \cdots + c_n x_n$$

$$\text{s.t} \begin{cases} a_{11} x_1 + a_{12} x_2 + \cdots + a_{1n} x_n \geqslant (或 \leqslant) b_1 \\ a_{21} x_1 + a_{22} x_2 + \cdots + a_{2n} x_n \geqslant (或 \leqslant) b_2 \\ \vdots \\ a_{m1} x_1 + a_{m2} x_2 + \cdots + a_{mn} x_n \geqslant (或 \leqslant) b_m \\ x_1, x_2, \cdots, x_n \geqslant 0 \end{cases} \quad (11\text{-}1)$$

式中,max、min 和 s.t 分别是 Maximize(使之达最大)、Minimize(使之达最小)和 Subject to (以……为条件)的缩写。

求解线性规划这样一类变量较多的条件极值问题,使用微分法是很困难的,甚至是不可能的。因此就逐渐形成了一门数学分支——线性规划。

11.2.2　两个变量线性规划的图解法

由于两个变量的线性等式或线性不等式在平面上表示一条直线或一个半平面,所以两个变量的线性规划可在平面直角坐标系上用图形方法求解。举例说明如下。

【例 11-1】 某污水处理厂具有三种不同的污水处理工艺(工艺 1、工艺 2 和工艺 3),对某污染物的去除量分别为 1.2,2.5 和 4 g/m³。可以看出工艺 3 的处理效果最好,但由于处理构筑物容积限制,该方法处理污水量不能超过总污水量的 40%。三种工艺的处理成本分别为 6 元/m³,4 元/m³ 和 3 元/m³。如果每日处理污水量为 1 200 m³,污染物去除量应至少为 2 g/m³,请提出污水处理工艺的优化组合方式。

解 (1) 根据题意,构造线性规划模型。为采用两个变量的线性规划形式,令 x_1、x_2 分别为处理工艺 1 和工艺 2 应处理的污水量(m³)。于是工艺 3 应处理的污水量为 $(1\,200 - x_1 - x_2)$(m³)。显然

$$x_1, x_2 \geqslant 0$$
$$x_1 + x_2 \leqslant 1\,200$$

工艺 3 处理污水量不能超过总污水量的 40%,即

$$1\,200 - x_1 - x_2 \leqslant 1\,200 \times 40\%$$

即

$$x_1 + x_2 \geqslant 720$$

污染物去除量应至少为 2 g/m³,即

$$1.2x_1 + 2.5x_2 + 4(1\,200 - x_1 - x_2) \geqslant 1\,200 \times 2$$

即

$$2.8x_1 + 1.5x_2 \leqslant 2\,400$$

处理总成本为

$$6x_1 + 4x_2 + 3(1\,200 - x_1 - x_2) = 3x_1 + x_2 + 3\,600$$

考虑 3 600 为常数项,它等同于最小化 $3x_1 + x_2$。于是得到线性规划的一般形式为

$$\min z = 3x_1 + x_2$$
$$\text{s.t} \begin{cases} x_1 + x_2 \leqslant 1\,200 \\ x_1 + x_2 \geqslant 720 \\ 2.8x_1 + 1.5x_2 \leqslant 2\,400 \\ x_1, x_2 \geqslant 0 \end{cases}$$

(2) 根据约束条件画出可行域。

在平面直角坐标系 $x_1 O x_2$ 上,根据约束条件的三个不等式约束和两个非负约束,画出五个半平面,它们相交的区域是一个凸五边形 $ABCDE$,如图 11-3 所示。显然这个凸五边形 $ABCDE$ 所围成的区域就是所给线性规划的可行域。

(3) 根据目标函数求出最优解。

由于最优解是使目标函数取最小值的可行解,所以求最优解相当于在已画出的可行域上找出使目标函数 $z = 3x_1 + x_2$ 取最小值的点。为此,把目标函数 $z = 3x_1 + x_2$ 变形为

$$x_2 = z - 3x_1$$

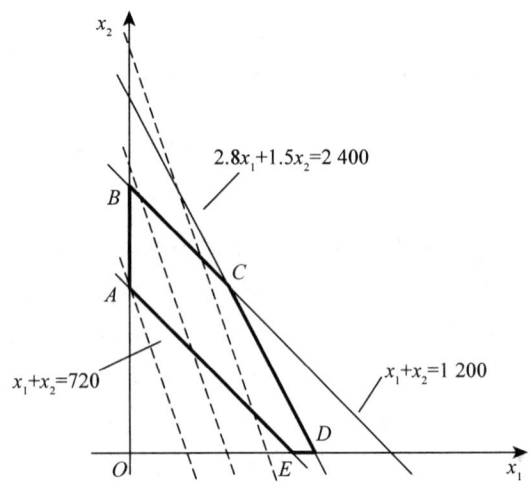

图 11-3 线性规划可行域

这是 $x_1 O x_2$ 平面上斜率为 -3,在 x_2 轴上截距为 z 的一组直线。在该可行域中,找到使目标函数 z 值最小的一条直线,与可行域的交点 A,

$$x_1 = 0, \ x_2 = 720, \ 1\,200 - x_1 - x_2 = 480$$

就是所给线性规划的最优解。相应的处理总成本为

$$z = 3 \times 0 + 720 + 3\,600 = 4\,320 (元)$$

以上所述是解线性规划的图解法,它具有简单、直观的特点。但是对于 3 个及以上变量的线性规划就无能为力了,不过它对于整个线性规划的理论与解法都有很大的启示。

11.2.3 线性规划的标准形式

由于线性规划的目标函数可以是极大化,也可以是极小化;约束条件可以是"$\leqslant$"形式的不等式,也可以是"$\geqslant$"形式的不等式,还可以是等式,所以线性规划有不同的表达形式。这种形式上的多样性给求解带来不便。为确定起见,把线性规划

$$\max z = c_1 x_1 + c_2 x_2 + \cdots + c_n x_n$$

$$\text{s.t} \begin{cases} a_{11} x_1 + a_{12} x_2 + \cdots + a_{1n} x_n = b_1 \\ a_{21} x_1 + a_{22} x_2 + \cdots + a_{2n} x_n = b_2 \\ \vdots \\ a_{m1} x_1 + a_{m2} x_2 + \cdots + a_{mn} x_n = b_m \\ x_1, x_2, \cdots, x_n \geqslant 0 \end{cases} \quad (11-2)$$

称为线性规划的标准形式,这种形式可简记为

$$\max z = \sum_{j=1}^{n} c_j x_j$$

$$\text{s. t} \begin{cases} \sum_{j=1}^{n} a_{ij} x_j = b_i & (i = 1, 2, \cdots, m) \\ x_j \geqslant 0 & (j = 1, 2, \cdots, n) \end{cases}$$

其中未知量的个数 n 称为线性规划的维数,约束方程组的个数 m 称为线性规划的阶数,且目标函数的系数 $c_j (j = 1, 2, \cdots, n)$ 称为价值系数。通常设 $b_i > 0$ $(i = 1, 2, \cdots, m)$,且要求 $n > m$。

如果引入向量和矩阵

$$\boldsymbol{c} = (c_1, c_2, \cdots, c_n), \boldsymbol{x} = (x_1, x_2, \cdots, x_n)^{\mathrm{T}}, \boldsymbol{b} = (b_1, b_2, \cdots, b_n)^{\mathrm{T}},$$
$$\boldsymbol{p}_j = (a_{1j}, a_{2j}, \cdots, a_{mj})^{\mathrm{T}} (j = 1, 2, \cdots, n)$$
$$\boldsymbol{A} = \begin{bmatrix} a_{11} & a_{12} & \cdots & a_{1n} \\ a_{21} & a_{22} & \cdots & a_{2n} \\ \vdots & \vdots & & \vdots \\ a_{m1} & a_{m2} & \cdots & a_{mn} \end{bmatrix} = (\boldsymbol{p}_1, \boldsymbol{p}_2, \cdots, \boldsymbol{p}_n)$$

那么上述线性规划的标准形式就可分别表示成如下的向量形式和矩阵形式

$$\max z = \boldsymbol{c} \boldsymbol{x}$$
$$\text{s. t} \begin{cases} \sum_{j=1}^{n} \boldsymbol{p}_j x_j = \boldsymbol{b} \\ x_j \geqslant 0 & (j = 1, 2, \cdots, n) \end{cases} \tag{11-3a}$$

或

$$\max z = \boldsymbol{c} \boldsymbol{x}$$
$$\text{s. t} \begin{cases} \boldsymbol{A} \boldsymbol{x} = \boldsymbol{b} \\ \boldsymbol{x} \geqslant \boldsymbol{0} \end{cases} \tag{11-3b}$$

习惯上,也把约束条件记作

$$\boldsymbol{R} = \{\boldsymbol{x} \mid \boldsymbol{A} \boldsymbol{x} = \boldsymbol{b}, \boldsymbol{x} \geqslant \boldsymbol{0}\} \tag{11-4}$$

这实际上就是可行解集或可行域。这时,式(11-3)可简记为

$$\max_{x \in \boldsymbol{R}} z = \boldsymbol{c} \boldsymbol{x} \tag{11-3c}$$

对于线性规划的非标准形式,可通过下列变化化为标准形式。

(1) 如果要求目标函数 f 的极小值,即 $\min f = \boldsymbol{c} \boldsymbol{x}$,则利用公式 $\min f = -\max(-f)$,令 $z = -f$,得

$$\max z = -\min f = -\boldsymbol{c} \boldsymbol{x}$$

从而把极小化问题变为极大化问题。

(2) 如果约束条件是"$\leqslant$"型不等式,即 $\sum_{j=1}^{n} a_{ij} x_j \leqslant b_i (i = 1, 2, \cdots, m)$,则只要在不等

号左边加上一个非负的所谓松弛变量 $x_{n+i} \geqslant 0$ $(i=1, 2, \cdots, m)$，就可将不等式约束化为等式约束

$$\sum_{j=1}^{n} a_{ij}x_j + x_{n+i} = b_i (i=1, 2, \cdots, m)$$

类似地，也可把不等号左边减去一个非负的所谓剩余变量（也称松弛变量）$x_{n+i} \geqslant 0$ $(i=1, 2, \cdots, m)$，化不等式约束 $\sum_{j=1}^{n} a_{ij}x_j \geqslant b_i (i=1, 2, \cdots, m)$ 为等式约束

$$\sum_{j=1}^{n} a_{ij}x_j - x_{n+i} = b_i (i=1, 2, \cdots, m)$$

(3) 如果约束方程的右端常数项 $b_i < 0$，则只要在该约束方程的两边同乘以 -1，就可将右端变为正值，即 $-b_i > 0$。

(4) 如果某个变量 x_j 无非负限制（称这样的变量为自由变量），则只要引入两个非负变量 x_j' 和 x_j''，令 $x_j = x_j' - x_j''$，可化自由变量为非负变量。

(5) 如果约束条件中带有绝对值不等式 $|Px_1 + Qx_2| \leqslant R$ $(R > 0)$，则可把它化为一个不等式组

$$\begin{cases} Px_1 + Qx_2 \leqslant R \\ -Px_1 - Qx_2 \geqslant R \end{cases}$$

再按变化(2)化为等式约束。

(6) 如果某个变量有上、下界 $d_j \leqslant x_j \leqslant e_j$（称这样的变量为有界变量），则只要令 $x_j' = x_j - d_j$ 引入新变量 x_j'，便可化 $d_j \leqslant x_j \leqslant e_j$ 为 $0 \leqslant x_j' \leqslant e_j - d_j$，最后再将上限不等式化为等式即可。

【例 11-2】 试将线性规划

$$\min f = 3x_1 + x_2$$

$$\text{s.t} \begin{cases} x_1 + x_2 \leqslant 1\,200 \\ x_1 + x_2 \geqslant 720 \\ 2.8x_1 + 1.5x_2 \leqslant 2\,400 \\ x_1, x_2 \geqslant 0 \end{cases}$$

化为标准形式。

解 在约束条件中按次序引入松弛变量 x_3、约束变量 x_4 及松弛变量 x_5（均大于等于 0），把极小化问题变为极大化问题，于是得标准形式

$$\max z = -3x_1 - x_2$$

$$\text{s.t} \begin{cases} x_1 + x_2 + x_3 = 1\,200 \\ x_1 + x_2 - x_4 = 720 \\ 2.8x_1 + 1.5x_2 + x_5 = 2\,400 \\ x_1, x_2, x_3, x_4, x_5 \geqslant 0 \end{cases}$$

11.2.4 单纯形方法

单纯形方法是 1947 年由丹西格(G. B. Dantzig)首先提出来的。该方法不仅理论上完善、算法上简便,而且适用于任何类型的线性规划,是求解线性规划最常用的一种方法。

单纯形方法求解线性规划问题时,不需要求出所有的基可行解,而是先求出一个基可行解,算出它的目标函数值,并检验它是否就是最优解。如果不是,就设法求另一个基可行解,使目标函数值优于前一个基可行解。只要所求问题的最优解确定存在,就可通过有限次求出最优解。这样,用单纯形方法求解线性规划式(11-3)可以分为两个步骤:第一步是寻求出发点的所谓初始基可行解;第二步是从初始基可行解出发,转换到另一个基可行解,使目标函数值逐渐增大,直到最后求出最优解或判断出无最优解为止。

关于单纯形方法的具体理论见《运筹学》《最优化方法》等教材,以下举例说明其算法。

【例 11-3】 已知 T 镇和 S 镇均将处理后的污水排入 L 河(图 11-4)。目前 S 镇污水处理厂采用生物滤池工艺,T 镇污水处理厂采用活性污泥处理工艺。从环境部门获得当前 S 镇和 T 镇两座污水处理厂的进水磷负荷分别为 10.5 t/年和 8.2 t/年。又已知 S 镇污水处理厂除磷成本为 T 镇污水处理厂的 5 倍;如果没有专门除磷设施,磷去除率约为 40%;当利用除磷设施后,最大除磷效率为 95%。根据新的法规要求,L 河总磷负荷不得超过 3.1 t/年。问怎样以最小成本满足新的除磷法规要求?

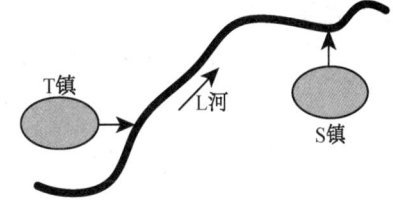

图 11-4 T 镇和 L 镇相对位置示意

解 [步骤 1] 形成线性规划问题

设 x_1'、x_2' 分别为 T 镇和 S 镇的磷去除百分比,设 T 镇除磷单位成本为 1,则 S 镇除磷单位成本为 5。于是本题的目标函数为求下式的最小值。

$$C = 1 \times 8.2 \times x_1' + 5 \times 10.5 \times x_2'$$

即
$$C = 8.2 x_1' + 52.5 x_2' \qquad (11-5)$$

约束条件:排入 L 河的总磷负荷不得超过 3.1 t/a,即

$$(8.2+10.5)-(8.2 x_1'+10.5 x_2')/100 \leqslant 3.1$$

经变换得
$$x_1' + 1.28 x_2' \geqslant 190.24 \qquad (11-6)$$

磷去除率为 40%~95%,得

$$40 \leqslant x_1' \leqslant 95 \qquad (11-7)$$
$$40 \leqslant x_2' \leqslant 95 \qquad (11-8)$$

于是由目标函数式(11-5)与约束条件式(11-6)~式(11-8)形成一个线性规划问题,以下利用单纯形法求解。

[步骤 2] 形成线性规划标准形式

令 $x_1 = x_1' - 40$,$x_2 = x_2' - 40$,化 $40 \leqslant x_1' \leqslant 95$,$40 \leqslant x_2' \leqslant 95$ 为 $0 \leqslant x_1 \leqslant 55$,$0 \leqslant x_2 \leqslant 55$,即 $x_1 \geqslant 0$,$x_1 \leqslant 55$;$x_2 \geqslant 0$,$x_2 \leqslant 55$。再将 x_1、x_2 上限约束化为等式约束,于是目

标函数式(11-5)处理为
$$\max z' = -8.2(x_1+40) - 52.5(x_2+40)$$
$$= -8.2x_1 - 52.5x_2 - 2\,428$$

略去常数项$-2\,428$,得目标函数
$$\max z = -8.2x_1 - 52.5x_2$$

约束条件式(11-6)引入剩余变量x_3,得
$$(x_1+40) + 1.28(x_2+40) - x_3 = 190.24$$

即
$$x_1 + 1.28x_2 - x_3 = 99.04$$

约束条件$x_1 \leqslant 55, x_2 \leqslant 55$分别引入松弛变量$x_4, x_5$,得
$$x_1 + x_4 = 55$$
$$x_2 + x_5 = 55$$

于是标准形式为
$$\max z = -8.2x_1 - 52.5x_2 + 0x_3 + 0x_4 + 0x_5$$
$$\text{s.t} \begin{cases} x_1 + 1.28x_2 - x_3 = 99.04 \\ x_1 + x_4 = 55 \\ x_2 + x_5 = 55 \\ x_1, x_2, x_3, x_4, x_5 \geqslant 0 \end{cases} \quad (11\text{-}9)$$

[步骤3] 利用单纯形法求解

由于式(11-9)中不存在现成的单位基,需用两阶段法求解。

第一阶段,在式(11-9)的约束方程组中,x_4、x_5的列向量已是单位向量,为了得到一个单位基,需在第一个方程中引入人工变量y_1,构造辅助问题(a):

$$\min W = y_1$$
$$\text{s.t} \begin{cases} x_1 + x_4 = 55 \\ x_2 + x_5 = 55 \\ x_1 + 1.28x_2 - x_3 + y_1 = 99.04 \\ x_1, x_2, x_3, x_4, x_5, y_1 \geqslant 0 \end{cases} \quad (11\text{-}10)$$

建立对应于现成单位基$B_{(k)} = (p_4, p_5, p_6)$的单纯形表(表11-1)。

表11-1　　　　　　　　　　　单纯形表

c_j	→	0	0	0	0	0	1	b
↓	基变量	x_1	x_2	x_3	x_4	x_5	y_1	
0	x_4	1	0	0	1	0	0	55
0	x_5	0	1	0	0	1	0	55
1	y_1	1	1.28	−1	0	0	1	99.04
	$-W$	−1	−1.28	1	0	0	0	−99.04

表中最后一行的 σ_j 与 $W_0(z_0)$ 计算如下：

$$\sigma_1 = c_1 - z_1 = c_1 - (c_4 a_{41} + c_5 a_{51} + c_6 a_{61})$$
$$= 0 - (0 \times 1 + 0 \times 0 + 1 \times 1) = -1$$
$$\sigma_2 = c_2 - z_2 = c_2 - (c_4 a_{42} + c_5 a_{52} + c_6 a_{62})$$
$$= 0 - (0 \times 0 + 0 \times 1 + 1 \times 1.28) = -1.28$$
$$\sigma_3 = c_3 - z_3 = c_3 - (c_4 a_{43} + c_5 a_{53} + c_6 a_{63})$$
$$= 0 - [0 \times 0 + 0 \times 0 + 1 \times (-1)] = 1$$
$$\sigma_4 = 0, \sigma_5 = 0, \sigma_6 = 0$$
$$z_0 = c_4 b_4 + c_5 b_5 + c_6 b_6 = 0 \times 55 + 0 \times 55 + 1 \times 99.04 = 99.04$$

由表 11-1 可得基可行解 $\boldsymbol{x}^{(0)} = (0, 0, 0, 55, 55, 99.04)^T$ 及其目标函数值 $W^{(0)} = 99.04$。

由于检验数 $\sigma_2 = -1.28$，且 p_2 存在正分量，所以 $\boldsymbol{x}^{(0)}$ 不是最优解。把检验数 $\sigma_j < 0$ 中最小的 σ_2 对应的非基变量 x_2 取作进基变量；并注意到 $\theta = \min\left\{-, \frac{55}{1}, \frac{99.04}{1.28}\right\} = \frac{55}{1}$，确定 x_5 为出基变量，$a_{22} = 1$ 为转换元素。以 $a_{22} = 1$ 作转换运算，并用新的基变量 x_2 代替原来的基变量 x_5，相应的价值系数也用 $c_2 = 0$ 代替 $c_5 = 0$，得到新的单纯形表（表11-2）。

表 11-2 新的单纯形表 1

c_j	→	0	0	0	0	0	1	
↓	基变量	x_1	x_2	x_3	x_4	x_5	y_1	b
0	x_4	1	0	0	1	0	0	55
0	x_2	0	1	0	0	1	0	55
1	y_1	1	0	−1	0	−1.28	1	28.64
	−W	−1	0	1	0	1.28	0	−28.64

由表 11-2 得基可行解 $\boldsymbol{x}^{(1)} = (0, 55, 0, 55, 0, 28.64)^T$ 及其相应的目标函数值

$$W^{(1)} = 28.64$$

由于 $\sigma_1 = -1 < 0$，且 p_1 存在正分量，所以 $W^{(1)}$ 也不是最优解。取 x_1 作进基变量，并注意到 $\theta = \min\left\{\frac{55}{1}, -, \frac{28.64}{1}\right\} = \frac{28.64}{1}$，从而确定 y_1 为出基变量，$a_{61} = 1$ 为转换元素。以 a_{61} 作转换运算，并用 x_1 代替 y_1，得到新的单纯形表（表11-3）。

表 11-3 新的单纯形表 2

c_j	→	0	0	0	0	0	1	
↓	基变量	x_1	x_2	x_3	x_4	x_5	y_1	b
0	x_4	1	0	1	1	1.28	0	26.36
0	x_2	0	1	0	0	1	0	55

续表

c_j	→	0	0	0	0	0	1	
↓	基变量	x_1	x_2	x_3	x_4	x_5	y_1	b
0	x_1	1	0	−1	0	−1.28	1	28.64
	−W	0	0	0	0	0	1	0

由表 11-3 可知，所有检验数 $\sigma_j \geqslant 0$，所以最优基为 $B^* = (p_4, p_2, p_1)$，最优解为 $\boldsymbol{x}^* = (x_1, x_2, x_3, x_4, x_5, y_1)^T = (28.64, 55, 0, 26.36, 0, 0)^T$。相应的目标函数值最小为 $\min W = 0$。

由于最优目标函数 $\min W = 0$，且基变量中不含人工变量，所以删去取值为 0 的人工变量 y_1，就得到(a)的初始基可行解

$$\boldsymbol{x}^{(0)} = (28.64, 55, 0, 26.36, 0)^T$$

第二阶段，将第一阶段的最优单纯形表(表 11-3)划去人工变量所在列，再将目标函数值换成(a)的目标函数，并重新计算 σ_j 及 z_0，就得到(a)对应于 $B_{(a)} = (p_4, p_2, p_1)$ 的单纯形表(表 11-4)。

表 11-4　　　　　　　　新的单纯形表 3

c_j	→	−8.2	−52.5	0	0	0	
↓	基变量	x_1	x_2	x_3	x_4	x_5	b
0	x_4	1	0	1	1	1.28	26.36
−52.5	x_2	0	1	0	0	1	55
−8.2	x_1	1	0	−1	0	−1.28	28.64
	−z	0	0	−8.2	0	42.004	0

由于表 11-4 中 $\sigma_5 = 42.004 > 0$，且 p_5 存在正分量，所以 $\boldsymbol{x}^{(0)} = (28.64, 55, 0, 26.36, 0)^T$ 不是(a)的最优解。作一次转换，得表 11-5。

表 11-5　　　　　　　　新的单纯形表 4

c_j	→	−8.2	−52.5	0	0	0	
↓	基变量	x_1	x_2	x_3	x_4	x_5	b
0	x_5	0	0	0.781	0.781	1	20.59
−52.5	x_2	0	1	−0.781	−0.781	0	34.41
−8.2	x_1	1	0	0	1	0	55
	−z	0	0	−41.02	−32.82	0	2 257.53

由于表 11-5 中所有检验数 $\sigma_j \leqslant 0$，$\boldsymbol{x}^{(2)} = (55, 34.41, 0, 0, 20.59)$ 就是(a)的最优解，其目标函数值 $z = −2\,257.53$ 为最大。

于是，所给线性规划的最优解为

$$x_1 = 55, \; x_2 = 34.41$$

于是 $x_1' = x_1 + 40 = 55 + 40 = 95$，$x_2' = x_2 + 40 = 34.41 + 40 = 74.41$

也就是为满足新的法规要求,T 镇磷去除率应为 95%,S 镇磷去除率应为 74.41%,这时总处理成本最小。

11.3 非线性规划

11.3.1 非线性规划问题的标准形式

非线性规划问题是指目标函数或约束函数中至少有一个是非线性函数的数学规划问题。一般非线性规划都可以化为如下形式。

$$\min z = f(x_1, x_2, \cdots, x_n)$$
$$\text{s.t} \begin{cases} g_i(x_1, x_2, \cdots, x_n) \leqslant 0, & i=1, 2, \cdots, m, \\ h_j(x_1, x_2, \cdots, x_n) = 0, & j=1, 2, \cdots, l \end{cases} \quad (11\text{-}11\text{a})$$

式中,$f(x_1, x_2, \cdots, x_n)$,$g_i(x_1, x_2, \cdots, x_n)$ $(i=1, 2, \cdots, m)$ 与 $h_j(x_1, x_2, \cdots, x_n)$ $(j=1, 2, \cdots, l)$ 都是 n 元实函数。约束条件中前 m 个称为不等式约束,后 l 个称为等式约束。

如记 $\boldsymbol{x} = (x_1, x_2, \cdots, x_n)^\mathrm{T}$;$f(\boldsymbol{x}) = f(x_1, x_2, \cdots, x_n)$;$g_i(\boldsymbol{x}) = g_i(x_1, x_2, \cdots, x_n)$ $(i=1, 2, \cdots, m)$;$h_j(\boldsymbol{x}) = h_j(x_1, x_2, \cdots, x_n)$ $(j=1, 2, \cdots, l)$,则式(11-5)可简记为

$$\min z = f(\boldsymbol{x})$$
$$\text{s.t} \begin{cases} g_i(\boldsymbol{x}) \leqslant 0, & i=1, 2, \cdots, m, \\ h_j(\boldsymbol{x}) = 0, & j=1, 2, \cdots, l \end{cases} \quad (11\text{-}11\text{b})$$

满足所有约束条件的点称为可行点。全体可行点的集合 D 称为可行域,即

$$D = \{\boldsymbol{x} \mid g_i(\boldsymbol{x}) \leqslant 0, i=1, 2, \cdots, m; h_j(\boldsymbol{x}) = 0, j=1, 2, \cdots, l\}$$

$f(\boldsymbol{x})$ 在 D 上的最小点 $\boldsymbol{x}^*$ 称为式(11-11a) 和式(11-11b) 的最优解,$f(\boldsymbol{x}^*)$ 称为最优值。

式(11-11a)或式(11-11b)称为有约束非线性规划的标准形式,其中约束条件是实际问题对自变量变化范围的客观限制。如果不考虑这些限制,或者问题本身对自变量变化没有任何限制,即求 x 在整个 n 维空间 E^n 上变化时目标函数 $f(x)$ 的极小值,则称为无约束数学规划问题,或称为无约束最优化问题。它的标准形式是

$$\min z = f(\boldsymbol{x})$$

或

$$\min_{\boldsymbol{x} \in E^n} z = f(\boldsymbol{x})$$

虽然工程实际问题一般都是有约束的,但由于无约束问题的解法是求解约束问题的基础,所以在非线性规划理论中无约束问题占有重要地位。

11.3.2 多元函数极值的有关概念与性质

定义在 n 维空间 E^n 上的实值函数 $f(x) = f(x_1, x_2, \cdots, x_n)$ 对各自变量的一阶偏导

数组成的向量称为 $f(\boldsymbol{x})$ 的梯度,记作 $\nabla f(\boldsymbol{x})$,即

$$\nabla f(\boldsymbol{x}) = \left(\frac{\partial f}{\partial x_1}, \frac{\partial f}{\partial x_2}, \cdots, \frac{\partial f}{\partial x_n}\right)^{\mathrm{T}}$$

它实际上是多元函数的一阶导数。

多元函数 $f(\boldsymbol{x})$ 的二阶偏导数构成的矩阵

$$\boldsymbol{H}(\boldsymbol{x}) = \begin{bmatrix} \dfrac{\partial^2 f}{\partial x_1^2} & \dfrac{\partial^2 f}{\partial x_1 \partial x_2} & \cdots & \dfrac{\partial^2 f}{\partial x_1 \partial x_n} \\ \dfrac{\partial^2 f}{\partial x_2 \partial x_1} & \dfrac{\partial^2 f}{\partial x_2^2} & \cdots & \dfrac{\partial^2 f}{\partial x_2 \partial x_n} \\ \vdots & \vdots & & \vdots \\ \dfrac{\partial^2 f}{\partial x_n \partial x_1} & \dfrac{\partial^2 f}{\partial x_n \partial x_2} & \cdots & \dfrac{\partial^2 f}{\partial x_n^2} \end{bmatrix}$$

称为海森(Hessian)矩阵。

如果 $f(\boldsymbol{x})$ 的所有二阶偏导数在 $\boldsymbol{x}_0$ 点处连续,则

$$\frac{\partial^2 f(\boldsymbol{x}_0)}{\partial x_i \partial x_j} = \frac{\partial^2 f(\boldsymbol{x}_0)}{\partial x_j \partial x_i} \quad (i, j = 1, 2, \cdots, n)$$

所以 $f(\boldsymbol{x})$ 在 $\boldsymbol{x}_0$ 点的海森矩阵 $\boldsymbol{H}(\boldsymbol{x}_0)$ 为对称矩阵。

定理 1 设函数 $f(\boldsymbol{x})$ 存在连续的二阶偏导数,则 $f(\boldsymbol{x})$ 可以在 $\boldsymbol{x} = \boldsymbol{x}_0$ 处有泰勒(Taylor)展开式

$$f(\boldsymbol{x}) = f(\boldsymbol{x}_0) + \nabla f(\boldsymbol{x}_0)^{\mathrm{T}} (\boldsymbol{x} - \boldsymbol{x}_0) + \frac{1}{2} (\boldsymbol{x} - \boldsymbol{x}_0)^{\mathrm{T}} H[\boldsymbol{x}_0 + \lambda (\boldsymbol{x} - \boldsymbol{x}_0)] (\boldsymbol{x} - \boldsymbol{x}_0) \tag{11-12}$$

其中,$0 < \lambda < 1$。

n 维空间中到某点 x_0 的距离小于某正数 δ 的所有点的集合,叫做 x_0 点的一个 δ 邻域,记作 $N(\boldsymbol{x}_0, \delta)$,即

$$N(\boldsymbol{x}_0, \delta) = \{\boldsymbol{x} \mid \|\boldsymbol{x} - \boldsymbol{x}_0\| < \delta\}$$

对非线性规划式(11-11),设其可行域为 D,可定义其极值点如下。

定义 1 设点 $\boldsymbol{x}_0 \in D$,如果存在 $\delta > 0$,使得对于任何 $\boldsymbol{x} \in N(\boldsymbol{x}_0, \delta) \cap D$,均有

$$f(\boldsymbol{x}_0) \leqslant f(\boldsymbol{x}) \tag{11-13}$$

则称 $\boldsymbol{x}_0$ 为非线性规划式(11-11)的一个局部极小点。

定义 2 对于点 $\boldsymbol{x}_0 \in D$,如果对一切 $\boldsymbol{x} \in D$,均有

$$f(\boldsymbol{x}_0) \leqslant f(\boldsymbol{x}) \tag{11-14}$$

则称 $\boldsymbol{x}_0$ 为非线性规划式(11-11)的一个全局极小点。

如果在定义 1 中，当 $x \neq x_0$ 时，式(11-13)以严格不等式 $f(x_0) < f(x)$ 成立，则称 x 为非线性规划式(11-11)的一个严格局部极小点。

如果在定义 2 中，当 $x \neq x_0$ 时，式(11-14)以严格不等式 $f(x_0) < f(x)$ 成立，则称 x 为非线性规划式(11-11)的严格全局极小点。

关于多元函数极值点的判别，有如下相应的定理。

定理 2（一阶必要条件） 设多元函数 $f(x)$ 在点 x^* 处可微，如果 x^* 是 $f(x)$ 的局部极小点，则必有

$$\nabla f(x^*) = 0$$

满足上式的点称为 $f(x)$ 的驻点，或称平微点。

定理 3（二阶必要条件） 设多元函数 $f(x)$ 在 x^* 处二阶可微，如果 x^* 是 $f(x)$ 的局部极小点，则 $\nabla f(x^*) = 0$，且海森矩阵 $H(x^*)$ 半正定。

定理 4（二阶充分条件） 设多元函数 $f(x)$ 在 x^* 处二阶可微，$\nabla f(x^*) = 0$，并且 $H(x^*)$ 正定，则 x^* 是 $f(x)$ 的严格局部极小点。

定理 5（二阶充分条件） 设多元函数 $f(x)$ 在 x^* 的某邻域上二阶可微，$\nabla f(x^*) = 0$，并且存在 $\delta > 0$，使对一切 $x \in N(x_0, \delta)$，具有 $H(x)$ 半正定，则 x^* 是 $f(x)$ 的局部极小点。

由于非线性规划问题具有许多不同的形式，直到目前还没有一种通用方法可以求解所有非线性规划问题，涉及的具体算法有一维搜索方法中的 0.618 法、三点二次抛物线法和切线法；无约束最优化方法中的最速下降法、牛顿法、坐标轮换法和单纯形法；约束优化方法中的逐步线性化方法、惩罚函数法和复合形法等。

最后应该指出，实际问题通常都是求全局极小点的，而现行的求解方法一般都是求局部极小点。有时根据实际问题的背景能够推断出所求极小点已经可以作为全局极小点的近似值；一般情形是多求几个极小点比较，以其中最好的一个作为全局极小点的近似值。

【例 11-4】 某水处理厂设计中，初步确定出反应器总容积为 3 446 m³，为便于运行和维护，反应构筑物应分为 N 座工作单元和两座备用单元。已知单座反应器的成本为

$$Cost = 0.003\ 2V^2 + 53.703V + 8\ 641$$

式中 V——单元容积。

为了最小化总基建成本，请确定优化后的 N 值。

解 （1）设置目标函数。

反应器的基建成本为单座装置成本之和，即

$$\text{总成本 } TC = (N+2)(V^2 + BV + C)$$

（2）约束条件为

$$\text{单座反应器容积 } V = \frac{\text{反应器总容积 } T}{\text{工作反应器座数 } N}$$

（3）合并目标函数与约束条件方程，得

$$TC = (N+2)\left(\frac{T^2}{N^2} + \frac{BT}{N} + C\right)$$

$$= \frac{T^2}{N} + BT + CN + \frac{2T^2}{N^2} + \frac{2BT}{N} + 2C$$

(4) 求 N 值最小化方程。

令 $\dfrac{\mathrm{d}(TC)}{\mathrm{d}t} = 0$，得

$$-\frac{T^2}{N^2} + C + \frac{2T^2(-2)}{N^3} + \frac{2BT(-1)}{N^2} = 0$$

经变换，得

$$N^3 - \left(\frac{T^2}{C} + \frac{2BC}{T}\right)N - \frac{4T^2}{C} = 0 \tag{11-15}$$

(5) 将已知数据代入，进行计算。

由 $Cost = 0.0032V^2 + 53.703V + 8641$，变换得

$$\frac{Cost}{0.0032} = V^2 + 1.678 \times 10^4 V + 2.7 \times 10^6$$

于是 $B = 1.678 \times 10^4$，$C = 2.7 \times 10^6$；结合总容积 $T = 3\,446$，代入式(11-15)，通过试算求解得

$$N = 7.1$$

取 $N = 7$，得单座反应器的容积为 $3\,446/7 = 496 \text{ m}^3$。

因此经优化计算后的解决方案是建造 9 座反应器，其中 7 座为运行反应器，2 座为备用反应器。

11.3.3 非线性最小二乘法

非线性规划中经常遇到已知关系式的参数估计问题，例如管道造价公式、水泵特性曲线、暴雨强度公式等的参数估计。常用的方法为非线性最小二乘法(也称作 Levenberg-Marquardt 法)，该方法实用性强，拟合精度高。

1. 计算原理

非线性关系式的一般形式为

$$y = f(x_1, x_2, \cdots, x_p; b_1, b_2, \cdots, b_m) + \varepsilon$$

其中，f 是已知非线性函数；$x_1, x_2, \cdots, x_p$ 是 p 个自变量；$b_1, b_2, \cdots, b_m$ 是 m 个待估未知参数；ε 是随机误差项。设对 y 和 $x_1, x_2, \cdots, x_p$ 通过 N 次观测，得到 N 组数据

$$(x_{t_1}, x_{t_2}, \cdots, x_{t_p}; y_t), \quad t = 1, 2, \cdots, N$$

将自变量的第 t 次观测值代入函数得

$$f(x_{t_1}, x_{t_2}, \cdots, x_{t_p}; b_1, b_2, \cdots, b_m) = f(\boldsymbol{x}_t, \boldsymbol{b})$$

因 $x_{t_1}, x_{t_2}, \cdots, x_{t_p}$ 是已知数，故 $f(\boldsymbol{x}_t, \boldsymbol{b})$ 是 $b_1, b_2, \cdots, b_m$ 的函数。先给 $\boldsymbol{b}$ 一个初始值 $\boldsymbol{b}^{(0)} = (b_1^{(0)}, b_2^{(0)}, \cdots, b_m^{(0)})$，将 $f(\boldsymbol{x}_t, \boldsymbol{b})$ 在 $b^{(0)}$ 处按泰勒级数展开，并略去二次及二次以上的项，得

$$f(\boldsymbol{x}_t, \boldsymbol{b}) \approx f(\boldsymbol{x}_t, \boldsymbol{b}^{(0)}) + \left.\frac{\partial f(\boldsymbol{x}_t, \boldsymbol{b})}{\partial b_1}\right|_{b=b^{(0)}} (b_1 - b_1^{(0)}) + \left.\frac{\partial f(\boldsymbol{x}_t, \boldsymbol{b})}{\partial b_2}\right|_{b=b^{(0)}} (b_2 - b_2^{(0)}) + \cdots + \left.\frac{\partial f(\boldsymbol{x}_t, \boldsymbol{b})}{\partial b_m}\right|_{b=b^{(0)}} (b_m - b_m^{(0)})$$
(11-16)

这是关于 $b_1, b_2, \cdots, b_m$ 的线性函数，式(11-16)中除 $b_1, b_2, \cdots, b_m$ 之外皆为已知数，对此用最小二乘法原则，令

$$Q = \sum_{t=1}^{N} \left\{ y_t - \left[f(\boldsymbol{x}_t, \boldsymbol{b}) + \sum_{i=1}^{m} \left.\frac{\partial f(\boldsymbol{x}_t, \boldsymbol{b})}{\partial b_i}\right|_{b=b^{(0)}} (b_i - b_i^{(0)}) \right] \right\}^2 + d \sum_{i=1}^{m} (b_i - b_i^{(0)})^2$$

其中，$d \geqslant 0$ 称为阻尼因子。

欲使 Q 值达到最小，令 Q 对 $b_1, b_2, \cdots, b_m$ 的一阶偏导数均等于零，于是得方程组

$$0 = \frac{\partial Q}{\partial b_k} = 2\sum_{t=1}^{N} \left[y_t - f(\boldsymbol{x}_t, \boldsymbol{b}^{(0)}) + \sum_{i=1}^{m} \left.\frac{\partial f(\boldsymbol{x}_t, \boldsymbol{b}^{(0)})}{\partial b_i}\right|_{b=b^{(0)}} (b_i - b_i^{(0)}) \right] \left.\frac{\partial f(\boldsymbol{x}_t, \boldsymbol{b}^{(0)})}{\partial b_k}\right|_{b=b^{(0)}} + 2d(b_k - b_k^{(0)}), \quad k=1, 2, \cdots, m$$

可化为以下形式

$$\begin{cases} (a_{11}+d)(b_1 - b_1^{(0)}) + a_{12}(b_2 - b_2^{(0)}) + \cdots + a_{1n}(b_m - b_m^{(0)}) = a_{1y} \\ a_{21}(b_1 - b_1^{(0)}) + (a_{22}+d)(b_2 - b_2^{(0)}) + \cdots + a_{2n}(b_m - b_m^{(0)}) = a_{2y} \\ \qquad\qquad\qquad\qquad\qquad\qquad\qquad\qquad\qquad\qquad \vdots \\ a_{m1}(b_1 - b_1^{(0)}) + a_{m2}(b_2 - b_2^{(0)}) + \cdots + (a_{mm}+d)(b_m - b_m^{(0)}) = a_{my} \end{cases}$$
(11-17)

其中，

$$\begin{cases} a_{jk} = \sum_{t=1}^{N} \left.\frac{\partial f(\boldsymbol{x}_t, \boldsymbol{b})}{\partial b_j}\right|_{b=b^{(0)}} \left.\frac{\partial f(\boldsymbol{x}_t, \boldsymbol{b})}{\partial b_k}\right|_{b=b^{(0)}} = a_{kj} \\ a_{jy} = \sum_{t=1}^{N} (y_t - f(\boldsymbol{x}_t, \boldsymbol{b}^{(0)})) \left.\frac{\partial f(\boldsymbol{x}_t, \boldsymbol{b})}{\partial b_j}\right|_{b=b^{(0)}} \\ j = 1, 2, \cdots, m; \ k = 1, 2, \cdots, m \end{cases}$$
(11-18)

从而可解得

$$\begin{bmatrix} b_1 - b_1^{(0)} \\ b_2 - b_2^{(0)} \\ \vdots \\ b_m - b_m^{(0)} \end{bmatrix} = \begin{bmatrix} a_{11}+d^{(0)} & a_{12} & \cdots & a_{1m} \\ a_{21} & a_{22}+d^{(0)} & \cdots & a_{2m} \\ \vdots & \vdots & & \vdots \\ a_{m1} & a_{m2} & \cdots & a_{mm}+d^{(0)} \end{bmatrix}^{-1} \begin{bmatrix} a_{1y} \\ a_{2y} \\ \vdots \\ a_{my} \end{bmatrix} \quad (11-19)$$

或者

$$\boldsymbol{b} = \begin{bmatrix} b_1 \\ b_2 \\ \vdots \\ b_b \end{bmatrix} = \begin{bmatrix} b_1^{(0)} \\ b_2^{(0)} \\ \vdots \\ b_m^{(0)} \end{bmatrix} + \begin{bmatrix} a_{11}+d^{(0)} & a_{12} & \cdots & a_{1m} \\ a_{21} & a_{22}+d^{(0)} & \cdots & a_{2m} \\ \vdots & \vdots & & \vdots \\ a_{m1} & a_{m2} & \cdots & a_{mm}+d^{(0)} \end{bmatrix}^{-1} \begin{bmatrix} a_{1y} \\ a_{2y} \\ \vdots \\ a_{my} \end{bmatrix} \quad (11-20)$$

虽然,此解与代入的初始值 $b_1^{(0)}$,$b_2^{(0)}$,$\cdots$,$b_m^{(0)}$ 和 $d^{(0)}$ 有关。若解得各 b_i 与 $b_i^{(0)}$ 之差的绝对值皆很小,则认为估计成功。如果 $(b_i - b_i^{(0)})$ 较大,则把上一步算得的 b_i 作为新的 $b_i^{(0)}$ 代入式(11-18),从头开始上述计算,解出新的 b_i 又作为新的 $b_i^{(0)}$ 再代入式(11-18),从头开始,如此反复迭代,直至 b_i 与 $b_i^{(0)}$ 之差可以忽略为止。在式(11-18)中,因 a_{1y}, a_{2y}, $\cdots$, a_{my} 是定值,故 d 愈大必然使解 $(b_1 - b_1^{(0)})$,$(b_2 - b_2^{(0)})$,$\cdots$,$(b_m - b_m^{(0)})$ 的绝对值愈小。极端的情况有 $\lim_{l \to \infty} \sum_{i=1}^{m} (b_i - b_i^{(0)})^2 = 0$(式中 l 为迭代次数),但 d 若选择过大将增加迭代次数。为减少迭代次数,d 又要选小。选择的界限是看残差平方和是否下降。于是在迭代过程中需不断变化 d 的取值。

2. 给水管道造价公式参数推求方法

管道造价公式是给水工程设计和改扩建的重要定量经济性指标,其取值直接影响经济评价和设计结果。管道工程单位长度综合造价一般表示为管径的函数

$$C_i = a + b D_i^\alpha \quad (i = 1, 2, \cdots, n) \quad (11-21)$$

式中　D_i——管道 i 公称直径;

　　　C_i——管径 i 的单位长度管道综合造价;

　　　n——规格管径总数;

　　　a,b,α——待估参数,它们与地区及相应的施工条件、水文地质条件以及管材价格等有关。

从形式上来看,这是一个非线性方程参数估计问题。可以采用麦夸尔特法(又称 Levenberg-Marquardt 法)求解。

实际工作中,可根据当地的具体情况,统计出给水管道中每种管径 D_i 的单位造价 C_i,得出 n 个数据 (D_1, C_1),(D_2, C_2),$\cdots$,(D_n, C_n)。这些数据是管道造价公式参数推求的基础。在式(11-21)中有三个待估参数 a、b、α,计算步骤如下。

(1) 由式(11-21)对 a、b、α 分别求偏导数,得

$$\frac{\partial C_i}{\partial a} = 1; \quad \frac{\partial C_i}{\partial b} = D_i^\alpha; \quad \frac{\partial C_i}{\partial \alpha} = b D_i^\alpha \ln D_i = b \left(\frac{\partial C_i}{\partial b} \right) \ln D_i \quad (11-22)$$

(2) 选择参数迭代初值,处置选择得合适与否,将决定迭代计算的工作量以及迭代过程收敛与否。给水管道造价公式(11-21)的处置选择方法如下。

从实际资料(D_i, C_i)中任意选出三组数据依次编号为(D_1, C_1),(D_2, C_2),(D_3, C_3),代入式(11-21),得方程组

$$\begin{cases} C_1 = a + bD_1^\alpha \\ C_2 = a + bD_2^\alpha \\ C_3 = a + bD_3^\alpha \end{cases} \tag{11-23}$$

由式(11-23)可得

$$\frac{D_1^\alpha - D_2^\alpha}{D_1^\alpha - D_3^\alpha} = \frac{C_1 - C_2}{C_1 - C_3} \tag{11-24}$$

由式(11-24)应用二分法或黄金分割法求出α,继而由$b = \dfrac{C_1 - C_2}{D_1^\alpha - D_2^\alpha}$,$a = C_1 - bD_1^\alpha$,解得$a$,$b$,$\alpha$值作为迭代初值$\boldsymbol{b}^{(0)} = (a, b, \alpha)$。

(3) 由n组实际资料(D_i, C_i),$i = 1, 2, \cdots, n$,以及式(11-22)和$\boldsymbol{b}^{(0)}$值代入式(11-17),可计算出式(11-21)中各系数值。给定初值$d = d^{(0)} = 0.01a_{11}$,由式(11-17)解得式(11-20)的b值。将此解得的估计量代入原函数式(11-21)计算残差平方和

$$Q^{(0)} = \sum_{i=1}^n |C_i - (a + bD_i^\alpha)|^2 \tag{11-25}$$

显然,此值愈小愈好。

(4) 第二次迭代,令$\boldsymbol{b}^{(0)} = b$,$d = 10^\beta$,$\beta = -1, 0, 1, 2, \cdots$。先取$\beta = -1$,即$d = 0.1d^{(0)}$,解得新的$b = (a^{(1)}, b^{(1)}, \alpha^{(1)})$,计算新的残差平方和

$$Q^{(1)} = \sum_{i=1}^n |C_i - (a^{(1)} + b^{(1)}D_i^{\alpha^{(1)}})|^2 \tag{11-26}$$

若$Q^{(1)} < Q^{(0)}$,则第二次迭代结束。若$Q^{(1)} \geqslant Q^{(0)}$,取$\beta = 0$,则$d = d^{(0)}$,重解$b$,并重算残差平方和$Q^{(1)}$。若$Q^{(1)} < Q^{(0)}$,则第二次迭代结束;若$Q^{(1)} \geqslant Q^{(0)}$,取$\beta = 1$,则$d = 10d^{(0)}$,再重算$b$及$Q^{(1)}$。若此$Q^{(1)} < Q^{(0)}$,则第二次迭代结束;若$Q^{(1)} \geqslant Q^{(0)}$,取$\beta = 2$,则$d = 100d^{(0)}$,再重算$b$及$Q^{(1)}$,$\cdots$,如此不断增加$\beta$的值,直到$Q^{(1)} < Q^{(0)}$,步骤(4)结束。

(5) 第三次迭代,以第二次迭代结束时的d作为新的$d^{(0)}$,b作为新的$\boldsymbol{b}^{(0)}$,$Q^{(1)}$作为新的$Q^{(0)}$,重复第二次迭代的全过程,直到新的$Q^{(1)} < Q^{(0)}$为止。

(6) 按步骤(4)、(5)过程反复迭代,直到$\max\limits_{1 \leqslant i \leqslant m} |b_i - b_i^{(0)}| \leqslant \text{eps}$(允许误差)时为止。但要注意此时$d$不可太大;$d$太大时,实际迭代并未成功。

11.4 动态规划

11.4.1 动态规划的一些基本概念

1951年美国数学家别尔曼(R. Bellman)等人根据一类所谓多阶段决策问题的特性,提

出了解决这一类问题的"最优化原理",并研究了许多实际问题,从而创造了最优化的一个分支——动态规划。

如图 11-5 所示,其中小圆圈称为点,两点间的连线称为弧,弧上的数字称为弧长。现在求一条从起点 A 到终点 E 的连通弧,使其总弧长最短,称这类问题为最短路问题。

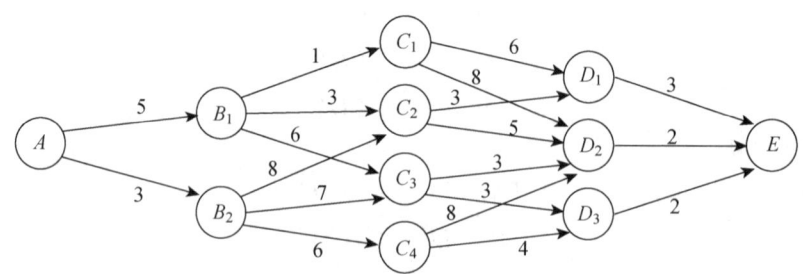

图 11-5 最短路问题

动态规划法是求解最短路问题的方法之一。以下结合最短路问题,说明动态规划中的一些基本概念或常用术语。

1. 多阶段决策问题

如果一个问题的过程可以分为若干个互相联系的阶段,而每个阶段都需要做出决策(采取的决定或措施),当每个阶段的决策都确定之后,整个问题也就确定了,那么这个问题就叫做一个多阶段决策问题。动态规划就是解决这类问题的一种重要数学方法。

当然,阶段数可能是有限的,也可能是无限的。不管哪种情形都可能是确定的,也可能是随机的;即使是有限的,预先也可能知道(定期问题),也可能不知道(不定期问题)。总之,一个问题是不是多阶段决策问题一般不是明显的,而是需要判别的。

2. 阶段变量

对于多阶段决策问题,自然应当把它恰当地分成若干个互相联系的阶段,并把描述阶段数的变量叫做阶段变量。阶段变量的表示法不尽相同,把阶段按过程的行进次序排列起来,用 k ($k=1, 2, \cdots$) 表示,分别称为第 1 阶段,第 2 阶段……

如果阶段变量是确定的、有限的,而且在决策前就知道其数值,则称为定期问题。如果阶段变量虽然是定期的、有限的,但在决策前并不知道它的数值,则称为不定期问题。

3. 状态变量

对于多阶段决策问题,把每一阶段的起始"位置"叫做状态,它既是该阶段的某一起点,又是前一阶段的某一终点。例如,在最短路问题中,第 2 阶段的状态有两个:B_1 和 B_2,它当然也是第 1 阶段的两个终点。应当注意,不同的问题其状态的含义是不同的。

描述过程状态的变量叫做状态变量。它可以用一个数、一组数或一个向量描述。通常用 x_k 表示第 k 阶段的某一状态。由于每一阶段一般都有若干个状态,所以用 $X_k = \{x_k^1, x_k^1, \cdots, x_k^m\}$ 表示第 k 阶段所有状态构成的状态集合。例如在最短路问题中,各阶段的状态集合分别为 $X_1 = \{A\}$,$X_2 = \{B_1, B_2\}$,$X_3 = \{C_1, C_2, C_3, C_4\}$,$X_4 = \{D_1, D_2, D_3\}$,$X_5 = \{E\}$。

应该指出,这里所说的状态和常识中的状态不尽相同,一般要满足:

(1) 要能描述问题的变化过程。

(2) 给定某一阶段的状态,以后各阶段的行进要不受以前各阶段状态的影响。这个性质称为无后效性。

(3) 要能直接或间接地算出来。

4. 决策变量

所谓一个决策就是将过程由一个状态变到另一个状态的决定或选择。描述决策的变量称作决策变量。和状态变量一样,它可以用一个数,一组数或一个向量描述。通常用 $u_k(x_k)$ 表示从第 k 阶段的状态 x_k 处所采取的决策。在第 k 阶段从 x_k 出发的允许决策集合用 $D_k(x_k)$ 表示,显然有 $u_k(x_k) \in D_k(x_k)$。例如,在最短路问题中,$D_2(B_1)=\{C_1, C_2\}$,而 $u_2(B_1)=C_1$ 或 C_2 都是允许决策。

5. 策略

当每一阶段的决策都确定以后,由初始状态 x_1 出发到终端的状态 x_n(假设是 n 阶段问题),每段的决策 $u_k(x_k)(k=1,2,\cdots,n)$ 构成的决策序列就称为一个整体策略,简称策略,记作 $p_{1,n}(x_1)$,即

$$p_{1,n}(x_1)=\{u_1(x_1), u_2(x_2), \cdots, u_n(x_n)\}$$

而

$$p_{k,n}(x_k)=\{u_k(x_k), \cdots, u_n(x_n)\}$$
$$p_{1,k}(x_1)=\{u_1(x_1), \cdots, u_k(x_k)\}$$

则分别称为一个后部 k 段子策略和前部 k 段子策略,统称为 k 段子策略。

对每个多阶段决策问题,显然都有很多允许的策略可选。用 $P_{1,n}(x_1)$ 及 $P_{1,k}(x_1)$,$P_{k,n}(x_k)$ 分别表示整体策略集合及前部、后部 k 段子策略集合。显然有

$$p_{1,n}(x_1) \in P_{1,n}(x_1)$$
$$p_{1,k}(x_1) \in P_{1,k}(x_1)$$
$$p_{k,n}(x_k) \in P_{k,n}(x_k)$$

如果一个策略使得多阶段决策问题达到所要求的最优,则称此策略是最优策略。

6. 状态转移方程

把过程由一个状态变到另一状态的变化叫做状态转移,显然它既与状态有关,又与决策相关。

如果第 k 段的状态 x_k 和决策 u_k 都确定以后,第 $k+1$ 段的状态就随之确定,那么就把这个对应关系记作

$$x_{k+1}=T_k(x_k, u_k) \tag{11-27}$$

并称为由状态 x_k 到 x_{k+1} 的顺序状态转移方程。

如果第 k 段的状态 x_k 和第 $k-1$ 段的决策 u_{k-1} 都确定了,第 $k-1$ 段的状态 x_{k-1} 就随之确定,则把这个对应关系记作

$$x_{k-1}=T_{k-1}(x_k, u_{k-1}) \tag{11-28}$$

并称为由状态 x_k 到 x_{k-1} 的逆序状态转移方程。

顺序状态转移方程由 x_k 和 u_k 去确定 x_{k+1},而逆序状态转移则是由 x_k 和 u_{k-1} 去确定

x_{k-1}。把上述这两种状态转移方程统称为状态转移方程。

对一个多阶段决策问题,如果其状态转移方程是完全确定的,则称它为确定型问题,否则称为随机型问题。

7. 指标函数

对每个多阶段决策问题,自然都存在很多策略,而对每个策略都会对应一种"效果"。不同的问题,效果的含义当然会不一样的,诸如大小、多少、快慢、长短、高低等。即使是同一问题,不同的策略,其效果也会不一样。把衡量问题效果优劣的数量指标叫做指标函数。当然,不同的问题,指标的含义也是不同的。例如在最短路问题中,指标就是弧长。

由于策略分前部和后部子策略,所以指标函数也分前部和后部两种情形。

用 $F_{k,n}(x_k, p_{k,n})$ 表示从第 k 阶段的状态 x_k 出发,采用策略 $p_{k,n}$ 到达终点 x_{n+1}(假设是 n 阶段决策问题)过程的后部指标函数。显然有

$$F_{k,n}(x_p, p_{k,n}) = F_{k,n}(x_k, u_k; x_{k+1}, u_{k+1}; \cdots; x_{n+1})$$

此外,它还应满足递推关系

$$F_{k,n}(x_p, p_{k,n}) = \Phi[x_k, u_k; F_{k+1,n}(x_{k+1}, u_{k+1}; \cdots; x_{n+1})] \tag{11-29}$$

式中,Φ 对 $F_{k+1,n}$ 是严格单调的。

如果上述过程采用的是最优策略 $p_{k,n}^*$,那么相应的后部指标函数记作 $f_{k,n}(x_k, p_{k,n}^*)$,并称为后部最优指标函数,简称最优函数,简记为 $f_k(x_k)$。$f_k(x_k)$ 与 $F_{k,n}(x_k, p_{k,n})$ 之间具有下述关系。

$$f_k(x_k) = F_{k,n}(x_k, p_{k,n}^*) = \mathop{opt}_{p_{k,n} \in P_{k,n}} F_{k,n}(x_k, p_{k,n}) \tag{11-30}$$

这里 opt 是 Optimization 的缩写,表示最优,通常取 max 或 min。当 $k=1$ 时,$f_1(x_1)$ 就是从初始状态 x_1 出发到过程结束时的整体最优函数。

类似地可以考虑前部指标函数 $F_{1,k}(x_1, p_{1,k})$ 和前部最优指标函数 $f_{1,k}(x_1, p_{1,k}^*)$,并同样简记为 $f_k(x_k)$,且

$$f_k(x_k) = F_{1,k}(x_1, p_{1,k}^*) = \mathop{opt}_{p_{1,k} \in P_{1,k}} F_{1,k}(x_1, p_{1,k}) \tag{11-31}$$

这时由于 $f_k(x_k)$ 表示从起点到状态 x_k 过程的前部最优指标函数,因此 $f_{n+1}(x_{n+1})$ 为整体最优函数。

式(11-30)和式(11-31)给出了两种不同计算最优指标函数的方法。

最后再考虑一种所谓阶段指标。用 $d(x_k, x_{k+1})$ 表示状态 x_k 和状态 x_{k+1} 间对应的指标,称为阶段指标。它可能是由状态 x_k 出发,采取决策 u_k 到达状态 $x_{k+1} = T_k(x_k, u_k)$ 的效益指标,这时把 $d(x_k, x_{k+1})$ 写成 $d(x_k, u_k)$;也可能是由状态 x_{k+1} 出发,采取决策 u_k 去确定状态 $x_k = T_k(x_{k+1}, u_k)$ 的效益指标,这时把 $d(x_k, x_{k+1})$ 写成 $d(u_k, x_{k+1})$。

指标函数通常取下列形式。

(1) 指标函数为阶段指标和形式,即

$$F_{k,n} = \sum_{j=k}^{n} d(x_j, u_j)$$

或
$$F_{1,k} = \sum_{j=1}^{k} d(u_{j-1}, x_j)$$

它显然满足递推关系式(11-29),而且

$$F_{k,n} = d(x_k, u_k) + F_{k+1,n} \tag{11-32}$$

$$F_{1,k} = d(u_{k-1}, x_k) + F_{1,k-1} \tag{11-33}$$

(2) 指标函数为阶段指标积的形式,即

$$F_{k,n} = \prod_{j=k}^{n} d(x_j, u_j)$$

或
$$F_{1,k} = \prod_{j=1}^{k} d(u_{j-1}, x_j)$$

它显然满足递推关系式(11-29),而且

$$F_{k,n} = d(x_k, u_k) F_{k+1,n} \tag{11-34}$$

$$F_{1,k} = d(u_{k-1}, x_k) F_{1,k-1} \tag{11-35}$$

11.4.2 最优化原理与动态规划方程

1. 最优化原理

我们知道,最短路问题具有这样的特点:如果最短路线经过第 k 段的状态 x_k,那么从 x_k 出发到达终点的这条路线,对于从 x_k 出发到达终点的所有路线来说,也是最短路线。实际上具有这样特点的问题很多,别尔曼正是研究了这样一类所谓多阶段决策问题,发现它们都有这一共同特点,于是提出了解决这类问题的最优化原理。

最优化原理是指,对于多阶段决策问题,作为整个过程的最优策略必然具有这样的性质:无论过去的状态和决策如何,就前面决策形成的状态而言,余下的诸决策必然构成一个最优子策略。

用动态规划求解多阶段决策问题的基本思想是:利用最优化原理,建立动态规划方程,即建立动态规划的数学模型,最后再设法求其数值解。建立模型的基本步骤如下。

(1) 将问题的过程恰当地分成若干个阶段,一般可按问题所处的时间或空间划分,并确定阶段变量。对 n 阶段问题来说,$k=1, 2, \cdots, n$。

(2) 正确选取状态变量 x_k,它当然要满足无后效性等三个条件。

(3) 确定决策变量 $u_k(x_k)$ 即每个阶段的允许决策集合 $D_k(x_k)$。

(4) 写出状态转移方程

$$x_{k+1} = T_k(x_k, u_k)$$

或
$$x_k = T_k(x_{k+1}, u_k)$$

(5) 根据题意,列出指标函数 $F_{k,n}$ 或 $F_{1,k}$,最优函数 $f_k(x_k)$ 以及阶段指标 $d(x_k, x_{k+1})$。

(6) 明确指标函数 $F_{k,n}$ 或 $F_{1,k}$ 与阶段指标 $d(x_k, x_{k+1})$ 之间的关系以及边界条件。一般来说,当 $F_{k,n}$ 或 $F_{1,k}$ 是诸 $d(x_k, x_{k+1})$ 之和形式时,$f_{n+1}(x_{n+1})=0$ 或 $f_1(x_1)=0$;而当 $F_{k,n}$ 或 $F_{1,k}$ 是诸 $d(x_k, x_{k+1})$ 之积形式时,$f_{n+1}(x_{n+1})=1$ 或 $f_1(x_1)=1$。

当上述步骤都完成以后,根据最优化原理,便可写出动态规划方程,即动态规划模型。根据式(11-30)和式(11-31),动态规划方程分为逆序和顺序两大类。

2. 逆序动态规划方程

考虑后部指标函数 $F_{k,n}$ 及最优函数 $f_k(x_k)$。

当 $F_{k,n} = \sum_{j=k}^{n} d(x_j, u_j)$ 时,由式(11-30)及式(11-32)得

$$\begin{aligned}
f_k(x_k) &= \mathop{opt}_{p_{k,n} \in P_{k,n}} F_{k,n}(x_k, p_{k,n}) \\
&= \mathop{opt}_{(u_k, p_{k+1,n}) \in P_{k,n}} \{d(x_k, u_k) + F_{k+1,n}(x_{k+1}, p_{k+1,n})\} \\
&= \mathop{opt}_{u_k \in D_k} \{d(x_k, u_k) + \mathop{opt}_{p_{k+1,n} \in P_{k+1,n}} F_{k+1,n}(x_{k+1}, p_{k+1,n})\} \\
&= \mathop{opt}_{u_k \in D_k} \{d(x_k, u_k) + f_{k+1}(x_{k+1})\}
\end{aligned}$$

于是得

$$\begin{cases} f_k(x_k) = \mathop{opt}_{u_k \in D_k} \{d(x_k, u_k) + f_{k+1}(x_{k+1})\} \\ f_{n+1}(x_{n+1}) = 0, \quad k = n, n-1, \cdots, 2, 1 \end{cases} \quad (11\text{-}36)$$

当 $F_{k,n} = \prod_{j=k}^{n} d(x_j, u_j)$ 时,类似可得

$$\begin{cases} f_k(x_k) = \mathop{opt}_{u_k \in D_k} \{d(x_k, u_k) f_{k+1}(x_{k+1})\} \\ f_{n+1}(x_{n+1}) = 1, \quad k = n, n-1, \cdots, 2, 1 \end{cases} \quad (11\text{-}37)$$

利用递推公式(11-36)或公式(11-37)便可求出最优函数 $f_1(x_1)$。由于这里的寻优方向与过程的行进方向刚好相反,所以称式(11-36)和式(11-37)为逆序动态规划方程,又把这种方法称为逆序法。

3. 顺序动态规划方程

现在考虑前部指标函数 $F_{1,k}$ 及最优函数 $f_k(x_k)$。

当 $F_{1,k} = \sum_{j=1}^{k} d(u_{j-1}, x_j)$ 时,由式(11-31)及式(11-33)得

$$\begin{aligned}
f_k(x_k) &= \mathop{opt}_{p_{1,k} \in P_{1,k}} F_{1,k}(x_1, p_{1,k}) \\
&= \mathop{opt}_{(u_{k-1}, p_{1,k-1}) \in P_{1,k}} \{d(u_{k-1}, x_k) + F_{1,k-1}(x_1, p_{1,k-1})\} \\
&= \mathop{opt}_{u_{k-1} \in D_{k-1}} \{d(u_{k-1}, x_k) + \mathop{opt}_{p_{1,k-1} \in P_{1,k-1}} F_{1,k-1}(x_1, p_{1,k-1})\} \\
&= \mathop{opt}_{u_{k-1} \in D_{k-1}} \{d(u_{k-1}, x_k) + f_{k-1}(x_{k-1})\}
\end{aligned}$$

于是得

$$\begin{cases} f_k(x_k) = \underset{u_{k-1} \in D_{k-1}}{opt} \{d(u_{k-1}, x_k) + f_{k+1}(x_{k+1})\} \\ f_1(x_1) = 0, \quad k = 2, 3, \cdots, n+1 \end{cases} \quad (11\text{-}38)$$

当 $F_{1,k} = \prod_{j=1}^{k} d(u_{j-1}, x_j)$ 时，类似可得

$$\begin{cases} f_k(x_k) = \underset{u_{k-1} \in D_{k-1}}{opt} \{d(u_{k-1}, x_k) f_{k+1}(x_{k+1})\} \\ f_1(x_1) = 1, \quad k = 2, 3, \cdots, n+1 \end{cases} \quad (11\text{-}39)$$

利用公式(11-38)或公式(11-39)求出的最优函数 $f_{n+1}(x_n + 1)$ 的寻优方向与过程的行进方向相同，因此把式(11-38)和式(11-39)称为顺序动态规划方程，又把这种方法称为顺序法。

4. 几点注意

(1) 动态规划主要是解决多阶段决策问题。很多问题表面看并不是多阶段的问题，只要恰当地分段就可变成一个多阶段问题，从而可用动态规划求解。其中的关键是分段和正确选择变量和指标函数。

(2) 建立动态规划方程时，首先要确定是用逆序法还是顺序法。由于这两种方法的边界条件不同，因此在选择方法时，要根据边界条件难易确定。

(3) 前面指出的是动态规划建模的理想步骤。很多问题由于情况差异，不可能也不必死套上述步骤，关键是灵活运用最优化原理。

11.4.3 水库供水优化问题

水资源模拟和优化过程中，需要关注系统的动态性，于是动态规划成为可用工具之一。考虑从多座水库向城市地区供水的优化问题

$$\min z = \sum_{t=1}^{T} Loss\left(\sum_{s=1}^{X} R_{s,t}\right) \quad (11\text{-}40)$$

式中　T——时间尺度；

X——系统中含水库总数；

$R_{s,t}$——第 t 月来自水库 s 的放水量；

$Loss$——与供水量和需水量相关的运行成本。

模型中应包含水库连续性或质量守恒方程，即从本月初到下月初之间的调节和非调节(溢流)放水量

$$S_{s,t+1} - S_{s,t} + R_{s,t} = I_{s,t} \quad (11\text{-}41)$$

$$R_{s,t} = R_{s,t}^{R} + R_{s,t}^{U} \quad (11\text{-}42)$$

式中　$S_{s,t}$——第 t 月初水库 s 的蓄水量；

$I_{s,t}$——第 t 月水库 s 的进流容积；

$R_{s,t}^{R}$ 和 $R_{s,t}^{U}$——分别为水库调节和非调节放水量。

同时在任何季节应满足最大和最小允许放水量和蓄水量约束条件，即

$$R_{s,t}^{\max} \geqslant R_{s,t} \geqslant R_{s,t}^{\min} \qquad (11\text{-}43)$$

$$S_{s,t}^{\max} \geqslant S_{s,t} \geqslant S_{s,t}^{\min} \qquad (11\text{-}44)$$

$$|S_{s,t+1} - S_{s,t}| \leqslant SC_s \qquad (11\text{-}45)$$

式中　SC_s——每月水库 s 中蓄水量变化的最大允许量,它考虑了水坝坝体的稳定性和安全性。

式(11-40)～式(11-45)形成了水库供水问题的数学模型,它的直接求解是困难的。如果采用动态规划过程,优化求解问题可形成求解许多较小尺寸问题的递归形式。

$$f_{t+1}(S_{1,t+1}, \cdots, S_{X,t+1}) = \min\left[Loss\left(\sum_{s=1}^{X} R_{s,t}\right) + f_t(S_{1,t}, \cdots, S_{X,t})\right] \qquad (11\text{-}46)$$

$$S_{1,t} \in \Omega_{1,t}, \quad S_{2,t} \in \Omega_{2,t}, \quad \cdots, \quad S_{X,t} \in \Omega_{X,t}$$

初始条件为 $f_1(S_{1,t}, \cdots, S_{X,t}) = 0$,　$S_{1,1} \in \Omega_{1,1}$,　$S_{2,1} \in \Omega_{2,1}$,　$\cdots$,　$S_{X,1} \in \Omega_{X,1}$

式中　$f_t(S_{1,t}, \cdots, S_{X,t})$——在 t 月初,水库 1 的蓄水容积为 $S_{1,t}$,水库 2 的蓄水容积为 $S_{2,t}$,……,水库 X 蓄水容积为 $S_{X,t}$ 时,从第 1 月到第 t 月初的总最小运行成本;

　　　$\Omega_{s,t}$——水库 s 在 t 月初的离散蓄水容积集。

【例 11-5】 假设一座水库向城市地区供水,该市月需水量(D_t)为 1 000 万 m^3。水库总能力为 3 000 万 m^3。令 S_t(第 t 月初的水库蓄水量)采用离散数值 0,1 000,2 000 和 3 000 万 m^3。运行成本($Loss$)估计为放水量(R_t)和需水量(D_t)之差的函数:

$$Loss_t = \begin{cases} 0, & R_t = D_t \\ (R_t - D_t)^2, & R_t \neq D_t \end{cases}$$

问题:(1)形成顺序定期动态规划模型;(2)形成逆序定期动态规划模型;(3)求解(1)建立的动态规划模型,假设当月的水库蓄水量为 2 000 万 m^3;当月之后 3 个月的水库进流量($t=1,2,3$)分别为 1 000 万、5 000 万和 2 000 万 m^3。

解　(1)顺序定期动态规划模型形式为

目标函数:$f_{t+1}(S_{t+1}) = \min[Loss(R_t) + f_t(S_t)]$
约束条件:

$$S_t \in \Omega_t$$
$$S_t \leqslant S_{\max}$$
$$f_1(S_1) = 0$$
$$Loss(R_t) = \begin{cases} 0, & R_t = 1\,000 \\ (R_t - 1\,000)^2, & R_t \neq 1\,000 \end{cases}$$
$$R_t = S_t + I_t - S_{t+1}$$
$$S_{\max} = 3\,000$$

式中　Ω_t——离散化后水库 t 的蓄水容积;

S_{t+1}——第 $t+1$ 月初的蓄水量。

（2）逆序定期动态规划模型形式为

目标函数：$f_t(S_t) = \min[Loss(R_t) + f_{t+1}(S_{t+1})]$

约束条件如（1）的约束条件。

（3）利用顺序形式计算当前月之后 3 个月的最优放水量，见表 11-6。

表 11-6　　　　　　　　　　动态规划模型求解

月	进流量 I_t（万 m³）	本月初蓄水量 S_t（万 m³）	下月初蓄水量 S_{t+1}（万 m³）	放水量 R_t（万 m³）	$Loss(R_t)$	每月最优放水量 R_t^*（万 m³）
1	1 000	2 000	0 1 000 2 000 3 000	3 000 2 000 1 000 0	4 000 000 1 000 000 0 1 000 000	1 000
2	5 000	2 000	0 1 000 2 000 3 000	7 000 6 000 5 000 4 000	36 000 000 25 000 000 16 000 000 9 000 000	4 000
3	2 000	3 000	0 1 000 2 000 3 000	5 000 4 000 3 000 2 000	16 000 000 9 000 000 4 000 000 1 000 000	2 000

　　动态规划是解决许多复杂问题，特别是离散性优化问题的非常有用的工具。对于某些连续性优化问题，可将状态变量（如上例中的 S_t）和决策变量（如上例总的 R_t）离散化处理，使用离散动态规划（DDP）求解。使用该方法的主要问题称作"维数障碍"，即随着离散化水平提高（例中对蓄水量仅划分为 0，1 000，2 000，3 000 四种情况），变量个数（维数）太大时，计算工作量急剧增加。通常认为 DDP 仅适用于多至 5 个决策或状态变量的计算。此外，为克服维数障碍问题，开发了不同的连续近似算法如差分动态规划（DIFF）、离散差分动态规划（DDDP）、状态增量动态规划（IDP）等。

11.5　遗传算法

　　遗传算法（GA 算法）是模拟自然选择过程和种群基因机制的随机搜索方法。它们首先于 1975 年由 Holland 引入，随后于 1989 年由 Goldberg 通用化。GA 算法已广泛应用于不同的领域，从函数优化到求解大型组合优化问题。GA 的一般算法描述见图 11-6。遗传算法操作以群体为对象，选择（Selection）、交叉（crossover）和变异（mutation）是遗传算法的 3 个主要操作算子，它们构成了所谓的遗传操作（genetic operation），使遗传算法具有了其他传统方法所没有的特性。遗传算法中包含了如下 5 个基本要素：①参数编码；②初始群体的生成；③适应度函

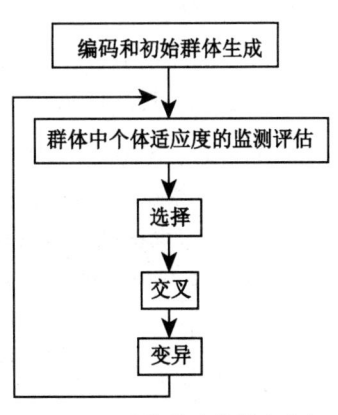

图 11-6　遗传算法的基本流程

数的设计;④遗传操作设计;⑤控制参数设定(主要是指群体大小和使用遗传操作的频率等)。这 5 个要素构成了遗传算法的核心内容。以下以暴雨强度公式参数拟合为例说明遗传算法的应用。

暴雨强度公式是城镇排水管渠设计计算的重要基础公式,是确定暴雨地面径流的重要依据。我国使用的暴雨强度公式一般形式为

$$i = \frac{A_1(1 + c \lg P)}{(t + b)^n} \tag{11-47}$$

式中　i——暴雨强度(mm/min);
　　　P——设计重现期(a);
　　　t——降雨历时(min);
　　　A_1, c, b, n——地方性参数,需要根据降雨记录数据计算。

1. 数学模型

与其他回归分析方法类似,首先根据式(11-47)建立如下数学模型。

$$\min F = \min \sum_{j=1}^{m} \left[i_j - \frac{A_1(1 + c \lg P_j)}{(t_j + b)^n} \right]^2$$

式中　i_j, t_j, P_j——分别为第 j 状态下的设计暴雨强度(mm/min),降雨历时(min)和设计重现期(年);
　　　m——总的统计状态数,即在暴雨强度 i-降雨历时 t-重现期 P 关系表中的总项数;
　　　F——计算所得残差平方和,残差平方和的值越小,说明拟合精度越高。

2. 编码

由于遗传算法不能直接处理解空间的解数据,所以必须通过编码将它们表示成遗传空间的基因串结构数据。对每个参数确定它的变化范围,并用一个二进制数来表示。如果参数 a 的变化范围为 $[a_{\min}, a_{\max}]$,用 m 位二进制数 k 表示,则二者满足

$$k = \frac{(2^m - 1)(a - a_{\min})}{a_{\max} - a_{\min}}$$

例如参数 A_1 的取值范围为 $[1.0, 10.0]$,则 $A_1 = 6.5$ 可以表示为 8 位二进制串 k_1

$$k_1 = \frac{(2^8 - 1)(6.5 - 1.0)}{(10.0 - 1.0)} = 155.83(十进制表示) = 10011011(二进制表示)$$

而 $A_1 = 1.0$ 可表示为 00000000,$A_1 = 10.0$ 可表示为 11111111。此时遗传算法中的寻优空间为 $[00000000, 11111111]$。

将所有表示参数的二进制数串连接起来组成一个长的二进制串。该字串的每一位只有 0 或 1 两种取值。例如把 A_1, C, n, b 均用 8 位二进制串表示,并依次连接起来,即

$$\underbrace{10011011}_{A_1} \underbrace{10001100}_{C} \underbrace{01010011}_{n} \underbrace{11000001}_{b}$$

该类型字串即为遗传算法操作的对象。

通过编码,把具有连续取值范围的待求参数变量离散化,便于遗传算法的操作。

3. 初始群体的生成

由于遗传算法群体型操作需要,必须为遗传操作准备一个由若干初始解组成的初始群体,其中每个个体都是通过随机方法产生的。初始群体也称作进化的初始代,即第一代(first generation)。

4. 适应度评估检测

遗传算法在搜索过程中一般不需要其他外部信息,仅用评估函数值来评估个体或解的优劣,并作为以后遗传操作的依据。评估函数值又称作适应度(fitness)。这里,根据

$$F(A_1,c,n,b)=-\sum_{j=1}^{m}\left[i_j-\frac{A_1(1+c\lg P_j)}{(t_j+b)^n}\right]^2 \quad (11\text{-}48)$$

来评估群体中各个体。显然,为了利用式(11-48)这一评估函数,即适应度函数,要把基因型个体译码成表现型个体,即搜索空间中的解,此时应用

$$a=a_{\min}+\frac{k}{(2^m-1)}(a_{\max}-a_{\min})$$

来计算。例如参数 C 的取值范围为 $[0.3,0.9]$,基因型为 10001100(十进制为 140),则实际参数取值(表现型)C 为

$$C=0.3+\frac{140}{(2^8-1)}(0.9-0.3)=0.629\ 4$$

5. 选择

选择和复制操作的目的是从当前群体中选出优良的个体,使它们有机会作为父代繁殖下一代。判断个体优良与否的准则就是各自的适应度值。显然这一操作是借用了达尔文适者生存的进化原则,即个体适应度越高,其被选择的机会就越多。选择操作实现方式很多,这里采用随机方式,随机选择两个个体,其中用适应度值高的个体保留作为父本。重复进行,直到父本个体数等于群体个体总数。

6. 交叉操作

交叉操作是遗传算法获得新优良父本的最重要手段,在经过选择后得到的父本群中,根据杂交概率 P_c 确定其交叉位,比如,随机选择一对父本

$H_{p1}=(100\,|\,01\,|\,10011\,|\,1\,|\,000\,|\,10\,|\,0\,|\,100\,|\,110\,|\,10\,|\,000\,|\,11\,|\,11)$

$H_{p2}=(111\,|\,01\,|\,11010\,|\,1\,|\,110\,|\,00\,|\,0\,|\,100\,|\,011\,|\,11\,|\,101\,|\,00\,|\,11)$

交叉概率 $P_c=0.4$,得出交叉位为 3、5、10、11、14、16、17、20、23、25、28、30 位,通过交叉运算后产生的后代分别为

$H_{c1}=(100\ 01\ 10011\ 1\ 000\ 00\ 0\ 100\ 110\ 11\ 000\ 00\ 11)$

$H_{c2}=(111\ 01\ 11010\ 1\ 110\ 10\ 0\ 100\ 011\ 10\ 101\ 11\ 11)$

由选择和交叉操作可以看出,优良度高的个体参与交叉的概率大,通过杂交把部分码串(遗传信息)传给了后代,从而使优良性状更容易继续下去。

7. 变异运算

变异运算是按位进行的,即把某一位的内容进行变异。对于二进制编码的个体来说,若某位原为 0,则通过变异操作就变成了 1,反之亦然。变异操作同样也是随机进行的。一般而言,变异概率 P_m 都取得很小。如果取 $P_m = 0.002$,群体中有 20 个个体,则共有 $20 \times 32 \times 0.002 = 1.28$ 位可以变异,这样每代群体中平均有 1.28 个字符位取得变异操作。变异操作目的是挖掘群体中个体的多样性,克服有可能限于局部解的弊病。

8. 功能的增强

为避免迭代停止和过早收敛,在此基础上加入保留最优个体机制和遗忘机制。保留最优个体机制就是让每代中适应度最高的个体(或称精英个体)不经交叉和变异运算而直接进入下一代。遗忘机制是检查子代群体中个体的相似性,如果相似程度达到一定水平,即说明已收敛到一定程度,这是对个体重新初始化,相当于重新进化。

综上所述,遗传算法的基本流程如图 11-7 所示。

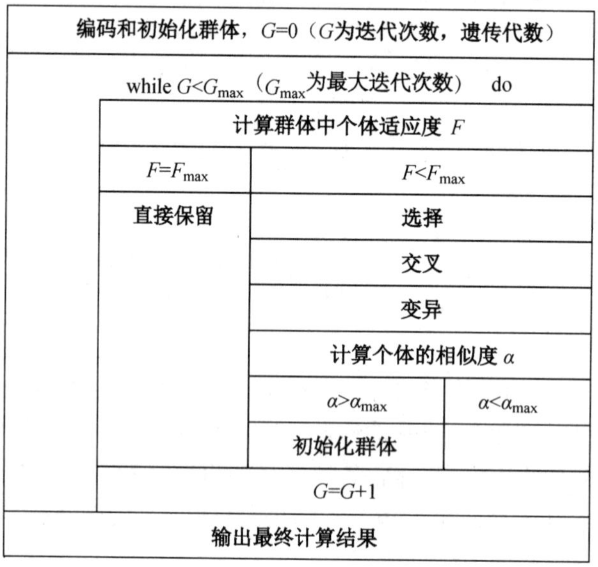

图 11-7 计算流程

【例 11-6】 表 11-7 是根据某水文站历年降雨资料而制成的暴雨强度 i,降雨历时 t 和重现期 P 的统计表。请对该水文站所在地的暴雨强度公式参数取值进行计算。

表 11-7 i-t-P 关系表

序号	重现期 P(年)	t(min)						
		5	10	15	20	30	45	60
		i(mm/min)						
1	1	2.04	1.61	1.34	1.21	0.98	0.785	0.654
2	2	2.39	1.88	1.59	1.44	1.15	0.952	0.802
3	3	2.53	2.03	1.74	1.56	1.26	1.04	0.875
4	5	2.75	2.18	1.86	1.72	1.37	1.12	0.960
5	10	3.04	2.42	2.06	1.90	1.53	1.29	1.09

根据遗传算法求得

$$A_1 = 7.922\,33 \quad C = 0.519\,5 \quad b = 5.668\,6 \quad n = 0.577\,1 \quad F = 0.027\,002\,7$$

根据非线性最小二乘法,求得

$$A_1 = 7.925\,5 \quad C = 0.519\,5 \quad b = 5.672\,0 \quad n = 0.577\,1 \quad F = 0.027\,0$$

根据计算结果可以看出,这两种算法均适合于解决非线性关系式的参数估计问题,均需要多次迭代运算。非线性最小二乘法是建立在数据分析的基础上,通过求导、微分等分析解决问题;而遗传算法使用选择、交叉和变异等遗传算子,具有不受解决问题的搜索空间限制性条件(如可微、连续、单峰等)的约束及不需要其他辅助信息(如导数)的特点,同时可以选用多个初始值进行计算。这两种方法均适合于暴雨强度公式参数的推求。

11.6 层次分析法

层次分析法(The Analytical Hierarchy Process,简称 AHP)是美国运筹学家 T. L. Saaty 于 20 世纪 70 年代中期创立的一种定性与定量分析相结合的多目标决策方法。其本质是试图使人的思维条理化、层次化,它充分利用人的经验判断并予以量化,进而对决策方案优劣进行排序。这种方法具有实用性、简洁性等优点。由于 AHP 的应用简单有效,特别对目标(因素)结构复杂并且缺乏必要数据资料的情况(比如社会经济系统)更为实用,因此得到较为广泛的应用。

11.6.1 AHP 法原理

对于复杂的决策问题,处理的方法是,先对问题涉及的因素分类,然后构造各因素之间相互联结的层次结构模型,画出层次结构图,图 11-8 是一个递阶层次结构示意图。其中,目标层是决策问题所追求的总目标,准则层和子准则层是评判方案好坏的因素层,方案层是解决问题的方案或者相应的措施。

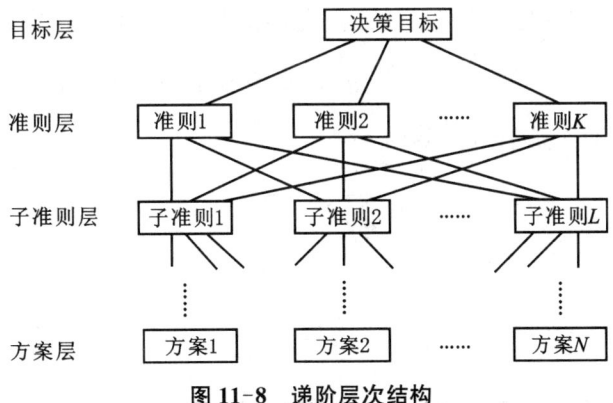

图 11-8 递阶层次结构

根据层次结构图,确定每一层的各因素相对重要性的权重数,直至计算出方案层(措施层)各方案的相对权重数。这就给出了各方案的优劣排序,以供决策。

下面通过一个简单例子说明 AHP 法的原理。

设有 n 个物体 $A_1, A_2, \cdots, A_n$，它们的重量分别为 $w_1, w_2, \cdots, w_n$（用同一种度量单位）。若将它们两两比较重量，其比值（相对重量）可构成 $n \times n$ 的矩阵 A。

$$A = \begin{bmatrix} w_1/w_1 & w_1/w_2 & \cdots & w_1/w_n \\ w_2/w_1 & w_2/w_2 & \cdots & w_2/w_n \\ \vdots & \vdots & & \vdots \\ w_n/w_1 & w_2/w_n & \cdots & w_n/w_n \end{bmatrix}$$

若用重量向量 $W = (w_1, w_2, \cdots, w_n)^T$ 右乘矩阵 A，得到

$$AW = \begin{bmatrix} w_1/w_1 & w_1/w_2 & \cdots & w_1/w_n \\ w_2/w_1 & w_2/w_2 & \cdots & w_2/w_n \\ \vdots & \vdots & & \vdots \\ w_n/w_1 & w_2/w_n & \cdots & w_n/w_n \end{bmatrix} \begin{bmatrix} w_1 \\ w_2 \\ \vdots \\ w_n \end{bmatrix} = n \begin{bmatrix} w_1 \\ w_2 \\ \vdots \\ w_n \end{bmatrix} = nW$$

即

$$(A - nI)W = 0$$

其中，I 为单位矩阵。

由矩阵代数知，W 为特征向量（Characteristic Vector），n 为特征值（根）。若 W 未知，则可根据决策者对物体两两之间相比的关系，主观地做出比值的判断，或用德尔菲（Delphi）法确定这些比值，使 A 矩阵为已知。A 矩阵的元素是通过两两比较得出的，这样的矩阵通常称为判断矩阵（Judgment Matrix）。

若 A 矩阵满足：① $a_{ij} > 0$；② $a_{ij} = \dfrac{1}{a_{ji}}$（$i, j = 1, \cdots, n$）（互反性）；③ $a_{ii} = 1$，称 A 为正互反矩阵（positive reciprocal matrix）。若进一步满足：④ $a_{ij} = a_{ik}/a_{jk}$（或 $a_{ij}a_{jk} = a_{ik}$），$i, j, k = 1, 2, \cdots, n$（传递性或一致性），根据正矩阵的理论，可以证明 A 矩阵具有唯一的非零最大特征根 $\lambda_{\max}$，且 $\lambda_{\max} = n$，这里矩阵 A 称为一致性矩阵（Consistent Matrix）。然而对复杂事物的各因素，人们采用两两比较时，不可能做出完全一致的判断，从而存在估计误差，并导致特征值及特征向量也有偏差。为了避免误差太大，应该衡量判断矩阵 A 的一致性。

当 A 完全一致时，因 $a_{ii} = 1$，$\sum_{i=1}^{n} \lambda_i = \sum_{i=1}^{n} a_{ii} = n$，存在唯一的非零 $\lambda = \lambda_{\max} = n$；而当 A 存在判断不一致时，一般有 $\lambda_{\max} \geqslant n$。这时

$$\lambda_{\max} + \sum_{i \neq \max}^{n} \lambda_i = \sum_{i=1}^{n} a_{ii} = n$$

于是有

$$\lambda_{\max} - n = -\sum_{i \neq \max} \lambda_i$$

以其平均值作为检验判断矩阵的一致性指标 CI（Consistent Index），即

$$CI = \frac{\lambda_{\max} - n}{n-1} = \frac{-\sum_{i \neq \max} \lambda_i}{n-1}$$

显然,当 $\lambda_{max}=n$ 时,$CI=0$,判断矩阵是完全一致的;CI 值越大,判断矩阵的完全一致性越差。一般只要 $CI \leqslant 0.10$ 时,通常认为判断矩阵的一致性是可以接受的,否则需要重新两两比较判断。

11.6.2　计算方法与步骤

运用 AHP 解决多目标决策问题,一般步骤是:
(1) 建立问题的递阶层次结构模型;
(2) 构造两两比较判断矩阵;
(3) 进行层次单排序,并进行一致性检验;
(4) 进行层次总排序,并进行总排序的一致性检验。
以上判断矩阵的运算,通常采用方根法或特征向量法。

1. 方根法

具体计算步骤是:
(1) 计算判断矩阵每一行元素的乘积 M_i。

$$M_i = \prod_{j=1}^{n} a_{ij} \quad (i=1, 2, \cdots, n)$$

(2) 计算 M_i 的 n 次方根 $\bar{w}_i$。

$$\bar{w}_i = \sqrt[n]{M_i}$$

(3) 对 $\bar{w}_i$ 归一化。

$$w_i = \frac{\bar{w}_i}{\sum_{j=1}^{n} \bar{w}_j}$$

其中,$\sum_{i=1}^{n} w_i = 1$,则 $w_i (i=1, 2, \cdots, n)$ 构成系数向量,即求得特征向量的近似值,这也是各元素的相对权重值。

(4) 计算判断矩阵的最大特征根 λ_{max}。

$$\lambda_{max} = \sum_{i=1}^{n} \frac{(\boldsymbol{AW})_i}{n w_i} \tag{11-49}$$

其中,$(\boldsymbol{AW})_i$ 为向量 $\boldsymbol{AW}$ 的第 i 个元素。

2. 特征向量法

严格地计算 $\boldsymbol{W} = (w_1, w_2, \cdots, w_n)^T$ 的方法是计算判断矩阵的最大特征根 λ_{max} 以及它所对应的特征向量 $\boldsymbol{W}$,使满足

$$\boldsymbol{AW} = \lambda_{max} \boldsymbol{W}$$

其中,$\boldsymbol{A}$ 是判断矩阵。这些特征向量 $\boldsymbol{W}$ 正是待求的相对权重向量。

具体计算步骤如下。

(1) 取一个和判断矩阵 A 同阶的初值向量 $W^{(0)}$，例如取 $W^{(0)} = \left(\dfrac{1}{n}, \dfrac{1}{n}, \cdots, \dfrac{1}{n}\right)^T$。

(2) 对于 $k=1, 2, \cdots$，计算

$$W^{(k)} = AW^{(k-1)}$$

式中，$W^{(k-1)}$ 为归一化后所得向量。

(3) 对于事先给定的计算精度，若

$$\max_i |w_i^{(k)} - w_i^{(k-1)}| < \varepsilon$$

则停止计算，否则继续(2)。式中 $w_i^{(k)}$ 表示 $W^{(k)}$ 的第 i 个分量。

(4) 计算

$$\lambda_{\max} = \frac{1}{n} \sum_{i=1}^{n} \frac{w_i^{(k)}}{w_i^{(k-1)}}$$

和

$$w_i^{(k)} = \frac{\bar{w}_i^{(k)}}{\sum_{j=1}^{n} \bar{w}_j^{(k)}}, \quad i = 1, 2, \cdots, n$$

现在对层次总排序的计算作些说明，即如何利用层次单排序的结果进行层次总排序。

设有目标层 A、准则层 C 和方案层 P 构成的层次模型。如果已经求得目标层 A 对准则层 $c_1, c_2, \cdots, c_k$ 的相对权重向量为

$$W^{(1)} = (w_1^{(1)}, w_2^{(1)}, \cdots, w_k^{(1)})^T$$

和准则层的各准则 $c_i (i = 1, 2, \cdots, k)$ 对方案层 $p_1, p_2, \cdots, p_n$ 的相对权重向量为

$$W_l^{(2)} = (w_{1l}^{(1)}, w_{2l}^{(1)}, \cdots, w_{nl}^{(1)})^T, \ l = 1, 2, \cdots, k$$

那么方案 $p_1, p_2, \cdots, p_n$ 对目标而言，其相对权重通过权重 $W^{(1)}$ 与 $W_l^{(2)} (l = 1, 2, \cdots, k)$ 组合而得，即

$$v_j^{(2)} = \sum_{i=1}^{k} w_i^{(1)} w_{jl}^{(2)}, \quad j = 1, 2, \cdots, n; \ l = 1, 2, \cdots, k$$

其计算可以用表格形式进行(表 11-12)。这时得到的 $V^{(2)} = (v_1^{(2)}, v_2^{(2)}, \cdots, v_n^{(2)})^T$ 即为 P 层各方案对目标的相对权重向量，完成了总排序的任务。

【例 11-7】 某污水处理厂为适应服务范围内发展需要，在原处理工艺基础上，提出四种可能的改扩建方案，即采用低负荷生物滤池工艺扩建、并联活性污泥工艺扩建、原地活性污泥法替代和新建活性污泥处理厂替代老厂。为根据评价指标对四个方案排序，考虑的准则包括：①对法规法律的遵从——排放许可与健康安全；②最小化环境影响；③最小化成本；④尽可能维护企业的资产状况。

准则层和方案层评价中假定最高值为 5；项 a/项 b=5，说明项 a 重要性为项 b 的 5 倍；项 a/项 b=1/3，说明项 b 重要性为项 a 的 3 倍。通过专家评估，得出准则层和方案层的调查结果分别见表 11-8 和表 11-9。

表 11-8　　各准则的相对重要性

准则对比	相对重要性
法规遵从/环境影响	2
法规遵从/成本	2
法规遵从/资产维护	5
环境影响/成本	1
环境影响/资产维护	3
成本/资产维护	2

表 11-9　　各方案在各准则下的相对重要性

	法规遵从	环境影响	成本	维护资产
扩建生物滤池/新建活性污泥厂	1/4	1/3	2	1/5
扩建生物滤池/并联活性污泥工艺	1/3	1/2	1	1/3
扩建生物滤池/原地替代	1/4	1	4	1/5
新建活性污泥厂/并联活性污泥工艺	2	2	1/2	2
新建活性污泥厂/原地替代	1	1	2	1
并联活性污泥工艺/原地替代	1/3	1/2	3	1/2

按照两个阶段分析,首先在准则层,判断评价参数的相对重要性;然后针对各参数,考察四种方案情况。

根据表 11-8,构造准则判断矩阵,见表 11-10。

表 11-10　　准则判断矩阵

	法规遵从	环境影响	成本	维护资产
法规遵从	1	2	2	5
环境影响	0.5	1	1	3
成本	0.5	1	1	2
维护资产	0.2	0.333	0.5	1

利用判断矩阵计算方法,准则判断矩阵的特征向量结果见表 11-11。

表 11-11　　准则权重 w

准　则	权重 w
法规遵从	4.92
环境影响	2.59
成本	2.34
资产维护	1.00

对于表 11-9 中各准则下的方案相对重要性,重复以上计算,可产生四个准则下的特征

向量。同时结合各准则权重,进行综合评分,计算见表 11-12。

表 11-12　　　　　　　　　　各方案分值计算

	法规遵从 $w=4.92$		环境影响 $w=2.59$		成本 $w=2.34$		资产维护 $w=1.00$		总分值 $=\Sigma w_l \times w$
	w_l	$w_l \times w$	w_l	$w_l \times w$	w_l	$w_l \times w$	w_l	$w_l \times w$	
扩建生物滤池	1.00	4.9	1.00	2.6	3.72	8.7	1.00	1.0	17.2
新建活性污泥厂	4.37	21.5	2.29	5.9	1.86	4.3	5.23	5.2	37.0
并联活性污泥工艺	2.23	11.0	1.26	3.3	3.46	8.1	2.74	2.7	25.1
原地替代	4.92	24.2	1.81	4.7	1.00	2.3	5.23	5.2	36.5

通过以上计算,可以看出两个偏好选项为新建活性污泥厂或原地替换活性污泥工艺。为进一步评价,可考虑更精细的评价准则。

第 12 章 风险分析与可靠性理论

12.1 城市水系统的风险

由于城市水系统在空间上的变化多样性,运行过程中具有多个薄弱环节,面临各种挑战,包括:

(1) 物理破坏,妨碍了水的提取、输送、处理、排放功能。

(2) 由于化学或生物试剂作用,使得饮用水受到污染,不能够安全饮用;排水难以充分处理,影响受纳水体和生态环境。

(3) 水企业在安全运行上的问题,损失了企业的信誉。

表 12-1 说明了城市供水、污水和雨水系统面临的风险范围。

表 12-1 供水、污水和雨水系统的风险示例

风险类型	供水	污水	雨水
健康、安全性、环境	污染、疾病、死亡	污染、损害设施、健康风险、环境破坏	儿童沿着洪水设施、管道、池塘等玩耍
性能故障	消防流量损失	未处理污水的溢流	不充分的防涝
建设或维护故障	其他公用设施开挖期间破坏管道	沟槽塌陷	建设过程中损坏管道
系统或组件故障	管道破裂	由于堵塞,排水管道回水导致资产损坏	由于堵塞设施的积水,导致资产损坏
责任	管道漏水导致塌陷并损坏资产	工业废弃污染物污染含水层	洪水损坏资产
财务	难以充分支付企业成本的费率,导致危机	难以充分支付改善的费率,导致罚金	形成风险水平的判断
工作人员问题和事故	工作人员吸入氯气	维护事件中伤害到工作人员	维护事件中伤害到工作人员
人为灾害	污染供水	建设项目损坏了大型排水管道	排水系统中倾倒有毒废弃物
自然灾害	地震	台风损坏处理设备	洪水淹没设施

12.1.1 干旱

干旱是一个相对术语,它总是伴有持续时期的土壤水温和供水水平明显低于当地环境和社会赖以保持稳定所需的水平(图 12-1)。有如下几种常用的干旱定义。

(1) 气象或者气候干旱,从数月扩展到数年低于平均或者正常降雨。

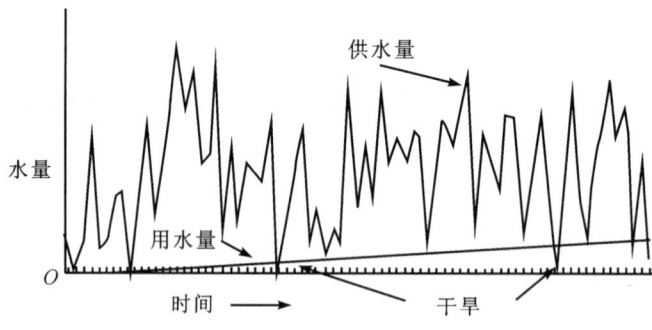

图 12-1　干旱的图形定义

（2）农业干旱，一方面一定时期内土壤水分不能满足作物开始和维持植物生长的正散发需要，另一方面是牲畜和其他农事活动的供水不足。

（3）水文干旱是低于平均或者正常河流流量的阶段，其中河流完全干旱，且保持干旱很长时段，或者含水层中具有显著的水量下降。

（4）社会经济干旱，是指由于不能够充分输送和分配供水量，影响到人们生活生产的缺水状态。

干旱是常见的且往往是灾害性的半干燥气候特征，在湿润地区较不常见或破坏性较轻；干旱一词用于沙漠则是一个没有意义的概念；干旱在较干燥地区或较干燥气候时期可以代表该地区的正常情况。通常用于判定是否出现干旱的自然因子包括天气情况、土壤水分、地下水位情况、水质以及河道流量。

12.1.2　洪水

根据地区的短期破坏和经济损失，洪水继续成为最具破坏性的自然灾害。根据美国联邦应急管理局（FEMA）统计，洪水是第二常见和广泛的自然灾害（干旱排第一）。

城市化的增加，降低了自然土地的渗入能力和水停留特性，使得洪水径流在河流内短时间累积。增加的水量以及短历时的排水，产生了高的洪峰，不能由城市河流容纳。随着洪水频率的增加，城市地区的总经济和社会损坏，形成对国家经济的显著影响。

洪水主要由水文气象学机理造成，通过单一因素或者不同因素的结合。多数城市地区受到一定类型的洪水制约，例如夏季降雨，严重雷雨，或者冬季冰雪解冻。

洪水的程度和严重性可以广义分类为当地（次要）洪水，较大规模（主要）洪水和灾难性（极端）洪水。这样的分类通常在受影响人口和构筑物数量基础上进行。可是，洪水风险的感知可能随文化、国家甚至城市不同。例如，在洪水较为频繁的地区，特定程度的洪水可能认为是可接受的，而在其他城市，相同的洪水不能够被接受；公众介入和参与，对于定义可接受的洪水标准是很重要的。

洪水可以缓慢或者快速上升，但是通常在数小时或者数日发展。冲刷性洪水快速移动，可以卷动漂石，拔起树木，损坏建筑物，以及毁坏桥梁。水的上升高度可以达到 3～6 m，通常伴随着大量的垃圾。洪水破坏大体可分为有形和无形两种。

可以直接以资金方式估计和表示的那些破坏，称作有形破坏（例如资产、基础设施等的破坏）。难以以资金形式确定的破坏称作无形破坏（例如社会价值的损失，生命的损失，忧虑等)。有形损坏可进一步分类为直接破坏和间接破坏。直接破坏是直接由洪水相互作用产生的(例如资产和基础设施破坏)。直接破坏的程度可以发生在洪水事件中,显著取决于暴露对象和构筑物的脆弱性。

间接破坏包括减少的经济活动和个人财物,以及对社会舒适性的负面影响。间接破坏也考虑了破坏性影响,例如贸易时间的损失,产品市场需求的损失。

广义洪水管理框架内,可以定义洪水前、洪水中和洪水后三种管理模式。利用各种洪水危害的内在风险知识,可以提出缓解措施。洪水前管理模式在于长期减少洪水风险;第二和第三种模式,目的是确保及时发布洪水预警,执行紧急响应和恢复活动。

洪水管理措施通常分为结构的和非结构的。也可以分为常规(即管道)的和自然的(即可持续或者生态的)。重要的是,单一措施类型本身是不充分的,需要集成方法,设计和平衡不同的措施。

结构措施可定义为排水系统物理条件的物理干预,主要用于减少洪水总量和峰值流量。它们涉及建设设施,例如渠道、管道网络,洪水围堰,地下或地上蓄水,或者设定行泄通道。这些措施的建设通常根据:①国家防洪标准;②经济效益分析;③满足受影响社区可接受风险的水平。

为了弥补与工程措施相关的局限性,还需要考虑合适的非结构措施。例如引入法规,增强规划准则,改变土地功能,限制自然洪泛平原的建设(或者在洪水影响区域),引入洪水保险,以及执行实时预测预警系统(图 12-2)。

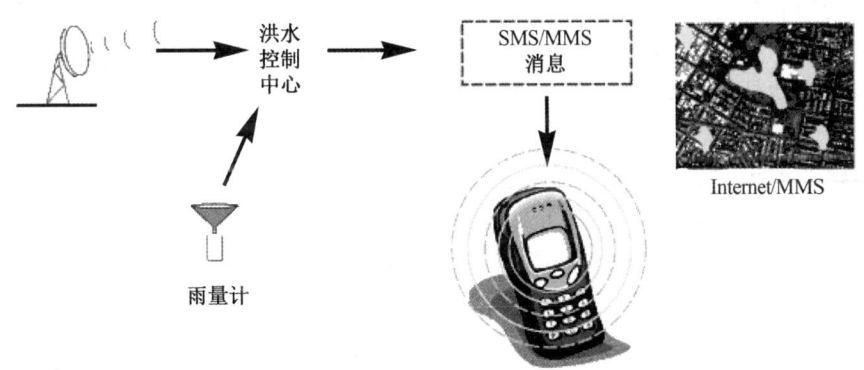

图 12-2　实时洪水控制预警

12.1.3　扩大污染

河流、湖泊和地下水的污染多数来自不良的卫生、工业出流和未受控的固体废弃物处置。城市雨水径流通常是影响受纳水体水质的主要污染源头。旱季污染物在城市地区的地表累积,污染物通常来自机动车辆的燃油、建设活动的沉积物、草坪的药剂、人们的垃圾和固体废弃物,以及动物的粪便。这些污染物通过雨水在地表冲刷,迅速流向排水系统,最终进入受纳水体。有时雨水渗入污水中,导致污水漫溢、污水处理厂的额外负荷等。

水质污染一般可分为化学型污染、物理型污染和生物型污染。

(1) 化学型污染指排入水体的酸、碱、无机和有机污染物引起的污染。

（2）物理型污染指引起水体的温度、色度、浊度、悬浮性固体和放射性等检测指标明显变化的物理因素造成的污染。例如，热污染源将高于常温的废水排入水体，水土流失等因素造成水体悬浮固体指标的增加，植物的叶、根及其腐殖质进入水体引起水体色度和浊度的变化。

（3）生物型污染指未经处理的生活污水、医院污水等排入水体，引起某些病原菌而造成的污染。一般来说，最大的微生物风险与饮用了被人类或动物粪便污染的水有关。粪便可能是致病性细菌、病毒、原生动物和蠕虫的来源。

12.1.4　与水相关的疾病

由于不能提供充足的供水和排水设施，引起的各种疾病会对人类健康造成极其严重的影响。据世界卫生组织评估，每年大约有 2.5 亿次与水相关的疾病发生，其中死亡人数约 500 万～1 000 万人。与水相关的疾病可以分为以下几类。

1. 水生疾病

水生疾病是指那些通过饮用受污染的水传播的疾病。其主要感染源是细菌（如霍乱弧菌、伤寒沙门氏杆菌、志贺氏菌）、病毒（如甲型肝炎病毒、轮状病毒、肠道病毒）和原生动物（如贾第虫、阿米巴原虫）。其污染方式通常由排泄物进入水体，也就是源于简陋的卫生设施。

2. 水卫生疾病

这类疾病可以通过改善家庭和个人卫生状况而降低，它们主要取决于可用水量而不是水质。所有通过排泄物-口嘴途径传播的疾病都可归为此类，如伤寒和霍乱。其他包括皮肤和眼部疾病，如皮肤脓血症和砂眼，其感染通常是由皮肤表面的寄生虫所致，如虱子。绝大多数肠道寄生虫也属于此类，包括蛔虫、蛲虫和鞭虫等。

3. 水媒介疾病

水媒介疾病指病原体的一部分生命周期需要在水中度过。最为常见的这类病原体是血吸虫。热带地区有数百万人感染过这种水接触性疾病。该疾病通过人类排泄物中的血吸虫卵在受纳水体中孵化后传播。

4. 带菌水生昆虫

水为很多能够传播疾病的昆虫提供了必要的生存环境。疟疾就是一种水生昆虫传染的疾病，由疟原虫导致，某些蚊子即是其宿主。其他类型的疾病还包括丝虫病和象皮病（也是通过蚊子传播）以及盘尾丝虫病（由黑苍蝇传播）。

5. 其他水疾病

除了传染病以外，水的很多其他因素也会导致水的不安全性。溶解盐浓度过高会导致高血压。重金属和一些有机污染物会在生物链中富集并最终达到致死含量。

6. 缓解途径

疾病的传播是一个非常复杂的过程，因此很难发现供水设施以及卫生设施的改善与发病率之间的直接关系。然而，开展下列工作以及加强教育，可以明显降低与水相关的疾病发生率。①家庭用水的消毒；②完善厕所的设计和建设；③提高生活用水量；④使用洗衣设备从而减少与敞开水体的接触；⑤对污水进行有效排放和处置；⑥加强开放水体管理。

12.2 风险评价

12.2.1 风险定义

风险一词在字典中的定义是"生命与财产损失或损伤的可能性",有的学者将风险定义为"用事故可能性与损失或损伤的幅度表达的经济损失与人员伤害的度量";也有将风险定义为"不确定危害的度量"。比较通用与严格的定义如下:风险 R 是事故发生概率 P 与事故造成的环境(或健康)后果 C 的乘积,即

$$R[危害/单位时间]=P[事故/单位时间]\times C[危害/事故]$$

12.2.2 风险评价的作用及意义

风险评价也称安全评价。风险评价是以实现系统安全为目的,运用安全系统工程原理和方法对系统中存在的风险因素进行辨识与分析,判断系统发生事故和职业危害的可能性及其严重程度,从而为制定防范措施和管理决策提供科学依据。

风险评价对于生产经营单位安全生产方面的作用表现在以下几方面。

(1) 风险评价可以使企业安全管理变事后处理为事先预防。传统安全管理方法的特点是凭经验管理,即事故发生后再处理的"事后过程"。通过安全评价,可以预告辨识系统的危险性,分析企业的安全状况,全面评价系统及各部分的危险程度和安全管理状况,促进企业达到规定的安全要求。

(2) 风险评价可以使企业安全管理变纵向单一管理为全面系统管理。现代工业的特点是规模大、连续化和自动化,其生产过程日趋复杂,各个环节和工序间相互联系、相互作用、相互制约。安全评价不是孤立地、就事论事地去解决生产系统中的安全问题,而是通过系统分析和评价,系统、有机、预防性地处理生产系统中的安全管理,这样使企业所有部门都能按照要求认真评价本系统的安全状况,将安全管理范围扩大到企业各个部门、各个环节,使企业的安全管理实现全员、全方位、全过程、全天候的系统化管理。

(3) 风险评价可以使企业安全管理变经验管理为目标管理。安全评价可以使各部门、全体职工明确各自的安全指标要求,在明确的目标下统一步调,分头进行,使安全管理工作做到科学化、统一化、标准化,从而改变仅凭经验、主观意志和思想意识进行安全管理,没有统一的标准、目标的状况。

(4) 风险评价有助于合理控制安全成本。保证安全生产需要一定的安全投入,安全费用是生产成本的一部分。虽然从原则上讲,当安全投入与经济效益发生矛盾时应优先考虑安全投入,然而考虑到企业自身的经济、技术水平,按照过高的安全指标提出安全投资,将会使企业的生产成本大大增加,甚至陷入困境。因此,安全投入应是经济、技术、安全的合理统一,而要实现这个目标则需依靠安全评价。安全评价不仅能确定系统的危险性,还能考虑危险性发展为事故的可能性及事故造成损失的严重程度,进而计算出风险的大小,以此说明系统可能出现负效益的大小,然后以安全法规、标准和指标为依据,结合企业的经济、技术状况,选择适合企业安全投资的最佳方案,合理选择控制和消除事故的措施,使安全投资和可能出现的负效益达到合理的平衡,从而实现用最少投资得到最佳的安全效果,大幅减少人员伤亡和设备损坏事故。

12.2.3 风险评价程序

风险评价程序流程如图12-3所示。

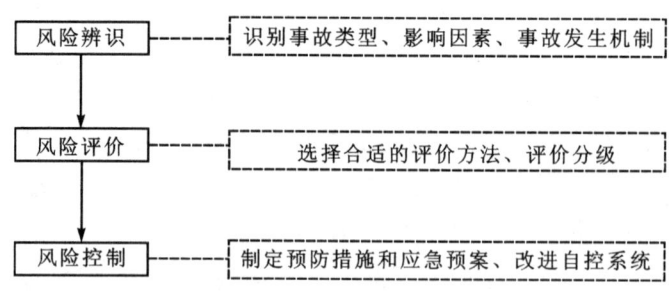

图12-3 风险评价程序流程

风险评价各步骤的主要内容如下。

（1）准备和资料收集阶段。明确评价对象和范围，进行现场调查，收集国内外相关法律、法规、技术标准，了解同类设备或工艺的生产和事故状况等。

（2）危险、有害因素辨识与分析。根据系统周边环境、生产工艺流程或场所的特点，识别和分析潜在的危险、有害因素。在危险、有害因素识别和分析的基础上，根据评价的需要，将系统划分成若干个评价单元。划分评价单元的一般性原则是按生产工艺功能、生产设施设备相对空间位置、危险有害因素类别及事故范围划分评价单元，使评价单元相对独立，具有明显的特征界限。

（3）确定评价方法。根据被评价对象特点，选择科学、合理、适用的定性或定量评价方法。常用安全评价方法有：事故致因安全评价方法；能够提供危险度分析的安全评价方法等。

（4）定性、定量评价。根据选择的评价方法对危险、有害因素导致事故发生的可能性和严重程度进行定性、定量评价，以确定事故可能发生的部位、频次、严重程度的等级及相关结果，为制定安全对策措施提供科学依据。

（5）安全对策措施及建议。根据定性、定量评价结果，提出消除或减弱危险、有害因素的技术和管理措施及建议。安全对策措施应包括以下几个方面：总体布置和建筑方面安全措施；工艺和设备、装置方面安全措施；安全工程设计方面对策措施；安全管理方面对策措施；应采取的其他综合措施。

（6）安全评价结论。简要列出主要危险、有害因素评价结果，指出应重点防范的重大危险、有害因素，明确应重视的重要安全对策措施，给出安全角度上是否符合国家有关法律、法规、技术标准的结论。

12.3 风险分析方法

风险分析是从安全角度对系统进行的分析，通过提示可能导致系统故障或事故的各种因素及其相互关联性，查明系统中的危险源，以便采取措施消除和控制它们。

风险分析方法主要有：安全检查表法、预先危险性分析、故障类型和影响分析、事故树分析、事件树分析、危险性和可操作性研究、因果分析等方法。在系统寿命不同阶段的危险源辨识中，应选用相应的风险分析方法。表12-2所列为系统寿命期间内各阶段使用的风险分析方法情况。

表 12-2　　　　　　　　　　系统风险分析方法适用情况

分析方法	开发研制	方案设计	样机	详细设计	建造投产	日常运行	改造扩建	事故调查	拆除
检查表		√	√	√	√	√	√		√
预先危险性分析	√	√					√		√
危险与可操作性研究		√	√			√			√
故障类型与影响分析			√	√		√			√
事件树分析			√	√		√	√	√	√
事故树分析			√	√		√			√
因果分析		√	√		√	√			√

12.3.1　安全检查表法

安全检查表法是在对危险源系统充分分析的基础上,分成若干个单元或层次,列出所有的危险因素,确定检查项目,然后编制成表,按此进行检查,检查表中的回答一般都是"是/否"。这种方法的突出优点是简单明了,现场操作人员和管理人员都易于理解与使用。编制表格的控制指标主要是根据有关标准、规范、法律条款,控制措施主要根据专家的经验。另外,该表在使用过程中若发现有遗漏处,也容易加入事项,易于抓住控制危险源安全的主要因素。缺点是只能进行定性分析。安全检查表法如图 12-4 所示。

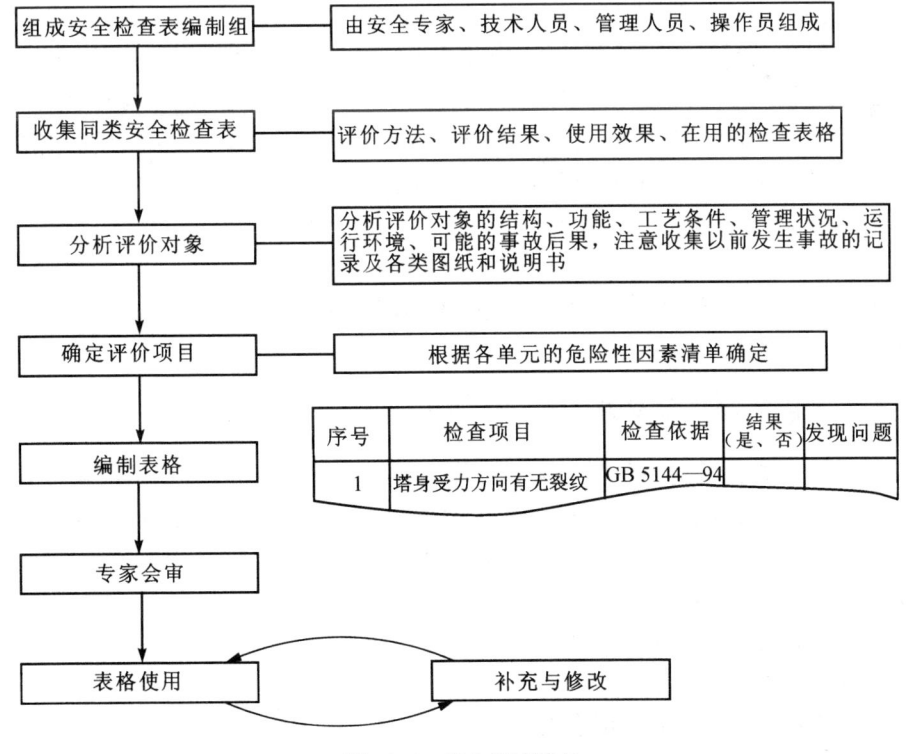

图 12-4　安全检查表法

12.3.2 预先危险性分析

预先危险性分析是在系统付诸实施之前,根据经验和理论推断,辨识可能出现的危险源,提出预防、改正、补救等安全技术措施,消除或控制事故的风险分析方法。预先危险性分析程序如下。

1. 准备工作

进行分析之前,收集对象系统的资料和其他类似系统或使用类似设备、工艺物质的系统资料。要弄清对象系统的功能、构造,为实现其功能所选用的工艺过程、使用的设备、物质、材料等。

2. 审查

通过对方案设计、主要工艺和设备的安全审查,辨识其中的主要危险源,也包括审查设计规范和采取的消除危险源的措施。

一般应按照预先编好的安全检查表进行审查,其中审查内容主要有以下几方面:①危险设备、物质;②有关安全的设备、物质之间的交接面,如物质的相互反应,火灾、爆炸的发生及传播,控制系统等;③可能影响设备、物质的环境因素,如地震、洪水、高(低)温、潮湿、振动等;④运行、实验、维修、应急程序,如人为失误后果的严重性、操作者的任务、设备布置及通道情况、人员防护等;⑤辅助设施,如物质、产品存储、实验设备、人员训练、动力供应等;⑥有关安全的设备,如安全防护设施、冗余设备、灭火系统、安全监控系统、个人防护设备等。

根据审查结果,确定系统中的主要危险源,研究其生产原因和可能导致的事故。根据导致事故原因的重要性和事故后果的严重程度,对危险源进行粗略的分级。一般地,可以把危险源划分为以下四级。

Ⅰ级:安全的,可以忽略;

Ⅱ级:临界的,有导致事故的可能性,事故后果轻微,应该注意控制;

Ⅲ级:危险的,可能导致事故、造成人员伤亡或财务损失,必须采取控制措施;

Ⅳ级:灾难的,可能导致事故、造成人员严重伤亡或财务重大损失,必须设法消除。

针对不同级别的危险源,有重点地采取修改设计、增加安全措施来消除或控制它们,从而达到系统安全目的。

3. 结果汇总

以表格的形式汇总分析结果。典型的结果汇总表包括主要的事故、产生原因、可能的后果、危险性级别、应采取的措施等栏目。

12.3.3 失效模式和后果分析

失效模式和后果分析是一种归纳法。对于一个系统内部每个组件的每一种可能的失效模式或不正常运行模式都要进行详细分析,并推断它对于整个系统的影响、可能产生的后果以及如何才能避免或减少损失。其分析步骤大致如下。

(1) 确定分析对象系统。

(2) 分析元素失效类型和产生原因。

(3) 研究失效类型的后果。

(4) 填写失效模式和后果分析表格。

(5) 风险定量评价。

这种分析方法的特点是从组件的故障开始逐次分析其原因、影响及应采取的对策措施。

12.3.4 故障树分析

故障树分析(Fault Tree Analysis,简称 FTA)又称事故树分析,是一种演绎的系统安全分析方法。它是从要分析的特定事故或故障开始层层分析其发生原因,一直分析到不能再分解为止。将特定的事故和各层原因之间用逻辑门符号连接起来,得到形象、简洁表达其逻辑关系的逻辑树图形,即故障树。通过对故障树简化、计算,达到分析、评价的目的。

1. 故障树分析的基本步骤

(1) 确定分析对象系统和要分析的各对象事件(顶层事件)。

(2) 确定系统事故发生概率、事故损失的安全目标值。

(3) 调查原因事件。调查与事故有关的所有直接原因和各种因素(设备故障、人员失误和环境不良因素)。

(4) 编制事故树。从顶层事件起一级一级往下找出所有原因事件,直到最基本的原因事件为止,按其逻辑关系画出故障树。

(5) 定性分析。按故障树结构进行简化,求出最小割集和最小路集,确定各基本事件的结构重要性。

(6) 定量分析。找出各基本事件的发生概率,计算出顶层事件的发生概率重要度和临界重要度。

(7) 结论。当事故发生概率超过预定目标时,从最小割集着手研究降低事故发生概率的所有可能方案,利用最小路集找出消除事故的最佳方案,通过重要度(重要度系数)分析确定采取对策措施的重点和先后顺序,从而得出分析、评价的结论。

2. FTA 的术语与符号

构造故障树需要一些逻辑关系的门符号和事件符号,借以表示事件之间的逻辑因果关系。表 12-3 列举出了主要的门符号和事件符号及其意义。

(1) 顶层事件:顶层事件是被分析系统的不希望发生事件,它位于故障树顶端。

(2) 中间事件:位于顶层事件和底层事件之间,又称故障事件,以矩形符号表示,并且有一个逻辑门紧跟着。

(3) 底层事件:位于故障树底端,在已构成的故障树中,不必再要求分解了的事件。

(4) 房形事件:它也位于故障树底部,它起开关作用,有时表示一种系统中的正常条件或故障条件,房形事件的状态只能是发生或不发生,通过使用房形事件,可以描述各种不同条件下的系统故障树。

(5) 与门:表示事件关系的一种逻辑门,仅当输入与门的所有输入事件同时发生时,门的输出事件才发生。

(6) 或门:表示事件关系的一种逻辑门,仅当输入事件中至少有一个发生时,则门的输出事件发生。

(7) 表决门:例如 k/m 门,表示一种表决的逻辑关系,仅当 m 个输入事件中 k 个以上事件发生时,门的输出事件发生。

(8) 禁门:表示在一定条件下才打开的逻辑门,当禁门的条件事件存在时,输入禁门的事件发生才会导致输出事件的发生。同与门的情况相比,禁门条件事件不仅可以是故障事件,而且可以是系统的一种状态或条件。

(9) 异或门:表示仅当单个输入事件发生时,而其余输入事件不发生,异或门的输出事件才能发生,异或门又称互斥或门。

(10) 非门:表示门的输出事件是输入事件的对立事件。

(11) 优先与门:表示与门的输入事件仅当按由左至右的顺序依次发生时,门的输出事件发生。

(12) 转移符号:有转入与转出符号,便于画树过程中进行转页和查找。

表 12-3　　　　　　　　　　故障树所用符号表

门 符 号				事 件 符 号			
序号	使用符号	名称	输入输出关系	序号	使用符号	名称	意义
1		与门	当全部输入发生则输出发生	1		圆形	有足够数据的基本事件
2		或门	任何一个输入存在则输出发生	2		菱形	不发展时间(未探明事件)
3		禁门	在条件存在时输入产生输出	3		矩形	用门表示的事件
4		优先与门	按左至右的次序输入发生则发生输出	4		椭圆	用于禁门的条件
5		异或门	输入中的一个发生而另外不发生则输出发生	5		房形	开关事件(发生或不发生)
6	(r)/(n)	r/n表决门	n中有r个输入则输出发生	6	(a)转向符号 (b)转此符号	三角形	转出与转入

【例 12-1】 某污水泵站在处置紧急溢流情况中,配备了两个报警系统。第一个报警系统是在水泵系统故障下激发,第二个报警系统是在集水池处于最高水位时激发。试构建系统故障树,量化泵站故障和排放未处理污水的风险。

为构建故障树,首先分析可能引起紧急溢流的基本事件,包括:

(1) 水泵系统故障,假设为每年 10 次;

(2) 系统故障警报未及时接听,或故障难以及时处理,假设概率为 0.08;

(3) 系统报警系统故障,假设概率为0.02;
(4) 最高水位警报未及时接听,假设概率为0.3;
(5) 最高水位警报系统故障,假设概率为0.02。
为此构建的故障树分析见图12-5。

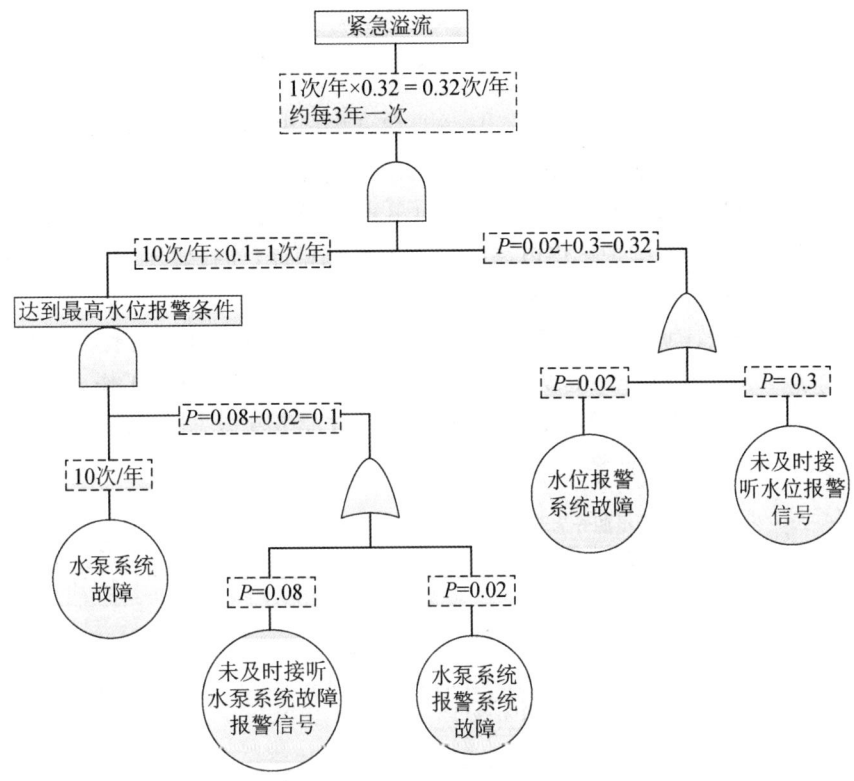

图12-5 故障树分析示例

由图12-5可以看出,如果没有最高水位报警信号系统,紧急溢流的概率为1年1次。当具有最高水位报警信号后,紧急溢流概率变为3年1次。

本例故障树分析基础上,若再考虑水泵系统的故障类型、未及时接听警报信号的原因以及警报系统故障原因时,将可以构建更为复杂的FTA模型。

12.3.5 事件树分析

事件树分析(Event Tree Analysis,简称ETA)是一种从原因推论结果的(归纳的)系统安全分析方法。它在给定一个初因事件的前提下分析此事件可能导致的后续事件结果。整个时间序列成树状。

事件树分析方法着眼于事故的起因,即初因事件。当初因事件进入系统时,与其相关联的系统各部分和各运行阶段机能的不良状态会对后续的一系列机能维护的成败造成影响,并确定维护机能所采取的动作,根据这一动作把系统分成在安全机能方面的成功与失败,并逐渐展开成树枝状,在失败的各分支上假定发生的概率、事故的种类,分别确定它们的发生概率,并由此求出最终的事故种类和发生概率。其分析步骤大致如下。

(1) 确定初始事件。
(2) 判定安全功能。
(3) 发展事件树和简化事件树。
(4) 分析事件树。
(5) 事件树的定量分析。

事件树分析适用于多环节事件或多重保护系统的风险分析和评价,既可用于定性分析,也可用于定量分析。

【**例 12-2**】 某污水处理厂的运行对供电故障非常敏感。当供电出现故障时,曝气池内生物处理工艺中止,二沉池中活性污泥难以回流。为了防止供电故障,该处理厂配备了备用发电机。但是备用发电机也可能出现故障。每日 24 h 内,工作人员每 8 h 班次内仅有 1 h 是在现场巡逻;另有 3 h 的例行维护。供电系统与警报系统相连,当接收到报警后,由机动工作人员响应。试构造电源故障分析的事件树。

假设厂区内供电故障为 10 次/年;备用发电机可开启概率为 0.90;警报系统可工作概率为 0.98;维护人员可维修好供电设备的概率为 0.80;当电源故障时,工作人员刚好在现场的概率为 24 h 中的 6 h。根据这些数据,构造的电源故障事件树见图 12-6。最终事件的概率由事件分支内各概率乘积计算。

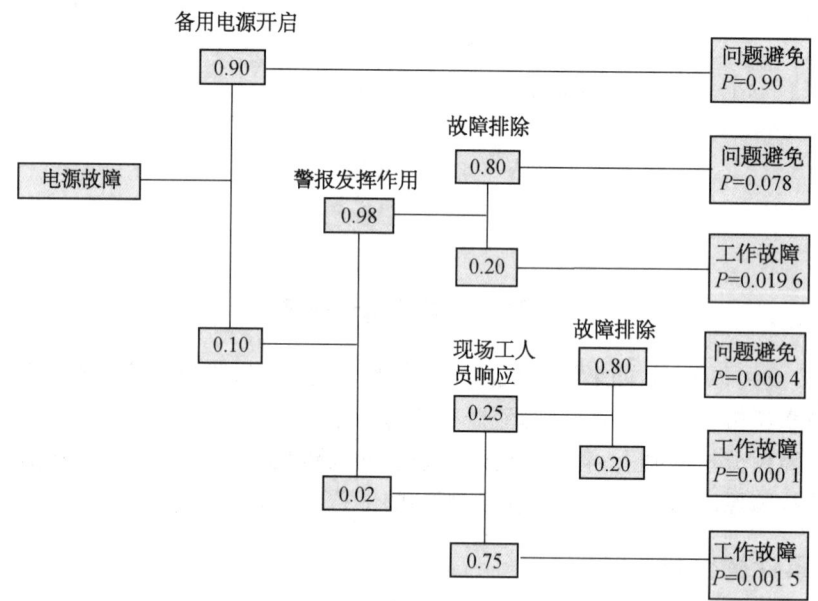

图 12-6 厂区电源故障事件树

从图 12-6 可以看出各种措施所发挥的作用,例如警报系统可避免问题发生概率为 0.078;最高电源故障概率为 0.019 6;为降低问题的出现,应首先改善备用电源的可用性。

12.4 暴雨强度重现期风险计算

某特定值暴雨强度的重现期是指等于或大于该值的暴雨强度可能出现一次的平均间隔

时间。事实上，特定重现期暴雨的真正间隔时间与平均值 T 有相当大的差别，一些间隔远小于 T，另一些间隔又远大于 T，此时需要进行风险性分析。超过排水系统设计年限内的年事件风险推导如下。

任何一年内，年最大暴雨事件强度 X 大于或等于 T 年设计暴雨强度 x 的概率为

$$P(X \geqslant x) = \frac{1}{T} \tag{12-1}$$

在任何一年内不会发生 T 年重现期设计暴雨的概率为

$$P(X < x) = 1 - P(X \geqslant x) = 1 - \frac{1}{T}$$

在 N 年内不会发生超过设计暴雨的概率为

$$P^N(X < x) = \left(1 - \frac{1}{T}\right)^N$$

因此在 N 年内发生至少一次大于或等于设计暴雨的概率或风险 r 为

$$r = 1 - \left(1 - \frac{1}{T}\right)^N \tag{12-2}$$

也就是说，如果系统的设计年限为 N 年，则在这段时间内超过设计暴雨事件的风险为 r(图 12-7)。

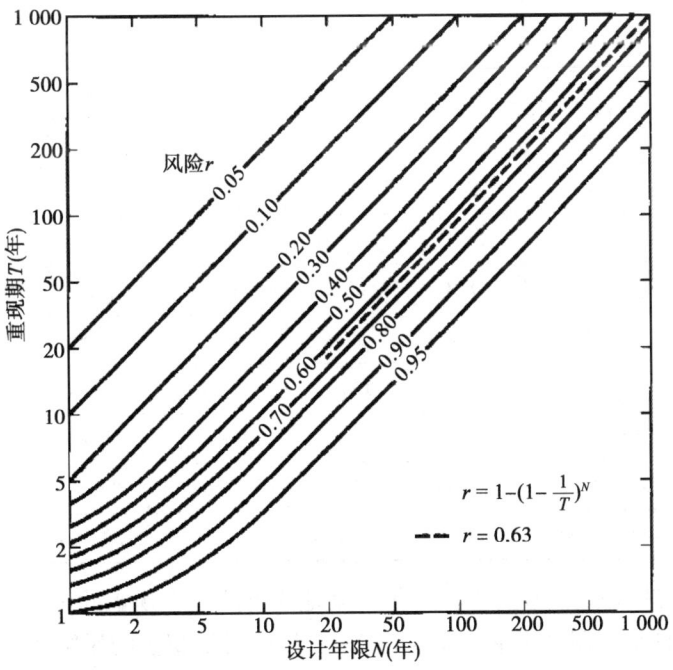

图 12-7 设计事件在设计寿命内至少发生一次的风险

如果对于较大的 T 值，T 年设计年限发生 T 年重现期的暴雨，则风险为

$$\lim_{T \to \infty} \left[1 - \left(1 - \frac{1}{T}\right)^T \right] = 1 - \lim_{T \to \infty} \left(1 - \frac{1}{T}\right)^T = 1 - \frac{1}{e} = 63.2\%$$

即在 T 年设计期限内发生 T 年重现期暴雨的风险约为 63%。

【例 12-3】 当设计年限为 10 年时，10 年重现期的暴雨至少发生一次的概率是多少？40 年设计年限的暴雨至少发生一次的概率是多少？

解 10 年设计年限，10 年重现期：$T=10$，$N=10$。根据式(12-2)，得

$$r = 1 - (1 - 0.1)^{10} = 0.651$$

可以看出，10 年设计年限发生 10 年重现期暴雨的概率为 65.1%。而不是 $r = 1/T = 0.1$，也不是 $r = 10 \times 1/T = 1.0$。

40 年设计年限，10 年重现期：$T=10$，$N=40$。

$$r = 1 - \left(1 - \frac{1}{10}\right)^{40} = 0.985$$

通常，如果在系统生命期内最大限度降低风险，则需要很大的重现期。表 12-4 根据公式(12-2)，给出了不同风险和期望设计寿命的重现期。

表 12-4 不同风险和期望设计寿命下对应的重现期

风险(%)	期望设计寿命							
	2	5	10	15	20	25	50	100
75	2.00	4.02	6.69	11.0	14.9	18.0	35.6	72.7
50	3.43	7.74	11.9	22.1	29.4	36.6	72.6	144.8
40	4.44	10.3	20.1	29.9	39.7	49.5	98.4	196.3
30	6.12	14.5	28.5	42.6	56.5	70.6	140.7	281.0
25	7.46	17.9	35.3	53.6	70.6	87.4	174.3	348.0
20	9.47	22.9	45.3	67.7	90.1	112.5	224.6	449.0
15	12.8	31.3	62.0	90.8	123.6	154.3	308.0	616.0
10	19.5	48.1	95.4	142.9	190.3	238.0	475.0	950.0
5	39.5	98.0	195.5	292.9	390.0	488.0	976.0	1 949.0
2	99.5	248.0	496.0	743.0	990.0	1 238.0	2 475.0	4 950.0
1	198.4	498.0	996.0	1 492.0	1 992.0	2 488.0	4 975.0	9 953.0

【例 12-4】 设计排水系统中，若将来 5 年内某地块可能发生积水的风险为 10%，试确定需要采用的暴雨设计重现期是多少？如果将来 50 年内发生积水的风险为 50%，采用的暴雨设计重现期又是多少？

解 风险计算中 $r = 0.10$，$N = 5$，于是代入公式(12-2)，得

$$0.10 = 1 - \left(1 - \frac{1}{T}\right)^5$$

即 $T=48.1$ 年。说明 48.1 年重现期的降雨，将具有 10% 的机会，在下一个 5 年内发生一次或者多次。

根据以上步骤，当 $r=0.50$，$N=50$ 时，解得 $T=74$ 年。

12.5 可靠性

可靠性用于表示系统的时间质量特性。系统性能可以是期望的或者非期望的。非期望条件称作故障。系统输出的均值和标准偏差可用于评价系统性能，但这是不充分的。图 12-8 说明了定义系统故障的严重性和频率中，均值和标准偏差的脆弱性。图 12-8(a) 和图 12-8(b) 的图形，相对 x 轴是对称的，因此它们的均值和标准偏差相同。图 12-8(a) 中具有两次故障事件，但是另一图中不存在。再者，不能说明，系统中均值的增加或者降低影响了系统的性能。对于故障概率和系统性能的评价，使用均值和标准偏差指标中具有缺陷；因此使用可靠性。

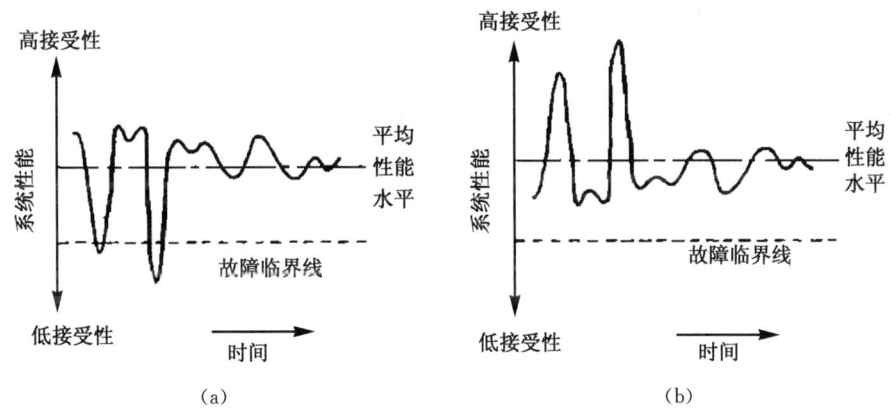

图 12-8 两个具有相同均值和标准差的不同函数比较

12.5.1 可靠性指标

一般地说，产品的可靠性可采用多种指标表示，因为可靠性是个综合特性，体现了产品的耐久性、无故障性、维修性、可用性和经济性，可分别用各种定量指标表示，形成指标体系。具体采用什么样的指标，取决于分析目的，应根据产品的复杂程度和使用特点而定。一般对于可以修理的复杂系统、机器设备，常用可靠性、平均无故障工作时间(MTBF)、平均修复时间(MTTR)、有效寿命、可用度和经济性作为指标。对于不能或者不予修理的产品，例如损耗件、元器件等，常用可靠性、可靠寿命、故障率、平均寿命(MTTF)作为指标。材料则采用性能均值和均方偏差等特性作为指标。

1. 可靠性

可靠性是"产品在规定条件下和规定时间内完成规定功能的概率"。可靠性是时间 t 的函数，故也称为可靠性函数，记作 $R(t)$。通常表示为

$$R(t)=P(T>t) \tag{12-3}$$

式中 t——规定的时间；

T——表示产品寿命。

根据可靠性的定义可知，$R(t)$ 描述了产品在 $(0,t]$ 时段内的完好概率，且 $R(0)=1$，$R(+\infty)=0$。

假如 $t=0$ 时有 N_0 件产品开始工作，而到 t 时刻有 $N_f(t)$ 件产品故障，仍有 $N_s(t)=N_0-N_f(t)$ 件产品继续工作，则 $R(t)$ 的估计值为

$$R(t)=\frac{\text{到时刻}\,t\,\text{仍在正常工作的产品数}}{\text{试验的产品总数}}=\frac{N_0-N_f(t)}{N_0} \tag{12-4}$$

2. 故障概率密度 $f(t)$ 和累积故障概率密度 $F(t)$

累积故障概率是寿命的分布函数，也称为不可靠性，记作 $F(t)$。它是产品在规定条件下和规定时间内故障的概率，通常表示为

$$F(t)=P(T\leqslant t) \tag{12-5}$$

或

$$F(t)=1-R(t) \tag{12-6}$$

因此 $F(0)=0$，$F(+\infty)=1$。

故障概率密度是累积故障概率对时间 t 的导数，记作 $f(t)$。它是产品在包含 t 的时间内发生故障的概率，表示为

$$f(t)=\lim_{\Delta t\to 0}\left[\frac{1}{N_0}\frac{N_s(t)-N_s(t+\Delta t)}{\Delta t}\right]=-\frac{1}{N_0}\frac{\mathrm{d}}{\mathrm{d}t}N_s(t)$$

式中，$N_s(t)=N_0 R(t)$，故

$$f(t)=-\frac{\mathrm{d}}{\mathrm{d}t}R(t)=\frac{\mathrm{d}}{\mathrm{d}t}F(t)=F'(t)$$

或

$$F(t)=\int_0^t f(x)\mathrm{d}x \tag{12-7}$$

式中，$N_s(t)$ 为到 t 时刻的完好产品量。

3. 故障率 $\lambda(t)$

故障率(瞬时故障率)是"工作到 t 时刻尚未出现故障的产品，在该时刻 t 后的单位时间内发生故障的概率"，也称为故障率函数或风险函数，记为 $\lambda(t)$。于是，在 t 时刻完好的产品在 $(t,t+\Delta t)$ 时间内故障的概率为 $P(t<T\leqslant t+\Delta t\,|\,T>t)$，在 Δt 时间内的平均故障率为：

$$\begin{aligned}\lambda(t)&=\lim_{\Delta t\to 0}\left[\frac{1}{N_s(t)}\frac{N_s(t)-N_s(t+\Delta t)}{\Delta t}\right]\\&=-\frac{1}{N_s(t)}\frac{\mathrm{d}}{\mathrm{d}t}N_s(t)=\frac{N_0 f(t)}{N_s(t)}=\frac{f(t)}{[N_s(t)/N_0]}\end{aligned} \tag{12-8}$$

或

$$\lambda(t) = \frac{f(t)}{R(t)} = -\frac{1}{R(t)}\frac{\mathrm{d}}{\mathrm{d}t}R(t) = -\frac{\mathrm{d}}{\mathrm{d}t}\ln R(t) \tag{12-9}$$

须注意,$f(t)$ 是在时段 Δt 内故障元件与初始子样之比,再除以时段 Δt；$\lambda(t)$ 是在时段 Δt 内故障元件与 Δt 之前完好的元件之比,再除以时段 Δt。所以 $f(t)$ 是对元件发生故障总速度的度量,$\lambda(t)$ 是对故障瞬时速度的度量。

【例 12-5】 表 12-5 所列为某产品 10 万件在 18 年内的故障数据,试计算这批产品 1 年,2 年,…,18 年的故障率。

表 12-5　　某产品 18 年内的故障数据

t(年)	$N_f(t) \times 1\,000$(件)	$\Delta N_f(t) \times 1\,000$(件)	$\lambda(t)$(%/年)
0		0	0
1	0	1	1.00
2	1	1	1.01
3	2	1	1.02
4	3	1	1.03
5	4	3	3.12
6	7	6	6.45
7	13	10	11.49
8	23	14	18.18
9	37	15	23.81
10	52	16	33.33
11	68	14	43.75
12	82	8	44.44
13	90	4	40.00
14	94	3	50.00
15	97	1	33.33
16	98	1	50.00
17	99	1	100.00
18	100	—	—

例中时间单位为年,$\Delta t = 1$ 年。如当 $t = 5$ 年时,$\lambda(5) = \dfrac{\Delta N_f(5)}{[N_0 - N_f(5)]\Delta t} = 3.12\%/$年,例中的故障率 $\lambda(t)$ 曲线如图 12-9 所示。

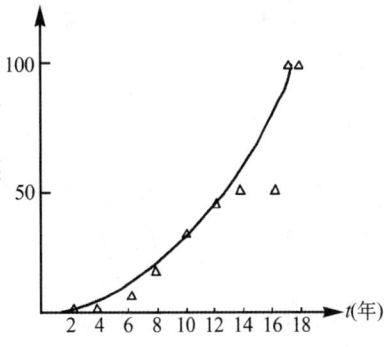

图 12-9　示例的故障率曲线

12.5.2　组件维修性特征量

维修性是指在规定条件下使用的可维修产品,在规定时间内按规定程序和方法进行维修时,保持或恢复到能完成规定功能的能力。规定的条件是指维修三要素：产品维修的难易程度(可维修性),维修人员的技术水平,维修设施和组织管理水平(备用件、工具等的准备情况)。

把产品从开始出现故障到修理完毕所经历的时间,即把故障诊断、维修准备及维修实施时间之和称为产品的维修时间,记为 Y(显然它是一个随机变量)。把产品维修时间 Y 所服从的分布称为维修分布,记为 $G(t)$。

$$G(t) = P(Y \leqslant t) \tag{12-10}$$

如果 Y 是连续性随机变量,其维修密度函数

$$g(t) = G'(t) \tag{12-11}$$

像产品的故障分布一样,维修时间的分布可通过对大量维修数据的处理分析得到。同样,产品的维修性亦可采用维修度、平均修复时间、修复率指标加以衡量。

1. 维修度

维修度(Maintainability)是指在规定条件下产品发生故障后,规定时间 $(0, t)$ 内完成修复的概率,记为 $M(t)$。

$$M(t) = P(Y \leqslant t) = G(t) \tag{12-12}$$

维修度是时间(维修时间 t)的函数,故又称为维修度函数 $M(t)$。它表示当 $t=0$ 时,处于故障或完全故障状态的全部产品在 t 时刻前,经修复后有百分之多少恢复到正常功能的累积概率。

2. 修复率

修复率指修理时间已达到某一时刻但尚未修复的产品,在该时刻后单位时间内完成修理的概率,可表示为

$$\mu(t) = \frac{1}{1-M(t)} \frac{\mathrm{d}M(t)}{\mathrm{d}t} = \frac{m(t)}{1-M(t)} \tag{12-13}$$

式中 $m(t)$——维修时间的概率密度函数,即

$$m(t) = \frac{\mathrm{d}M(t)}{\mathrm{d}t} \tag{12-14}$$

若 $M(t) = 1 - \mathrm{e}^{-\mu t}$,则修复率为常数 μ。

3. 平均修复时间 MTTR

平均修复时间是指可修复产品的平均修理时间,其估计值为修复时间总和与修复次数之比,记作 $MTTR$(Mean Time To Repair)。

$$MTTR = E(Y) = \int_0^{+\infty} t \, \mathrm{d}M(t) \tag{12-15}$$

$MTTR$ 说明了执行维护操作需要消耗的时间,用于评价系统的修理时间,它也是一个系统可维护性的计量方式。不同类型的可维护性措施可以根据修理密度函数推导。

给水系统运行管理的实践中,尚未积累足够和可用于分析管道实际恢复时间的资料,而现有的资料也不够可靠。苏联建筑法规($CH_u\varPi_{II}$-31-34)规定了排除给水管线故障的标准期限,见表 12-6。

表 12-6　　排除管道故障的标准期限

管道直径(mm)	对不同埋深排除管道故障所需的时间(h)	
	埋深≤2 m	埋深>2 m
<400	8	12
400~1 000	12	18
>1 000	18	24

$MTTR$ 也是不可修理性系统平均生命期的合理计量方式。对于一个可修理的系统,故障-修理周期的更好表达指标是平均无故障间隔时间($MTBF$),它是 $MTTF$(平均无故障工作时间,见 12.6.6 小节)和 $MTTR$ 之和,即

$$MTBF = MTTF + MTTR \tag{12-16}$$

12.5.3　可用性和不可用性

可靠性和寿命有关,但并不是笼统地要求长寿命,而是强调在规定的时间内能否充分发挥其功能,即产品的可用性。可用性=可用时间/(可用时间+因故障维修等不可用时间)×100%。提高可用性可以从两个方面入手,或是保证产品在规定的时间内不出故障,少出故障,或是出了故障能迅速修复,目的都是使设备不可用的时间降到最低程度,为此需提高产品的无故障性或维修性。尤其是给水管网组件,大多是可维修产品,从保证可用性的成本角度考虑,对于某些部件要花费很高成本来提高寿命和可靠性,不如采用维修性设计,改进维修策略等措施更为有效。

可用性的系统在其服务期内可以经历修理与故障的循环。因此,对于一个可修理系统,给定时刻 t 系统的运行条件概率不同于不可修理的系统。可用性 $A(t)$ 常常用于可修理系统,说明系统在任意已知时刻 t 运行条件的概率。

可用性的补集是不可用性 $U(t)$,它是对于给定时刻零的运行条件,系统在时刻 t 出现故障状态的概率。换言之,已知它在时刻零的运行状况,系统不能够在时段$(0,t)$中期望服务的不可用性时间百分比。可用性、不可用性以及不可靠性满足

$$A(t) + U(t) = 1.0 \tag{12-17}$$

$$0 \leqslant U(t) \leqslant F(t) < 1 \tag{12-18}$$

对于不可修理的系统,不可用性等于不可靠性,即 $U(t)=F(t)$。

系统的可用性或者不可用性的计算,需要完整的故障和修理过程统计。描述过程的基本元素是故障密度函数 $f(t)$ 和修理密度函数 $g(t)$。假设一个具有定常故障速率 λ 以及一个定常修理速率 η 的系统。可用性和不可用性分别为

$$A(t) = \frac{\eta}{\lambda + \eta} + \frac{\lambda}{\lambda + \eta} e^{-(\lambda + \eta)t} \tag{12-19}$$

$$U(t) = \frac{\lambda}{\lambda + \eta} [1 - e^{-(\lambda + \eta)t}] \tag{12-20}$$

当时间达到无限($t \to \infty$)时,系统达到它的固定条件。然后,固定的可用和不可用性

分别为

$$A(\infty)=\frac{\eta}{\lambda+\eta}=\frac{1/\lambda}{1/\lambda+1/\eta}=\frac{MTTF}{MTTF+MTTR} \tag{12-21}$$

$$U(\infty)=\frac{\lambda}{\lambda+\eta}=\frac{1/\eta}{1/\lambda+1/\eta}=\frac{MTTR}{MTTF+MTTR} \tag{12-22}$$

12.6 常用概率分布

可靠性分析中,需要应用故障记录数据的统计分析,常用的概率分布有二项分布、泊松分布、指数分布、正态分布、韦布尔分布等。

12.6.1 二项分布

二项分布满足以下基本假定。
(1) 实验次数 n 是一定的。
(2) 每次试验的结果只有两种,成功或失败,成功的概率为 p,失败的概率为 q,$p+q=1$。
(3) 每次试验的成功概率和失败概率相同,即 p 和 q 是常数。
(4) 所有试验是独立的。

在 n 次试验中,r 次成功和 $(n-r)$ 次失败的概率 P_r 可用式(12-23)的二项分布表示。

$$P_r=\binom{n}{r}p^r(1-p)^{n-r}=\frac{n!}{(n-r)!r!}p^r(1-p)^{n-r} \tag{12-23}$$

亦可写为

$$B(r;n,p)=\binom{n}{r}p^r(1-p)^{n-r} \tag{12-24}$$

若随机变量 X 服从二项分布,那么期望值 $E(X)$ 及方差 $Var(x)$ 分别为

$$E(X)=np \tag{12-25}$$

$$Var(x)=\sigma^2=npq \tag{12-26}$$

式中,σ 为标准差,

$$\sigma=\sqrt{npq}$$

若一个系统含有 n 个相同的元件,至少有 r 个元件完好称系统完好,那么系统完好的概率为

$$P(系统完好)=R=\sum_{k=r}^{n}\binom{n}{k}p^k(1-p)^{n-k} \tag{12-27}$$

式中,p 为一个元件完好的概率,称 $r<n$ 的系统为冗余系统。

【例 12-6】 某泵站有三台机组,容量分别为 100、150 和 200 L/s,故障概率 q 分别为 0.01、0.02 和 0.03。该泵站的负荷为 250 L/s。求该泵站丧失负荷的概率。

解 机组可靠性数据见表 12-7。用二项分布计算的结果见表 12-8。

表 12-7　　　　　　　　　　　　　　机组参数

机组号	容量(L/s)	故障概率 q
1	100	0.01
2	150	0.02
3	200	0.03

表 12-8　　　　　　　　　　　　　　计算表

机组 1	机组 2	机组 3	可用容量(L/s)	停运容量(L/s)	公式	概率	丧失负荷(L/s)
G	G	G	450	0	0.99×0.98×0.97	0.941 094	0
B	G	G	350	100	0.01×0.98×0.97	0.009 506	0
G	B	G	300	150	0.99×0.02×0.97	0.019 206	0
G	G	B	250	200	0.99×0.98×0.03	0.029 106	0
B	B	G	200	250	0.01×0.02×0.97	0.000 194	50
B	G	B	150	300	0.01×0.98×0.03	0.000 294	100
G	B	B	100	350	0.99×0.02×0.03	0.000 594	150
B	B	B	0	450	0.01×0.02×0.03	0.000 006	250

注:G—工作状态;B—不工作状态。

当负荷为 250 L/s 时,期望负荷损失为

$$E(\text{负荷损失}) = 50 \times 0.000\,194 + 100 \times 0.000\,294 + 150 \times 0.000\,594 + 250 \times 0.000\,006$$
$$= 0.129\,7(\text{L/s})$$

当负荷为 200 L/s 时,期望负荷损失为

$$E(\text{负荷损失}) = 50 \times 0.000\,294 + 100 \times 0.000\,594 + 200 \times 0.000\,006$$
$$= 0.075\,3(\text{L/s})$$

【例 12-7】 一座泵站有三台水泵,如果不多于一台水泵故障,泵站便能安全运行。试验表明,每 1 000 次启闭发生一次水泵故障。求泵站安全运行的概率。

解 $P(\text{安全运行}) = P(\text{没有水泵故障}) + P(\text{一台水泵故障})$

$$= \binom{3}{0} \times 0.001^0 \times 0.999^3 + \binom{3}{1} \times 0.001^1 \times 0.999^2$$
$$= 0.997\,00 + 0.002\,99 = 0.999\,99$$

$P(\text{不安全运行}) = 1 - 0.999\,99 = 0.000\,01$

12.6.2 泊松分布

假定单位时间内事件平均发生率为 λ,求时段 $(0, t)$ 中发生 x 次事件的概率 $P_x(t)$。现

在关心的只是事件发生的次数,而不是像二项分布那样,同时关心不发生的次数。

设时段 dt 足够小,该时段内发生一次以上事件的概率为零,λ 为平均发生率,那么 λdt 表示在时段 $(t, t+dt)$ 发生一次事件的概率。

$P_x(t+dt)$ 表示在时段 $(0, t+dt)$ 中发生 x 次事件的概率,即

$$P_x(t+dt) = P_x(t) + P_{x-1}(t) + P_{x-2}(t) + \cdots + P_0(t) \tag{12-28}$$

$P_x(t)$ 表示在时段 $(t, t+dt)$ 中发生 x 次事件的概率;
$P_{x-1}(t)$ 表示在时段 $(t, t+dt)$ 中发生 $x-1$ 次事件的概率;
$P_{x-2}(t)$ 表示在时段 $(t, t+dt)$ 中发生 $x-2$ 次事件的概率;
$P_0(t)$ 表示在时段 $(t, t+dt)$ 中发生零次事件的概率。

因为在时段 dt 中,发生一次以上的概率为零,故式(12-28)可表达为

$$\begin{aligned} P_x(t+dt) &= P_x(t)(1-\lambda dt) + P_{x-1}(t)\lambda dt \\ &= P_x(t) - \lambda dt [P_x(t) - P_{x-1}(t)] \end{aligned} \tag{12-29}$$

令 $x=0$,表示在时段 $(0, t)$ 发生零次,可得

$$P_0(t+dt) = P_0(t)[1-\lambda dt] \tag{12-30}$$

即

$$\frac{1}{dt}[P_0(t+dt) - P_0(t)] = -\lambda P_0(t)$$

取极值 $dt \to 0$,可得

$$\frac{d}{dt}P_0(t) + \lambda P_0(t) = 0 \tag{12-31}$$

一般解为 $P_0(t) = k\exp(-\lambda t)$

因为 $t=0$ 时不发生,$P_0(0)=1$,故 $k=1$,可得

$$P_0(t) = \exp(-\lambda t) \tag{12-32}$$

该式表示发生零次事件的概率。如果事件是指故障,那么式(12-32)就是可靠性表达式。

若在 $(0, t)$ 期间发生一次故障,令 $x=1$,可得

$$P_1(t+dt) = P_1(t) - \lambda dt[P_1(t) - P_0(t)] \tag{12-33}$$

即

$$\frac{1}{dt}[P_1(t+dt) - P_1(t)] = \lambda[P_0(t) - P_1(t)] = \lambda[e^{-\lambda t} - P_1(t)]$$

令 $dt \to 0$,上式可写成

$$\frac{d}{dt}P_1(t) + \lambda P_1(t) = \lambda e^{-\lambda t} \tag{12-34}$$

它的解为 $P_1(t) = ke^{-\lambda t} + \lambda t e^{-\lambda t}$

当 $t=0$ 时,$P_1(t)=0$,故 $k=0$,由此得

$$P_1(t) = \lambda t e^{-\lambda t} \tag{12-35}$$

若令 $x=2,3$ 等,可得

$$P_x(t) = \frac{(\lambda t)^x e^{-\lambda t}}{x!} \tag{12-36}$$

对于泊松分布,数学期望和方差分别为

$$E(x) = \lambda t \tag{12-37}$$

$$\text{Var}(x) = \lambda t \tag{12-38}$$

$$\sigma = \sqrt{\lambda t} \tag{12-39}$$

泊松分布的应用范围比较广,服从泊松分布的随机变量主要用来描述某段时间内某个特定事件发生的次数。给水管网可靠性研究中,管网中管段发生爆管的概率很小,其发生故障次数的分布规律可充分接近于泊松分布。

【例 12-8】 某供水管网系统的平均故障率是每 3 个月 1 次,求 1 年发生 5 次以上故障的概率。

解 $\lambda = 4(a^{-1})$

$$\begin{aligned}
P_6(1) &= 1 - P_0(1) - P_1(1) - P_2(1) - P_3(1) - P_4(1) - P_5(1) \\
&= 1 - e^{-4} - 4e^{-4} - 4^2 e^{-4}/2! - 4^3 e^{-4}/3! - 4^4 e^{-4}/4! - 4^5 e^{-4}/5! \\
&= 1 - 0.018\,32 - 0.073\,26 - 0.146\,53 - 0.195\,37 - 0.195\,37 - 0.156\,29 \\
&= 1 - 0.785\,14 = 0.214\,86
\end{aligned}$$

一年内发生 5 次以上的概率为 0.214 86。

从本例也可以看出,一年内不会出现管网故障的概率为 0.018 32,一年内出现 4 次故障的概率为 0.195 37。

12.6.3 指数分布

指数分布有以下性质:

$$R(t) = e^{-\lambda t} \tag{12-40}$$

$$F(t) = 1 - e^{-\lambda t} \tag{12-41}$$

$$f(t) = \lambda e^{-\lambda t} \tag{12-42}$$

$$\lambda(t) = \lambda \tag{12-43}$$

式中,λ 为故障率,表示单位时间里发生故障的次数。

在时段 $(0,T)$ 内不发生及发生故障的概率分别为

$$R(t) = e^{-\lambda T} \tag{12-44}$$

$$F(t) = 1 - e^{-\lambda T} \tag{12-45}$$

下面研究时段 $(T, T+t)$ 的情况。

事件 A 表示在 t 时发生故障,事件 B 表示在时段 $(0,T)$ 期间不发生故障。$A \cap B$ 表示 T 时刻以前完好,在 $(T, T+t)$ 期间发生故障。

$$P(A \cap B) = \int_T^{T+t} \lambda e^{-\lambda \xi} d\xi = \left(\frac{\lambda e^{-\lambda \xi}}{-\lambda}\right)_T^{T+t} = e^{-\lambda T} - e^{-\lambda(T+t)} \tag{12-46}$$

$$P(B) = \int_T^\infty \lambda e^{-\lambda \xi} d\xi = e^{-\lambda T} \tag{12-47}$$

定义 $F_c(t)$ 为 T 时刻以前完好且在 t 时刻故障的概率为后验概率

$$F_c(t) = P(A \mid B) = \frac{P(A \cap B)}{P(B)} \tag{12-48}$$

$$F_c(t) = \frac{e^{-\lambda T} - e^{-\lambda(T+t)}}{e^{-\lambda T}} = 1 - e^{-\lambda t} \tag{12-49}$$

这表明，$F_c(t)$ 与运行过的时间 T 无关，它只与时间 t 有关。换言之，无论元件运行多长时间，它们在下一段时间 t 发生故障的概率相同。它也可以理解为元件的质量不因使用时间的延长而下降。

元件的先验故障概率，即在 $(0, t)$ 间故障的概率为

$$F(t) = 1 - e^{-\lambda t} \tag{12-50}$$

对于指数分布，先验与后验概率是相等的，即

$$F(t) = F_c(t) = 1 - e^{-\lambda t} \tag{12-51}$$

也就是说，故障概率只与未来的时间有关，而与历史无关，即它是无记忆性的。

指数分布的数学期望和方差分别为

$$\mu = \frac{1}{\lambda}, \quad \sigma = \frac{1}{\lambda} \tag{12-52}$$

指数分布与泊松过程之间的关系为：如果事件的发生根据泊松过程，则事件的首次出现时间 T_1 服从指数分布。若 $T_1 > t$，就意味着在时间 t 内事件未发生，因此根据式(12-32)有

$$P(T_1 > t) = P_0(t) = e^{-\lambda t}$$

在寿命分布的各种类型中，由于指数分布是一种单参数分布类型并且具有广泛的适用性，因而在工程实际中得到了广泛的使用。一般说来，指数分布适用于具有恒定故障率的产品及无余度复杂系统、在耗损故障前进行定时维修的产品。由随机高应力导致故障的产品以及使用寿命期内出现故障则视为弱耗损性的产品。

【例 12-9】 某装置的寿命服从指数分布，均值为 500 h，求该装置至少可靠运行 600 h 的概率；若有 3 台同样装置，在前 400 h 中至少 1 台装置故障的概率。

解 由题意知，$\lambda = \dfrac{1}{500}$。

$$R(t) = e^{-\lambda t}$$

于是

$$R(t > 600) = e^{-\frac{600}{500}} = 0.301\ 2$$

如果有 3 台同样的装置,在前 400 h 中至少 1 台装置故障的概率为

$$P_1 = 1 - (e^{-\lambda t})^3 = 1 - (e^{-\frac{400}{500}})^3 = 0.90928$$

12.6.4 正态分布

正态分布(Normal Distribution)又称高斯分布(Gaussion Distribution),是一种双参数(均值和方差)分布,它的密度函数 $f(t)$、故障函数 $F(t)$、可靠性函数 $R(t)$ 和故障率函数 $\lambda(t)$ 分别为

$$f(t) = \frac{1}{\sigma\sqrt{2\pi}} \exp\left[-\frac{(t-\mu)^2}{2\sigma^2}\right], \quad -\infty < t < +\infty \tag{12-53}$$

$$F(t) = \frac{1}{\sigma\sqrt{2\pi}} \int_{-\infty}^{t} \exp\left\{-\frac{(\xi-\mu)^2}{2\sigma^2}\right\} d\xi \tag{12-54}$$

$$R(t) = 1 - F(t) \tag{12-55}$$

$$\lambda(t) = \frac{f(t)}{R(t)} \tag{12-56}$$

典型的 $f(t)$ 及 $F(t)$ 曲线见图 12-10。$f(t)$ 呈钟形,σ 越大,$f(x)$ 曲线越平坦;σ 越小,$f(x)$ 曲线越尖。μ 的变化使 $f(t)$ 曲线沿 t 轴位移。

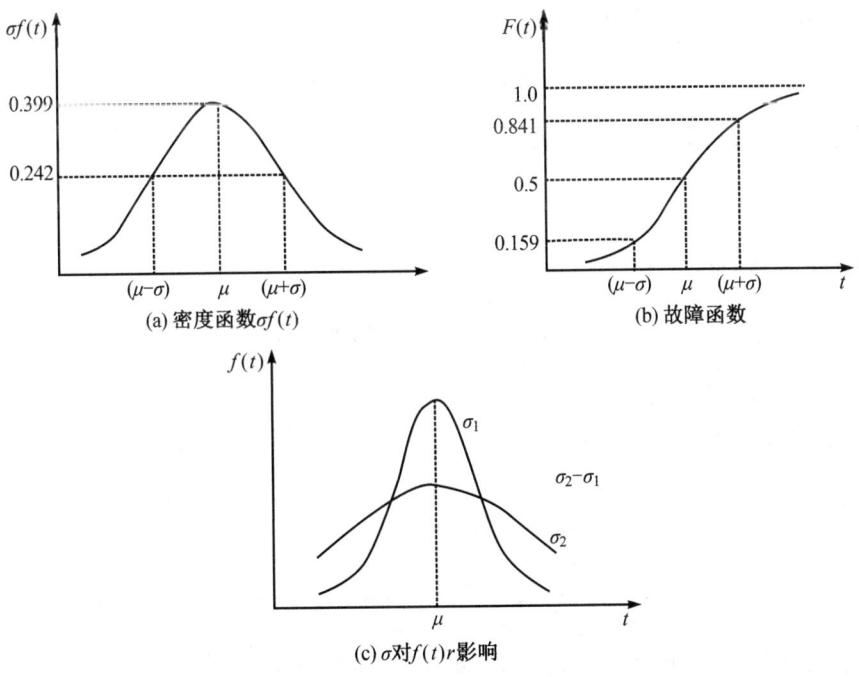

图 12-10 正态分布

定义变量 $z = \dfrac{t-\mu}{\sigma}$，那么正态分布的密度和分布函数分别为

$$f(z) = \frac{1}{\sqrt{2\pi}} \exp\left(-\frac{z^2}{2}\right) \tag{12-57}$$

$$F(z) = \frac{1}{\sqrt{2\pi}} \int_{-\infty}^{(t-\mu)/\sigma} \exp\left(-\frac{z^2}{2}\right) dz \tag{12-58}$$

式(12-57)和式(12-58)称为标准正态分布，随机变量 z 的均值是零，标准差是 1。

设随机变量 x 服从参数为 μ，σ 的正态分布，那么根据密度函数的性质可得

$$P(\mu-\sigma \leqslant x \leqslant \mu+\sigma) = 0.6826$$
$$P(\mu-2\sigma \leqslant x \leqslant \mu+2\sigma) = 0.9544$$
$$P(\mu-3\sigma \leqslant x \leqslant \mu+3\sigma) = 0.9972$$

随机变量落在 $\pm 3\sigma$ 间的概率很高，达 99.72%。

换言之，随机变量落在 $\pm 3\sigma$ 之外的概率只有 0.28%。一般说，随机变量的取值在 $\pm 3\sigma$ 以上就不考虑了。

【例 12-10】 某管道安装公司从当地供应商购买管道。以往经验表明，该供应商提供的次品率为 2%。现购买 200 条管道，问至少有 6 条管道是次品的概率是多少？

解 管道好的概率 $p=0.98$。

次品的概率 $q=0.02$。

当 $n=200$ 时，期望次品数为 $200 \times 0.02 = 4$。

$$\text{标准差 } \sigma = \sqrt{200 \times 0.98 \times 0.02} = 1.980$$

因管道是大量的，假定用正态分布近似二项分布，取 $\mu=4$，$\sigma=1.980$，可得 $z = \dfrac{6-4}{1.980} = 1.010$。

从标准正态概率表可知

$$\int_{1.010}^{\infty} f(z) dz = 0.5 - 0.3438 = 0.1562$$

即至少 6 条次品的概率是 0.1562。

2 条及以上次品的概率计算为

$$z_1 = \frac{2-4}{1.980} = -1.010$$

$$\int_{-1.010}^{0} f(z) dz = \int_{0}^{1.010} f(z) dz = 0.3438$$

由此得 2 条及以上次品的概率为 $0.5 + 0.3438 = 0.8438$。

12.6.5 韦布尔分布

韦布尔分布一般是双参数分布。调整尺度参数 α 和形状参数 β，可得到很多分布曲线

形状，以满足试验数据。

故障率函数为

$$\lambda(t) = \frac{\beta t^{\beta-1}}{\alpha^\beta} \tag{12-59}$$

式中，$\alpha > 0$，$\beta > 0$，$t \geq 0$，对应的密度函数、可靠性函数、故障函数分别为

$$f(t) = \frac{\beta t^{\beta-1}}{\alpha^\beta} \exp\left[-\left(\frac{t}{\alpha}\right)^\beta\right] \tag{12-60}$$

$$R(t) = \exp\left[-\left(\frac{t}{\alpha}\right)^\beta\right] \tag{12-61}$$

$$F(t) = 1 - \exp\left[-\left(\frac{t}{\alpha}\right)^\beta\right] \tag{12-62}$$

图形参见图 12-11。

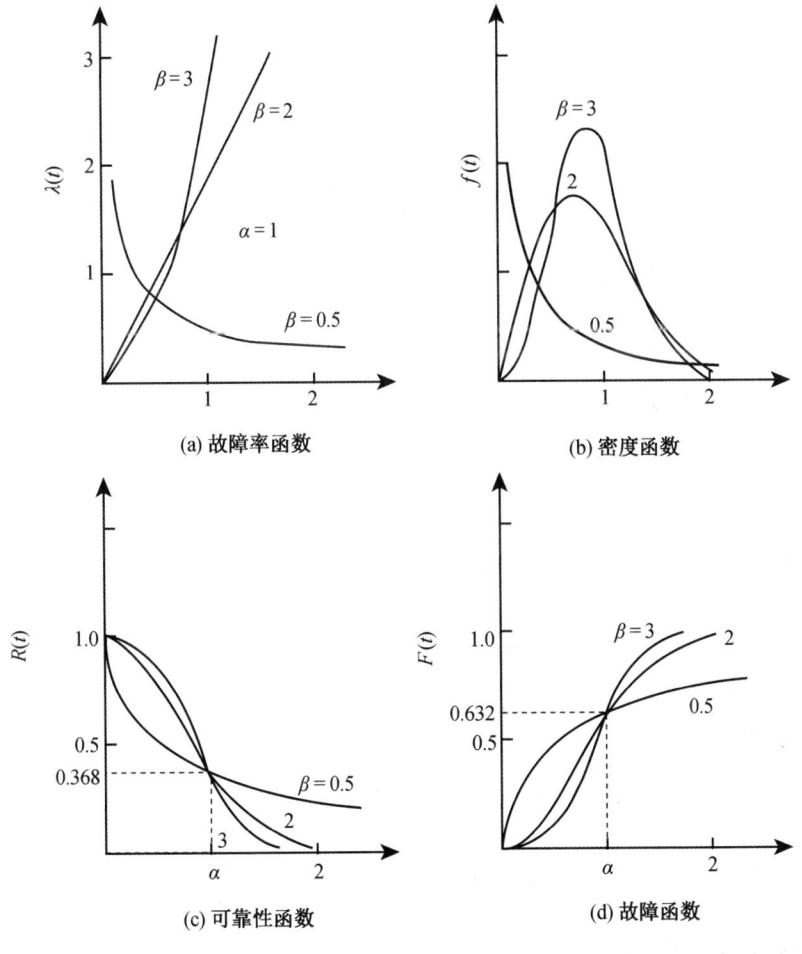

(a) 故障率函数　　(b) 密度函数

(c) 可靠性函数　　(d) 故障函数

图 12-11　韦布尔分布

当 $\beta=1$ 时，韦布尔分布简化为指数分布，即

$$\lambda(t)=\frac{1}{\alpha} \tag{12-63}$$

$$f(t)=\left(\frac{1}{\alpha}\right)\exp\left(-\frac{t}{\alpha}\right) \tag{12-64}$$

当 $\beta=2$ 时，韦布尔分布简化为瑞利分布（Rayleigh distribution），即

$$\lambda(t)=\left(\frac{2}{\alpha^2}\right)t \tag{12-65}$$

$$f(t)=\left(\frac{2}{\alpha^2}\right)t\exp\left[-\left(\frac{t}{\alpha}\right)^2\right] \tag{12-66}$$

当 $\beta<1$ 时，故障率呈下降趋势；$\beta=1$ 时，故障率为常数；$\beta>1$ 时，故障率呈上升趋势。韦布尔分布的均值 μ 可根据定义，即

$$\mu=E(t)=\int_0^\infty tf(t)\mathrm{d}t \tag{12-67}$$

经运算后，可得

$$\mu=\alpha\Gamma\left(1+\frac{1}{\beta}\right) \tag{12-68}$$

式中，Γ 是 gamma 函数，

$$\Gamma(x)=\int_0^\infty t^{x-1}\mathrm{e}^{-t}\mathrm{d}t,\ x>0 \tag{12-69}$$

对于 x 和 n，可用以下规则

$$\Gamma(x)=(x-1)! \tag{12-70}$$

$$\Gamma(x+1)=x\Gamma(x) \tag{12-71}$$

$$\Gamma(n+1)=n!,\ n=0,1,2,\cdots \tag{12-72}$$

$$\Gamma(n)=\frac{1}{n}\Gamma(n+1),\ n>0 \tag{12-73}$$

韦布尔分布的方差为

$$\mathrm{Var}[t]=\sigma^2=\int_0^\infty t^2 f(t)\mathrm{d}t-\mu^2 \tag{12-74}$$

$$\sigma^2=\alpha^2\left[\Gamma\left(1+\frac{2}{\beta}\right)-\Gamma^2\left(1+\frac{1}{\beta}\right)\right] \tag{12-75}$$

可用韦布尔分布表示故障率曲线

$$\lambda(t)=kt^{\beta-1} \tag{12-76}$$

当 $\beta > 1$ 时，$\lambda(t)$ 呈上升趋势，即损耗故障期区域。当 $\beta < 1$ 时，$\lambda(t)$ 呈下降趋势，即早期故障期区域。当 $\beta = 1$ 时，$\lambda(t) = \lambda$，即偶然故障期区域。此时

$$R(t) = \exp(-\lambda t) \tag{12-77}$$

$$F(t) = 1 - \exp(-\lambda t) \tag{12-78}$$

$$f(t) = \lambda \exp(-\lambda t) \tag{12-79}$$

这表明，故障率为常数时，寿命服从指数分布。对于寿命服从指数分布的元件，若元件在时刻 t 以前正常工作，则在 $(t, t+\Delta t)$ 期间故障概率是一样的。

$$\begin{aligned} P[T > s+t \mid T > s] &= \frac{P[(T > s+t) \cap (T > s)]}{P[T > s]} \\ &= \frac{P[T > s+t]}{P[T > s]} = \frac{\mathrm{e}^{-(s+t)}}{\mathrm{e}^{-s}} = \mathrm{e}^{-t} = P[T > t] \end{aligned} \tag{12-80}$$

式(12-80)表明，若一个元件的寿命服从指数分布，那么元件在 s 以前可靠工作的条件下，在 $s+t$ 期间仍然正常工作的概率等于元件在时刻 t 正常工作的概率。与过去的工作时间 s 无关，这种特点称无记忆性，只有指数分布具有这种特点。

12.6.6 平均故障出现时间

平均故障出现时间也称平均无故障工作时间（Mean Time To Failure，MTTF），它是故障出现时间的期望值，即

$$MTTF = \int_0^\infty t f(t) \mathrm{d}t \tag{12-81}$$

因为
$$R(t) = 1 - F(t)$$
$$\frac{\mathrm{d}R(t)}{\mathrm{d}t} = -f(t)$$

所以
$$MTTF = -\int_0^t t \frac{\mathrm{d}}{\mathrm{d}t} R(t) \mathrm{d}t = -\left[tR(t) \Big|_0^\infty - \int_0^\infty R(t) \mathrm{d}t \right] \tag{12-82}$$

假定 $t=0$ 时元件是完好的。即 $t=0$ 时，$R(0)=1$，$\lim\limits_{t \to 0} tR(t) = 0$，则

$$R(t) = \exp\left[-\int_0^t \lambda(\xi) \mathrm{d}\xi \right] \tag{12-83}$$

且
$$\lim_{x \to \infty} x \mathrm{e}^{-x} = 0 \tag{12-84}$$

所以
$$\lim_{t \to \infty} tR(t) = 0 \tag{12-85}$$

故
$$MTTF = \int_0^\infty R(t) \mathrm{d}t \tag{12-86}$$

若 $R(t) = \mathrm{e}^{-\lambda t}$，则

$$MTTF = \int_0^\infty e^{-\lambda t} dt = \frac{1}{\lambda} \tag{12-87}$$

一些故障密度函数的 $MTTF$ 见表 12-9。

表 12-9 一些故障密度函数的平均故障时间

分布	密度函数 $f(t)$	可靠性函数 $R(t)$	故障率函数 $\lambda(t)$	$MTTF$
正态	$\dfrac{1}{\sqrt{2\pi}\sigma_T}\exp\left[-\dfrac{1}{2}\left(\dfrac{t-\mu_T}{\sigma_T}\right)^2\right]$	$\phi\left(\dfrac{t-\mu_T}{\sigma_T}\right)$	$\dfrac{f(t)}{\phi\left(\dfrac{t-\mu_T}{\sigma_T}\right)}$	μ_T
对数	$\dfrac{1}{\sqrt{2\pi}\sigma_{\ln T} t}\exp\left[-\dfrac{1}{2}\left(\dfrac{\ln(t)-\mu_{\ln T}}{\sigma_{\ln T}}\right)^2\right]$	$\phi\left(\dfrac{\ln(t)-\mu_{\ln T}}{\sigma_{\ln T}}\right)$	$\dfrac{f(t)}{\sigma\left(\dfrac{\ln(t)-\mu_{\ln T}}{\sigma_{\ln T}}\right)}$	$\exp\left(\mu_{\ln T}+\dfrac{\sigma_{\ln T}^2}{2}\right)$
指数	$\beta e^{-\beta t}$	$e^{-\beta t}$	β	$\dfrac{1}{\beta}$
瑞利	$\dfrac{t}{\beta^2}\exp\left[-\dfrac{1}{2}\left(\dfrac{t}{\beta}\right)^2\right], \beta>0$	$\exp\left[-\dfrac{1}{2}\left(\dfrac{t}{\beta}\right)^2\right]$	$\dfrac{t}{\beta^2}$	1.253β
伽马	$\dfrac{\beta}{\Gamma(\alpha)}(\beta t)^{\alpha-1}e^{-\beta t}$	$\int_t^\infty f(\tau)d\tau$	$\dfrac{f(t)}{p_s(t)}$	$\dfrac{\alpha}{\beta}$
Gumbel	$e^{\pm y - e^{\pm y}}; y=\dfrac{t-t_0}{\beta}$	$1-e^{e^{\pm y}}$	$\dfrac{f(t)}{p_s(t)}$	$x_0 \pm 0.577\beta$
韦布尔	$\dfrac{\alpha}{\beta}\left(\dfrac{t-t_0}{\beta}\right)^{\alpha-1}e^{-\left(\dfrac{t-t_0}{\beta}\right)^\alpha}$	$e^{\left(\dfrac{t-t_0}{\beta}\right)^\alpha}$	$\dfrac{\alpha(t-t_0)^{\alpha-1}}{\beta^\alpha}$	$t_0+\beta\Gamma\left(1+\dfrac{1}{\alpha}\right)$
均匀	$\dfrac{1}{b-a}$	$\dfrac{b-t}{b-a}$	$\dfrac{t}{b-a}$	$\dfrac{a+b}{2}$

【例 12-11】 一组元件的故障密度函数为

$$f(t) = 0.25 - \left(\frac{0.25}{8}\right)t$$

t 的单位为年。求 $F(t)$、$R(t)$、$\lambda(t)$ 和 $MTTF$。

解
$$F(t) = \int_0^t f(\xi) d\xi = 0.25t - \left(\frac{0.25}{16}\right)t^2$$

$$R(t) = 1 - 0.25t + \left(\frac{0.25}{16}\right)t^2$$

$$\lambda(t) = \frac{f(t)}{R(t)} = \frac{2-0.25t}{8-2t+0.125t^2}$$

令 $R(t) = 0$,即

$$1 - 0.25t + \left(\frac{0.25}{16}\right)t^2 = 0$$

解得 $t=8$。这表明,$t=8$ 年时,元件残存概率为零,即 8 年后元件全部失效。

$$MTTF = \int_0^\infty R(t)\mathrm{d}t = \int_0^\infty \left[1 - 0.25t + \left(\frac{0.25}{16}\right)t^2\right]\mathrm{d}t$$
$$= \left[t - \frac{0.25}{2}t^2 + \frac{0.25t^3}{48}\right]_0^8 = 2.667 \text{ 年}$$

12.7 简单系统

多数系统包含了许多子系统。系统的可靠性取决于组件是怎样相互连接的。典型的可靠性模型分为有储备与无储备两种,有储备可靠性模型按储备单元是否与工作单元同时工作而分为工作储备模型与非工作储备模型。典型的可靠性模型分类如图 12-12 所示。

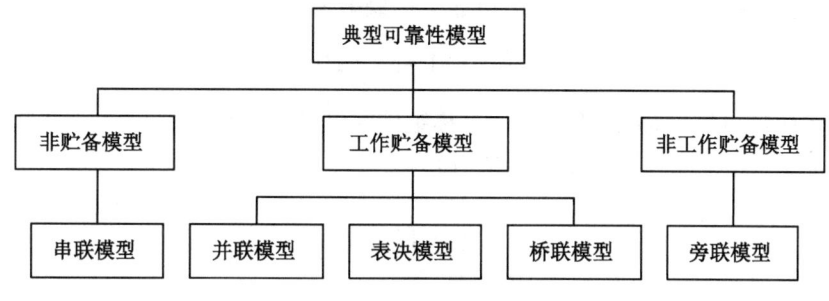

图 12-12 可靠性模型分类

12.7.1 串联系统

串联系统(Series System)是指系统中任何一个元件的故障均构成系统故障的这样一种系统。换句话说,必须全部元件完好,系统才算完好。

这种系统最简单的例子如下:

(1) 由 n 段串联的管段组成的输水管道[图 12-13(a)],任一管段的故障都将导致供水的完全中断。

(2) 装备有 n 台并联水泵的泵站,水泵共同供给的总水量 Q。任何一台水泵停止工作[图 12-13(b)],都将使泵站供给用水对象的水量降至不允许的程度。

(3) 3 条并联的输水管道系统,为使系统正常工作,所有输水管道必须同时工作。

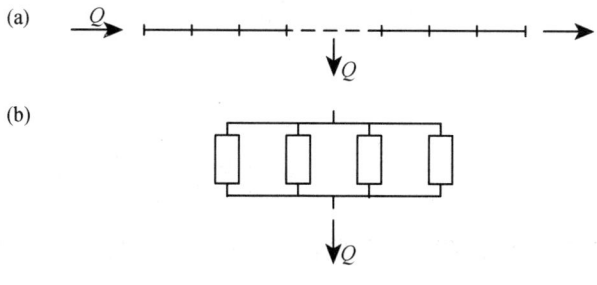

图 12-13 串联与并联

串联系统的可靠性框图如图 12-14 所示。

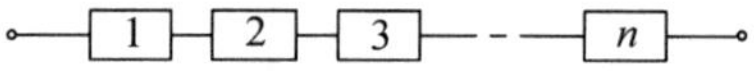

图 12-14 串联系统可靠性框图

记 x_i 为一个事件，表示组件 i 工作，$\bar{x}_i$ 为一个事件，表示组件 i 故障；S 为一个事件，表示系统工作，$\bar{S}$ 为一个事件，表示系统故障。由 n 个独立组件构成的串联系统有如下关系。

$$S = x_1 \cap x_2 \cap x_3 \cap \cdots \cap x_n \tag{12-88}$$

$$\bar{S} = \bar{x}_1 \cup \bar{x}_2 \cup \bar{x}_3 \cup \cdots \cup \bar{x}_n \tag{12-89}$$

因为组件是相互独立的，所以系统可靠工作概率 $P(S)$ 为

$$P(S) = P(x_1 \cap x_2 \cap \cdots \cap x_n) = P(x_1)P(x_2)\cdots P(x_n) \tag{12-90}$$

$P(S)$ 又称系统的可靠性，记为 R_s；$P(x_i)$ 称组件的可靠性，记为 R_i。

若 $P(x_i) = R_i(t)$，则系统可靠性 $R_s(t)$ 为

$$R_s(t) = \prod_{i=1}^{n} R_i(t) \tag{12-91}$$

这表明，在串联系统中，系统的可靠性是组件可靠性的乘积。因为 $R_i(t) < 1$，所以 $R_s(t)$ 也必然小于 1，而且 $R_s(t) < R_i(t)$，即串联系统的可靠性比任一组件的可靠性要小。

若组件 i 的寿命服从指数分布，故障率函数为 $h_i(t)$，那么，系统的故障率函数 $h_s(t)$ 为

$$h_s(t) = \sum_{i=1}^{n} h_i(t) \tag{12-92}$$

式(12-92)可证明如下。

对式(12-91)两边取对数后得

$$\ln R_s(t) = \ln \prod_{i=1}^{n} R_i(t) = \sum_{i=1}^{n} \ln R_i(t)$$

又由于故障率 $h(t)$ 可表达为

$$h(t) = -\frac{\mathrm{d}}{\mathrm{d}t} \ln R(t)$$

所以

$$h_s(t) = -\frac{\mathrm{d}}{\mathrm{d}t} \ln R_s(t) = -\frac{\mathrm{d}}{\mathrm{d}t} \left[\sum_{i=1}^{n} \ln R_i(t) \right] = \sum_{i=1}^{n} \left[-\frac{\mathrm{d}}{\mathrm{d}t} \ln R_i(t) \right] = \sum_{i=1}^{n} h_i(t)$$

如果寿命服从指数分布，故障率为常数，即 $h_i(t) = \lambda_i$，则式(12-92)变为

$$\lambda_s = \sum_{i=1}^{n} \lambda_i \tag{12-93}$$

即系统的故障率等于组件故障率之和。

系统的平均无故障工作时间 $MTTF_s$ 为

$$MTTF_s = \int_0^\infty R_s(t)dt = \int_0^\infty \prod_{i=1}^n R_i(t)dt \tag{12-94}$$

若 $R_i(t) = \exp\left[-\int_0^t h_i(t)dt\right]$，那么

$$R_s(t) = \prod_{i=1}^n \left\{\exp\left[-\int_0^t h_i(t)dt\right]\right\}$$

$$= \exp\left[-\int_0^t \sum_{i=1}^n h_i(t)dt\right] = \exp\left[-\int_0^t h_s(t)dt\right] \tag{12-95}$$

所以

$$MTTF_s = \int_0^\infty \exp\left[-\int_0^t h_s(t)dt\right]dt \tag{12-96}$$

如果给出第 i 个组件寿命 T 的概率函数 $f_i(t)$，则 x_i 的分布函数 $F_i(t)$ 为

$$F_i(t) = \int_0^t f_i(t)dt \tag{12-97}$$

$$R_s(t) = \prod_{i=1}^n R_i(t) = \prod_{i=1}^n [1 - F_i(t)] = \prod_{i=1}^n \left[1 - \int_0^t f_i(t)dt\right] \tag{12-98}$$

系统的平均无故障工作时间 $MTTF_s$ 为

$$MTTF_s = \int_0^\infty R_s(t)dt = \int_0^\infty \prod_{i=1}^n \left[1 - \int_0^t f_i(t)dt\right]dt \tag{12-99}$$

【例 12-12】 如果串联系统由 n 个可靠性 R_i 相等的组件构成，试分别求出 $n = 1, 5, 10, 15, 20, 25, 30, 50$ 时系统的可靠性 R_s。假定 R_i 取六个典型数据：1，0.99，0.98，0.97，0.96，0.95。

解 $R_s = \prod_{i=1}^n R_i$，不同的 n 值（1，5，10，15，20，25，30，50）对应的系统可靠性 R_s 表述为 $R_i, R_i^5, R_i^{10}, R_i^{15}, R_i^{20}, R_i^{25}, R_i^{30}, R_i^{50}$。

当 R_i 取给定典型数据时，算出对应不同 n 值时的 R_s，其结果见表 12-10。系统可靠性 R_s 与元件可靠性 R_i 的关系曲线见图 12-15。

表 12-10　　　　　　　　不同 n 值对应的系统可靠性 R_s

R_i	1	0.990	0.980	0.970	0.960	0.950
R_s^1　$n=1$	1	0.990	0.980	0.970	0.960	0.950
R_s^5　$n=5$	1	0.951	0.904	0.850	0.815	0.774
R_s^{10}　$n=10$	1	0.904	0.817	0.737	0.665	0.599
R_s^{15}　$n=15$	1	0.860	0.739	0.633	0.542	0.483
R_s^{20}　$n=20$	1	0.818	0.668	0.544	0.442	0.358
R_s^{25}　$n=25$	1	0.778	0.603	0.467	0.360	0.278
R_s^{30}　$n=30$	1	0.740	0.545	0.401	0.294	0.215
R_s^{50}　$n=50$	1	0.605	0.364	0.218	0.130	0.077

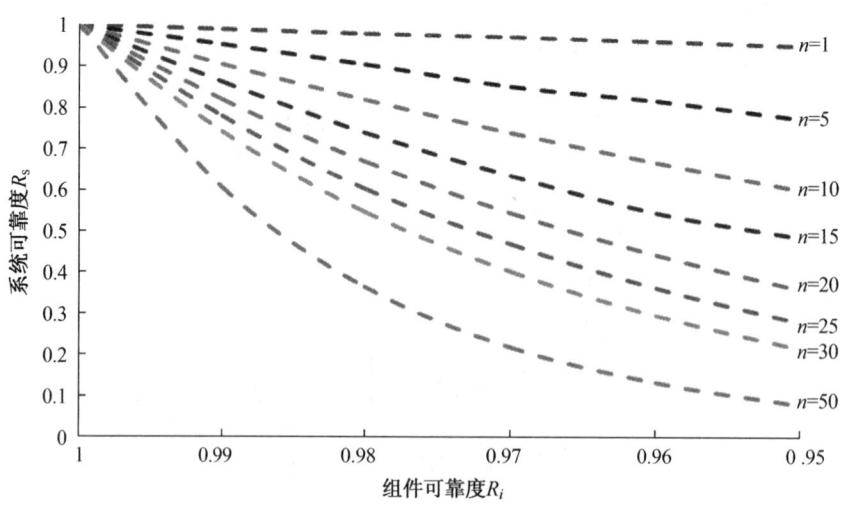

图 12-15 串联系统 $R_s = f(R_i)$

串联系统的可靠性是组件可靠性的乘积,这种结构称为链式结构或称最弱环结构。从图 12-15 可看出,系统的可靠性比单个组件的可靠性低。随着组件数的增加,系统的可靠性降低越显著。串联系统的组件遭受同样的冲击时,最弱的组件将首先出现故障,并导致系统故障。如果第 i 个组件是最弱的,那么系统比该组件还要弱。

【例 12-13】 如果一串联系统由 n 个 $MTTF$ 相同的组件组成,试分别求出当 $n = 1, 2, 3, 4, 5, 10$ 时系统的 $MTTF_s$。假定组件的 $MTTF_i$ 取三个典型数据:500,1 000,1 500 h。

解 设 λ_i 为常数,$R_i = e^{-\lambda_i t}$

$$MTTF_i = \frac{1}{\lambda_i}$$

故系统的可靠性函数 $R_s(t)$ 为

$$R_s(t) = \prod_{i=1}^{n} R_i(t) = \exp\left[-\sum_{i=1}^{n} \lambda_i t\right] = \exp\left(-\sum_{i=1}^{n} \frac{t}{MTTF_i}\right) \tag{12-100}$$

系统的平均无故障工作时间

$$MTTF_s = \int_0^\infty R_s(t) dt = \int_0^\infty \exp\left(-\sum_{i=1}^\infty \frac{1}{MTTF_i} t dt\right) = \frac{1}{\sum_{i=1}^{n} \frac{1}{MTTF_i}} = \frac{1}{\sum_{i=1}^{n} \lambda_i} \tag{12-101}$$

根据式(12-101)可算出 $n(1, 2, 3, 4, 5)$ 变化时相应的 $MTTF_s$($MTTF$,$MTTF/2$,$MTTF/3$,$MTTF/4$,$MTTF/5$)。

当 $MTTF$ 取值为 500,1 000,1 500 h,可算出对应不同的 $MTTF_s$ 值,结果见表 12-11 和图 12-16。

表 12-11　　　　　　　　不同 n 值下的串联系统 $MTTF_s$ 计算值　　　　　　　单位:h

$MTTF_s$	500	1 000	1 500
$MTTF_s^1(n=1)$	500	1 000	1 500
$MTTF_s^2(n=2)$	250	500	750
$MTTF_s^3(n=3)$	166.6	333	500
$MTTF_s^4(n=4)$	125	250	375
$MTTF_s^5(n=5)$	100	200	300

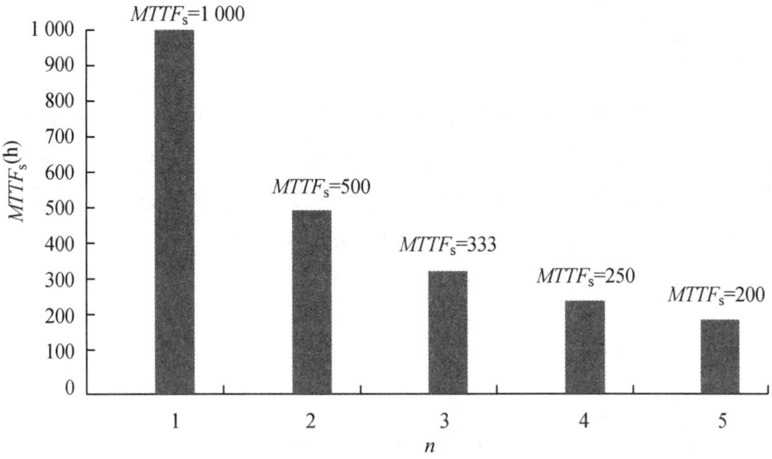

图 12-16　组件个数与平均寿命的关系

图 12-16 表明,对于串联系统,在组件平均寿命已知条件下,系统的平均寿命将随着组件数的增加而急剧下降。

如果三个组件的寿命分别为 $MTTF_1=1\,500$ h, $MTTF_2=1\,000$ h, $MTTF_3=500$ h,则由这三组件串联的系统寿命 $MTTF_s$ 为

$$MTTF_s = \frac{1}{\dfrac{1}{MTTF_1}+\dfrac{1}{MTTF_2}+\dfrac{1}{MTTF_3}} = \frac{1}{\dfrac{1}{1\,500}+\dfrac{1}{1\,000}+\dfrac{1}{500}} = 272.72 \text{ h}$$

这说明,串联系统的寿命也基本是由最弱组件的寿命决定,而且比最弱组件的寿命还要短。因此,要延长整个系统的寿命,首先要延长最弱组件的寿命。

如果由 n 个寿命相同的组件构成串联系统,那么系统的寿命也将缩短。组件越多,寿命缩短越显著。因此从延长系统寿命的观点看,串联过多的组件是不利的。

显而易见,组件的串联系统是不可靠的,因为在这个系统中根本没有利用保证可靠性的基本原则——储备。然而,这种系统所需的基建投资较低。在水系统中,只有当同时采用特殊措施保证系统可靠性时,才允许使用这种串联连接。

从设计方面考虑,为提高串联系统的可靠性,可从以下三方面考虑。

(1) 尽可能减少串联单元个数。

(2) 提高单元可靠性,降低其故障率 $\lambda_i(t)$。

(3) 缩短工作时间 t。

【例 12-14】 考虑串联的两台不同水泵,为了提升需要的水量,两者均必须运行。水泵的恒定故障率分别为 $\lambda_1 = 0.000\,3$ 故障/h, $\lambda_2 = 0.000\,2$ 故障/h。对于 2 000 h 的运行时间,由式(12-100)得系统可靠性为

$$R_s(t) = \mathrm{e}^{-(0.000\,3+0.000\,2)\times 2\,000} = 0.904\,84 \tag{12-102}$$

由式(12-101),得

$$MTTF = \frac{1}{0.000\,3 + 0.000\,2} = 2\,000\ \mathrm{h} \tag{12-103}$$

12.7.2 并联系统

并联系统(Parallel System)是指所有组件出现故障才构成系统故障的系统。或者说,组件中的任意一个工作,系统就在工作。并联模型的可靠性框图如图 12-17 所示。

有储备系统的例子是由 3 条并联输水管组成的系统,其中 1 条输水管就可供整个系统的要求流量 Q[图 12-18(a)],其余 2 条管线为储备的;装有 3 台水泵的泵站,为使系统具备正常功能,只需 1 台水泵工作[图 12-18(b)]。

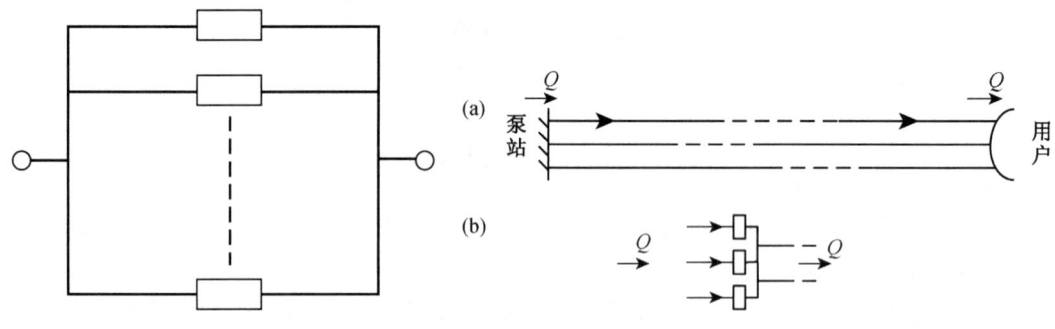

图 12-17 并联布置的组件　　　　图 12-18 有储备系统表示

由 n 个独立的组件组成并联系统,有如下关系。

$$S = x_1 \bigcup x_2 \bigcup \cdots \bigcup x_n \tag{12-104}$$

$$\overline{S} = \overline{x}_1 \bigcap \overline{x}_2 \bigcap \cdots \bigcap \overline{x}_n \tag{12-105}$$

系统失效概率,即不可靠性为

$$P(\overline{S}) = P(\overline{x}_1 \bigcap \overline{x}_2 \bigcap \cdots \bigcap \overline{x}_n) \tag{12-106}$$

因为组件独立,所以

$$P(\overline{S}) = P(\overline{x}_1)P(\overline{x}_2)\cdots P(\overline{x}_n) = \prod_{i=1}^{n} q_i \tag{12-107}$$

式中,$q_i = P(\overline{x}_i)$ 为组件故障概率,因为 $P(S) + P(\overline{S}) = 1$,又可得

$$P(S) = 1 - P(\overline{S}) = 1 - \prod_{i=1}^{n} q_i = 1 - \prod_{i=1}^{n} [1 - R_i(t)] \tag{12-108}$$

所以,$R_s(t) = 1 - \prod_{i=1}^{n} [1 - R_i(t)]$。

系统的平均寿命为

$$MTTF_s = \int_0^{\infty} R_s(t) dt = \int_0^{\infty} \left\{ 1 - \prod_{i=1}^{n} [1 - R_i(t)] \right\} dt \tag{12-109}$$

由于 $F(t) = \int_0^t f(t) dt$,所以

$$R_s(t) = 1 - \prod_{i=1}^{n} F_i(t) = 1 - \prod_{i=1}^{n} \int_0^t f_i(t) dt \tag{12-110}$$

$$MTTF_s = \int_0^{\infty} \left[1 - \prod_{i=1}^{n} \int_0^t f_i(t) dt \, dt \right] \tag{12-111}$$

如果组件 x_i 的故障率 $h_i(t)$ 已知,则

$$R_i(t) = 1 - \prod_{i=1}^{n} \left[1 - \exp\left(-\int_0^t h_i(t) dt\right) \right] \tag{12-112}$$

系统的平均寿命为

$$MTTF_s = \int_0^{\infty} \left\{ 1 - \prod_{i=1}^{n} \left[1 - \exp\left(-\int_0^t h_i(t) dt\right) \right] \right\} dt \tag{12-113}$$

如果 $h_i(t)$ 为常数,$R_i(t) = e^{-\lambda_i t}$,则

$$R_s(t) = 1 - \prod_{i=1}^{n} [1 - e^{-\lambda_i t}]$$

$$= \sum_{i=1}^{n} e^{-\lambda_i t} - \sum_{1 \leqslant i \leqslant j \leqslant n} e^{-(\lambda_i + \lambda_j)t} + \cdots + (-1)^{n-1} e^{-(\lambda_1 + \lambda_2 + \cdots + \lambda_n)t} \tag{12-114}$$

$$MTTF_s = \int_0^{\infty} \left[1 - \prod_{i=1}^{n} (1 - e^{-\lambda_i t}) \right]$$

$$= \sum_{i=1}^{n} \frac{1}{\lambda_i} - \sum_{1 \leqslant i \leqslant j \leqslant n} \frac{1}{\lambda_i + \lambda_j} + \cdots + (-1)^{n-1} \frac{1}{\lambda_1 + \lambda_2 + \cdots + \lambda_n} \tag{12-115}$$

【例 12-15】 如果一个系统由 n 个等可靠性的组件并联组成,试分别求 $n = 1, 2, 3, 4, 5, 6, 10$ 时系统的可靠性 R_s。假定组件 i 的失效概率 q_i 分别为 0.01, 0.05, 0.1, 0.2, 0.3, 0.4, 0.5, 0.6, 0.8。

解 系统可靠性 $R_s = 1 - \prod_{i=1}^{n} q_i = 1 - q_i^n$,当 q_i 取不同典型数值时,相应的系统可靠性即可算出。对应不同的 q_i 值,元件个数 n 与系统可靠性 R_s 的关系如表 12-12 所示。

表 12-12　　　　　　　　　　　　并联系统的可靠性 $R_s = f(n)$

	n	组件故障率								
		0.01	0.05	0.1	0.2	0.3	0.4	0.5	0.6	0.8
系统可靠性 R_s	1	0.99	0.95	0.9	0.8	0.7	0.6	0.5	0.4	0.2
	2	0.999 9	0.997 5	0.99	0.96	0.91	0.84	0.75	0.64	0.36
	3	0.999 999	0.999 875	0.999	0.992	0.973	0.936	0.875	0.784	0.488
	4	1	0.999 994	0.999 9	0.998 4	0.991 9	0.974 4	0.937 5	0.870 4	0.590 4
	5	1	1	0.999 99	0.999 68	0.997 57	0.989 76	0.968 75	0.922 24	0.672 32
	6	1	1	0.999 999	0.999 936	0.999 271	0.995 904	0.984 375	0.953 344	0.737 856
	10	1	1	1	1	0.999 994	0.999 895	0.999 023	0.993 953	0.892 626

从表 12-12 中可以看出并联组件的数目对提高系统可靠性的影响。当组件可靠性高时（即故障率低），例如 $q_i=0.01$，组件个数由 1 提高到 2 时，R_s 由 0.99 提高到 0.999 9；当组件 $q_i=0.1$ 时，n 由 1 提高到 2 时，R_s 由 0.9 提高到 0.99。也就是说，可靠性高的组件并联，系统可靠性提高得快，可靠性低的组件并联，系统可靠性提高缓慢。

【例 12-16】　由 n 个等可靠性组件构成的并联系统，求系统的可靠性 R_s 即平均无故障工作时间 $MTTF_s$。

解　设每个组件的故障率 $h_i(t)=\lambda_i=\lambda$，则

$$R_i(t) = e^{-\lambda_i t} = e^{-\lambda t} \tag{12-116}$$

系统的可靠函数 $R_s(t)$ 为

$$R_s(t) = 1 - \prod_{i=1}^{n}(1 - e^{-\lambda_i t}) = 1 - (1 - e^{-\lambda t})^n \tag{12-117}$$

$$MTTF_s = \int_0^\infty R_s(t)dt = \int_0^\infty [1-(1-e^{-\lambda t})^n]dt \tag{12-118}$$

令 $1 - e^{-\lambda t} = z, dz = \lambda e^{-\lambda t} dt$，则

$$MTTF_s = \int_0^1 \frac{1-z^n}{\lambda e^{-\lambda t}} dz = \frac{1}{\lambda}\int_0^1 \frac{1-z^n}{1-z} dz = \frac{1}{\lambda}\int_0^1 (1+z+\cdots+z^{n-1})dz$$
$$= \frac{1}{\lambda}\left(1 + \frac{1}{2} + \frac{1}{3} + \cdots + \frac{1}{n}\right) = \frac{1}{\lambda}\sum_{i=1}^{n}\frac{1}{i} = MTTF\sum_{i=1}^{n}\frac{1}{i} \tag{12-119}$$

其中 $MTTF$ 为元件的寿命，用小时（h）表示。

如果 $MTTF$ 取不同的典型数据，相应的系统平均无故障工作时间见表 12-13。

表 12-13　不同 $MTTF$ 和 n 取值下并联系统的 $MTTF_s$ 计算值

$MTTF$		500	1 000	1 500	2 000	3 000
$MTTF_s$	$n=1$	500	1 000	1 500	2 000	3 000
	$n=2$	750	1 500	2 250	3 000	4 500
	$n=3$	916.6	1 833	2 750	3 666	5 499
	$n=4$	1 041.5	2 083	3 124.5	4 166	6 249
	$n=5$	1 141.6	2 283	3 424.5	4 566	6 849
	$n=7$	1 296.3	2 592	3 888	5 184	7 776
	$n=10$	1 464	2 928	4 392	5 856	8 784

通常若组件平均无故障工作时间较短,那么并联后系统寿命延长与组件增多的关系不显著。换句话说,平均无故障工作时间短的组件组成的并联系统对改善系统的平均无故障工作时间提高不显著,而平均无故障工作时间长的组件组成的并联系统,其 $MTTF$ 则增加得多。

组件的并联组合中,系统的可靠性高于其任何组件的可靠性,而系统故障的概率也小于其任何组件故障的概率。

【例 12-17】 讨论两个等可靠性的独立组件组成的并联系统可靠性。

解 设 $R_s(t)=\mathrm{e}^{-\lambda_i t}=\mathrm{e}^{-\lambda t}$,根据式(12-108),由两个组件组成的并联系统可靠性为

$$R_s(t)=1-(1-\mathrm{e}^{-\lambda t})^2=2\mathrm{e}^{-\lambda t}-\mathrm{e}^{-2\lambda t}$$

可求出故障率函数为

$$\lambda_s(t)=-\frac{\mathrm{d}}{\mathrm{d}t}\ln R_s(t)=-\frac{\mathrm{d}}{\mathrm{d}t}\ln(2\mathrm{e}^{-\lambda t}-\mathrm{e}^{-2\lambda t})-\frac{2\lambda(1-\mathrm{e}^{-\lambda t})}{2-\mathrm{e}^{-\lambda t}} \quad (12\text{-}120)$$

这表明当组件的故障是常数时,并联系统的故障率并不是常数,而是时间的函数。但因为

$$\lim_{t\to\infty}\lambda_s(t)=\lambda \quad (12\text{-}121)$$

所以当时间很长时,并联系统的故障率仍可看作为常数。

【例 12-18】 考虑两台相同的水泵,运行在一个冗余配置中,保证一台水泵出现故障时,仍可以输送高峰流量。两台水泵具有故障速率为 $\lambda=0.000\,5$,两台水泵在 $t=0$ 时开始运行。任务时间 $t=1\,000$ h 的系统可靠性为

$$\begin{aligned}R_s(t)&=1-(1-\mathrm{e}^{-\lambda_1 t})(1-\mathrm{e}^{-\lambda_2 t})=2\mathrm{e}^{-\lambda t}-\mathrm{e}^{-2\lambda t}\\&=2\mathrm{e}^{-0.005\times 1000}-\mathrm{e}^{-2\times 0.0005\times 1000}=1.213\,1-0.367\,9\\&=0.845\,2\end{aligned}$$

$MTTF$ 为

$$MTTF=\frac{1}{\lambda}\left(\frac{1}{1}+\frac{1}{2}\right)=\frac{3}{2}\frac{1}{\lambda}=1.5\left(\frac{1}{0.000\,5}\right)=3\,000\text{ h}$$

比较上述由 n 个组件组成的并联系统及串联系统,可以看出下列几点:

(1) 并联系统的 $MTTF$ 大于串联系统的 $MTTF$。

(2) 一般 $0<R_i(t)<1, i=1,2,\cdots,n$,那么对任意的 j 存在以下关系:

$$1-\prod_{i=1}^n [1-R_i(t)] > R_j(t) > \prod_{i=1}^n R_i(t) \tag{12-122}$$

换句话说,并联系统的可靠性比其中任一组件的可靠性高,而串联系统中每一组件的可靠性比系统的可靠性高。因此,提高系统可靠性的一种方法是对一个组件添加并联组件,这在设计中称为冗余(Redundancy)。在并联结构中,虽然系统只需一个组件运行,但实际上其他组件都处于运行状态,这种冗余方式称为工作冗余(Active Redundancy)。如果组件处于运行状态,其他组件处于备用状态,则称储备冗余(Standby Redundancy)。

同时应指出,并联组件个数增加,虽然每个组件故障的概率没有变化,但系统中组件的故障概率增加,而这时整个系统完全故障概率(例如供水完全破坏的概率)却降低。这种现象称为储备的冲突。

因此一系列以串联形式的构筑物或者活动,取决于最差的线路。与并联的设施相比,这样一种串联系统的设计应具有较高的标准。例如,并联的水源数量,作为可选方式或者相互同时馈送,减少了缺水造成的损坏。因此,较低的设计标准,可能在并联系统中是可容忍的。

【例 12-19】 图 12-19 所示的系统,包含了五个组件,其中组件 2、3 和 5 为并联的。计算 $t=0.1$ 时的系统可靠性,假设 $R_1(t)=R_4(t)=\mathrm{e}^{-2t}$, $R_2^i(t)=R_3^j(t)=R_5^i(t)=\mathrm{e}^{-t}$ ($1\leqslant i \leqslant 2, 1\leqslant j \leqslant 3$)。

解 首先,并联组件的可靠性计算为

$$R_2(t)=1-[1-R_2^1(t)][1-R_2^2(t)]$$

$$R_3(t)=1-\prod_{i=1}^3 [1-R_3^i(t)]$$

$$R_5(t)=1-[1-R_5^1(t)][1-R_5^2(t)]$$

系统的可靠性函数估计为

$$R(t)=R_1(t)\left\{1-\prod_{i=1}^2 [1-R_2^i(t)]\right\}\left\{1-\prod_{i=1}^3 [1-R_3^i(t)]\right\}$$

$$R_4(t)\left\{1-\prod_{i=1}^2 [1-R_5^i(t)]\right\}$$

$t=0.1$ 时,

$$R_1(0.1)=R_4(0.1)=\mathrm{e}^{-0.2}=0.818\,7$$

$$R_2^i(0.1)=R_3^i(0.1)=R_5^i(0.1)=\mathrm{e}^{-0.1}=0.904\,8$$

于是,

$$R_1(0.1)=R_5(0.1)=1-(1-0.904\,8)^2=0.990\,9$$

$$R_3(0.1)=1-(1-0.904\,8)^3=0.999\,1$$

因此

$$R(0.1) = 0.818\ 7^2 \times 0.990\ 9^2 \times 0.999\ 1 = 0.657\ 5 = 65.75\%$$

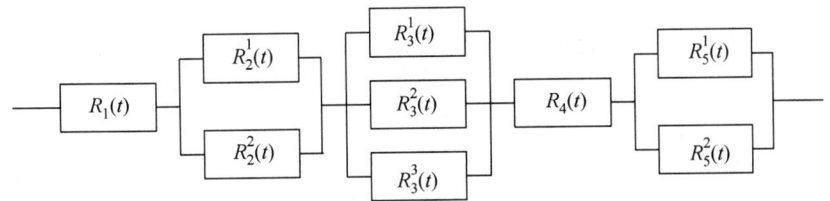

图 12-19　系统中的组合连接

12.7.3　表决系统

由 n 个单元及一个表决器组成表决系统。当表决器正常时，正常的单元数不小于 $r(1 \leqslant r \leqslant n)$，系统就不会故障，这样的系统称为 $r/n(G)$ 表决系统，它是工作贮备模型的一种形式。

$r/n(G)$ 系统的可靠性框图如图 12-20 所示。$r/n(G)$ 系统的数学模型为

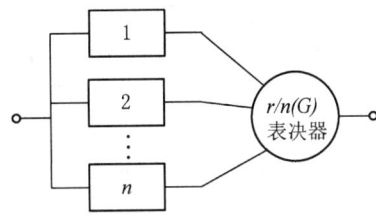

图 12-20　$r/n(G)$ 系统可靠性框图

$$R_s(t) = R_m \sum_{i=r}^{n} C_n^r R(t)^i [1-R(t)]^{n-i} \tag{12-123}$$

式中　$R_s(t)$——系统的可靠性；

$R(t)$——系统组成单元(各单元相同)的可靠性；

R_m——表决器的可靠性。

当各单元的可靠性是时间的函数，且寿命服从故障率为 λ 的指数分布时，$r/n(G)$ 系统的可靠性为

$$R_s(t) = R_m \sum_{i=r}^{n} C_n^r e^{-\lambda i t} (1-e^{-\lambda t})^{n-i} \tag{12-124}$$

当表决器的可靠性为 1 时，系统的致命故障间的任务时间 $MTTF$ 为

$$MTTF = \int_0^{\infty} R_s(t) dt = \sum_{i=r}^{n} \frac{1}{i\lambda} \tag{12-125}$$

在 $r/n(G)$ 系统中，当 n 为奇数(令其为 $2k+1$)，且系统的正常单元数大于等于 $k+1$ 时系统才正常，这样的系统称为多数表决系统。多数表决系统是 $r/n(G)$ 系统的一种特例。对于恒定故障速率，可靠性表示为

$$R_{k/n}(t) = \sum_{i=k}^{n} \binom{n}{i} (e^{-\lambda t})^i (1-e^{-\lambda t})^{n-i} \tag{12-126}$$

三中取二系统 $2/3(G)$ 是常用的多数表决系统，可靠性框图如图 12-21 所示。

当表决器可靠性为 1，组成单元的故障率均为常值 λ 时，其数学模型为：

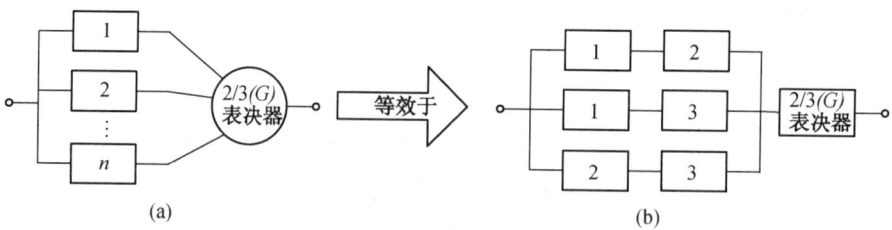

图 12-21 2/3(G) 系统可靠性框图

$$R_s(t) = 3e^{-2\lambda t} - 2e^{-3\lambda t} \tag{12-127}$$

$$MTTF = 5/6\lambda \tag{12-128}$$

当表决器的可靠性为 1 时：

$r=1$, $1/n(G)$ 即为并联系统，

$$R_s(t) = 1 - [1 - R(t)]^n \tag{12-129}$$

$r=n$, $n/n(G)$ 即为串联系统，

$$R_s(t) = R(t)^n \tag{12-130}$$

$r/n(G)$ 系统的 $MTTF$ 比并联系统小，比串联系统大。

【例 12-20】 考虑具有三台水泵的提升系统，一台作为备用，所有具有恒定故障速率 $\lambda = 0.0005$ 次故障 /h。系统可靠性，对于 $t=1000$ h，$n=3$，$k=2$，为

$$\begin{aligned} R_{2/3}(t) &= 3e^{-2 \times 0.0005 \times 1000} - 2e^{-3 \times 0.0005 \times 1000} \\ &= 1.1036 - 0.4463 \\ &= 0.6573 \end{aligned} \tag{12-131}$$

试考虑由两个天然水源供水的给水系统。假定由于实现系统的正常功能需要其中任一个水源完成。则保证正常给水，有两种可能状态：

(1) 同时利用两个水源；

(2) 两个水源中的一个可以利用，另一个不能利用(存在两种组合情况)。

假设两个水源的保证率分别为 F_1 和 F_2，由此可得水源系统可靠性的特征值：对于状态(1) 为 $F_1 F_2$；同理，对于状态(2) 为 $F_1(1-F_2) + F_2(1-F_1) = F_1 + F_2 - 2(F_1 F_2)$。

于是水源的可靠性——给水对象的保证率为

$$F = F_1 F_2 + (F_1 + F_2) - 2F_1 F_2 = (F_1 + F_2) - F_1 F_2$$

如果取 $F_1 = 0.92$，$F_2 = 0.85$，则 $F = 0.988$，系统故障概率为 $D = 1 - F = 0.012$。

12.7.4 旁联系统

组成系统的 n 个单元只有一个单元工作，当工作单元故障时，通过转换装置转接到另一个单元继续工作，直到所有单元都故障时，系统才发生故障，这样的系统称为非工作贮备系统，又称旁联系统。

非工作贮备系统的可靠性框图如图 12-22 所示，其可靠性数学模型如下。

(1)假设转换装置可靠性为 1,则系统 $MTTF_s$ 等于各单元 $MTTF_i$ 之和,即

$$MTTF_s = \sum_{i=1}^{n} MTTF_i \qquad (12\text{-}132)$$

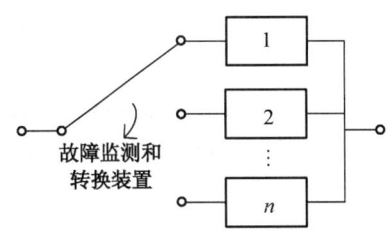

图 12-22 非工作贮备系统可靠性框图

式中 $MTTF_s$——系统的致命故障间的任务时间;
$MTTF_i$——单位的致命故障间的任务时间;
n——组成系统的单元数。

当系统各单元的寿命服从指数分布时,

$$MTTF_s = \sum_{i=1}^{n} 1/\lambda_i \qquad (12\text{-}133)$$

式中 $MTTF_s$——系统的致命故障间任务时间;
λ_i——单元的故障率;
n——组成系统的单元数。

当系统的各单元都相同时,

$$MTTF_s = n/\lambda \qquad (12\text{-}134)$$

$$R_s(t) = e^{-\lambda t}\left[1 + \lambda t + \frac{(\lambda t)^2}{2!} + \cdots + \frac{(\lambda t)^{n-1}}{(n-1)!}\right] = \sum_{i=1}^{n} \frac{(\lambda t)^{i-1} e^{-\lambda t}}{(i-1)!} \qquad (12\text{-}135)$$

对于常用的两个不同单元组成的非工作贮备系统($n=2, \lambda_1 \neq \lambda_2$),

$$R_s(t) = \frac{\lambda_2}{\lambda_2 - \lambda_1} e^{-\lambda_1 t} + \frac{\lambda_1}{\lambda_1 - \lambda_2} e^{-\lambda_2 t} \qquad (12\text{-}136)$$

$$MTTF_s = \frac{1}{\lambda_1} + \frac{1}{\lambda_2} \qquad (12\text{-}137)$$

【例 12-21】 假设指数故障分布,考虑两台同型号水泵,一台运行,而另一台备用,具有已知的故障率 $\lambda = 0.0005$ 次故障 /h。备用装置在 $t=0$ 时刻良好。对于 $t=1\,000$ h 的系统可靠性为

$$R_{st}(t) = (1 + \lambda t) e^{-\lambda t} = (1 + 0.0005 \times 1\,000) e^{-0.0005 \times 1\,000} \qquad (12\text{-}138)$$
$$= 0.909\,8$$

(2)假设转换装置的可靠性为常数 R_D,两个单元相同且寿命服从故障率为 λ 的指数分布,系统的可靠性为

$$R_s(t) = e^{-\lambda t}(1 + R_D \lambda t) \qquad (12\text{-}139)$$

对于两个不同单元,其故障率分别为 λ_1, λ_2,则

$$R_s(t) = e^{-\lambda_1 t} + R_D \frac{\lambda_1}{\lambda_1 - \lambda_2}(e^{-\lambda_2 t} - e^{-\lambda_1 t}) \qquad (12\text{-}140)$$

$$MTTF_s = \frac{1}{\lambda_1} + R_D \frac{1}{\lambda_2} \tag{12-141}$$

非工作贮备的优点是能大大提高系统的可靠性,其缺点是:①由于增加了故障监测与转换装置而加大了系统的复杂度;②要求故障监测与转换装置的可靠性非常高,否则会严重削弱贮备带来的优点。

12.8 给水管网系统结构可靠性分析

串并联系统的可靠性通常是可以直接计算的。多数实际情况中,例如给水管网,具有非串并联配置,可靠性的估计较为困难。对于系统可靠性评价,已经开发了多种技术。以下讨论状态枚举方法(事件-空间方法)和路径枚举方法。

12.8.1 状态枚举方法

该方法列出了系统的所有可能相互排斥的状态。一种状态通过列出系统中成功和故障元素定义。对于具有 n 个元素或者组件的系统,通常具有 2^n 种状态,因此具有 10 个组件的系统,将具有 1 024 种状态。确定系统成功运行的状态之后,计算工作状态出现的概率;之后加和所有成功状态概率,可以给出系统的可靠性。

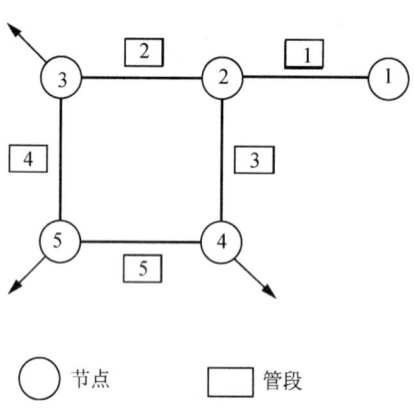

图 12-23 简单示例配水管网

【例 12-22】 考虑简单配水管网,包含了 5 条管道和 1 个环,见图 12-23。节点 1 是水源节点,节点 3、4 和 5 为需水量节点。管网内 5 条管段均可能出现故障。给定时段内,每一管段具有的故障概率为 4%,由于爆管或者其他原因,需要从服务中去除。系统可靠性定义为水可以从水源节点到达所有三个需水量节点的概率。假设每一管道可服务状态是独立的。

利用状态枚举方法,对于系统可靠性评价,可以构造相关的事故树,描述系统中组件状态的所有可能组合。由于每条管道具有两种可能状态,即故障(F)或非故障(N),如果完全展开,树将具有 $2^5 = 32$ 个分支。可是,如果明白每一管道组件在管网连通性中的作用,所有可能状态的消耗性枚举是不必要的。

例如,参考图 12-24,当管道 1 故障时,所有需水量节点不能够接受水,说明系统发生故障,不用考虑剩余管段状态。因此,不必构建超出该点的事故树分支。在这种方式下,利用事故树构建的一些判断,通常可以形成较小的树。可是,对于复杂系统,这不是容易的。

系统可靠性通过加和与所有非故障分支相关的概率获得。本例中,考虑 $p(B_i)$ 表示事故树的分支 B_i 提供了完全服务到所有用户的概率,计算与每一分支输水到所有用户的相关概率,归因于单条管道可服务性的独立性,即

$$p(B_1) = p(F_1')p(F_2')p(F_3')p(F_4')p(F_5') = 0.96 \times 0.96 \times 0.96 \times 0.96 \times 0.96 = 0.815$$

$$p(B_2) = p(F_1')p(F_2')p(F_3')p(F_4')p(F_5) = 0.96 \times 0.96 \times 0.96 \times 0.96 \times 0.04 = 0.034$$

$$p(B_3) = p(F_1')p(F_2')p(F_3')p(F_4)p(F_5') = 0.96 \times 0.96 \times 0.96 \times 0.04 \times 0.96 = 0.034$$

$$p(B_4) = p(F_1')p(F_2')p(F_3)p(F_4')p(F_5) = 0.96 \times 0.96 \times 0.96 \times 0.96 \times 0.04 = 0.034$$

$$p(B_5) = p(F_1')p(F_2)p(F_3')p(F_4')p(F_5) = 0.96 \times 0.96 \times 0.96 \times 0.96 \times 0.04 = 0.034$$

因此,系统的可靠性是以上与系统操作状态相关的所有概率之和,等于 0.951。

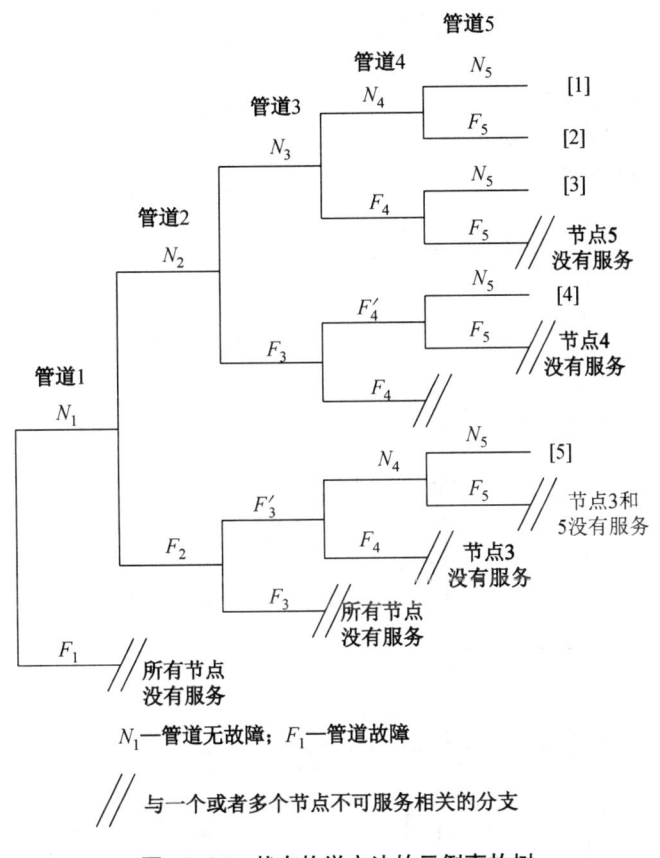

图 12-24 状态枚举方法的示例事故树

12.8.2 路径枚举方法

对于系统可靠性评价,路径枚举方法是很有价值的工具。路集分析和割集分析是两种常用的方法,其中前者利用最小路径概念,后者利用最小割集概念。

1. 路集方法

当在指明方向上形成输入和输出之间的连接时,路径是元素(组件)的集合。最小路径中,系统中各节点仅能出现 1 次。第 i 条最小路径将表示为 T_i,$i=1,\cdots,m$,假设任何路径是可运行系统的,那么系统可靠性为

$$R = P\left[\bigcup_{i=1}^{m} T_i\right] \quad (12\text{-}142)$$

式中，$P[\ ]$ 表示至少 m 路径之一将运行的概率；$\cup$ 表示了并集。

【例 12-23】 参考前面的例子，简单配水管网如图 12-24 所示。最小路集（或者路径），根据前面给出的系统可靠性定义，对于示例管网为

$$T_1 = \{N_1 \cap N_2 \cap N_4 \cap N_5\}$$
$$T_2 = \{N_1 \cap N_3 \cap N_5 \cap N_4\}$$
$$T_3 = \{N_1 \cap N_2 \cap N_3 \cap N_4\}$$
$$T_4 = \{N_1 \cap N_2 \cap N_3 \cap N_5\}$$

式中　T_i——第 i 最小路集；

　　　N_k——管网中管段 k 无故障。

图 12-25 说明四个最小路集。根据方程式(12-142)，系统可靠性为

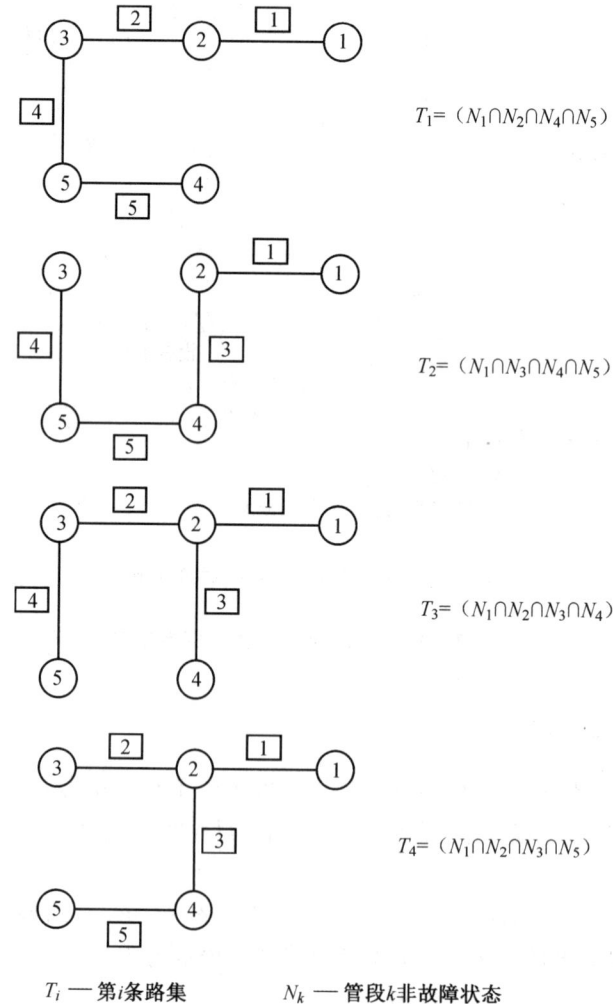

T_i——第 i 条路集　　N_k——管段 k 非故障状态

图 12-25　示例管网的四个最小路集

$$R_s = P(T_1 \bigcup T_2 \bigcup T_3 \bigcup T_4)$$
$$= P(T_1) + P(T_2) + P(T_3) + P(T_4) -$$
$$[P(T_1 \bigcap T_2) + P(T_1 \bigcap T_3) + P(T_1 \bigcap T_4) +$$
$$P(T_2 \bigcap T_3) + P(T_2 \bigcap T_4) + P(T_3 \bigcap T_4)] +$$
$$[P(T_1 \bigcap T_2 \bigcap T_3) + P(T_1 \bigcap T_2 \bigcap T_4) + P(T_1 \bigcap T_3 \bigcap T_4) +$$
$$P(T_2 \bigcap T_3 \bigcap T_4)] - P(T_1 \bigcap T_2 \bigcap T_3 \bigcap T_4)$$

由于管网中所有管道故障事件独立,所有最小路集(或者路径)故障事件独立。这样的环境中,多个独立事件联合发生的概率简化为单个事件概率的乘积。也就是

$$P(T_1) = P(N_1)P(N_2)P(N_4)P(N_5) = 0.96^4 = 0.849\ 35$$

类似地,

$$P(T_2) = P(T_3) = P(T_4) = 0.849\ 35$$

注意例 12-23 中,多于两个最小路集的交集,为所有五种管道方案无故障状态的相互连接,即 $N_1 \bigcap N_2 \bigcap N_3 \bigcap N_4 \bigcap N_5$。系统可靠性简化为

$$R_s = P(T_1) + P(T_2) + P(T_3) + P(T_4) - 3P(N_1 \bigcap N_2 \bigcap N_3 \bigcap N_4 \bigcap N_5)$$
$$= 4 \times 0.849\ 35 - 3 \times 0.96^5 = 0.951$$

2. 割集方法

在忽略系统中其他元素的条件下,割集定义为当一组元素出现故障时,将引起系统故障。最小割集是一个,其中没有合适的元素子集,其单独故障将造成系统故障。换句话说,最小割集是指,如果任何组件从集合中删除,剩余元素不再是割集。最小割集表示为 C_i, $i = 1, \cdots, m$ 和 $\bar{C}_i$ 表示 C_i 的补集,即,割集 C_i 的所有元素故障。系统可靠性为

$$R_i = 1 - P\left[\bigcup_{i=1}^{m} C_i\right] = P\left[\bigcap_{i=1}^{m} \bar{C}_i\right] \tag{12-143}$$

割集直接相关于系统故障模式,因此确定了系统可能出现故障的离散方式。给水系统中,割集将为一系列系统组件,包括管段、水泵、蓄水设施等,联合故障时将破坏特定用户的服务。

【例 12-24】 再次参考简单给水管网例子。现在可以利用最小割集方法估计系统可靠性。根据所定义的系统可靠性,示例管网的七个最小割集(图 12-26)为

$$C_1 = \{F_1\} \qquad C_2 = \{F_2 \bigcap F_3\}$$
$$C_3 = \{F_2 \bigcap F_4\} \qquad C_4 = \{F_3 \bigcap F_5\}$$
$$C_5 = \{F_4 \bigcap F_5\} \qquad C_6 = \{F_2 \bigcap F_5\}$$
$$C_7 = \{F_3 \bigcap F_4\}$$

式中 C_i——第 i 割集;

F_k——管段 k 的故障状态。

系统不可靠性 $\overline{R_s}$ 为割集的并集所出现的概率,即

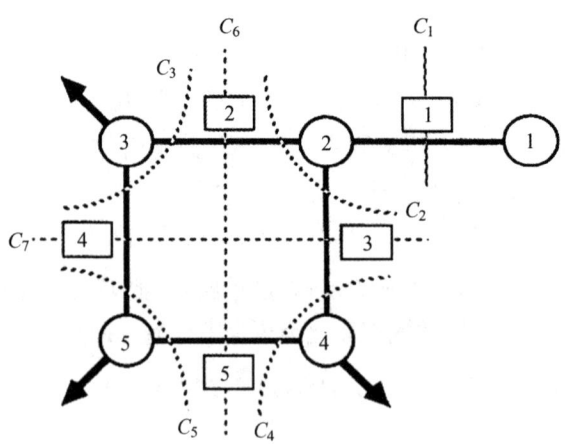

C_i —第 i 条割集

图 12-26　示例给水管网的割集

$$\overline{R_s} = P\left[\bigcup_{i=1}^{7} C_i\right]$$

系统可靠性可以从 1 中减去 $\overline{R_s}$ 获得。可是,对于寻找大量事件并集的概率,即使它们是独立的,计算也很繁琐。在这种环境中,较容易计算的是通过公式(12-143),计算系统可靠性为

$$R_s = 1 - P\left[\bigcup_{i=1}^{7} C_i\right] = P\left[\bigcap_{i=1}^{7} \bar{C}_i\right]$$

式中"￣"表示事件的补集。由于所有割集独立,它们的所有补集也独立。大量独立事件相互交叉的概率,正如前面所述,为

$$R_s = \prod_{i=1}^{7} P(\bar{C}_i)$$

式中

$$P(\bar{C}_1) = 1 - 0.04 = 0.96, \quad P(\bar{C}_2) = P(\bar{C}_3) = \cdots = P(\bar{C}_7) = 1 - 0.04^2 = 0.998\ 4$$

因此,示例管网的系统可靠性为

$$R_s = 0.96 \times 0.998\ 4^6 = 0.951$$

第 13 章　法 规 与 标 准

　　城市水设施管理人员在规划、设计、建设和运行系统时,需要了解并遵从现行法律法规、标准、规范和规程,这些是基础设施完整性评价的重要因子。基础设施寿命周期的各阶段均需要依据相关的法律法规和标准操作。例如在规划阶段,需要参照土地利用、城镇规划方面的法规;设计过程中,需要参照给水排水设计规范;建设过程中需要依据建设规程;运行中需要满足饮用水卫生标准和污染物排放标准;人力资源管理中需要依据相关法律、法规进行人事聘用等。

13.1　法律法规

　　法律法规指现行有效的法律、行政法规、司法解释、地方性法规、地方规章、部门规章及其他规范性文件,以及对于法律法规的及时修改和补充。我国最高权力机关全国人民代表大会和全国人民代表大会常务委员会行使国家立法权,立法通过后,由国家主席签署主席令予以公布。因而法律的级别是最高的。地方性法规大部分称作条例,有的为法律在地方的实施细节,部分是具有法规属性的文件,如决议、决定等。

　　分级中宪法具有最高的法律效力,一些法律、行政法规、地方性法规、规章都不得同宪法抵触。法律的效力高于行政法规、地方性法规、规章。行政法规的效力高于地方性法规、规章。地方性法规的效力高于本级和下级地方政府规章。

　　法律法规的作用体现在以下四方面:①明示作用。法律法规的明示作用是以法律条文的形式明确告知人们什么可以做、什么不可以做;哪些行为合法,哪些行为是非法的;违法者将要受到怎样制裁等。这一作用主要通过立法和普法工作实现。法律所具有的明示作用是实现知法和守法的基本前提。②预防作用。法律法规的预防作用主要是通过明示作用、执法效力以及对违法行为惩治力度大小,使每个人心底建立一道坚不可摧的思想防线,做到有令必行、有禁必止,起到良好的规范效果。③校正作用。通过法律的强制执行力,校正社会行为中出现的一些偏离法律轨道的不法行为,使之回到正常法律轨道。④法律法规具有扭转社会风气、净化人们心灵、净化社会环境的效益,这也是法治的最终目的和最根本性的作用。

　　与城市水系统相关的法律法规有《中华人民共和国环境保护法》《中华人民共和国水法》《中华人民共和国水污染防治法》《中华人民共和国海洋环境保护法》《中华人民共和国水土保持法》《中华人民共和国环境影响评价法》《中华人民共和国防洪法》《中华人民共和国安全生产法》《中华人民共和国城乡规划法》《中华人民共和国建筑法》等。

　　与城市水系统相关的行政法规及法规性文件有《中华人民共和国水污染防治法实施细则》《中华人民共和国水土保持法实施条例》《取水许可证和水资源费征收管理条例》《建设项目环境保护管理条例》《淮河流域水污染防治暂行条例》《中华人民共和国河道管理条例》《长江河道采砂管理条例》《排污费征收使用管理条例》《中华人民共和国水文条例》《中华人民共

和国城市供水条例》《建设工程质量管理条例》《城市供水水质管理规定》《生活饮用水卫生监督管理办法》《饮用水水源保护区污染防治管理规定》等。

13.2 城市水环境标准

13.2.1 标准

标准是科学、技术和实践经验的总结。为在一定范围内获得最佳秩序，对实际的或潜在的问题制定共同的和重复使用的规则活动，即制定、发布及实施标准的过程，称为标准化。标准的制定和类型按使用范围划分有国际标准、区域标准、国家标准、专业标准、地方标准、企业标准；按内容划分有基础标准（一般包括名词术语、符号、代号、机械制图、公差与配合等）、产品标准、辅助产品标准（工具、模具、量具、夹具等）、原材料标准、方法标准（包括工艺要求、过程、要素、工艺说明等）；按成熟程度划分有法定标准、推荐标准、试行标准、标准草案。规范和规程均属于标准的一种形式。

制定标准应当有利于合理利用国家资源、推广科学技术成果、提高经济效益、保障安全和人民身体健康、保护消费者利益、保护环境、有利于产品的通用互换及标准的协调配套等。国际标准由国际标准化组织（ISO）理事会审查，ISO 理事会接纳国际标准并由中央秘书处颁布；国家标准在中国由国务院标准化行政主管部门制定，行业标准由国务院有关行政主管部门制定；企业生产的产品没有国家标准和行业标准的，应当制定企业标准，作为组织生产的依据，并报有关部门备案。

国家标准具有普遍性，可在各地区使用；行业标准是根据行业生产实际情况制定的标准；地方性标准是根据本地区的实际情况制定的标准。通常行业标准和地方标准严于国家标准。

标准的编号，一般由标准代号、数字号码（登记序号）和批准年号三部分组成。标准代号表示标准的等级和适用范围。国家标准的分类方式有：GB（国家标准）、JJF（国家计量技术规范）、JJG（国家计量检定规程）、GHZB（国家环境质量标准）、GWPB（国家污染物排放标准）、GWKB（国家污染物控制标准）、GBn（国家内部标准）、GBJ（工程建设国家标准）、GJB（国家军用标准）等。

标准与法律法规一样，均具有时效性。随着经济发展、技术进步和认识深入，标准也会不断改进。一般来讲，标准会越来越严格。

13.2.2 水环境标准体系

水环境标准体系是对水环境标准工作全面规划、统筹协调相互关系，明确其作用、功能、适用范围而逐步形成的管理体系。我国水环境标准体系可概括为"六类三级"，即水环境质量标准、水污染物排放标准、水环境卫生标准、水环境基础标准、水监测分析方法标准和水环境标准样品标准六类与国家级标准、行业标准和地方标准三级（表 13-1）。水环境标准的主体是水环境质量标准、水污染物排放标准和水卫生标准三种，其支持系统和配套标准有：水环境基础标准（含环境保护仪器设备标准）、水质分析方法标准、水环境标准样品标准三种，共计六种。另外，与其相关的标准还有排污收费标准、监测测试收费标准等。

表 13-1 水环境标准体系结构

作用	类别		标准	水污染控制环节
目标	水环境质量标准	按水体类型划分	《地表水环境质量标准》(GB 3838—2002)	全国江、河、湖、库等地表水域
			《海水水质标准》(GB 3097—1997)	管辖的海域水质
			《地下水质量标准》(GB/T 14848—2017)	地下水域水质
		按水资源用途划分	《生活饮用水卫生标准》(GB 5749—2022)	集中式饮用水水源区水质
			《渔业水质标准》(GB 11607—1989)	渔业用水区水质
			《农田灌溉水质标准》(GB 5084—2021)	农业用水区水质
			各种工业用水水质标准	各种工业用水供水区水质
			城市污水再生利用系列标准，如： 分类(GB/T 18919—2002) 城市杂用水水质(GB/T 18920—2020) 景观环境用水水质(GB/T 18921—2019) 地下水回灌水质(GB/T 19772—2005) 工业用水水质(GB/T 19923—2005) 农田灌溉水质(GB/T 20922—2021) 绿地灌溉水质(GB/T 25499—2010)	不同污水再生水用途水质
措施	水污染物排放标准	综合	《污水综合排放标准》(GB 8978—1996)	除各行业制定的标准外全国所有污染源
		按行业划分	如《造纸工业水污染物排放标准》(GB 3544—2008)	造纸工业污染源
			如《钢铁工业水污染物排放标准》(GB 13456—2012)	钢铁工业污染源
			如《柠檬酸工业水污染物排放标准》(GB 19430—2013)	柠檬酸工业污染源
		国家标准	如《城镇污水处理厂污染物排放标准》(GB 18918—2002)	城镇污水处理厂污染源
		地方标准	如《城镇污水处理厂水污染物排放标准》(DB11/890—2012)	适用于北京市
实施手段和方法等	分析方法标准		水质采样、样品保存和管理技术、实验方法等标准，如《水质 采样技术指导》(GB/T 12998—1991)	保证水样采集的可代表性
			水质分析方法标准，如《水质 pH 值的测定 玻璃电极法》(GB/T 6920—1986)等	统一全国的分析方法
	标准样品标准		水质标准样品标准和标准参考物质标准，如《水质 pH 标准样品》(GBZ 50017—1990)	保证监测数据的可靠性
	基础标准		词汇、术语等，如《水质 词汇 第一和第二部分》(GB/T 6816—1986)	统一名词术语、标志 统一评价方法、规范 统一标准制定的方法 保证水环境保护工作用仪器设备的质量
			导则、规范等，如《环境影响评价技术导则 地面水环境》(HJ/T 2.3—1993)	
			图式、标志等，如《环境保护图形标志排放口(源)》(GB/T 15562.1—1995)	
			仪器、设备等 如《超声波明渠污水流量计技术要求及检测方法》(HJ 15—2019)	
	收费标准		排污收费标准	用经济手段实施措施和目标
	设计标准		《室外给水设计标准》(GB 50013—2018) 《室外排水设计标准》(GB 50014—2021) 《建筑给水排水设计标准》(GB 50015—2019)	指导工程设计

13.2.3 地表水环境质量标准

《地表水环境质量标准》(GB 3838—2002)将标准项目分为：地表水环境质量标准基本项目、集中式生活饮用水地表水源地补充项目和集中式生活饮用水地表水源地特定项目。地表水环境质量标准基本项目适用于中华人民共和国领域内江河、湖泊、运河、渠道、水库等具有使用功能的地表水水域；集中式生活饮用水地表水源地补充项目和特定项目适用于集中式生活饮用水地表水源地一级保护区和二级保护区。集中式生活饮用水地表水源地特定项目由县级以上人民政府环境保护行政主管部门根据本地区地表水水质特点和环境管理的需要进行选择，集中式生活饮用水地表水源地补充项目和选择确定的特定项目作为基本项目的补充指标。

标准项目共计 109 项，其中地表水环境质量标准基本项目 24 项，集中式生活饮用水地表水源地补充项目 5 项，集中式生活饮用水地表水源地特定项目 80 项。

1. 水域功能和标准分类

依据地表水水域环境功能和保护目标，按功能高低依次划分为以下五类。

Ⅰ类：主要适用于源头水、国家自然保护区；

Ⅱ类：主要适用于集中式生活饮用水地表水源地一级保护区、珍稀水生生物栖息地、鱼虾类产卵场、仔稚幼鱼的索饵场等；

Ⅲ类：主要适用于集中式生活饮用水地表水源地二级保护区、鱼虾类越冬场、洄游通道、水产养殖区等渔业水域及游泳区；

Ⅳ类：主要适用于一般工业用水区及人体非直接接触的娱乐用水区；

Ⅴ类：主要适用于农业用水区及一般景观要求水域。

对应地表水上述五类水域功能，将地表水环境质量标准基本项目标准值分为五类，不同功能类别分别执行相应类别的标准值。水域功能类别高的标准值严于水域功能类别低的标准值。同一水域兼有多类使用功能的，执行最高功能类别对应的标准值。

2. 标准值

(1) 地表水环境质量标准基本项目标准限值见表 13-2。

(2) 集中式生活饮用水地表水源地补充项目标准限值见表 13-3。

(3) 集中式生活饮用水地表水源地特定项目标准限值见表 13-4。

3. 水质评价

地表水环境质量评价应根据应实现的水域功能类别，选取相应类别标准，进行单因子评价，评价结果应说明水质达标情况，超标的应说明超标项目和超标倍数。丰、平、枯水期特征明显的水域，应分水期进行水质评价。集中式生活饮用水地表水源地水质评价的项目应包括表 13-2 中的基本项目、表 13-3 中的补充项目以及由县级以上人民政府环境保护行政主管部门从表 13-4 中选择确定的特定项目。

4. 水质监测

(1) 规定的项目标准值，要求水样采集后自然沉降 30 min，取上层非沉降部分按规定方法进行分析。

(2) 地表水水质监测的采样布点、监测频率应符合国家地表水环境监测技术规范的要求。

(3) 水质项目的分析方法应优先选用该标准规定的方法,也可采用 ISO 方法体系等其他等效分析方法,但须进行适用性检验。

标准的具体细节详见该标准全文。

表 13-2　　地表水环境质量标准基本项目标准限值

序号	项目		分类				
			I 类	II 类	III 类	IV 类	V 类
			标准值(mg/L)				
1	水温(℃)		人为造成的环境水温变化应限制在: 周平均最大温升≤1 周平均最大温降≤2				
2	pH 值(无量纲)		6~9				
3	溶解氧	≥	饱和率 90%(或 7.5)	6	5	3	2
4	高锰酸盐指数	≤	2	4	6	10	15
5	化学需氧量(COD)	≤	15	15	20	30	40
6	五日生化需氧量(BOD_5)	≤	3	3	4	6	10
7	氨氮(NH_3-N)	≤	0.15	0.5	1.0	1.5	2.0
8	总磷(以 P 计)	≤	0.02(湖、库 0.01)	0.1(湖、库 0.025)	0.2(湖、库 0.05)	0.3(湖、库 0.1)	0.4(湖、库 0.2)
9	总氮(湖、库,以 N 计)	≤	0.2	0.5	1.0	1.5	2.0
10	铜	≤	0.01	1.0	1.0	1.0	1.0
11	锌	≤	0.05	1.0	1.0	2.0	2.0
12	氟化物(以 F^- 计)	≤	1.0	1.0	1.0	1.5	1.5
13	硒	≤	0.01	0.01	0.01	0.02	0.02
14	砷	≤	0.05	0.05	0.05	0.1	0.1
15	汞	≤	0.000 05	0.000 05	0.000 1	0.001	0.001
16	镉	≤	0.001	0.005	0.005	0.005	0.01
17	铬(六价)	≤	0.01	0.05	0.05	0.05	0.1
18	铅	≤	0.01	0.01	0.05	0.05	0.1
19	氰化物	≤	0.005	0.05	0.02	0.2	0.2
20	挥发酚	≤	0.002	0.002	0.005	0.01	0.1
21	石油类	≤	0.05	0.05	0.05	0.5	1.0
22	阴离子表面活性剂	≤	0.2	0.2	0.2	0.3	0.3
23	硫化物	≤	0.05	0.1	0.2	0.5	1.0
24	粪大肠菌群(个/L)	≤	200	2 000	10 000	20 000	40 000

表13-3　　　　　集中式生活饮用水地表水源地补充项目标准限值　　　　单位:mg/L

序号	项目	标准值
1	硫酸盐(以 SO_4^{2-} 计)	250
2	氯化物(以 Cl 计)	250
3	硝酸盐(以 N 计)	10
4	铁	0.3
5	锰	0.1

表13-4　　　　　集中式生活饮用水地表水源地特定项目标准限值　　　　单位:mg/L

序号	项目	标准值	序号	项目	标准值
1	三氯甲烷	0.06	29	六氯苯	0.05
2	四氯化碳	0.002	30	硝基苯	0.017
3	三溴甲烷	0.1	31	二硝基苯④	0.5
4	二氯甲烷	0.02	32	2,4-二硝基甲苯	0.000 3
5	1,2-二氯乙烷	0.03	33	2,4,6-三硝基甲苯	0.5
6	环氧氯丙烷	0.02	34	硝基氯苯⑤	0.05
7	氯乙烯	0.005	35	2,4-二硝基氯苯	0.5
8	1,1-二氯乙烯	0.03	36	2,4-一氯苯酚	0.093
9	1,2-二氯乙烯	0.05	37	2,4,6-三氯苯酚	0.2
10	三氯乙烯	0.07	38	五氯酚	0.009
11	四氯乙烯	0.04	39	苯胺	0.1
12	氯丁二烯	0.002	40	联苯胺	0.000 2
13	六氯丁二烯	0.000 6	41	丙烯酰胺	0.000 5
14	苯乙烯	0.02	42	丙烯腈	0.1
15	甲醛	0.9	43	邻苯二甲酸二丁酯	0.003
16	乙醛	0.05	44	邻苯二甲酸二(2-乙基己基)酯	0.008
17	丙烯醛	0.1	45	水合肼	0.01
18	三氯乙醛	0.01	46	四乙基铅	0.000 1
19	苯	0.01	47	吡啶	0.2
20	甲苯	0.7	48	松节油	0.2
21	乙苯	0.3	49	苦味酸	0.5
22	二甲苯①	0.5	50	丁基黄原酸	0.005
23	异丙苯	0.25	51	活性氯	0.01
24	氯苯	0.3	52	滴滴涕	0.001
25	1,2-二氯苯	1.0	53	林丹	0.002
26	1,4-二氯苯	0.3	54	环氧七氯	0.000 2
27	三氯苯②	0.02	55	对硫磷	0.003
28	四氯苯③	0.02	56	甲基对硫磷	0.002

续表

序号	项目	标准值	序号	项目	标准值
57	马拉硫磷	0.05	69	微囊藻毒素—LR	0.001
58	乐果	0.08	70	黄磷	0.003
59	敌敌畏	0.05	71	钼	0.07
60	敌百虫	0.05	72	钴	1.0
61	内吸磷	0.03	73	铍	0.002
62	百菌清	0.01	74	硼	0.5
63	甲萘威	0.05	75	锑	0.005
64	溴氰菊酯	0.02	76	镍	0.02
65	阿特拉津	0.003	77	钡	0.7
66	苯并(a)芘	2.8×10^{-6}	78	钒	0.05
67	甲基汞	1.0×10^{-6}	79	钛	0.1
68	多氯联苯⑥	2.0×10^{-5}	80	铊	0.0001

注:① 二甲苯:指对-二甲苯、间-二甲苯、邻-二甲苯。
② 三氯苯:指1,2,3-三氯苯、1,2,4-三氯苯、1,3,5-三氯苯。
③ 四氯苯:指1,2,3,4-四氯苯、1,2,3,5-四氯苯、1,2,4,5-四氯苯。
④ 二硝基苯:指对-二硝基苯、间-二硝基苯、邻-二硝基苯。
⑤ 硝基氯苯:指对-硝基氯苯、间-硝基氯苯、邻-硝基氯苯。
⑥ 多氯联苯:指PCB-1016、PCB-1221、PCB-1232、PCB-1242、PCB-1248、PCB-1254、PCB-1260。

13.2.4 地下水质量标准

《地下水质量标准》(GB/T 14848—2017)规定了地下水质量分类、指标及限值,地下水质量调查与监测,地下水质量评价等内容。该标准适用于地下水质量调查、监测、评价与管理。

1. 地下水质量分类

依据我国地下水质量状况和人体健康风险,参照生活饮用水、工业、农业等用水质量要求,依据各组分含量高低(pH除外),分为以下五类。

Ⅰ类:地下水化学组分含量低,适用于各种用途。

Ⅱ类:地下水化学组分含量较低,适用于各种用途。

Ⅲ类:地下水化学组分含量中等,主要适用于集中式生活饮用水水源及工农业用水。

Ⅳ类:地下水化学组分含量较高,以农业和工业用水质量要求以及一定水平的人体健康风险为依据,适用于农业和部分工业用水,适当处理后可作为生活饮用水。

Ⅴ类:地下水化学组分含量高,不宜作为生活饮用水水源,其他用水可根据使用目的选用。

2. 地下水质量分类指标

地下水质量指标分为常规指标和非常规指标,其分类及限值分别见表13-5和表13-6。

表 13-5　地下水质量常规指标及限值

序号	指标	I 类	II 类	III 类	IV 类	V 类
感官性状及一般化学指标						
1	色(铂钴色度单位)	≤5	≤5	≤15	≤25	>25
2	嗅和味	无	无	无	无	有
3	浑浊度(NTU①)	≤3	≤3	≤3	≤10	>10
4	肉眼可见物	无	无	无	无	有
5	pH	6.5≤pH≤8.5	6.5≤pH≤8.5	6.5≤pH≤8.5	5.5≤pH≤6.5 8.5≤pH≤9.5	pH<5.5 或 pH>9.0
6	总硬度(以 $CaCO_3$ 计)(mg/L)	≤150	≤300	≤450	≤650	>650
7	溶解性总固体(mg/L)	≤300	≤500	≤1 000	≤2 000	>2 000
8	硫酸盐(mg/L)	≤50	≤150	≤250	≤350	>350
9	氯化物(mg/L)	≤50	≤150	≤250	≤350	>350
10	铁(mg/L)	≤0.1	≤0.2	≤0.3	≤2.0	>2.0
11	锰(mg/L)	≤0.05	≤0.05	≤0.10	≤1.50	>1.50
12	铜(mg/L)	≤0.01	≤0.05	≤1.00	≤1.50	>1.50
13	锌(mg/L)	≤0.05	≤0.5	≤1.00	≤5.00	>5.00
14	铝(mg/L)	≤0.01	≤0.05	≤0.20	≤0.50	>0.50
15	挥发性酚类(以苯酚计)(mg/L)	≤0.001	≤0.001	≤0.002	≤0.01	>0.01
16	阴离子表面活性剂(mg/L)	不得检出	≤0.1	≤0.3	≤0.3	>0.3
17	耗氧量(COD_{Mn} 法,以 O_2 计)(mg/L)	≤1.0	≤2.0	≤3.0	≤10.0	>10.0
18	氨氮(以 N 计)(mg/L)	≤0.02	≤0.10	≤0.50	≤1.50	>1.50
19	硫化物(mg/L)	≤0.005	≤0.01	≤0.02	≤0.10	>0.10
20	钠(mg/L)	≤100	≤150	≤200	≤400	>400
微生物指标						
21	总大肠菌群(MPN②/100 mL 或 CFU③/100 mL)	≤3.0	≤3.0	≤3.0	≤100	>100
22	菌落总数(CFU/mL)	≤100	≤100	≤100	≤1 000	>1 000
毒理学指标						
23	亚硝酸盐(以 N 计)(mg/L)	≤0.01	≤0.10	≤1.00	≤4.80	>4.80
24	硝酸盐(以 N 计)(mg/L)	≤2.0	≤5.0	≤20.0	≤30.0	>30.0
25	氰化物(mg/L)	≤0.001	≤0.01	≤0.05	≤0.1	>0.1
26	氟化物(mg/L)	≤1.0	≤1.0	≤1.0	≤2.0	>2.0
27	碘化物(mg/L)	≤0.04	≤0.04	≤0.08	≤0.50	>0.50
28	汞(mg/L)	≤0.000 1	≤0.000 1	≤0.001	≤0.002	>0.002

续表

序号	指标	Ⅰ类	Ⅱ类	Ⅲ类	Ⅳ类	Ⅴ类
29	砷(mg/L)	≤0.001	≤0.001	≤0.01	≤0.05	>0.05
30	硒(mg/L)	≤0.01	≤0.01	≤0.01	≤0.1	>0.1
31	镉(mg/L)	≤0.0001	≤0.0001	≤0.005	≤0.01	>0.01
32	铬(六价)(mg/L)	≤0.005	≤0.01	≤0.05	≤0.10	>0.10
33	铅(mg/L)	≤0.005	≤0.005	≤0.01	≤0.10	>0.10
34	三氯甲烷(μg/L)	≤0.5	≤6	≤60	≤300	>300
35	四氯化碳(μg/L)	≤0.5	≤0.5	≤2.0	≤50.0	>50.0
36	苯(μg/L)	≤0.5	≤1.0	≤10.0	≤120	>120
37	甲苯(μg/L)	≤0.5	≤140	≤700	≤1400	>1400
放射性指标[④]						
38	总α放射性(Bq/L)	≤0.1	≤0.1	≤0.5	>0.5	>0.5
39	总β放射性(Bq/L)	≤0.1	≤1.0	≤1.0	>1.0	>1.0

注：① NTU 为散射浊度单位。
② MPN 表示最可能数。
③ CFU 表示菌落形成单位。
④ 放射性指标超过指导值，应进行核素分析和评价。

表 13-6 地下水质量非常规指标及限值

序号	指标	Ⅰ类	Ⅱ类	Ⅲ类	Ⅳ类	Ⅴ类
毒理学指标						
1	铍(mg/L)	≤0.0001	≤0.0001	≤0.002	≤0.06	>0.06
2	硼(mg/L)	≤0.02	≤0.10	≤0.50	≤2.00	>2.00
3	锑(mg/L)	≤0.0001	≤0.0005	≤0.005	≤0.01	>0.01
4	钡(mg/L)	≤0.01	≤0.10	≤0.70	≤4.00	>4.00
5	镍(mg/L)	≤0.002	≤0.002	≤0.02	≤0.10	>0.10
6	钴(mg/L)	≤0.005	≤0.005	≤0.05	≤0.10	>0.10
7	钼(mg/L)	≤0.001	≤0.001	≤0.07	≤0.15	>0.15
8	银(mg/L)	≤0.001	≤0.01	≤0.05	≤0.10	>0.10
9	铊(mg/L)	≤0.0001	≤0.0001	≤0.0001	≤0.001	>0.001
10	二氯甲烷(μg/L)	≤1	≤2	≤20	≤500	>500
11	1,2-二氯乙烷(μg/L)	≤0.5	≤3.0	≤30.0	≤40.0	>40.0
12	1,1,1-三氯乙烷(μg/L)	≤0.5	≤400	≤2000	≤4000	>4000
13	1,1,2-三氯乙烷(μg/L)	≤0.5	≤0.5	≤5.0	≤60.0	>60.0
14	1,2-二氯丙烷(μg/L)	≤0.5	≤0.5	≤5.0	≤60.0	>60.0
15	三溴甲烷(μg/L)	≤0.5	≤10.0	≤100	≤800	>800

续表

序号	指标	Ⅰ类	Ⅱ类	Ⅲ类	Ⅳ类	Ⅴ类
16	氯乙烯(μg/L)	≤0.5	≤0.5	≤5.0	≤90.0	>90.0
17	1,1-二氯乙烯(μg/L)	≤0.5	≤3.0	≤30.0	≤60.0	>60.0
18	1,2-二氯乙烯(μg/L)	≤0.5	≤5.0	≤50.0	≤60.0	>60.0
19	三氯乙烯(μg/L)	≤0.5	≤7.0	≤70.0	≤210	>210
20	四氯乙烯(μg/L)	≤0.5	≤4.0	≤40.0	≤300	>300
21	氯苯(μg/L)	≤0.5	≤60.0	≤300	≤600	>600
22	邻二氯苯(μg/L)	≤0.5	≤200	≤1 000	≤2 000	>2 000
23	对二氯苯(μg/L)	≤0.5	≤30.0	≤300	≤600	>600
24	三氯苯(总量)(μg/L)①	≤0.5	≤4.0	≤20.0	≤180	>180
25	乙苯(μg/L)	≤0.5	≤30.0	≤300	≤600	>600
26	二甲苯(总量)(μg/L)②	≤0.5	≤100	≤500	≤1 000	>1 000
27	苯乙烯(μg/L)	≤0.5	≤2.0	≤20.0	≤40.0	>40.0
28	2,4-二硝基甲苯(μg/L)	≤0.1	≤0.5	≤5.0	≤60.0	>60.0
29	2,6-二硝基甲苯(μg/L)	≤0.1	≤0.5	≤5.0	≤30.0	>30.0
30	萘(μg/L)	≤1	≤10	≤100	≤600	>600
31	蒽(μg/L)	≤1	≤360	≤1 800	≤3 600	>3 600
32	荧蒽(μg/L)	≤1	≤50	≤240	≤480	>480
33	苯并(a)荧蒽(μg/L)	≤0.1	≤0.4	≤4.0	≤8.0	>8.0
34	苯并(a)芘(μg/L)	≤0.002	≤0.002	≤0.01	≤0.50	>0.50
35	多氯联苯(总量)(μg/L)③	≤0.05	≤0.05	≤0.50	≤10.0	>10.0
36	邻苯二甲酸二(2-乙基己基)酯(μg/L)	≤3	≤3	≤8.0	≤300	>300
37	2,4,6-三氯酚(μg/L)	≤0.05	≤20.0	≤200	≤300	>300
38	五氯酚(μg/L)	≤0.05	≤0.90	≤9.0	≤18.0	>18.0
39	六六六(总量)(μg/L)④	≤0.01	≤0.50	≤5.00	≤300	>300
40	γ-六六六(林丹)(μg/L)	≤0.01	≤0.20	≤2.00	≤150	>150
41	滴滴涕(总量)(μg/L)⑤	≤0.01	≤0.10	≤1.00	≤2.00	>2.00
42	六氯苯(μg/L)	≤0.01	≤0.10	≤1.00	≤2.00	>2.00
43	七氯(μg/L)	≤0.01	≤0.04	≤0.40	≤0.80	>0.80
44	2,4-滴(μg/L)	≤0.1	≤6.0	≤30.0	≤150	>150
45	克百威(μg/L)	≤0.05	≤1.40	≤7.00	≤14.0	>14.0
46	涕灭威(μg/L)	≤0.05	≤0.60	≤3.00	≤30.0	>30.0
47	敌敌畏(μg/L)	≤0.05	≤0.10	≤1.00	≤2.00	>2.00
48	甲基对硫磷(μg/L)	≤0.05	≤4.00	≤20.0	≤40.0	>40.0
49	马拉硫磷(μg/L)	≤0.05	≤25.0	≤250	≤500	>500

续表

序号	指标	Ⅰ类	Ⅱ类	Ⅲ类	Ⅳ类	Ⅴ类
50	乐果(μg/L)	≤0.05	≤16.0	≤80.0	≤160	>160
51	毒死蜱(μg/L)	≤0.05	≤6.00	≤30.0	≤60.0	>60.0
52	百菌清(μg/L)	≤0.05	≤1.00	≤10.0	≤150	>150
53	莠去津(μg/L)	≤0.05	≤0.40	≤2.00	≤600	>600
54	草甘膦(μg/L)	≤0.1	≤140	≤700	≤1 400	>1 400

注：① 三氯苯(总量)为1,2,3-三氯苯、1,2,4-三氯苯、1,3,5-三氯苯3种异构体加和。
② 二甲苯(总量)为邻二甲苯、间二甲苯、对二甲苯3种异构体加和。
③ 多氯联苯(总量)为PCB28、PCB52、PCB101、PCB118、PCB138、PCB153、PCB180、PCB194、PCB206 9种多氯联苯单体加和。
④ 六六六(总量)为α-六六六、β-六六六、γ-六六六、δ-六六六4种异构体加和。
⑤ 滴滴涕(总量)为o,p'-滴滴涕、p,p'-滴滴伊、p,p'-滴滴滴、p,p'-滴滴涕4种异构体加和。

3. 地下水质量调查与监测

(1) 地下水质量应定期监测。潜水监测频率应不少于每年2次(丰水期和枯水期各1次)，承压水监测频率可以根据质量变化情况确定，宜每年1次。

(2) 依据地下水质量的动态变化，应定期开展区域性地下水质量调查评价。

(3) 地下水质量调查与监测指标以常规指标为主；为便于水化学分析结果的审核，应补充钾、钙、镁、重碳酸根、碳酸根、游离二氧化碳指标；不同地区可在常规指标的基础上，根据当地实际情况，补充选定非常规指标进行调查与监测。

4. 地下水质量评价

(1) 地下水质量评价应以地下水质量检测资料为基础。

(2) 地下水质量单指标评价，按指标值所在的限值范围，确定地下水质量类别；指标限值相同时，从优不从劣。例如，挥发性酚类Ⅰ、Ⅱ类限值均为0.001 mg/L，若质量分析结果为0.001 mg/L，应定为Ⅰ类，不定为Ⅱ类。

(3) 地下水质量综合评价，按单指标评价结果最差的类别确定，并指出最差类别的指标。例如，某地下水样氯化物含量400 mg/L，四氯乙烯含量350 μg/L，这两个指标属Ⅴ类；其余指标均为Ⅳ类或Ⅲ类。则该地下水质量综合类别定为Ⅴ类，Ⅴ类指标为氯离子和四氯乙烯。

13.2.5 生活饮用水卫生标准

《生活饮用水卫生标准》(GB 5749—2022)规定了生活饮用水水质卫生要求、生活饮用水水源水质卫生要求、集中式供水单位卫生要求、二次供水卫生要求、涉及生活饮用水卫生安全的产品卫生要求和水质检验方法。该标准适用于各类生活饮用水。

1. 术语和定义

(1) 集中式供水：自水源集中取水，通过输配水管网送到用户或者公共取水点的供水方式。

(2) 小型集中式供水：设计日供水在1 000 m³以下(或供水人口在1万人以下)的集中式供水。

(3) 分散式供水：用户直接从水源取水，未经任何设施或仅有简易设施处理的供水方式。

(4) 常规指标:反映生活饮用水水质基本状况的指标。

(5) 扩展指标:反映地区生活饮用水水质特征及在一定时间内或特殊情况下水质状况的指标。

2. 生活饮用水水质要求

(1) 生活饮用水水质应符合下列基本要求,保证用户饮用安全。

① 生活饮用水中不应含有病原微生物。

② 生活饮用水中化学物质不应危害人体健康。

③ 生活饮用水中放射性物质不应危害人体健康。

④ 生活饮用水的感官性状良好。

⑤ 生活饮用水应经消毒处理。

(2) 生活饮用水水质应符合表 13-7 和表 13-9 的要求。出厂水和末梢水中消毒剂限值、余量均应符合表 13-8 的要求。

(3) 当发生影响水质的突发性公共事件时,经风险评估,感官性状和一般化学指标可暂时适当放宽。

表 13-7   生活饮用水水质常规指标及限值

标准中序号	指标	限值
1. 微生物指标		
1	总大肠菌群(MPN/100 mL 或 CFU/100 mL)①	不应检出
2	大肠埃希氏菌(MPN/100 mL 或 CFU/100 mL)①	不应检出
3	菌落总数(MPN/100 mL 或 CFU/100 mL)②	100
2. 毒理指标		
4	砷(mg/L)	0.01
5	镉(mg/L)	0.005
6	铬(六价)(mg/L)	0.05
7	铅(mg/L)	0.01
8	汞(mg/L)	0.001
9	氰化物(mg/L)	0.05
10	氟化物(mg/L)②	1.0
11	硝酸盐(以 N 计)(mg/L)②	10
12	三氯甲烷(mg/L)③	0.06
13	一氯二溴甲烷(mg/L)③	0.1
14	二氯一溴甲烷(mg/L)③	0.06
15	三溴甲烷(mg/L)③	0.1
16	三卤甲烷(三氯甲烷、一氯二溴甲烷、二氯一溴甲烷、三溴甲烷的总和)③	该类化合物中各种化合物的实测浓度与其各限值的比值之和不超过 1

续表

序号	指标	限值
17	二氯乙酸(mg/L)③	0.05
18	三氯乙酸(mg/L)③	0.1
19	溴酸盐(mg/L)③	0.01
20	亚氯酸盐(mg/L)③	0.7
21	氯酸盐(mg/L)③	0.7

3. 感官性状和一般化学指标④

序号	指标	限值
22	色度(铂钴色度单位)	15
23	浑浊度(散射浑浊度单位)(NTU②)	1
24	臭和味	无异臭、异味
25	肉眼可见物	无
26	pH	不小于6.5且不大于8.5
27	铝(mg/L)	0.2
28	铁(mg/L)	0.3
29	锰(mg/L)	0.1
30	铜(mg/L)	1.0
31	锌(mg/L)	1.0
32	氯化物(mg/L)	250
33	硫酸盐(mg/L)	250
34	溶解性总固体(mg/L)	1 000
35	总硬度(以 $CaCO_3$ 计)(mg/L)	450
36	高锰酸盐指数(以 O_2 计)(mg/L)	3
37	氨(以 N 计)(mg/L)	0.5

4. 放射性指标⑤

序号	指标	限值
28	总α放射性(Bq/L)	0.5(指导值)
39	总β放射性(Bq/L)	1(指导值)

注：① MPN 表示最可能数；CFU 表示菌落形成单位。当水样检出总大肠菌群时，应进一步检验大肠埃希氏菌；当水样未检出总大肠菌群，不必检验大肠埃希氏菌或耐热大肠菌群。
② 小型集中式供水和分散式供水因水源与净水技术受限时，菌落总数指标限值按 500 MPN/mL 或 500 CFU/mL 执行，氟化物指标限值按 1.2 mg/L 执行，硝酸盐(以 N 计)指标限值按 20 mg/L 执行，浑浊度指标限值按 3NTU 执行。
③ 水处理工艺流程中预氧化或消毒方式：
- 采用液氯、次氯酸钙及氯胺时，应测定三氯甲烷、一氯二溴甲烷、二氯一溴甲烷、三溴甲烷、三卤甲烷、二氯乙酸、三氯乙酸；
- 采用次氯酸钠时，应测定三氯甲烷、一氯二溴甲烷、二氯一溴甲烷、三溴甲烷、三卤甲烷、二氯乙酸、三氯乙酸、氯酸盐；
- 采用臭氧时，应测定溴酸盐；
- 采用二氧化氯时，应测定亚氯酸盐；
- 采用二氧化氯与氯混合消毒剂发生器时，应测定亚氯酸盐、氯酸盐、三氯甲烷、一氯二溴甲烷、二氯一溴甲烷、三溴甲烷、三卤甲烷、二氯乙酸、三氯乙酸；
- 当原水中含有上述污染物，可能导致出厂水和末梢水的超标风险时，无论采用何种预氧化或消毒方式，都应对其进行测定。

④ 当发生影响水质的突发公共事件时，经风险评估，感官性状和一般化学指标可暂时适当放宽。
⑤ 放射性指标超过指导值(总β放射性扣除 ^{40}K 后仍然大于 1 Bq/L)，应进行核素分析和评价，判定能否饮用。

表 13-8　　　　　　　　　　生活饮用水消毒剂常规指标及要求

标准中序号	指标	与水接触时间(min)	出厂水和末梢水限值(mg/L)	出厂水余量(mg/L)	末梢水余量(mg/L)
40	游离氯①④	≥30	≤2	≥0.3	≥0.05
41	总氯②	≥120	≤3	≥0.5	≥0.05
42	臭氧③	≥12	≤0.3	—	0.02 如采用其他协同消毒方式,消毒剂限值及余量应满足相应要求
43	二氧化氯④	≥30	≤0.8	≥0.1	≥0.02

注：① 采用液氯、次氯酸钠、次氯酸钙消毒方式时,应测定游离氯。
② 采用氯胺消毒方式时,应测定总氯。
③ 采用臭氧消毒方式时,应测定臭氧。
④ 采用二氧化氯消毒方式时,应测定二氧化氯；采用二氧化氯与氯混合消毒剂发生器消毒方式时,应测定二氧化氯和游离氯。两项指标均应满足限值要求,至少一项指标应满足余量要求。

表 13-9　　　　　　　　　　生活饮用水水质扩展指标及限值

标准中序号	指标	限值
1. 微生物指标		
44	贾第鞭毛虫(个/10L)	<1
45	隐孢子虫(个/10L)	<1
2. 毒理指标		
46	锑(mg/L)	0.005
47	钡(mg/L)	0.7
48	铍(mg/L)	0.002
49	硼(mg/L)	1.0
50	钼(mg/L)	0.07
51	镍(mg/L)	0.02
52	银(mg/L)	0.05
53	铊(mg/L)	0.0001
54	硒(mg/L)	0.01
55	高氯酸盐(mg/L)	0.07
56	二氯甲烷(mg/L)	0.02
57	1,2-二氯乙烷(mg/L)	0.03
58	四氯化碳(mg/L)	0.002
59	氯乙烯(mg/L)	0.001
60	1,1-二氯乙烯(mg/L)	0.03
61	1,2-二氯乙烯(mg/L)	0.05
62	三氯乙酸(mg/L)	0.02
63	四氯乙烯(mg/L)	0.04
64	六氯丁二烯(mg/L)	0.0006

续表

标准中序号	指标	限值
65	苯(mg/L)	0.01
66	甲苯(mg/L)	0.7
67	二甲苯(总量)(mg/L)	0.5
68	苯乙烯(mg/L)	0.02
69	氯苯(mg/L)	0.3
70	1,4-二氯苯(mg/L)	0.3
71	三氯苯(总量)(mg/L)	0.02
72	六氯苯(mg/L)	0.001
73	七氯(mg/L)	0.0004
74	马拉硫磷(mg/L)	0.25
75	乐果(mg/L)	0.006
76	灭草松(mg/L)	0.3
77	百菌清(mg/L)	0.01
78	呋喃丹(mg/L)	0.007
79	毒死蜱(mg/L)	0.03
80	草甘膦(mg/L)	0.7
81	敌敌畏(mg/L)	0.001
82	莠去津(mg/L)	0.002
83	溴氰菊酯(mg/L)	0.02
84	2,4-滴(mg/L)	0.03
85	乙草胺(mg/L)	0.02
86	五氯酚(mg/L)	0.009
87	2,4,6-三氯酚(mg/L)	0.2
88	苯并(a)芘(mg/L)	0.00001
89	邻苯二甲酸二(2-乙基己基)酯(mg/L)	0.008
90	丙烯酰胺(mg/L)	0.0005
91	环氧氯丙烷(mg/L)	0.0004
92	微囊藻毒素-LR(藻类暴发情况发生时)(mg/L)	0.001
3. 感官性状和一般化学指标[a]		
93	钠(mg/L)	200
94	挥发酚类(以苯酚计)(mg/L)	0.002
95	阴离子合成洗涤剂(mg/L)	0.3
96	2-甲基异莰醇(mg/L)	0.00001
97	土臭素(mg/L)	0.00001

注：[a] 当发生影响水质的突发公共事件时，经风险评估，感官性状和一般化学指标可暂时适当放宽。

13.2.6 污水综合排放标准

《污水综合排放标准》(GB 8978—1996)按照污水排放去向,分年限规定了69种水污染物最高允许排放浓度及部分行业最高允许排水量。该标准适用于现有单位水污染物的排放管理,以及建设项目的环境影响评价、建设项目环境保护设施设计、竣工验收及其投产后的排放管理。按照国家综合排放标准与国家行业排放标准不交叉执行的原则,该标准颁布后,新增加国家行业水污染物排放标准的行业,按其适用范围执行相应的国家水污染物行业标准,不再执行该标准。

《地表水环境质量标准》(GB 3838—2002)中Ⅰ、Ⅱ类水域和Ⅲ类水域中划定的保护区,《海水水质标准》(GB 3097—1997)中一类海域,禁止新建排污口,现有排污口应按水体功能要求,实行污染物总量控制,以保证受纳水体水质符合规定用途的水质标准。

《污水综合排放标准》将排放的污染物按其性质及控制方式分为两类。

第一类污染物指能在环境或动植物内蓄积,对人体健康产生长远不良影响的污染物。含有第一类污染物的污水或废水,部分行业和污水排放方式,也不分受纳水体的功能类别,一律在车间或车间处理设施排放口采样,其最高允许排放质量浓度必须符合表13-10的规定。

表13-10　　　　　　　　　第一类污染物最高允许排放质量浓度

序号	污染物	最高允许排放质量浓度(mg/L)	序号	污染物	最高允许排放质量浓度(mg/L)
1	总汞	0.05	8	总镍	1.0
2	烷基汞	不得检出	9	苯并(a)芘	0.000 03
3	总镉	0.1	10	总铍	0.005
4	总铬	1.5	11	总银	0.5
5	六价铬	0.5	12	总α放射性	1 Bq/L
6	总砷	0.5	13	总β放射性	10 Bq/L
7	总铅	1.0			

第二类污染物指长远影响小于第一类污染物的污染物,在排污单位排放口采样,其最高允许排放质量浓度以1997年12月31日为建设时限分别执行相应的规定。例如在1997年12月31日之前建设的单位其废水中第二类污染物的最高允许排放质量浓度必须符合表13-11的规定。

表13-11　　　　　　　　　第二类污染物最高允许排放质量浓度
(1997年12月31日之前建设的单位)　　　　　　　　　　单位:mg/L

序号	污染物	适用范围	一级标准	二级标准	三级标准
1	pH	一切排污单位	6~9	6~9	6~9
2	色度(稀释倍数)	染料工业	50	180	—
		其他排污单位	50	80	—
3	悬浮物(SS)	采矿、选矿、选煤工业	100	300	
		脉金选矿	100	500	
		边远地区砂金选矿	100	800	
		城镇二级污水处理厂	20	30	—
		其他排污单位	70	200	400

续表

序号	污染物	适用范围	一级标准	二级标准	三级标准
4	五日生化需氧量(BOD$_5$)	甘蔗制糖、苎麻脱胶、湿法纤维板工业	30	100	600
		甜菜制糖、酒精、味精、皮革、化纤浆粕工业	30	150	600
		城镇二级污水处理厂	20	30	—
		其他排污单位	30	60	300
5	化学需氧量(COD)	甜菜制糖、焦化、合成脂肪酸、湿法纤维板、染料、洗毛、有机磷农药工业	100	200	1 000
		味精、酒精、医药原料药、生物制药、苎麻脱胶、皮革、化纤浆粕工业	100	300	1 000
		石油化工工业(包括石油炼制)	100	150	500
		城镇二级污水处理厂	60	120	—
		其他排污单位	100	150	500
6	石油类	一切排污单位	10	10	30
7	动植物油	一切排污单位	20	20	100
8	挥发酚	一切排污单位	0.5	0.5	2.0
9	总氰化合物	电影洗片(铁氰化合物)	0.5	5.0	5.0
		其他排污单位	0.5	0.5	1.0
10	硫化物	一切排污单位	1.0	1.0	2.0
11	氨氮	医药原料药、染料、石油化工工业	15	50	—
		其他排污单位	15	25	
12	氟化物	黄磷工业	10	20	20
		低氟地区(水体含氟量<0.5 mg/L)	10	20	30
		其他排污单位	10	10	20
13	磷酸盐(以P计)	一切排污单位	0.5	1.0	—
14	甲醛	一切排污单位	1.0	2.0	5.0
15	苯胺类	一切排污单位	1.0	2.0	5.0
16	硝基苯类	一切排污单位	2.0	3.0	5.0
17	阴离子表面活性剂(LAS)	合成洗涤剂工业	5.0	15	20
		其他排污单位	5.0	10	20
18	总铜	一切排污单位	5.0	1.0	2.0
19	总锌	一切排污单位	2.0	5.0	5.0
20	总锰	合成脂肪酸工业	2.0	5.0	5.0
		其他排污单位	2.0	2.0	5.0
21	彩色显影剂	电影洗片	2.0	3.0	5.0
22	显影剂及氧化物总量	电影洗片	3.0	6.0	6.0
23	元素磷	一切排污单位	0.1	0.3	0.3
24	有机磷农药(以P计)	一切排污单位	不得检出	0.5	0.5

续表

序号	污染物	适用范围	一级标准	二级标准	三级标准
25	粪大肠菌群数(个/L)	医院*、兽医院及医疗机构含病原体污水	500	1 000	5 000
		传染病、结核病医院污水	100	500	1 000
26	总余氯(采用氯化消毒的医院污水)	医院*、兽医院及医疗机构含病原体污水	<0.5**	>3(接触时间≥1 h)	>2(接触时间≥1 h)
		传染病、结核病医院污水	<0.5**	>6.5(接触时间≥1.5 h)	>5(接触时间≥1.5 h)

注：其他排污单位：指除在该控制项目中所列行业以外的一切排污单位。
　　*指 50 个床位以上的医院。
　　**加氯消毒后需进行脱氯处理，达到本标准。

从表 13-11 可以看出，对于同一行业，最高允许排放标准又分为三级，可根据企业性质和排水去向确定达标等级。该标准以 1997 年 12 月 31 日为时间界限，对该时间前后建设的企业，分别确定了不同的达标限值。针对该时间后建设的企业，制定的达标限值更为严格。

《污水综合排放标准》(GB 8978—1996)中不仅规定了各类企业废水的采样位置、采样频率及相应的达标限值，同时要求对各企业的用水总量进行测量，以保证对排水中各监测指标的浓度和排污总量实施双达标控制；对获取检测数据的分析方法也进行了明确限定。

例如对工业污水按生产周期确定检测频率。生产周期在 8 h 以内的，每 2 h 采样一次；生产周期大于 8 h 的，每 4 h 采样一次。其他污水采样：24 h 不少于 2 次。最高允许排放浓度按日均值计算。企业的用水总量测量时通过在排放口安装污水水量计量装置和污水比例采样装置实现。

13.2.7　城镇污水厂污染物排放标准

《城镇污水处理厂污染物排放标准》(GB 18918—2002)规定了城镇污水处理厂出水、废气排放和污泥处置(控制)的污染物限值。它适用于城镇污水处理厂出水、废气排放和污泥处置(控制)的管理。居民小区和工业企业内独立的生活污水处理设施污染物的排放管理，也按该标准执行。

1. 水污染物排放标准

1) 控制项目及分类

(1) 根据污染物的来源及性质，将污染物控制项目分为基本控制项目和选择控制项目两类。基本控制项目主要包括影响水环境和城镇污水处理厂一般处理工艺可以去除的常规污染物，以及部分一类污染物，共 19 项。选择控制项目包括对环境有较长期影响或毒性较大的污染物，共计 43 项。

(2) 基本控制项目必须执行。选择控制项目，由地方环境保护行政主管部门根据污水处理厂接纳的工业污染物的类别和水环境质量要求选择控制。

2) 标准分级

根据城镇污水处理厂排入地表水域环境功能和保护目标，以及污水处理厂的处理工艺，将基本控制项目的常规污染物标准值分为一级标准、二级标准、三级标准。一级标准分为 A

标准和 B 标准。一类重金属污染物和选择控制项目不分级。

（1）一级标准的 A 标准是城镇污水处理厂出水作为回用水的基本要求。当污水处理厂出水引入稀释能力较小的河湖作为城镇景观用水和一般回用水等用途时,执行一级标准的 A 标准。

（2）城镇污水处理厂出水排入 GB 3838 地表水Ⅲ类功能水域(划定的饮用水水源保护区和游泳区除外)、GB 3097 海水二类功能水域和湖、库等封闭或半封闭水域时,执行一级标准的 B 标准。

（3）城镇污水处理厂出水排入 GB 3838 地表水Ⅳ、Ⅴ类功能水域或 GB 3097 海水三、四类功能海域,执行二级标准。

（4）非重点控制流域和非水源保护区的建制镇的污水处理厂,根据当地经济条件和水污染控制要求,采用一级强化处理工艺时,执行三级标准。但必须预留二级处理设施的位置,分期达到二级标准。

3）标准值

（1）城镇污水处理厂水污染物排放基本控制项目,执行表 13-12 和表 13-13 的规定。

（2）选择控制项目按表 13-14 的规定执行。

4）取样与监测

（1）水质取样在污水处理厂处理工艺末端排放口。在排放口应设污水水量自动计量装置、自动比例采样装置,pH 值、水温、COD 等主要水质指标应安装在线监测装置。

（2）取样频率为至少每 2 h 1 次,取 24 h 混合样,以日均值计。

（3）监测分析方法按本标准规定或国家生态环境部认定的替代方法、等效方法执行。

表 13-12　　　　　　　基本控制项目最高允许排放质量浓度（日均值）　　　　　　单位:mg/L

序号	基本控制项目		一级标准		二级标准	三级标准
			A 标准	B 标准		
1	化学需氧量(COD)		50	60	100	120[①]
2	生化需氧量(BOD_5)		10	20	30	60[①]
3	悬浮物(SS)		10	20	30	50
4	动植物油		1	3	5	20
5	石油类		1	3	5	15
6	阴离子表面活性剂		0.5	1	2	5
7	总氮(以 N 计)		15	20	—	—
8	氨氮(以 N 计)[②]		5(8)	8(15)	25(30)	—
9	总磷 (以 P 计)	2005 年 12 月 31 日前建设的	1	1.5	3	5
		2006 年 1 月 1 日起建设的	0.5	1	3	5
10	色度(稀释倍数)		30	30	40	50
11	pH 值		6~9			
12	粪大肠菌群数(个/L)		10^3	10^4	10^4	—

注:① 下列情况下按去除率指标执行:当进水 COD 的质量浓度大于 350 mg/L 时,去除率应大于 60%;BOD 的质量浓度大于 160 mg/L 时,去除率应大于 50%。
　　② 括号外数值为水温大于 12℃时的控制指标,括号内数值为水温小于等于 12℃时的控制指标。

表 13-13　部分一类污染物最高允许排放质量浓度(日均值)　　单位:mg/L

序号	项目	标准值
1	总汞	0.001
2	烷基汞	不得检出
3	总镉	0.01
4	总铬	0.1
5	六价铬	0.05
6	总砷	0.1
7	总铅	0.1

表 13-14　选择控制项目最高允许排放质量浓度(日均值)　　单位:mg/L

序号	选择控制项目	标准值	序号	选择控制项目	标准值
1	总镍	0.05	23	三氯乙烯	0.3
2	总铍	0.002	24	四氯乙烯	0.1
3	总银	0.1	25	苯	0.1
4	总铜	0.5	26	甲苯	0.1
5	总锌	1.0	27	邻-二甲苯	0.4
6	总锰	2.0	28	对-二甲苯	0.4
7	总硒	0.1	29	间-二甲苯	0.4
8	苯并(a)芘	0.000 03	30	乙苯	0.4
9	挥发酚	0.5	31	氯苯	0.3
10	总氰化物	0.5	32	1,4-二氯苯	0.4
11	硫化物	1.0	33	1,2-二氯苯	1.0
12	甲醛	1.0	34	对硝基氯苯	0.5
13	苯胺类	0.5	35	2,4-二硝基氯苯	0.5
14	总硝基化合物	2.0	36	苯酚	0.3
15	有机磷农药(以P计)	0.5	37	间-甲酚	0.1
16	马拉硫磷	1.0	38	2,4-二氯酚	0.6
17	乐果	0.5	39	2,4,6-三氯酚	0.6
18	对硫磷	0.05	40	邻苯二甲酸二丁酯	0.1
19	甲基对硫磷	0.2	41	邻苯二甲酸二辛酯	0.1
20	五氯酚	0.5	42	丙烯腈	2.0
21	三氯甲烷	0.3	43	可吸附有机卤化物(AOX以CL)计	1.0
22	四氯化碳	0.03			

2. 污泥控制标准

(1) 城镇污水处理厂的污泥应进行稳定化处理,稳定化处理后应达到表 13-15 的规定。

(2) 城镇污水处理厂的污泥应进行污泥脱水处理,脱水后污泥含水率应小于 80%。

(3) 处理后的污泥进行填埋处理时,应达到安全填埋的相关环境保护要求。

(4) 处理后的污泥农用时,其污染物含量应满足表 13-16 的要求。其施用条件须符合现行《农用污泥污染物控制标准》(GB 4284)的有关规定。

(5) 取样与监测:

① 取样方法,采用多点取样,样品应有代表性,样品重量不小于 1 kg。

② 监测分析方法按现行标准规定执行。

表 13-15　　　　　　　　　污泥稳定化控制指标

稳定化方法	控制项目	控制指标
厌氧消化	有机物降解率	>40%
好氧消化	有机物降解率	>40%
好氧堆肥	含水率	<65%
	有机物降解率	>50%
	蠕虫卵死亡率	>95%
	粪大肠菌群菌值	>0.01

表 13-16　　　　　　　　污泥农用时污染物控制标准限值

序号	控制项目	最高允许含量[以干污泥计(mg/kg)]	
		酸性土壤(pH 值<6.5)	中性和碱性土壤(pH 值≥6.5)
1	总镉	5	20
2	总汞	5	15
3	总铅	300	1 000
4	总铬	600	1 000
5	总砷	75	75
6	总镍	100	200
7	总锌	2 000	3 000
8	总铜	800	1 500
9	硼	150	150
10	石油类	3 000	3 000
11	苯并(a)芘	3	3
12	多氯代二苯并二噁英/多氯代二苯并呋喃(PCDD/PCDF)(ng/kg)	100	100
13	可吸附有机卤化物(AOX)(以 Cl 计)	500	500
14	多氯联苯(PCB)	0.2	0.2

13.3　技术规程与规范

除上述法规、标准外,还有与城市水系统工程建设各阶段相关的规范、规程(表 13-17)。

表 13-17　　城市水系统建设各阶段相关的规范、规程（摘录）

序号	规范名称	标准号
规划阶段		
1	城市给水工程规划规范	GB 50282—2016
2	城市排水工程规划规范	GB 50318—2017
3	城市环境卫生设施规划规范	GB 50337—2018
4	城市工程管线综合规划规范	GB 50289—2016
勘察阶段		
1	供水水文地质勘察规范	GB 50027—2001
2	市政工程勘察规范	CJJ 56—2012
设计阶段		
1	建筑中水设计规范	GB 50336—2018
2	城镇污水再生利用工程设计规范	GB 50335—2016
3	给水排水工程管道结构设计规范	GB 50332—2002
4	含藻水给水处理设计规范	CJJ 32—2011
5	高浊度水给水设计规范	CJJ 40—2011
6	城市防洪工程设计规范	GB/T 50805—2012
7	灌溉与排水工程设计规范	GB 50288—2018
8	堤防工程设计规范	GB 50286—2013
9	室外给水排水和燃气热力工程抗震设计规范	GB 50032—2003
10	工业循环冷却水处理设计规范	GB/T 50050—2017
11	给水排水工程构筑物结构设计规范	GB 50069—2002
12	自动喷水灭火系统设计规范	GB 50084—2017
13	工业用水软化除盐设计规范	GB/T 50109—2014
施工及验收阶段		
1	给水排水构筑物工程施工及验收规范	GB 50141—2008
2	建筑给水排水及采暖工程施工质量验收规范	GB 50242—2002
3	给水排水管道工程施工及验收规范	GB 50268—2008
4	城镇污水处理厂工程质量验收规范	GB 50334—2017
其他相关技术规范、规程		
1	管井技术规范	GB 50296—2014
2	城市地下水动态观测规程	CJJ/T 76—2012
3	节水灌溉工程技术规范	GB/T 50363—2018
4	城镇供水厂运行、维护及安全技术规程	CJJ 58—2009
5	二次供水工程技术规程	CJJ 140—2010
6	城市内涝防治技术规范	GB 51222—2017

第14章 运 营 管 理

14.1 运营

14.1.1 产业特征

城市水行业主要有以下四个技术经济特征。

(1) 运营管理具有自然垄断特性。自然垄断特性(因成本递减而形成的垄断)指出产品成本中的固定投资所占比重大而变动成本比重小,只能通过供水管网在本地销售,通过排水管网在本地收集。另外,由于原水和污水成分复杂,处理和输送具有典型地域性特征。自然垄断造成相关企业对提高服务水平、竞争力、提高效率等并不积极。

(2) 存在明显的密度经济或规模经济。接入给水排水系统的用户越多,或者消费数量越大,平均成本分摊越低。污水处理厂的建设用地指标和建设估算指标均随污水处理量的增加而降低,如表14-1所示。

表14-1 《城市污水处理工程项目建设标准》(建标198—2022)相关指标

建设规模	污水量(万 m^3/d)	污水厂建设用地指标 [m^2/($m^3 \cdot d$)]	建设投资估算指标 [元/($m^3 \cdot d$)]
Ⅰ类	20~50	0.25~0.20	2 175~1 865
Ⅱ类	10~20	0.30~0.25	2 460~2 175
Ⅲ类	5~10	0.35~0.30	2 810~2 460
Ⅳ类	1~5	0.45~0.35	3 825~2 810

注:以深度处理、新建一级A污水厂排放标准常规污泥处理工程为例。

(3) 给水排水具有典型的必需品特征。公共政策中更强调其公共服务型。因此当水价和污水处理费低于成本时,这种社会性资费使政府必须以不同形式补贴运营商。

(4) 服务质量关系到环境生态与消费者的健康。例如供水水质、水量与水压,排水处理水量与水质等服务指标受到卫生、环保等政府部门的严格监管,对于具有社会影响的突发事件必须尽快妥善处置。

14.1.2 水务行业的企业化运营

国际上对城市水系统的管理,总体上有以下四种企业化运行模式。

(1) 公有公营:指由政府投资建设城市水基础设施,设施运营由公有企业(包括国有、地方和集体企业)实施企业化管理,也可以通过服务合同或管理合同形式允许民营企业参与设施的运营。例如,日本城市水系统通常由当地政府部门下属的上水道局或下水道局运营管理,美国多数城市水系统也是采用公有形式运营。

（2）公有私营：指通过租赁或授权合同方式，政府将公有的运营和进行新投资的责任转让给私营企业，所有设施运营的投资、管理、盈利和商业风险都属于私营企业。其典型应用模式为 ROT（改造-运营-移交）和 TOT（转让-运营-移交）。该模式在欧洲大陆较常见，如法国、德国。

（3）集体所有并经营模式：指经社区成员同意，自主建设有关水设施，社区组织为管理方，实施方为专业公司，费用由用户或社区成员负担。

（4）私有私营：即水设施由私人企业拥有并经营。该模式最典型的案例在英国，在 20 世纪 90 年代初，城市水系统的运营管理基本由私人企业运营，英国成立专门的机构（OfWat）负责监管。

14.1.3 市场化运作模式

为有效运行和管理城市水设施，引入社会资金参与城市水设施的建设和投资，提供良好的专业技术和管理能力，出现了多种给水排水项目的市场化运作模式。根据参与的模式与特点，可分成管理合同、租赁、特许经营、BOT（Build-Operate-Transfer，建设-经营-转让）、资产剥离等几种模式。但在实际中，这些模式都是逐渐发展或者混合使用的。

（1）经营业绩协议。该方式是指政府与管理者之间签订的有关经营业绩标准以及如何分配经营所得的协议，其主要目的是政府和经营者之间形成一种互惠关系。这种制度下，经营业绩协议不涉及私营部门，公共部门保留了全部决策权，但是它将商业化管理原则应用于公共企业。经营业绩协议的关键在于在合同中明确业绩考核标准，确定合理有效的激励制度，并且实行有效的事后考核评价。

（2）管理合同。管理合同是把国有公用企业的经营和维修的责任转移给私营部门，合同期限通常为 3～5 年。最简单的合同是给私营部门承担的管理任务支付固定的费用。复杂一些的合同是确定一定的业绩目标和基本报酬，如果提高效率则给予激励。管理合同下，私营部门不承担商业风险和投资责任。管理合同主要适合提高技术能力和专门技术工作的效率。

（3）服务承包合同。是指政府出于提高效率、降低成本的目的，在一项较大的城市基础设施项目中，将部分或全部的建设、服务通过订立合同的方式，包给社会资金去实施。例如在管道检漏、查表、收费等方面采取的服务合同。服务承包合同时间较短，一般为 6 个月到 2 年。这种方式的优点是利用私营部门的专门技能从事技术性工作，并引入竞争机制。私营部门不拥有资产的所有权，也不承担投资义务，不承担商业风险。公共部门负责投资，并拥有所有权。

（4）租赁。租赁方式下，承包商向政府支付一定费用，租赁城市水系统资产，负责其运营和维护。租赁中，一般给予承包商 6～10 年时间内连续获得收益的专用机制。承包商负担大部分或所有的商业风险，但不包括与大型投资有关的金融风险。承包商负责收费，利润来自所有经营所得与经营费用之差，再扣除交付给政府部门的租赁费之后的余额。因此承包商有提高效率、降低成本的积极性。租赁合同中，政府注重于保持设备长期使用条件良好和应达到的最低维修标准条款，以及评估经营业绩的考核指标和必要时终止合同的条款。

（5）特许经营。特许经营以契约为依据，市政部门将整个给水排水系统的资产所有权转移给特许人，通常为 20～30 年。市政部门和特许人在保持各自独立性的同时，经过特许合作双方获利。特许人可以按其经营模式顺利扩大业务，以较少的投资获得较大的市场。

市政部门则可以减少在该领域投资面临的市场风险。

(6) BOT 方式。BOT 指在基础设施建设领域中，由项目相关单位（承建商、经营商及用户）组成的财产股份组织，对项目的设计、咨询、供货和施工实行总承包。项目竣工后，在特许权规定的期限内经营，向用户收取费用，以回收投资、偿还债务并赚取利润。特许期满后，财团无偿将项目交给政府。BOD 投资方式的变通形式有 BOOT（建设-拥有-经营-转让）、BOO（建设-拥有-运营）、BOOST（建设-拥有-经营-补贴-转让）、ROT（改造-运营-移交）等。

(7) TOT 方式。TOT（Transfer-Operation-Transfer，转让-运营-移交）是指投资人购买政府部门或国有企业已建项目一定期限内的产权和经营权，在约定时间内通过经营收回全部投资和得到合理的回报，并在合约期满之后，再交回给政府部门或原单位。TOT 也是企业收购与兼并采用的一种形式。

(8) 私有化。该方式下，市政部门将它的水资产完全出售给了私有企业。私有企业在法律上拥有整个水资产，具有法律义务永久性提供、运行和维护设施服务性，并收取相关费用。市政部门从行业监管出发，设置水质监视、服务质量和收费等相关政策。

14.2 资产管理

企业资产管理是对企业生产经营活动所涉及资产的战略与决策（环境、目标、策略）、实施与管控（配置、风险、成本、保管、外包）、运营与评估（监测、指标、绩效）、保障与支撑（流程、持续改进、人力资源、信息化、综合利用）等一系列计划、组织、控制等管理工作的总称。

城市水系统伴随着城市的发展而发展，应被视作高度有价值的资产（表 14-2）。与任何资产一样，城市水系统资产应在规划、需求和财务预测、优化设计和施工、高效运行维护修复更新、适当投资创收和控制成本等方面进行科学管理。资产应满足服务水平要求、法规标准、客户需求和期望，以及针对结构、水力、水质和环境状况缺陷的维护需求。这些显然需要高水平的资产管理知识，包括资产登记、需求和负荷分析、结构状况评估、水力性能和环境影响评价、各个组件的使用年限和寿命预测等。

表 14-2　　　　　　　　　　城市水系统资产

水系统资产	功能	主要组件
水源及相应设施	存储	水坝、井孔、取水构筑物、水泵、电机、阀门
	抽取	
供水设施	输送	渠道、隧道、管线、过滤器、水泵、阀门、水表、水库
	净化	
	抽升	
	存储	
配水管网	输送	管线、阀门、水表、贮水池、水泵、电机
	计量	
	压力控制	
	消防	

续表

水系统资产	功能	主要组件
污水收集网络	收集	排水管线、检查井、水泵、电机、排放口
	输送	
污水处理设施	抽升	格栅、沉砂池、计量槽、沉淀和调节池、污泥反应器、水泵、水表
	雨水缓解	
	处理	
处理后出流处置设施	输送	池塘、管线、水泵、电机、水表、阀门、出水口
	蒸发	
	输送	
	回用	
	排放	

14.2.1 资产管理体系和组织

1. 资产管理体系

与其他管理体系一样，资产管理体系遵循了传统的 PDCA 模型，即策划（Plan）-实施（Do）-检查（Check）-改进（Act）。图 14-1 所示说明了如何在资产管理建立和实践过程中实施 PDCA，表 14-3 所示解析了资产管理建立和实践过程的 PDCA 各环节要素。

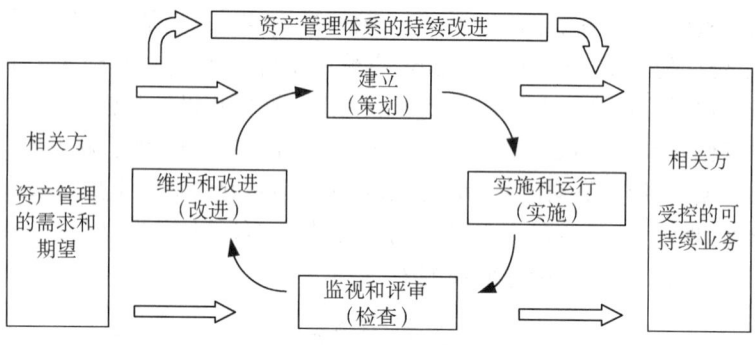

图 14-1　应用于资产管理建立和实践过程的 PDCA 模型

表 14-3　　资产管理体系建立和实践过程的 PDCA 模型解释

建立（策划）	建立与改进资产管理相关的业务连续性方针、战略、目标、指标、控制措施、过程和程序、人员技能或信息支持系统，以提供与企业的总方针和总目标一致的结果。为了最大化水工程资产的产量，合理理解所有资产的条件和性能是需要的。根据适当的信息库，对于供水服务系统的开发，优选长期投资需求，将更加易于规划以及以更有效的方式管理现有资产
实施和运行（实施）	实施和运行资产管理策划的控制措施、过程和程序，进行资产管理的行为管理（建立在人员技能界定的行为实现，从而对资产功能实现驾驭的基础上），借助信息系统，实现情形管理，助推资产管理目标的达成。水务部门的运行应与任何其他组织类似，运行在合理的商务原则上。即使收益不是唯一的驱动力，合理的经济基础是需要的

续表

监视和评审（检查）	对照资产管理方针和目标，监视和评审业务连续性的绩效。资产评估通常包括条件、性能和风险方面的评估。关于资产物理状况的条件，其性能与服务水平密切相关，可以根据能力、可靠性、可用性等测试。风险评估包括分析、量化风险，以及制定风险管理策略
维护和改进（改进）	基于管理评审以及重新评审的资产管理体系的范围、方针和目标的结果，采取纠正措施，以持续改进（必要时引入重点改善）资产管理体系

2. 基础设施完整性

基础设施的完整性是一个综合性指标，测试了设备、最初建设和当前状况的质量。

设备和建（构）筑物的初始质量和当前状况的关系很容易看到。良好建造的系统持续较长，执行较好。图14-2所示是基础设施状况曲线。曲线说明，设施的状况将在最初几年内保持稳定，但随着老化，需要更多的维护和维修。在最初的几年内将设施返回到初始状态，可能仅仅需要很少的投资。但是随着时间的增长，需要引起更多的注意，甚至可能替换。管线可能在多年以后才需要替换。处理厂常常是"半成品"，需要持续更新。

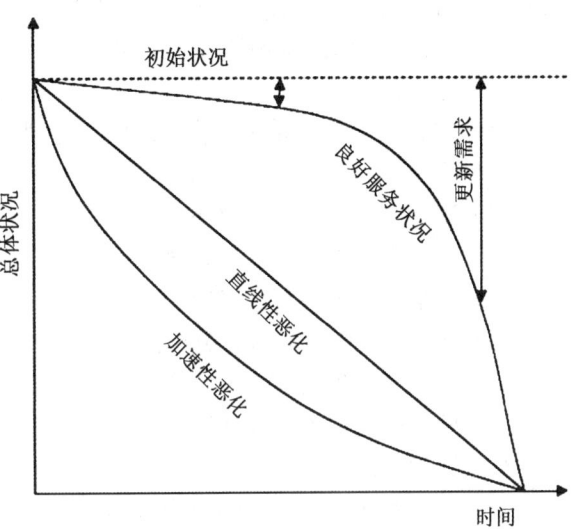

图14-2 基础设施状况曲线

3. 资产管理组织

为了管理整个组织中的资产，资产管理应集成组织工作。为了最小化所有权的成本，维护服务水平，形成了资产管理组织。通常没有统一的资产管理组织定义，城市水管理企业根据自己的业务需求设置资产管理组织。一般资产管理组织设置以下一些部门。

1）财务部门

财务部门是公司财务管理的执行机构，负责公司日常会计核算与财务管理工作，负有审核及支付各项用款，指导公司所属单位财会工作，依法计算和缴纳国家税收等职责。

2）计划部门

计划部门负责对公司下属企业的产权管理和产权服务，评价资产规划的需求，进行投资立项、项目论证等管理工作。

3）工程和建设部门

工程和建设部门主要负责工程建设项目的招标、发包、施工、竣工验收与试运行等管理工作。

4）运行管理部门

运行管理的目标是关注资产，保证最高的性能和持久性，获得资产最高产量。

5）信息管理部门

信息系统是资产管理的关键。事实上，如果没有现代化的、集成的方法，数据不能相互关联,资产管理的概念将缺少显著性。信息管理部门支撑全企业资产管理系统的信息产品,包括 GIS、清单和设施信息、维护日程、工作管理系统等。

4. 基础设施资产管理的效益

基础设施资产管理的效益是很明显的。当基础设施工作时,社会具有有效的输送、安全供水、可靠和支付得起的能量、干净和有利的环境,以及其他重要的支撑系统。当它不能工作时,人们就会在交通上耗费大量时间,没有供水或者饮用的水质变差,以及生活在不健康的环境中等。公共设施管理人员知道,如果基础设施工作状态良好,人们认为这是理所当然的;如果不好,人们受到影响就会提出投诉。

5. 最佳实践

最佳实践是指整个系统的改善。资产管理是最佳实践过程中的一个组成部分。最佳实践需要以下步骤。

(1) 建立规范或者标准的基准。
(2) 提高资产质量的资产管理。
(3) 最小化误用的水量审计。
(4) 调查损失的夜间流量分析。
(5) 降低漏损和故障的压力管理。
(6) 最小化成本的经济分析。

6. 工程寿命

当用于工程项目时,"寿命"具有如下定义。

(1) 物理寿命是指工程以全新的状态投入使用开始,经过有形磨损,直至技术性能上丧失原有用途不能继续使用为止所经历的时间(表 14-4)。

表 14-4　　　　　　　　　　各种水组件使用寿命

组　件	使用年限(年)
给水系统	
水库和水坝	50~80
处理厂、泵站混凝土构筑物	60~70
处理厂机电设备	15~25
泵站机电设备	25
管道	65~95
排水系统	
收集管道	80~100
压力管道	25
截流管道	90~100
处理厂、泵站混凝土构筑物	50
处理厂机电设备	15~25
泵站机电设备	15

(2) 安全寿命定义为设备或系统能够继续工作或运行,不会对人或环境造成危害或风险的时间。

(3) 经济寿命指工程在经济上的可用时间,也就是从费用成本的角度来研究工程更新的最佳周期。

(4) 贷款偿还期亦称"清偿能力分析",是指按国家规定及项目具体财务条件,可作为偿还能力的那部分收益及税金逐年累计与贷款金额相抵时所需的年限。它是反映建设项目偿还能力和经济效果好坏的综合性指标。

14.2.2 资产登记

基础设施资产管理可定义为管理创造、获取、维护、运行、修复、扩大和处置组织基础设施资产的过程,能够以可持续和长期经济效益方式提供服务。资产登记包含了所有由组织拥有的基础设施资产的相关信息,整个资产管理计划依赖数据库。因此,最重要的是,在基础设施资产管理计划的执行阶段良好设计的资产登记。

通常,资产登记在组织之间具有显著差异,因为它们的基础设施资产和管理计划是不同的,但是资产登记具有通用元素。资产登记的优点包括以下几点。

(1) 在同一部门内不同组织之间允许一致性比较。

(2) 通过监视中心简化数据的收集。

(3) 增强透明性和公众可访问性。

1. 资产登记的需求

资产登记的一些需求如下。

(1) 为了明确确定每一资产,记录有必要性。

(2) 应记录基本信息集合,它对每一资产是相同的,包括标识、位置、年代、价值评价、性能、条件和资产风险。

(3) 对于每一类型资产,应记录任何超过或者高过信息的基本集合。

(4) 必须满足组织的管理、规划、技术和财务需求,以及任何法规需求。

(5) 必须易于运行和快速提供,以及对于任何具有信息权限的人,以需求的格式精确访问信息。

(6) 应便于精确和有信心地决策。

(7) 必须安全,防止非授权人员改变数据。

2. 资产登记的组件

资产登记必须具有充分的灵活性,应至少定义如下。

(1) 在资产登记中应包含哪些资产。

(2) 每一种资产应记录的最小数据集合。

(3) 资产分类和辨识的灵活方案。

(4) 评价资产状态分级的标准方法,对于不同类型资产具有差异。

(5) 评价资产性能分级的方法。与状况分级类似,不同资产类型具有差异。

(6) 定义资产价值的标准方法。不同类型的资产可能是不同的。

(7) 评价与资产相关风险的方法,以及风险的可接受水平。

(8) 评价资产所需服务水平的定义和方法。

(9) 每一种资产数据记录的精确性测试。

3. 登记中资产的选择

记录组织的资产达到组织拥有的最后一支铅笔或者螺栓,这是不可行的,或者是不必要的。因此,必要的是确定应记录资产的水平。确定的最终准则是,信息的价值应大于获得和维护它的成本。

哪些资产需要记录和哪些不需要记录之间的界限,很难根据资产的价值划分,例如,应记录任何价格不低于500元的资产。这种方法具有两类问题。一是,资产价格的标准定义必须在该方法使用以前确定。二是,资产的价格不必给出对于组织的资产重要性的精确指标。尽管该方法具有问题,但它可能是最简易和最精确的,因此最为常用。

4. 资产分类和辨识

分类系统对于将组织资产分割成可辨识的等级系统是很必要的。分类系统能够根据功能、类型或者位置,或者覆盖了所有以上三者的组合系统进行分类。应具有以下特点。

(1) 在逻辑上容易理解。
(2) 便于数据的收集和记录。
(3) 支持财务统计过程。
(4) 意识到资产管理活动的协同性。

辨识系统为每一资产赋予唯一的标识是必要的。这些标识符用于所指的资产,必须在整个组织中是唯一的。标识符可分为以下三类。

(1) 非智能型的——当资产被登记,赋以连续的编号时,难以告知用户资产信息。
(2) 半智能型的——编码包括了一些资产分类参考。例如,如果使用功能性分类系统,为了指定资产是一台水泵,以及水泵的特定类型,编码必须具有两个字符,当水泵被登记时赋值连续的编号。
(3) 完全智能型的——编码完全来自分类系统,允许用户立即知道编码所指的资产。

5. 记录信息的最小集合

资产登记必须定义每类资产记录的最小数据集合,包括两个部分:对于所有资产是通用的,对于资产类型是专用的。

所有资产都通用的数据包括以下内容。

(1) 资产的唯一标识。
(2) 资产的名称。
(3) 资产的位置,例如纬度和经度。
(4) 资产获取或者委托的数据。为了计算资产的年代以及它的状态和价值,这是必要的。
(5) 初始成本。这可能是初始购买价格,或者是在资产生命中一些点所做的估价。
(6) 资产的当前价值,以及用于计算当前价值的方法。
(7) 资产的当前性能分级,以及使用的方法。
(8) 当前与资产相关的风险,以及计算使用的过程。
(9) 为了资产而记录的数据精确性测试。

6. 记录资产的变化

资产登记包含了基础设施的瞬时图像。可是，随着时间的推移，资产将发生变化，例如水泵磨损、管道逐渐破裂，以及发生在资产的所有改变方式。为了管理者决策，数据库中的信息必须保持更新以反映这些变化。这可以采用以下两种方式完成。

（1）资产的周期性调查。

（2）一旦发生，就持续捕获改变。

利用资产周期性调查的优点是，不必在资产每次改变时维护信息；调查时，记录大量小型改变的结果。缺点是调查通常花费较高，登记中的数据仅仅与最后一次调查的日期相同。

改变的持续捕获具有的优点是，登记总是在更新。它也趋向于在资产性能或者状态上能够被追踪和分析。主要的缺点是需要在登记中记录较大量的数据。

14.3 项目管理

14.3.1 工程项目建设程序

工程项目的建设程序是指一项工程从设想、提出决策，经过决策论证、工程设计、工程施工，直到投产使用的全过程的各阶段、各环节及各主要工作内容之间必须遵守的前后次序。

目前，我国建设项目的基本建设程序分为五个阶段，即工程建设前期决策阶段、工程建设准备阶段、工程建设实施阶段、工程竣工验收阶段及工程保修阶段。

1. 工程建设前期决策阶段

工程建设前期决策阶段的主要工作是对工程项目投资的合理性进行考察和分析，选择合适的投资项目。这个阶段对于工程项目投资者来说非常重要，主要包括投资意向、投资机会分析、项目建议书、可行性研究、审批立项几个环节。

1）投资意向

投资意向是工程项目的投资人发现社会上存在合适的投资机会所产生的投资愿望。投资意向是工程建设活动的起点，也是工程建设活动得以进行的必备条件。

2）投资机会分析

投资机会分析是工程项目的投资人对投资机会是否合适、有无良好的投资等进行的初步考察和分析。

3）项目建议书

项目建议书是投资机会分析结果文字化后形成的书面文件，以便投资者分析与抉择。项目建议书的主要内容是对工程项目拟建的必要性、建设的客观可行性及获利的可能性进行的论述。项目建议书是工程项目的投资者向国家提出要求建设某一项目的建议文件，是对建设项目的轮廓设想。

4）可行性研究

项目建议书获得批准后，应当对拟建项目在技术上是否可行、经济上是否合理进行科学分析和论证，为项目决策提供理论依据。

可行性研究应当对建设项目涉及的社会、经济、技术问题进行深入调查研究，进行多方案比较、优化；对建设项目建成后的经济、社会和环境效益进行科学预测和评价，提出该项目是否可行的结论性意见。

5）可行性研究报告的审批立项

可行性研究报告是确定建设项目、编制设计文件的主要依据，在建设程序中居于主导地位，一方面把国民经济发展计划落实到建设项目上，另一方面使项目建设或者建成投产后所需的人、财、物有可靠的保证。批准后的可行性研究报告是初步设计的依据，不得随意修改或变更。

2. 工程建设准备阶段

工程建设准备是为工程的勘察、设计与施工创造条件进行的建设现场、施工队伍、建设设备等方面的准备工作。这一阶段主要包括规划、征地、报建、工程承发包等主要环节。

3. 工程建设实施阶段

勘察设计是工程项目建设的重要环节，设计文件是制订计划、组织工程施工和控制建设投资的依据，对实现工程项目投资者的愿望起关键作用。勘察设计主要包括工程水文、地质勘测和工程测量，是工程设计必需的原始资料和数据。

施工准备包括工程施工单位在技术、人员、物资等方面对工程施工所做的准备，以及建设单位取得开工许可证。

工程施工是施工队伍具体配备各种施工要素，将工程设计物转化为建筑产品的过程，也是劳动力投入量最大、耗时较长的工作。工程施工管理水平的高低、工作质量的好坏对建设项目的质量和效益起重要作用。

4. 工程竣工验收阶段

工程竣工验收是全面考核建设工作，检查是否符合设计要求和工程质量的重要环节，对促进建设项目及时投产、发挥经济效益、总结建设经验有着重要作用。

5. 工程保修阶段

为使建设项目在竣工验收时达到最佳使用条件和使用寿命，施工企业在工程移交时，必须向建设单位提出建筑物及设备使用和保养要领，并在用户开始使用后，认真执行移交后的回访和保修。

14.3.2 招投标、合同和文档

1. 工程项目招投标

招标投标是市场经济条件下进行大宗货物的买卖、建设工程项目的发包及服务项目的采购与提供时，采用的一种交易方式。招标投标的目的是签订合同，其特点是单一的买方设定，包括以功能、性能、期限、价格为主的标的，邀请若干买方通过投标报价进行竞争，买方从中选择优胜者并与其达成交易协议，随后按合同实现标的。招标方式分公开招标和邀请招标两大类。按照招标人和投标人的参与程度，可将招标过程粗略地划分为招标准备阶段、招标投标阶段和决标成交阶段。

2. 工程项目合同

工程项目合同又称建设工程合同，是承包人进行工程建设，发包人支付相应价款的合同。承包人是指在建设合同中负责工程项目的勘察、设计、施工任务的一方当事人；发包人是指在建设工程合同中委托承包人进行工程项目的勘察、设计、施工任务的建设单位(业主、项目法人)。工程项目合同中,承包人主要义务是进行工程建设,即进行工程项目的勘察、设计、施工等工作。发包人主要义务是向承包人支付相应的价款。

工程项目合同按不同的分类方法,有不同的类型。例如按照工程建设阶段分勘察合同、设计合同和施工合同。按照承包方式分勘察、设计和施工总承包合同,单位工程施工承包合同,工程项目总承包合同,工程项目总承包管理合同和BOD承包合同(又称特许权协议书)。按照承包工程计价方式分固定价格合同、可调价格合同和工程成本加酬金合同。此外还有建筑工程委托监理合同、国有土地所有权出让合同、城市房屋拆迁合同、建设工程保险合同和担保合同等。

3. 项目文件资料

对于工程项目建设有关的重要活动、记载工程项目建设主要过程和现状、具有保存价值的各种载体的文件,均应收集齐全,整理立卷后归档。

工程项目建设过程中形成的文档资料有:

(1) 工程项目文件。工程项目文件是指在工程建设过程中形成的各种形式的信息记录,如设计文件、合同文件以及各种部门(如业主、承建商、工程咨询机构)之间相互传递的文件、施工文件、竣工图和竣工验收文件等,也可简称为工程文件。

(2) 工程项目档案。工程项目档案是指在工程建设活动中直接形成的具有归档保存价值的文字、图表、声像等各种形式的历史记录。

14.3.3 工程项目沟通

项目的沟通管理是一种系统化的过程。沟通管理的目的是保证项目信息被及时、准确地撮取、收集、分发、存储、处理,保证项目组织内外信息的畅通。项目沟通的对象是项目涉及的内部和外部有关组织及个人,包括建设单位、勘察设计、施工、监理、咨询服务等单位及其他相关组织。项目组织应根据项目的实际需要,预见可能出现的矛盾和问题,制订沟通计划,明确沟通的内容、方式、渠道、手段和所要达到的目标,并应针对不同阶段出现的矛盾和问题,调整沟通计划。

项目内部沟通应包括项目经理部与企业管理层、项目经理部内部的各部门和主要成员之间的沟通。内部沟通应依据沟通计划、企业的规章制度、项目管理目标责任书、控制目标。内部沟通可采用委派、授权、例会、培训、检查、项目进展报告、思想工作、考核和激励等。

项目组织与外部相关组织的沟通应包括发包人、承包人、分包人、供应商等组织间的沟通。外部沟通依据项目沟通计划、有关合同和合同变更资料、相关法律法规、项目情况。外部沟通可采用交底会、协调会、协商会、恳谈会、例会、联合检查、项目进展报告等方式。

14.3.4 质量控制

质量控制的目标是确定项目质量能满足有关方提出的质量要求(如适用性、可靠性、安全性等)。质量控制的范围涉及项目质量形成全过程的各个环节。

1. 技术资料及文件准备的质量控制

(1) 施工项目所在地的自然条件和技术经济条件调查资料应做到周密、详细、科学、妥善保存,为施工准备提供依据。

（2）施工组织设计文件的质量控制要求是：

① 要使施工顺序施工方法和技术措施等能保证质量；

② 要进行技术经济比较，保证质量好，经济效果也好。

（3）要认真收集学习有关质量管理方面的法律、法规和质量验收标准、质量管理体系标准等。

（4）工程测量控制资料应按规定收集、整理和保管。

2. 设计交底和图纸审核的质量控制

应通过设计交底、图纸审核，使施工者了解设计意图、工程特点、工艺要求和质量要求，发现、纠正和减少设计差错，消灭图纸中的质量隐患，做好记录，以保证工程质量。

3. 采购和分包质量控制

（1）项目经理应按质量计划中的物资和分包的规定选择和评价供应人，并保存评价记录。

（2）采购要求包括：产品质量要求和外包服务要求；有关产品提供的程序要求；对供方人员资格的要求；对供方质量管理体系的要求。采购要求的形式可以是合同、订单、技术协议、询价单及采购计划等。

（3）物资采购应符合设计文件、标准、规范、相关法规及承包合同的要求。

（4）对采购的产品应根据验证要求规定验证部门及验证方式，当拟在供方现场实施验证时，应在采购要求中作出规定。

（5）对各种分包服务选用的控制应根据其规模和控制的复杂程度区别对待，一般通过分包合同对分包服务进行动态控制。

4. 质量教育与培训

通过质量教育与培训，增强质量意识和顾客意识，使员工具有所从事质量工作要求的能力。可以通过考试或实际操作等方式检查培训的有效性，并保存教育、培训及技能认可的记录。

5. 施工阶段的质量控制

1）施工阶段质量控制的内容

施工阶段质量控制的内容涉及范围包括：技术交底、工程测量、材料、机械设备、环境、计量、工序、特殊过程、工程变更、质量事故处理等。

2）施工阶段质量控制的要求

（1）技术交底的质量控制应注意：交底时间；交底分工；交底内容；交底方式（书面）；交底资料保存。

（2）工程测量的质量控制应注意：编制控制方案；由技术负责人管理；保存测量记录；保护测量点线。还应注意对原有基准点、基准线、参考标高、控制网的复测和测量结果的复核。

（3）材料的质量控制应注意：在合格材料供应人员名录中选择供应人；按计划采购；按规定进行搬运和储存；进行标识；不合格的材料不准投入使用；发包人供应的材料应按规定检验和验收；工程师对承包人供应的材料进行验证等。

（4）机械设备的质量控制应注意：按计划进行调配；满足施工需要；配套合理使用；操作人员应进行确认并持证上岗；搞好维修与保养等。

（5）为保证项目质量，对环境的要求是：建立环境管理体系；实施环境监控；对影响环境的因素进行监控，包括工程技术环境、工程管理环境和劳动环境。

（6）计量工作的主要任务是统一计量单位，组织量值传递，保证量值的统一。对计量的控制质量的要求是：建立计量管理部门、配备计量人员；建立计量规章制度；开展计量意识教育；按规定控制计量器具的使用、保管、维修和检验。

（7）工序的质量控制应注意：作业人员按规定经考核后持证上岗；按操作规程、作业指导书和技术交底文件进行施工；工序的检验和实验应符合过程检验的规定；对查出的质量缺陷按不合格控制程序及时处理；记录工序施工情况；把质量波动控制在要求界限内；以对因素的控制来保证工序的质量。

（8）特殊过程是指在质量计划中规定的特殊过程，其质量控制要求是：设置其工序质量控制点；由专业技术人员编制专门的作业指导书；经技术负责人审批后执行。

（9）工程变更质量控制要求：严格按程序变更并办理审批手续；管理和控制那些能引起工程变更的因素和条件；要分析提出工程变更的合理性和可行性；当变更发生时，应继续严格管理；注意分析工程变更引起的风险。

（10）成品保护要求：要加强教育，提高产品保护意识；要合理安排施工顺序；采取有效的成品保护措施。成品保护措施包括护、盖、封，可根据需要选择。

14.4 职业技能

职业技能是从业人员在个人岗位以及职业劳动方面需要具备的业务素质，一般包括知识水平、操作水平、工作实践等。从业人员所必备的知识可分为理论知识和安全生产知识。理论知识是本职业（工种）各等级从业人员应具备的、与职业密切相关的系统知识体系，包括基本知识、专业知识和相关知识。安全生产知识是指在社会的生产经营中，为避免发生造成人员伤亡和财产损失的事故而采取预防和控制措施，以保证从业人员的人身安全，保证生产经营活动得以顺利进行而必须掌握的相关知识。操作技能指本职业（工种）各等级从业人员通过学习而掌握的符合本职业（工种）作业法则的操作活动能力，也称动作技能或运动技能。

14.4.1 供水行业工种

根据《城镇供水行业职业技能标准》（CJJ/T 225—2016），供水行业工种包括自来水生产工、化学检验员、供水泵站运行工、水井工、水表装修工、供水调度工、供水客户服务员、泵站机电设备维修工、仪器仪表维修工、供水管道工和变配电运行工等。

自来水生产工是在净水过程中，对原水进行操作、运行、管理及监视设备和设施，投加净水药剂等，使水质达到规定标准的人员。

化学检验员是使用化学药剂、分析仪器等设备对水的物理、化学、细菌学指标和净水原材料进行分析，提出准确数据的人员。

供水泵站运行工是从事各级泵站安全操作、运行、管理，进行相关机电设备及附属设备操作、维护、保养的工作人员。

水井工是使用通用和专用设备进行凿井、洗井并安装管道，使用仪器、仪表，监视、控制水井正常运行的人员。

水表装修工是从事塑料成型加工、机械加工，使用工具器具和校验设备，检测水表零部件、组装、调试、校验和维修水表的人员。

供水调度工是利用供水系统内的制水、输水、配水、供水等工艺参数和技术经济特性，依据调度原则和程序，经济合理地安排供水系统运行，以满足用户需求的人员。

供水客户服务员是根据供水水质水量，运用供水计量仪表、现代计算机技术、销售方法，完成自来水使用量的发行、销售和水表抄读、水费账务处理，完成供水计量动态分析及其服务的人员。

泵站机电设备维修工是从事供水常用机械、电气设备的安装、调试、维护、检修的人员。

仪器仪表维修工是从事供水仪表、仪器及自动化设备维护、检修、校验、安装、调试，确定启用停用程序的人员。

供水管道工是选择和操作专用机械设备、检测仪器、施工机具，进行金属及非金属供水管道加工和管路铺设、调试、养护和管理的人员。

变配电运行工是从事（用于生活、生产的）35 kV及以下电压等级变配电设备监视、操作、维护和检修的人员。

14.4.2 排水行业工种

根据《城镇排水行业职业技能标准》(CJJ/T 313—2022)，排水行业工种包括排水管道工、排水巡查员、排水泵站运行工、城镇污水处理工、污泥处理工、排水调度工、排水客户服务员、排水化验检测工、排水仪表工等。

排水管道工是从事排水管道运行、养护、维修、更新、改造及扩建的人员。

排水巡查员是从事城镇排水管线运行状况及安全保护巡查、检测和监督的人员。

排水泵站运行工是从事城镇排水、再生水泵站及其附属设施运行、维护的人员。

城镇污水处理工是从事城镇污水净化处理及再生水生产的人员。

污泥处理工是从事城镇排水污泥处理、处置的人员。

排水调度工是从事城镇排水系统运行调度的人员。

排水客户服务员是从事城镇排水、再生水业务咨询与热线服务，办理排水接入、用水申请和设施保护等业务的人员。

排水化验检测工是从事城镇排水系统中水、泥、气的取样、分析、监测的人员。

排水仪表工是从事城镇排水系统中仪器仪表和自控系统维护、检修、校验、调试的人员。

14.4.3 职业道德规范

道德是人的精神自律，也是各个时期制定社会法律的基础。职业道德规范是从业人员处理职业活动中各种关系、矛盾行为的准则，是从业人员在职业活动中必须遵守的道德规范。职业道德规范对从业人员的行为有一定的约束力和调控作用；任何人如违反了这些准则，实际上意味着他丧失了继续从事该职业的资格。职业道德的规范化及其作用的发挥，是某一社会职业相对成熟的重要标志。

2019年10月中共中央、国务院印发的《新时代公民道德建设实施纲要》中指出："推动践行以爱岗敬业、诚实守信、办事公道、热情服务、奉献社会为主要内容的职业道德。"

《城镇排水行业职业技能标准》(CJJ/T 313—2022)中指出，城镇排水行业从业人员应遵守下列职业守则。

(1) 遵守相关标准和管理规定。
(2) 树立安全第一、质量至上的理念,团结协作,文明作业。
(3) 养成和弘扬执着专注、作风严谨、精益求精、敬业守信的工匠精神。
(4) 客户钻研技术,掌握专业知识和专业技能,提升传承与创新能力。

美国土木工程学会道德准则中基本原则(Fundamental Principles)为:工程师通过以下方式维护和提升工程专业的诚信、荣誉和尊严。

(1) 利用他们的知识和技能提高人类福利和环境。
(2) 诚实公正,忠实地为公众、业主和客户服务。
(3) 努力提高工程专业的能力和声望。
(4) 支持专业和技术协会。

美国土木工程学会道德准则中基本准则(Fundamental Canons)有下列几条。

(1) 工程师应重视公众的安全、健康和福利,在履行其专业职责时应努力遵守可持续发展的原则。
(2) 工程师只能在其能力范围内提供服务。
(3) 工程师应仅以客观和真实的方式发表公开声明。
(4) 工程师应重视以代理人或受托人的身份为每个业主或客户处理专业事务,并应避免利益冲突。
(5) 工程师应根据其服务的价值来建立其专业声誉,不得与他人不公平竞争。
(6) 工程师应努力维护和提高工程专业的荣誉、正直和尊严。
(7) 工程师应在整个职业生涯中继续其专业发展,并应为其他工程师在受监督下的专业发展提供机会。
(8) 工程师应在所有与其职业有关的事项中,公平对待所有人,并鼓励平等参与,不考虑性别或性别认同、种族、国籍、民族、宗教、年龄、性取向、残疾、政治立场或家庭、婚姻或经济状况。

14.5 公共关系

公众对企业的生存、发展具有实际的或潜在的利害关系。企业的公共关系目标是为企业树立良好形象,获得公众信任和支持,创造良好社会环境,建设企业精神文明。例如,水务企业中,管道工(含抄表员)日常与公众接触机会较多,其表现机会比所有正式的媒体宣传活动和大规模的公关活动加在一起都要多,他们可以做更多的事情来确保公众的信任。相反,企业管理层的正式公关活动效果可能会因为某些员工的不良态度而变弱。

为保持公众对水务企业的生产和组织的信任,全体企业员工的积极合作是必要的。与每一客户的沟通都应视为一次改善公共关系的机会。

如果有良好的公共关系,客户将更能容忍城市水系统中出现的一些问题,例如自来水中暂时出现的嗅和味问题或爆管维修等。

14.5.1 员工行为准则

1. 抄表员

抄表员在执行任务时需要遵循下列基本行为准则。

(1) 保持良好的外在个人形象。多数水务企业值得为抄表员提供统一的制服,这样可以使公众很容易辨识出抄表员。制服应干净整洁。

(2) 入户前,敲门轻重适度,积极表明身份,出示证件,阐明来意;对客户开门请进,表示谢意。

(3) 对于客户提出的问题,不需要详细回答,但可以告知客户咨询或投诉程序。许多客户再对服务不满而抱怨时,只是想得到同情,善于倾听、有礼貌的抄表员可以使愤怒的客户冷静下来。

(4) 回答问题应尽量简短。如果水务企业有针对相关问题的小册子,可以在适当时候分发给客户。

(5) 出现客户用水量异常或水表运行不正常时,应及时告知客户,并及时向企业领导汇报。

(6) 如果由客户读表,应耐心告知读表程序,这将有助于避免误读水表水量数值。

(7) 抄表员应表现出工作热情,与顾客交谈时尽量面带笑容。

(8) 入户抄表员不要随意动用客户室内用品设施,借用客户物件需征得客户同意。

(9) 养成良好的习惯,例如不在公众场合吸烟,不和客户长时间聊天,在道路上行走,不要踩踏草坪,遵守交通规则等。

2. 维护修理人员

多数情况下,维护修理人员很少有与客户面对面的接触机会。工作人员应尽可能礼貌回答问题,或将客户介绍给主管。

常见的公众问题是"你们在做什么?"忙碌而不想受干扰的员工倾向于给出简短的回答,或者不准确的回答。应注意的是,多数提问该问题的公众是对维护修理工作感兴趣的人,他们更想得到正确的答案。

作为例行事务,当供水需暂时停止时,应事先通知客户,尽可能在低用水时段停止供水。通常用告示形式通知受影响的客户。在维护前,应通知客户停水时长,并建议客户储备一定水量。

维护修理现场应尽可能清洁。在现场就餐后,应及时清理餐具和垃圾,不应乱扔废纸和饭盒。工作人员不要躺在草坪上休息,也不要随意丢弃烟头。

应尽可能减少损害草坪、道路或花园。如果可能会损害客户设施,应事先告知客户。在工作人员离开现场之前,应完成维修,将场地尽可能恢复到原状。

车辆应整洁,不应堵塞街道或影响交通。工作人员应尽可能不要在工作场所睡觉,否则将造成工作期间可以睡觉的错觉。

如果需要开挖道路,应提前告知所在社区。开挖前应设置路障和警示牌。

工作过程中,工作人员应保持友好的态度,尽量以不显眼的方式尽快完成工作。

3. 车辆

多数水务企业拥有自己的管理和施工车辆。良好的驾驶习惯会维护企业的形象。企业车辆应遵守交通规则,不要超速行驶。

车辆停放时不要妨碍其他车辆通行,不要阻塞街道。必须在道路上施工时,应采用适当的路障和警示标志,并做好施工场地周围的临时交通组织。

4. 媒体

普通员工通常不会遇到媒体采访,但在出现特殊事故,例如大型爆管或长时间停水时,可能会引起媒体记者的注意。普通员工遇到这种情况的一般准则是,除非得到企业领导的许可,不要与记者交谈;应该有礼貌而坚决地声明,他们没有被授权回答问题,请联系企业内相关部门和人员。

14.5.2 正式公关活动

大型水务企业为维护企业形象和声誉,将有专人负责公共关系活动。

1. 客户服务

客户服务员将回答客户提出的问题并处理投诉事件。一般客户服务员应精通接待礼仪,掌握倾听技巧,熟悉企业各种流程和灵活使用有说服力的语言。

客户服务员在接待来访者时,不仅要表现出礼貌、热诚的欢迎态度,而且应反映出良好的专业素质。例如,对来访者所提供信息的关心与敏感性,准确地记录,在可能的情况下作出必要的承诺,请对方留下详细的地址或联系电话,不管来访者的要求是否合理,态度是否友好,企业有无可能满足其要求。客户服务员都应使客户感觉到,自己非常尊重、理解和同情对方,很愿意尽力为他排忧解难。这种印象对于避免激化矛盾,防止出现对立和争吵是很有必要的。

2. 企业宣传

管理维护好单位的微信公众号、网站、简报、内部刊物、宣传栏、手机端等宣传途径。紧跟新媒体发展形势,例如抖音、快手等,借助新媒体、新平台联系职工和公众。

平时着手建立、对接媒体。企业举行重要活动和发生重大突发性事件时,要规范媒体记者采访对接工作,明确媒体采访目的、内容、对象、时间、地点等具体要求,准备好采访需要的相关资料。对提供给媒体的反映本企业重要工作的新闻稿件和素材,须经单位负责人审核。

3. 新闻发布会

新闻发布会又称记者招待会,是指邀请新闻机构的相关记者参加,由专人宣布有关重要信息,并接受记者采访的具有传播性质的特殊会议形式。新闻发布会是集中发布新闻、扩大社会影响、搞好媒体关系的重要方法。通过新闻发布会,发布者可以将信息准确、及时地传播到公众中去。在新闻发布会的现场,除了可以公布企业的方针、政策、措施等方面的重大新闻,还可以利用新闻发布会的影响力,积极稳妥地处理一些棘手的问题,以达到澄清事实、讲明真相、减少误解、求得原谅等效果。信息发布者首先是通过记者招待会,以人际沟通和公众传播的方式将信息传递给记者;然后记者以大众传播的方式进一步将消息告知社会公众。因此,新闻发布会既是一种重要的公共宣传形式,又是一项重要的公共关系专题活动。它是企业与新闻媒体建立良好关系的方式之一,也是谋求新闻界对某一事件、某一单位进行客观报道的行之有效的手段。

参考文献

[1] Stephensen D. Water services management[M]. London, UK: IWA Publishing, 2005.

[2] Karamouz M, Moridi A, Nazif S. Urban water engineering and management[M]. [s. l.]: CRC Press, 2010.

[3] 李树平,刘遂庆. 城市排水管渠系统[M]. 北京:中国建筑工业出版社,2009.

[4] Price R K, Vojinovic Z. Urban hydroinformatics: Data, models and decision support for integrated urban water management[M]. London: IWA Publishing, 2011.

[5] Grigg N S. Water, wastewater, and stormwater infrastructure management[M]. [s. l.]: CRC Press, 2003.

[6] Butler D, Davies J W. Urban drainge[M]. Second Edition. London: E&FN Spon, 2004.

[7] 茂庭竹生. 上下水道工学(改订)[M]. 东京:コロナ社,2007.

[8] 严煦世,范瑾初. 给水工程[M]. 4版. 北京:中国建筑工业出版社,1999.

[9] 孙慧修. 排水工程:上册[M]. 4版. 北京:中国建筑工业出版社,1999.

[10] 李树平,刘遂庆. 城市给水管网系统[M]. 北京:中国建筑工业出版社,2012.

[11] 陈卫,张劲松. 城市水系统运营与管理[M]. 北京:中国建筑工业出版社,2005.

[12] 中华人民共和国住房和城乡建设部. 室外给水设计标准(GB 50013—2018).

[13] 范瑾初,金兆丰. 水质工程[M]. 北京:中国建筑工业出版社,2009.

[14] 郑在洲,何成达. 城市水务管理[M]. 北京:中国水利水电出版社,2003.

[15] 巴特勒,麦蒙. 需水管理[M]. 王建华,等译. 北京:科学出版社,2011.

[16] Haestad Methods, Durrans S R. Stormwater conveyance modeling and design[M]. [s. l]: Bentley Institute Press, 2007.

[17] 李树平. 进化算法在排水管道系统优化设计中的应用研究[D]. 上海:同济大学,2000.

[18] Heastad M, Walski T M, Chase D V, et al. Advanced water distribution modeling and management[M]. Waterbury, CT, USA: Heastad Press, 2003.

[19] Rendell F. Water and wastewater project development [M]. London: Tomas Telford Publishing, 1999.

[20] Urban Drainage and Flood Control District. Urban Storm Drainage Criteria Manual, Volumes 1, 2, and 3, 2006[EB/OL]. 2008-06-11. www.udfcd.org/downloads/down_critmanual.htm.

[21] 马科斯毛维克,特加大-古波特,陈吉宁. 城市水管理中的新思维——是僵局还是希望[M]. 北京:化学工业出版社,2006.

[22] 陈玲,赵建夫. 环境监测[M]. 北京:化学工业出版社,2008.

[23] 中华人民共和国生态环境部. 城镇污水处理厂污染物排放标准(GB18918—2002).

[24] Davis M L. Water and wastewater engineering[M]. [s. l.]: McGraw-Hill Companies, Inc, 2010.

[25] 张自杰. 排水工程:下册[M]. 4版. 北京:中国建筑工业出版社,2000.

[26] 鲍曼,波朗特,黑尼曼. 城市水需求管理与规划[M]. 刘俊良,高永主译. 北京:化学工业出版社,2005.

[27] 蔡自兴,徐光佑. 人工智能及其应用[M]. 2版. 北京:清华大学出版社,1996.

[28] 董家礼. 工程运筹学[M]. 北京:北京工业大学出版社,1988.

[29] 傅国伟.给水排水系统优化导论(一)[J].中国给水排水,1987,3(4):45-50.
[30] 胡二邦.环境风险评价实用技术和方法[M].北京:中国环境科学出版社,2000.
[31] 金腊华,邓家泉,吴小明.环境评价方法与实践[M].北京:化学工业出版社,2005.
[32] 芒福德.城市发展史——起源、演变和前景[M].宋俊岭,倪文彦,译.北京:中国建筑工业出版社,2004.
[33] 中华人民共和国生态环境部.饮用水水源保护区污染防治管理规定.2010年修正.
[34] 郭永基.可靠性工程原理[M].北京:清华大学出版社,2002.
[35] 李贵宝,周怀东.我国水环境标准化的发展[J].水利技术监督,2003(4):1-3.
[36] 李树平.水信息学概述[J].给水排水,2002,28(4):90-94.
[37] 李树平,黄廷林,刘遂庆.用麦夸尔特法推求给水管道造价公式参数[J].西安建筑科技大学学报,2000,32(1):16-19.
[38] 李树平,刘遂庆.城市排水管道系统设计计算的进展[J].给水排水,1999,25(10):9-12.
[39] 李树平,刘遂庆,肖卡,等.城市水系统可持续管理的需求分析[J].中国给水排水,2009,25(7):102.
[40] 马学尼,黄廷林.水文学[M].3版.北京:中国建筑工业出版社,1998.
[41] 罗云,樊运晓,马晓春.风险分析与安全评价[M].北京:化学工业出版社,2004.
[42] 牛映武.运筹学[M].西安:西安交通大学出版社,2006.
[43] 彭永臻,崔福义.给水排水工程计算机程序设计[M].北京:中国建筑工业出版社,1994.
[44] 中华人民共和国住房和城乡建设部.室外排水设计标准(GB50014—2021).
[45] 邵益生.城市水系统控制与规划原理[J].城市规划,2004(10):62.
[46] 孙连溪.实用给水排水工程施工手册[M].2版.北京:中国建筑工业出版社,2006.
[47] 王凯全.石油化工安全概论[M].北京:中国石化出版社,2005.
[48] 王荣和.给水管网系统多工况优化设计及拟稳定状态水力模拟研究[D].上海:同济大学环境工程学院,1998.
[49] 吴珊,吕鑑.城市水务工程规划与管理[M].北京:北京工业大学出版社,2008.
[50] 辛格.水文系统降雨径流模拟[M].赵卫民,戴东,王玲,等译.郑州:黄河水利出版社,1999.
[51] 辛格.水文系统流域模拟[M].赵卫民,戴东,牛玉国,等译.郑州:黄河水利出版社,2000.
[52] 向先全,陶建华.水信息学及其在水环境中的应用研究综述[J].生态环境学报,2009,18(4):1587-1593.
[53] 修文群,池天河.城市地理信息系统(GIS)[M].北京:北京希望电子出版社,1999.
[54] 徐宗学.水文模型[M].北京:科学出版社,2009.
[55] 薛华成.管理信息系统[M].3版.北京:清华大学出版社,1996.
[56] 严煦世,刘遂庆.给水排水管网系统[M].北京:中国建筑工业出版社,2008.
[57] 郑人杰,殷人昆,陶永雷.实用软件工程[M].2版.北京:清华大学出版社,1997.
[58] 中华人民共和国生态环境部.污水综合排放标准(GB8978—1996).
[59] 中华人民共和国生态环境部.地表水环境质量标准(GB 3838—2002).
[60] 国家市场监督管理总局,国家标准化管理委员会.生活饮用水卫生标准(GB5749—2022).
[61] 中华人民共和国生态环境部.饮用水水源保护区标志技术要求(HJ/T 433—2008).
[62] 中华人民共和国生态环境部.饮用水水源保护区划分技术规范(HJ 338—2018).
[63] 中华人民共和国水利部.2011年中国水资源公报[EB/OL].2012-12-17.http://www.mwr.gov/.
[64] 中华人民共和国水污染防治法.2008.
[65] 钟义信.信息科学原理[M].北京:北京邮电大学出版社,1996.
[66] 周建国.工程项目管理基础[M].北京:人民交通出版社,2007.
[67] 周玉文,赵洪宾.排水管网理论与计算[M].北京:中国建筑工业出版社,2000.

[68] 都市計画局都市づくり政策部広域調整課. 都市計画局都市づくり政策部広域調整課[EB/OL]. 2014-10-04. http://www.mlit.go.jp/tochimizushigen/mizsei/toshisaisei/kandagawa1/siryo4.pdf.

[69] Allen Consulting Group. 2005. Climate change risk and vulnerability promoting an efficient adaptation response. Department of Environment and heritage Australian Green House Office. 2013-02-04.

[70] Amezaga J M, O'Connell P E. Unfolding the sociotechnical dimension of hydroinformatics: the role of problem structuring methods[C]//Babovic, Larsen eds. Hydroinformatics'98. Rotterdam: Balkema, 1998: 1193-1200.

[71] Ashton P I, Haasbroek B. In Turton A R, Henwood R Eds, Hydropolitics in the Developing World: A Southern African Perspective, 21pp[R]. Pretoria: African Water Issues Research Unit [AWIRU] and International Water Management Institute [IWMI], 2001.

[72] Bakker K. Good governance in restructuring water supply: a handbook[R]. [s. l.]: Federation of Canadian Municipalities, 2004.

[73] Chen C T, Liu W, Liaw S, et al. Development of a dynamic strategy planning theory and system for sustainable river basin land use management[J]. Science of the Total Environment, 2005, 346: 17-37.

[74] Edwards K, Martin L. A methodology for surveying domestic consumption[J]. J CIWEM, 1995(9): 477-488.

[75] Federal Aviation Administration (FAA). Advisory circular on airport drainage. Report A/C 150-5320-58[R]. Washington, D.C.: U.S. Department of Transportation, 1970.

[76] Gordon Foundation. Controlling our thirst: managing water demands and allocations in Canada[EB/OL]. 2012-11-16. Available at: www.gordonfn.ca/resfiles/Controlling_Our_Thirsts.doc.

[77] Hashimoto T, Stedinger J R, Loucks D P. Reliability, resiliency, and vulnerability criteria for water resource system performance evaluation[J]. Water Resources Research, 1982, 18(1): 14-20.

[78] Henderson F M, Wooding R A. Overland flow and groundwater flow from a steady rain of finite duration[J]. Journal of geophysical research, 1964, 69(8): 1531-1540.

[79] Holland P. Hydroinfomatic advancements in integrated hydroenvironmental modeling systems[M]//Babovic & Larsen, eds. Hydroinformatics'98. Balkema: Rotterdam, 1998: 80-87.

[80] Izzard C F. Hydraulics of runoff from developed surfaces[J]. Proceedings, highway research board, 1946, 26: 129-150.

[81] Kerby W S. Time of concentration of overland Flow[J]. Civil engineering, 1959, 60: 174.

[82] Karamouz M, Rasouli K, Nazif S. Development of a hybrid index for drought prediction: case study [J]. Journal of Hydrologic Engineering, 2009, 14(6): 617-627.

[83] Kirpich T P. Time of concentration of small agricultural watersheds[J]. Civil Engineering, 1940, 10 (6): 362.

[84] Laval P. The potential of proficient bioinformatics for aquatic ecology[M]//Babovic & Larsen, eds. Hydroinformatics'98. Rotterdam: Balkema, 1998: 1259-1263.

[85] Marlow D, Heart S, Burn S, et al. Condition assessment strategies and protocols for water and wastewater urility assets. WERF Report 03-OCT-20CO[R]. [s. l.]: WERF, 2007.

[86] Mays L W. Water distribution systems handbook[M]. New York: McGraw-Hill, 2000.

[87] Mays L W. Stormwater collection systems design handbook[M]. [s. l.]: McGraw-Hill Companies, Inc, 2001.

[88] Mitchell V G, Mein R G, McMahon T A. Modelling the urban water cycle[J]. Environmental Modelling & Software, 2001, 16 (7): 615.

[89] Moody L F. Friction factors for pipeflow[J]. Transactions of the American Society of Mechnical Engineers, 1944, 66: 671-684.

[90] Mynett A E, et al. Distributed computing systems in environmental hydroinformatics: applications in engineering and in education[M]//Babovic & Larsen, eds. Hydroinformatics'98. Rotterdam: Balkema, 1998, 905-911.

[91] National Institute of Hydrology (1996—1997). Procedure for risk based hydrologic design[EB/OL]. Accessed date: 2014-01-26. www.nih.ernet.in/TechnicalPapers/Procedure for risk based hydrologic design_NIH_1996-97.pdf.

[92] Nazif S, Karamouz M. Algorithm for assessment of water distribution system's readiness: planning for disasters[J]. Journal of Water Resources Planning and Management, 2009, 135(4): 244-252.

[93] POST. Water efficiency in the home[R]. London: Parliamentary Office of Science and Technology Note 135, 2000.

[94] Price R K, Ahmad K, Holz P. Hydroinformatics concepts[M]//Marsake, J. et al, eds. Hydroinformatics tools. Netherlands: Kluwer Academic Publishers, 1998: 47-76.

[95] Richards D R, Talbot C A, Howinglon S E. Hydroinformatic issues in gaining regulatory acceptance of numerical modeling technologies[M]//Babovic & Larsen, eds. Hydroinformatics'98. Rotterdam: Balkema, 1998: 1312-1315.

[96] Rogers R W, Bhatia R, Huber A. Water as a social and economic good: how to put the principle into practive[R]. Stockholm, Sweden: Global Water Partnership/Swedish International Development Cooperation Agency, 1998.

[97] Russac D A V, Rushton K R, Simpson R J. Insight into domestic demand from metering trial[J]. J IWEM, 1991(5): 342-351.

[98] Sahely H R, Kennedy C A. Water use model for quantifying environmental and economic sustainability indicators[J]. Water Resources Planning and Management, 2007, 133(6): 550.

[99] Stephenson D. Factors affecting the cost of water supply to Gauteng[J]. Water SA, 1995, 21(4): 275-280.

[100] Stephenson D. Drought management as an alternative to new water schemes — Theory[J]. Water SA, 1996, 22(4): 291-296.

[101] Stephenson D. Demand management theory[J]. Water SA, 1999, 25(2): 115-122.

[102] Soil Consrvation Service (SCS). Urban hydrology for small watersheds. Technical Release 55[R]. 2nd Edition. Springfield, Virginia: U. S. Department of Agriculture, June. NTIS PB87-101580, 1986.

[103] Thompson G. Hydroinformatics: a cornerstone to information technology in business[M]//Babovic & Larsen, eds. Hydroinformatics'98. Rotterdam: Balkema, 1998: 9-14.

[104] Tung Y K, Mays L W, Cullinane M J. Reliability analysis of systems[M]//In Reliability Analysis of Water Distribution Systems. 1989.

[105] United Nations. Enhancing regional cooperation in infrastructure development including that related to disaster management[R]. [s. l.]: United Nations, 2007.

[106] United Nations Enivironment Program (UNEP). Environmental management and disaster preparedness[EB/OL]. Accessed date: 2014-01-26. Available at www.unep.or.jp/ietc/wcdr/unep-tokage-report.pdf.

[107] US EPA. The clean water and drinking water infrastructure gap analysis report (EPA 816-R-02-020)[R]. [s. l.]: US EPA, 2002.

[108] Velickov S, Price R K, Solomative D P. Using Internet for hydroinformatics — practical examples of client/server modeling[M]//Babovic & Larsen, eds. Hydroinformatics'98. Rotterdam: Balkema, 1998: 1097-1103.

[109] Walters G A, and Lohbeck T. Optimal layout of tree network using genetic algorithms[J]. Engineering Optimization, 1993, 22: 27-48.

[110] Walters G A, Smith D K. Evolutionary design algorithm for optimal layout of tree netwok[J]. Engineering optimization, 1995, 24: 261-181.

[111] Wenzel V. Integrated studies of urban water budget[J]. Physics and Chemistry of the Earth, 2005, 30: 398.

[112] Williams B G. Flood discharge and the dimensions of spillways in India[J]. The Engineer (London), 1922, 121: 321-322.

[113] Wong T S W. Assessment of time of concentration formulas for overland flow[J]. Journal of Irrigation and Drainage Engineering, 2005, 131(4): 383-387.

[114] Yoo J Y, Kwon H H m, Kim T W et al. Drought frequency analysis using cluster analysis and bivariate probability distribution[J]. Journal of Hydrology, 2012, 420-421: 102-111.

[115] 国家质量监督检验检疫总局,国家标准化管理委员会. 地下水质量标准(GB/T 14848—2017).

[116] 世界卫生组织. 饮用水水质准则[M]. 上海市供水调度监测中心,上海交通大学,译. 上海:上海交通大学出版社,2014.

[117] 梅德门特. 水文学手册[M]. 张建云,李纪升,译. 北京:科学出版社,2002.

[118] 余薇茗. 城市水系统水量平衡模型与计算[D]. 上海:同济大学,2008.

[119] 叶春明,李永林. 城市供水系统风险评估模型研究[M]. 上海:复旦大学出版社,2015.

[120] 国家统计局. 中华人民共和国 2022 年国民经济和社会发展统计公报[N]. 人民日报,2023-02-28.

[121] 维特鲁威. 建筑十书[M]. 高履泰,译. 北京:知识产权出版社,2007.

[122] 王学权. 重庆堂随笔[M]. 南京:江苏科学技术出版社,1986.

[123] Savic D A, Banyard J K. Water distribution systems[M]. London: ICE Publishing,1999.

[124] 中华人民共和国水利部. 2021 年中国水资源公报[J]. 中华人民共和国水利部公报,2022.

[125] Health Canada. Guidelines for Canadian drinking water quality: guidelines technical document-chloramines(Catalogue No-H144-13/15-2019E-PDF)[M]. Health Canada,2020.

[126] 中华人民共和国国家发展和改革委员会,中华人民共和国住房和城乡建设部.〔2021〕第 46 号令. 城镇供水价格管理办法.

[127] 高腾刚,程晶晶. 大数据概论[M]. 北京:清华大学出版社,2022.

[128] 张尧学,胡春明. 大数据导论[M]. 2 版. 北京:机械工业出版社,2021.

[129] Mays L W. Water distribution systems handbooks[M]. New York: McGraw-Hill,2000.

[130] Fletcher T, Deletic A. Data requirements for integrated urban water management:urban water series-UNESCO-IHP[M]. FLORIDA:CRC Press,2007.

[131] 李树平,狄婉茵,梁小光,等. 污水泵站进水管涵流量系数估算[J]. 中国给水排水,2019,35(11):81-85,91.

[132] Brentan B M, Meirelles G L, Manzi D, et al. Water demand time series generation for distribution network modelling and water demand forecasting[J]. Urban water journal,2018,15(2):150-158.

[133] Candelieri A, Archetti F. Identifying typical urban water demand patterns for a reliable short-term forecasting - the Icewater Project Approach[R]. WDSA,2014.

[134] Mamo T G, Juran I, Shahrour I. Urban water demand forecasting using the stochastic nature of short-term historical water demand and supply pattern[J]. Journal of water resource and hydraulic

engineering,2013,2(3):92-103.

[135] Brentan B M,Riberiro L C L J,Luvizotto E L,et al. Synthetic reconstruction of water demand time series for real time demand forecasting[J]. Journal of water resource and protection,2014,6,1437-1443.

[136] 尹学康,韩德宏. 城市需水量预测[M]. 北京:中国建筑工业出版社,2006.

[137] Puig V,Ocampo-Martinez C,Perez R,et al. Real-time monitoring and operational control of drinking-water systems[M]. Berlin:Springer,2017.

[138] 李航. 机器学习方法[M]. 北京:清华大学出版社,2022.

[139] 马斯兰. 机器学习:算法视角[M]. 高阳,商琳,译. 北京:机械工业出版社,2019.

[140] 高廷耀,顾国维. 水污染控制工程[M]. 5版. 北京:高等教育出版社,2023.

[141] 杨启帆,边馥萍. 数学模型[M]. 杭州:浙江大学出版社,1990.

[142] 徐孝平. 环境水力学[M]. 北京:中国水利水电出版社,1991.

[143] Butler D,Digman C,Makropoulos C,et al. Urban drainage[M]. 4th ed. Boca Rotan:CRC Press,2018.

[144] 李树平. 排水管渠系统模拟与计算[M]. 北京:中国建筑工业出版社,2018.

[145] Rossman L. Storm Water Management Model Reference Manual Volume II,Hydraulics[R]. U. S. Environmental Protection Agency,Office of Research and Development. Washington,DC:EPA/600/R-17/111,2017.

[146] 徐祖信. 河流污染治理规划理论与实践[M]. 北京:中国环境科学出版社,2003.

[147] Chow V T,Maidment D R,Mays L W. Applied Hydrology[M]. New York:McGraw-Hill,1988.

[148] 中华人民共和国住房和城乡建设部. 城市污水处理工程项目建设标准(建标198-2022).

[149] 资产管理体系应用指南编写组. 资产管理体系应用指南:基于ISO 55000系列标准[M]. 北京:企业管理出版社,2016.

[150] 中华人民共和国住房和城乡建设部. 城镇供水行业职业技能标准(CJJ/T 255-2016).

[151] 中华人民共和国住房和城乡建设部. 城镇排水行业职业技能标准(CJJ/T 313-2022).

[152] ASCE. Code of Ethics[M]. Reston:American Society of Civil Engineers,1996.

[153] Mays L W. Water transmission and distribution[M]. Denver:American Water Works Association,2010.

[154] 鄢龙珠. 现代公共关系学[M]. 北京:北京交通大学出版社,2011.

[155] 张克非. 公共关系学[M]. 4版. 北京:高等教育出版社,2022.

[156] 陈智超. 新形势下国有水务企业宣传工作探析[J]. 现代企业文化,2022,(2):46-48.